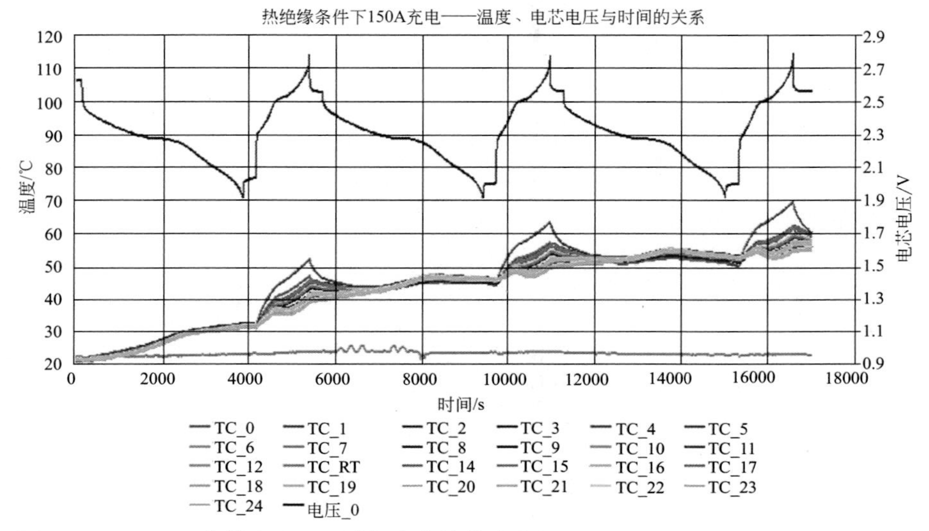

图 3.3　50A · h 电芯在 3C 下重复充电的热响应

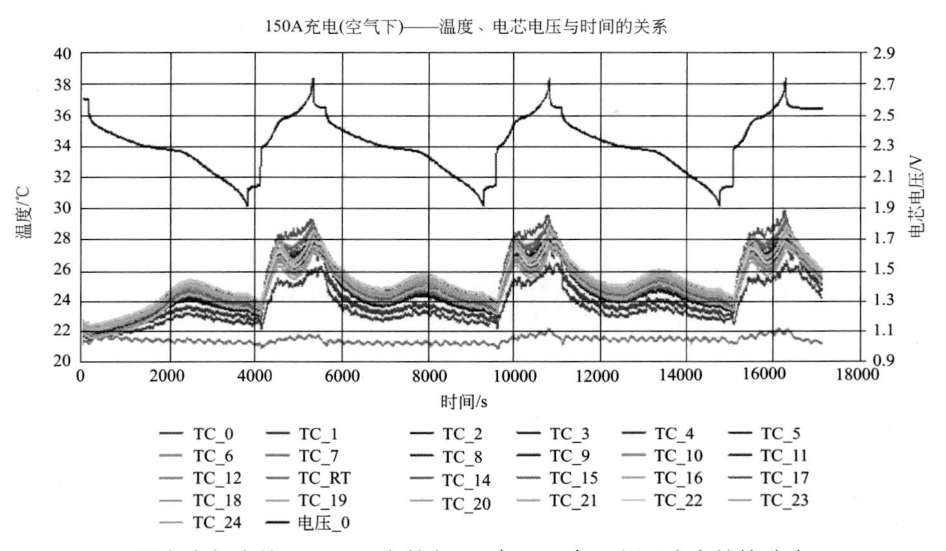

图 3.4　暴露在空气中的 50A · h 电芯在 3C（150A）下循环充电的热响应

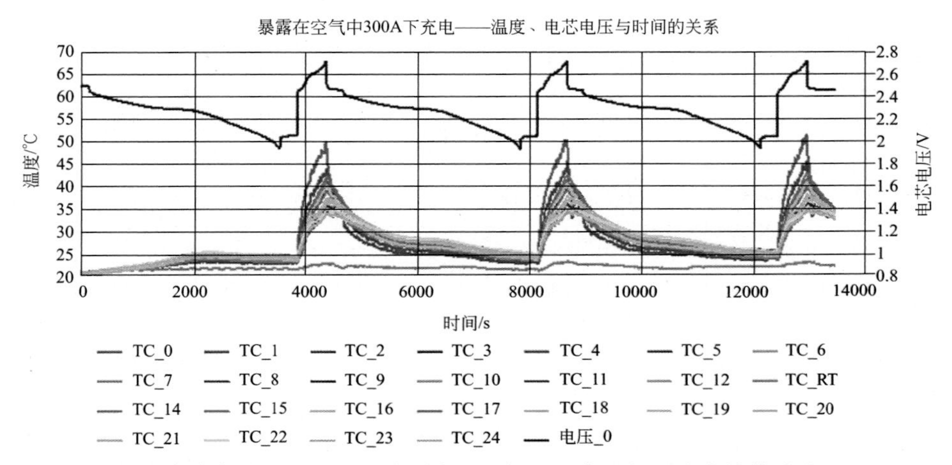

图 3.5　暴露在空气中的 50A · h 电芯在 6C（300A）下循环充电的热响应

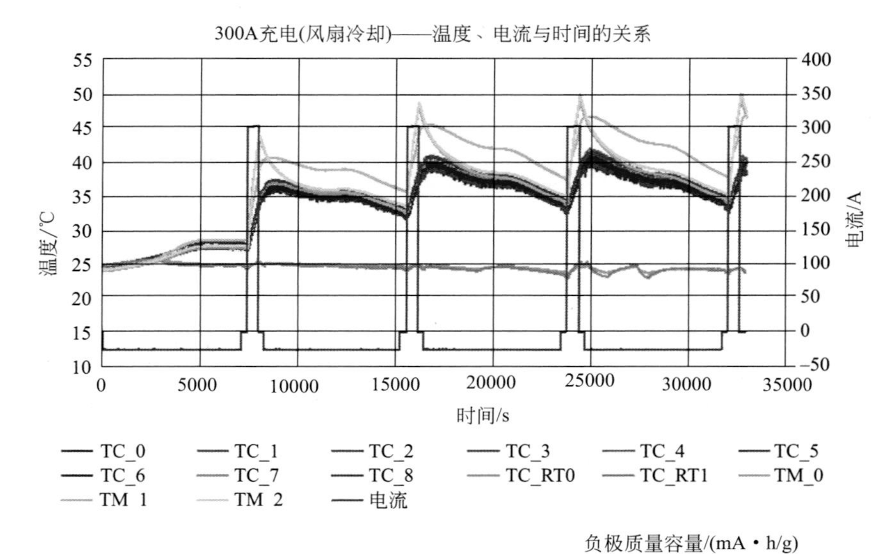

图 3.8 24V 模块在重复 6C，C/2 循环时的温度分布

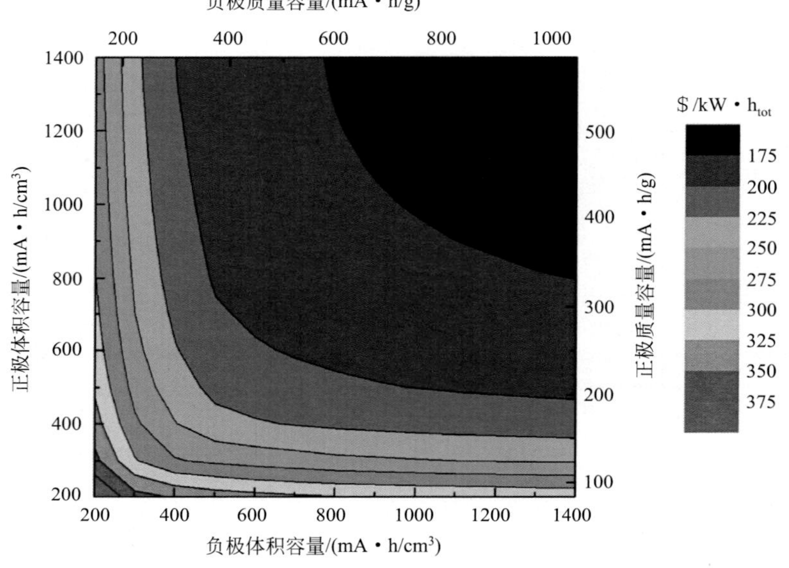

图 6.7 17kW · h，60kW PHEV40 放电曲线的等高线

在 50%SOC 下其 OCV 为 3.6V，正极材料成本为 \$30/kg，负极材料成本为 \$20/kg。这里的质量容量是呈比例的，假设石墨作为负极（2.2g/cm^3）以及锂过渡金属氧化物为正极（4.6g/cm^3），它们都有 33% 的孔隙度以传递电解液

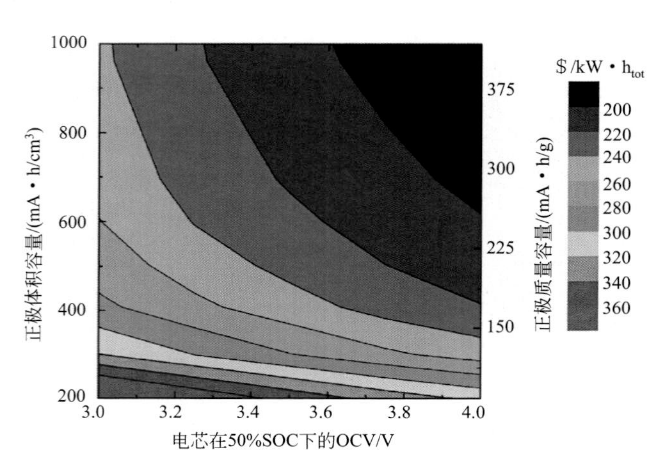

图 6.8 60kW，17kW · h PHEV40 电池电芯电压和正极材料体积容量在能量单价上的权衡

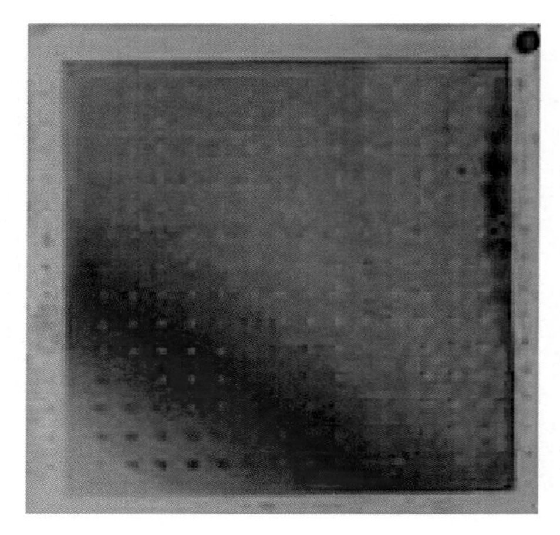

图 12.4 浓度梯度薄膜 $LiO_{0.5}$-$LaO_{1.5}$-TiO_2 采用 HT-PVD 技术沉积在 $Si/SiO_2/TiO_2/Pt$ 衬底上的照片

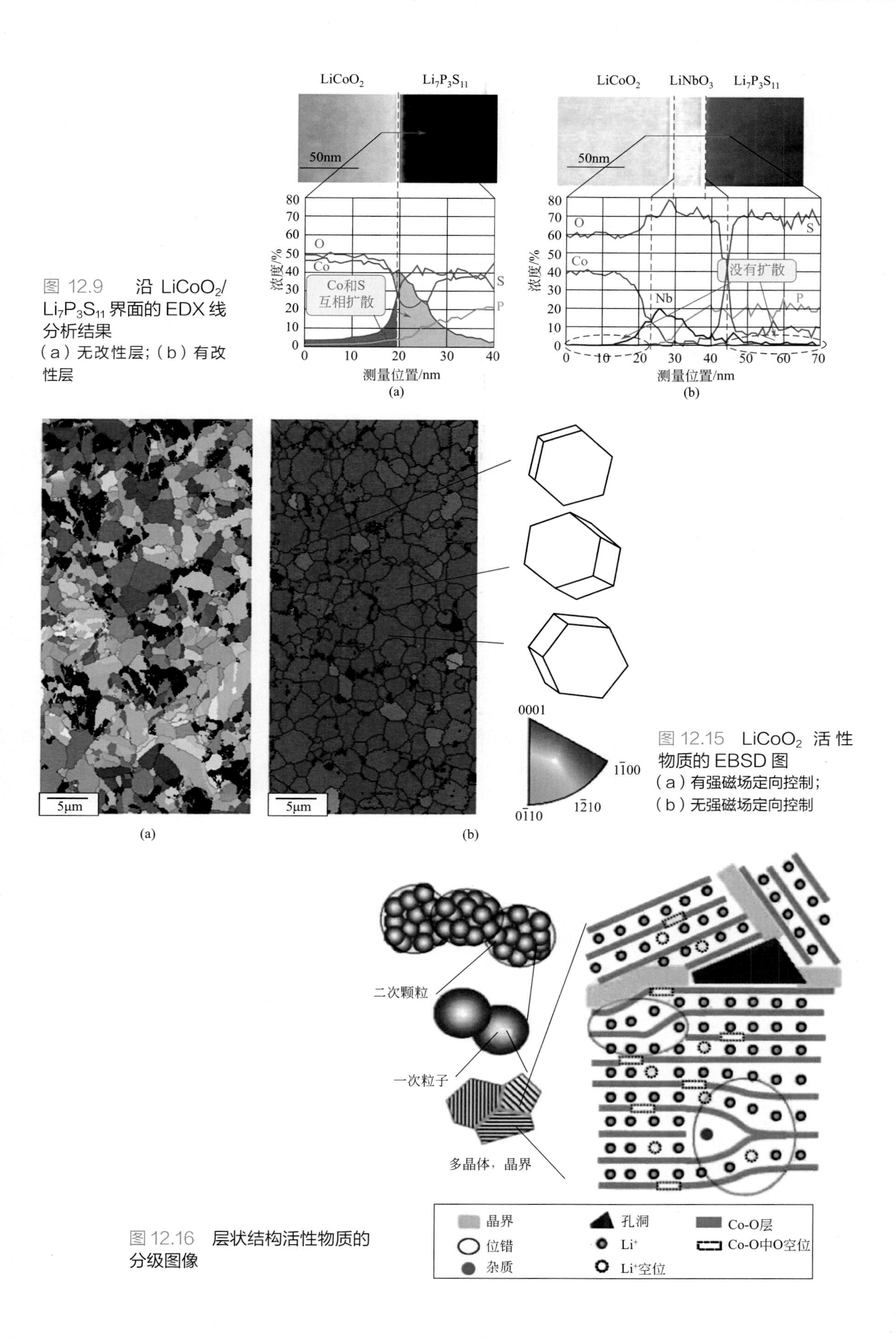

图 12.9　沿 $LiCoO_2$/$Li_7P_3S_{11}$ 界面的 EDX 线分析结果
（a）无改性层；（b）有改性层

图 12.15　$LiCoO_2$ 活性物质的 EBSD 图
（a）有强磁场定向控制；
（b）无强磁场定向控制

图 12.16　层状结构活性物质的分级图像

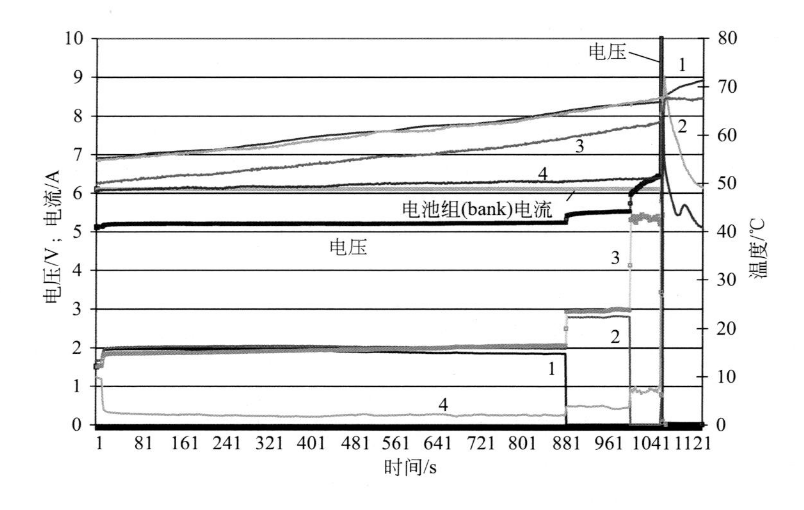

图 17.9 索尼 4P（bank）锂离子电芯采用 6A 电流、48V 限压进行过充测试

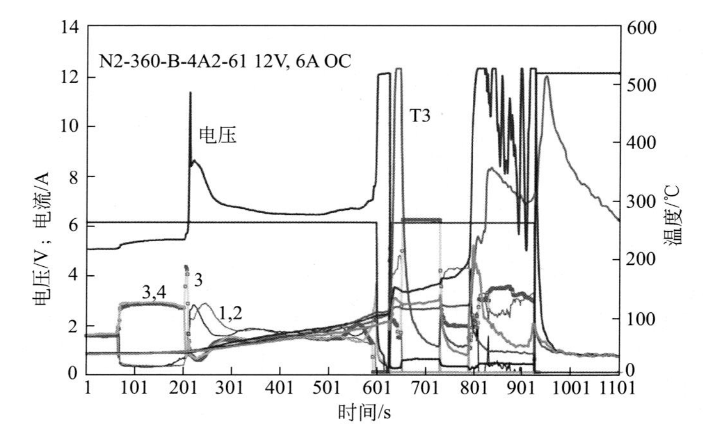

图 17.11 4P 结构索尼锂离子电池的过充测试（6A，12V 限压）

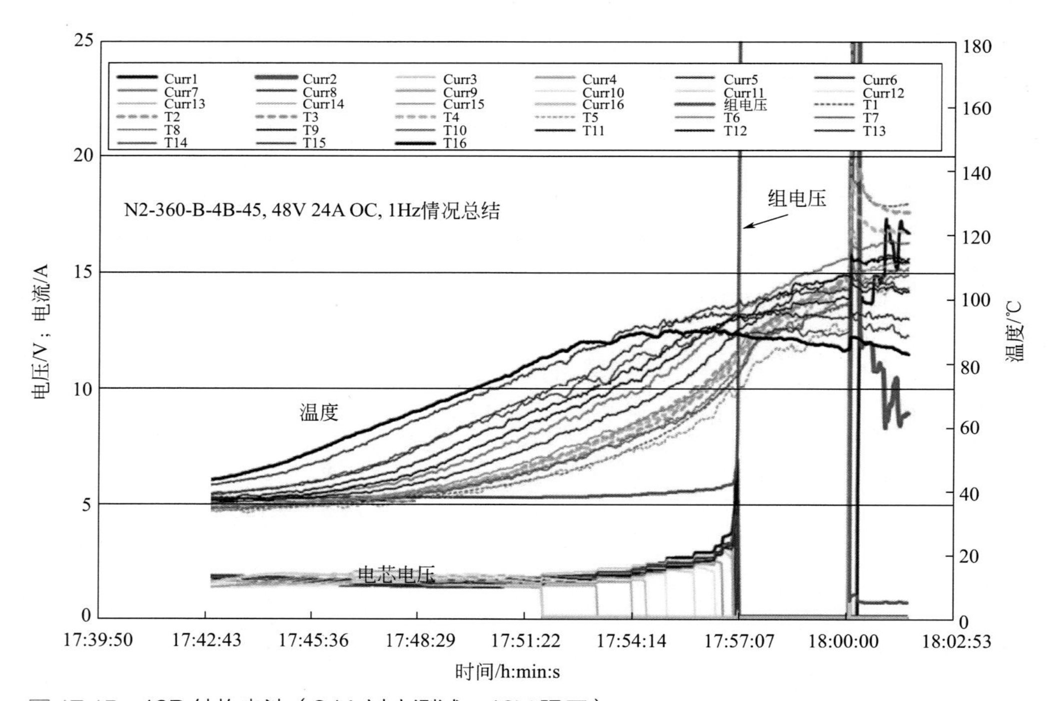

图 17.15 16P 结构电池（24A 过充测试，48V 限压）

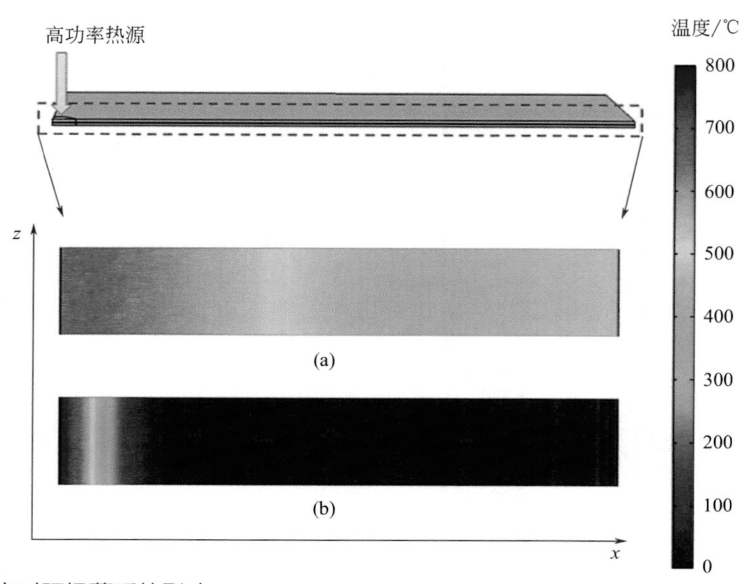

图 18.15　热导率对阳极蔓延的影响

采用两个热导率数值来进行对比，即（a）10W/（m·K）和（b）0.3W/（m·K），热曲线清晰显示低热导率能够更好地控制蔓延，避免热失控

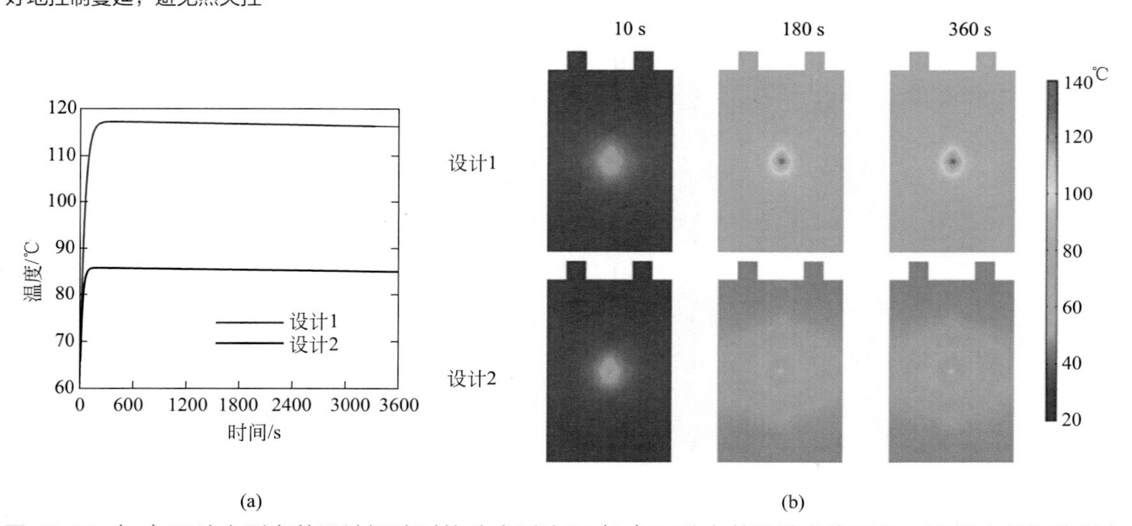

图 18.17　（a）两种大型电芯设计短路时热响应对比和（b）两种电芯设计发生阴极 - 阳极内部短路后在 10s、180s 以及 360s 的温度控制曲线

两种设计的模拟都是在 80%SOC 情况下进行的

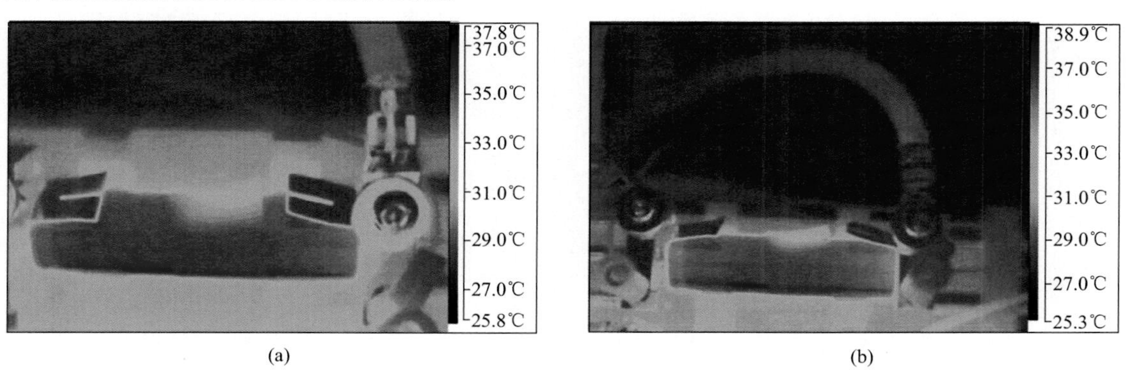

图 19.5　$LiPF_6/Li_4Ti_5O_{12}$ 18650 型电池在 50C 条件下放电的热红外曲线[170]

（a）部分放电到 1.2V；（b）全放电到 1.0V

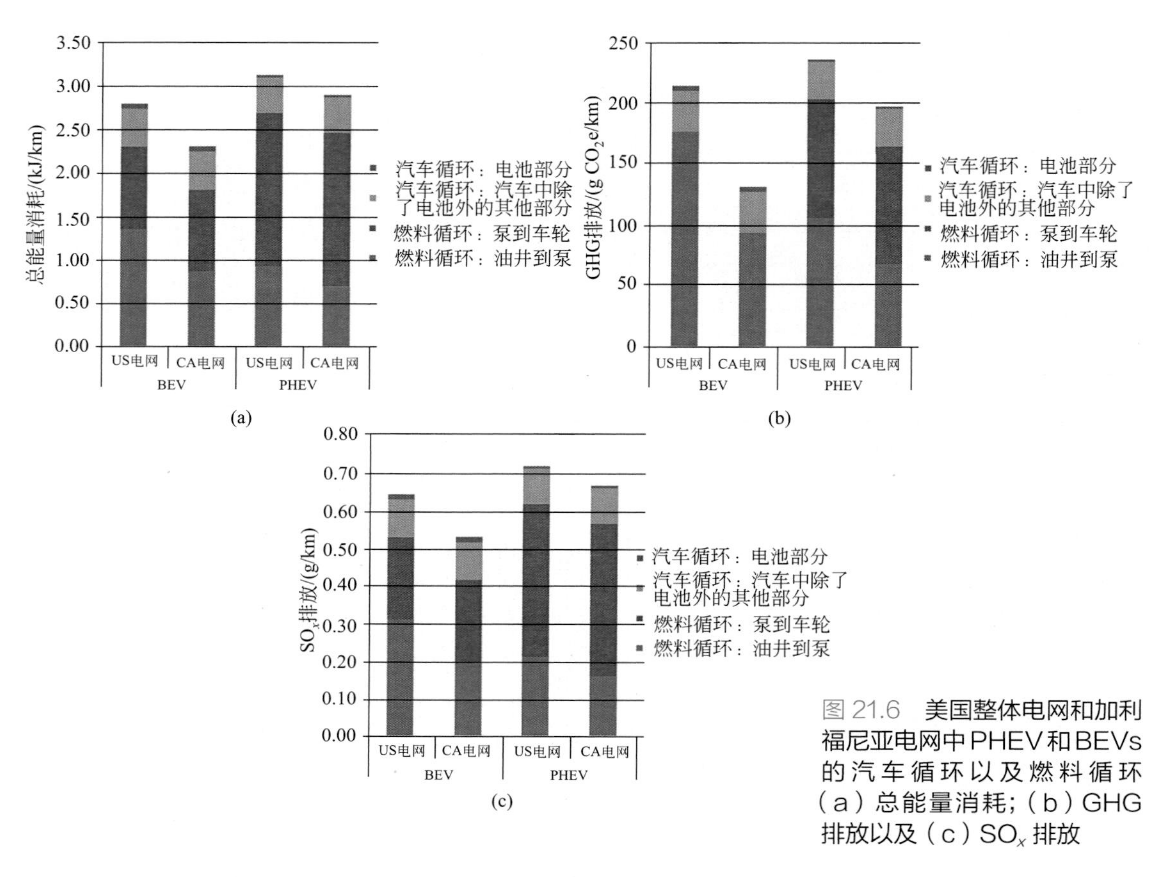

图 21.6 美国整体电网和加利福尼亚电网中PHEV和BEVs的汽车循环以及燃料循环（a）总能量消耗；（b）GHG排放以及（c）SO_x 排放

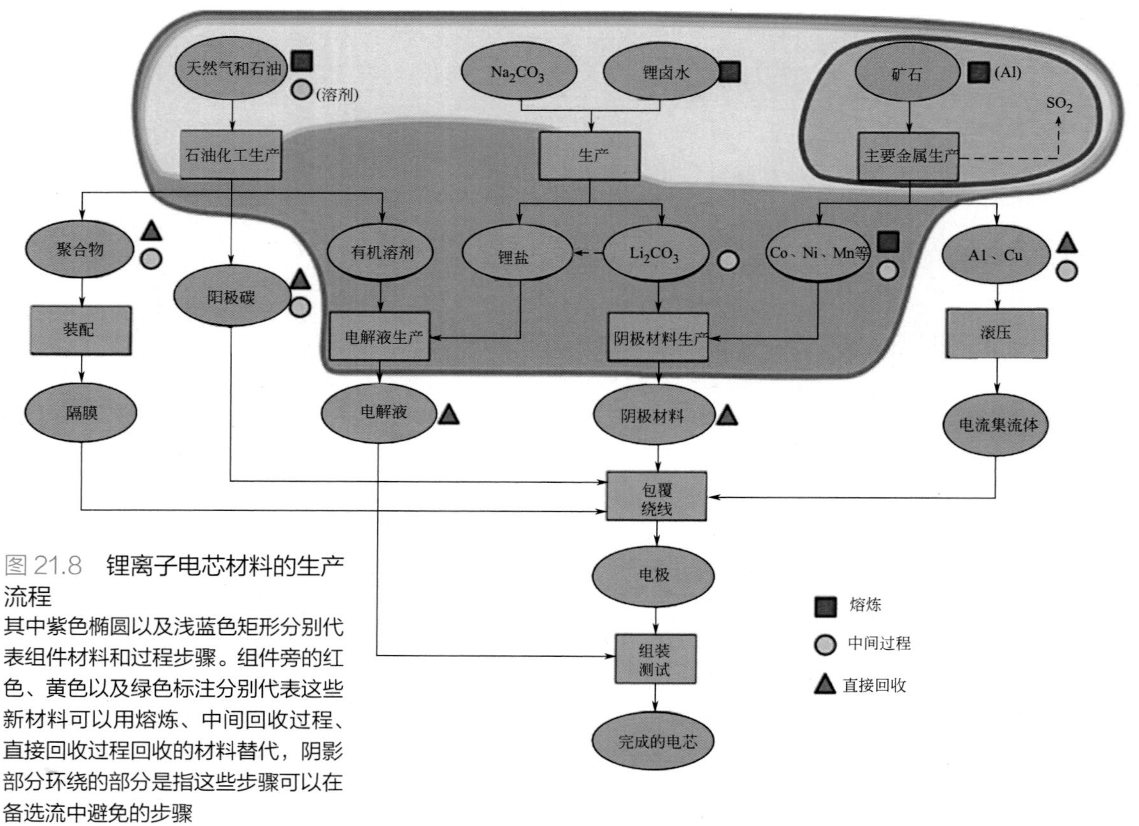

图 21.8 锂离子电芯材料的生产流程

其中紫色椭圆以及浅蓝色矩形分别代表组件材料和过程步骤。组件旁的红色、黄色以及绿色标注分别代表这些新材料可以用熔炼、中间回收过程、直接回收过程回收的材料替代，阴影部分环绕的部分是指这些步骤可以在备选流中避免的步骤

表 22.3 根据提取难易和国家稳定性而分类的锂储备（单位：吨）

国家	WGI	沉积类型	[20]①	[24]②	[19]
美国	1.19	卤水	1168920	38000	
智利	1.18	卤水	7099000	7500000	6800000
以色列	0.52	卤水	900000		
芬兰	1.85	结晶花岗岩	6400		13000
加拿大	1.62	结晶花岗岩	187200		151000
澳大利亚	1.59	结晶花岗岩	169650	970000	190000
奥地利	1.56	结晶花岗岩	50000		113000
美国	1.19	结晶花岗岩	1567500		
葡萄牙	0.96	结晶花岗岩	5000	10000	10000
西班牙	0.89	结晶花岗岩			72000
纳米比亚	0.30	结晶花岗岩	5750		
巴西	0.14	结晶花岗岩	42500	64000	50000
阿根廷	−0.27	卤水	1354500	850000	6000000
中国	−0.58	卤水	1777770	3500000	5400000
玻利维亚	−0.55	卤水	2475000		5500000
马里	−0.43	结晶花岗岩	13000		
中国	−0.58	结晶花岗岩	615000		
俄罗斯	−0.75	结晶花岗岩	580000		81000
津巴布韦	−1.58	结晶花岗岩	28350	23000	
刚果	−1.66	结晶花岗岩	1150000		
易提取储备（卤水）	>0	卤水	9167920	7538000	6800000
难提取储备（矿物）	>0	结晶花岗岩	2034000	1044000	599000
危险国家的储备	≤0	卤水和结晶花岗岩	7999370	4373000	16981000
世界		卤水和结晶花岗岩	19195540	12955000	24380000

① 储备量是根据给定的资源数据计算而来，并假设回收率为45%（卤水）和50%（结晶花岗岩）。

② 美国地质勘探局只给出了目前生产国的储备数据。

注：根据WGI得到政府绩效：WGI>0（稳定国家）；WGI≤0（危险国家）。使用不同颜色来区分稳定国家中易提取的储备（白色），稳定国家难提取的储备（浅灰色），以及危险国家的储备（深灰色）。

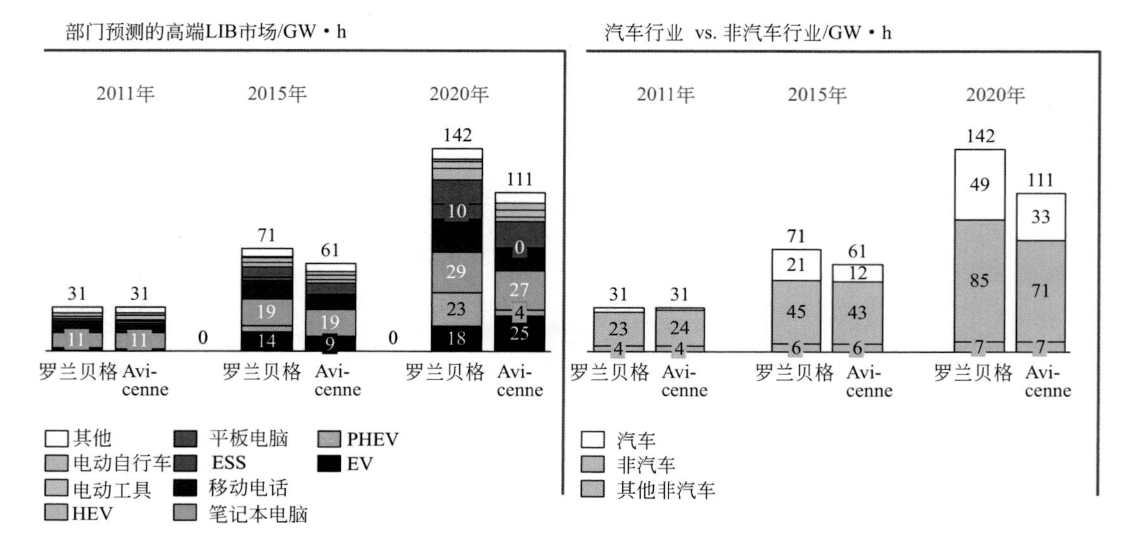

图 24.1 相关部门对高端锂离子电池市场的预测（2011~2020年）[1,2]

资料来源：罗兰贝格，LIB价值链（2012年）；Avicenne，锂离子电池部门市场研究（2012年）

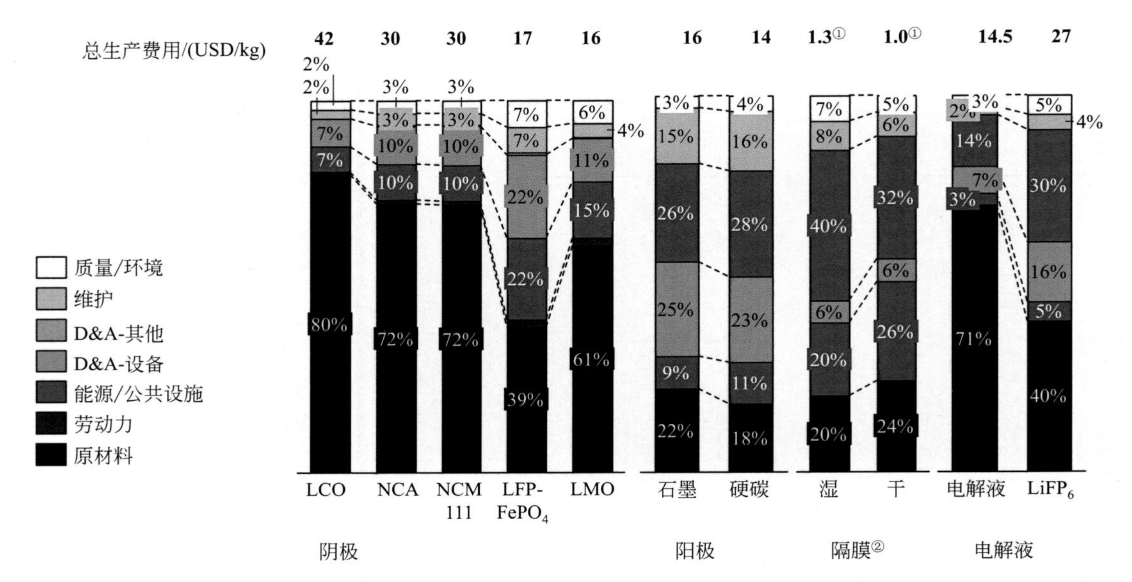

图 24.7 不同材料的成本结构（总生产成本）(USD/kg)，2011[1]

资料来源：罗兰贝格，LIB 价值链（2012）

① USD/m²；②包括外包的隔膜原材料价格

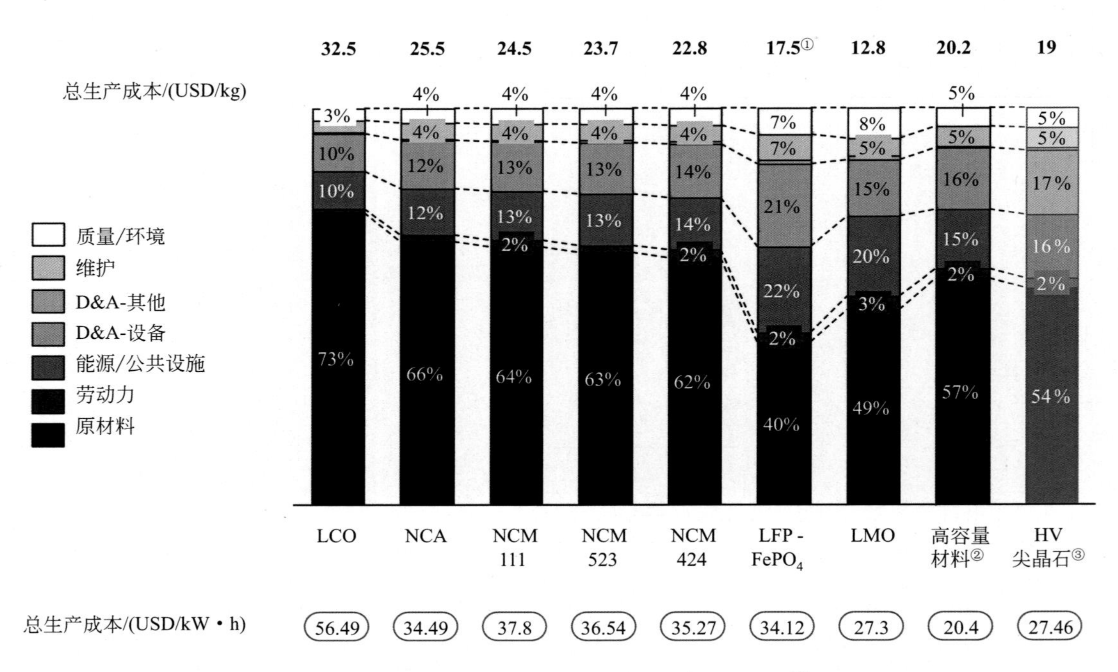

图 24.8 阴极材料的总生产成本 [USD/kg]——2015 年预计成本结构 [1]

资料来源：罗兰贝格，LIB 价值链（2012）

① 高质量差异；② 到 2015 年可用；③ 到 2020 年可用

Lithium-Ion Batteries
Advances and Applications

锂离子电池技术
研究进展与应用

[意] 詹弗兰科·皮斯托亚（Gianfranco Pistoia） 著
赵瑞瑞　余乐　常毅　陈红雨　译

化学工业出版社
·北京·

本书共有25章，涵盖了从材料到应用，再到回收等锂离子电池相关的全部内容。书中详细介绍了锂离子电池正负极材料、电解液以及功能添加剂、隔膜等相关组件的研究背景，以及近些年来的研究进展和发展趋势。并重点评述了将锂离子电池应用于消费电子、电动汽车以及大型固定应用中时，如何实现不同的性能以及电子选项要求。本书还从原理上详细分析了锂离子电池的安全性以及回收等问题，并对锂离子电池未来可用性以及发展趋势进行了评估和说明。

本书可作为锂离子电池相关企业以及高校、科研院所相关科研人员的参考书籍，亦可作为新能源相关专业、材料相关专业等本科生以及研究生的教材。

图书在版编目（CIP）数据

锂离子电池技术——研究进展与应用/［意］詹费兰科·皮斯托亚（Gianfranco Pistoia）著；赵瑞瑞等译．—北京：化学工业出版社，2016.2（2023.1重印）

书名原文：Lithium-Ion Batteries：Advances and Applications

ISBN 978-7-122-27582-0

Ⅰ.①锂…　Ⅱ.①詹…②赵…　Ⅲ.①锂离子电池-研究　Ⅳ.①TM912

中国版本图书馆CIP数据核字（2016）第157029号

Lithium-Ion Batteries：Advances and Applications，1st edition/by Gianfranco Pistoia

ISBN 978-0-444-59513-3

北京市版权局著作权合同登记号：01-2015-3947

责任编辑：成荣霞　　　　文字编辑：刘志茹

责任校对：王素芹　　　　装帧设计：王晓宇

出版发行：化学工业出版社（北京市东城区青年湖南街13号　邮政编码100011）

印　　装：北京虎彩文化传播有限公司

787mm×1092mm　1/16　印张28¼　彩插4　字数737千字　2023年1月北京第1版第5次印刷

购书咨询：010-64518888（传真：010-64519686）　售后服务：010-64518899

网　　址：http://www.cip.com.cn

凡购买本书，如有缺损质量问题，本社销售中心负责调换。

定　　价：188.00元

本书贡献者

Monzer Al Sakka
Vrije Universiteit Brussel, ETEC-MOBI, Brussel, Belgium

Aadil Benmayza
Department of Chemical and Biological Engineering, Center for Electrochemical Science and Engineering, Illinois Institute of Technology, Chicago, IL, USA

Wolfgang Bernhart
Roland Berger Strategy Consultants GmbH, Stuttgart, Germany

Yannick Borthomieu
Saft, Defence and Space Division, Poitiers Cedex, France

Aviva Brecher
U.S. Department of Transportation (USDOT) Research and Innovative Technology Administration (RITA), Volpe National Transportation Systems Center, Cambridge, MA, USA

Andrew Burke
Institute of Transportation Studies, University of California-Davis, Davis, CA, USA

Aimée Dallaire
Institut de Recherche d'Hydro-Québec, Varennes, QC, Canada

Alessandro Dell'Era
DME—Department of Mechanics and Energy, "Guglielmo Marconi" University, Rome, Italy

Joel Dubé
Institut de Recherche d'Hydro-Québec, Varennes, QC, Canada

Jennifer B. Dunn
Systems Assessment Section, Argonne National Laboratory, Argonne, IL, USA

Ulrich Eberle
Hydrogen & Electric Propulsion Research Strategy, GM Alternative Propulsion Center, Adam Opel AG, Rüsselsheim, HESSE, Germany

Weifeng Fang
Celgard LLC, Charlotte, NC, USA

Daniel D. Friel
Leyden Energy, Fremont, CA, USA

Linda L. Gaines
Center for Transportation Research, Argonne National Laboratory, Argonne, IL, USA

Kevin G. Gallagher
Chemical and Sciences Division, Argonne National Laboratory, Argonne, IL, USA

Karen Galoustov
Institut de Recherche d'Hydro-Québec, Varennes, QC, Canada

Hamid Gualous
LUSAC, Université de Caen Basse Normandie, Rue Louis Aragon, Cherbourg-Octeville, France

Abdelbast Guerfi
Institut de Recherche d'Hydro-Québec, Varennes, QC, Canada

Hideaki Horie
Institute of Industrial Science, The University of Tokyo, Komaba Meguro-ku, Tokyo, Japan and Nissan Research Center, Nissan Motor Co., Ltd., Japan

Nicholas S. Hudak
Advanced Power Sources Research & Development, Sandia National Laboratories, Albuquerque, NM, USA

Hideki Iba
Toyota Motor Corporation, Susono, Shizuoka, Japan

Judith Jeevarajan
2101 NASA PKWY, Power Systems Branch, NASA Johnson Space Center, Houston, TX, USA

Christian M. Julien
Laboratoire de Physicochimie des Electrolytes, Colloïdes et Sciences Analytiques (PECSA), Université Pierre et Marie Curie-Paris 6, Paris, France

Kenza Maher
TUM Create, Singapore, Singapore

Roland Matthé
Global Battery Systems, Gme Electrical Systems, Infotainment & Electrification, Adam Opel Ag, Rüsselsheim, HESSE, Germany

Alain Mauger
Institut de Minéralogie et de Physique des Milieux Condensés (IMPMC), Université Pierre et Marie Curie-Paris 6, Paris, France

Fuminori Mizuno
Toyota Research Institute of North America, Ann Arbor, MI, USA

Paul A. Nelson
Chemical and Sciences Division, Argonne National Laboratory, Argonne, IL, USA

Yoshio Nishi
Sony's Former Executive Vice President, Wakabadai, Asahi-ku, Yokohama, Kanagawa, Japan

Noshin Omar
Vrije Universiteit Brussel, ETEC-MOBI, Brussel, Belgium

Fabio Orecchini
SEM—Energy and Mobility Systems, CIRPS Interuniversity Research Centre for Sustainable Development, Sapienza University of Rome, Rome, Italy; DME—Department of Mechanics and Energy, "Guglielmo Marconi" University, Rome, Italy

Jai Prakash
Department of Chemical and Biological Engineering, Center for Electrochemical Science and Engineering, Illinois Institute of Technology, Chicago, IL, USA

Premanand Ramadass
Celgard LLC, Charlotte, NC, USA

Mayandi Ramanathan
Department of Chemical and Biological Engineering, Center for Electrochemical Science and Engineering, Illinois Institute of Technology, Chicago, IL, USA

Lukas Rohr
Department PV Off-Grid Solutions and Battery System Technology, Fraunhofer Institute for Solar Energy Systems, Freiburg, Germany

Ahmadou Samba
LUSAC, Université de Caen Basse Normandie, Rue Louis Aragon, Cherbourg-Octeville, France

Adriano Santiangeli
DME—Department of Mechanics and Energy, "Guglielmo Marconi" University, Rome, Italy

Peter Van den Bossche
Vrije Universiteit Brussel, ETEC-MOBI, Brussel, Belgium

Joeri Van Mierlo
Vrije Universiteit Brussel, ETEC-MOBI, Brussel, Belgium

Matthias Vetter
Department PV Off-Grid Solutions and Battery System Technology, Fraunhofer Institute for Solar Energy Systems, Freiburg, Germany

Andrea Vezzini
Institute for Energy and Mobility Research, Bern University of Applied Sciences, Biel, Switzerland

John Warner
Magna E-Car Systems, Sales & Business Development, Auburn Hills, MI, USA

Marcel Weil
Karlsruher Institute of Technology (KIT), Institute of Technology Assessment and Systems Analysis (ITAS), Karlsruhe, Germany; Helmholtz Institute Ulm for Electrochemical Energy Storage, Eggenstein-Leopoldshafen, Germany

Chihiro Yada
Toyota Motor Europe NV/SA, Zaventem, Belgium

Jun-ichi Yamaki
Office of Society-Academia Collaboration for Innovation, Kyoto University, Center for Advanced Science and Innovation, Gokasho, Uji, Japan

Rachid Yazami
Nanyang Technological University, School of Materials Science and Engineering, Energy Research Institute (ERIAN), Singapore, Singapore; TUM Create, Singapore, Singapore

Akira Yoshino
Yoshino Laboratory, Asahi Kasei Corp., 2-1, Samejima, Fuji-shi, Shizuoka, Japan

Karim Zaghib
Institut de Recherche d'Hydro-Québec, Varennes, QC, Canada

Zhengming (John) Zhang
Celgard LLC, Charlotte, NC, USA

Saskia Ziemann
Karlsruher Institute of Technology (KIT), Institute of Technology Assessment and Systems Analysis (ITAS), Karlsruhe, Germany

译　者　序

如果将1991年作为锂离子电池真正意义上的诞生年份，迄今为止，它才刚满25岁。这相当于一个人大学毕业的年纪，非常年轻，富有朝气，饱含着在社会上大有作为一场的激情和活力。事实上，我们也可以看到，这款年轻的电池在它短短二十多年的生命里，发展速度之迅，应用范围之广，远超其他电池类型。

目前看来，发展锂离子电池是一条不得不为之的道路。从国计民生的角度看，采用电动化以减少石油资源的消耗是大势所趋，而在当前的电池技术中，锂离子电池的重要地位尚难以替代；从环境保护的角度看，利用电池技术以减少温室气体的排放是走可持续发展道路的必要环节；从消费者的角度来说，消费电池产品的日益精巧化、功能化以及对电池日益增加的要求使得其他电池类型只能望而却步。

我们并不是想表达锂离子电池是完美的一款电池。事实上，它远远说不上完美，甚至还相差很远。正如书中所述：正极材料、负极材料以及电解液之间在彼此匹配以实现电池高容量高电压上正遭遇着瓶颈；电池的成本迟迟难以下降；回收工作开展不到位或者难以继续；而间或发生的电池安全问题也不时地在电池发展道路上鸣响警钟。锂离子电池还有很长的路要走，而且还会更加艰难。

本书内容非常丰富，每一章都是相关领域世界级专家的宝贵经验。它涵盖了从电池开发之初到现在，与锂离子电池组件、电子选项、电池应用、成本分析、回收等相关的几乎全部内容。书中有作者自己的开发经验，也有基于数据进行的前景分析和评估。这些经验以及分析可以为我们自身的学习以及研发道路提供翔实的基础和前行的明灯。

本书的完成与广州天赐高新材料股份有限公司以及广州能源检验研究院和广州能源检验研究院提供的支持和帮助密切相关，在此特别表示感谢。

此外，本书在翻译过程中得到卢东亮、陈占军、邹丽娅、仝鹏阳、张荣博以及吴雨蒙等教师和研究生的帮助，在此一并表示感谢。

本书知识面广泛，由于译者水平有限，在翻译过程中难免出现词语不妥甚至用词有误的情况，不足与不妥之处望读者批评指正。

译　者

2016年6月11日　广州

FOREWORD 前言

锂离子电池的研究始于20世纪80年代，首个商业化的锂离子电池出现于1991年。最早的锂离子电池大部分技术发展侧重于便携电子设备，之后制备出的电池性能便倾向于满足大中型设备，如电动汽车和储能系统（第1章）。的确，正是由于新型电极材料如钛酸锂的使用，才使得锂离子电池可以满足上述提及应用中所需要的大倍率（到6C）充放电的要求（第3章）。纳米结构使得钛酸盐以及磷酸铁锂等廉价但电导率较低的材料得以运用在锂离子电池体系中，并得到商业化。同时，纳米结构也扩展到了碳以及碳基纳米复合物材料的研究上（第4章）。

当然，锂离子电池更多的商业化应用不仅取决于它们的性能，也同样受到价格的影响。第6章主要介绍了锂离子电池生产过程价格产生的来源，降低它们的途径以及未来锂离子电池会降低到何种程度，并提出了一个可以直接统计电池生产成本的模型，采用该模型可以模拟出电池关键部分的价格细节，为电动汽车选用电池时提供一个特别的参考。

虽然受到价格以及使用范围等因素的影响，汽车电动化的过程却从未间断。第7章介绍了驱使汽车电动化的相关管理以及市场趋势，并涉及混合动力以及电动汽车用锂离子电池设计上的考虑因素，同时也分析了锂离子电池的测试要求及其工业标准发展现状。Voltec汽车如雪佛兰·沃兰达，欧宝·安培拉（第8章）具有续航里程长的特点：它们在车辆负载电池能量充足时可作为电动汽车使用，一旦电池能量耗尽，内燃机便充当能量转换器驱使汽车继续前行。

第9章介绍了先进的锂离子电池在不同的公共汽车中应用的概况，主要讨论了电池安全性、价格、可靠性、实用性以及相关维护问题。本章也提及了锂离子电池在公共汽车中大规模应用的经验总结以及面临的挑战，并陈述了未来锂离子电池性能方面的改进、预测，以及在电池与汽车整合应用时遗留的挑战。而在第10章中，几乎总结了目前市面上所有的或即将商业化的混合动力以及纯电动汽车的性能特点，在汽车分类上，主要考虑了其动力系统电动化的程度。

基于太阳能、风能等可再生能源需要在不同的时间段内进行储存，从几秒到几个月不等。如第13章所述，锂离子电池技术特别适合应用在这项领域，并可以作为分散光伏电池系统解决办法，本章也展示了相关的模拟研究结果。

从21世纪初期开始，大型的锂离子电池也开始应用于地球卫星中（第14章），锂离子电池使火箭和卫星在质量和使用寿命上都颇为受益。

大中型锂离子电池需要的电池管理系统（BMS）的相关内容也在第15章中有所体现，在该章中，对比了不同BMS的结构以及它们针对不同电池系统型号所体现的优势。

当锂离子电池被组装进电池组时，可以设置电子选项，这一点将在第16章进行讨论。测试、监控、计算、通信和控制等功能不仅可以应用于智能手机所用的单体电池，也适用于千瓦时级的大型电池堆。针对摄像机和手机，一些用于监控和控制功能的简单的、安全可靠的组件被首次开发出来。而在笔记本电脑和手提电脑中，则可以安装一些更为先进的耗能装置，这些装置具有测量、通信以及计算等功能。最近，适用于电动工具和电动自行车的大电流装备也越来越普遍。而适用于电动汽车以及混合动力汽车的高电压系统的组件也被开发出来。

本书也特别关注电池安全问题。商业化的锂离子电池通常应用于动力便携设备，但是它们也能够组装成大型电池组应用于地面上的（电动汽车），空中的甚至水下的设备上。第17章提供了有关商业化的锂离子电池安全性的测试数据，并提出了一些当电池应用于大型电池结构中时，有关安全设计上的建议。第18章主要从电池单体以及系统层面关注锂离子电池安全问题，并用实际测试数据解释了电池在滥用条件下的耐受测试。此外，锂离子电池发生的内部短路问题以及锂沉积问题及其对应的电池失效机理也在本章进行了讨论。第19章中展示了目前电池组件的最佳安全水平，也列出了一些尚未商业化电池的测试结果，这些电池在没有BMS辅助的条件下通过了所有的安全测试。

本书同样提到了锂离子电池对环境的影响以及它们的回收问题。第21章主要针对动力锂离子电池生产对环境的影响，并讨论了如何通过回收来减弱这一影响。对回收的材料（正极、铝、铜）进行重新使用可以大大减少能量损耗的生命周期，最高可达50%。是否存在足够的锂资源以供锂离子电池生产使用以及电池回收能增加未来锂储量几成等这些问题，都在第22章有所讨论。一份研究锂储量与需求的报告显示：即使从能源政策的角度预测，近些年来也并不存在锂缺乏的问题。但是一旦过了2050年，这种情况就会改变。届时一些局势稳定国家的容易开采的锂储量将会大幅下降。

在第23章中，将会展示电池组件的价格，也会讨论回收所涉及的经济、环境以及管理方面的问题。此外，欧洲以及美国的几大回收企业所针对锂离子电池回收采用的技术也会在这一章讨论到。

随着应用在汽车上的大型锂离子电池价格从2015年的大约250美元或者更高在十年内进一步降低到180～200美元内，在容量更高的电池材料且电池生产技术进步的驱动下，电池生产商以及材料加工商的利润也能实现有限的增长。更高利润的压力、对产品研发的需求和生产过程的创新，会使得锂离子电池工业在未来迎来大规模的整合（第24章）。

Gianfranco Pistoia

于意大利罗马

Gianfranco. pistoia0@alice. it

CONTENTS 目录

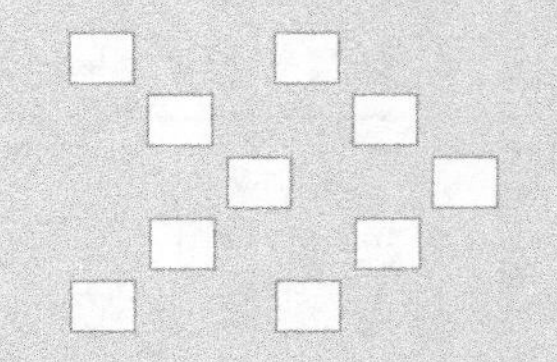

第1章 锂离子电池的发展现状以及最新技术趋势

Akira Yoshino
(日本旭化成株式会社，吉野实验室，日本)

1.1 概述

20世纪80年代，随着摄像机、手机以及笔记本电脑等手持电子产品的发展，信息技术（IT）得到快速发展。这项技术革命导致人们对可充电电池有了更高的要求：容量越来越大，而相应的体积以及质量又要越来越小。当时传统的已商业化的以及正在开发中的充电电池包括铅酸电池、镍镉电池以及镍氢电池均采用水性电解液，而水性电解液使得电池在增加能量密度以及降低体积、质量上均受到一定的限制。所以，当时迫切需求一种全新的、体积小的、质轻的可充电电池来满足实际生活的需要。对于锂离子电池的研究工作始于20世纪80年代初，而锂离子电池首次商业化则到了1991年。自此，锂离子电池逐渐成为手持IT设备领域的能源解决方案的主导者。锂离子电池的市场在过去的15年间迅猛增长，正如图1.1所示，目前它的市场规模已经超过一万亿日元（约130亿美元）。

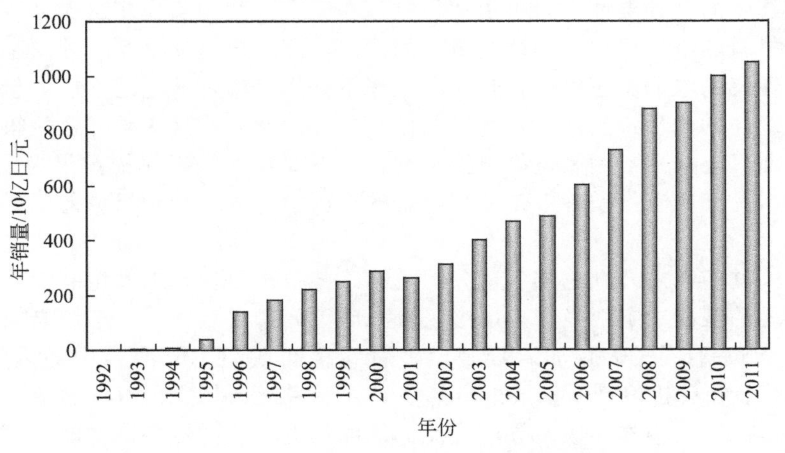

图1.1 世界范围锂离子电池的需求膨胀速度

锂离子电池的四个主要成分是阴极、阳极、电解液和隔膜。一般锂离子电池可以提供大约3.7V的平均电压，并在相对简单的原理下工作，即在阴、阳极之间可逆脱嵌锂离子。最常用的阴极材料是氧化钴锂（$LiCoO_2$），而阳极则通常采用不同形式的碳材料。在完全放电状态下，锂原子只是存在于阴极中。充电时，锂离子从阴极释放出来，经过电解液扩散到达碳阳极，放电时则发生相反的反应，经过不停地重复这些可逆反应，电能被不断地储存和释放。上述快速增长的锂离子电池市场正是基于这种安全有效的原理。本章重点介绍两点：20

世纪 80 年代所发展起来的首个实际的锂离子电池结构以及近来锂离子电池的技术发展趋势。上述现代商业化的锂离子电池的工作原理是在 1985 年的一项专利中提出的[1]，这项发明以及后续的其他发明阐述了锂离子电池的关键成分及其结构，以及与之相关的技术要求。由于当时的大部分要求与目前的研究目标基本相似，所以对锂离子电池发展初级阶段进行总结可以为整个技术发展提供丰富的内容，并有助于对其进行深刻理解。对锂电池的早期发展进行简要概述后，本章下面部分将讲述和讨论锂电池每一个主要成分的发展历程：从早期的技术革新到当前的技术研究热点。

1.2 实用型锂离子电池的开发历程

本章作者及同事一直致力于创造一种实用型的新型非水电解液可充电电池，以满足手持电子设备对小型、轻量化电源的迫切需求。我们在 20 世纪 80 年代所取得的重要成绩主要有：①提出了关于锂离子电池成分的基本工艺，所采用的锂离子电池是以 $LiCoO_2$ 为阴极材料，有一定晶体结构的碳材料为阳极材料；②发明了电极、电解液和隔膜的基本组成工艺；以及③发展了一些辅助工艺技术，如安全装置技术、电路保护技术以及充放电技术。

发展实用型锂离子电池的首要工作是采用 $LiCoO_2$ 材料为阴极。$LiCoO_2$ 材料是由 Goodenough[2,3] 等首次发现的，也是目前最为常用的阴极材料。当时备受关注的阳极材料是石墨[4]，但是众所周知，如果阳极采用石墨，则碳酸丙烯酯作为一种常用的有机电解液溶剂会在充电过程中分解。此外，使用固体电解质会导致电化学阻抗太高而影响实际的充放电过程。我们发明了一种锂离子电池的工作模型：采用 $LiCoO_2$ 作为阴极，而聚乙炔作为阳极，但最终否定了聚乙炔，因为它的密度较低（体积大）不利于电池体积的缩减。通过对几种含碳材料作阳极的适用性研究，我们发现具有一定晶体结构的含碳材料可以提供更高的容量，而且不会像石墨那样引起碳酸丙烯酯电解质的分解。我们基于这些新材料组装出来的二次电池具有更稳定的充放电性能，可以使得电池在较长时间内实现多次循环[1]。

这些电极材料的组合标志着一个新概念的形成，即二次电池是基于锂离子的迁移而工作的。不经化学转化的电池反应可以在长时间工作下提供更稳定的电池性能，包括由于副反应较少而具有的绝佳的循环持久性以及优异的储存特性。此外，这些研究也使得材料在放电状态下能够简单而又有效地被用来进行电池装配，不需要特殊气氛保护：因为 $LiCoO_2$ 虽然包含有锂离子，但是其在空气条件下是非常稳定的；而由含碳化合物组成的阳极材料也是非常稳定的。

另外一个关键步骤是开发电池各成分的基本工艺技术，包括电极组装工艺以及电池装配工艺。一个典型的锂离子电池是将多层电极置入电池壳中组装而成，多层电极的制备则是通过在正极极片和负极极片中间加入隔膜，之后卷绕而成；在电池壳中加入溶有 $LiPF_6$ 或 $LiBF_4$ 溶质的碳酸酯有机溶剂所构成的电解液，之后密封。阴极和阳极均是由将电极材料双面涂覆在导电集流体上构建而成。导电集流体能够将电子从活性电极材料内部传导到电极终端的极耳处。铝箔常作为阴极集流体，而铜箔则作为阳极集流体，它们的厚度大约为 10μm。这样装配的电池会采用一种“滥用测试”的方法来检测其安全性能，用于证明这种基本的锂离子电池设计可以承受所需级别的安全性，为今天我们熟识的商业化锂离子电池奠定基础。

非水电解液的离子导电性要比水性电解液的低，所以为了获得跟采用水性电解液时相提并论的放电功率，需要降低给定电极表面上的电流密度以阻止过多的产生焦耳热。我们通过发明将平片状电极绕成卷状的方法，使电池即使采用非水电解液也能获得较高的放电电流。实际应用中也可以通过组装薄膜电极（100～250μm）的工艺来实现：采用薄金属箔作为集流体，金属箔的两面均涂覆上活性物质。我们选择铝箔作为阴极集流体，这是这项研究进展中非常重要的一方面。在之前，普遍认为只有贵金属如金、铂等能够承受得住 4V 或者以上的高电压。而我们发现铝箔也能够作为阴极集流体，其主要原因是在铝箔表面会形成一层钝化层[5]。

在探究必要组分工艺以实现实用型锂离子电池的过程中，另外一个值得一提的发明是为了提高电池安全性能的高功能化隔膜的研究。采用微孔聚乙烯膜（厚 20～30μm）作为隔膜可以提供一种“自闭孔”功能，即当有不正常的热产生时，隔膜材料会熔化，将微孔关闭，从而使电池停止工作[6]。

总之，这些必要的成分工艺主要影响了锂离子电池的以下一些性能：①采用 $LiCoO_2$ 作为阴极，铝箔作为阴极集流体时，电池能在 4V 或者以上工作电压条件下工作；②采用金属箔作为电流集流体，活性材料涂覆在其两面而制备的大面积薄膜电极可以实现大电流放电；③实现有效、快速的电极生产；④可以将线圈状的、多层薄膜电极高密度装配在电池壳中；以及⑤采用具有一定热特性的聚乙烯微孔隔膜作为电池隔膜，极大地改善了电池的安全性。

我们开发实用型锂离子电池的最后一部分，是研究了一些很有用的辅助技术，包括安全装置技术、电路保护技术以及充放电技术。一个重要的例子是正温度系数热敏电阻装置，这个装置对电流以及温度都很敏感。将这个装置置入锂离子电池中极大地改善了电池的安全性，尤其是在保护电池过充电方面[7]。

这些是使得目前锂离子电池得以实现的一些关键技术，而进一步的技术发展也随着锂离子电池在 20 世纪 90 年代初的商业化而得到加速，手持电子设备之外的一些其他新应用的开始涌现更加速了技术开发的步骤。今天，更深一层的技术发展主要集中在锂离子电池基本成分（阴极、阳极、电解液以及隔膜）的新材料开发上。这些成分的性能无论是个别的还是统一的得到改善，均能提升电池的性能。例如，锂离子电池的能量密度从 20 世纪 90 年代初的 200W・h/L 提高到了目前的 600W・h/L，如图 1.2 所示，这种在能量密度上的稳步增长促使手持电子设备的电源模块在体积和质量上均得到了极大的降低。这项研究的功劳应该归于高容量阳极材料的发展。但是，碳基阳极材料的容量改善目前认为已经到达了一个上限，因此更多的研究则集中在新材料的开发上，这些新材料可逆脱嵌锂的容量比碳材料高得多。

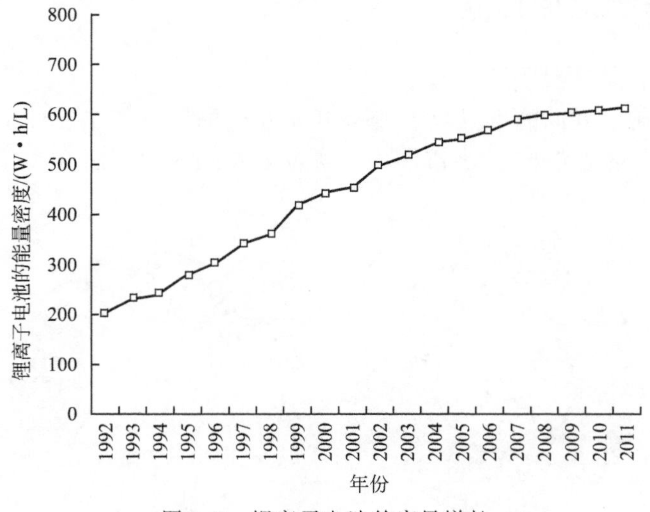

图 1.2 锂离子电池的容量增长

能量密度增至 3 倍，原则上将会使电芯每瓦时（W・h）的价格下降 1/3。降低价格的更多途径则可能来自于材料性能的提升以及生产成本的削减上。事实上，历史证明锂离子电池具有令人吃惊的价格消减程度，远远超过了其在容量上的增长率。这些可以从图 1.3 中看到，图 1.3 展示了常规应用配置的圆柱形 18650 电池的价格变化趋势。1994 年，18650 电池刚刚大批量生产的时候，电芯的价格大约为 300 日元，之后在 21 世纪初降低到 22.5 日元。每瓦时如此低的价格对于手持市场是很重要的，因为它使得大中型应用如电动车以及家用储能能够用得起锂离子电池了。

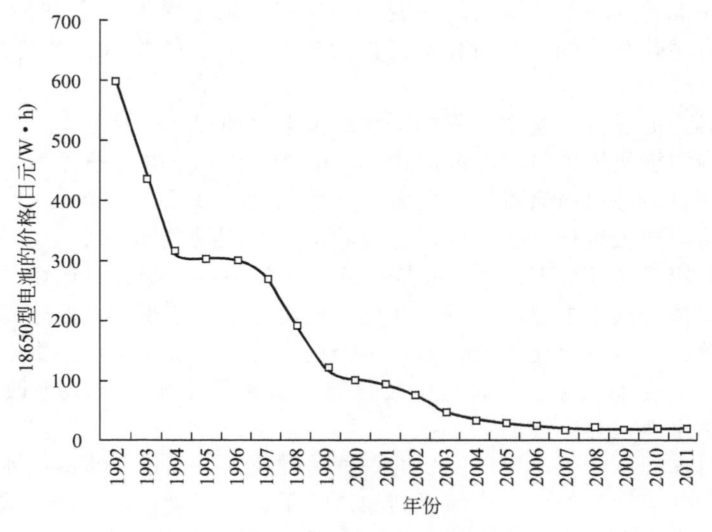

图 1.3　裸电池的价格变化趋势

这种引人注目的价格变化与更进一步的技术开发将会一起促使锂离子电池在大中型设备中的快速发展，尤其是混合动力（HEV）、插电式混合动力、纯电动力（BEV）以及建筑用储能系统中。本章接下来的部分将会对从商业化开始到目前为止的技术进步进行综述，并描述每种锂离子电池成分的最新发展趋势。

1.3　阴极材料的发展现状

1.3.1　阴极材料的发展历史

1995 年，当锂离子电池的批量生产刚刚开始起步的时候，$LiCoO_2$(LCO) 是当时的主流阴极材料，在当时那个 650t 的小市场中，尖晶石 $LiMn_2O_4$(LMO) 只占据着少量部分，如图 1.4 所示。

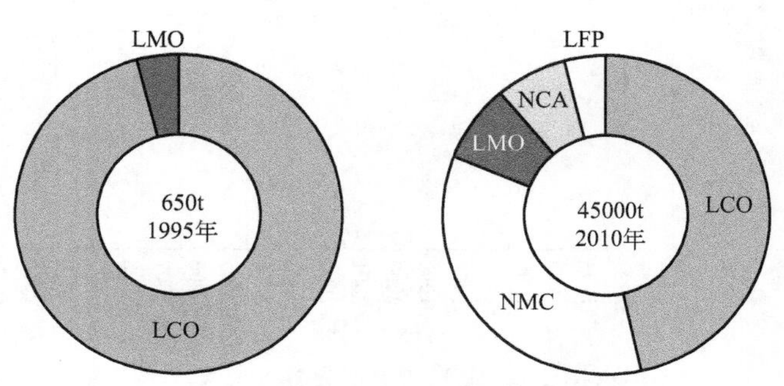

图 1.4　锂离子电池阴极市场上的主要材料

LCO—$LiCoO_2$；LMO—$LiMn_2O_4$；NMC—$LiNi_{1/3}Mn_{1/3}Co_{1/3}O_2$；NCA—$LiNi_{0.8}Co_{0.15}Al_{0.05}O_2$；LFP—$LiFePO_4$

尽管LCO是最常见的阴极材料，但是考虑到价格和可用资源的问题，它的市场份额却逐渐被其他材料所削弱。到2010年，LCO的市场占有率降低到40%，而$LiNi_{1/3}Mn_{1/3}Co_{1/3}O_2$(NMC)，一种镍、锰、钴的三元体系材料则增长迅猛。尽管$LiNi_{0.8}Co_{0.15}Al_{0.05}O_2$(NCA)和LMO的市场占有率很低，但是它们却是某些应用的首选材料。具有橄榄石结构的磷酸盐类材料是一类很有前景的新型阴极材料，虽然目前的应用很有限，其中以$LiFePO_4$(LFP)为最常见。如图1.4所示，锂离子电池阴极材料在2010年的总出货量达到45000t，而且随着一些新材料尤其是应用在中大型设备中的新材料的发展，这个数字将会进一步扩大。

1.3.2 阴极材料的最新技术趋势

1.3.2.1 阴极材料的三种结构形貌

锂离子电池阴极材料是含锂的过渡金属氧化物，属于一种典型的功能陶瓷材料。用作锂离子电池阴极的电极材料，锂离子必须能够在其晶体结构中自由扩散。晶体结构的形貌：一维、二维或者三维，决定着锂离子能够迁移的维度。以下将对目前使用中的或开发中的阴极材料与三种形态分别进行对应描述。

1.3.2.2 层状岩盐结构材料（二维）

层状岩盐结构的化合物是一类具有二维晶体结构的化合物。最常见的例子是LCO，$LiNiO_2$和$LiMnO_2$也是这一类中较为常见的。尽管经过验证表明后两者以其自身简单的构成并不适合用于锂离子电池阴极材料，但是经过将它们与其他元素结合起来形成复杂的氧化物，如NMC，$LiNi_{0.8}Co_{0.2}O_2$以及$LiNi_{0.5}Mn_{0.5}O_2$，却能使其在性能上得到改善，这其中有些新材料已经得到产业化。此外，以通式Li_2MnO_3-$LiMO_2$（M代表如Ni、Fe等过渡金属）表示的固溶体材料目前也正在投入研究，尤其是$Li_{1.2}Fe_{0.4}Mn_{0.4}O_2$。

1.3.2.3 尖晶石结构材料（三维）

LMO是这一类材料中最为重要的化合物，锂离子可以在其结构的三个维度上进行扩散。尽管尖晶石没有层状岩盐结构材料提供的高放电容量，但是它们的价格较低、稳定性高等优点却也让它们在大中型锂离子电池的应用中具有吸引力。

1.3.2.4 橄榄石结构材料（一维）

LFP是橄榄石结构晶体中最为人们熟知的一种，这类晶体的锂离子扩散被局限在单一的线性维度上。尽管离子迁移率较低导致其固有的性能缺陷，但是这方面却可以通过制备纳米颗粒和采用其他技术来减小（见1.3.3.5部分）。橄榄石的放电平台相对较低，在3.5V左右，这使其增加能量密度的空间很有限。尽管如此，由于其卓越的结构稳定性，这类材料还是已经得到了一些商业化应用。

1.3.3 阴极材料的最新研究进展

1.3.3.1 层状LCO系列（二维）

虽然LCO已经被研究了很多年，但是在作为锂离子电池阴极上，采用一些新的合成手段，其性能依然有提升空间。比如一个值得一提的例子：Yamaki等曾报道过一种合成富锂化的LCO纳米颗粒的方法，这种纳米材料的电化学性能可以得到极大提升[8]。他们将醋酸锂和醋酸钴在液相中混合、干燥，之后在600℃条件下烧结6h，制备得到LCO材料，并将这种材料与常规方法制备得到的LCO进行性能对比，即将Co_3O_4和Li_2CO_3在900℃条件下混合烧结，这种常规方法可以制备得到直径为几微米的一次颗粒材料。用新方法制备出的LCO呈球形的纳米颗粒状，一次粒子直径在5～25nm之间，且这种材料中含有的锂量是普通 LCO 粒子中锂量的 9～21 倍。尤其是当锂的含量增加 8～12 倍时，可以得到一次粒子直径为 25nm 的球形颗粒；而当锂的含量增加 21 倍时，则会得到直径为 5nm、长度为 60nm 的棒状颗粒。采用这种棒状颗粒制备的阴极在高倍率条件下容量保持能力可以得到最大化的改善，作者认为其特别适合应用于混合动力电动汽车中。

1.3.3.2 层状 $LiNiO_2$ 系列（二维）

一度认为 $LiNiO_2$ 是阴极材料的备选。它价格低廉，放电容量可达 200mA・h/g，甚至更高，比 LCO 高 40%以上，这些特点都使其相当具有吸引力。但是，它也有很多缺点，比如：当它储存在较高温度条件下时会释放出气体；在充电状态下，其热稳定性会下降。日本松下公司的研究者们曾经在这个材料上取得过重大进展，他们发现以 $LiNiO_2$ 为基础的材料可以实际应用作为商业锂离子电池的阴极材料[9]。尽管这项技术的细节并没有公开，但是据推测可能是他们在 $LiNiO_2$ 材料中加入了钴或者铝以增加材料的稳定性。此外，他们也报道了在阴极材料表面包覆一层"耐热层"，以改善材料的热稳定性。他们的 $LiNiO_2$ 基材料用于圆柱形 18650 电池中可以使其容量达到 3.1A・h，能量密度达到 660W・h/L 以及 248W・h/kg。这种卓越的能量密度使之适合应用于纯电动汽车中。

1.3.3.3 层状锰基化合物系列（二维）

层状 $LiMnO_2$ 放电性能很差，因此在过去并不是一类具有实用价值的阴极材料。但是，研究者们已经发现它的这项缺陷可以通过加入其他元素以形成更加复杂的化合物来得到改善，$LiNi_{0.5}Mn_{0.5}O_2$ 是其中最为突出的材料。这个材料由于电导率较低，因此放电性能依然很差，所以，研究者们又将视线投向三元 NMC 体系上。Ohzuku 等[10,11]的研究工作揭示了 NMC 能够提供大约 150mA・h/g 的放电容量以及均衡的电池性能，使之有很大的潜力成为一种重要的阴极材料。但是，也必须注意到这类材料的性能对材料的合成方法依赖性很强。

传统的阴极材料如 LCO 具有单个过渡金属元素可以通过简单的固相法来合成，其中醋酸钴以及碳酸锂在 900℃条件下烧结，便可以得到一致的材料。但是对于具有多种过渡金属元素的材料，如 LMO❶，得到严格符合化学计量比以及符合实验设定的晶体结构的产物是至关重要的。在这些材料用做锂离子阴极材料时，即使很小的变动也会导致与要求完全相异的性能。严格控制合成条件对这一类材料是非常重要的。

Idomoto 等[12]探究了 LMO 的合成方法对阴极性能的影响，他们分别采用固相法以及液相法制备了材料。在液相法制备过程中，将 Ni、Mn、Co 以及 Li 盐混合起来、干燥、烧结。研究者们发现采用液相法制备得到的材料具有更稳定的性能，而采用固相法制备得到的材料则受到烧结后冷却条件的影响。由于固相法是商业生产材料的常用方法，因此对材料制备过程的条件进行精细控制对于生产稳定的 LMO 阴极材料是非常有必要的。

含 Mn 系列阴极材料中另外一项重要的研究领域是针对固溶体材料 Li_2MnO_3-$LiMO_2$（见 1.3.2.2 部分）进行的。其中，部分该类材料已经见诸报道：如 Numata 等[13]报道的 $Li(Li_{x/3}Mn_{2x/3}Co_{1-x})O_2$ （$0<x<1$），Lu 和 Dahn[14,15] 报道的 $Li[Cr_xLi_{(1/3-x/3)}Mn_{(2/3-2x/3)}]O_2$ （$0<x<1$）。由于他们具有很高的放电容量，因此他们是未来锂离子电池中最有潜力的阴极材料。

关于这类材料为什么能够取得如此高的放电容量的机理并不完全明晰，这类材料的许多方面都是目前研究的热点。针对它们的首次充电时的电化学行为[16]、容量衰减机理[17]、长

❶ 在本小节里面出现的 LMO，与上文以及下一节中的锰酸锂的缩写并不是指同一类物质。本节里面的 LMO 是指 $LiMnO_2$ 加入其他元素后的改性材料，如 5V $LiNi_{0.5}Mn_{0.5}O_2$ 材料以及 NMC 材料。——译者注。

寿命机理[18]、高容量机理[19]、离子迁移机理[20]以及性能和结构之间的关系[21]等方面已经有了一些值得关注的研究。

1.3.3.4 尖晶石结构阴极材料（三维）

$LiMn_2O_4$（LMO）是这类材料中最知名的阴极材料。普遍认为尖晶石的结构是 AB_2O_4，$MgAl_2O_4$ 是其中最为典型的例子。在 LMO 中，沿着 Mn-O 框架构筑成的三维交叉通道构成了锂离子的迁移通道。这种材料的最早研究者是 Thackeray 等[22,23]。据我们所知，LMO 有很多缺陷，包括容量较低、充放电过程中以及高温储藏过程中均会发生锰从晶格中溶解的现象。但是，已经有研究表明锰的溶解可以通过在 Mn 位进行元素掺杂而得到抑制，这些元素有 Al、Cr、Ti 以及 Ni；通过增加材料中 Li/Mn 的比例也可以抑制锰的溶解[24]。尽管 LMO 的容量比层状岩盐结构阴极材料要低，但是较为合理的价格以及优秀的安全特性却使 LMO 成为在大中型锂离子电池应用中很有吸引力的阴极材料。

1.3.3.5 橄榄石结构阴极材料（一维）

LFP 最初由 Goodenough[25]带领的团队所报道，目前已经成为橄榄石型阴极材料中最广为人知的一种。由于其具有一维晶体结构特征，所以锂离子在晶体中的迁移受到限制，这导致这类材料的离子扩散率和离子电导率较低，从而影响了其作为阴极材料的商业化。在 21 世纪初，A123Systems 公司通过将 LFP 材料制备成纳米粒子，在材料表面包覆一层碳层以及采用其他不同的元素如铌进行掺杂，从而克服了这些缺陷，并将 LFP 材料成功应用于电动工具以及电动车辆中。但是，LFP 的电压较低，使其难以在能量密度上有所突破，从而限制了其在大中型设备中的应用。其他的一些橄榄石材料如 $LiMnPO_4$ 以及 $LiCoPO_4$，可以分别提供 4.1V 和 4.8V 的电压，因此目前正受到人们的关注。

1.4 阳极材料发展现状

1.4.1 阳极材料的发展史

1995 年，阳极主要材料是石墨和硬碳。在当时的 450t 阳极材料市场量中，有一半都是石墨，包括中间相石墨和人造石墨。中间相石墨虽然价格较高，但是使用却更为广泛，主要因为使用它更容易得到性能稳定的电池。到 2010 年，阳极材料的出货量增长到 27000t，基本上都是各种形式的石墨，如图 1.5 所示。石墨之所以占据压倒性的主导地位，是因为相比较硬碳而言，石墨的放电曲线更占优势。

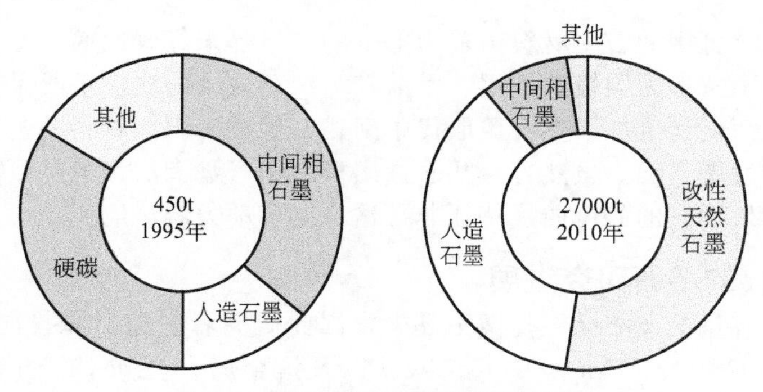

图 1.5 锂离子阳极市场的主要材料

图 1.6 展示了作为锂离子电池石墨阳极材料的放电曲线，曲线的主要特征是宽而平。而在硬碳的放电曲线中，在充电的大部分范围内，呈现逐步下降的趋势（见图 1.7）。

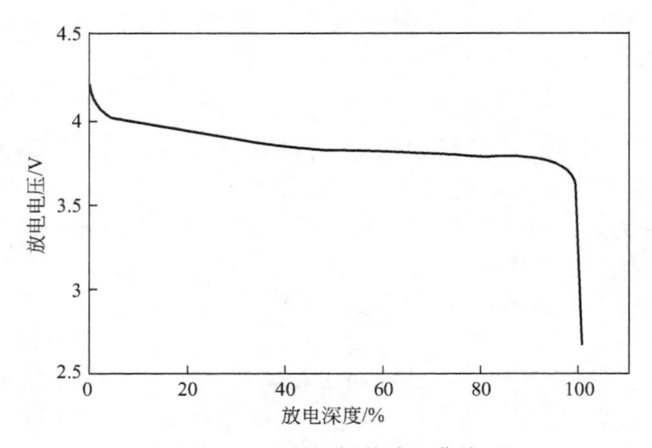

图 1.6　石墨阳极的放电曲线

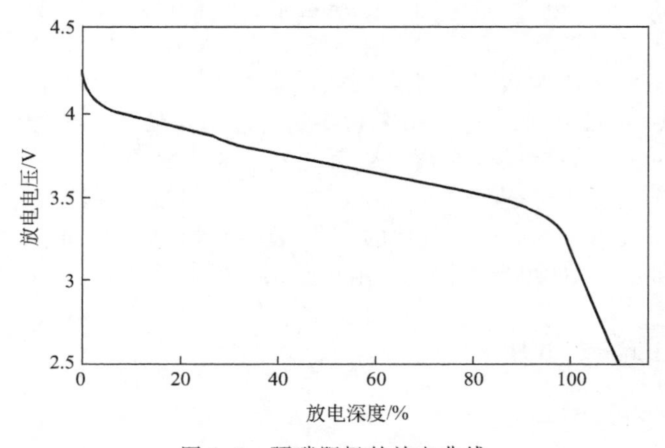

图 1.7　硬碳阳极的放电曲线

在目前这个时代里，快速发展的移动电话是锂离子电池的主要需求驱动，而移动电话应用则更倾向于需要平稳的放电曲线。石墨也因此成为阳极材料市场的主导，而为了迎合低成本、高容量的需求，也在石墨的基础上发展了一些改良品。在这些改良品中，改性的天然石墨则最为常用。

天然石墨是已有可用的石墨材料中最为廉价的，但是未经改性的天然石墨对电解液的反应活性较高，限制了它作为阳极的应用。目前较为广泛使用的改性手段是在石墨表面包覆一层薄薄的碳层，从而促使改性天然石墨取代中间相石墨成为阳极材料的主导。最近硬碳市场呈现出一个复苏的发展趋势。虽然曾经几乎被阳极市场全盘淘汰，但是目前，硬碳却开始翻身，这主要是因为发现它的放电曲线特征非常适合混合动力汽车应用。

1.4.2　阳极材料的最新研究进展

增加石墨阳极容量的概率已经是微乎其微，因此研究者们把目光投向了其他新型材料，包括金属氧化物如 Co_3O_4、CoO、CuO、FeO 以及锂金属合金如 Cu-Sn-Li、Cu-Sb-Li、In-Sn-Li、Si-Li、Si-C-Li。锂金属合金放电容量比石墨要高得多，如图 1.8 所示，但是在充放电过程中出现的较大的体积膨胀与收缩率则是其最为严重的弊端，见图 1.9。目前，这个问题已经可以通过制备纳米颗粒或者与碳材料制备复合材料的方法来得到减缓，并且已经有一些这类材料开始应用于实际的锂离子电池中。

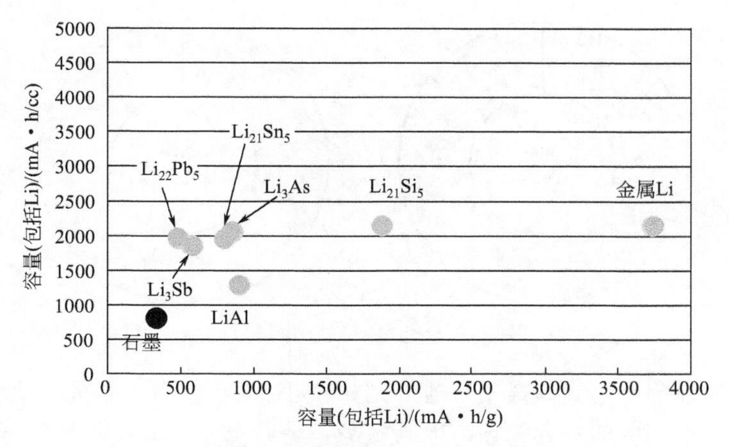

图 1.8 金属合金阳极的理论放电容量（1cc=1mL）

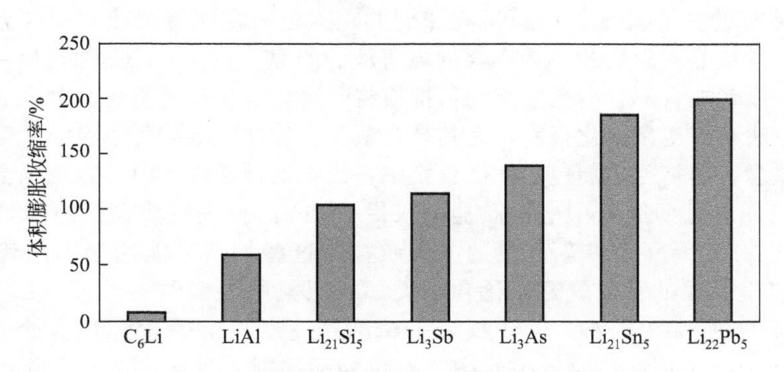

图 1.9 金属阳极在充放电过程中体积的膨胀与收缩率

1.5 电解液的发展现状

1.5.1 电解液的发展历史

锂离子电池的电解液是有机溶剂和电解质盐化合物的混合物。常见的有机溶剂是环状碳酸酯如碳酸乙烯酯和碳酸丙烯酯，与链状碳酸酯如碳酸二甲酯和碳酸二乙酯的混合物。然后，在上述有机混合溶剂中加入盐类化合物如 $LiPF_6$ 或者 $LiBF_4$ 便得到最终的电解液。电解液必须能够使得锂离子在其中能够自由迁移，因此必须同时具备高介电常数和低黏度。环状碳酸酯的介电常数很高，但是黏度也很高，而链状碳酸酯的黏度较低，但是介电常数也较低。所以合适的电解液溶剂是将两者混合而成的。

对于电解质盐而言，$LiPF_6$ 以及 $LiBF_4$ 在 1995 年都得到广泛应用，但是随着整个电解质市场从 300t 扩张到 3700t，$LiPF_6$ 逐渐成为市场主导。如图 1.10 所示。

1.5.2 电解液的最新研究进展

针对电解液的研究一般集中在三个方面：功能电解液添加剂、阻燃或不易燃的电解液以及新型电解质盐。

功能电解液添加剂主要加入在电解液中以改善电池性能。这个概念的产生已经有一段时间，且已经建立了很好的基础工艺。一个最早的例子是在使用金属锂阳极的充电电池非水电解液中加入丙磺酸内酯。尽管这项技术最早是为了采用金属锂作为阳极的电池而发展起来

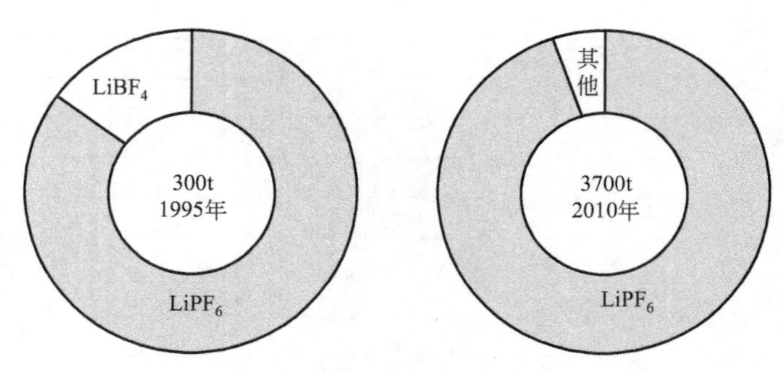

图 1.10 锂离子电池电解质盐市场上的主要材料

的，但是真正将添加剂应用到锂离子电池中则始于 1994 年左右，自此一大批添加剂开始发展起来。曾经作为添加剂的化合物种类极其繁多，难以一一提及，但值得一提的几个例子是碳酸亚乙烯酯、丙磺酸内酯、环已基苯以及氟代碳酸乙烯酯。添加剂以及合适的配方是每个电池生产商所持有的核心技术，对新型添加剂的探索也一直保持快速发展的势头。

第二个研究领域是对阻燃或不易燃烧的电解液的研究。主要方法是通过以一定的手段加入磷酸盐化合物，或者加入环状磷酸酯溶剂，抑或将磷腈化合物作为阻燃剂加入到电解液中。此外最为常见的方法是采用卤素化合物，尤其是含氟化合物如氟碳酯类以及氟化醚类。还有一个新的安全机制概念，即将阻燃剂包裹在微胶囊中，当电池遭遇故障时，阻燃剂会释放出来。

第三个研究内容是研究新型电解质盐以取代 $LiPF_6$，但是目前在性能和价格方面还存在很多挑战。图 1.11 展示了一些新开发的电解质盐，这些均是可能用于下一代锂离子电池中的强劲选手。值得关注的有磺酰氨基化合物类如双三氟甲烷磺酰亚胺锂（LiTFSA）以及双五氟乙烷磺酰亚胺锂（LiBETA）、全氟烷基磷酸锂、双草酸硼酸锂以及全氟硼酸锂盐群，这些化合物正处于商品化评估阶段。其中，双草酸硼酸锂由于成本低、无氟以及草酸、硼酸储量丰富的缘故而备受关注。

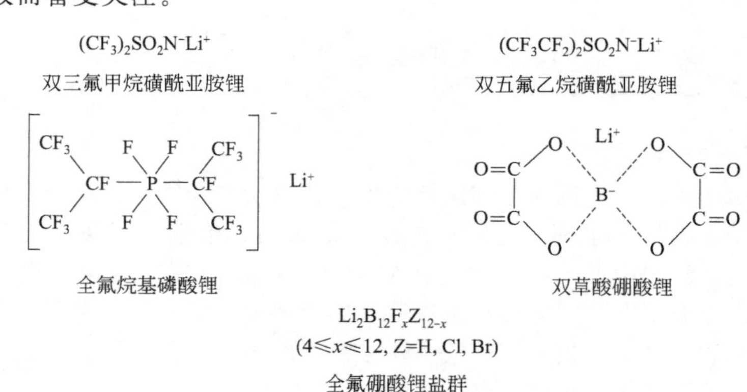

图 1.11 正在研制开发中的新型电解质盐

1.6 隔膜技术

1.6.1 隔膜制造方法及特征

锂离子电池隔膜是一类由聚烯烃材料制备而成的微孔薄膜。隔膜放置在阴极和阳极之间，在允许锂离子通过的同时防止正、负极接触。基于制造方法的不同，有三种不同类别的隔膜，每种都表现出不同的形貌和特征，适合不同体系的电池应用。三种方法制备的典型隔膜的扫描电镜如图 1.12 所示。

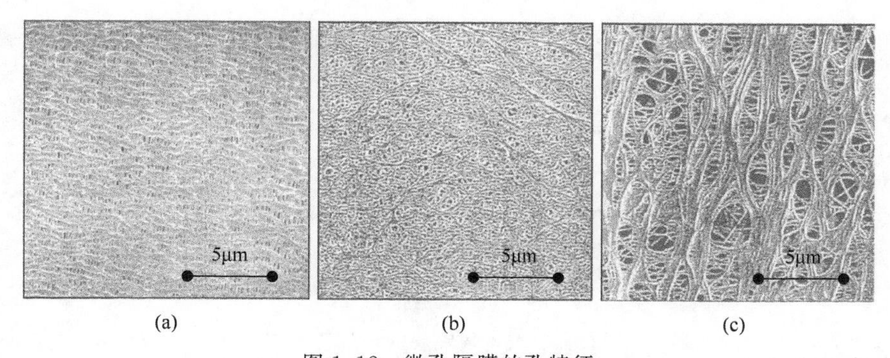

图 1.12　微孔隔膜的孔特征

（a）干法单组分体系；（b）湿法双组分体系；（c）湿法三组分体系

1.6.1.1　干法单组分体系

在这种体系下，隔膜的制备主要通过挤压熔融聚合物使之成为薄膜，之后在隔膜的冷却过程中，拉伸薄膜，使球晶周围形成孔。之所以称之为“干法”是因为在制备过程中没有溶剂参与，而“单组分”的含义主要在于制备过程只涉及薄膜本身的聚合物材料。采用这种体系制备隔膜，由于制备过程比较简单，不需要其他额外步骤，所以成本相对较低。但是，这种体系对于孔大小和孔结构只能进行很有限的管控，因此对隔膜的物理性能的控制也受到限制。而且，采用这种体系制备的隔膜不具有“自闭孔”的安全功能。

1.6.1.2　湿法双组分体系

在这种体系下，在挤压之前首先需要将塑化剂与聚合物混合。塑化剂与聚合物之间的相分离发生在挤压后冷却过程中熔融材料本身的微小区域，移除塑化剂后形成孔。这个过程称为“湿”法是因为需要采用溶剂移除塑化剂，而“双组分”的含义则源于挤压出的材料中含有聚合物和塑化剂两种物质。在这种制备体系下，可以通过选择不同的聚合物和塑化剂材料来控制孔大小和孔结构，从而使得制备的隔膜具有较为宽泛的物理特征。

1.6.1.3　湿法三组分体系

这种体系与上述体系较为类似，不同之处在于挤压前还需要将无机填料加入聚合物中。填料颗粒会与塑化剂一起移除。这种体系的优势在于隔膜所形成的孔要比前两种体系的大一些，从而可以提供更好的离子迁移率。

1.6.1.4　闭孔性能

许多隔膜在物理性能的设计上都会有一个“自闭孔”的功能，这是隔膜的一个安全特征，当电池由于短路或其他原因产生不正常的热而导致聚合物融化时，可以关闭微孔，从而阻止电极间的离子迁移。这项功能可以阻止电池过热，从而极大地提升了电池的安全性。

隔膜自闭孔功能起作用的具体温度是由组成隔膜的聚合物的熔点决定的。图 1.13 展示了聚乙烯和聚丙烯隔膜在不同温度下离子迁移的阻抗大小。高温时阻抗突然升高代表此时孔融化关闭，自闭孔功能开始启用。自闭孔功能运行的温度取决于聚合物的熔点。聚乙烯隔膜在 130～140℃之间，阻抗急速上升，这说明电池温度即使在短路的情况下也不会超过这个温度。而对于熔点在 170℃的聚丙烯隔膜，在电池温度接近于这个温度之前，自闭孔功能不会开始。

在图 1.13 中值得一提的是，可以看到聚乙烯隔膜的其中一条曲线在温度继续上升时依然保持着高阻抗值，而另外一条则经历最初一个尖峰值后迅速下降，说明隔膜已经破裂。这

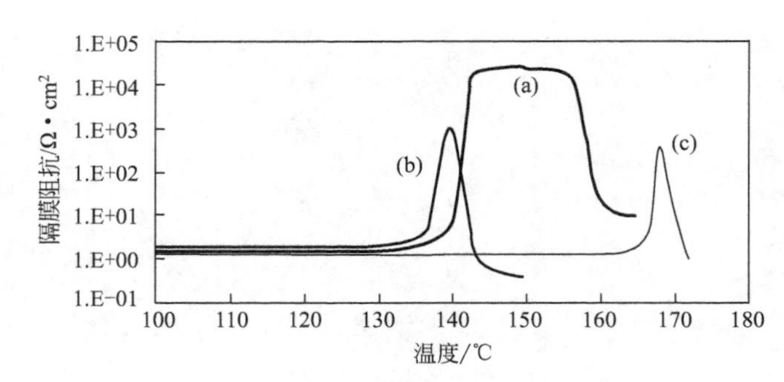

图 1.13 聚乙烯隔膜的自闭孔温度

电解液润湿的隔膜在不同温度下的阻抗（1kHz，AC）变化：（a，b）聚乙烯和（c）聚丙烯

两种行为特征的不同取决于一系列参数，如孔大小、孔结构以及聚合物的分子量。

1.6.2 隔膜最新研究进展

1.6.2.1 新材料

目前商业化隔膜都是采用聚烯烃制备而成的，它们只能提供有限的耐热性能。目前的研究集中在采用新材料来制备隔膜，以期获得更好的耐热性。这些材料包括耐热橡胶如硅橡胶和氟橡胶、芳香族聚酰胺树脂、液晶聚酯树脂、含有聚氧乙烯的耐热树脂以及带有交联基团的树脂。人们希望采用这些材料制备的隔膜，不仅能够表现出高温稳定性和安全性，且具有良好的离子运输性能，在大电流放电时可以提供更好的倍率容量。

1.6.2.2 无机物包覆

聚烯烃隔膜的一个缺陷就是当经历自闭孔功能之后，在温度继续升高时，隔膜可能会破裂（见 1.6.1.4 部分）。一种改进方法就是在隔膜的表面包覆一层耐热无机层。除了氧化铝、二氧化硅、二氧化钛以及氧化镁外，还可以选用很多材料，如玻璃材料、抗氧化陶瓷颗粒、黏土矿物、金属盐化合物以及管状填料。在这项技术中，采用耐热的树脂作为黏结剂将涂层黏结在隔膜的表面。芳香族聚酰胺树脂、聚酰亚胺树脂、液晶聚酯以及芳香族聚醚可以用作黏结剂。增加抗氧化性能的无机层，不仅能够通过阻止隔膜在高温以及过充电时破裂而提高安全性能，且已经发现可以改善阴极接触面的稳定性。这种带包覆层的隔膜已经在采用先进的阴极材料制备的高功率锂离子电池中找到了一定的商业应用价值，而在未来，它们的应用价值很有希望随着这类锂离子电池的继续研究而更加突出，但是由于包覆工艺的引入，从而会不可避免地增加成本，也会成为其大范围应用的一个挑战。

1.6.2.3 含有无机材料的隔膜

另外一个使隔膜可以获得更好耐热性能的方法是将无机材料混入到隔膜中。这种方法还能够增加隔膜的离子渗透率。适用于这个目的的无机材料需要具有抗氧化特征并且对电解液稳定。氧化铝、二氧化硅以及二氧化钛是首选材料，而一些在脱水反应中吸热的无机材料也非常具有吸引力。这项技术不仅可以应用于聚烯烃隔膜，也能用于在 1.6.2.1 部分提到的采用耐热树脂制备成的隔膜上。

1.6.2.4 无纺布隔膜

无纺布纤维织物被认为是隔膜的备选材料，主要由于其较低的价格以及高离子渗透性。不仅采用液晶聚酯、芳香聚酰胺制备得到的无纺布可以用作隔膜，来自于纤维素的无纺布由于其耐热性能也在考虑的范围内。尽管如此，目前并没有得到足够薄的无纺布，而且它们的孔径也太大，不能够有效地做到电绝缘。一个减小孔径的有效办法是在织物中增加多孔的无机层以封堵大孔洞。基于这种目的研究的材料包括氧化铝、二氧化硅以及二氧化钛，这种方法也可以增加无纺布的绝缘特征。德固赛是这项技术的领先者。另外一个减小孔径同时也可以减小厚度的方法是采用超细纤维以及特殊的纺织技术如闪蒸纺丝以及电纺丝技术来制备无纺布隔膜。

1.6.2.5　层压复合隔膜

将传统的聚乙烯和聚丙烯微孔隔膜层压在一起，就可能得到一种新的隔膜，这种隔膜兼具自闭孔功能以及防破裂的保护功能。液晶聚酯微孔膜、聚苯醚微孔膜、芳香聚酰胺微孔膜、聚酰亚胺微孔膜、聚酰胺酰亚胺树脂微孔膜、丙烯酸树脂隔膜以及交联聚合物微孔膜都是正在研究中的可与聚乙烯层压以制备层压隔膜的备选微孔膜，制备层压隔膜的目的在于获得更好的耐热性能。

1.7　结论

锂离子电池的商业化促使手持电子市场的迅猛发展，也使得信息技术走进社会生活的方方面面。锂离子电池目前几乎应用于消费电池市场的所有领域。为迎合市场发展需求，锂离子电池四大成分的发展都始终强调应适合于手持电子设备的使用要求。随着锂离子电池逐渐开始应用于大中型设备：电动汽车以及固定储能装置中，对锂离子电池性能的要求也开始逐渐升级。锂离子电池组件的发展方向正转向新的使用要求。新兴的锂离子电池新配置有望加速发生在这些大中型应用领域中的这场革命，正如曾经发生在手持电子设备中的那样。

参考文献

[1] A. Yoshino, K. Sanechika, T. Nakajima, U.S. Patent 4,668,595 (1985).
[2] J.B. Goodenough, K. Mizushima, U.S. Patents 4,302,518 and 4,357,215 (1979).
[3] K. Mizushima, P.C. Jones, P.J. Wiseman, J.B. Goodenough, Mater. Res. Bull. 15 (1980) 783.
[4] R. Yazami, P. Touzain, J. Power Sources 9 (1983) 365.
[5] A. Yoshino, K. Sanechika, Japanese Patent 2128922 (1984).
[6] A. Yoshino, K. Nakanishi, A. Ono, Japanese Patent 2642206 (1989).
[7] A. Yoshino, K. Inoue, Japanese Patent 3035677 (1991).
[8] J. Yamaki, T. Doi, S. Okada, Funsai 52 (2009) 13.
[9] N. Yamamoto, K. Nakura, S. Yuasa, T. Kurosaki, Panasonic Tech. J. 56 (2010) 16.
[10] T. Ohzuku, Y. Makimura, Chem. Lett. 7 (2001) 642.
[11] N. Yabuuchi, T. Ohzuku, J. Power Sources 119 (2003) 171.
[12] Y. Idemoto, K. Ueki, N. Kitayama, Electrochemistry 78 (2010) 475.
[13] K. Numata, C. Sakaki, S. Yamanaka, Chem. Lett. (1997) 725.
[14] Z. Lu, J.R. Dahn, J. Electrochem. Soc. 149 (2002) A815.
[15] Z. Lu, J.R. Dahn, J. Electrochem. Soc. 149 (2002) A1454.
[16] A. Ito, D. Li, Y. Ohsawa, Y. Sato, J. Power Sources 183 (2008) 344.
[17] A. Ito, Y. Ohsawa, M. Watanabe, K. Tsushima, M. Hatano, H. Horie, F. Matsumoto, Y. Sato, 48th Battery Symposium, Fukuoka, Japan, 2008.
[18] A. Ito, Y. Sato, Y. Ohsawa, M. Hatano, M. Watanabe, H. Horie, 49th Battery Symposium, Osaka, Japan, 2009.
[19] A. Ito, Y. Sato, T. Sanada, M. Hatano, H. Horie, Y. Ohsawa, 15th International Meeting on Lithium Battery, Montréal, Canada, 2010.

[20] Y. Ohsawa, T. Kaburagi, H. Komatsu, F. Matsumoto, Y. Sato, A. Ito, K. Oshihara, K. Tsushima, M. Hatano, H. Horie, 51st Battery Symposium, Nagoya, Japan, 2010.

[21] A. Ito, Y. Ohsawa, M. Watanabe, K. Tsushima, M. Hatano, H. Horie, F. Matsumoto, Y. Sato, 48th Battery Symposium, Fukuoka, Japan, 2010.

[22] M.M. Thackeray, W.I.F. David, P.G. Bruce, J.B. Goodenough, Mater. Res. Bull. 18 (1983) 461.

[23] M.M. Thackeray, Y. Shao-Horn, A.J. Kahaian, K.D. Kepler, E. Skinner, J.T. Vaughey, S.A. Hackney, Electrochem. Solid-State Lett 1 (1998) 7.

[24] A. Yamada, Mater. Stage 17 (2007) 37.

[25] A.K. Padhi, K.S. Nanjyundaswamy, J.B. Goodenough, J. Electrochem. Soc. 144 (1997) 1188.

第2章 锂离子电池的过去、现在与未来：新技术能否开启新局面？

Yoshio Nishi
(日本索尼公司前执行副总裁，日本)

2.1 概述

20世纪80年代，开始设计各种各样户外使用的视听配件，并大规模的投放市场。此外，所谓的信息技术设备，包括移动电话、笔记本电脑、数码相机等，也开始越来越受到人们的青睐。

尽管在20世纪70年代之前，一次电池一直统领着整个电池市场，但是如铅酸电池、镍镉电池（Ni-Cd）等二次电池最终还是取代了它们。

镍镉电池是一种典型的小型二次电池，但它在用作手持设备的电源时有其自身的弱点，如能量密度较低以及环境污染问题等。在20世纪80年代末之前，虽然镍镉电池性能也得到了一系列的改进，但是能量密度却达到了一个极限。

日本索尼公司自从20世纪70年代中期开始它的电池业务。那时，它的主要电池产品是一次电池，如氧化银电池、碳锌电池、碱锰电池以及一次锂电池。为了使得索尼电池的业务迎合上面提到的发展趋势，很迫切的需要发展新型可充电电池。

索尼公司从1985年开始发展二次电池，当时发展镍镉体系已经不再是好的选择。索尼公司开始尝试发展锂基阳极电池，并且，首次成功地在1991年组装出了锂离子二次电池（LIB）[1]。

与传统的二次电池如镍镉、镍金属氢化物以及铅酸蓄电池相比，锂离子电池具有显著的性能优势。如：

① 高电压（平均3.7V）；

② 高质量能量密度和体积能量密度；

③ 没有记忆效应；

④ 低自放电率（每年低于20%）；

⑤ 工作温度范围宽。

从20世纪90年代开始，锂离子电池已用于不同的移动设备中，我们当时非常确信我们的消费者会对电池的性能感到满意。但是，我们很快发现，我们提供的产品性能与消费者的期望之间还存在偏差，原因是我们对消费者使用二次电池的方式不熟悉。

在接下来的章节中，我想讨论一下消费者们对二次电池真正的期许是什么。

2.2 锂离子电池是如何诞生的？

首先，先介绍一下锂离子电池诞生后的短暂历史。

锂离子电池需要一些之前从未引起化学家们注意的复杂材料，这就意味着在它们的开发过程中，需要科学家们具备渊博的材料学知识。

我自1966年加入索尼公司之后，有大约40年的时间专注于电子设备新型材料的研发。

在索尼公司，我的科学生涯是从研究锌空气电池开始的，在电化学领域研发了8年之后，我不太情愿地转向了电声材料的研究领域，一种用在如扬声器、耳机、麦克风等电声传感器上的膜片材料。

这种急剧的转变使我很尴尬，也迫使我不得不全身心地投入到我不熟悉的不同材料中，包括金属（如铝）、陶瓷、含碳材料、纤维增强树脂用强化纤维（超高强聚乙烯纤维等）、有机聚合物等。我也尝试过采用聚偏氟乙烯（PVDF）制备压电式扬声器。

在这些学习的过程里，我最成功的一个收获就是合成了有机聚合物晶须，我们制备了世界上第一个有机物晶须，这个晶须是基于聚甲醛（POM）制备而成的[2,3]。我们也成功地将这种POM晶须实现小规模量产，并通过将晶须与聚乙烯复合，将其应用在扬声器膜片上。

在经历电声材料12年的研究之后，我又重新投入到新型电池的研究之中。我的研究工作集中在采用非水电解液的电池上，尤其是以碳/锂合金为阳极的电池。后来成功地研究出了一个以$LiCoO_2$（LCO）为阴极，以锂化的碳为阳极的高性能电池，并将其命名为锂离子电池。

我在一系列先进材料的研究方面积累的经验，正如上面提到的，使我对锂离子电池的研究如鱼得水，因为对锂离子电池的开发涉及不同的新材料包括陶瓷（如LCO）、含碳材料（如阳极）、聚合物薄膜（如隔膜）、黏合剂（如正、负极用黏结剂）以及有机溶剂（如电解液）。

比如在POM的合成中，需要控制原材料溶液中的水分含量到一个非常严格的低水平（百万分之几）[2,3]，所以在我制备非水电解液的过程中，我便很好地利用了这个技术来制备水分含量极低的电解液。

在锂离子电池中，采用双向拉伸的聚乙烯微孔膜作为隔膜，而这个材料同上述的超高强聚乙烯纤维很类似。PVDF可以作为活性电极材料的黏结剂，而这个材料曾经是我很熟悉的一种压电材料。

经过长达5年之久的新型电池的研制努力后，在1990年，索尼公司宣称已成功开发出了锂离子电池。在大约1991年进入市场的第一代锂离子电池中，负极板采用的活性材料是石墨化的碳（即软碳）。这个电池（直径20mm×高度50mm）有4.1V的电压以及80W·h/kg的能量密度，比镍氢电池以及镍镉电池都要高。

第一代锂离子电池应用在移动电话上，由于那时的电池输出功率较低，所以每个电话需要两个电池串联起来提供能量。此外，第一代锂离子电池在低温条件下很难使用，如滑雪比赛中。

在改进锂离子电池性能方面，如能量密度、续航性能、循环性能以及低温放电性能上，还需要做大量的工作。

有三种类型的含碳材料可以用作阳极活性材料：石墨、石墨化碳以及非石墨化碳（即硬碳）（见图2.1）。

我们都知道，石墨的d_{002}间距是0.335nm，当锂离子嵌入到石墨层间时，d_{002}膨胀至0.372nm。

尽管软碳的d_{002}间距比石墨的略宽，但是依然小于0.372nm，这意味着在焦炭材料中由于锂离子嵌入而引起的膨胀也是无法避免的。考虑到焦炭的这种行为，我们认为d_{002}间距大于0.372nm的含碳材料能够在不发生膨胀的情况下平稳地嵌入锂离子，从而可以嵌入比软碳和石墨都要多的锂离子。

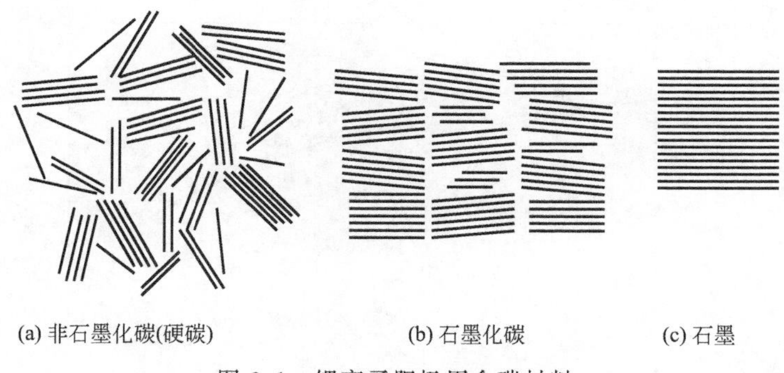

(a) 非石墨化碳(硬碳)　　(b) 石墨化碳　　(c) 石墨

图 2.1 锂离子阳极用含碳材料

我们已经认识到：由微晶构成的非石墨碳（硬碳）各层之间排布不规则，它的晶体 d_{002} 间距大于 0.372nm。

因为那时合适用作合成硬碳的前驱体在市面上几乎见不到，所以我们开始尝试采用聚糠醇（PFA）树脂来制备硬碳，现在 PFA 已成为制备硬碳的一种常用的前驱体。PFA 是采用糠醇单体，以磷酸为催化剂聚合而成的，在得到 PFA 树脂之后再将其在 1100～1200℃条件下进行热处理，碳化得到硬碳。这样得到的含碳材料的 d_{002} 间距比 0.372nm 要大。

由于在制备有机聚合物 POM 上我积累了大量的经验，所以在制备 PFA 时并不吃力。

我们自己合成的制备硬碳的原料（FPA）给我们带来了未曾预料到的效益。我们发现在碳中加入磷（类推出硼）能够极大地增加其锂离子捕获能力[4～6]。

1992 年，硬碳阳极被用于我们的第二代锂离子电池中，硬碳的引入使得锂离子电池可以充电到 4.2V 而又没有明显的容量衰减现象。其能量密度可以达到 120W・h/kg，相比使用软碳的电池，能量密度增加了 50%（电池大小：直径 18mm×65mm 长度，这个型号称为 18650 电池）。

2.3 消费者们期许的锂离子电池性能

在硬碳负极的基础上，我们对其性能进行改进，最终获得 550mA・h/g 的放电容量。石墨的理论放电容量为 372mA・h/g，实际中能达到 350mA・h/g。因此，我们估计硬碳会是一种非常有潜力的阳极材料。

但是，没过多久我们就意识到质量能量密度高并不意味着其就可以所向披靡。我们的客户告诉我们体积能量密度对于电池来说更加重要，因为电池的尺寸大小已经由应用设备预先决定了。

石墨的密度大约为 2.15～2.25g/cm^3，而硬碳的则是 1.45～1.55 g/cm^3，因此可以推算出石墨和硬碳的体积比能量分别是 750～790mA・h/cm^3 以及 800～850mA・h/cm^3，仅从体积比能量的角度来看，石墨和硬碳之间的区别很小。而当 LCO 用于阴极材料时，石墨电池的平均电压为 3.7V，而硬碳电池的为 3.6V，这意味着前者的能量密度是 2.8～2.9W・h/cm^3，而后者的是 2.9～3.1W・h/cm^3。不仅如此，石墨的首次充放电效率是 95%，而硬碳的则是 85%。所以，硬碳的优势由于其较低的密度、较低的平均电压以及较低的首次效率而被大大削减。

此外，石墨电池的放电曲线平台非常平整，而硬碳电池则相对倾斜（见图 2.2）。当截止电压设定在 3V 时，如家庭电脑以及手机等电子产品的截止电压都是该值，则电池的放电容量就会受到削减。在图 2.2 中，放电到 2V 时的容量定义为 100%容量，从图中可以看出，以硬碳为阳极，截止电压设定在 3V 时，则几乎有 12%的放电容量损失掉了。

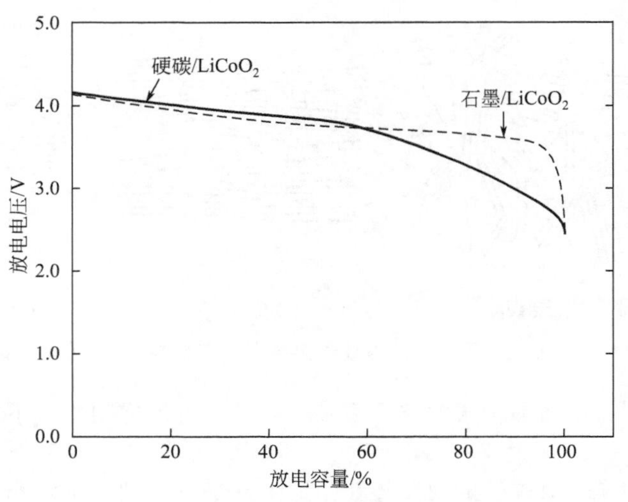

图 2.2 石墨和硬碳的放电曲线

当然，电子设备的放电截止电压可以通过电子控制进行修改。如果放电电压太低，就必须要增大放电电流以提供所需的放电功率。

通过对硬碳负极的研究，我们了解到以下一些因素是我们选择电池材料，尤其是选择正、负极活性材料时必须考虑到的。

① 体积能量密度同质量能量密度一样重要，因为一般电子产品用的电池的尺寸是固定的。所以从这个角度来看，相对密度较低的材料并不被看好。

② 截止电压影响放电容量。放电曲线为斜坡状的电池不占优势。

③ 首次充放电效率要尽可能高。

2.4 锂离子电池的性能改进

为了达到所需要的体积能量密度，我们在第三代锂离子电池中引入了石墨负极。最新的18650 电池能量密度可以达到 230W·h/kg 以及 620W·h/dm^3。

要想进一步提高能量密度，必须从研究新型正、负极活性材料方面入手。

2.4.1 锡基阳极

索尼公司研发了一种锡合金新型负极，它包含 Sn、Co 以及 C。这种新型电池体系命名为“Nexelion”[7]。

图 2.3 表示的是温度对 Nexelion 电池放电容量的影响，据称 Nexelion 的放电容量比用石墨负极制作的电池高 30%。但是，这种增加的放电容量中有 15%在 3V 以下，这点从图 2.3 中可以看出。

图 2.4 展示了 Nexelion 的充电特性。在 2C 充电倍率下，30min 内可以充入 90%的容量，与常规电池相比，充电速度要快 50%。

第一代 Nexelion（2005 年上市）的电池很小，直径为 14mm，长度为 43mm，容量仅有大约 800mA·h（4.2～3.0V）。

在 2007 年，索尼公司开发出一种方形电池（11mm×30mm×42mm），容量稍大，大约为 1800mA·h（4.2～3.0V）。之后在 2011 年，又成功地研发出 18650 Nexelion 电池，它的容量为 3000mA·h（4.2～3.0V），能量密度为 210W·h/kg 以及 670W·h/L。

当截止电压为 2.0V 时，放电容量为 3500mA·h，质量能量密度为 225W·h/g，体积能量密度为 720W·h/dm^3。

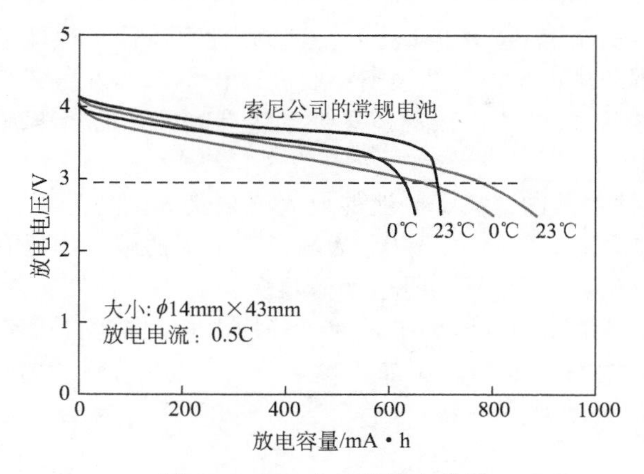

图 2.3 Nexelion 的放电曲线

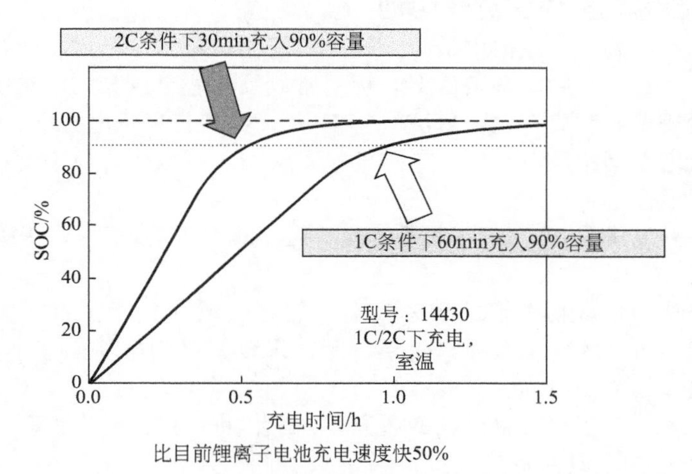

图 2.4 Nexelion 的充电特性

2.4.2 硅基阳极

石墨的实际充放电容量已经达到了它的理论限制，因此为了提高电池容量，寻找新型阳极活性材料的研究盛极一时。锡基的 Nexelion 电池就是一个例子，而硅则是另外一种具有高容量的阳极材料。

LiC_6、Li_4Si 以及 $Li_{4.4}Sn$ 的理论放电容量分别为 339mA·h/g、1908mA·h/g 以及 993mA·h/g，这意味着硅基阳极非常具有潜力。

但是，硅本身有一个必须要首先克服的基本缺陷，即当 Li 嵌入 Si 中时，Si 的体积会膨胀至原来的约 3 倍。这种反复的体积膨胀会导致 Si 在循环过程中不断地粉化，由于粉化后的 Si 粉之间电接触性欠佳，所以会导致急速的容量衰减。

曾经也有人试图采用膨胀率较小的 SiO 来替代 Si，以期获得较好的循环性能。采用 SiO 作为阳极，循环中的容量损失果然得到大幅下降，但是，这个材料却存在另外一个问题，即其首次充放电效率非常低，约为 50%～75%。

在将 Si 实际应用到生产中之前，必须对其进行更加深入的研究来提高这种材料作为阳极的性能。

2.4.3 钛基阳极

$Li_4Ti_5O_{12}$（LTO）是一种具有独特特征的新型锂离子电池阳极材料。LTO 的锂嵌入电压比石墨要高，大约在1.55V（vs. Li/Li^+），这种特性可以使电池即使采用高倍率充电，Li也不会在阳极表面还原出来。此外，在锂离子脱嵌过程中，其体积变化非常小。

这些特征可以使得以LTO为阳极的锂离子电池具有较好的倍率放电性能、快速充电性能以及良好的循环性能。

以LTO为阳极活性物质的锂离子电池的最大缺陷是其端电压很低，也就是说，如果以LCO、$LiMn_2O_4$ 或者 $LiNi_{1/3}Co_{1/3}Mn_{1/3}O_2$ 为阴极，电池的端电压只有2.2～2.5V，这意味着LTO电池的能量密度会比其他锂离子电池低很多。

组装成一个具有同等电压的电池系统，如果采用LTO电池，所需要的单体电池数量是其他普通锂离子电池的大约1.5倍。例如，设计一个300V的动力系统，需要串联120个LTO电池，而采用常规电池则只需要80个。这说明LTO的电池系统中会需要更加复杂的电池管理单元。

2.4.4 凝胶聚合物电解质锂离子电池

电解液泄漏是一次和二次电池中最令人困扰的问题，对付这种泄漏最行之有效的办法是将电解液固定起来。纯聚合物电解液由聚合物基质以及锂盐组成，它的离子电导率很低，所以很多研究者开始研发凝胶聚合物电解液（GPEs）来提高其离子电导率。CPEs由凝胶聚合物本体以及溶剂或增塑剂构成，它们的离子电导率很高，可以代替纯聚合物电解液作为锂离子电池的固态电解液。

索尼公司研究开发了采用GPEs的锂离子电池，即聚合物电池（LPBs），并于1998年将其投放到市场[8]。

但是人们广泛认为聚合物电池的倍率放电性能和低温性能同普通锂离子电池相比均较差，这主要是由于GPEs的离子电导率较差，所以将该聚合物电池用于手持电子设备的话，其性能尚有所欠缺。

基于此观点，我们对于聚合物电池的研究开发工作将主要锁定在如下几个方面：

① 凝胶电解液的溶剂具有低蒸气压；

② 胶体电解液与活性电极材料具有良好的黏合性；

③ 所有的溶剂都应该包裹在有机物基质中，不应该有多余的有机溶剂，从而可以防止电解液泄漏；

④ GPEs在一个较宽的温度范围内具有高离子电导率，尤其是在低温条件下；

⑤ 在电极表面包裹一层塑料层，隔断溶剂蒸气和水分之间的互相渗透；

⑥ 具有与传统锂离子电池相抗衡的性能。

GPEs需要同时具有两个矛盾的特征。它们需要容纳尽可能多的溶剂从而增加离子电导率，而另外一个方面，也需要很高的机械强度，太多的溶剂存在容易导致胶体破碎。

我们发明了一种胶体电解液，以偏二氟乙烯和六氟丙烯的共聚物为基体，以碳酸亚乙酯（EC）/碳酸丙烯酯（PC）/$LiPF_6$ 为电解液，经证明它们具有非常高的离子电导率以及很高的机械强度以解决上述提及的问题[9]。

GPEs含有有机溶剂形式的增塑剂，因此需要降低其蒸气压。我们的GPE中气态溶剂含量可以采用这个实验来进行测量：将微孔聚乙烯隔膜以及聚合物基质浸透在电解液中，在不同温度下加热60min，测试不同样品的蒸气含量并进行对比。图2.5清楚地显示了我们的GPE中溶剂的蒸气压，即使在温度为100℃条件下也非常低。微孔隔膜在低温条件下能够吸住溶液的原因主要在于微孔中较大的表面张力，但是随着温度的升高，溶剂会被快速蒸发出来。

图2.6显示了GPE的离子电导率与温度之间的关系，并将其与采用同样溶剂以及电解质盐的液体电解液进行对比。

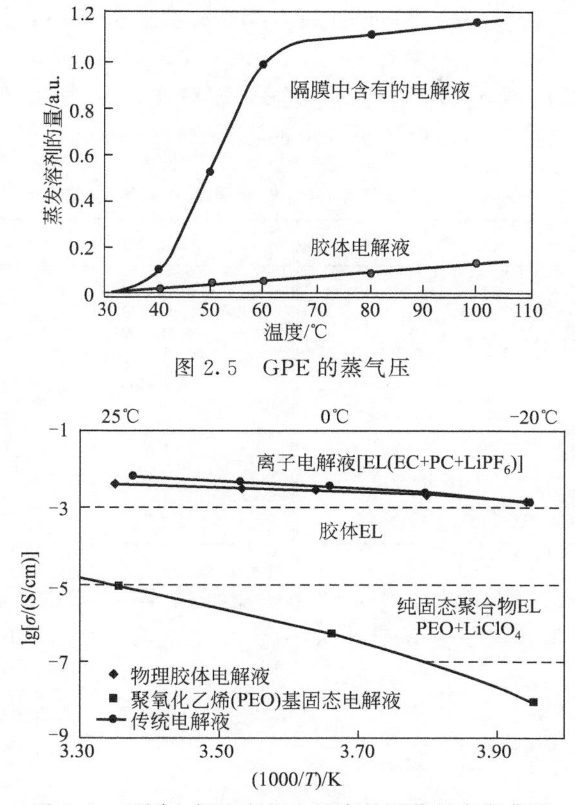

图 2.5　GPE 的蒸气压

图 2.6　不同电解液离子电导率的阿伦尼乌斯曲线

普遍认为 PC 在锂嵌入石墨的过程中会自发分解，所以，在以石墨为阳极的锂离子电池中一般采用 EC 基的电解液。而 PC 基的电解液比 EC 基的电解液离子电导率要高，所以一般采用 PC 作为增塑剂来改善电解液的电导率。

在我们的聚合物电池中，石墨颗粒的表面采用无定形的碳质材料来进行改进，以防止 PC 的分解，而且我们的 GPEs 具有可与液体电解液相媲美的离子电导率，并且可以表现出与石墨极佳的相容性。

图 2.7 显示了索尼公司 1998 年的聚合物电池的性能，它们的性能几乎与当时的锂离子

大小($D\times W\times H$)	38mm×35mm×62mm
质量	16g
容量	900mA・h
平均电压	3.75V
充电电压	4.2V
充电时间	150min
体积能量密度	410W・h/dm^3
质量能量密度	210W・h/kg
循环能力	85%@1000次循环
操作温度	-20～60℃
阴极	$LiCoO_2$
阳极	石墨

图 2.7　索尼公司 1998 年的 LPB 的性能特征

电池相似。由于采用质量较轻的铝塑膜来代替金属壳作为外壳材料，聚合物电池的质量能量密度变得更具吸引力。

表 2.1 中列出最新的一个聚合物电池的特征来作对比。虽然同 1998 年的电池相比，型号大小略小，但是体积能量密度却得到了极大的提升。

表 2.1 索尼开发的最新聚合物电池的特征

性能特征	数值	性能特征	数值
大小（$D\times W\times H$）	3.8mm×34mm×50mm	质量能量密度	215W·h/kg
质量	14.5g	循环性能	85%@1000 次循环
容量	830mA·h	操作温度	−20～60℃
平均电压	3.75V	阴极	$LiCoO_2$
充电时间	150min	阳极	石墨
体积能量密度	475W·h/dm³		

电池的倍率放电性能示于图 2.8 中，放电容量保持率（0.2C 放电容量为 100%）同放电倍率作图，可以看到在 3C 倍率条件下，容量保持率为 90%，可与常规锂离子电池相抗衡。

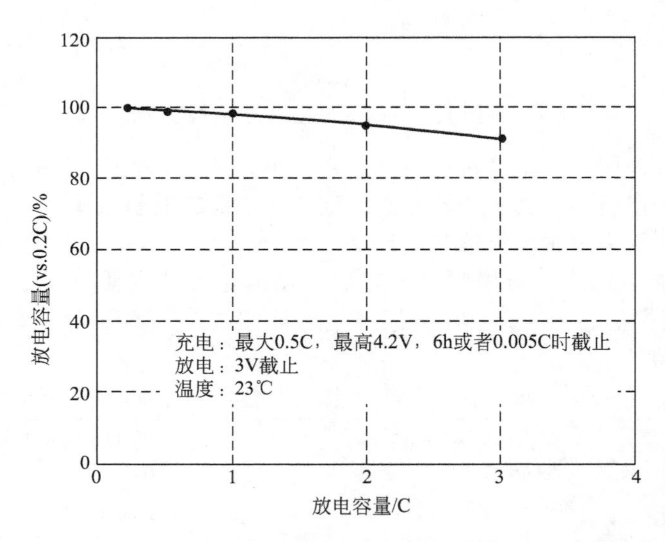

图 2.8 聚合物锂离子电池的倍率放电性能

图 2.9 展示了聚合物电池的循环性能，1000 次循环后的容量保持率大约为 85%，这个数值比常规锂离子电池要好得多。

锂离子电池用的隔膜可能会由于与高电压正极材料物理接触而分解，聚烯烃隔膜被氧化，产生气体物质，导致所谓的袋装电池膨胀。

而在聚合物电池中，由于凝胶电解质存在于正极活性物质与隔膜之间，从而避免了上述两种组件的直接接触，如图 2.10 中所描述。因此在电池储存在高压和高温条件下时不会发生膨胀，而在常规锂离子电池上的则会产生相反的情况（见图 2.11）。

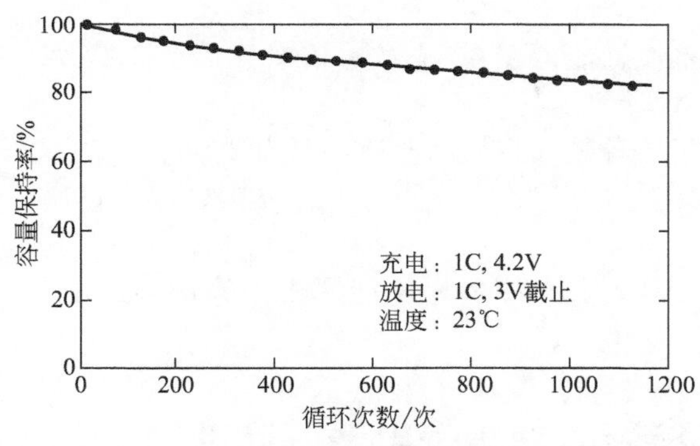

图 2.9 LPB 的循环性能

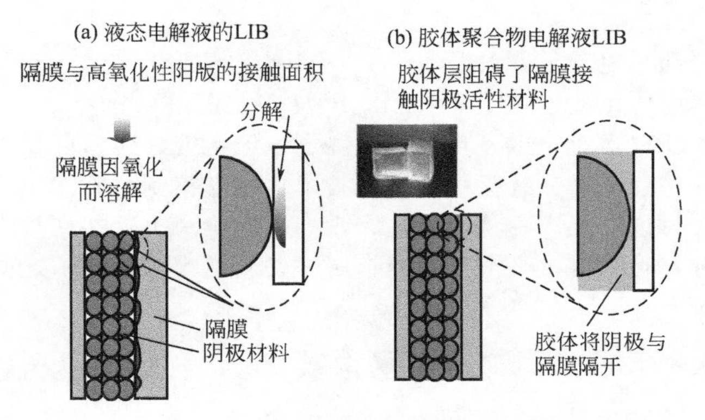

图 2.10 在 LIB 以及 LPB 中阴极材料对隔膜的作用对比

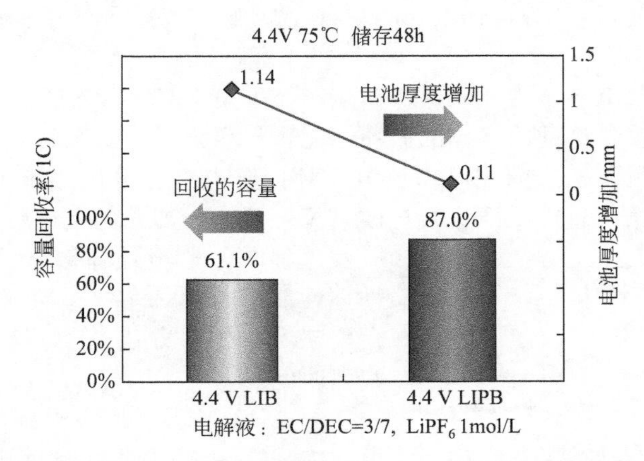

图 2.11 将 LIB 和 LPB 充电到 4.4V 后的储存性能测试

2.4.5 以 $LiFePO_4$ 为阴极的锂离子电池

索尼公司研发了一种以 $LiFePO_4$ 为阴极活性物质的具有较高倍率放电性能的锂离子电池[10]。这种石墨/$LiFePO_4$ 电池的端电压是 3.4V。

尽管 18650 电池（1100mA·h）的能量密度很小，大约只有 95W·h/dm^3，但是放电倍率可以达到 27C，而且放电过程中可以保持平稳的放电平台。

循环性能也非常不错，在 9C 放电倍率下，1000 次循环后可以保持初始容量的 90%

以上。

电池也具有较好的低温性能，在 9C 充放电倍率下，-10℃条件下容量保持率可以达到常温条件下的 95%。

他们同时也研发出了一种较大型号的电池，称为 26650（直径 26mm×高度 65mm）。它的容量为 3000mA·h，能量密度为 113W·h/kg，在 1C 放电倍率下循环 5000 次后容量保持率可以达到 80%以上。

尽管同 18650 电池相比，其倍率放电性能属于中等，但是在 10C 倍率下放电还是可以实现的。

2.5 新电池技术能否为锂离子电池开启新篇章?

自从 1991 年索尼公司将锂离子电池首次引入市场以来，为了改善电池性能，人们开展了大量的研究工作。

最初商业化的锂离子电池能量密度为 80W·h/kg 以及 200W·h/dm^3，而现在最新的锂离子电池的能量密度可以超过 230W·h/kg 以及 620W·h/dm^3。

人们已经意识到新技术对于进一步改善锂离子电池性能，包括能量密度和安全性能是非常必需的。因此，一些在科学上有吸引力的新技术也相继得到公开。但是，其中有一些技术并不满足在 2.3 节所讨论的要求。将会从这个观点上讨论一下这些新技术。

在接下来的部分，将会讨论一下这些要求与一些新提出来的技术之间的冲突。

2.5.1 富锂阴极

以富锂材料作为正极活性物质是目前我们所关注的一个课题，因为它们可以提供很大的放电容量。

Li_2MnO_3 材料以及 $LiMO_2$（M=Co，Ni，Mn）和 Li_2MnO_3 的固溶体都是其中正在研究的材料。日产汽车公司（Nissan Motor Co.）已经宣布将这种活性物质作为锂离子电池的阴极材料[11]。

据称这种材料的放电容量为 300mA·h/g，几乎是 $LiCoO_2$ 的两倍。但是这种固溶体的循环性能很差。为了改善这种固溶体的循环性能，日产公司的研究者对这种材料进行电化学预处理，即对材料进行阶梯式的充电和放电循环。充电终止电压逐步递升为 4.5V、4.6V、4.7V 以及 4.8V，每个终止电压下进行充放电循环两次，即总体上进行 8 次充放电循环。

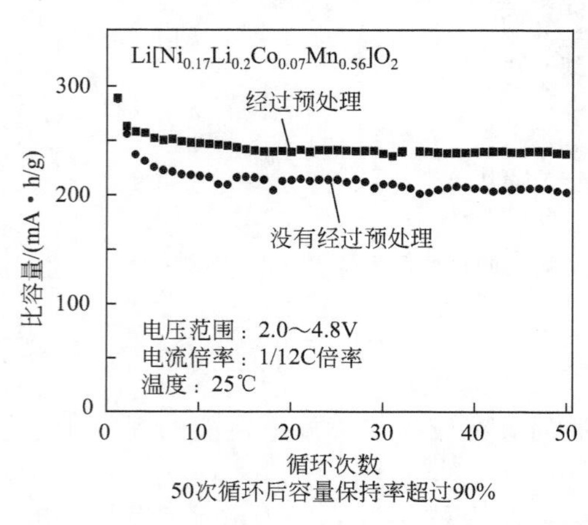

图 2.12 $LiMO_2$-Li_2MnO_3 阴极预处理前后的循环特性

这种电化学预处理改善了这种固溶体阴极的循环性能，如图 2.12 所示。但是，从批量生产的角度来看，这种方法并不可取，因为它既复杂又浪费时间。

图 2.13 展示了最终得到的固溶体阴极的充放电曲线，这种放电曲线相对比较倾斜，而且当终止电压为 3.0V 时，放电容量大约为 200mA·h/g，比他们宣称的在 1/12C 放电倍率下容量可达 300mA·h/g 要低得多。

2.5.2 有机阴极材料

一般来说，阴极的活性物质都是包含金属如钴、镍以及锰的无机物，但是一些有机物由于其不含贵金属，所以作为正极也具有很大的吸引力。

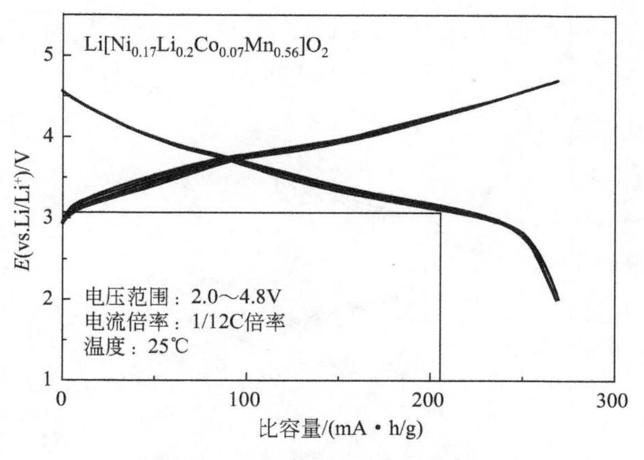

图 2.13　预处理后的充放电曲线

2.5.2.1　二硫代草酰胺

一种新型的活性材料是二硫代草酰胺，通常也称为红氨酸，其化学式为 $H_2NCSCSNH_2$。采用锂阳极[12,13]以及锂预掺杂过的石墨阳极[13]对材料性能进行评价，这种不含贵金属的材料放电容量是钴酸锂的 4 倍，即大约为 600mA・h/g。

这个材料的相对密度较低，为 1.66，而钴酸锂的理论相对密度为 5.16。

红氨酸的实际体积放电容量为 1000mA・h/cm^3，钴酸锂的大约为 710mA・h/cm^3，假定它的实际相对密度为 5.1。

放电曲线呈倾斜状（见图 2.14）[11]，Li/红氨酸电池的平均电压粗略估计为 2.5V，体积能量密度估算为 2.5W・h/cm^3，而以钴酸锂为阴极的锂离子电池体积能量密度为 2.6W・h/cm^3（平均电压，3.7V），因此，钴酸锂性能并非不如红氨酸。

2.5.2.2　有机物 TOT

《自然材料》杂志最近报道了一种锂离子电池阴极用有机物活性材料，名为三氧代三角烯（TOT），结构式如图 2.15 所示[14]。这种材料的三溴代物 Br_3TOT 的放电容量为 225mA・h/g，是钴酸锂的 1.6 倍。

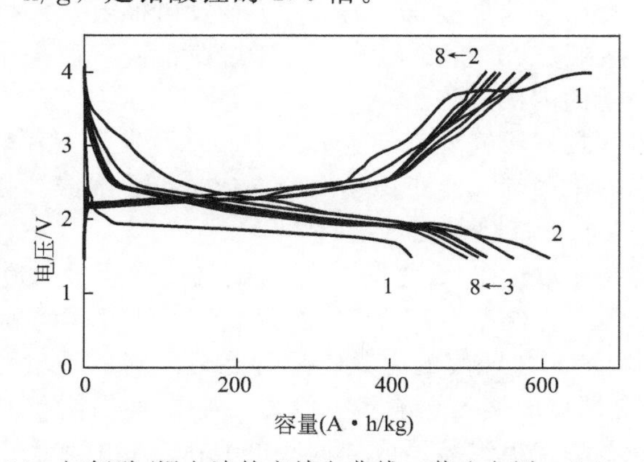

图 2.14　红氨酸/锂电池的充放电曲线（截止电压：1.5～4.2V）

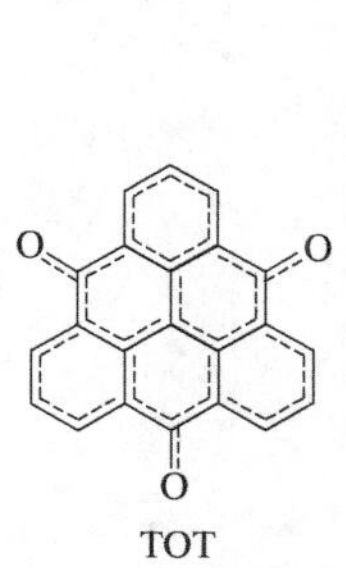

TOT

图 2.15　三氧代三角烯

该材料的放电曲线有一定斜度，平均放电电压大约为 2.6V（见图 2.16 所示）[14]。其质量能量密度计算为 0.585W・h/g。

由于并没有公开材料的相对密度，我们将其假定为 2.0，这对于有机物来讲是相当大的数值了。这样其体积比容量大约为 1.2W・h/cm^3，同钴酸锂的 2.6W・h/cm^3 相比，只有

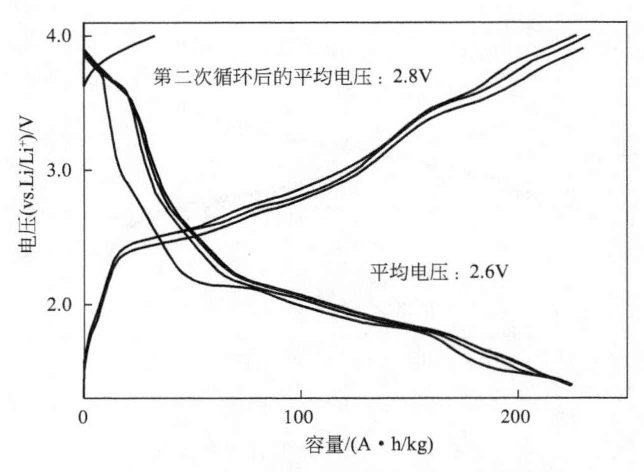

图 2.16 TOT/Li 纽扣式电池的充放电特征

其 45%左右。此外，如果放电电压设定为 3.0V，它的放电容量比 50mA・h/g 还要小。所以，这种化合物很难具有作为阴极活性材料的实际用途和吸引力，即使它不含有贵金属。

2.5.3 陶瓷包覆隔膜

安全性是锂离子电池一个重要问题，也因此提出了很多安全问题解决方案。下面讨论一下陶瓷包覆隔膜在改善锂离子电池安全性能方面的作用。

M. Alamgir 制备了一种隔膜，起名为安全强化隔膜（SRS)，其表面采用纳米陶瓷颗粒进行包覆[15]。当这种隔膜在 150℃下加热 1h，它收缩很少，而在同等条件件下传统的聚乙烯隔膜则剧烈收缩。

将一个 450℃的热探头按压在传统的聚乙烯隔膜上时，会产生一个洞，并且随着时间的延长，洞逐渐变大，而在 SRS 上产生的洞则会和探头一样大小，不会随着时间的延长而扩大，从而预示着这种隔膜具有很好的热稳定性。

三菱电机公司也开发了一款耐热隔膜，细氧化铝颗粒与 PVDF 以及氮甲基吡咯烷酮（NMP）溶剂混合，之后将该混合物涂覆在隔膜的表面[16]。据三菱公司报道，采用此款隔膜的锂离子电池即使充电到 4.3V 并维持在 150℃也没有出现内部短路情况。而采用传统隔膜的锂离子电池在此情况下则会遭受严重的内部短路。

日本宝翎公司以及国家高级工业科学技术研究院（日本关西中心）开发了一种采用无纺布聚丙烯腈纳米织物以及涂有陶瓷粉末的聚丙烯无纺布织物压合而成的复合隔膜。在一个热箱中进行测试，该隔膜在 150℃条件下也能保持热稳定性[17]。

在这三篇文章中[15~17]，隔膜均是在 150～160℃之间进行测试（没有超过 160℃），所以可以认为他们只是在评估用于陶瓷涂覆的黏结剂（PVDF）的耐热性，而并非隔膜本身。

三洋❶的研究者们认为涂有陶瓷颗粒的耐热隔膜的有效性还存在可质疑的地方，所以他们设计了以下实验[18]：先制备涂覆陶瓷颗粒的聚乙烯隔膜，涂覆层是二氧化钛和 PVDF 黏结剂，测试用的电池是由钴酸锂阴极和石墨阳极组装而成。这些电池在全充电状态下置于一个热温箱中，加热至 160℃。采用传统隔膜以及陶瓷包覆的隔膜所制备的电池都在或长或短的时间内遭遇了内部短路。由此，三洋公司得出结论，认为所谓的耐热隔膜或者 SRS 并不能有效阻止在非正常加热情况下的电池内部短路。

❶ 日本三洋电气有限公司——译者注。

B. Barnett 也证明了这种陶瓷隔膜并不能消除内部短路和热失控[19]。

总之，当电池加热到高于黏结剂的耐热温度时，陶瓷涂覆隔膜并不能有效地阻止电池内部短路。不过得承认这些隔膜对于温度在电极上的均匀分布是有贡献的，因为陶瓷涂覆的确是很有效的使热量均匀分布的手段。

2.6 结论

锂离子电池的一些新应用已经被提出来，比如为电动汽车、混合动力汽车、插电式混合动力汽车以及固定动力能源等提供动力能源。

为了使锂离子电池满足这些应用上的要求，一些新的技术也陆续报道出来。

但是其中一些报道，好像忽视了新技术的实用性，包括其使用条件以及大批量生产的可行性。

术 语

ABS 丙烯腈-丁二烯-苯乙烯树脂
EC 碳酸乙烯酯
EV 电动汽车
FRP 纤维增强树脂
GPE 凝胶聚合物电解液
HEV 混合电动汽车
IT 信息技术
LCO 钴酸锂
LIB 锂离子二次电池
LPB 锂离子二次聚合物电池
LTO 钛酸锂
BMU 电池管理单元
PAN 聚丙烯腈
PC 碳酸丙烯酯
PET 聚对苯二甲酸乙二酯
PFA 聚糠醇
PHEV 插电式混合电动汽车
POM 聚甲醛
PVDF 聚偏氟乙烯

参考文献

[1] Y. Nishi, J Power Sources 100 (2001) 101.
[2] M. Iguchi, T. Suehiro, Y. Watanabe, Y. Nishi, M. Uryu, J. Mater. Sci. 17 (1982) 1632.
[3] Y. Nishi, M. Uryu, New Mater New Processes 3 (1985) 102.
[4] A. Omaru, H. Azuma, Y. Nishi, 182nd ECS Fall Meeting, Toronto, Canada, 1992.
[5] A. Omaru, H. Azuma, Y. Nishi, Japanese Patent Kokai 245,458 (1991).
[6] H. Azuma, H. Imoto, Y. Nishi, 182nd ECS Fall Meeting, Toronto, Canada, 1992.

[7] H. Inoue, 6th Shenzhen International Lithium-Ion Battery Summit, Shenzhen, China, 2011.

[8] Y. Nishi, in: W.A. van Schalwijk, B. Scrosati (Eds.), Advances in Lithium-Ion Batteries, Kluwer Academic/Plenum Publishers, New York, USA, 2002.

[9] H. Akashi, K. Tanaka, K. Sekai, 5th International Symposium on Polymer Electrolytes, Uppsala, Sweden, 1996.

[10] Guohua Li, Presented at the 77th Shindenchi Koso Bukai, June 9, 2011 (in Japanese).

[11] Nissan Motor Co., Presented at Techno-Frontier-3, 2010 (in Japanese).

[12] M. Sato, T. Koizumi, Y. Miura, H. Mokudai, T. Sukigara, 51st Battery Symposium in Japan, Nagoya, Japan, 2010 (in Japanese).

[13] M. Sato, H. Mokudai, T. Sukigara, K. Chiba, E. Kokubu, T. Kiryu, R. Okumura, N. Maruyama, 53rd Battery Symposium in Japan, Fukuoka, Japan, 2012 (in Japanese).

[14] Y. Morita, S. Nishida, T. Murata, M. Moriguchi, A. Ueda, M. Satoh, K. Arifuku, K. Sato, T. Takui, Nat. Mater. 10 (2011) 947.

[15] M. Alamgir, 26th International Battery Seminar and Exhibit, Ft. Lauderdale, Florida, USA 2009.

[16] M. Furukawa, 22nd Switching Power Sources and Battery System Symposium, Tokyo, Japan, 2007 (in Japanese).

[17] T. H. Cho, H. Ohnishi, Y. Kondo, Y. Miyata, T. Nakamura, M. Tanaka, H. Yamazaki, T. Sakai, 49th Battery Symposium, Sakai, Japan, 2008 (in Japanese).

[18] Y. Baba, N. Imachi, S. Fujitani, 49th Battery Symposium, Sakai, Japan, 2008 (in Japanese).

[19] B. Barnett, 27th International Battery Seminar and Exhibit, Ft. Lauderdale, Florida, USA, 2010.

第3章 锂离子电池和模块快速充电(最高到6C)的电热响应以及循环寿命测试

Andrew Burke
(加州大学戴维斯分校，美国)

3.1 概述

将锂离子电池快速充电技术作为延长电动汽车日均行驶里程的一种手段，使之在与内燃机驱动的传统汽车相比时，在行驶里程以及动力补给时间上具有竞争力，在这方面已经有了很多的研究[1~3]。据知[4~6]钛酸锂（LTO）在各种锂离子电池材料中是最能胜任快速充电的材料。不过目前关于电池快速充电以及它们对快速充电的反应特征却仅能找到很有限的测试数据。在本章中，将讨论电池快速充电的一般特征，展示 LTO 电池及模块快速充电的丰富数据，并展示 LTO 电池在快速充电过程中的电热响应以及快速充电对循环性能的影响。

本章的 3.2 节主要侧重于讨论无论电池体系如何，电池满足快速充电所需要考虑的基本注意事项和要点。接着提出了一种检验电池是否适合快速充电的方法，并给出了几种锂离子电池体系快速充电的数据。3.3 节讨论了奥钛纳米公司 50A·h 的 LTO 电池单体以及 24V 模块的相关测试，并展示了电池快速充电到 6C 的测试数据，特别关注了电池和模块在快速充电过程中的热响应。最后展示了该 24V 模块以 4C 充电和 C/2 放电的循环数据。

3.2 基本注意事项和考虑要点

3.2.1 快速充电意味着什么?

“快速充电”这个术语，仅用充电时间（充电倍率）或者电池在快速充电过程中得到的能量分数或者容量来定义都是不明确的[1]。此外，该术语本身并没有指明快速充电是一个偶然发生的事件，还是一个就像发生在由电池驱动的、行驶里程有限的电动公交车上那样的、定期重复完成的事件[7]。在后者，加热/冷却过程以及快速充电对电池循环寿命都有很重要的影响。本章所展示的结果主要是基于重复快速充电的例子。

最常见的快速充电时间是 10min（6C 倍率），因为这是加州空气资源委员会（CARB）最初对电动汽车快速充电的时间设定[8]。快速充电时电池所能接受的能量必须是充足的，这样可以保证汽车在充电后还可以行驶至少 95mile（1mile=1609.3m）。大部分情况下，这将意味着快速充电应该使电池重新获得一个较高的容量（kW·h）分数（至少 80%~90%）。在这个测试中，需要有效的冷却装置来保证电池温度在单次快速充电过程中处于安全水平。

在一些特殊的应用中，为了满足用户的需求，可以指定电池的快速充电时间以及返回电池的能量分数。充电时间可能比 CARB 设定的 10min 要稍长一些，而大部分情况下，能够重新回到电池中的能量分数则要稍低一些。充电时间为 15～20min（3～4C 倍率）、能量分数为 50%～75%可能更加符合实际。如果需要重复快速充电，那么很有必要安装有效的冷却系统，以防止电池在长时循环中温度超过 50～55℃。在那种情况下，冷却的要求则取决于放电倍率，因为如果电池温度要想在充放电过程中保持稳定，则放电过程中温度的降低必须与快速充电中温度的升高相平衡。

3.2.2　快速充电功率要求

快速充电（nC）时的电流和功率取决于电池容量（A・h）和电池组的电压。

$$I_{DC}(A)=(A\cdot h)_{cell}n C \qquad P_{DC}(kW)=I_{DC}(V_{max})_{pack}/1000$$

如表 3.1 所示，当充电时间为 20min 或者更短时，充电电流和功率都很高，从而需要昂贵的、高功率的充电设施（3 级）[9]。

表 3.1　PHEVs 以及 EVs 快速充电功率要求

nC	充电时间	PHEV 电池①		EV 电池①	
		20A・h	7.2kW・h	50A・h	18kW・h
		I_{DC}/A	P_{DC}/kW	I_{DC}/A	P_{DC}/kW
1/3	3h	6.7	2.4	16.6	6.0
1	1h	20	7.2	50.0	18.0
2	0.5h	40	14.4	100	36.0
3	20min	60	21.6	150	54.0
4	15min	80	28.8	200	72.0
5	12min	100	36.0	250	90.0
6	10min	120	43.2	300	108
7	8.6min	140	50.4	350	126
8	7.5min	160	57.6	400	144
12	5min	240	86.4	600	216
20	3min	400	144	1000	360

① V_{max}=360V。

注：EV—电动汽车；PHEV—插电式混合电动汽车。

3.2.3　对所有电池体系充电的一般方法

最常用的充电算法是恒电流充电到限位电压或者电池最高电压，之后在电池限位电压下进行电流逐渐减小的恒压充电。而对于快速充电，一般较少涉及恒压充电，因为它极大地增加了充电时间，而且在这段时间内，只有微量电量回归到电池中。如前所述，充电电流取决于电芯的额定容量以及充电倍率 nC。限位电压取决于电池材料（$V_{open\ circuit}$）以及电池中串联的单体个数。充电终止的温度限制取决于电池材料。控制接近电池全充满时的充电电流大小是实现电池以及电池组长循环寿命和安全运行的关键。

电池组快速充电过程中的温度升高主要是由于快充时电阻产生的热量，电阻产生的热量为 I^2R。其他的热量（TdS）来源于电池[10]中的化学反应，可根据下式计算：

$$Q=I\{IR-[Td(V_{OC})/dT]-Q_{loss}/I\}，充电时 I>0$$

快速充电时，Q 对于所有电池体系均为正值，但是放电时，Q 根据电流和电池体系的

不同 (dV_{OC}/dT)，可能为正值也可能为负值。

3.3　不同锂电池材料的快速充电特征

电池单体的电阻 R_{cell} 取决于单体的容量以及电池设计，但是一般来讲，在一些特殊工艺中，可以合理地假定 $R_{cell} \times A \cdot h=$ 恒值 $=C_R$。因此，在快速充电过程中的大部分热量可以由下式计算：

$$P_{heating}/cell = I_{DC}^2 C_R / A \cdot h = C_R (A \cdot h)(nC)^2$$

确定充电过程中产生的热能与电池或电池组中储存能量之间的比率是非常有意义的。

$$E_{heating}/E_{stored} = [P_{heating}/cell \times 1/nC] / (Vcell\ A \cdot h) = C_R (nC)/V_{cell}$$

充电的效率便可以计算出来：

$$效率 = 1 - C_R (nC)/V_{cell}$$

最适合快速充电的电池和电池体系是这些具有较高充电效率的体系。

表 3.2 总结了在加州大学戴维斯分校测试的电池性能及其快充特征[11,12]。电池快充的充电效率在一个较大的范围内变化，主要与电池内阻有关。有一些锂离子电池具有很高的充电效率，因此可以作为快速充电电池的优良候选。

表 3.2　不同成分电池的性能以及快充性能总结

电池开发商/电池类型	电极成分	电压范围/V	容量/A·h	电阻/mΩ	R×A·h	W·h/kg	$E_{heating}/E_{store}$ ($nC=4$)
EnteDel HEV	石墨/$NiMnO_2$	4.1～2.5	15	1.4	0.021	115	0.022
EnterDel EV/PHEV	石墨/$NiMnO_2$	4.1～2.5	15	2.7	0041	127	0.047
Kokam 棱柱电池	石墨/$NiCoMnO_2$	4.1～3.2	30	1.5	0.045	140	0.05
Saft 圆柱电池	石墨/NiCoAl	4.0～2.5	6.5	3.2	0.021	63	0.025
GAlA 圆柱电池	石墨/$NiCoMnO_2$	4.1～2.5	40 7	0.48 3.6	0.019 0.025	96 78	0.022 0.029
A123 圆柱电池	石墨/磷酸铁	3.6～2.0	2.2	12	0.026	90	0.032
奥钛纳米 棱柱电池	LiTiO/$NiMnO_2$	2.8～1.5	11 3.8	2.2 1.15	0.024 0.0044	70 35	0.04 0.007
奥钛纳米 棱柱电池	LiTiO/$NiMnO_2$	2.8～1.5	50	0.7	0.035	70	0.058
Quallion 圆柱电池	石墨/NiCo	4.2～2.7	1.8	60	0.108	144	0.12
EIG 棱柱电池	石墨/$NiCoMnO_2$	4.2～3.0	20	3.1	0.062	165	0.071
EIG 棱柱电池	石墨/磷酸铁	3.65～2.0	15	2.5	0.0375	113	0.045
松下 EV 棱柱电池	Ni-金属氢化物	7.2～5.4	6.5	11.4	0.013	46	0.045
Hawker 棱柱电池	铅酸	12～10.5	13	15	0.033	29	0.066

除了较高的充电效率外，快速充电的另外一个特征也是非常重要的，即当充电电压达到限位电压时充入电池中的容量与电池总容量的百分比，这意味着电池不需要恒压充电过程便

可达到接近全充满状态。如表 3.3 所示，不同电池体系在这一方面的性能有较大差别。需要注意的是对于磷酸铁锂以及 LTO 材料，在到达限位电压之后再进行充电，只有很少量的电荷会继续返回到电池中。

表 3.3 不同成分电池 1C 充电特征总结

电池成分	容量/A·h	限位电压/V	充电电流/A	到达限位电压时间/min/A·h	到达截止电压时间/min/A·h
$NiCoMnO_2$	20	4.2	20	52/17.3	80/19.6
$LiFePO_4$	15	3.65	15	60/15.2	64/15.4
$Li_4Ti_5O_{12}$	11	2.8	11	65/11.9	66/11.9
铅酸（12V）	38	14.7	25	81/33.9	
			45	45/34	
			65	26/29	

表 3.4 展示了磷酸铁锂以及 LTO 电池的快速充电的测试数据，这些电池以 1～8C 的倍率进行充电，以 1C 的速率进行放电。磷酸铁锂的限位电压是 3.65V，LTO 电池的是 2.8V。在所有测试的最后充电阶段，都经历恒压充电过程。从表 3.4 中可以看出，两种电池都表现出了较好的快速充电性能（一直到 8C）。正如预料，充电时温度随着充电电流（nC）的增大而升高。对于没有进行有效冷却的 11A·h 的 LTO 电池（没有风扇，只有实验室的自然空气对流），6C 充电时温度升高 4.5℃，8C 充电时温度升高 6.5℃。而 EIG 磷酸铁锂则分别升高 7℃和 9℃。

表 3.4 锂离子电池快充测试数据

充电电流/A	到达截止电压时间/s	恒压时间/s	充电到截止电压/A·h	总充电量/A·h	放电量/A·h	充电过程中温度升高	
						初始温度/℃	温度变化/℃
EIG 15A·h 磷酸铁锂电池							
15	3630	210	15.2	15.4	15.50	22.5	0
30	1770	210	14.7	15.4	15.45	22.5	1.5
45	1140	199	14.2	15.4	15.38	22.5	3
60	840	172	13.9	15.3	15.30	23.5	4.5
75	630	184	13.1	15.3	15.29	25.5	5.5
90	480	219	11.9	15.2	15.17	23	7
120	240	316	7.9	15.2	15.16	25	9
没有恒压							
60	780.4		13.6		12.99		
90	646.8		11.6		11.60		
奥钛纳米 11A·h 氧化钛电池							
11	3920	81	11.9	12.0	12.00	22.5	0
22	1950	68.5	11.9	12.0	12.00	22	0.5
33	1300	57.7	11.9	12.0	12.00	22.5	1.5
44	970	59.2	11.8	12.0	12.01	23	2.5
55	760	74.8	11.6	12.0	11.97	21.5	4
66	620	83	11.3	12.0	11.97	22.5	4.5
88	440	103.1	10.7	12.0	11.97	24	6.5

对LTO电池也进行了重复快充(6C)/放电(1C)循环。如图3.1所示，每次充电末期的电池温度非常平稳。

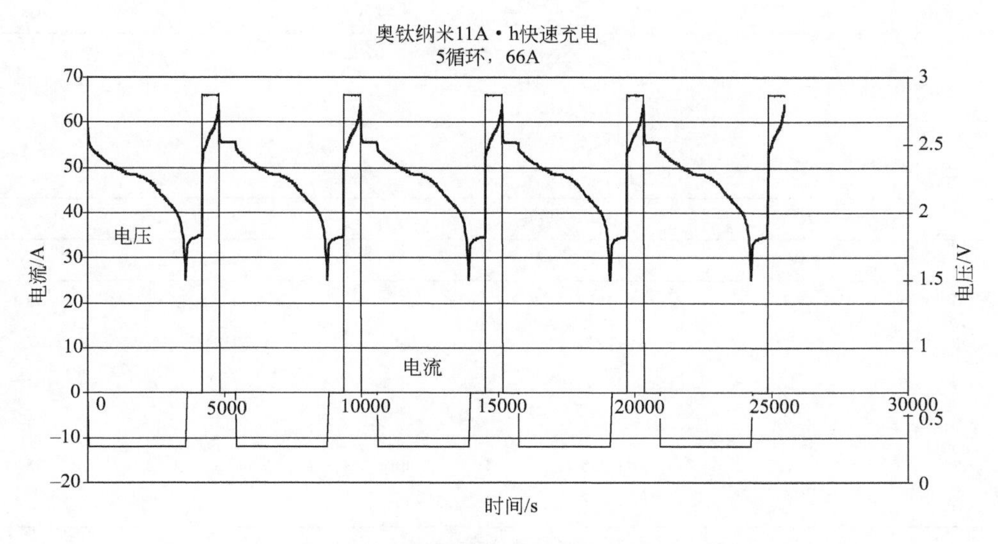

图3.1 在11A·h钛酸锂电池上重复快速充电(6C充电，1C放电)

为了确定在没有恒压充电这一步骤下电池可接收容量的百分比，在三种锂离子电池体系上进行了测试。测试的结果列于表3.5中。同其他体系尤其是镍钴锰氧化物相比，LTO体系在快速充电上具有明显的优势。

表3.5 不同成分锂离子电池没有恒压情况下快充的最大充电容量

充电倍率	到限位电压下的容量百分率/%		
	镍钴锰氧	磷酸铁	钛酸锂
3C	81	92	99
4C	76	90	98
5C	72	85	96
6C	—	78	94

3.4 50A·h LTO电芯及模块的快速充电测试

3.4.1 电芯测试

表3.6展示了奥钛纳米公司50A·h LTO电池的快速充电特征，该电池内阻大约为0.9mΩ，因此其C_R值大约为0.045。这个数值对于锂离子电池来讲是较为常见的，但其实相对于一个LTO电池，并不算特别低(见表3.2)。随着放电倍率提升到6C，电池的容量变化很小。基于上面3.3节的测试结果，可以合理地预测这种50A·h的电池具有很好的快速充电性能。

表 3.6 奥钛纳米 50A·h 电芯的特征

恒电流充电（2.8～1.5V）			
电流/A	nC	时间/s	A·h
50	0.96	3773	52.4
100	1.95	1847	51.3
200	4.0	904	50.2
300	6.1	588	49.0

恒功率放电（2.8～1.5V）					
功率/W	W/kg	时间/s	nC	W·h	W·h/kg
100	62	3977	0.9	111	69
200	125	1943	1.85	108	67
300	188	1244	2.9	102	64
400	250	849	4.2	94	59
500	313	636	5.66	88	55
600	375	516	7.0	86	54

电池功率特性总结①				
SOC	V_{oc}	R/mΩ	$(W/kg)_{90\%}$ eff	$(W/kg)_{80\%}$ eff
1.0	2.7	0.9	455	811
0.9	2.45	0.8	422	751
0.8	2.40	0.8	405	721
0.7	2.36	0.8	392	698
0.6	2.34	0.9	343	609
0.5	2.33	0.9	339	604
0.4	2.32	0.95	319	568
0.3	2.27	1.15	252	448
0.2	2.2	1.25	218	388
0.1	2.14	1.35	191	339

① 在特定 EF 下，$P_{cell}=EF(1-EF)V_{OC}^2/R$。

注：质量为 1.6kg。

对该 50A·h 的电芯进行一直到 6C 的快速充电测试。图 3.2 展示了该电池以及实验室设备的照片。电池最初的测试经过像图（右下图）中展示的那样进行绝热处理。在电池的外表面安装一批热电偶以监控充放电循环中的温度变化。循环包括以 nC 速率的充电阶段，C/2 速率的放电阶段以及充放电结束后的静置阶段（5min）。电池充到 2.8V 后不再进行恒压充电过程。这样的重复充放电循环可以验证温度能否稳定在 50℃ 以下。后来发现电池在经过两次 3C 条件下的充电/放电循环后，温度超过了 60℃（见图 3.3），所以后续测试是把电池敞开在外界空气条件中进行的（见图 3.4）。

图 3.5 展示了电池在空气条件下充电到 6C 时的热响应。如图 3.3～图 3.5 所示，所有测试中的电池表面温度变化都高于 10℃，温度最高点在电池顶端靠近极耳的位置。测试说明了对于经常需要进行快速充电的 50A·h 电池，就如 Proterra 应用在公交车上的那样[7]，需要进行一些冷却处理，但是冷却的程度却可以相对比较小，因为在实验室测试时，电池采

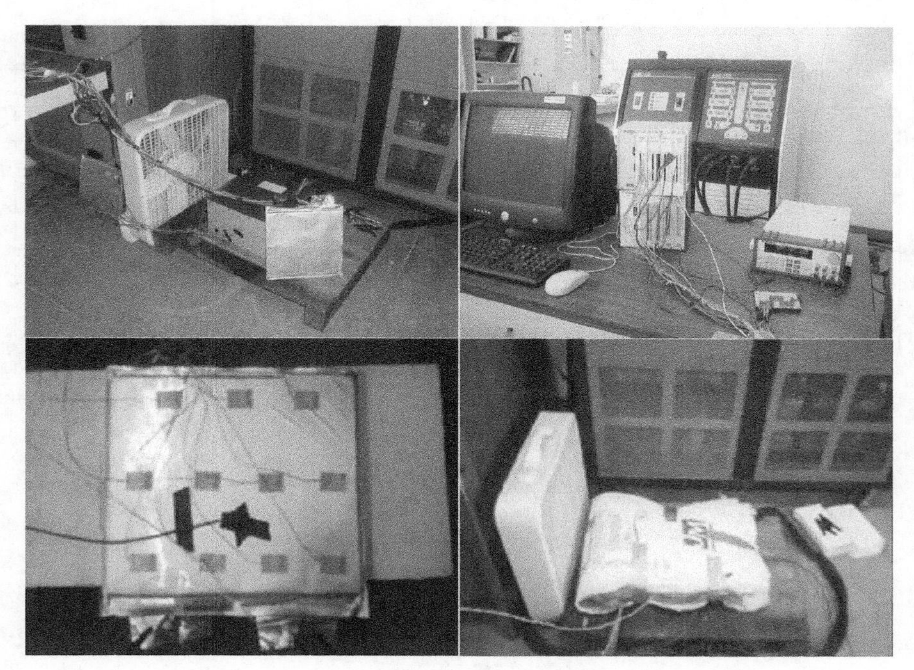

图 3.2　测试 50A·h 钛酸锂电芯

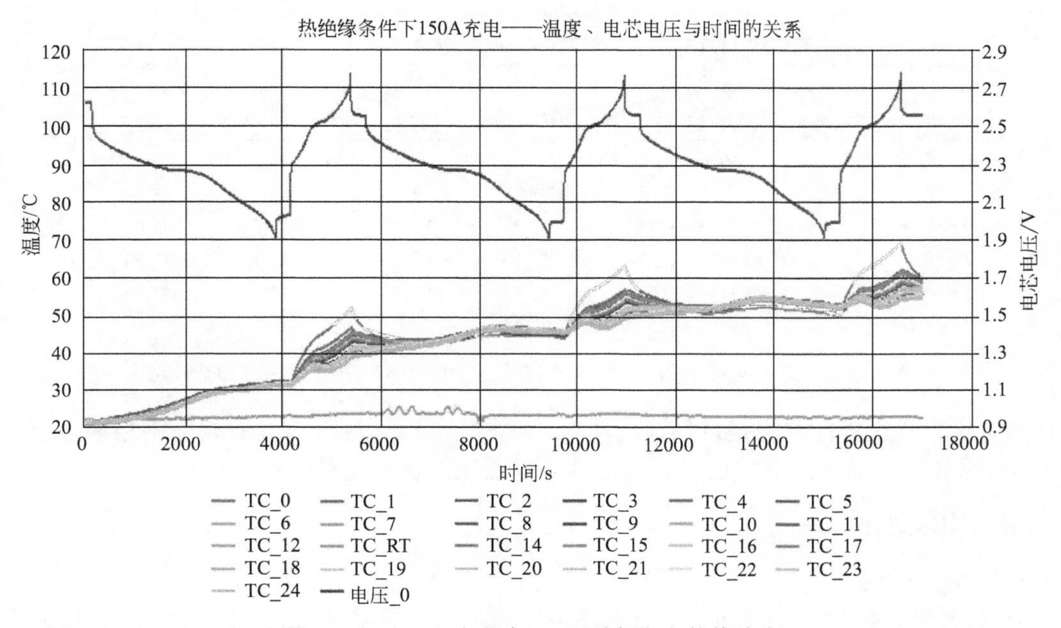

图 3.3　50A·h 电芯在 3C 下重复充电的热响应

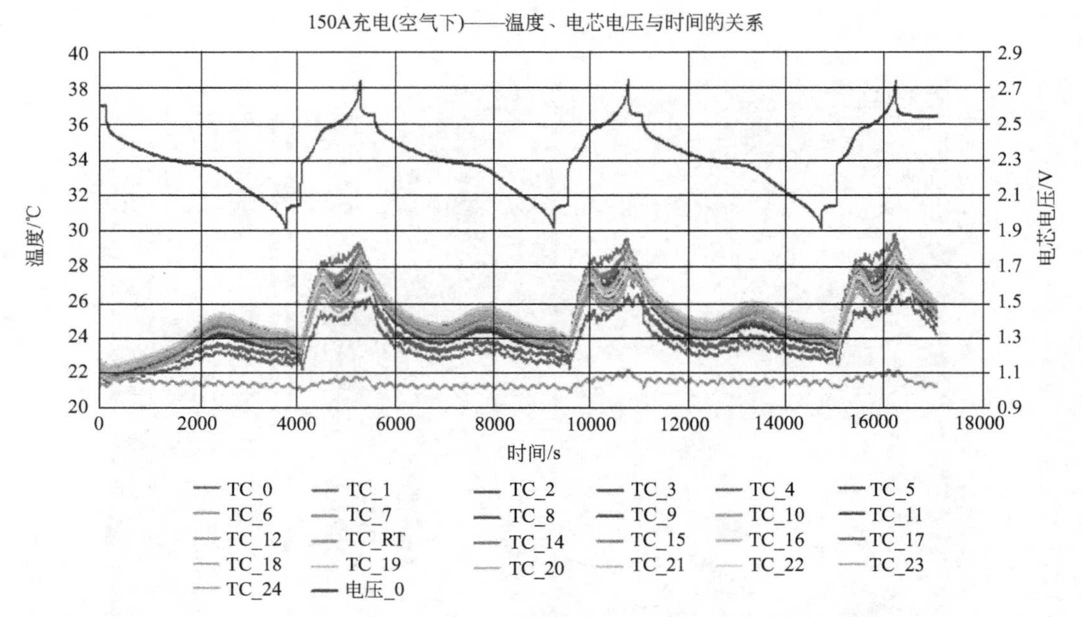

图 3.4 暴露在空气中的 50A·h 电芯在 3C（150A）下循环充电的热响应

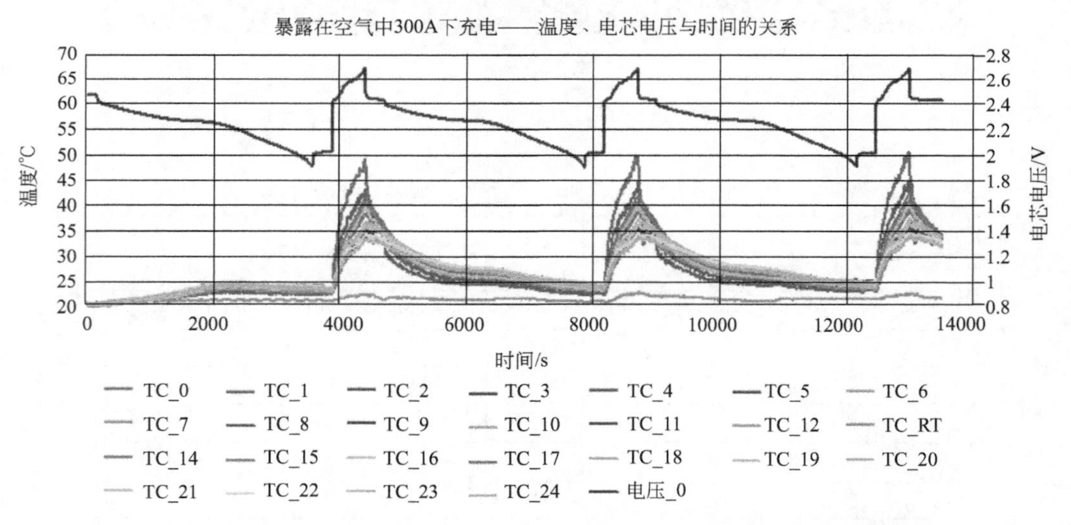

图 3.5 暴露在空气中的 50A·h 电芯在 6C（300A）下循环充电的热响应

用自然对流方式进行冷却便足以保证电池在 6C 充电和 C/2 放电时具有较为平稳的温度。如图 3.3～图 3.5 中的电压曲线所示，电池的容量在重复循环过程中保持稳定。

3.4.2 模块测试

3.4.2.1 模块特征

测试的模块是由 10 个 50A·h 的电芯串联组成的。模块的额定电压是 24V，可充电的最大限位电压是 28V，模块的特征列于表 3.7 中，1C 放电时模块的能量密度是 49W·h/kg 或 85W·h/L，对应的单体电池是 70W·h/kg 或 128W·h/L。将模块装配起来，并且能够记录和计算单个电芯的电压以及整个电池内阻。表 3.8 列出了充放电电流从 100A 到 300A

的变化时，一个典型模块的电芯内阻变化。电芯之间内阻变化的标准偏差大约为 9%。在所有情况下，电芯和模块的内阻随电流变化都不是特别明显，模块的内阻基本等同于 10 个电芯的内阻之和。模块充电倍率为 6C 时的容量也列在表 3.8 中。正如预料，对于 LTO 电池，即使没有恒压充电步骤，模块容量随充电倍率的变化也很小。

表 3.7　24V 钛酸锂模块的特征

参数	数值
模块结构	10 个 50A·h 电芯串联
质量/kg	模块 23.2，电芯总质量 16
体积/L	模块 13.25，电芯总体积 8.9
容量/A·h	50A 时 50.5；200A 时 44.2
能量密度/(W·h/kg)	1C 时 70.6；2C 时 66.4
电阻/mΩ	7.0
脉冲功率/W(W/kg)	6.7kW，电芯单独为 420W/kg，90%效率
快充能力	最高到 6C，容量到额定容量的 96%

表 3.8　24V 模块中电芯之间的电阻变化

50A·h 模块	R/mΩ						
电芯	脉冲电流						平均 R
	−300A	−200A	−100A	100A	200A	300A	
0	0.5976	0.5893	0.5841	0.5832	0.5764	0.5712	0.583633
1	0.675	0.6686	0.6609	0.6561	0.6512	0.6422	0.659
2	0.802	0.7957	0.7856	0.7778	0.7695	0.7575	0.78135
3	0.7456	0.7368	0.7328	0.7257	0.7157	0.7039	0.72675
4	0.7011	0.6944	0.6915	0.6859	0.6762	0.6667	0.685967
5	0.7396	0.7315	0.727	0.7174	0.7112	0.6988	0.720917
6	0.7126	0.7058	0.6989	0.695	0.6869	0.677	0.696033
7	0.7129	0.7037	0.6997	0.695	0.6877	0.6776	0.6961
8	0.7865	0.7769	0.7691	0.7704	0.7522	0.7366	0.765283
9	0.6333	0.6228	0.6113	0.6064	0.6084	0.5979	0.61335
平均	0.71062	0.70255	0.69609	0.69129	0.68354	0.67294	0.692838
标准偏差	0.063501	0.063799	0.06382	0.063063	0.0597737	0.057575	0.061894
模块 R	7.109349	7.201439	6.840243	6.89108	7.016456	6.739212	(mΩ)
充电电流	50A	150A	200A	250A	300A		
模块容量	50.5	50.4	50.1 (49.9)	49.5 (49.3)	48.7 (48.3)	(风扇冷却)	

3.4.2.2　模块的快速充电特征

我们也研究了 50A·h 电池模块的快速充电特征。模块最高以 6C 进行充电，并利用风扇制造气流对模块进行冷却，如图 3.6 所示。从图中可以看到，模块进行冷却的背面板装有热电偶。此外，还有三个热敏电阻安装在模块的内部。模块以 nC 的倍率充电，以 C/2 的倍率放电。每组测试包含四个重复的充放电循环。

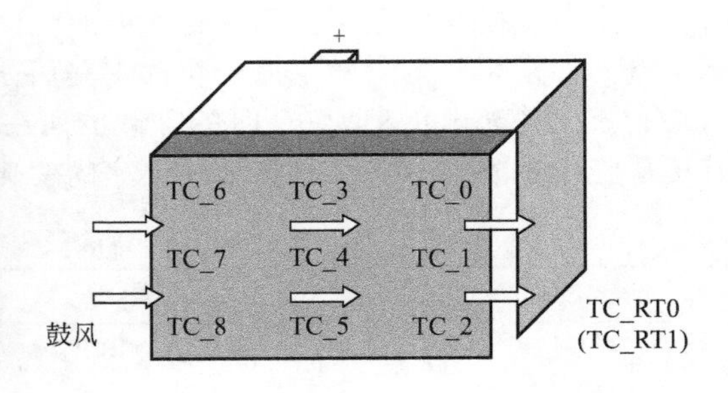

图 3.6 24V 模块的快充测试设备

在循环测试的过程中记录冷却的背面板上以及模块内部的温度。在 6C 充电循环过程中，模块的电压/电流变化以及模块中温度分布的结果显示在图 3.7 和图 3.8 中。

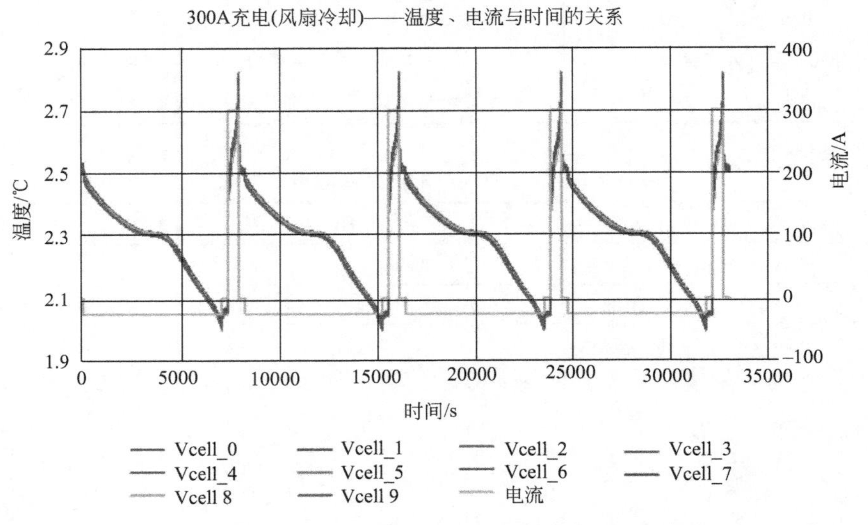

图 3.7 24V 模块重复 6C，C/2 循环时的电压和电流

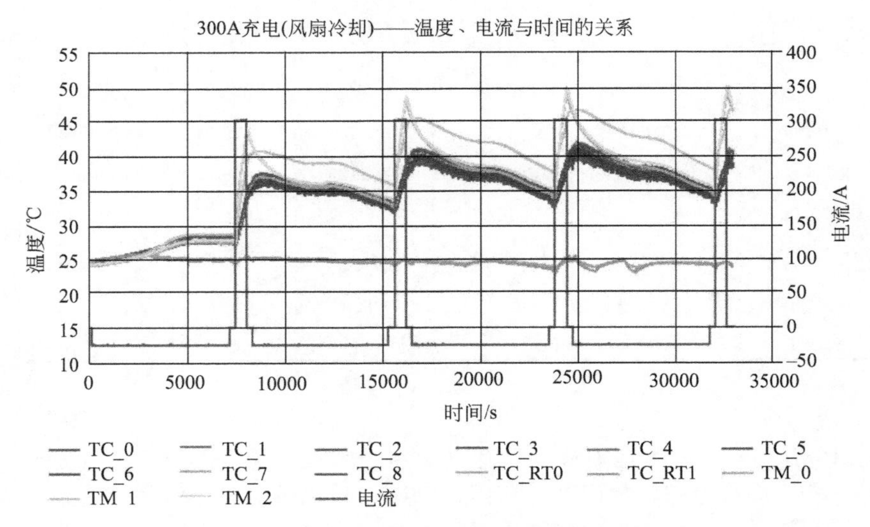

图 3.8 24V 模块在重复 6C，C/2 循环时的温度分布

图 3.7 和图 3.8 中的数据表明在四次循环的末期，6C 快速充电测试中的电压以及温度分布都比较稳定。模块内部最高温度达到 50℃，对应背面板的最高温度为 40℃。在表 3.9 中列出了在充放电循环中，模块所需平均冷却功率的估算值。

表 3.9 预测模块在 6C、C/2 循环下的平均冷却速度

项目	数值
充电终止时最高温度	50℃
放电终止时最低温度	33℃
充电时平均冷却速率	120W/模块
放电时平均冷却速率	48W/模块
冷却板温度	33～40℃

这些数据说明了当快速充电间的放电倍率至少是 C/2 时，这种 24V 的模块可以在 6C 倍率条件下重复快速充电。这时，有必要对模块进行冷却处理，但是充电时冷却的功率并不大，在 100～150W 之间。在较低的充电倍率如 4C 条件下，对模块的冷却需求不是很大。

3.4.2.3 模块 4C 快速充电时的循环寿命测试

继续对该 24V 模块进行循环寿命测试，循环包括在 4C 倍率下的快速充电以及 C/2 放电。充电终止电压（26.45V）对应模块的荷电状态 90%，而放电末端电压（21.72V）对应模块的荷电状态 24%，最终电芯的使用容量为 33.3A·h（66%）。200A 充电，25A 放电，充电时间是 10min，放电时间是 80min。进行这样测试的目的在于模拟电动巴士中电池模块的快速充电。

寿命循环测试以 30 个循环为一批，一批大约需要 2 天的时间。测试过程不需要风扇冷却。样品的测试结果如图 3.9 和图 3.10 所示。图 3.9 展示了模块电压以及模块内部的最高温度。可以看到，在没有风扇冷却的情况下，模块的最高温度恒定在 40℃左右。

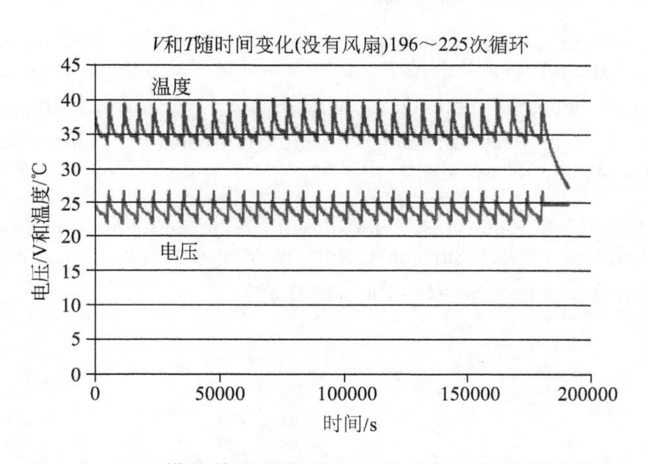

图 3.9 24V 模块快充循环时电压以及内部最高温度数据

到目前为止测试的数据（1000 循环）表明，在循环过程中没有容量的衰减，循环过程中的电压以及温度特征也表现出较高的可重复性。只有当寿命循环测试因为其他测试需要被迫停止后重新启动时，测试的数据才会出现微小的变化。

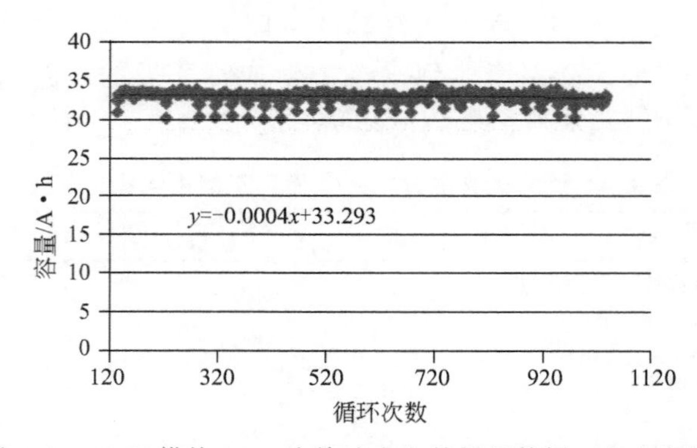

图 3.10 24V 模块 1000 次快速充电的循环数据（电芯容量）

参考文献

[1] C. Botsford, A. Szczepanek, Fast Charging vs. Slow Charging: Pros and Cons for the New Age of Electric Vehicles, EVS 24, Stavanger, Norway, 13–16 May, 2009.

[2] S. Shrank, A New, Fast-Charge Battery Could Jumpstart the Electric Vehicle Market, news release on the Nissan Leaf by Worldwatch.org, 4 November, 2011.

[3] A. Schroeder, Energy Policy 43 (2012) 144.

[4] J. Shelburne, V. Manev, B. Hanauer, Large Format Li-ion Batteries for Automotive and Stationary Applications, 26th International Battery Seminar, Fort Lauderdale, Florida, March 2009 (paper on CD of the meeting).

[5] K. Zaghib, M. Dontingy, A. Guerfi, P. Charest, I. Rodrigues, A. Mauger, C.M. Julie, J Power Sources 196 (2010) 3949.

[6] Toshiba's SCiB Rechargeable Battery to Power Honda's New Electric Car, the Fit EV, news release from Toshiba, 17 November, 2011.

[7] Proterra Startup Will Make Electric Buses that Charge in 10 Minutes, Treehugger.com, 22 June, 2011.

[8] California Air Resources Board, Staff Report: 2008 Proposed Amendments to the California Zero Emission Vehicle Program Regulations (Fast Refueling for EVs), 8 February, 2008.

[9] Charging Stations, Wikipedia Free Encyclopedia, updated November 2010.

[10] R. Benger, H. Wenzl, H.P. Beck, M. Jiang, D. Ohms, G. Schaedlich, Electrochemical and Thermal Modeling of Lithium-Ion Cells for Use in HEV or EV Applications, EVS-24, Stavanger, Norway, 13–16 May, 2009.

[11] A.F. Burke, M. Miller, Performance Characteristics of Lithium-ion Batteries of Various Chemistries for Plug-in Hybrid Vehicles, EVS-24, Stavanger, Norway, May 2009 (paper on the CD of the meeting).

[12] A.F. Burke, M. Miller, J. Power Sources 196 (2011) 514.

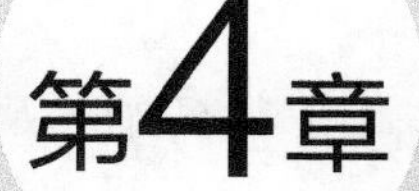

锂离子电池纳米电极材料

Nicholas S.Hudak
(桑迪亚国家实验室)
nhudak@sandia.gov

4.1 前言

几乎在锂离子电池作为手持电子设备电源方面得到广泛商业化的同时，纳米技术便走到了材料科学研发的最前线。尺寸在100nm左右或者更小的纳米结构材料，与块状的或者微米尺寸的材料相比，往往具有独特的特征。正是由于这些独特的特征，纳米材料应用于锂离子电池电极上，能够为之提供更为优异的电池性能，包括电荷储存能力、倍率性能以及循环寿命。随着合成纳米颗粒、纳米晶体以及纳米复合物能力的提高，在材料合成领域以及商业化含有纳米电极的电池领域都掀起了研发热潮。

纳米材料具有几个适合锂离子电极的优势[1]。纳米颗粒或者纳米晶体比块体材料要小，因此可以为电子或锂离子迁移提供更短的距离，从而可以使得传统电极材料的倍率性能（功率密度）得到提升；并且也使绝缘材料的应用成为可能，绝缘材料在非纳米尺寸下一般只具有极其有限的性能。另外一个优势是纳米尺寸的颗粒或者晶体更容易调整由于锂的插入（通过嵌锂或者相转变）而引起的应变。对于插层材料，这意味着嵌锂反应可形成的成分范围更广，从而使材料具有更高的可逆容量。纳米材料的应变调整能力也激发了在嵌锂时存在相转变的高容量材料的应用。但是在用作锂离子电极上，纳米材料也具有一系列不可忽视的缺点。比如其具有极高的比表面积和低密度。高比表面积增加了表面反应的可能性，这些表面反应往往包含有初始充放电时不可逆的锂消耗。而由于纳米簇密度较低，使得纳米材料在质量比能量高的同时，往往伴随较低的体积比能量（本章之后的内容提及容量的地方，均指质量比容量）。另外一个公认的缺点是纳米材料的合成过程一般较为复杂，而且很昂贵。

近几年，在将纳米材料应用在锂离子电池[1~3]以及一般能量储存方面[4,5]已经发表了一些综述文章。更多的综述则是检验纳米材料在锂离子电池电极上的应用[6,7]，尤其是用作特定的正极[8]或者负极[9]。本章所涉及的并非综合的内容，只旨在大致综述纳米材料在锂离子电池电极上的应用。本章所引用的参考文献是早期的，具有说明性的或者在这个概念上具有较高引用率的例子。电极材料的合成方法并未在文中提及，读者可以通过查阅特定例子的引用文献来自行查找。一些突出的应用和商业化的例子在文中有提及，但是更加详细的商业化的描述，包括专利分析，在Kuyate和Patel的报告[10]中可以看到。

4.2 基于脱嵌机理的电极材料的纳米效应

传统锂离子电池正极的活性材料是金属氧化物，以嵌入的机理容纳锂。嵌入过程包括锂插入到晶格中未被占据的位点上，因此在数百次或上千次循环后会导致晶胞体积的微小变化。正极最常用的插层材料是$LiCoO_2$，它具有二维层状结构，以及$LiMn_2O_4$，具有三维尖晶石结构。已经有人针对这两种材料的纳米颗粒以及纳米晶体形态进行了测试，以期能够得到性能、倍率性能以及循环性能上的改善。

一个早期的例子显示 $LiMn_2O_4$ 可以通过柠檬酸溶液以及乙醇脱水制备得到纳米颗粒[11]。这与传统的固态合成方法相反，传统的固态合成方法一般合成亚微米到微米级别的颗粒。尺度在 100nm 左右的 $LiMn_2O_4$ 颗粒在首次充放电时与固相法合成的微米材料相比表现出更高的脱嵌容量[11]。而尺寸在 50nm 左右的更小颗粒，容量则更低，且循环性能也更差。这些更小的颗粒在形貌上有缺陷，在脱锂过程中缺乏结构有序性，从而导致材料嵌锂机理发生变化，放电曲线也会出现倾斜（缺乏较为明显的平台）。Kang[12] 等指出大块晶体的尖晶石锰氧化物在 3V 区域（$Li_{1-x}Mn_2O_4$）循环性能较差[12]。对大块材料进行球磨，可以得到纳米晶结构，该结构呈现较高的锰氧化态以及在 3V 区域较为稳定的循环容量。作者认为有一个临界晶体尺寸，以使得材料在 3V（vs. Li/Li^+）左右有稳定的循环性能，代价是 4V 区域的容量会有所下降。

已经证明纳米结构在改善锂离子电池正极材料的倍率性能方面也同样有效。这主要是由于在纳米晶体或颗粒中，电子以及锂离子所需要的迁移距离缩短所致。通过水热反应可以合成大小可控的 $LiCoO_2$，得到的材料平均晶体尺寸在 6.0～17nm 之间[13]。晶体尺寸小的样品具有更高的不可逆容量（在首次脱锂过程中）以及更低的可逆容量，这在与大块 $LiCoO_2$ 晶体对比时尤为明显。但是，如图 4.1（a）所示，17nm 样品相比大块 $LiCoO_2$，在极高倍率条件下（100C，或每小时 100 倍理论电荷）循环时，在容量上具有优势。在这样的倍率下，纳米晶体样品的容量超过 70mA·h/g。但在倍率为 50C 及以下时，纳米晶体样品并没有表现出优势。值得说明的是，如图 4.1（b）所示，在锂化过程中，纳米晶体样品的电压曲线更为倾斜，且没有平台。这主要归因于表面反应、无规则结构以及与锂反应时位点能量分配等的重要性增加[13]。在尖晶石 $LiMn_2O_4$ 的例子中，Hosono 等展示了在与几种块状样品比较时，在一系列放电倍率条件下（0.8～170C），单晶纳米线具有独特的优势[14]。直径在 50～100nm 之间的纳米线，在极高放电倍率（170C）的条件下，可以获得超过 80mA·h/g 的容量。这个容量值是理论容量的 67%，而在同等条件下，商业 $LiMn_2O_4$ 材料只能获得大约 40mA·h/g 的容量[14]。虽然已经证明纳米结构在改善倍率方面是非常有效的，但是如果决定在商业体系中利用这种纳米结构策略，则需要考虑合成纳米材料过程中所增加的成本。

纳米材料也用于在金属氧化物中增加嵌锂量，因为金属氧化物的块状晶体形态容量有限。β-MnO_2[15]、α-MnO_2 以及 γ-MnO_2[16]，α-Fe_2O_3[17] 以及 α-$LiFeO_2$[18,19] 的纳米颗粒形态在高于 1.5V（vs. Li/Li^+）的电压范围内能够表现出嵌锂容量，而在之前对这些材料的块状形态的研究中，该电压范围内表现出很少甚至没有嵌锂容量。其中一个关于 α-Fe_2O_3 的例子显示在图 4.2 中，该图显示了纳米结构（约 20nm）α-Fe_2O_3 与块状晶体颗粒（100～500nm）之间的对比[17]。纳米颗粒锂化的电压曲线在 1.6V（vs. Li/Li^+）表现出平台，而在块状材料中则没有。低于 1V 的低平台，在两类材料中都有出现，对应于锂氧化物与金属铁之间的转变（见 4.5 节）。原位 X 射线衍射（XRD）结果证实了纳米材料中较高的电压平台对应于一个嵌入机理。作者也证实了这种尺寸效应与锂嵌入速率无关。他们得出结论：在完全转变为氧化锂和铁之前，这种纳米尺寸的颗粒更容易适应因嵌入而引起的张力（体积膨胀）。除了这些有趣的发现和引人注目的纳米尺寸效应之外，这些材料的电压范围（MnO_2 2.5～3.5V vs. Li/Li^+；氧化铁 1.5～2.5V vs. Li/Li^+）都太低，所以都无法与传统正极材料相抗衡。

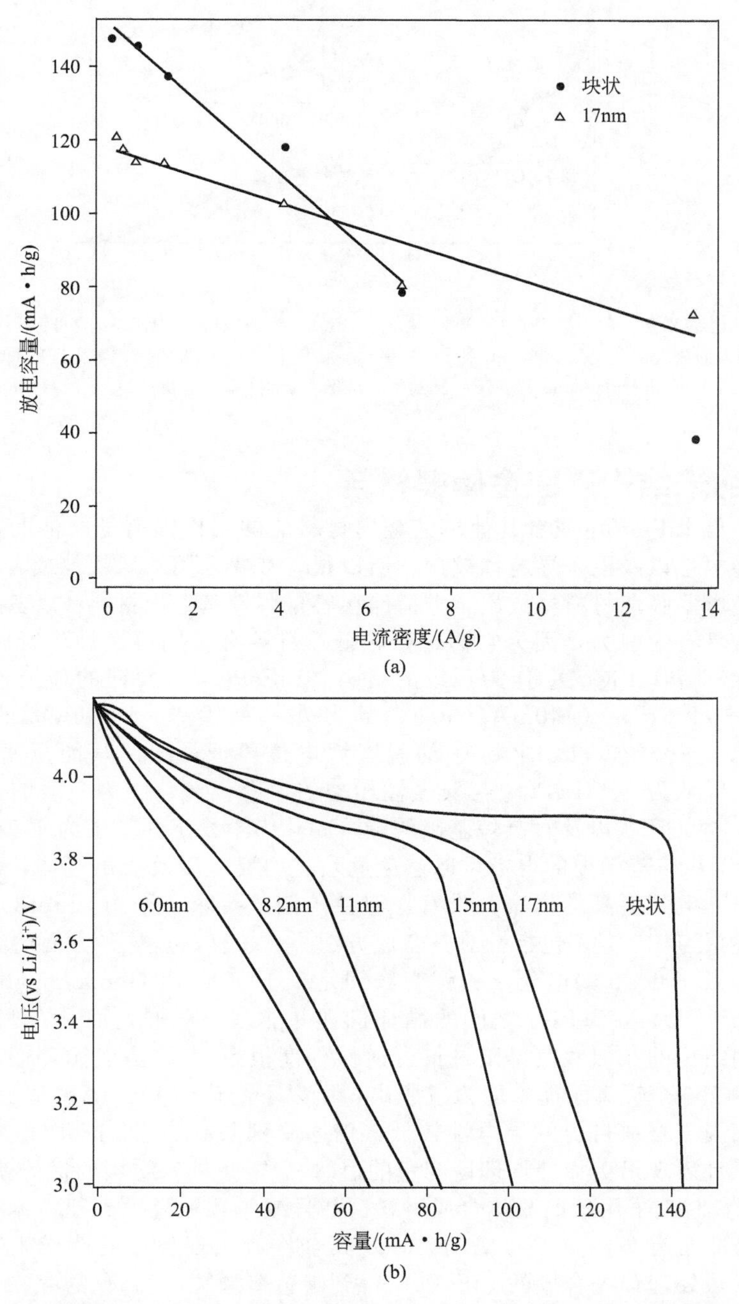

图 4.1 (a) 纳米晶体以及块状 $LiCoO_2$ 在不同放电倍率（1～100C）下的倍率容量，实线为拟合结果。(b) $LiCoO_2$ 的晶体大小与第二个锂化电位曲线之间的依赖关系

已经得到参考文献［13］的刊登许可。美国化学会版权 2007

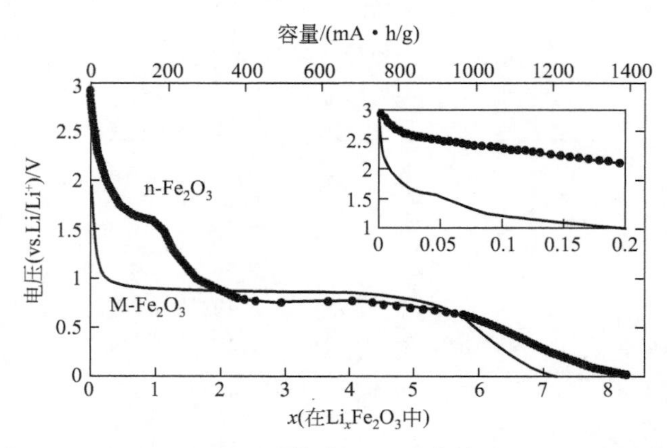

图 4.2 锂化纳米 Fe_2O_3（n-Fe_2O_3）以及块状 Fe_2O_3 赤铁矿（M-Fe_2O_3）的电压-成分曲线
插入的放大部分是块状 Fe_2O_3 的 1.6V 平台。倍率：25℃下 5h 内完成 1 个锂的脱嵌。
经 The Electrochemical Society 杂志允许刊登，来自于参考文献［17］。版权 2003

4.3 正极纳米结构磷酸金属锂材料

纳米技术使得 $LiFePO_4$ 或者其他磷酸金属材料能够用作锂离子电池的正极。由于这些材料固有离子导电性以及电子导电性较低，所以很有必要采用纳米颗粒或者在颗粒表面包覆一层纳米级的导电薄膜使材料释放出全电荷储存容量。铁基电极材料或者其他高丰度金属基电极材料是非常具有吸引力，因为它们价格较低，且具有长期可用性，所以 $LiFePO_4$ 是一种很有潜力的能够替代 $LiCoO_2$ 作为正极的材料。$LiFePO_4$ 全脱锂的理论容量是 170mA・h/g，这是其相较 $LiCoO_2$（140mA・h/g）的另外一个优势。$LiFePO_4$ 的脱嵌锂电位在 3.45V（vs. Li/Li^+）左右，比 $LiCoO_2$ 的脱嵌锂电位要低，因此其能量密度较低。但是，较低的电势也可以认为是 $LiFePO_4$ 与安全性相关的一个优势，因为一般的锂离子电池电解液（含有 $LiPF_6$ 盐的环状以及直链烷基碳酸酯）的热力学稳定性范围为 1.5～4.5V（vs. Li/Li^+）[20,21]。电压在该范围内的电极可以避免危险的副反应以及析出气体，而且包含这些电极的电池也能够充电到更高的倍率，没有稳定性限制的要求。采用 $LiFePO_4$ 作为正极材料已经有很多综述报道[22～26]，包括针对其合成方法[27]以及碳包覆[28]方面的综述。

$LiFePO_4$ 以及 $FePO_4$ 的电化学脱锂与嵌锂是于 1997 年由 Goodenough 及其合作者[29]首次报道的。$LiFePO_4$ 与 $FePO_4$ 之间的循环机理并非基于脱嵌，而是在两者之间相转变。但是，两相之间结构的相似性使得该材料可逆性程度很高[25]。虽然循环效率很高，但是每个铁原子只有约 0.6 个锂离子能够嵌入或脱出，所以不能达到 170mA・h/g 的理论容量[29]。这个问题主要归因于材料自身的导电性较低，倍率受到限制。当 $LiFePO_4$ 和碳的纳米复合物被引入进来，且表现出更加接近理论容量的值时[30,31]，纳米结构的优势就变得十分明显。Nazar 及其合作者断定采用碳前驱体合成材料，并且减小颗粒尺寸到亚微米范围内，对于材料性能的改进是非常有必要的[30]。Armand 及其合作者发现类似的性能改进可以通过在含有碳源的环境中热处理预先合成的 $LiFePO_4$ 得到碳包覆颗粒[31]。碳的存在促进了颗粒之间的电子以及离子传输，颗粒的减小降低了所需要的传输距离。后来人们又陆续开发和优化了多种碳包覆方法[28]。另外一种改善导电性的策略是在 $LiFePO_4$ 基础上掺杂小部分阳离子，如 Nb^{5+} 或者 Zr^{4+}[32]。对 $LiFePO_4$ 的进一步实验证明无论碳包覆还是掺杂都不是必需的，因为具有较窄尺寸分布的大小合适的颗粒以及经过温和的热处理过程，也能够得到在性能上具有竞争力的材料[33]。采用这种方法，尺寸平均大小为 140nm 的材料，可以在数百次循环中达到 150mA・h/g 的稳定循环容量。进一步减小材料尺寸，电极性能表现出类似于脱嵌机理的特征：具有倾斜的电压曲线，且晶体结构中的晶胞参数不断改变[34,35]。这是纳米科学的一个重要发现，因为它证实了纳米尺度的颗粒对于反应机理具有很大的影响。然而，碳包覆依然是很有必要的，因为它使得 $LiFePO_4$ 对空气变得没有那么敏感，且能够保护 Fe^{2+}，使其免于氧化为 Fe^{3+}[24]。电极材料在空气中的稳定性对于操作简便性以及批量生产都是非常有必要的。

在磷酸铁锂（LFP）电极材料的开发过程中，对其他磷酸金属锂盐如 $LiVOPO_4$[36,37]、$LiMnPO_4$[38~40]和 $LiCoPO_4$[41,42]的研究工作也在进行。但是，纳米结构 LFP 价格低廉、性能优越以及安全等特征使得它成为磷酸类材料的选择以及工业部门广泛研发工作的焦点。它成为最广泛商业化的锂离子电极用纳米材料，而且有望主要用于电动汽车电池。LFP 世界范围的商业重要性体现在与之相关的研究和生产的公司数量上。魁北克水利公司（Hydro-Québec）最早获得 Goodenough 在该类材料上所有专利的独有许可。之后魁北克水利公司与蒙特利尔大学以及法国国家科学研究中心与位于加拿大的 Phostech Lithium 公司合作[43]。后来 Phostech 成为南方化学公司（德国）的全资子公司，团队计划到 2012 年提升 LFP 的年产量为 2500t，而电动汽车成为其目标应用领域[44]。巴斯夫公司[45]、LG 化学公司[46]都与魁北克水利公司以及南方化学公司就批量生产 LFP 达成协议。与此同时，A123 系统[47]，Valence Technology 公司[48]以及 Saft 公司[49]都自主开发了合成 LFP 的过程并将它们整合到电池系统中。这些团体之间不同的专利纷争已经或者正在得到解决[50,51]，而这些无疑都强调了该材料的商业重要性。除了应用于电动汽车中，也正在考虑将 LFP 应用于电网能量储存[45,46,52]以及军事应用[49,53]中。

4.4 负极钛基纳米材料

已经有很多钛基化合物作为碳基插层电极的替代材料，用于锂离子电池负极中。对于这些化合物，主要是 $Li_4Ti_5O_{12}$ 和不同形态的 TiO_2，锂脱嵌发生在 1.5～2.0V（vs. Li/Li^+）之间。这种高电压范围导致它们与碳基负极电池（操作电压在 100mV vs. Li/Li^+ 左右）相比，电池电压较低（以及较低的能量密度）。不过，这种高电压却恰好在典型电解液的热力学稳定性限制之内，所以钛基负极电极能够很大程度上避免电解液分解以及有害副反应发生。它们也能够在高倍率情况下循环，不用担心镀锂问题，这些使之与传统碳电极相比有更好的安全优势。由于材料内部传输限制，钛氧化物电极材料有必要进行纳米化以达到理论容量，而且在循环性能上也具有更佳的竞争力。采用钛基化合物作为锂离子电池电极已经被 Yang 等[54]和 Zhu 等[55]进行过综述报道。

钛酸锂尖晶石，分子式为 $Li_4Ti_5O_{12}$，与 LFP 相似的地方在于它也在具有相似晶体结构的两相间循环。在 $Li_4Ti_5O_{12}$ 中嵌入锂会在 1.55V（vs. Li/Li^+）时形成 $Li_7Ti_5O_{12}$（理论容量为 175mA·h/g），体积变化几乎可以忽略，从而使得材料具有高度可逆性[56]。在最初针对 $Li_4Ti_5O_{12}$ 的合成及其电化学活性的报道之后[57]，Gräzel 及其合作者展示了该材料的纳米晶体以及纳米颗粒形态在倍率容量上要比微米尺度的材料优异得多[58,59]。基于这些进步，该材料在奥钛纳米科技有限公司（Altair Nanotechnologies，又叫做 Altairnano）得到商业化，用于电芯以及电池包中，可扩展其使用寿命以及高充电倍率下的安全性。奥钛的电芯以及电池包以 $LiCoO_2$ 或者 $LiMn_2O_4$ 为正极材料，预期应用领域是电动汽车以及电网集成[60]。公司数据显示电芯在 20C 深放电下，在容量降到初始容量的 80%之前，可以历经 9000 次循环。这也是钛酸锂材料用于电池的另外一个商业优势。魁北克水利公司以及 Technifin 公司最近达成协议，共同开发钛酸锂基电池[61]，而 NEI 公司生产纳米级以及微米级钛酸锂材料，并以商标名 Nanomyte®进行销售[62]。

二氧化钛的多种同质异晶体也表现出能与锂进行电化学循环的能力[54]。这些材料的优势是它们的理论容量（$TiO_2 \rightarrow LiTiO_2$：336mA·h/g）要比钛酸锂高，但是性能并不具有竞争力。最初的研究结果显示在纳米晶状锐钛矿 TiO_2 中，每个钛原子对应 0.5 个锂离子能够在 1.8V（vs. Li/Li^+）左右进行循环[63]。一般来讲，当颗粒尺寸以及晶体尺寸降低到纳米范围时，会导致锂嵌入量的增多[64,65]。有人开发使用锐钛矿纳米管，但是在容量和倍率性能的改进上，这种纳米管并没有表现出太引人注目的结果[66,67]。由 TiO_2-B（青铜多晶型 TiO_2）制备的纳米线[68,69]和纳米管[70]能够表现出稍高的容量，但是这些材料的长时循环性能是否能与钛酸锂相抗衡还未可知。此外，大部分 TiO_2 材料的锂嵌入过程需要很宽的电压范围（近似为 1V）才能达到理论容量，这点与钛酸材料形成强烈对比，钛酸材料全部能够表现出平坦的电压曲线以及低滞后现象[54]。

4.5　转换电极

这类所谓的转换电极与锂之间的可逆循环因纳米结构而得以实现。转换电极是指这些在与锂进行循环时，需要键的破裂与重组（以及伴随晶体结构重排）的电极。这与传统的脱嵌电极（$LiCoO_2$、$LiMn_2O_4$、石墨等）是不同的，传统的脱嵌电极是将锂插入到原子之间的间隙中，晶体结构不发生变化，只是在单体电池体积上有少许的增加。图 4.3 对比了脱嵌电极以及转换电极的电极反应[71]。脱嵌电极的每个金属原子最多只能容纳一个锂离子，这便限制其容量不能超过 250mA·h/g，而转换电极则每个金属最多能与 3 个锂离子进行反应，容量可以超过 700mA·h/g。转换电极材料一般是过渡金属氧化物、氟化物、氮化物、磷化物以及硫化物。除了氟化物外，这些材料都可与锂在低电势下（0～2V，vs Li/Li^+）发生反应，因此都有望用作锂离子电池的负极。Poizot 等[72]最早报道了不同金属氧化物纳米颗

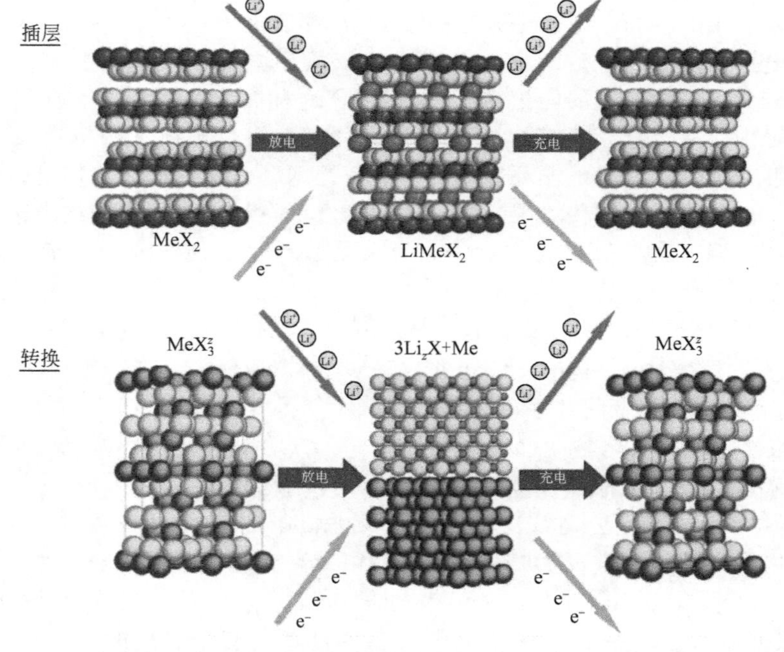

图 4.3　电池充放电过程中电极活性材料发生的不同晶体反应机理（插层和转换）
插层反应最多 1 个金属原子容纳 1 个电子（一般＜250mA·h/g），而转换反应 1 个金属原子可以与多至 3 个电子反应（一般＞700mA·h/g）。来自于参考文献［71］，经 Elsevier 允许刊登，版权 2007

粒的循环性能，从而引发了在转换材料上的大量研究。将转换材料应用于锂离子电池中最初被 Malini 等[73]进行了概述，之后 Cabana 等[74]又对其进行了详细综述。

人们很久之前就知道金属氧化物在低电势下可与锂进行电化学反应，形成氧化锂和金属颗粒的混合物[75]。但是，这种反应的可逆性并没有得到证实，直到 Poizot 等展示了 CoO、NiO 以及 FeO 纳米结构材料可以作为锂半电池电极的活性材料[72]。这些电池的电势与成分之间的关系曲线以及它们的循环性能展示在图 4.4 中。在初始锂化时，每种材料都能达到接近金属中还原两个电子的理论容量。如图 4.4 所示，这些金属氧化物的循环基本发生在电压范围为 1～3V（vs. Li/Li^+）。因此，这种对比传统碳基负极材料的高容量优势，从某种程度上来讲，抵消了转换电极反应电势高的劣势（引起电池电压低以及能量密度低）。在同一项研究中，Co_3O_4 的锂化以及循环性能（见图 4.4）也证明了金属的二价以及三价还原能够达到更高的容量（在 25 次循环时几乎有 1000mA・h/g）[72]。对 Co_3O_4 的进一步测试证明表面积以及晶体大小（在 15～100nm 范围内）对于生成 Li_2O 和金属 Co 的反应路径具有强烈的影响[76]。透射电子显微镜（TEM）图片显示 Cu_2O 微米颗粒的电化学锂化能够生成金属铜的纳米晶，嵌入在 Li_2O 母体中，而在脱锂的过程中，该纳米晶结构能够得以维持[77]。这些纳米畴结构类型对于转换材料获得有效的循环是非常有必要的。这主要源于纳米畴结构在锂化和脱锂过程中所发生的彻底的相转变；纳米结构允许脱嵌锂中产生张力的释放，且其能够为电子和离子传输提供更短的距离。

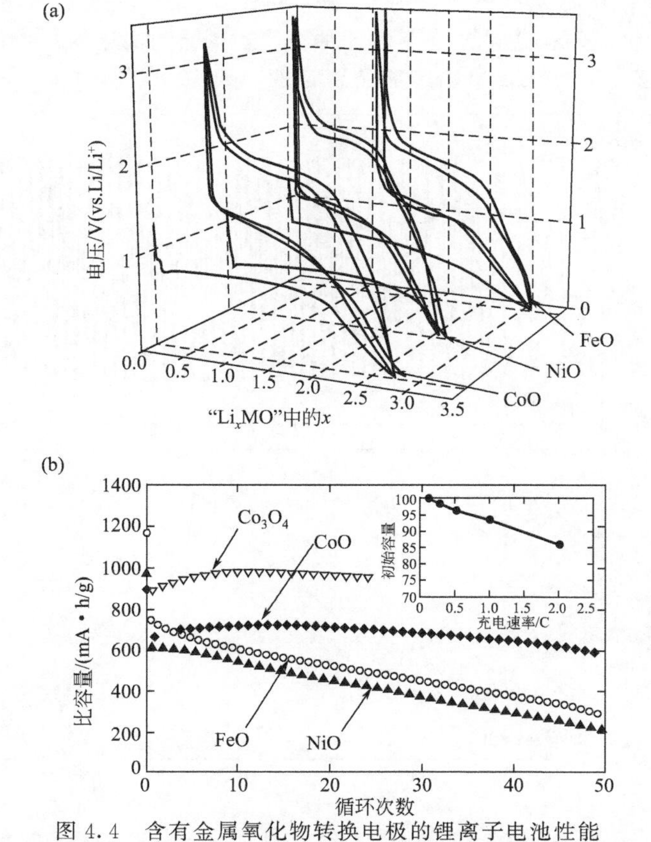

图 4.4　含有金属氧化物转换电极的锂离子电池性能

（a）不同电池在 0.01V 和 3V（vs. Li/Li^+）之间以 C/5 倍率循环的电压以及成分曲线；

（b）同样电池同等条件下（增加 Co_3O_4 电池）的循环容量。

插入图：含有 CoO 电极的锂离子电池的倍率性能。得到麦克米伦出版社的允许刊登[72]。版权 2000

紧接着转换材料的这种初期示范效果，人们对不同纳米结构的研究掀起了一股热潮。Yuan 等显示了 Co_3O_4 的纳米颗粒（与纳米晶体结构构成的微米颗粒相反）可以进行更有效的循环，但是当颗粒尺寸减小到低于 37nm 时，性能会下降[78]。这个研究团队对不同方法合成的 Co_3O_4 纳米线也表现出了研究兴趣[79~81]，但是这些材料在性能上并没有比最初展示的材料表现出优势，如图 4.4 所示[72]。Fe_3O_4 以及 Mn_3O_4 电极作为价格低廉的负极替代产品，与其他转换氧化物材料面临一样的挑战。纳米纺锤体[82]、纳米晶体[83]、纳米线[84]以及纳米复合材料[85]使得 Fe_3O_4 表现出 800～1000mA·h/g 的相对平稳的循环容量[85]以及可以接受的倍率性能。也有人尝试开发了 Fe_2O_3 纳米片[86]、Fe_2O_3 纳米管[87]以及 Mn_3O_4 纳米颗粒-石墨烯复合物[88]，它们都表现出与 Fe_3O_4 相类似的性能。过渡金属氮化物、硫化物以及磷化物相比较氧化物而言研究较少，在 Cabana 等的综述中可以看到[74]。由于目前还没有对不同的纳米结构材料进行直接比较，所以很难说哪种结构，如果有的话，最适合商业化且可能用于传统的电池生产过程中。

过渡金属氟化物作为转换材料中的一类，用作锂离子电池正极材料时性能也很突出。金属氟化物与锂的电化学反应，由于金属-氟键表现出较为极端的离子特征，所以发生电位较高，约为 3V（vs. Li/Li^+）[71]。与其他转换材料一样，金属氟化物的纳米结构化对于其能在锂离子电池中循环是非常必要的。Badway 等最初报道了通过将晶体大小减小至 25nm，并且与碳形成纳米复合物，氟化铁（FeF_3）能够又表现出接近理论的容量[89]。这个概念在图 4.5 中阐述出来，图中显示晶体尺寸为 102nm 和 25nm 的 FeF_3 电极循环的电压曲线。图中也展示了氟化物电极较高的电势范围，还原曲线和氧化曲线都大约位于 3.5V（vs. Li/Li^+）。通过改善固态合成方法，可以增加循环容量（到 500mA·h/g），而采用一种 CrF_3-C

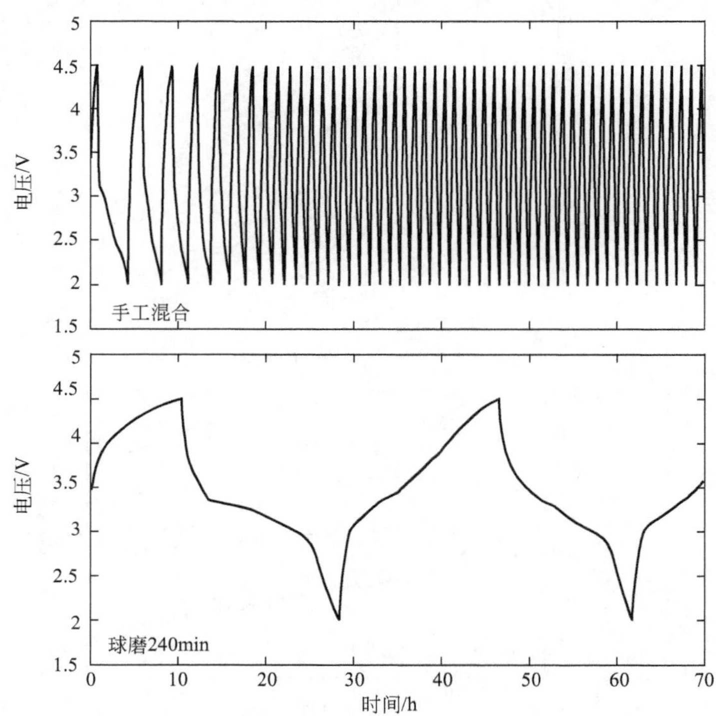

图 4.5　Li/FeF_3：C 在含有 $LiPF_6$ 的 EC：DMC 中以 7.58mA/g 下循环的电压时间曲线，以及不同混合方式的对比（手工混合或者球磨 240min）

“手工混合”样品的晶体大小为 102nm，而“240min 球磨”的样品晶体大小为 25nm。

得到 The Electrochemical Society 的允许刊登[89]。版权 2003

纳米复合材料，可以获得 680mA·h/g 的循环容量[90]。在材料结构中引入氧可以构造氟化氧铁（FeOF）材料，在稍微牺牲可逆容量的情况下，增加循环稳定性[91]。虽然这些氟化物的容量位于目前已经发现的正极材料中的最高峰，但是它们商业化的最大障碍在于倍率限制以及循环中出现电压滞后现象。因此它们最适合应用于需要高比能量但是无需高功率密度或者高能量效率的地方。

4.6 负极锂合金

纳米结构材料也使得将锂合金作为负极用于锂离子电池中成为可能。Dey 等[92]首先证实了在常温下，某些金属可以在有机电解质溶液中与锂发生电化学合金化。在低电势下，这些金属可与锂发生电化学反应形成独特计量比成分的合金。与上节讨论的转换类型的电极反应类似，电化学合金化反应也需要相转变。原子间发生大幅重排，且体积上也发生很大改变。这些电极的脱合金化以及继续循环会引起活性颗粒的破裂以及粉碎。换句话说，锂合金颗粒不能适应因移除大量锂而引起的应力，相应的颗粒会分裂成更小的、分离开的亚微颗粒。与电极脱离开的亚微颗粒不再具有活性，从而导致循环容量的损失。在很多情况下，纳米颗粒以及纳米厚度的薄膜能够更好地适应脱合金化以及循环过程中引起的张力。纳米结构的锂合金电极在获得理论容量上以及在持续循环中维持高容量方面，都能够表现出最好的能力。锂合金电极在过去十年内都是广泛研究的课题，Larcher 等[93]、Park 等[94]以及 Zhang[95]都曾经对它们进行过详细的综述。Zhang[96]也曾经对它们与锂进行电化学锂化和脱锂化的机理进行过综述。

锂在室温下可以电化学合金化的最早证据显示，锂可以与 Sn、Pb、Al、Au、Pt、Zn、Cd、Ag、Mg、Bi 以及 Sb 反应，但是不与 Ti、Cu、Ni 或者不锈钢发生任何反应[92,97]。硅也可以与锂形成电化学合金，而且它在该组中具有最高的质量容量（理论的以及实验得到的）[93~95]。已知常温下锂化完全的锂-硅合金是 $Li_{22}Si_5$，其理论储锂容量是 4200mA·h/g（相对于硅质量）。这个数值几乎比商业锂离子电池常用负极：碳基电极的理论容量高出一个量级。硅因此成为锂合金电极中最广泛研究的对象，也是锂合金电极中最常考虑用来商业化的对象。锂离子电池锂硅电极的有关研究，尤其是纳米结构的重要性也已经被详细综述报道过[98,99]。

纳米复合材料以及纳米材料的使用延长了锂-硅电极的循环寿命。在关于这些的一项早期研究中，将硅纳米颗粒以及炭黑的复合物作为锂半电池的活性材料[100]。纳米材料在循环容量上极大地超过微米尺寸的硅碳复合物。微米级的材料在仅仅 5 个循环内，容量从 2900mA·h/g 降低到低于 500mA·h/g，而纳米材料在第 22 个循环中依然保持 1300mA·h/g 的容量。不过，这个容量还算是衰减得很快，而后续关于锂-硅电极的研究也在寻找将这些电极纳米化的途径，以同时得到高容量和稳定的循环性能。纳米级厚的硅薄膜也证明了具有这种在数十次、上百次以及上千次循环后保持高容量的能力[101~104]。真空沉积的厚度为 50nm 的硅薄膜在 2C 倍率下循环 200 次后还能保持 3600mA·h/g 的容量。因此，硅自身具有在其理论容量附近可逆循环的能力，但是这种能力高度依赖于其电极结构。目前还尚不能将这种纳米薄膜的循环性能转化成单位面积容量高的三维多孔电极。传输问题在设计锂合金电极时是不可避免要考虑的因素，容量和不可逆性往往受到复合电极中电子和离子导电性的影响，而这些与单成分电极中的不同。

硅纳米线的引入，是为了使材料在径向上保持良好的纳米尺寸应变松弛之外，纳米颗粒之间也能获得更好的接触（因此有更好的传输）[105,106]。在最早的文献中一直难以突破容量和循环的限制时，Cui 及其合作者转变了他们的组装和测试思路，在不锈钢衬底上气相沉积硅纳米线[107]。这种纳米线的平均直径为89nm，在循环过程中能够与衬底保持良好接触，C/20倍率下完成10个循环后容量高于3000mA·h/g。不过，接着在C/5倍率下循环80次后，容量开始稳定下降到2000mA·h/g[108]。硅电极在循环稳定性上依然需要进行持续的改进，以具有与锂离子电池碳负极一样的市场竞争力。在一些相关领域也有一些持续的研究，包括纳米颗粒尺寸的优化[109]，原位观测锂化-脱锂化过程[110]等。有几个公司已经开始推销即将推出的基于硅负极的锂离子电池产品。这些公司如Nexeon公司（美国），它们开始广告宣传硅纳米线电池[111]，该纳米线是基于Green等的早期工作[112]；3M公司的网站上宣传了硅负极电池的循环和倍率数据[113]；以及安普瑞斯（Amprius）公司，一家从斯坦福大学Yi Cui及其合作者的研究成果中衍生出来的公司[114]。

除了硅合金电极外，其他的锂合金电池都研究的比较少，不过人们也比较关注锡、SnO_2以及铝。锡可以形成合金$Li_{22}Sn_5$，其理论容量为990mA·h/g。与硅合金类似，锂-锡在0～1V（vs. Li/Li$^+$）范围内有一个倾斜的电压曲线。Winter和Besenhard综述了锡和锡化合物作为锂合金的早期工作[115]。正如预料，降低锡颗粒的尺寸到亚微米甚至纳米级会导致循环稳定性大幅上涨[116,117]。二氧化锡（SnO_2）长期以来作为比较便宜的备选进行研究，该材料在初次锂化时，会不可逆地形成锂氧化物；形成的金属锡，之后可与稳定氧化物母体中的锂发生可逆循环。结构更小的纳米纤维和纳米颗粒，可以表现出不错的性能以及循环性能[118,119]。但是，考虑到锡的价格更高，容量更低，因此，锡基电极是否比硅基的具有优势，还尚不清晰。铝可以与锂形成单合金相LiAl，理论容量为990mA·h/g，价格与硅相当。它是锂合金中为数不多的当尺寸降低到亚微米和纳米范围时，性能反而变差的材料之一。在铝颗粒材料[120]以及薄膜[121]中都有观察到这一现象，主要是由于在材料表面形成了硬质氧化层[122]。

纳米结构金属间化合物合金也能用作锂离子电池电极的活性材料。将没有活性的金属加到主体金属中，其益处在于可以帮助缓冲锂合金化过程中产生的较大应力，从而改善可逆性。不过这种方法在改善循环性能的同时，也会伴随着锂储存容量能力的下降。Zhang等对一系列用于电化学锂合金化的晶间化合物的特征进行了汇总和综述[95,96]。可以采用往本体材料中添加少量铜[123]或钇[124]的方法，来改善纳米铝锂的循环性能。不过文献报道中更突出的是在锡纳米结构中添加过渡金属来改善其循环性能[125～127]。在这些材料中研究最多的是无定形态的Sn-Co纳米颗粒，它与晶态的以及块状的材料相比，容量更佳[125]，并且它的容量也可以通过添加碳进一步得到提升[126]。这种材料已经在索尼Nexelino™电池的负极中得到商业化应用，得到的电池体积比容量相比传统锂离子电池要高30%[128]。该产品的最早版本打算用于摄影机中[128]，而最新的较大型号的版本用于个人电脑中[129]。

4.7 纳米结构碳用作负极活性材料

锂离子电池负极活性物质一般是石墨或者不同形态的碳，所以也就毫不奇怪对纳米级的纯碳进行探究，以获得更高的可逆容量或者更优异的倍率性能。在块状石墨中，锂插入石墨层间，形成一系列不连续的有序化合物（分段现象），其中最多形成LiC_6化合物（对应于372mA·h/g）。得到的电压曲线特征为：低锂浓度时为一斜坡，100mV（vs. Li/Li$^+$）以下有两个平台，以及由于电阻率低和反应过电势引起的低滞后。电势较低有高能量密度的优势（高电池电压），但是也可能会因为镀锂而引起安全问题。采用纳米级的碳，主要作用在于增加其循环容量，但是其代价是不甚理想的电压曲线（宽电势范围以及高滞后）。这些效应在Kaskhedikar/Maier[130]以及Su/Schlögl[131]的综述中有详细体现。

碳纳米管是非常典型的纳米材料，而且由于它们超常的力学性能以及电子性能，应用前景一向十分被人们看好。Landi 等[132]综述了碳纳米管在锂离子电池中的应用。单壁碳纳米管（SWNT）是单层石墨烯管，直径在几个纳米，长度在亚微米到微米范围内。Gao 等首先发现了锂可以电化学嵌入到 SWNT 中[133,134]。他们发现 SWNT 首次循环的可逆容量有600mA・h/g，而采用球磨后的 SWNT，容量可以增加到 1000mA・h/g。他们认为球磨引起 SWNT 中出现混乱，增加了反应位点以及进入管内部的通道[133]。如图 4.6 所示，在 SWNT-Li 的循环电压曲线中，其电压范围很宽（0～3V，vs. Li/Li^+）、电压滞后大、首次锂化后不可逆容量很大（可能是由于电解液分解以及固态电解液界面在高比表面上形成所致）。Smalley 及其合作者定性地观察了 SWNT 和锂的反应，但是在他们的例子中，可逆容量只有 460mA・h/g[135]。由于在循环伏安中缺少某些特征峰，因此他们排除了锂插入的分段机理。采用原位 XRD 作为辅助手段，他们提出锂离子在纳米管间成束嵌入并且破坏了壁间作用力。

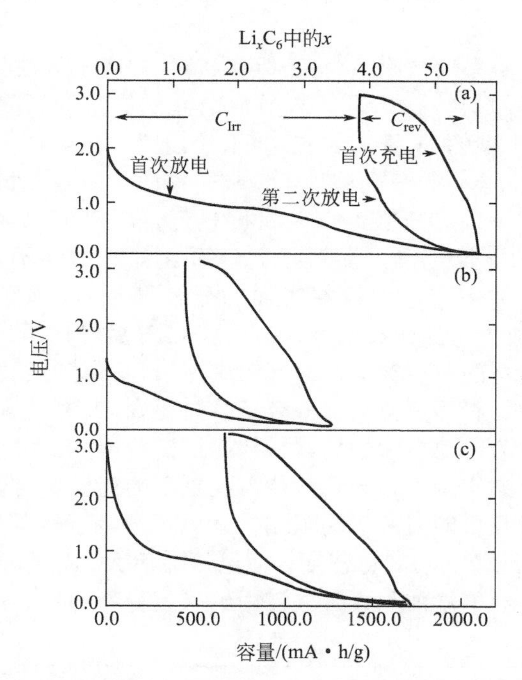

图 4.6 SWNT 电极的电化学锂化/脱锂化过程：样品经过不同处理对电压曲线的影响

(a) 纯 SWNT；(b) SWNT 经过球磨 1min；(c) SWNT 球磨 10min。

数据是在 50mA/g 恒流条件测得的。来自参考文献［133］，得到 Elsevier 允许刊登，版权 2000

多壁碳纳米管（MWNT）是由石墨片卷绕成同心圆柱体组成的，其电化学嵌锂性能也已经进行过测试[132]。MWNT 锂化的电压曲线以及循环曲线与 SWNT 的非常类似：高不可逆容量（大约在 1V vs. Li/Li^+，因此归因于电解液分解）、宽电压范围（0～3V，vs. Li/Li^+）、电压滞后大（锂化和脱锂化之间的差异大约为 1V，甚至更高）[136～138]。可逆容量在100～400mA・h/g 之间变动，比 SWNT 的容量要低一些，而且并不比常规碳电极有明显的增高。热处理对 MWNT 的电化学性能有重要的影响；热处理到更高温度或者石墨化程度更高的样品，可逆容量以及不可逆容量都较低，而且循环稳定性更优异[136～138]。

这主要是由于热处理样品表面积较低，以及不规则程度较低[136]。虽然对碳纳米管已经有了数年的研究，但是最近关于其嵌锂容量以及循环的研究显示：在与传统的微米级的石墨或者碳相比，碳纳米管在容量或者倍率性能上都没有优势。使用这些材料制备的电极依然受到不可逆容量大（导致首次电池充电时锂消耗过大）、宽电压范围以及电压滞后大等问题的困扰[139]。碳纳米管在锂离子电池中更适合的应用是研究与他们自身有关的基础电极反应。例如，liu 等采用原位 TEM 研究了 MWNT 中石墨层的电化学锂化，观察到它们对层间距以及结构的影响[140]。这些锂化过程的高分辨图像只能通过纳米材料得以实现，而传统碳基电极材料则做不到。

碳纳米纤维（CNF）是另外一种考虑作为锂离子电池电极的纳米结构碳。Yoon 等认为 CNF 有望实现比传统碳的生产成本还低，因为它们可以在低温下石墨化[141]。高度石墨化的 CNFs 表现出分段现象，电压曲线与商业碳电极材料类似，而且可逆容量可以达到 350～400mA・h/g。但是，首次循环的不可逆容量非常大（约 300mA・h/g），而且那篇报道中也并没有展示接续的循环。有文章也测试了静电纺丝制造的 CNFs，但是它们表现出更宽的电压曲线以及相似的不可逆容量[142,143]。作者观察到：CNFs 在 50mA/g 倍率下的可逆容量，经过 50 次循环后还要高于 400mA・h/g，但是要达到全容量需要的电压范围为 0～3V (vs. Li/Li^+)[143]。

虽然在文献资料中，石墨烯被吹捧为一种可以替代锂离子电池负极传统碳的材料，但是它其实与其他碳纳米结构材料一样，也具有类似的性能缺陷。石墨烯是一种单层 sp^2 杂化碳，可以想象成一层剥落的石墨层或者“未合上”的碳纳米管。Liang 和 Zhi[144]、Pumera[145]以及 Brownson 等[146]分别综述了锂离子电池中石墨烯的作用。与其他碳石墨结构体类似，石墨烯由于比表面积比较高以及密度较低，所以体积容量比较低。而与锂循环时，石墨烯表现出很宽的电压范围，滞后很大，而且首次循环不可逆容量也很大[147～149]（也是在 1V vs. Li/Li^+ 左右由于电解液在表面的分解导致），而且随着循环进行，容量下降[149～151]。石墨烯的充放电电压曲线以及循环行为与石墨对比结果可见于图 4.7 中。这些曲线与上述所有碳纳米结构的曲线类似，而且图中显示，石墨烯要想获得全部容量，电压范围必须很宽（与石墨相比，石墨获得大部分容量只需要 0.5V 的电压范围）。

应用碳纳米结构体作为电池中活性储锂材料，如上所述，会由于它们性能较差引起很多问题。首次锂化时的不可逆容量大，导致可能需要更多的正极材料作为锂源，从而导致电池整体能量密度的降低，并且可能引起运输限制。宽电压范围（全部脱锂需要高达 3V vs. Li/Li^+ 的电压）也会引起电池较低的能量密度；而电压滞后大的问题会引起能量效率低下。似乎纳米结构碳更适合作为导电添加剂或者电极中纳米复合物的一部分，而不是作为活性材料本身。

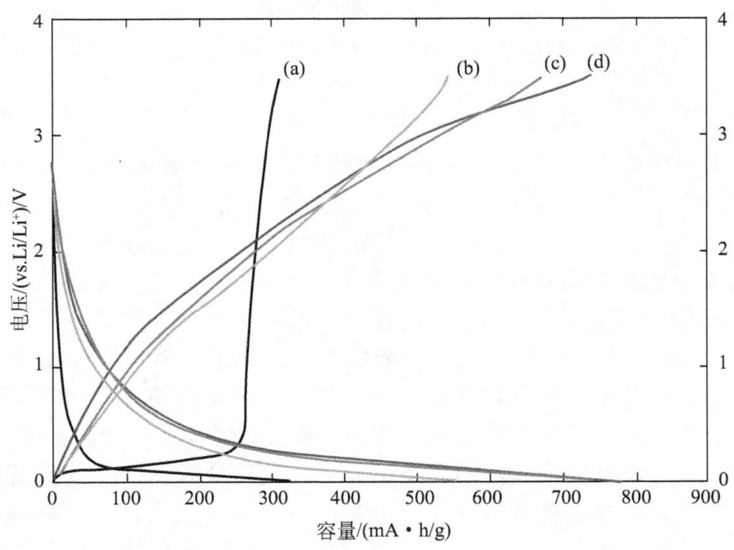

(a)

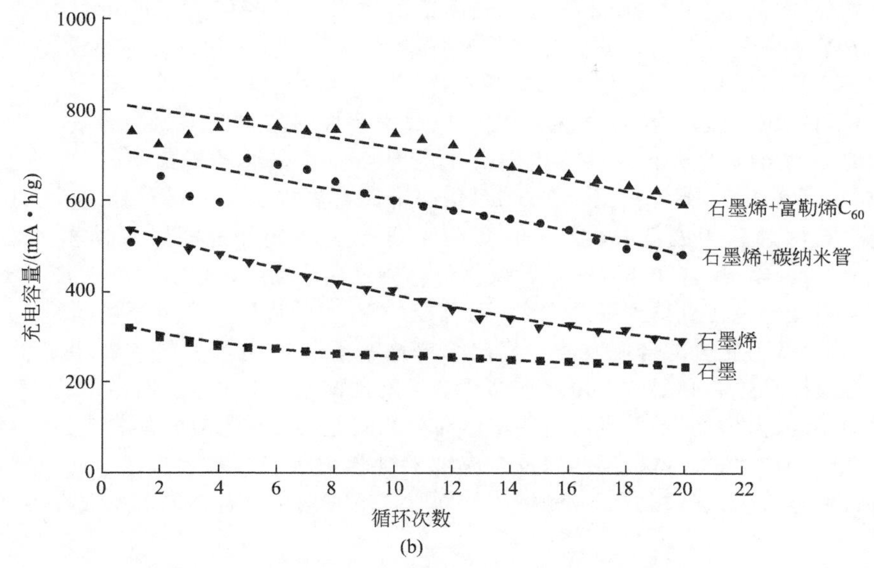

图 4.7　石墨烯以及相关材料的锂嵌入/脱出性质

(a) 充放电曲线以及 (b) 石墨、石墨烯、石墨烯＋碳纳米管以及石墨烯＋富勒烯 C_{60} 的循环性能。电流是 50mA/g。得到参考文献 [151] 允许刊登，美国化学会版权 2008

4.8　碳基纳米复合材料

除了可以作为活性嵌锂材料之外，纳米结构碳也能与其他活性材料复合，形成具有比单独活性物质导电性高、循环性能好的复合物。Su 以及 Schlögl[131] 详细综述了该策略。最常见的例子是在 $LiFePO_4$ 纳米颗粒表面包覆一层纳米级的碳，以改善上述讨论到的导电性。在相近的例子中，$LiFePO_4$ 纳米颗粒与石墨烯在悬浮液中混合，得到的复合物与碳包覆 $LiFePO_4$ 颗粒来比，容量以及倍率性能都有改进[152]。此外，人们也尝试了很多其他将磷酸铁锂与纳米结构碳复合起来以改善其导电性的方法[153]。

另外一个经常与纳米级碳混合的活性材料是硅，如上所述，硅可以作为负极与锂形成合金。在这里，碳不仅改善导电性，也能够缓冲或者限制锂化或脱锂化时的体积变化，以得到更好的循环。Kasavajjula 等综述了锂离子电极用硅碳复合材料[99]，不过自这篇综述又进行了更多相关的尝试。Hertzberg 等采用计算模型来预测通过限制硅在一个固定的壳内，能够抑制其长时间循环引起的破碎，从而使硅能够得到稳定的循环[154]。作者已经通过组装和测试了一个实际的模型证实了这一点，该模型是由直径为 300nm 的硅管封闭在稍大的碳管内组成的纳米复合结构。250 次循环后，在 80mA/g 下观测该纳米复合物的容量，增加的碳质量导致总体容量大约为 800mA·h/g，不到理论容量的 1/4。采用同样的手段，Kim 和 Cho[155] 在直径为 4nm 的硅棒周围绕一层 1～2nm 厚的碳层，在该样品上观察到更高的容量(>2700mA·h/g)，但是该样品的循环稳定性稍差。而 Cui 等宣称通过在 CNF 表面沉积一层无定形硅，也可以得到相似的循环性能[156]。2009 年，三星公司公布了一份关于硅和碳纳米管（SWNT 以及 MWNT 等）的纳米复合物的报告[157]，这意味着这些材料可能存在商业价值，尤其是如果它们能够实现高容电极的使用的话。

在其他锂合金化元素方面，也开发了关于锡以及 SnO_2 的碳纳米复合物，尝试改善它们的锂循环行为。Yu 及合作者合成了独特的将锡纳米颗粒嵌入碳微米管[158]以及 CNF[159] 中的纳米复合物，两种材料都表现出比商业锡纳米颗粒优异的循环性能。其他一些比单独的锡

或者 SnO_2 循环性能优异的纳米材料有：充满锡的碳管（半径约为 200nm）[160]、封装有碳的中空锡纳米颗粒[161]、装有多重锡纳米颗粒的弹性碳球[162]、锡纳米颗粒嵌入在微米级的碳本体中[163]以及石墨烯-SnO_2 混合纳米颗粒[164,165]。

氧化物材料也可与碳复合，形成循环性能以及倍率性能增强的纳米复合物。Zhi 等合成不同结构类型的碳-钴纳米复合物，并将它们氧化得到 Co_3O_4-C 纳米复合物[166]。该复合物同直径为 20～30nm 的 Co_3O_4 颗粒相比，在 0.2C 倍率下具有更加出众的循环稳定性。在另一份研究中，固定在石墨烯片上的 20nm 大小的 Co_3O_4 复合物在循环性能以及倍率上都比单纯的 Co_3O_4 要优异。同样，Fe_2O_3 作为一种转换材料，通过在石墨烯氧化物存在的情况下合成纳米复合物，其可逆循环也可以得到提升[167]，而且经过 50 次循环后，容量还可超过 1000mA·h/g。作者得出结论认为复合的合成方法，相比简单地将 Fe_2O_3 纳米颗粒与石墨烯氧化物混合，对于获得高容量循环更有必要的。虽然在这些纳米复合物上取得了很多有益的进展，但是将碳合并到转换类型的电极材料中并没有解决电压滞后的问题，在纳米复合材料中该问题与在未改性电极中存在的一样严重。这些问题以及合成纳米复合物所需的复杂方法（而且很昂贵），使得人们在将转换电极引入到相关商业领域中的同时，也对纳米复合物的实用性提出了质疑。

4.9　结论

纳米材料对锂离子电池科学起到了重要的影响，尤其是在将其用于电极中来获得更高容量、更好倍率性能或者循环寿命等方面上。在该领域的研究已经使得以 LFP 或者钛酸锂为电极材料的电池得到快速发展和商业化。这些材料本身较低的电导率需要它们以纳米结构形式呈现，以在容量以及倍率上表现出具有竞争力的性能。硅是负极电极用碳材料的高容量替代材料，它在锂离子电池中的应用也因为纳米结构化而成为可能。硅纳米颗粒以及纳米复合物似乎是有望商业化的下一代纳米材料。纳米结构转换材料以及纳米结构碳也作为电极备选材料进行了相关的测试，但是它们的性能限制至今仍超过了它们所能提供的优势。

参考文献

[1] P.G. Bruce, B. Scrosati, J.-M. Tarascon, Angew. Chem. Int. Edit. 47 (2008) 2930.
[2] E. Stura, C. Nicolini, Anal. Chim. Acta 568 (2006) 57.
[3] M.S. Whittingham, Dalton Trans. (2008) 5424.
[4] A.S. Arico, P. Bruce, B. Scrosati, J.-M. Tarascon, W. van Schalkwijk, Nat. Mater. 4 (2005) 366.
[5] J. Chen, F. Cheng, Acc. Chem. Res. 42 (2009) 713.
[6] M.G. Kim, J. Cho, Adv. Funct. Mater. 19 (2009) 1497.
[7] L.F. Nazar, G. Goward, F. Leroux, M. Duncan, H. Huang, T. Kerr, J. Gaubicher, Int. J. Inorg. Mater. 3 (2001) 191.
[8] Y. Wang, G. Cao, Adv. Mater. 20 (2008) 2251.
[9] L. Ji, Z. Lin, M. Alcoutlabi, X. Zhang, Energy Environ. Sci. 4 (2011) 2682.
[10] P.S. Kuyate, V. Patel, Patent analysis and product survey on use of nanomaterials in lithium-ion batteries. http://www.nanowerk.com/spotlight/spotid=21950.php, (accessed 12.09.12).
[11] J.H. Choy, D.H. Kim, C.W. Kwon, S.J. Hwang, Y.I. Kim, J. Power Sources 77 (1999) 1.
[12] S.-H. Kang, J.B. Goodenough, L.K. Rabenberg, Chem. Mater. 13 (2001) 1758.
[13] M. Okubo, E. Hosono, J. Kim, M. Enomoto, N. Kojima, T. Kudo, H. Zhou, I. Honma, J. Am. Chem. Soc. 129 (2007) 7444.
[14] E. Hosono, T. Kudo, I. Honma, H. Matsuda, H. Zhou, Nano Lett. 9 (2009) 1045.
[15] W.P. Tang, X.J. Yang, Z.H. Liu, K. Ooi, J. Mater. Chem. 13 (2003) 2989.

[16] F. Cheng, J. Zhao, W. Song, C. Li, H. Ma, J. Chen, P. Shen, Inorg. Chem. 45 (2006) 2038.

[17] D. Larcher, C. Masquelier, D. Bonnin, Y. Chabre, V. Masson, J.-B. Leriche, J.-M. Tarascon, J. Electrochem. Soc. 150 (2003) A133–A139.

[18] J. Morales, J. Santos-Pena, Electrochem. Commun. 9 (2007) 2116.

[19] J. Morales, J. Santos-Peña, R. Trócoli, S. Franger, E. Rodríguez-Castellón, Electrochim. Acta 53 (2008) 6366.

[20] J.B. Goodenough, Y. Kim, Chem. Mater. 22 (2009) 587.

[21] K. Xu, Chem. Rev. 104 (2004) 4303.

[22] Z. Li, D. Zhang, F. Yang, J. Mater. Sci. 44 (2009) 2435.

[23] O. Toprakci, H.A.K. Toprakci, L.W. Ji, X.W. Zhang, KONA Powder Part. J. (2010) 50.

[24] Y. Wang, P. He, H. Zhou, Energy Environ. Sci. 4 (2011) 805.

[25] L.-X. Yuan, Z.-H. Wang, W.-X. Zhang, X.-L. Hu, J.-T. Chen, Y.-H. Huang, J.B. Goodenough, Energy Environ. Sci. 4 (2011) 269.

[26] W.-J. Zhang, J. Power Sources 196 (2011) 2962.

[27] D. Jugović, D. Uskokovi&cacute, J. Power Sources 190 (2009) 538.

[28] J. Wang, X. Sun, Energy Environ. Sci. 5 (2012) 5163.

[29] A.K. Padhi, K.S. Nanjundaswamy, J.B. Goodenough, J. Electrochem. Soc. 144 (1997) 1188.

[30] H. Huang, S.-C. Yin, L.F. Nazar, Electrochem. Solid State 4 (2001) A170.

[31] N. Ravet, Y. Chouinard, J.F. Magnan, S. Besner, M. Gauthier, M. Armand, J. Power Sources 97–98 (2001) 503.

[32] S.-Y. Chung, J.T. Bloking, Y.-M. Chiang, Nat. Mater. 1 (2002) 123.

[33] C. Delacourt, P. Poizot, S. Levasseur, C. Masquelier, Electrochem. Solid State 9 (2006) A352.

[34] P. Gibot, M. Casas-Cabanas, L. Laffont, S. Levasseur, P. Carlach, S. Hamelet, J.-M. Tarascon, C. Masquelier, Nat. Mater. 7 (2008) 741.

[35] N. Meethong, H.-Y.S. Huang, W.C. Carter, Y.-M. Chiang, Electrochem. Solid State 10 (2007) A134.

[36] J. Gaubicher, T. Le Mercier, Y. Chabre, J. Angenault, M. Quarton, J. Electrochem. Soc. 146 (1999) 4375.

[37] T.A. Kerr, J. Gaubicher, L.F. Nazar, Electrochem. Solid State 3 (2000) 460.

[38] C. Delacourt, L. Laffont, R. Bouchet, C. Wurm, J.-B. Leriche, M. Morcrette, J.-M. Tarascon, C. Masquelier, J. Electrochem. Soc. 152 (2005) A913.

[39] C. Delacourt, P. Poizot, M. Morcrette, J.M. Tarascon, C. Masquelier, Chem. Mater. 16 (2003) 93.

[40] G. Li, H. Azuma, M. Tohda, Electrochem. Solid State 5 (2002) A135.

[41] K. Amine, H. Yasuda, M. Yamachi, Electrochem. Solid State 3 (2000) 178.

[42] J. Yang, J.J. Xu, J. Electrochem. Soc. 153 (2006) A716.

[43] History of Phostech Lithium. http://www.phostechlithium.com/prf_historique_e.php, (accessed 11.09.12).

[44] Süd-Chemie invests EUR 60 million in series production of the battery material lithium iron phosphate for electric vehicle drives (12 July, 2010). http://www.marketwire.com/press-release/Sud-Chemie-Invests-EUR-60-Million-Series-Production-Battery-Material-Lithium-Iron-Phosphate-1288269.htm, (accessed 30.05.13).

[45] BASF signs licensing agreement to acquire lithium iron phosphate (LFP) technology from $LiFePO_4$+C (14 March, 2012). http://www.marketwire.com/press-release/Sud-Chemie-Invests-EUR-60-Million-Series-Production-Battery-Material-Lithium-Iron-Phosphate-1288269.htm, (accessed 30.05.13).

[46] Süd-Chemie and LG Chem to jointly manufacture LFP (December 2011). http://newsroom.clariant.com/sud-chemie-and-lg-chem-to-jointly-manufacture-high-quality-lithium-iron-phosphate-lfp/, (accessed 24.06.2013).

[47] Nanophosphate® lithium iron phosphate battery technology. http://www.a123systems.com/lithium-iron-phosphate-battery.htm, (accessed 11.09.12).

[48] J. Barker, M.Y. Saidi, J.L. Swoyer, Electrochem. Solid State 6 (2003) A53.

[49] Saft develops Super-Phosphate™ technology for rigorous defense applications (2 November, 2009). http://www.saftbatteries.com/SAFT/UploadedFiles/PressOffice/2009/CP_61-09_en.pdf, (accessed 11.09.12).

[50] A123 Systems, Hydro-Québec, and the University of Texas settle lithium metal phosphate battery chemistry patent dispute (31 October, 2011). http://www.hydroquebec.com/transportation-electrification/pdf/communique-hq_2011-10-31.pdf, (accessed 11.09.12).

[51] Valence Technology settles patent dispute with Hydro-Quebec (13 June, 2012). http://ir.valence.com/releasedetail.cfm?ReleaseID=682776, (accessed 11.09.12).

[52] A123 Systems expands portfolio of grid storage solutions (1 May, 2012). http://www.a123systems.com/805ab788-d9a1-4518-9884-91aa2de0b3f5/media-room-2012-press-releases-detail.htm, (accessed 11.09.12).

[53] A123 Systems introduces advanced lithium ion battery designed specifically for military vehicle applications (21 February, 2012). http://www.a123systems.com/14c75767-1afd-472b-b8df-e7a8dee023eb/media-room-2012-press-releases-detail.htm, (accessed 11.09.12).

[54] Z. Yang, D. Choi, S. Kerisit, K.M. Rosso, D. Wang, J. Zhang, G. Graff, J. Liu, J. Power Sources 192 (2009) 588.

[55] G.-N. Zhu, Y.-G. Wang, Y.-Y. Xia, Energy Environ. Sci. 5 (2012) 6652.

[56] T. Ohzuku, A. Ueda, N. Yamamoto, J. Electrochem. Soc. 142 (1995) 1431.

[57] E. Ferg, R.J. Gummow, A. de Kock, M.M. Thackeray, J. Electrochem. Soc. 141 (1994) L147.

[58] L. Kavan, M. Grätzel, Electrochem. Solid State 5 (2002) A39.

[59] L. Kavan, J. Procházka, T.M. Spitler, M. Kalbáč, M. Zukalová, T. Drezen, M. Grätzel, J. Electrochem. Soc. 150 (2003) A1000.

[60] Altairnano: Solutions. http://www.altairnano.com/solutions/, (accessed 11.09.12).

[61] Hydro-Québec and Technifin form partnership to license lithium titanate spinel oxide (LTO) (20 October, 2011). http://www.hydroquebec.com/4d_includes/of_interest/PcAN2011-137.htm, (accessed 11.09.12).

[62] High performance battery materials: lithium titanate. http://www.neicorporation.com/high_performance.html, (accessed 11.09.12).

[63] S.Y. Huang, L. Kavan, I. Exnar, M. Grätzel, J. Electrochem. Soc. 142 (1995) L142.

[64] V. Luca, T.L. Hanley, N.K. Roberts, R.F. Howe, Chem. Mater. 11 (1999) 2089.

[65] C. Natarajan, K. Setoguchi, G. Nogami, Electrochim. Acta 43 (1998) 3371.

[66] X.P. Gao, Y. Lan, H.Y. Zhu, J.W. Liu, Y.P. Ge, F. Wu, D.Y. Song, Electrochem. Solid State 8 (2005) A26.

[67] J. Li, Z. Tang, Z. Zhang, Electrochem. Solid State 8 (2005) A316.

[68] A.R. Armstrong, G. Armstrong, J. Canales, P.G. Bruce, J. Power Sources 146 (2005) 501.

[69] A.R. Armstrong, G. Armstrong, J. Canales, R. García, P.G. Bruce, Adv. Mater. 17 (2005) 862.

[70] G. Armstrong, A.R. Armstrong, J. Canales, P.G. Bruce, Electrochem. Solid State 9 (2006) A139.

[71] G.G. Amatucci, N. Pereira, Fluoride based electrode materials for advanced energy storage devices, J. Fluorine Chem. 128 (2007) 243–262.

[72] P. Poizot, S. Laruelle, S. Grugeon, L. Dupont, J.M. Tarascon, Nature 407 (2000) 496.

[73] R. Malini, U. Uma, T. Sheela, M. Ganesan, N. Renganathan, Ionics 15 (2009) 301.

[74] J. Cabana, L. Monconduit, D. Larcher, M.R. Palacín, Adv. Mater. 22 (2010) E170.

[75] M.M. Thackeray, W.I.F. David, J.B. Goodenough, Mater. Res. Bull. 17 (1982) 785.

[76] D. Larcher, G. Sudant, J.-B. Leriche, Y. Chabre, J.-M. Tarascon, J. Electrochem. Soc. 149 (2002) A234.

[77] S. Grugeon, S. Laruelle, R. Herrera-Urbina, L. Dupont, P. Poizot, J.-M. Tarascon, J. Electrochem. Soc. 148 (2001) A285.

[78] Z. Yuan, F. Huang, C. Feng, J. Sun, Y. Zhou, Mater. Chem. Phys. 79 (2003) 1.

[79] Y. Li, B. Tan, Y. Wu, Nano Lett. 8 (2007) 265.
[80] K.T. Nam, D.W. Kim, P.J. Yoo, C.Y. Chiang, N. Meethong, P.T. Hammond, Y.M. Chiang, A.M. Belcher, Science 312 (2006) 885.
[81] K.M. Shaju, F. Jiao, A. Debart, P.G. Bruce, Phys. Chem. Chem. Phys. 9 (2007) 1837.
[82] W.-M. Zhang, X.-L. Wu, J.-S. Hu, Y.-G. Guo, L.-J. Wan, Adv. Funct. Mater. 18 (2008) 3941.
[83] Z.-M. Cui, L.-Y. Jiang, W.-G. Song, Y.-G. Guo, Chem. Mater. 21 (2009) 1162.
[84] T. Muraliganth, A. Vadivel Murugan, A. Manthiram, Chem. Comm. (2009) 7360.
[85] C. Ban, Z. Wu, D.T. Gillaspie, L. Chen, Y. Yan, J.L. Blackburn, A.C. Dillon, Adv. Mater. 22 (2010) E145.
[86] M.V. Reddy, T. Yu, C.H. Sow, Z.X. Shen, C.T. Lim, G.V. Subba Rao, B.V.R. Chowdari, Adv. Funct. Mater. 17 (2007) 2792.
[87] J. Liu, Y. Li, H. Fan, Z. Zhu, J. Jiang, R. Ding, Y. Hu, X. Huang, Chem. Mater. 22 (2009) 212.
[88] H. Wang, L.-F. Cui, Y. Yang, H. Sanchez Casalongue, J.T. Robinson, Y. Liang, Y. Cui, H. Dai, J. Am. Chem. Soc. 132 (2010) 13978.
[89] F. Badway, N. Pereira, F. Cosandey, G.G. Amatucci, J. Electrochem. Soc. 150 (2003) A1209–1218.
[90] I. Plitz, F. Badway, J. Al-Sharab, A. DuPasquier, F. Cosandey, G.G. Amatucci, J. Electrochem. Soc. 152 (2005) A307.
[91] N. Pereira, F. Badway, M. Wartelsky, S. Gunn, G.G. Amatucci, J. Electrochem. Soc. 156 (2009) A407.
[92] A.N. Dey, J. Electrochem. Soc. 118 (1971) 1547.
[93] D. Larcher, S. Beattie, M. Morcrette, K. Edström, J.-C. Jumas, J.-M. Tarascon, J. Mater. Chem. 17 (2007) 3759.
[94] C.M. Park, J.H. Kim, H. Kim, H.J. Sohn, Chem. Soc. Rev. 39 (2010) 3115.
[95] W.-J. Zhang, J. Power Sources 196 (2011) 13.
[96] W.-J. Zhang, J. Power Sources 196 (2011) 877.
[97] J. Wang, P. King, R.A. Huggins, Solid State Ionics 20 (1986) 185.
[98] J.R. Szczech, S. Jin, Energy Environ. Sci. 4 (2011) 56.
[99] U. Kasavajjula, C. Wang, A.J. Appleby, J. Power Sources 163 (2007) 1003.
[100] H. Li, X.J. Huang, L.Q. Chen, Z.G. Wu, Y. Liang, Electrochem. Solid State 2 (1999) 547.
[101] J. Graetz, C.C. Ahn, R. Yazami, B. Fultz, Electrochem. Solid State 6 (2003) A194.
[102] J.P. Maranchi, A.F. Hepp, A.G. Evans, N.T. Nuhfer, P.N. Kumta, J. Electrochem. Soc. 153 (2006) A1246.
[103] S. Ohara, J. Suzuki, K. Sekine, T. Takamura, J. Power Sources 136 (2004) 303.
[104] T. Takamura, S. Ohara, M. Uehara, J. Suzuki, K. Sekine, J. Power Sources 129 (2004) 96.
[105] B. Gao, S. Sinha, L. Fleming, O. Zhou, Adv. Mater. 13 (2001) 816.
[106] H. Li, X. Huang, L. Chen, G. Zhou, Z. Zhang, D. Yu, Y. Jun Mo, N. Pei, Solid State Ionics 135 (2000) 181.
[107] C.K. Chan, H. Peng, G. Liu, K. McIlwrath, X.F. Zhang, R.A. Huggins, Y. Cui, Nat. Nanotechnol. 3 (2008) 31.
[108] R. Ruffo, S.S. Hong, C.K. Chan, R.A. Huggins, Y. Cui, J. Phys. Chem. C 113 (2009) 11390.
[109] H. Kim, M. Seo, M.-H. Park, J. Cho, Angew. Chem. Int. Edit. 49 (2010) 2146.
[110] X.H. Liu, L.Q. Zhang, L. Zhong, Y. Liu, H. Zheng, J.W. Wang, J.-H. Cho, S.A. Dayeh, S.T. Picraux, J.P. Sullivan, S.X. Mao, Z.Z. Ye, J.Y. Huang, Nano Lett. 11 (2011) 2251.
[111] Nexeon Technology overview. http://www.nexeon.co.uk/technology/, (accessed 28.08.12).
[112] M. Green, E. Fielder, B. Scrosati, M. Wachtler, J.S. Moreno, Electrochem. Solid State 6 (2003) A75.
[113] 3M™ battery anode. http://solutions.3m.com/wps/portal/3M/en_US/ElectronicsChemicals/Home/Products/BatteryMaterials/BatteryAnode/, (accessed 28.08.12).
[114] Amprius, Inc. http://www.amprius.com, (accessed 17.09.12).

[115] M. Winter, J.O. Besenhard, Electrochim. Acta 45 (1999) 31.

[116] M. Noh, Y. Kim, M.G. Kim, H. Lee, H. Kim, Y. Kwon, Y. Lee, J. Cho, Chem. Mater. 17 (2005) 3320.

[117] J. Yang, M. Winter, J.O. Besenhard, Solid State Ionics 90 (1996) 281.

[118] C. Kim, M. Noh, M. Choi, J. Cho, B. Park, Chem. Mater. 17 (2005) 3297.

[119] N.C. Li, C.R. Martin, J. Electrochem. Soc. 148 (2001) A164.

[120] X.F. Lei, C.W. Wang, Z.H. Yi, Y.G. Liang, J.T. Sun, J. Alloys Compd. 429 (2007) 311.

[121] N.S. Hudak, D.L. Huber, J. Electrochem. Soc. 159 (2012) A688.

[122] Y. Liu, N.S. Hudak, D.L. Huber, S.J. Limmer, J.P. Sullivan, J.Y. Huang, Nano Lett. 11 (2011) 4188.

[123] C.Y. Wang, Y.S. Meng, G. Ceder, Y. Li, J. Electrochem. Soc. 155 (2008) A615.

[124] Z.Y. Wang, Y. Li, J.Y. Lee, Electrochem. Commun. 11 (2009) 1179.

[125] Q. Fan, P.J. Chupas, M.S. Whittingham, Electrochem. Solid State 10 (2007) A274.

[126] P.P. Ferguson, R.A. Dunlap, J.R. Dahn, J. Electrochem. Soc. 157 (2010) A326.

[127] X.-L. Wang, W.-Q. Han, J. Chen, J. Graetz, ACS Appl. Mater. Interfaces 2 (2010) 1548.

[128] SONY's new Nexelion hybrid lithium ion batteries to have thirty-percent more capacity than conventional offering (15 February, 2005). http://www.sony.net/SonyInfo/News/Press/200502/05-006E/, (accessed 28.08.12).

[129] SONY has adopted the amorphous tin-based negative electrode for the PC market (12 July, 2011). http://www.sony.co.jp/SonyInfo/News/Press/201107/11-078/, (accessed 28.08.12).

[130] N.A. Kaskhedikar, J. Maier, Adv. Mater. 21 (2009) 2664.

[131] D.S. Su, R. Schlögl, ChemSusChem 3 (2010) 136.

[132] B.J. Landi, M.J. Ganter, C.D. Cress, R.A. DiLeo, R.P. Raffaelle, Energy Environ. Sci. 2 (2009) 638.

[133] B. Gao, C. Bower, J.D. Lorentzen, L. Fleming, A. Kleinhammes, X.P. Tang, L.E. McNeil, Y. Wu, O. Zhou, Chem. Phys. Lett. 327 (2000) 69–75.

[134] B. Gao, A. Kleinhammes, X.P. Tang, C. Bower, L. Fleming, Y. Wu, O. Zhou, Chem. Phys. Lett. 307 (1999) 153.

[135] A.S. Claye, J.E. Fischer, C.B. Huffman, A.G. Rinzler, R.E. Smalley, J. Electrochem. Soc. 147 (2000) 2845.

[136] E. Frackowiak, S. Gautier, H. Gaucher, S. Bonnamy, F. Beguin, Carbon 37 (1999) 61.

[137] F. Leroux, K. Méténier, S. Gautier, E. Frackowiak, S. Bonnamy, F. Béguin, J. Power Sources 81–82 (1999) 317.

[138] G.T. Wu, C.S. Wang, X.B. Zhang, H.S. Yang, Z.F. Qi, P.M. He, W.Z. Li, J. Electrochem. Soc. 146 (1999) 1696.

[139] C. Masarapu, V. Subramanian, H.W. Zhu, B.Q. Wei, Adv. Funct. Mater. 19 (2009) 1008.

[140] Y. Liu, H. Zheng, X.H. Liu, S. Huang, T. Zhu, J. Wang, A. Kushima, N.S. Hudak, X. Huang, S. Zhang, S.X. Mao, X. Qian, J. Li, J.Y. Huang, ACS Nano 5 (2011) 7245.

[141] S.-H. Yoon, C.-W. Park, H. Yang, Y. Korai, I. Mochida, R.T.K. Baker, N.M. Rodriguez, Carbon 42 (2004) 21.

[142] C. Kim, K.S. Yang, M. Kojima, K. Yoshida, Y.J. Kim, Y.A. Kim, M. Endo, Adv. Funct. Mater. 16 (2006) 2393.

[143] J. Liwen, Z. Xiangwu, Nanotechnology 20 (2009) 155705.

[144] M.H. Liang, L.J. Zhi, J. Mater. Chem. 19 (2009) 5871.

[145] M. Pumera, Energy Environ. Sci. 4 (2011) 668.

[146] D.A.C. Brownson, D.K. Kampouris, C.E. Banks, J. Power Sources 196 (2011) 4873.

[147] A. Abouimrane, O.C. Compton, K. Amine, S.T. Nguyen, J. Phys. Chem. C 114 (2010) 12800.

[148] P. Guo, H.H. Song, X.H. Chen, Electrochem. Commun. 11 (2009) 1320.

[149] G.X. Wang, X.P. Shen, J. Yao, J. Park, Carbon 47 (2009) 2049.

[150] T. Bhardwaj, A. Antic, B. Pavan, V. Barone, B.D. Fahlman, J. Am. Chem. Soc. 132 (2010) 12556.

[151] E. Yoo, J. Kim, E. Hosono, H. Zhou, T. Kudo, I. Honma, Nano Lett. 8 (2008) 2277–2282.

[152] X.F. Zhou, F. Wang, Y.M. Zhu, Z.P. Liu, J. Mater. Chem. 21 (2011) 3353.

[153] L. Dimesso, C. Forster, W. Jaegermann, J.P. Khanderi, H. Tempel, A. Popp, J. Engstler, J.J. Schneider, A. Sarapulova, D. Mikhailova, L.A. Schmitt, S. Oswald, H. Ehrenberg, Chem. Soc. Rev. 41 (2012) 5068.

[154] B. Hertzberg, A. Alexeev, G. Yushin, J. Am. Chem. Soc. 132 (2010) 8548.

[155] H. Kim, J. Cho, Nano Lett. 8 (2008) 3688.

[156] L.-F. Cui, Y. Yang, C.-M. Hsu, Y. Cui, Nano Lett. 9 (2009) 3370.

[157] J. Lee, J. Bae, J. Heo, I.T. Han, S.N. Cha, D.K. Kim, M. Yang, H.S. Han, W.S. Jeon, J. Chung, J. Electrochem. Soc. 156 (2009) A905.

[158] Y. Yu, L. Gu, C. Zhu, P.A. van Aken, J. Maier, J. Am. Chem. Soc. 131 (2009) 15984.

[159] Y. Yu, L. Gu, C. Wang, A. Dhanabalan, P.A. van Aken, J. Maier, Angew. Chem. 121 (2009) 6607.

[160] T. Prem Kumar, R. Ramesh, Y.Y. Lin, G.T.-K. Fey, Electrochem. Commun. 6 (2004) 520.

[161] G. Cui, Y.-S. Hu, L. Zhi, D. Wu, I. Lieberwirth, J. Maier, K. Müllen, Small 3 (2007) 2066.

[162] W.-M. Zhang, J.-S. Hu, Y.-G. Guo, S.-F. Zheng, L.-S. Zhong, W.-G. Song, L.-J. Wan, Adv. Mater. 20 (2008) 1160.

[163] J. Hassoun, G. Derrien, S. Panero, B. Scrosati, Adv. Mater. 20 (2008) 3169.

[164] S.M. Paek, E. Yoo, I. Honma, Nano Lett. 9 (2009) 72.

[165] X.Y. Wang, X.F. Zhou, K. Yao, J.G. Zhang, Z.P. Liu, Carbon 49 (2011) 133.

[166] L. Zhi, Y.-S. Hu, B.E. Hamaoui, X. Wang, I. Lieberwirth, U. Kolb, J. Maier, K. Müllen, Adv. Mater. 20 (2008) 1727.

[167] X.J. Zhu, Y.W. Zhu, S. Murali, M.D. Stollers, R.S. Ruoff, ACS Nano 5 (2011) 3333.

第5章 未来电动汽车和混合电动汽车体系对电池的要求及其潜在新功能

Hideaki Horie
(东京大学，日本日产汽车研究中心)
HORIE@IIS.U-TOKYO.AC.JP

5.1 概述

在汽车应用上采用电力传动系统较传统内燃机系统相比，有很多优点。首先是电动设备比内燃机要高效的多，因为根据热力学第二定律可知，内燃机在能量转化效率上有一个根本的上限。

第二个优点是基于再生制动，安装有可充电电池的系统能够将运动产生的动能通过转化成电能的形式储存起来，从而增加了能量效率。安装电池可以使体系获得随时间变化的能量，最大化其效率，不造成丝毫能量损耗。

电力体系可以采用一系列不同形式的电源，从传统的火力发电厂到可再生能源技术如光伏发电或者风力发电（见图 5.1）。

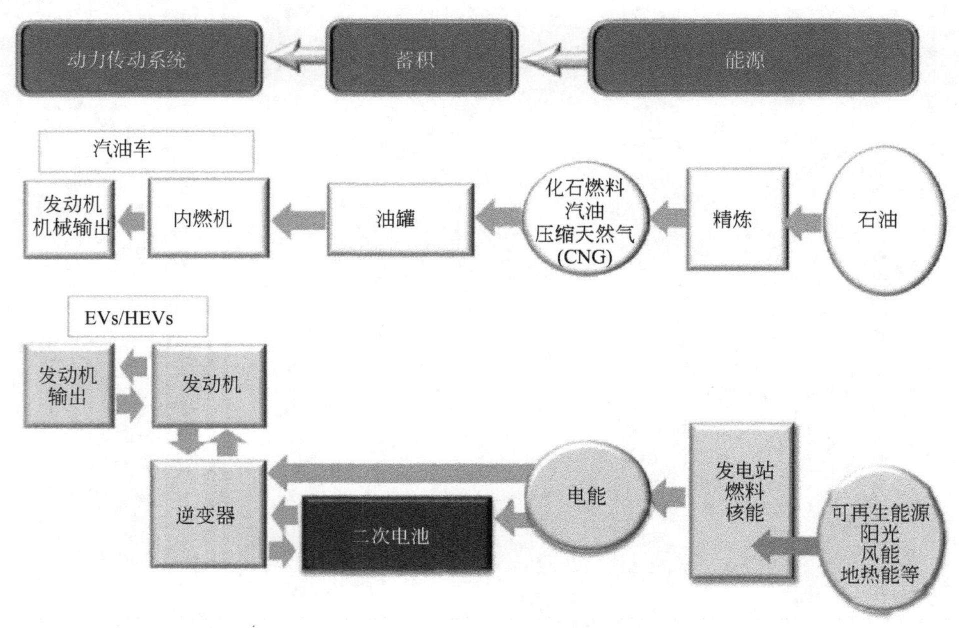

图 5.1 能量流以及不可缺少的电池作用

从这方面讲，电动汽车（EVs）或者混合电动汽车（HEVs）等新兴技术的发展对于未来在运输方面上所开展的，旨在极大降低能耗的改革是至关重要的。根据选用的动力系统的不同，电池的大小也不一样。同时值得关注的是，目前正在对整个系统进行优化，以尽可能地减小电池尺寸，因为整个电池组非常重，而且同传统汽车中的发动机相比，电池也要昂贵好几倍。如果未来电池的价格不能降到远低于目前在移动电子设备中所用的电池的价格水平，那么 HEVs［见图 5.2（a）］就很可能会在很长一段时间内成为环境友好汽车中的主导者。但是，如果电池价格在未来得到极大消减，那么装载有较大电池系统的汽车（PHEV 和 EV），由于能够提供其他体系不能抗衡的高能量效率，而会自然而然地主导这个产业，成为主流汽车，这将大大造福于人类社会。

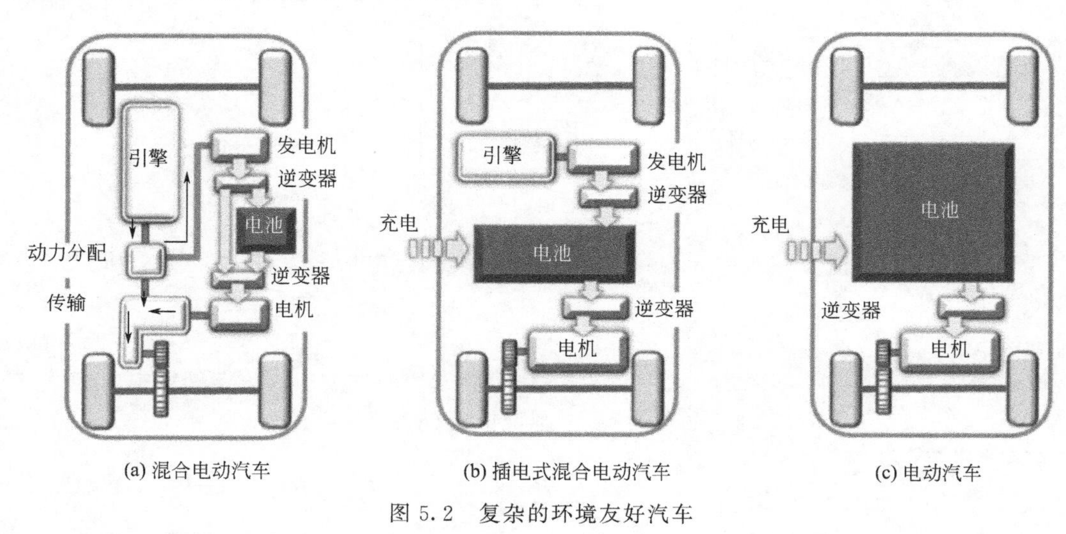

图 5.2 复杂的环境友好汽车

图 5.3 展示了一款已经进驻到世界市场上的电动汽车。

图 5.3 电动汽车（尼桑聆风 EV）

彩色图片可以参看 http://www.nissan-zeroemission.com/JP/LEAF/gallery.html

5.2 电池的功率性能分析

电池是一个利用化学反应为包含电池在内的系统提供足够动力的特殊系统。所以精确的设计电池参数以满足整个系统的需要是非常重要的。

设计的第一步是要知道整个回路中每个部件所需要的电流，这点可以通过电磁定律进行分析。电池可以用内阻 R、电容 C 以及电感 L 等元件来描述。为了设计在性能上符合 EVs 或 HEVs 需要的电池，电池的内阻非常关键，而其他因素如 C 或 L 在首次近似测算时对系统不会产生太大的影响。因此，省略掉了代表电容以及电感元件的参数。

电池的端电压可以通过以下公式进行描述：

$$V=V_0-RI \tag{5.1}$$

式中，V_0 是电池电动势（见图 5.4）。当电流流过时，电池的端电压降低值用 RI 表示，其降低的程度与电流 I 成比例。根据这个简单的方程式，可以精确地推算出任何一个连有该电池的复杂回路中的电池性能。

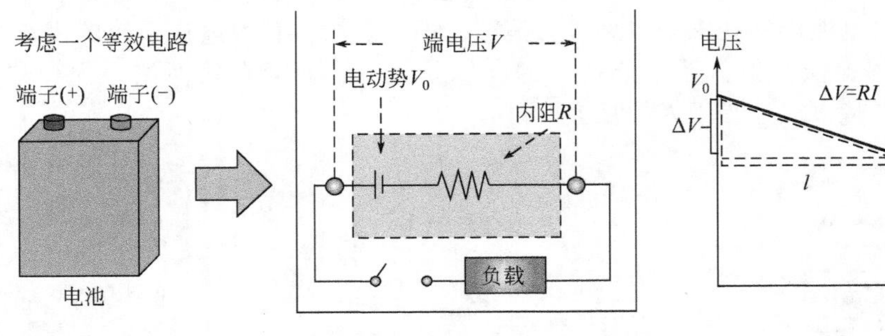

图 5.4 电池的等效电路

当电池两端有电流 I 流过时，电池释放出的功率 P 与电压差 V 之间的关系可以用下列方程式描述：

$$P=VI \tag{5.2}$$

将方程式（5.2）中的 V 用式（5.1）中的表达式进行替换，则可以得到：

$$P=(V_0-RI)I=-R\left(I-\frac{V_0}{2R}\right)^2+\frac{V_0^2}{4R} \tag{5.3}$$

从式（5.3）中，可以确定功率 P 是电流 I 的二次方程，将这种关系展示在图 5.5 中。功率 P 会持续增长，直到电流达到 $V_0/2R$，此时功率 P 呈现最大值：$V_0^2/4R$。此后，由于电池的内阻消耗能量，功率便开始从最大值下降。可以推算出随着电流的变化而产生的能量损失。通过对这些方程式进行运算，不难得出能量损失的具体值，可以得到电池内能量损失的主要诱因是产生焦耳热，其值为 RI^2。而总体释放出的能量是 V_0I，因此，能量损失率可以表达为：

$$\frac{RI^2}{V_0I}=\frac{RI}{V_0} \tag{5.4}$$

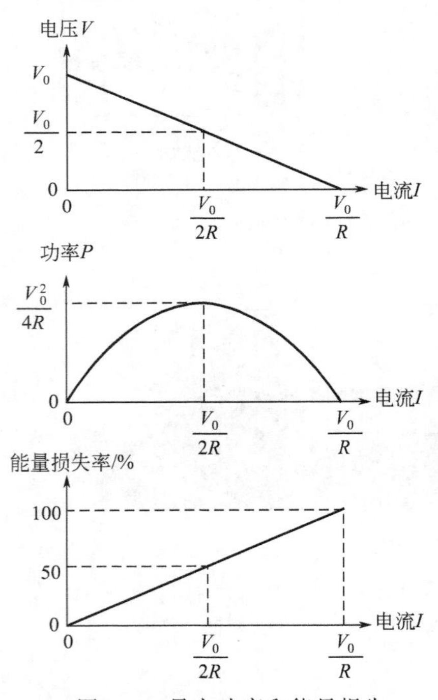

图 5.5 最大功率和能量损失

其与电流 I 成正比。将这个曲线列在图 5.5 的下方，可以很容易地看到大量产热是如何导致电池产生严重的不可逆损害的。

在这样的背景下，可以根据功率以及实际容量来对电池性能进行评估和设计。为了理解功率性能，在图 5.6 中图解了计算最大功率的方法。如果能够知道电池的内阻并且假定它是一个定值，那么便能够估算电池的功率特征，并将其与电池荷电状态、最高电流限制以及最低电压限制联系起来。

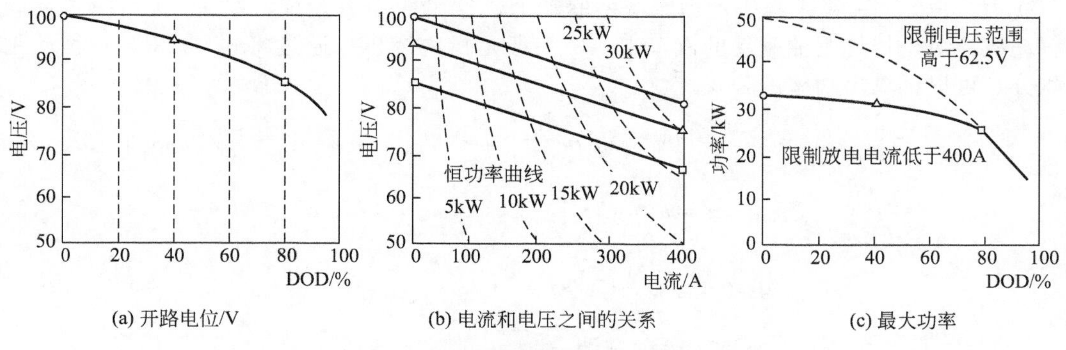

图 5.6　用于 EVs 的电池包的功率性能

5.3 汽车的基本性能设计

有了这些准备，就可以将一台 EV/HEV 的驱动性能同基本的电池规格等同起来。为了更全面地理解汽车驱动性能，需要将力和能量消耗关联起来以形成动力学方程。汽车行驶中有几个阻力：

① 旋转摩擦阻力；

② 空气阻力；

③ 爬坡阻力（重力）。

$$F_{\mathrm{T}}=\mu gM+\frac{1}{2}\rho C_{\mathrm{D}}Au^2+gM\sin\theta \tag{5.5}$$

式中　μ——旋转摩擦阻力系数；

M——汽车的质量，kg；

g——重力常数，9.8m/s²；

ρ——空气阻力，1.2kg/m³；

C_{D}——空气阻力系数；

A——汽车沿行驶方向上的横截面，m²；

u——行驶速度，m/s；

θ——斜坡的倾斜角。

图 5.7 对每一种形式的阻力进行了说明。旋转摩擦阻力来源于地面、轮胎以及轴承之间的摩擦力。这种摩擦力与汽车的质量成正比，根据经验，系数 μ 的值大约为 0.025。空气阻力，按照字面意思理解就是指来自于空气的阻力，它与车辆行驶速度的平方 v^2 呈正比。系数 C_{D} 的值大约为 0.3。汽车爬坡时，斜坡的阻力会消减其动能，但是同时，这些能量以重力势能的形式储存起来。所以，这种能量并没有消散而只是转移了。基于此，我们不再深入考虑这种来自于斜坡重力势能的阻力。而只是侧重于考虑两种形式的阻力：旋转摩擦力以及空气阻力。

可以将汽车在多种力作用下行驶的模型用牛顿运动方程明确表达出来。汽车的行驶过程可以表达为：

$$\frac{\mathrm{d}u}{\mathrm{d}t}=\frac{F_{\mathrm{accel}}}{M}=\frac{F_{\mathrm{powertrain}}-F_{\mathrm{T}}}{M}$$

$$=\frac{F_{\mathrm{powertrain}}-\left(\mu gM+\frac{1}{2}\rho C_{\mathrm{D}}Au^2+gM\sin\theta\right)}{M} \tag{5.6}$$

式中，$F_{\text{powertrain}}$是来自于动力系统的驱动力，这里的动力系统，对于 EV/HEV 一般是指电动机；对于传统汽油驱动的汽车来说，一般是指内燃机。通过将式（5.6）对移动距离 L 积分，可以推算出功率的公式。

$$P=\int F_{\text{powertrain}}\mathrm{d}L=\int F_{\text{powertrain}}\left(\frac{\mathrm{d}L}{\mathrm{d}t}\right)\mathrm{d}t=\int F_{\text{powertrain}}u\,\mathrm{d}t=\overline{F_{\text{powertrain}}u}$$

$$\Rightarrow P=F_{\text{powertrain}}u=u\left(\mu gM+\frac{1}{2}\rho C_{\mathrm{D}}Au^{2}+gM\sin\theta+M\frac{\mathrm{d}u}{\mathrm{d}t}\right)\tag{5.7}$$

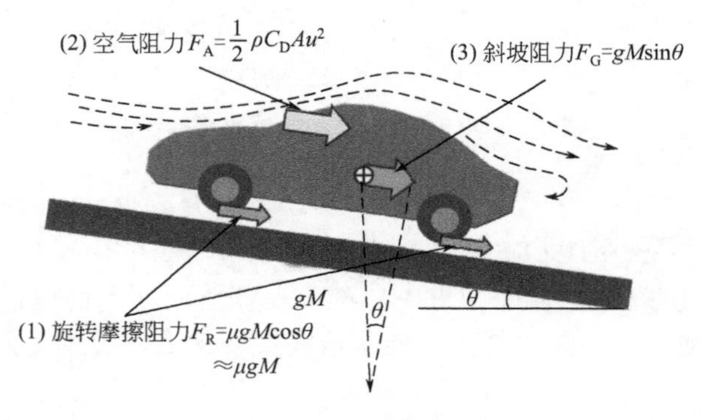

图 5.7　汽车的阻力和动力学

知道了加速度以及/或者速度变化图，再结合方程（5.7），可以计算出动力系统需要的功率。图 5.8 展示了一辆汽车在 LA-4（或者美国环保局城市认证车辆排放的测试程序，UDDS）行驶模式下移动时的功率/电流计算的例子。负电流代表了在刹车时，动能通过电机转化为电能，即对电池组进行充电的再生制动特性。

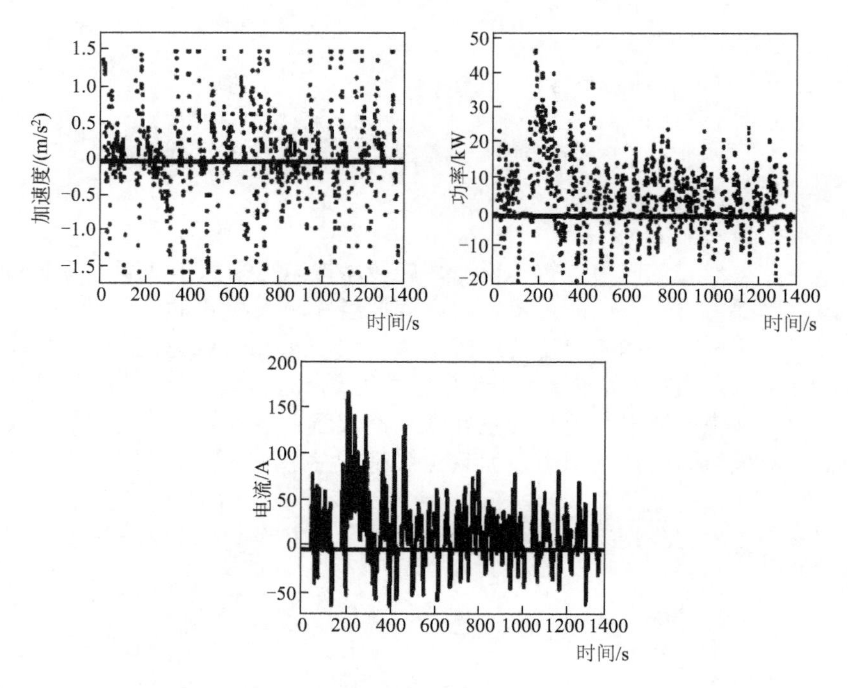

图 5.8　功率需求与电流曲线

5.4 热分析和设计

这里简单回顾一下电池的热特征及其对电动汽车应用的影响结果。一般来讲，可以很容易地想象到在先进电池体系中的热损失是很大的。最大的输出功率一般可以超过几千瓦。如果在这些案例中假设电池的能量效率为 90%，那么这剩下的 10%能量就是电池以热能损耗掉的。

摸清电化学体系中的热特征对于电池的应用是有帮助的。产生的热量可以通过下列方程进行清晰的表述，方程中主要涉及两个不同的术语：

$$
\begin{aligned}
\omega &= \left| W_{\text{joule}} + W_{\text{react}} \right|_{T=\text{const}} \\
&= \int R I^2 \mathrm{d}t + \int T \mathrm{d}S \Big|_{T=\text{const}} \\
&= \int R I^2 \mathrm{d}t - \int T \frac{\mathrm{d}V}{\mathrm{d}T} \frac{\mathrm{d}q}{\mathrm{d}t} \mathrm{d}t \\
&= \int I \left(RI - T \frac{\mathrm{d}V}{\mathrm{d}T} \right) \mathrm{d}t
\end{aligned}
\tag{5.8}
$$

如前所述，W_{joule}是指在能量消耗过程中产生的焦耳热，不能恢复，是热力学不可逆过程；W_{react}是指化学反应中产生的能量。它可以通过热力学，联合麦克斯韦方程关系式中电压随温度变化的趋势来进行很好的定义。通过方程（5.8）可以计算出产热值，并将功率和电流随时间变化的曲线展示在图 5.8 中。图 5.9 中展示了在同等条件下，汽车在 LA-4 行驶模式下，产热与时间变化之间的关系。可以看到，产生的焦耳热很大，而且一般为正值。而化学反应产生的热则根据实际情况可正可负，放电时放热，充电时吸热。

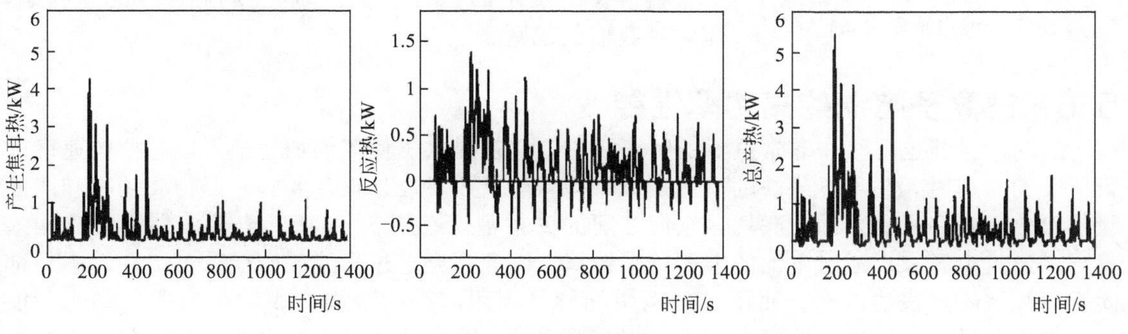

图 5.9　产热曲线

5.5 建立电池组体系

同时，也需要控制电池中的剩余电量，使其均匀地分布在电池包中的每个电池里。如果存在任何与剩余电量分布相关的实质差异，那么容量过高的或者过低的电芯都会在连续充放电循环中经受过充或者过放，导致电芯不可逆衰减。经过精心的考虑[1]，我们建立了电池管理概念，并且将其应用在 EVs/HEVs 中的先进锂离子电池系统中。图 5.10 中展示了这样的一个电池控制系统。

经过大量的研究工作，我们自 1995 年起建立了第一个用于 EVs 的先进锂离子电池系统，它包括热设计与电池管理，以及精致的电芯设计。

之所以能够在没有任何前人的工作或文献参考的情况下，完成第一个先进电池系统的设计工作，主要在于我们细心论证了至关重要而又简单的法则，来管理研究开发过程中的任何一项活动。这些法则列在了图 5.11 中。

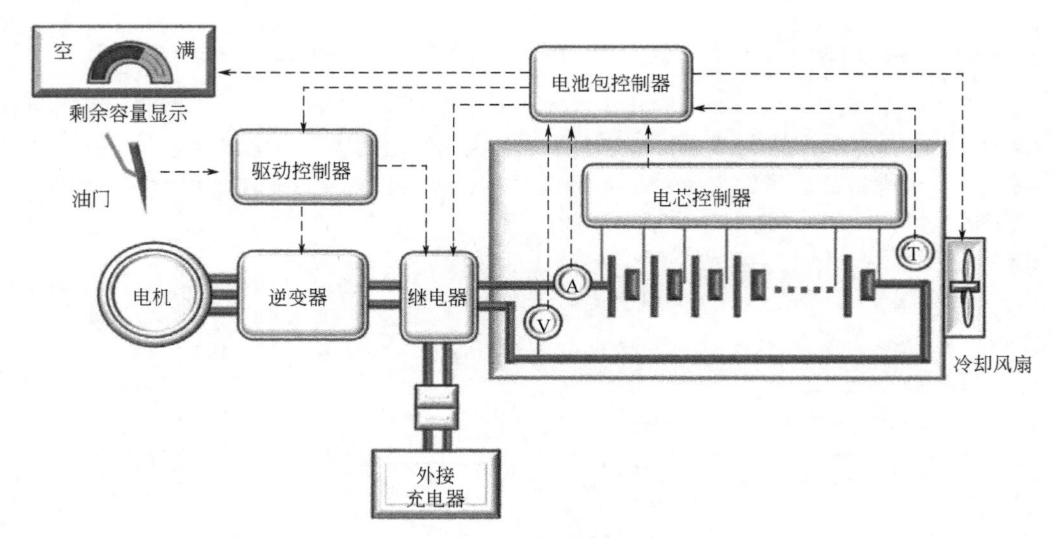

图 5.10　电池控制系统

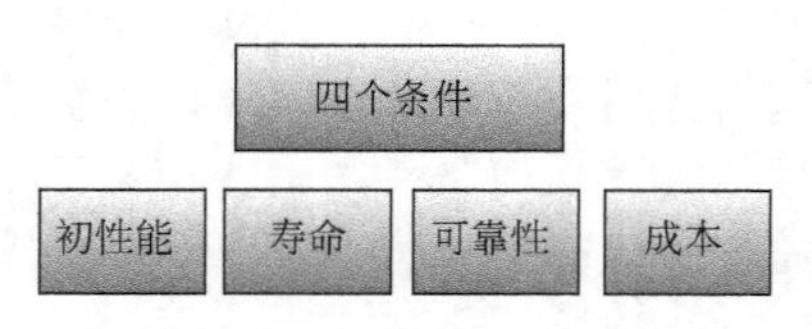

图 5.11　电池研发条件

可靠性是在设计之初首要考虑的重要因素之一，但是，想要预测设计的一些关键因素是如何影响整个复杂体系的，也是非常困难的。如果能够将我们宝贵的、有限的时间用在探究更重要的参数上，当然是更好的，而可靠性当然是一个值得长期反思的设计方面。基于脑海中的这些考虑，制定了我们的规则。

5.6　锂离子电池的高功率性能

高功率性能也是汽车非常重要的特征之一。它在提供驱使车辆加速或者以想要的速度前行所需的功率时，是不可或缺的。但是，保持高能量效率也是很重要的，因为高功率和高能量效率之间存在很重要的关联性，它们之间的关系呈现在图 5.12 中。电池中能量输出输入量可以通过电压乘以通过电池的电荷量来计算。因此，充电过程消耗的能量可以用图中外部闭合面积清晰地表达出来，而留在电池中的能量则用内部闭合面积表达出来[2]。结果，能量的输入总是大于输出，这符合能量守恒与熵定律。能量效率可以根据能量输出与输入之间的比值推算出来。基于这种简单关系式，可以理解通过减小能量输出与输入之间差值的方法增加能量效率。一个简单的方法是减小 y 轴上的差异，也即意味着减小电压差。这个差值

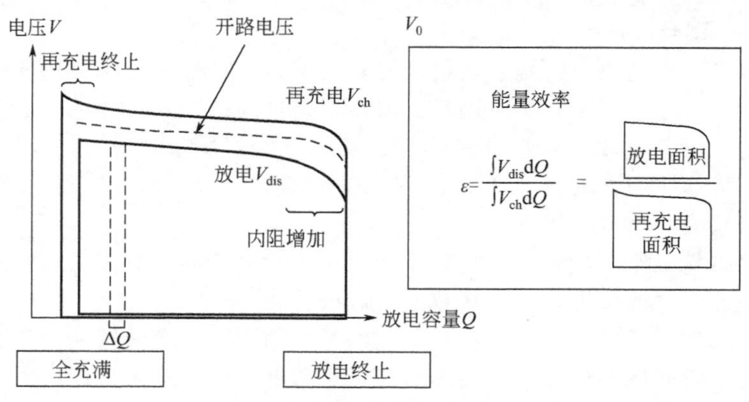

图 5.12　内阻及能量效率

主要源于电池在充放电过程之间转换时电压的变化，而这个变化则主要源于电池的内阻。因此，减小电池的电阻，则电池的能量效率会相应提高。效率低于 100%说明电池内部产热，这和能量守恒定律是相吻合的。

从另一方面讲，电池内阻减小意味着电池具有更高的功率性能，因为它意味着电流流过电池时有更小的阻抗。这些考虑证实了低内阻直接影响并能提高电池的高功率性能，增加能量效率，降低电池产热（见图 5.13）。

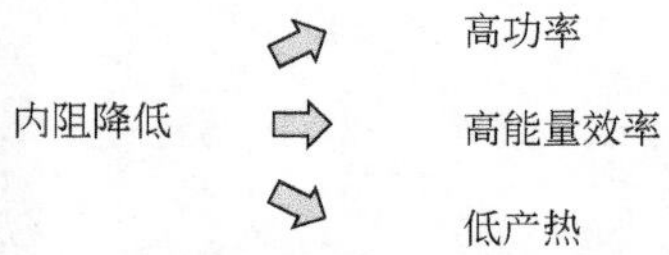

内阻降低 → 高功率

内阻降低 → 高能量效率

内阻降低 → 低产热

图 5.13　内阻降低的重要性

每种电池系统都有它独特的高功率性能特征。铅酸和镍镉电池的功率输出较低，而锂离子电池和镍氢电池即使在其商业化初级阶段也都具有较好的功率性能。

锂离子电池配套的电解液需要能够承受 3～4V 的高电压，基于这个原因，电池需要用含有锂盐的有机电解液。但是，很容易想到，同水溶液相比，离子在有机溶液中迁移会经受更大的阻力。基于这个理念，曾经一度认为锂电池由于有机电解液具有不可避免的大电阻而无法表现出好的功率性能。

这里，将展示一个概念性的方法：当功率似乎受限于离子在电解液和电极之间的穿梭的时候，应如何解决这一问题[3]。如果离子是基于迁移而移动的，那么迁移方程就控制着整个系统，菲克定律也掌控基本过程。这个方程讲的是离子通量密度 I 与离子浓度梯度（$\partial c/\partial x$）成比例关系。这看起来是一个非常简单但却有效的方法，可以用来增加功率。将这个概念用一个例子表示出来，如图 5.14 所示。假定一个只有 1/3 厚度的电极（右），那么根据菲克定律，同初始电极（左）相比，离子通量密度会增大 3 倍。同理，可以假设有 3 块厚度为 1/3 的具有同等体积的初始电极，如左图。那么在假定体积是一样的情况下，右侧的总离子流通量可以通过将功率密度（比原来高出 2 倍）与比表面（是原来的 3 倍）相乘，以获得一个是原来初始电极的（3×3＝）9 倍的功率密度。因此，通过减小介质厚度，可以认为：有一个很重要的平方定律在影响功率性能。

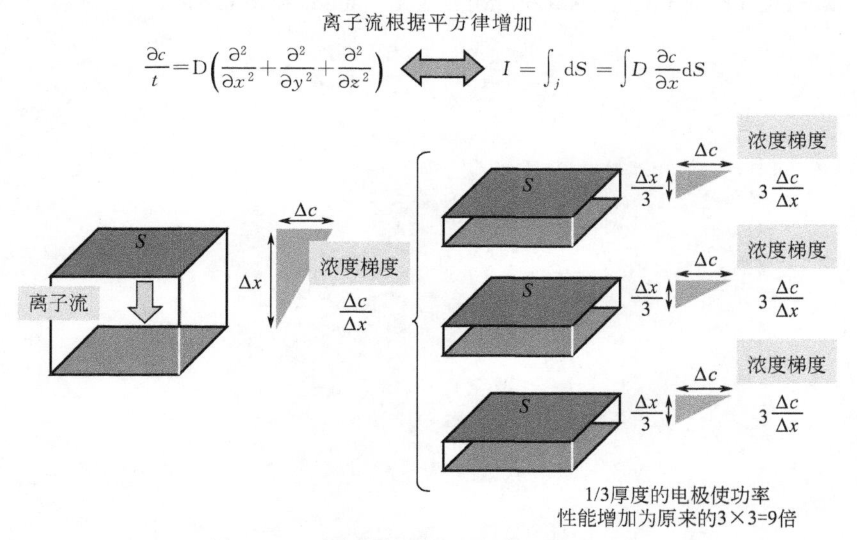

图 5.14　功率性能随离子扩散增强而改进

这种概念性衍生方法看起来在开发实际电池中略显简单。但是，我们是通过严密的思维来确定这一原则的，而且这种研究开发工作极大地推动着我们的项目前行，包括成功地在锂离子电池体系上首次获得非凡的功率性能。图 5.15 展示了其中一个成果，这个成果可以很确定地说明锂离子电池将会是最适合环境友好电动汽车的体系，可以发展成为主流产品。

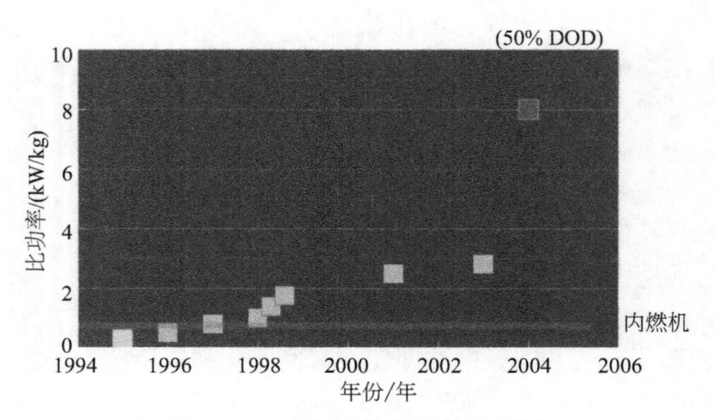

图 5.15 功率性能的发展状况[4]

我们的理念和观点已经在实际应用中得到体验，并且已经通过以下两种情况得到证实：用通过定量计算优化小粒径活性的物质分布；协调流经液体（电解液）和固体（活性物质）的锂离子迁移量。

参考文献

[1] H. Horie, Y. Tanjo, T. Miyamoto, Y. Koga, Development of a lithium-ion battery system for EV application, Preprints of the Spring Scientific Lecture Series of JSAE 961 (1996) (in Japanese).

[2] H. Horie, Y. Tanjo, T. Abe, K. Katayama, J. Shigetomi, Development of a High Power Lithium-Ion Battery System for HEV, EVS14, 1997.

[3] H. Horie, Y. Tanjo, T. Abe, O. Shimamura, Y. Ohsawa, M. Kawai, T. Miyamoto, Development of a High-Power Lithium-ion Battery for Parallel HEVs, EVS16, 1999.

[4] H. Horie, O. Shimamura, T. Saito, T. Abe, Y. Ohsawa, M. Kawai, H. Sugawara, Development of Ultra-High Power Lithium-Ion Batteries, 12th IMLB, Nara, Japan, 27 June, 2004.

第6章 电动汽车电池制造成本

Kevin G.Gallagher*, Paul A.Nelson
(阿贡国家实验室，美国)
* KEVIN.GALLAGHER@ANL.GOV

6.1 概述

锂离子电池经由混合电动汽车（HEVs）、插电式混合电动汽车（PHEVs）以及电动汽车（EVs）的动力传动系统进入运输市场，其在动力领域潜在的巨大市场需要对用于EVs的锂离子电池以及电池成分的未来成本轨迹进行详细的分析。此外，世界范围内的研究者们都在开发新型材料以及工程方案来降低电池成本，提高电池的能量密度。电动汽车能否成功，取决于在电池性能和消费者价值提升的同时降低电池价格的速度。在本章中，将介绍一种由下而上的电池性能和成本模型（BatPaC），它可以免费使用，而且能够剖析性能和成本之间的相互影响。BatPaC v1.0 版本以及相关方程和假设的报道文档在 2011 年公开发布[1,2]。目前在阿贡的官方网站（www. cse. anl. gov/batpac）上可以看到该模型的升级版本 2.0。这里所提到的所有计算都是采用该版本完成的。

本章的主要目的在于论证：在一个成熟的电动汽车行业，控制电池成本最重要的因素是什么。虽然在不同的锂离子电池成分上以及特殊的汽车领域都有提供成本预测，但是通过测试成本驱动力的方法来对成本进行理解却更有价值。最高的成本诱因是什么？以及哪些进步能够导致总成本的收缩？电池成分、电压以及电极材料容量之间如何权衡？最新的材料进步给总体成本带来多大的影响？这些问题可以通过 BatPaC 进行回答。

BatPaC 是阿贡在美国能源部资助下长期研究和开发的产品[1~11]。经过数十年的研究，阿贡采用微软® Excel 电子表格建模，为电动汽车开发了设计锂离子电池的方法。这些设计模型提供了按照设计生产电池年度需要材料的所有数据。这促成了下一步的实施，即将评估延伸到电池的生产成本建模上。BatPaC 计算所依据的电池包的设计和成本，是基于对 2020 年一个生产年的预测以及电池年均生产量的特定水平：10000～500000 进行的。因为其目的在于预测未来电池生产成本，所以也假设了一个成熟的生产工艺。该模型设计了这么一个生产厂家，其单一任务就是生产模型化的电池。在假设中，电池设计和生产设备不仅基于目前普遍的实践经验，而且也假设目前的一些问题已经得到解决，因此生产过程更加高效，而且电池也更加高能。我们提出的方案并不一定与未来工业使用的实际方法相同。而只是简单地假设电池领导生产商，这些在 2020 年能够得以成功运营的生产商，可以通过一些手段实现我们的假设。

确定计算模型的正确性在证明经由模型运算得出结论的准确度上，是非常重要的。这些报告和模型需要经受由美国环保署组织的电池专家同行的评议，以及汽车原始设备制造商（OEMs）和电池供应商的私人评审。根据同行评议的建议要对模型进行相应的改变。这些公众同行评议的建议是公开的[12]。根据模型计算的 OEM 的电池包价格是在假设已经存在成熟的、大容量运输领域用锂离子电池生产线的情况下进行的。因此，当前的生产商会面临由于生产规模偏小、实际电池失效率偏高以及产品发布问题等造成成本增加，这些因素并没有在计算的范围内。对2020年模型的评估结果可以说是非常乐观的，除非由于在产品研究和开发上投资不足、降低石油消耗以及温室气体排放的动机下降以及/或者一系列安全事故的发生，导致锂离子电池运输市场难以发展。其他存在的成本模型可以作为一些资源，与由BatPaC模型得到的结果进行对比[13~24]。但是，BatPaC是唯一能够提供下述效果的模型：免费试用、方法和假设很清晰透明、将成本与性能联系起来以及采用自下而上的方法。

6.2 性能与成本模型

这里所提到的自下而上的性能和成本模型，可以为所有满足用户特殊需求的电池组件提供精确的质量和体积。之后将计算出的材料需求直接与生产成本计算联系起来，以确定材料成本以及生产过程相关的成本和开销。将性能与成本联系起来，可以对支配HEVs、PHEVs以及EVs电池成本与能量密度的关系进行完整评估。

6.2.1 电芯和电池组设计类型

必须要确定详细的电芯、电池模块以及电池组设计，才能对电池组的质量和体积进行精确计算。最常用的接近大规模生产的电池电芯设计是圆柱电芯、平绕电芯以及平板方形电芯设计。对于不同的电芯设计，端子延伸的质量以及将这些延伸与集流体连接起来的程序会有所不同，在这点上平板电芯略有优势。平绕电芯和平板电芯相比圆柱电芯，可以堆叠成更加紧凑的模块，而且排热能力也更加优异。这些小差异都会对在成熟、自动的生产车间批量生产的电池成本有很小的影响，而且对于大部分应用，所有的电芯设计都需要能进行充分冷却。基于之前对不同电芯类型进行的工作，我们认为电池成本的计算应该与下面所述的电池设计方法关系很大。

为了给成本计算提供一个具体的设计模型，选用了如图6.1所示的硬质容器包括的方形电池。其端子几乎与电芯宽度一样，而且正极端子在电芯的一头，而负极端子又在另外一头。在这种构型下，电流集流体结构的电阻非常低。电芯设计需要经受得住基于液体的热管理系统，也要经受得住空气冷却的热管理系统。我们关注的大部分在于采用液体冷却的电池，在该技术下，电芯被密封在严格封装的模块中，如图6.2所示，依赖于乙二醇-水溶液来对外表面进行冷却。模块外壳可以保护电芯端子免受冷却剂的侵蚀。模块封装在电池外壳中，电池外壳是由铝板组成的，每边都有10mm厚的成脊状的轻质、高效的绝缘层。绝缘层可以缓解电池与外部环境的交互，从而延缓了外部环境冬天对电池的冷却，以及夏天对电池的加热。

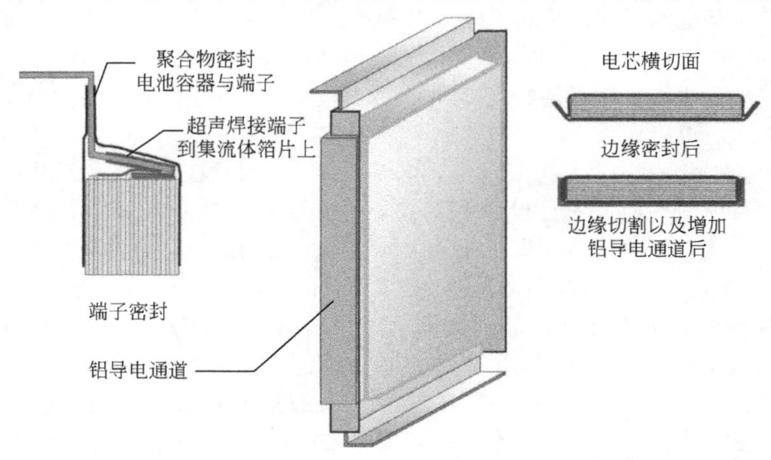

图6.1 含有铝导电通道的硬壳容器方形电芯，增加液体冷却模块排热

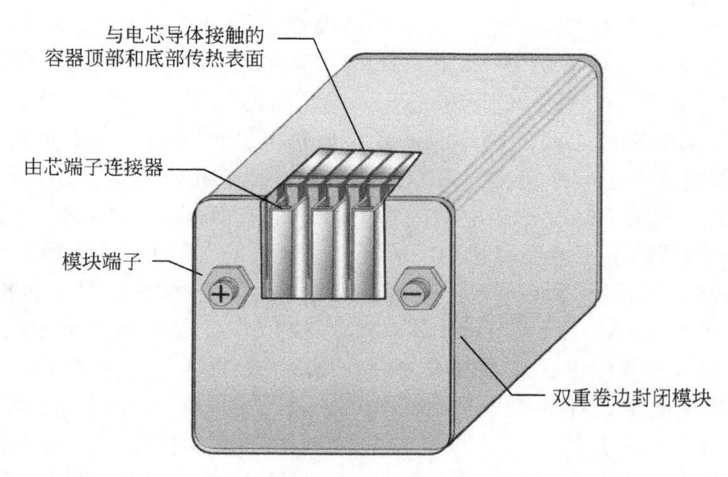

图 6.2 液体冷却电池中带有密封铝容器的模块

6.2.2 性能建模

表 6.1 展示了我们采用的对电池性能建模的设计标准。这些标准包括可用能量允许的荷电状态（SOC）窗口，电池在该 SOC 窗口下运行时，在使用寿命内可以保持一致的性能。对电池以及动力传动系统进行设计时，不仅要保证它们在寿命初始（BOL）时能够满足性能要求，而且在汽车使用过程中都要保持性能。因此，直到电池寿命终止（EOL），一般只允许电池容量有适度的下降。

表 6.1 特定终端应用电池的设计条件

电池/汽车类型	微型 HEV	HEV-HP	PHEV	EV
额定功率 SOC/%	50	50	20	20
功率持续时间/s	2	10	10	10
可用能量占总量的百分数/%	25	25	70	85

注：EV—电动汽车；HEV—微型或者高功率（HP）混合电动汽车；PHEV—插电式混合电动汽车。

Micro-HEV 是小型或中型电池，可以提供大约 25kW 的适当功率，持续时间为 2s。这种设计一般需要具有功率/能量（P/E）比高的电池成分。HEV-HP 是一种动力辅助混合电池，可以在额定功率下提供 10s 的脉冲。两种 HEV 应用的额定功率都在 50%SOC 以下。充放电可用的能量占总能量的 25%，以保证电池有长时循环寿命。由于 HEV 电池的容量一般比较小，所以电芯一般采用 6mm 的厚度。PHEV 可以使用总能量中更大的比率，70%。在放电末期，PHEV 电池可以在电荷维持模式下运行。因此，电池的额定功率约为 20%SOC。PHEV 电池要比 HEV 电池大得多，因此电芯厚度可以达到 8mm。而 EV 电池可以采用其总能量的 85%，额定功率可以到接近电池放电末端，其电芯厚度可以达到 12mm。

在哪个电压下电池会达到额定功率是设计电池的一个关键因素。设计电池的额定功率电压对于电池充放效率、排热需求、冷启动功率以及电池允许的功率降有直接的作用。在线性系统下的基本估算证明了电池在 BOL 下实现最大功率是在 50%开路电位（OCV）下。在这些条件下运行电池会导致效率低下，而且需要强力冷却系统来散热。更重要的是，一旦电池内部阻抗上升，电池将永远也无法达到该功率水平。而可以肯定的是，电池的电阻会随时间而增长，而电池的功率容量也会相应下降。

为了保持电池功率直到 EOL 状态，BatPaC 设计了可以在高 OCV 比率下达到额定 BOL 功率的电池。在电池额定功率的 SOC 下，额定功率下的电压 V 与 OCV 下的电压 U 之比，即 (V/U)，代表了额定功率下 OCV 的比率。随着电池的老化，额定功率下的电压，以及相应的 (V/U) 值都会随着电阻的增高而下降，但是电池依然能够提供全功率。可以采用一个简单的方法来确定一个已有系统中 (V/U) 值的大小。在 EOL 额定功率下完成的 10s 脉冲末测试额定功率下的电压，以及特定电池类型（HEV、PHEV、EV）达到额定功率时电池的 SOC，用在脉冲末测试的电压值除以脉冲后长时间达到的 OCV 值，最终得到设计用的 (V/U) 值。这些设计点最终是为了达到这样一种程度：电池在体积过大的情况下也能够实现长寿命、冷启动以及有效运行。BatPaC 设置电池额定功率的 BOL 电压是在不低于 80%OCV 的条件下，$(V/U)=0.8$。关于这些数值设置的缘由和讨论可以在参考文献 [1] 中找到。

以下列出了控制电池设计的 5 个耦合的代数方程。这几个方程可能是最重要的，在我们的报告中[1]也列出了很多其他方程来全面确定电池的质量和体积。该模型的使用者可以设定电池需要的最大额定功率 P。该功率可依据方程 (6.1)，根据正极的面积 A、电芯的数量 N、功率 SOC 所在的 OCV、U_P，以及达到设计功率时 OCV 的比值 (V/U) 等这些参数，来转化成电流密度 I。

$$I=\frac{P}{ANU_P\left(\frac{V}{U}\right)} \tag{6.1}$$

方程 (6.2) 描述了电池容量和能量之间的关系。形式上，电池的能量等于电池容量乘以获得能量的平均电压。平均电池电压可由能量 SOC 下的 OCV 值，即 U_E，减去电池以 C/3 倍率放电时的极化值。该模型设计的所有电池能量均是采用 C/3 倍率进行计算的，而且平均 OCV 是在 50%SOC 下得到的。其他要用到的值包括电池容量 C、单位面积能量阻抗 ASI_E、电芯数量以及正极面积。采用该方法获得的能量，可能与根据规定汽车里程、总能量可用率以及汽车能量使用率（W·h/英里）来确定的会有所不同。

$$E=NC\left(U_E-\frac{C}{3}\times\frac{ASI_E}{A}\right) \tag{6.2}$$

正极的面积可以通过方程 (6.3) 进行计算。电池在额定功率下的电压 V_P，可以根据 $U_P(V/P)$ 得到。基本上，如果单位面积功率阻抗 ASI_P 增加，或者电池电压下降，电极的面积都会增加。负极在高度和宽度上都要比正极多出 1mm，以减缓充电脉冲下锂电镀的发生。隔膜的面积要比负极略大，避免两极之间发生短路。

$$A=\frac{ASI_P P}{N(U_P)^2\left(\frac{V}{U}\right)\left[1-\left(\frac{V}{U}\right)\right]} \tag{6.3}$$

方程 (6.4) 中的正极厚度 L，是由电池容量 C、电极材料的质量比容量 Q、活性材料的体积分数 ε、活性材料的体积密度 ρ 以及正极面积 A 决定的。负极板的厚度是由它的可逆比容量以及设计的额外电容来决定的，设计额外电容的目的在于阻止充电时的锂沉积。我们选择了负极对正极可逆容量比 (N/P) 为 1.25，作为石墨负极电池的默认值。钛酸锂 (LTO) 负极电芯的 N/P 比值是 1.1，因为在钛酸锂电极上，锂金属沉积的可能性较小。

$$L=\frac{C}{Q\rho\varepsilon A} \tag{6.4}$$

最后确定功率 ASI 的值，它可以采用基于电极厚度、电流密度、放电倍率的一个表达式来进行计算。精确的表达式以及来源可在参考文献 [1, 11] 中找到。方程 (6.5) 显示的是 ASI 的基本关系式，其中 α 和 β 都是恒定不变的参数。

$$ASI=\frac{\alpha+\beta}{L}+\beta \tag{6.5}$$

6.2.3 成本建模

电池组的生产费用可以根据电池设计计算中对年度材料的需求，以及需要的购买项目来进行计算。单个电池组的单位成本可以通过综合生产费用、材料费用以及保修费用来得到。单个具体设计电池的生产成本可以根据基准车间进行调整。基准车间生产中等尺寸的电池具有中等程度的生产规模，可为其他设计提供基准点。该车间费用包括电池生产流程中每个生产步骤中涉及的大小、速度、单元数量、直接劳动力以及资产成本折旧费用。这些过程的费用都要加上生产设施运行的额外成本。

在我们的分析中，所有的成本都是针对2020年进行评估的，届时大电池生产厂家已经预计投建。所有的美元值都根据通货膨胀率换算回了2010年的值。也就说，所有的成本和价格都是按照2010年美元的情况计算的。一些材料和电池生产成本比目前的值要低，因为我们认为大规模生产过程改进能够降低成本。

6.2.3.1 材料成本

电池组的最终费用极大地依赖于电池设计中所包含的活性材料以及非活性材料的费用。表6.2中列出的值作为默认值，在本章后续提到其中涉及活性物质时将采用缩写形式。不同研究中考虑的数值范围不同，这将会导致模型（见第6.4节）计算结果的不确定性。参考文献［1］中列出了不同的研究，以及详细的原料成本起源和可能涉及的相对范围。

表6.2 锂离子电池材料价格

材料	化学式	缩写	价格	单价
尖晶石型锰酸锂	$Li_{1.06}Mn_{1.94-x}M'_xO_4$	LMO	10	\$/kg
橄榄石磷酸铁锂	$LiFeO_4$	LFP	20	\$/kg
层状氧化物①	$LiNi_{0.80}Co_{0.15}Al_{0.05}O_2$	NCA	37//33	\$/kg
层状氧化物①	$Li_{1.05}(Ni_{1/3}Mn_{1/3}Co_{1/3})_{0.95}O_2$	NMC-333	39//30	\$/kg
层状氧化物①	$Li_{1.05}(Ni_{4/9}Mn_{4/9}Co_{1/9})_{0.95}O_2$	NMC-441	29//26	\$/kg
层状氧化物①	$LiCoO_2$	LCO	60//35	\$/kg
石墨	C_6	Gr	19	\$/kg
尖晶石钛酸锂	$Li_4Ti_5O_{12}$	LTO	12	\$/kg
电解液	1.2mol/L $LiPF_6$/EC：EMC②		18	\$/kg
隔膜	PP/PE/PP③		2	\$/kg
集流体	Cu		1.80	\$/kg
集流体	Al		0.80	\$/kg

① 采用Ni、Mn以及/或者Co共沉淀制备的材料价格，以钴原料价格分别为\$5/mol以及\$2.5/mol得到的材料价格以“//”分隔开。

② EC指碳酸乙烯酯；EMC指碳酸甲乙酯。

③ PP指聚丙烯；PE指聚乙烯。

包含共沉淀前驱体的正极活性材料（阴极）的价格，根据所含过渡金属的成本而会出现变动。比如钴的价格如果出现波动，则会强烈地改变最终产物的价格。在表6.2中，含有钴的阴极材料都显示了两种价格，来证明它们对原材料波动强烈的敏感性。这里，为保守起见，采用的是较高的钴原料价格。

一般来说，如果需要低成本的正极材料，那么就需要使用地壳含量丰富的元素作为主要的过渡金属元素。比如，铁和锰都是含量丰富、价格低廉的插层材料用过渡金属。将磷酸铁锂 LFP 与锰尖晶石 LMO 材料进行对比，便可看出生产流程费用是如何影响材料最终价格的。LMO 相对容易生产，而 LFP 则需要还原气氛以及碳包覆步骤，最终得到终产物。生产过程复杂度的增加，也会在价格上有所显现。但是，我们也相信，随着生产的规模化以及生产经验的积累，生产费用迟早能够降下来。

石墨和钛酸锂尖晶石材料是锂离子电池负极常用的活性材料。这里所显示的石墨价格是一个综合的价格。包覆的天然石墨、包覆的合成物或者其他变体的价格会有所不同。钛酸盐尖晶石材料是作为石墨的一种替代物。该材料制备的电极与石墨相比，工作电压偏高，从而会降低电池的整体电压，但是同时也消除了涉及锂沉积副反应的一些问题。

本工作中选用的隔膜、电解液和集流体都是固定的。目前关于这些组件的研究非常活跃，以期获得更长寿命、价格更为低廉以及性能更为优异的材料或者合金。随着活性材料价格更为便宜，非活性材料反而成为电池总成本中更大的贡献者。锂离子电池在汽车上的成功商业化依赖于这些非活性材料成本的降低，同时也要增加它们的实用性。

6.2.3.2 制造工厂设计

在准备 BatPaC 模型的过程中，需要设计一个年产 100000 个 NCA-Gr 电池的基准制造厂。该厂生产的基准电池要在使用电池 70%的能量下，保证汽车行驶 20 英里的距离，实现 300W·h/英里的能量使用。该厂的原理图（见图 6.3）只是用来说明其物质流以及工艺流程相对的建筑面积，而不是真实的厂房布置情况。通过每年 300 天三班倒的全天生产，该工厂的总体生产效率可以实现年产 100000 个电池组。也就是说，该工厂每年 360 天中，有 83%的时间都在运行。如无额外表述，本章中所提到的价格估算都是依据此生产效率进行的。

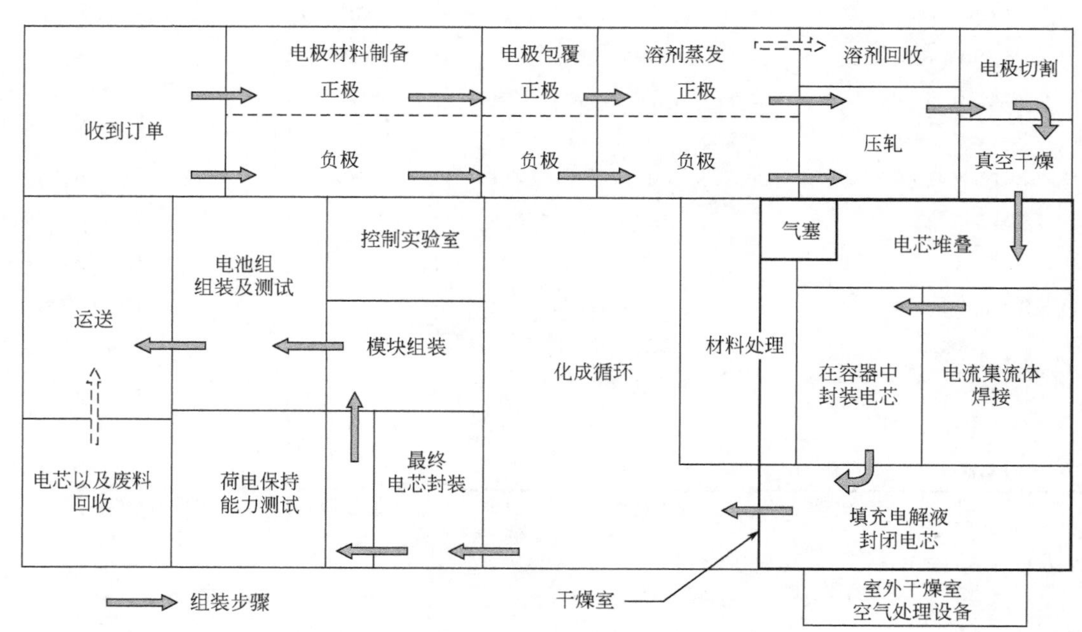

图 6.3 基准锂离子电池制造工厂示意

图中每个操作步骤对应的面积基本上与基准工厂的车间面积成正比

对基准工厂中每个过程涉及的人工成本、固定设备以及建筑面积都进行了估算。不同生产规模和不同电池设计的成本模型需要通过重新计算每个流程的成本来确定。可采用基本的成本估算方法：采用已知的成本乘以加工率比的功率幂指数来评估设备单项的资本成本[25]，见方程（6.6）。

$$C=C_0(R/R_0)^P \tag{6.6}$$

式中，C_0 是基准生产率 R_0 下安装设备项目的资本成本；功率因数 P 是与资本投资成本以及生产步骤加工率相关的系数。

如果 P 的值是 1.0，这就意味着设备项目的成本，或者几项平行设备的成本，与生产率呈直接正比。不过很多生产过程中，设备成本的 P 值都约为 0.6～0.7，因为生产率越高，设备越大，相比与生产率呈直接正比而言，这样的成本会更低。对于需要很多相同设备来扩大规模的生产步骤来说，比如电池电芯的化成循环，那么其 P 值可以高达 0.9。P 的值一般不可能达到 1.0，因为设备成本中也包括安装部分，在安装具有同样生产容量的多组单元设备上，这部分费用还会有一定节省。采用类似的方程可以确定加工率对年劳动时间以及每个生产步骤所需车间面积的影响。

6.2.3.3　额外的投资成本和费用

除了以上讨论的基本费用，还需要加上其他的非直接投资成本和年消耗，来得到总投资和单体电池费用。额外的投资成本包括开工费用（工厂启动、培训和不合格产品）以及营运资金。这些在 BatPaC 模型都按照基本成本的倍数进行计算，例如，材料、劳动力、水电费以及工厂维护费用等这些可变的间接费用，以直接费用的 40%加上折旧费的 20%来进行计算。同样，额外的固定费用也是以基本费用的倍数来进行计算的。这些额外的固定费用包括可变的间接费用，常规费用、销售、行政管理费用，研发费用，折旧费以及利润。

这种类型企业的盈利目标会随着公司财务结构的不同而变化，尤其是关于长期债务关系。在模型中，利润设置为总投资的 5%，这基本上是成熟生产商的平均盈利标准。一般来说，选用的成本结构以及最终的利润都类似于汽车工业的 1 级供应商。

如果电池模块或者整个电池包失效，那么更换费用会比 OEM 支付的原价格要高得多。尽管这样的事件比较稀少，但是也需要制定相关规定来赔偿车主，尤其是在电池使用前期。更换电池的额外费用包括更换电池并测试的劳动力费用、额外电池的库存费用以及如果新电池与旧电池不太一样的情况下，电池控制器的维修费用。很可能电池制造商将会负责新电池的费用，这里将其假设为与原来电池的价格一样。更换电池的其他费用是涵盖在维修期内的，在 BatPaC 模型中都分配给汽车制造商和经销商。电池的平均使用寿命目标是 15 年，保修时间是 10 年，前 5 年内免费更换，后 5 年共同承担更换费用会更加合理。基于这些假设，电池制造商的成本将会等于在保修期内提供的新电池或模块未来成本的现在价值。为了计算，假设在保修期内每年有 1.0%的电池失效率。按照内部盈利率为 8%，以月为单位计算，该未来成本的现在价值大约是电池没有加上保修费用之前价格的 5.6%。

6.3　影响价格的电池参数

6.3.1　功率和能量

电池的额定功率和能量是单方面决定价格最重要的因素。图 6.4 展示了给 OEM 的不同功率和能量电池的价格。对于高能量电池，功率相对较为便宜。以 30kW·h 电池为例，三种额定功率的电池价格是一样的。换句话说，一个 30kW·h 的该种成分的电池在 20%SOC 下，10s 脉冲的最小功率水平高于 120kW。而对于低能量的电池，额外功率的成本很重要。可以提供 120kW 的该种成分的电池总能量最小要在 7kW·h 左右。因此，如果某个应用只需要 3kW·h 的能量，消费者还是需要购买 7kW·h 的电池来得到 120kW 的功率容量。

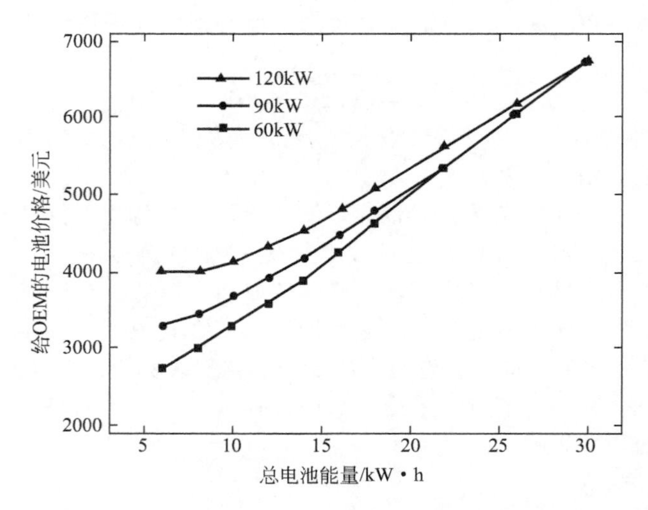

图 6.4　给 OEM 的 360V NMC333-Gr 电池价格与电池功率和能量的关系

常用标准成本指标来表示价格，而它确实也是一个有用的测量单位。但是在对比度量明显不同的功率和能量需求时，需要特别当心。设计为高功率的电池具有最低的功率成本，\$/kW。同样，设计为能量电池的具有最低的能量成本，\$/kW・h。因此，大型 EV 电池比短程 PHEV 电池的能量成本要低。不过，EV 电池的价格当然要比小得多的 PHEV 电池贵很多。

随着电池对功率和能量需求的改变，用于构建电池的材料和工艺也会相应改变。图 6.5 (a) 阐述了对一颗 NCA-Gr 基准电池、一颗能量翻倍电池以及一颗功率翻倍电池的成本分析。可以直接观察到无论功率翻倍还是能量翻倍，其电池的最终价格都不会翻倍。在基准电池 PHEV20 中，材料占 45%的成本，也是成本结构中最主要的部分。图 6.5 (b) 中显示了哪种组件占材料总价格的最大比例。对于化学成分为 NCA-Gr 的电池，正极活性材料占最高比例。而对于功率翻倍的电池，由于电池电极面积增加，隔膜和铜箔也成为总体价格中的重要贡献者，而正极材料则基本维持不变。而当对电池进行能量翻倍时，电极厚度以及负载会增加，直到达到厚度限制。而此后，需要增加电极的面积来满足能量需求。因此，当增加电池能量时，无论活性材料还是非活性材料，其需求量都会增加。

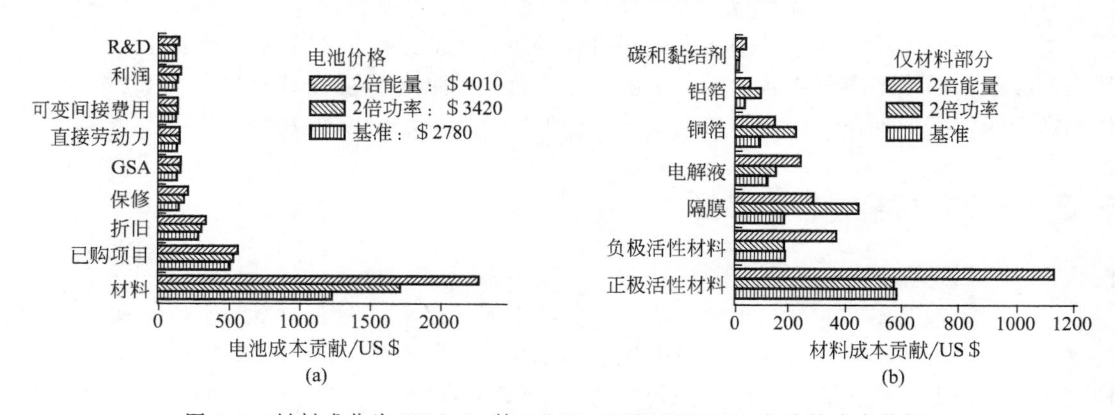

图 6.5　材料成分为 NCA-Gr 的 50kW、8kW PHEV20 电池的成本分解，以及功率翻倍或者能量翻倍电池的成本结构

6.3.2　电池化学成分

一旦电池功率和能量需求确定下来，那么电池中的化学部分就成为电池成本的驱动因素。特定电池中活性材料的相对成本，显著地影响着电池的最终价格。而可能更重要的是，电池中化学部分的性能直接影响材料需求，无论是活性材料还是非活性材料，最终影响生产过程的规模。本小节将探究性能和成本之间的关系，来阐述特定低阻抗下高电压和高比容量电池驱使成本降低的多种方式。换句话说，本部分将阐述增加电池能量密度以及功率密度，降低电池成本的因素。

图 6.6 展示了供应 OEM 的不同电池价格（a）以及锂离子电池领域一系列常见电池能量密度与其在 50%SOC 下 OCV 的关系（b）。该计算是在标称电压 360V 的 17kW·h，60kW PHEV40 电池组上进行的。对价格进行分配，以显示不同部分的成分比例，如活性材料（阴极和阳极）、非活性材料（集流体、电解液、隔膜等）、采购的项目（电芯端子、SOC 控制器等）以及其他成本（折旧费、劳动力以及日常开支等）。对于电压较低的电池，非活性材料占据着电池成本的一大部分，比活性材料部分还高。而对于电压较高的电池，所需要总材料量的降低是降低电池成本和增加能量密度的重要途径。该趋势并非对于所有电池都是准确的，因为它们具有不同的容量、活性材料成分、ASIs 以及 OCV 功能等。但是，毋庸置疑，增加电池电压会降低电池成本和增加电池能量密度。采用 BatPaC，我们采用了一种假设的材料，其在较宽电压范围内性能都很稳定，并以此获得了同样适用的结论。

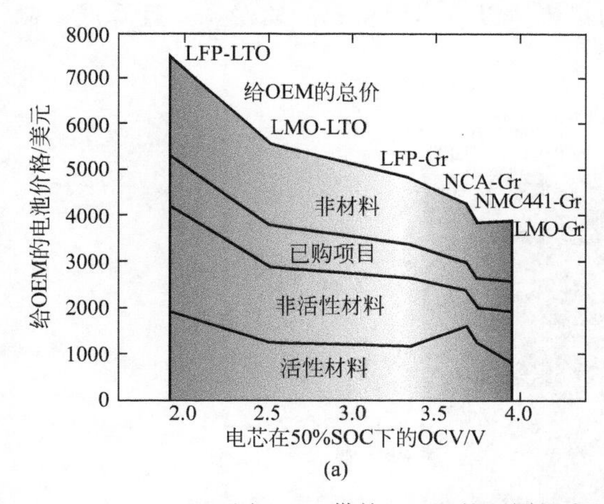

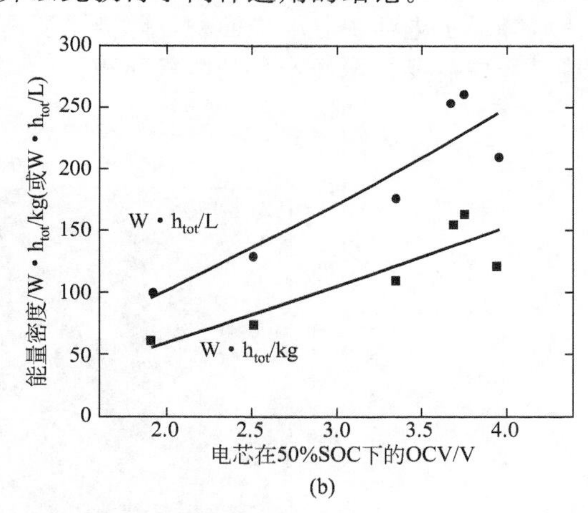

图 6.6　供给 OEM 的不同锂离子电池的价格（a）以及能量密度（b）与它们在 50%SOC 下的 OCV 之间的函数关系

增加电芯平均电压降低电池成本，增加能量密度

总的来说，可以观察到电池的价格与需要的电芯数量成正比。电池组中电芯的数量等于电池组的电压除以电芯电压，因此电池成本和电芯电压呈反比关系。电池组的电压是由传递电流给发电机的功率电子结构规定的。图 6.6 中的所有电池组电压都接近 360V。降低电芯的数量会减小活性材料和非活性材料的负担，增加电池组能量密度的同时降低成本。电芯数量较少时，同样也会减少电池组以及在工厂进行的化成循环中需要的 SOC 控制器的数量。因此，增加电芯电压是在成本结构上降低成本的首要驱动力。

电池价格与电芯电压之间的反比关系同样与电池功率需求有关。电芯电压降低，电芯阻抗却依然维持原状，电池的过电压或者电阻损耗就会占据总电压中的更大部分。为了弥补这一点，可将电池设计为更薄的电极结构，从而增加需要的电极面积，使之超过实际能量需求。这点与上述通过方程（6.3）计算出的方形电芯的电压行为是相反的。面积更大、更薄的电极需要更多的隔膜以及集流体，而两者都会增加电池总成本，同时降低其能量密度。

除了增加电压，提高活性物质的比容量是另外一个降低电池成本的明显途径。对电芯电压优化之后，成功的电池设计的首要目的便是采用比容量成本最低的材料，来达到最高的比面积容量或负载。性能、寿命以及安全限制决定了设计中选用的材料以及最大负载量。材料的比容量成本（$/A·h），是材料成本（$/kg）以及比容量（A·h/kg）的商。材料的比面积容量一般是由材料的体积比容量（mA·h/cm^3）决定。利用材料的体积容量比质量容量更能直接体现出面积负载量，因为它包含有活性材料的密度以及电极多孔性的信息。如果电极过厚以及电流通过的路径过于曲折，那么就会限制锂离子穿过多孔电极，或者导致形成不需要的副反应[1,26,27]。因此，比面积负载是由设计的 P/E 值以及所用电极材料的特殊物理物质决定的，因为负极和正极必须平衡，所以电芯化学成分中体积容量最低的物质决定了负载量。

图 6.7 是采用 BatPaC 计算的一个假设 3.6V 电池的单位能量电池价格与正负电极体积容量之间的等值线图。计算中假设的是化学成分物理性质类似 NCA-Gr 的 60kW、17kW·h 的 PHEV40 电池，一般 NCA-Gr 电池的材料体积容量分别是 390mA·h/cm^3 以及 440mA·h/cm^3。显然，同时提高正极和负极的比容量，电池价格呈最陡峭的降低趋势，因此提高电极容量可以降低电池价格。采用更大的体积容量会出现“收益递减”。增加体积容量的作用是双重的：首先，增加体积容量能够降低所需活性材料的质量，从而降低活性材料对 OEM 总电池价格的贡献；其次，增加体积容量促使在同样电极厚度上有更高的比面积容量。更高的负载降低了电池中总电极面积，降低了所需要的集流体以及隔膜材料的质量，并且降低了制造过程中需要包覆和堆叠的电极面积。

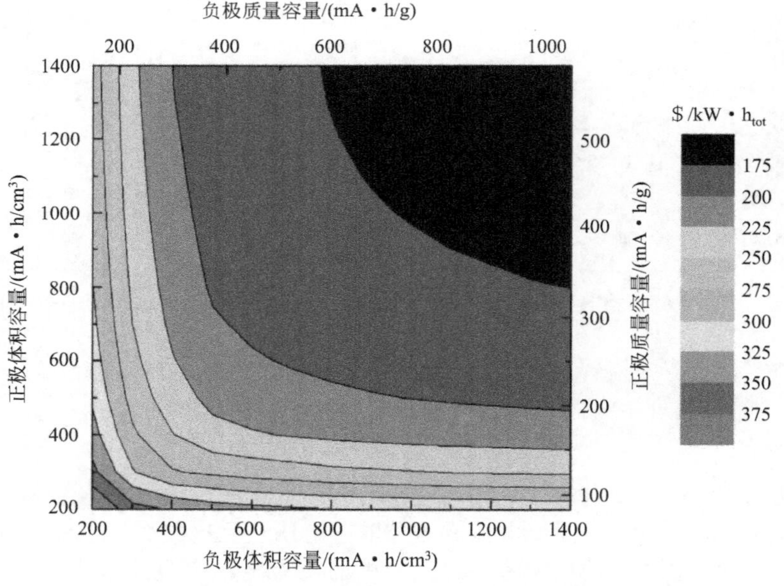

图 6.7 17kW·h，60kW PHEV40 放电曲线的等高线

在 50%SOC 下其 OCV 为 3.6V，正极材料成本为 $30/kg，负极材料成本为 $20/kg。这里的质量容量是呈比例的，假设石墨作为负极（2.2g/cm^3）以及锂过渡金属氧化物为正极（4.6g/cm^3），它们都有 33% 的孔隙度以传递电解液

当采用更大的比容量时，观察到“收益递减”，这主要由于电池性能和寿命限制。在每个特定 P/E 比率以及电池成分下都优化出一个最佳的比面积容量。增加比容量可以达到这些最佳的比面积容量。一旦达到这些负载量，那么继续增加比容量只能降低活性材料的成本贡献率，而它们仅仅是采用高比容量电池成分总成本中很小的一部分。

电极比容量与电芯电压之间也需要达到一种权衡，这意味着最高的电压对并不一定会产生成本最低的电池。这个情况可以很容易地采用 BatPaC 进行测试。比如，一些重大的研究成果正在持续的改善正极的体积容量，但是同时也降低了电芯平均电压。通过图 6.8 可以发现，保持负极性能稳定（比如石墨），那么可以近似地定量电池容量和电压之间的权衡。对于体积比容量小于 300mA・h/cm^3（大约 120mA・h/g）的材料，容量增加 50%大约对应于电芯电压增加 800mV，而容量从 400mA・h/cm^3 增加到 600 mA・h/cm^3，仅仅对应于电压升高 300mV。容量更高时，这种容许的权衡会变得更小。

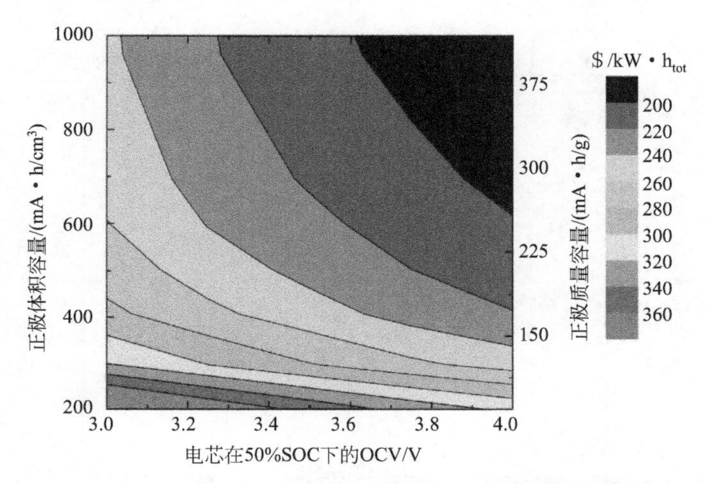

图 6.8 60kW，17kW・h PHEV40 电池电芯电压和正极材料体积容量在能量单价上的权衡

有相当大比例的商业锂离子电池，尤其是用于运输行业的电池，采用的正极材料中包含不止一种活性材料，比如，LMO 混合 NMC 或者 NCA。混合的动机很简单，即创造更高价值的产品。LMO 是一种低成本材料，但是可以在高倍率条件下运行，而层状金属氧化 NMC 和 NCA 具有更高的能量密度，而且相比 LMO，它能够提升电池的使用寿命。但是从材料物理的角度，目前尚且不能完全理解这种两个材料混合的协同效果。在 BatPaC 模型中，没有选用混合电极。但是，可以通过混合的最终产品或者收集必要的实验输入来直接评估这种混合，从而很容易地得到电池价格。

6.3.3 电极厚度的限制

电极的比面积容量通常受到电极厚度的限制，以及电极材料体积比容量的影响。由于通过电解液进行锂离子传输时会增加扩散和电阻损耗，从而降低可用容量，再加上有毒副反应的发生，因此电极厚度要有一定的限制[1,26]。对于基于石墨的负极，随着电池中石墨负载的增加，在高功率再生制动脉冲下（充电）或者快速充电条件下，锂沉积副反应会增加。低温运行会进一步推动这种副反应。

基于与电芯供应商、OEMs 的交流以及自己实验室的经验，在 BatPaC 中，选择了 100μm 作为电极厚度的默认最大值。该值代表了与 3.5mA・h/cm^2 的正极负载进行平衡后的石墨电极厚度，也是经由阿贡实验室 ASI 测量的最大厚度。但是，低体积比容量的电极，比如 LMO，会导致较低的比面积容量，因为该限制值是由正极厚度决定的。在这份报道出版的同时，国内的 OEM 以及国外的电池供应商都建议，PHEV 应用的当前负载水平不能高于 2mA・h/cm^2。这种低负载水平是基于冷启动性能、寿命测试以及倍率容量研究结果决定的。随着未来生产商将工程计划扩展到减小非活性材料的使用上（这些非活性材料会降低电池能量密度以及增加成本），届时电极也是可以达到更高厚度的。但与此同时，也必须要持续关注锂沉积的问题，除非开发出新型的、能量密度高以及不易受锂沉积影响的负极材料。

图 6.9 展示了以不同目标电极负载设计 LMO-Gr 电池，实现总能量 17kW·h、功率 110kW 时的敏感度分析。在恒定功率和能量下，变更不同电极负载的结果是改变 OCV 的比率（V/U），使电池在 BOL 下达到额定功率。另外一个不同但是效果类似的绘制图 6.9 的方法是保持（V/U）的比值不变，但是改变设计功率水平。对于图中展示的电池，负载为 $2\text{mA}\cdot\text{h/cm}^2$，功率为 110kW，在（$V/U$）=0.9 时，在 BOL 下达到额定功率。

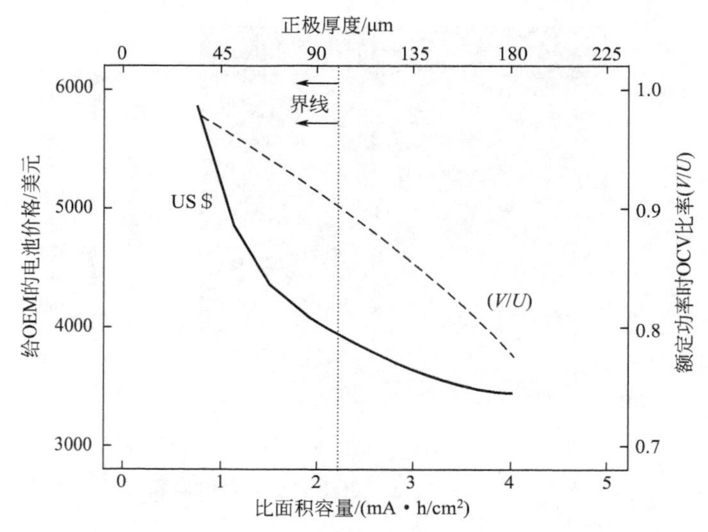

图 6.9 对于 110kW，17kW·h LMO-Gr PHEV40 电池，电极负载以及额定功率下 OCV 的比率与供给 OEM 电池价格之间的关系

（V/U）的敏感度随着（V/U）值的下降而降低，这是由于电极负载与 P/E 比率呈反比。低 P/E 比率下计算的电极负载会与目前工业实际应用中的变化很大。这便是电极厚度限制在 100μm 的部分原因，另外再加上之前讨论的传输限制问题。虽然目前的行规非常重要，但计算的目的是为了评估锂离子电池在未来几年内，经过市场竞争而进行改进后的价格。因此，计算一系列值是最有指导性的方法，来确定未来电池价格的哪一个部分会降下来，如在 6.4 节讨论的。

由于通过优化计算，显示目前商业电极材料不可能实现高比表面容量，所以采用高体积比容量材料相比使用工程厚度的电极可能是一个更加有潜力的途径。更高体积比容量的电极一般能够提供更高的容量，但是电池电压会有所降低。读者可以回顾 6.3.2 部分，关于权衡它们的相关讨论。

6.3.4 可用荷电状态以及使用寿命的相关注意事项

由于电池中容量以及功率存在衰减，因此需要使用者为 BOL 下的电池设计合适的额外能量和功率。在电池 BOL 高 OCV 比率下达到额定 EOL 功率，是允许电池在使用寿命中存在功率衰减的一种方法。可以采用多种方法来管理容量或能量损失。表 6.1 中展示的电池 BOL 下可用能量的 SOC 范围可以作为一种方法。虽然电池容量会因衰减机理而下降，但是如果电池在较小的 SOC 窗口内循环时，总容量以及能量的降低并不十分明显。此外，SOC 窗口可以迁移到电池组不同的电压范围内，得到一个接近常数的可用能量值。目前 OEMs 的方法是建议消费者在汽车使用寿命中，接受一定程度的电池容量衰减。在 2011 款雪佛兰沃蓝达的电池保修中，已经阐明电池在保修期内会衰减 10%～30%。当然，根据消费者之前对电子产品的使用经验，也已经可以接受产品使用过程中出现的电池容量衰减。但是，他们对于功率衰减的期望却不一样。BatPaC通过设计电池在BOL高比率OCV下达到额定功率，给电池分配了很大的电阻升高空间。换句话说，在汽车整个使用寿命中，电池都应该达到额定功率，而消费者不会观察到任何功率衰减。该模型除了建议可用能量的SOC窗口之外，没有尝试去预测衰减率，甚至也没有对特定应用建议允许的衰减范围。这只是我们的观点，即材料化学、电芯设计以及电池使用的很多方面都会直接影响电池组的衰减率。因此，允许使用者通过输入比采用可用SOC窗口计算得到的更大的总能量，来对这种衰减进行额外调整。

SOC窗口通常是根据系统在整个可用能量以及操作温度范围内的脉冲功率特性设定的。层状氧化物正极电极材料的ASI通常在低SOCs下会有大幅上涨[28,29]。石墨负极材料在高SOC以及高电流脉冲下会遭受锂沉积副反应[26,27]。因此，基于寿命和性能的原因，商业PHEV电池经常在一个小范围的SOC窗口下运行。但是，并非所有锂离子电池成分都会遭受同样的性能约束，或者经历同样的老化机理。

图6.10对比了4种PHEV40锂离子电池成分的电池价格与可用SOC窗口之间的函数关系。LMO-Gr以及NMC441-Gr电池一般适用于0.65～0.70 SOC窗口，这同时也是它们的价格具有竞争力的范围。低能量密度LFP-Gr以及LMO-LTO成分在同等SOC窗口内，比其他材料的价格要高。但是，据报道这些成分都有这样的特性，即它们比传统锂离子成分的工作SOC窗口要宽[30]。图6.10显示了LFP-Gr必须在接近其SOC窗口的90%左右使用，在价格上才具有竞争力。而LMO-LTO则必须要使用其SOC窗口的100%，价格才能接近具有竞争力的范围。不过对于这些材料来说，扩展使用的SOC范围也是可能的，已有研究证明它们在更宽的SOC范围内具有等同，甚至更优异的寿命和性能特征。对于EV电池应用，即使是传统的锂离子电池成分，也要在其SOC窗口的80%～90%之内来使用。而对于低电压系统，如果不具备其他有价值的特征比如超凡的衰减机理，那么要想在价格上具有竞争力也是非常困难的。

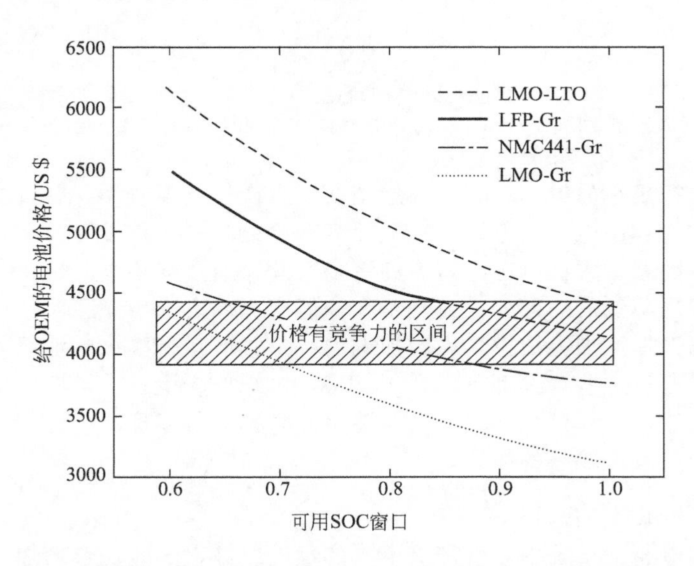

图6.10 有11.9kW·h可用能量的110kW PHEV40电池可用SOC窗口与最终电池价格之间的关系

对于LMO-Gr以及NMC441-Gr在常用SOC窗口0.65～0.70之间的竞争力价格范围设置

6.3.5　电芯容量-并联电芯结构

电芯是电池的主要构建模块，在很多情况下决定电池的最终价格。如在 6.3.2 部分所述，电池的价格与电芯数量之间是一个直接的函数。在本部分，将区分串联排布电芯以及并联排布电芯之间的差别。电池价格与电芯电压之间的逆相关与串联电芯或电芯组的数量有关，并且具有重要的影响。电芯组中并联的电芯数目需要额外增加成本的组件。对于固定电压的电池组，电池生产商或者通过增加电芯的容量、或者通过增加并联的电芯数目来增加电池容量。他们更倾向于增加并联的电芯数目，因为它降低了电芯生产的复杂度，并且减小了大型电芯需要面临的工程复杂度。

图 6.11 中评估了在保持电池总能量以及功率不变的情况下，额外并联电芯需要增加的成本。随着并联更多电芯到电芯组中，单个电芯的容量降低。增加一个并联电芯组，即 96 个额外的单个电芯，在电池设计和成分上的花费大约为 $600。这些费用大部分源于额外的电芯化成和测试，以及将并联电芯连成一组时的端子和连接器费用。

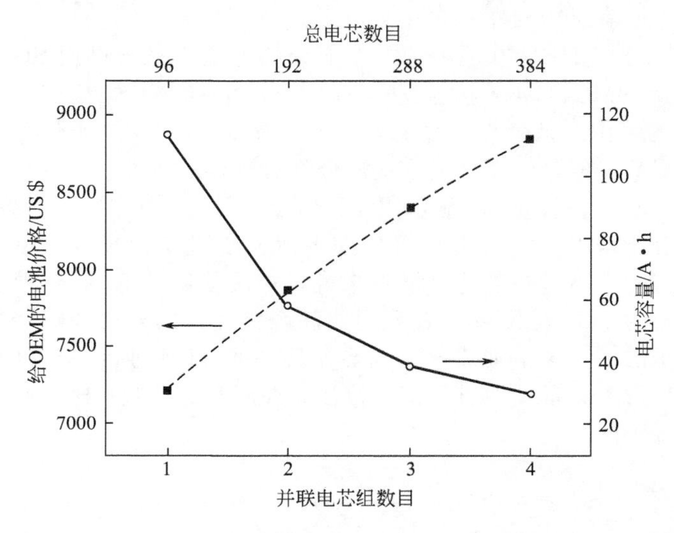

图 6.11　给 OEM 的电池价格与电芯组中并联电芯数目之间的函数关系

其中 1 等同于没有并联连接。在基于 NMC441-Gr 成分的 110kW，40kW · h EV150 电池中，一共有 96 串电芯组

一些供应者选择更小的电芯，其主要原因在于生产复杂度较小，并且由于小型电芯具有更强的滥用耐受能力。小电芯的电、热特征使其需要最小的工程设计，来获得更加均匀的温度以及电流分布。随着在大型电芯上积累的更多经验，通过减小电芯数量来节省的费用也会成为整个电池组费用降低的一部分，尤其是在高能应用如 EVs 上。

生产商也可以选择增加电池模块来增加电池容量，或者将整个电池组并联，而不是选用并联的电芯排布。所有这些选择都可以在 BatPaC 中实现。但是，电芯并联时，整个电池组的费用会最低。当然，选用模块并联或者电池组并联也有很多理由，比如简化生产过程、安全优势以及最终产品具有较小的体积。

6.3.6　电池组集成组件

将电池集成到电驱动系统中，会需要不同的额外组件，因此也会增加一定的成本。目前尚不清楚是哪些项目组成了整个“电池组”的成本，所以将这些额外的项目列在表 6.3 中，尝试对这部分工作进行完善。BatPaC 将电池集成到汽车中这部分费用算作 OEM 的。毕竟，产品的最终用户感兴趣的是整个系统的价格。一般性的结论是对于最小的电池，电池包集成费用影响后果最大。比如在 PHEV10 电池中，其集成费用过高，这给通过电网充电带来负担，而且该电池对整个系统只能带来轻微的电力驱动受益。电池包集成时的安装费用几乎占据了电池包总价的 25%，而且还不考虑额外的动力传动组件。显然，理解电力驱动系统的整体费用在评估电动车对消费者的真实价值时非常重要。

表 6.3　在汽车动力系统中集成电池组的费用

项目	微型 HEV	HEV-HP	PHEV 以及 EV
电池管理系统			
电流和电压传感器/$	40	70	100
模块控制/($/模块)	10	10	20
自动断开/$	50	70	200
手动断开/$	15	15	15
热管理系统			
基准热管理系统/$	30	80	120
额外增加 AC 系统①/($/$kW_{cooling}$)	40	40	40
热系统/($/$kW_{heating}$)	20	20	20
一般集成成本/$	180	300	700

① 对于空气冷却系统没有额外费用。

注：EV—电动汽车；HEV—混合电动汽车；PHEV—插电式混合电动汽车。

在假设的电池设计中，电池管理系统（BMS）将模块和电池集成到整体电力驱动系统上。BMS 的费用会随着电池电流幅度以及电网充电需求而变化。因此，PHEV 以及 EV 电池的 BMS 都给它们带来很大成本的负担。微型 HEV 的管理系统最不复杂，因此比 HEV-HP 的费用要低。

手动以及自动的断开器将高安全度以及电管理集成到电力驱动系统中。在多种电池设计中，自动断开的相对费用受到电池组电压、电池最大电流以及通过电网充电需求等因素的驱动。对电池需求更高电流一般会增加电子设备以及导体的成本。通过电网充电的需求会增加系统的复杂度，从而为 PHEV 以及 EV 系统增加很大的额外费用。自动断开单元增加的额外费用对于小型电池的成本具有很显著的影响，会成为电池总成本中很重要的负担。

电池的热管理系统是满足电池寿命以及运输应用安全需求的重要组件。BatPaC 设计了基于液体的热管理系统和基于空气的热管理系统，分别依据传热和传质模型，来使电池在高负载条件下保持合理的温度。基于空气的热管理系统需要较小的体积能量密度设计，空气被限制在电芯的一侧，来保证足够的传热。而虚拟电池采用的液体热管理系统是通过将乙二醇-水溶液强行流经模块来实现的。由于空气热管理系统需要的体积较大，因此对于 PHEV 以及 EV 电池，一般采用液体热管理。对于 HEV 两者皆可，但是采用空气的成本会低一些。

2012 年商业化的运输电池设计显示，目前还没有一致的热管理方法。一些设计采用单个电芯水平的液体冷却（如雪佛兰沃蓝达 PHEV），而一些采用单个电芯水平的空气冷却（比如现代索纳塔 HEV），而还有一些几乎没有进行热管理（如尼桑聆风）。随着时间更迭，OEMs 会研究出更多关于不同方法对电池寿命以及安全性能的影响，最终可能会采用最简单、费用最低的方法，也可能会产生出类似于目前 BatPaC 建议的设计。

6.4　价格评估上的不确定性

评估未来锂离子电池价格的不确定因素有很多，在统计 OEM 电池组的成本账目时，

BatPaC会自动计算出95%置信区间。不确定的范围根据电池的性能需求而有偏重。在电池价格默认统计中，一般包括三个主要的不确定性类别

① 投入材料以及固定设备的成本；

② 电极包覆最大允许厚度；

③ 单个电芯最大容量。

6.4.1 材料和固定设备

我们针对电池总成本的八大来源进行了变量研究，包括活性材料、铜箔集流体、电解液、隔膜以及SOC控制器。电极包覆和化成循环的资本成本也会变化，它们的核算都受到质量困难以及生产进步的影响，而这些都难以估量。每个因素都要考虑高、中、低成本，而有时成本在数值上甚至会高于100%。采用这些数值的正态分布或者对数正态随机分布来统计价格不同的电池。在最终电池价格上分析其不确定性，对于几种不同的电池成分以及对于HEV、PHEV和EV电池组，在95%置信区间内大约有±10%的不确定性。

6.4.2 电极厚度

目前，大多数运输锂离子电池的电极包覆厚度为20～60μm，而在一些消费电子产品应用的电池中，电极厚度可达115μm。随着电池逐步用于全电行驶汽车（较低的功率对能量需求），很迫切需要通过增加电极包覆的厚度来节省成本，如之前在6.3部分所述的那样。在BatPaC，采用默认100μm的电极厚度限制。如果计算的最佳厚度低于100μm，那么就采用优化的计算厚度，而如果优化的最佳厚度大于100μm，BatPaC会将电极厚度保持在100μm，同时通过增加电芯的面积来满足能量需求。随着技术不断进步，合适的厚度限制数值可能会更大，也可能会更小。该模型通过将电极厚度限制在95%置信区间内，来计算电池的总成本，借以评估这种不确定性，即对于PHEV电芯为50μm和150μm，而对于EV电芯，电极厚度为70μm和200μm。EV电池一般要在比PHEVs P/E 比率低的情况下运行，因此能够利用更厚的电极。这样计算出的成本可以决定在基本值基础上增加的正、负极百分率的不确定度，在6.4.1部分讨论是10%左右。

6.4.3 电芯容量

需要高能量电池的汽车设计（如EV）一般依赖于高能电芯或者电芯组，电芯的容量要超过50A·h。目前是存在这种容量大小的电芯以及合适的电芯成分，而且也有更大的电芯（如200A·h）以符合某些应用。但是，电芯供应商可能会选择容量更小的电芯，将其并联起来。这些小电芯已经经过验证，具有能够满足特定应用的性能、寿命以及安全需求，因此对于OEM来说，它们是更有吸引力的选择。目前尚难以预测，不久后更大的电芯能否得以实际应用在某些特殊应用中，因此，BatPaC没有限制电芯容量。但是，随着计算出的能够满足能量需求的电芯容量增加，设计者们在一组电芯中并联的数量也可能会随之增加。额外成本的不确定性通过增加误差条的方式考虑在内。额外并联电芯会增加成本，因为增加了电芯端子，连接器，并且在生产过程中增加了化成循环单元。关于这些费用的详细讨论在6.3节。

为了计算通过降低单体电芯容量而引起的成本不确定性，BatPaC将容量设置在50A·h以下，此时没有增加误差条。在100A·h或者以上，会出现误差条，这是由于采用一半电芯容量以及由于两个电芯并联在一起，引起电芯数量加倍出现额外费用引起的。在50～100A·h之间，每个电芯容量超过50A·h时，计算的误差条为较小容量电芯额外费用的2%。

6.4.4 不确定性计算示例

在图 6.12 中列出了基于 NMC441-Gr 电池成分的 120kW、360V EV 电池的计算示例，其续航里程为 80～200 英里（1 英里≈1609m）。随着续航里程的增加，电极的厚度以及电芯的容量都需要增加。当电极厚度低于 70μm 时，厚度计算时没有增加不确定度；随着电极厚度的增加，正不确定度增加。在高于 100μm 时（默认假设），在假设中增加负不确定度，而实际的厚度限制可能要高达 200μm。同样地，电芯容量不确定度的影响在容量低于 50A·h 时也不大。而如果容量高于此，那么正不确定度的贡献会增加。总之，在这个例子中，续航里程为 80 英里的电池价格不确定度的范围为－10%～＋10%之间，而续航里程为 20 英里的汽车电池，其不确定度在－18%～＋26%之间。

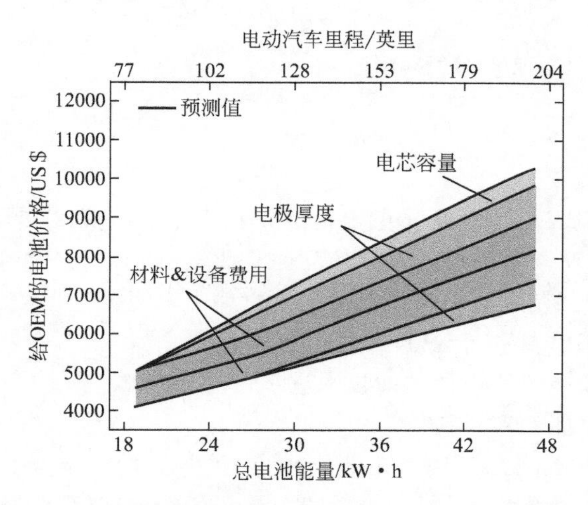

图 6.12 电动汽车里程对 NMC441-Gr 成分电池组（120kW，360V）价格以及误差条的影响

6.5 生产规模的影响

目前，电动汽车用锂离子电池成本较高的一个主要因素在于其生产容量较低。在 2020 年成本预测中，在最大化自动化的情况下，假设某个固定设计年均电池生产量为 100000 个。还假设在大型锂离子电池的开发中，电极材料供应商可以提供较低而且稳定的价格，该价格几乎不与电池生产商的订单大小有关。即使在这样的条件下，发现将生产能力从预设的 100000 个水平进行变更，还是会给供给 OEMs 的电池价格带来很大的影响。

即使年均电池生产量不变，但是如果相关电池设计发生改变（比如能量增加），那么生产规模还是会给成本计算带来影响。这些影响对于整体生产能量有叠加的效果。对于固定设计，改变生产规模依赖于由材料成本以及购买项目构成的总价格的比率。单位材料成本根据规模大小变化很小，而随着生产率的增加，生产电池组的劳动力、资本以及厂区成本会快速下降。在图 6.13 中，材料的成本以及购买项目占年产量为 100000 的 HEV 电池总成本的 46%，而对于 PHEV20 和 EV130 电池来说，同样的生产能力下，这个数字分别是 58%和 70%。随着生产水平的增加，这些成本占据总成本的比例也会增加。因此，HEV 电池比 EV 电池，受生产规模的影响会更大。

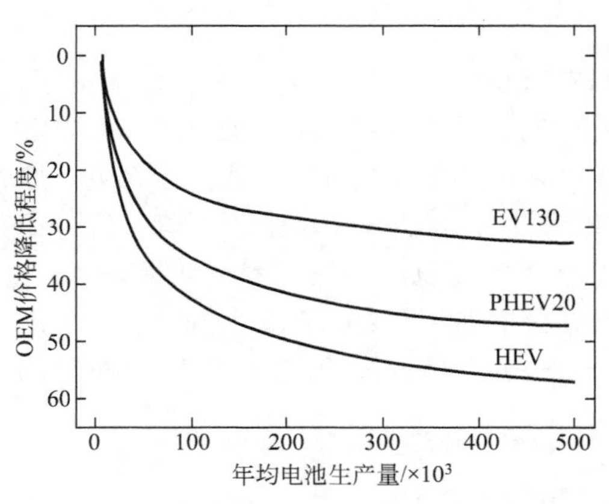

图 6.13 生产规模对 OEM 电池价格的影响

需要注意的是，即使是图 6.13 中所示的年产量为 10000 电池这样的低生产水平下的电池价格，也要比 2012 年的低，这是由于材料价格较低，而且用于该种水平的生产工厂没有对未来扩张进行特别规划。考虑到材料成本降低，而且工厂也会从目前水平得到改良，所以未来电池价格的降低应该会比图 6.13 中展示的更大。电池生产规模会从每年 100000 颗持续增加，到 2020 年甚至更久之后，可能达到每年 300000～500000 颗，而价格也会进一步得到降低。

6.6 展望

应用在 HEV、PHEV 以及 EV 中的电池成本在未来会得到明显降低。目前已经观察到在成本上出现直线下滑现象。而目前存在的问题是成本会降低到多少，而什么才是主要驱动力。以下三个因素可能会在降低锂离子汽车电池价格上具有同等的效力：

① 工艺路线的改善以及生产规模的增加；

② 电极、电芯以及电池组设计上的技术进步；

③ 引入具有更优性能的新材料。

图 6.14 提供了基于 BatPaC 模型、出版行业目标[31]、行业调查[32]以及美国能源部的目标[33]等一系列锂离子电池费用的预计曲线。2020 年可用能量（HEV 电源）的预计总成本对于 EV150、PHEV40、PHEV10 和 HEV 分别是 150 \$/kW·h_{use}、250 \$/kW·h_{use}、525 \$/kW·h_{use}以及 25 \$/kW·h_{use}。电池成本是否遵循这条轨迹，依赖于公众以及私人投资的力度，以及更重要的是，消费者市场需求。这些数值需要在上述提及的三个发展领域都要有重要的进步，如果没有，那么成本将会不超过中期预测，即 EV150、PHEV40、PHEV10 和 HEV 的成本分别是 300 \$/kW·h_{use}、450 \$/kW、h_{use}、900 \$/kW·h_{use}和 35 \$/kW·h_{use}。

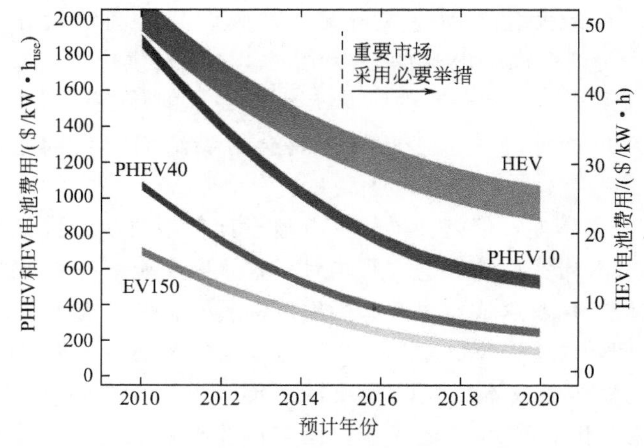

图 6.14 对 25kW HEV、60kW PHEV10、60kW PHEV40 以及 110kW EV150 电池可用能量总成本的预测曲线

参考文献

[1] P.A. Nelson, K.G. Gallagher, I. Bloom, D.W. Dees, Modeling the Performance and Cost of Lithium-Ion Batteries for Electric Vehicles, Chemical Sciences and Engineering Division, Argonne National Laboratory, ANL-11/32, Argonne, IL, USA, 2011.

[2] P.A. Nelson, K.G. Gallagher, I. Bloom, BatPaC (Battery Performance and Cost) Software (2012). Available from: http://www.cse.anl.gov/BatPaC/.

[3] P.A. Nelson, D.J. Santini, J. Barnes, Factors Determining the Manufacturing Costs of Lithium-Ion Batteries for PHEVs, International Electric Vehicles Symposium EVS-24, Stavanger, Norway, 2009.

[4] D.J. Santini, K.G. Gallagher, P.A. Nelson, Modeling the Manufacturing Costs of Lithium-Ion Batteries for HEVs, PHEVs, and EVs, International Electric Vehicles Symposium EVS-25, Shenzhen, China, 2010.

[5] K.G. Gallagher, P.A. Nelson, D.W. Dees, PHEV Battery Cost Assessment 2011 DOE Merit Review Presentation Washington, DC, 9–12 May, 2011. Available from: http://www1.eere.energy.gov/vehiclesandfuels/pdfs/merit_review_2011/electrochemical_storage/es111_gallagher_2011_o.pdf (accessed on 12.07.11).

[6] P. Nelson, I. Bloom, K. Amine, G. Henriksen, J. Power Sources 110 (2002) 437.

[7] P. Nelson, D. Dees, K. Amine, G. Henriksen, J. Power Sources 110 (2002) 349.

[8] G.L. Henriksen, K. Amine, J. Liu, P.A. Nelson, Materials Cost Evaluation Report for High-Power Li-Ion HEV Batteries, Electrochemical Technology Program, Chemical Technology Division, Argonne National Laboratory, ANL-03/05, Argonne, IL, 2002.

[9] P. Nelson, K. Amine, A. Rousseau, H. Yomoto, Advanced Lithium-Ion Batteries for Plug-in Hybrid-Electric Vehicles, International Electric Vehicles Symposium, EVS-23, Anaheim, CA, 2007.

[10] P. Nelson, Modeling the Manufacturing Costs of Lithium-Ion Batteries for PHEVs, Presented at Plug-in 2009, Long Beach, CA, 2009.

[11] K.G. Gallagher, P.A. Nelson, D.W. Dees, J. Power Sources 196 (2011) 2289.

[12] Peer Review Report for the ANL BatPaC Model: Modeling the Cost and Performance of Lithium-Ion Batteries for Electric-Drive Vehicles; docket ID EPA-HQ-OAR-2010-0799-1080, 2011. Available from: http://www.regulations.gov/.

[13] M. Anderman, F. Kalhammer, D. MacArthur, Advanced Batteries for Electric Vehicles: An Assessment of Performance, Cost, and Availability, California Air Resources Board, June 2000. Available from: http://www.arb.ca.gov/msprog/zevprog/2000review/btap report.doc (accessed 17.12.10).

[14] B. Barnett, D. Ofer, C. McCoy, Y. Yang, T. Rhodes, B. Oh, M. Hastbacka, J. Rempel, S. Sririramulu, PHEV Battery Cost Assessment, 2009 DOE Merit Review, May 2009. Available from: http://www1.eere.energy.gov/vehiclesandfuels/pdfs/merit_review_2009/energy_storage/es_02_barnett.pdf (accessed 11.12.10).

[15] B. Barnett, J. Rempel, D. Ofer, B. Oh, S. Sriramulu, J. Sinha, M. Hastbacka, C. McCoy, PHEV Battery Cost Assessment, 2010 DOE Merit Review, June 2010. Available from: http://www1.eere.energy.gov/vehiclesandfuels/pdfs/merit_review_2010/electrochemical_storage/es001_barnett_2010_o.pdf (accessed 11.12.10).

[16] A. Dinger, R. Martin, X. Mosquet, M. Rabl, D. Rizoulis, M. Russo, G. Sticher, Batteries for Electric Vehicles: Challenges, Opportunities, and the Outlook to 2020, The Boston Consulting Group, Available from: http://www.bcg.com/documents/file36615.pdf (accessed 11.12.10).

[17] L. Gaines, R. Cuenca, Costs of Lithium-Ion Batteries for Vehicles, Center for Transportation Research, Energy Systems Division, Argonne National Laboratory, ANL/ESD-42, Argonne, IL, May 2000.

[18] F.R. Kalhammer, B.M. Kopf, D.H. Swan, V.P. Roan, M.P. Walsh, Status and Prospects for Zero Emissions Vehicle Technology: Report of the ARB Independent Expert Panel 2007, California Air Resources Board, April 2007. Available from: http://www.arb.ca.gov/msprog/zevprog/zevreview/zev_panel_report.pdf (accessed 17.12.10).

[19] M.A. Kromer, J.B. Heywood, Electric Powertrains: Opportunities and Challenges in the U.S. Light-

Duty Vehicle Fleet, Sloan Automotive Laboratory, Laboratory for Energy and the Environment, Massachusetts Institute of Technology, LFEE 2007-03 RP, Cambridge, MA, 2007.

[20] P. Mock, Assessment of Future Li-Ion Battery Production Costs, presented at Plug-in 2009, Long Beach, CA, 2009.

[21] National Research Council of the National Academies, Transitions to Alternative Transportation Technologies – Plug-in Hybrid Electric Vehicles, The National Academies Press, Washington, D.C., 2010. Available from: http://www.nap.edu/catalog.php?record_id=12826 (accessed 17.12.10).

[22] TIAX LLC, Cost Assessment for Plug-In Hybrid Vehicles (SOW-4656), Report to US DOE Office of Transportation Technology, October 2007.

[23] M. Anderman, The Plug-In Hybrid and Electric Vehicle Opportunity Report: A Critical Assessment of the Emerging Market and Its Key Underlying Technology: Li-Ion Batteries, Advanced Automotive Batteries, May 2010.

[24] B. Propfe, Relevante Auslegungskriterien Elektrifizierter Fahrzeugkonzepte unter Berücksichtigung von Mobilitätsmustern (unpublished), Deutsches Zentrum für Luft und Raumfahrt, Stuttgart, 2012.

[25] R.H. Perry, D.W. Green, J.O. Maloney, Perry's Chemical Engineers' Handbook, sixth ed., (1984), 25.

[26] P. Arora, M. Doyle, R.E. White, J. Electrochem. Soc. 146 (1999) 3542.

[27] M. Broussely, Ph. Biensan, F. Bonhomme, Ph. Blanchard, S. Herreyre, K. Nechev, R.J. Staniewicz, J. Power Sources 146 (2005) 90.

[28] S.-H. Kang, W.-S. Yoon, K.-W. Nam, X.-Q. Yang, D.P. Abraham, React. Solids 43 (2008) 4701.

[29] A. Van der Ven, G. Ceder, J. Power Sources 97–98 (2001) 529.

[30] P. Albertus, J. Couts, V. Srinivasan, J. Newman, J. Power Sources 183 (2008) 771.

[31] M. Bly, Developing a Battery Value Chain Presented at EV Battery Tech USA: Global Cost Reduction Initiative, Troy, MI, USA, 2010.

[32] Joint Technical Support Document: Final Rulemaking for 2017-2025 Light-Duty Vehicle Greenhouse Gas Emission Standards and Corporate Average Fuel Economy Standards, U.S. Environmental Protection Agency and The Department of Transportation, EPA-420-R-12-901, 2012, pp. 3–156.

[33] United States Council for Automotive Research LLC (USCAR) Energy Storage System Goals. Available from: http://www.uscar.org/guest/article_view.php?articles_id=85 (accessed 28.09.12).

第7章 电动汽车用锂离子电池组

John Warner
(麦格纳电动汽车系统，美国)

7.1 概述

随着汽车电动化市场的扩张，环境以及政府管理规范、城镇化趋势、燃油成本以及新兴用户市场的增加，很有必要深入理解这一点：在很大程度上，是锂离子电池在驱动这个市场。除了持续增长的市场驱动力外，还发现有一些高校项目也致力于电池工程和设计的研究。因为这两个因素，需要对目前正在进行设计的、以驱动未来电动汽车的大型、高电压电池的设计要点进行深入理解。我们这项工作就是尝试涉及动力应用锂离子电池的部分主要考虑要素。

电动汽车（EVs）以及插电式混合电动汽车（PHEVs）的电池组开发包含有很多与混合电动汽车（HEVs）开发相同的考虑要素。典型的电池组，也称为可充电能量储存系统（RESS)，一般包含有四大部分：①锂离子单体电池（电芯)；②机械结构以及/或者模块；③电池管理系统（BMS）和电子元件；④热管理系统。

本章将主要讨论三种不同类型的锂离子电池。如丰田普锐斯（Toyoto Prius）一样的HEVs采用的是镍金属氢化物电池（NiMH）或者锂离子动力电池。HEV需要动力电池来产生加速度或者在再生制动情况下回收车辆产生的功率。这些电池虽然需要高功率，但是同时也需要低能量，一般来讲，一个HEV用的电池需要的功率对能量比大约为20∶1甚至更高，而且电池会在荷电状态（SOC）较低的情况下工作，从而可以循环300000次甚至更多。

PHEVs的电池需要同时具备高功率和高能量，它们需要携带比HEVs高得多的能量，但又少于纯电池汽车（BEV)，所以PHEVs搭载的电池容量也介于两者之间。此外，随着电池体积的增加，电池功率也随之增加。PHEV电池的功率能量比大约为12∶1或者更少，在SOC高达80%的条件下运行，从而电池循环寿命在4000次左右。

而BEV需要一个能量大得多的电池，而且不仅电池能量需要增加，功率也会跟着凑热闹。换句话说，BEV需要锂离子电池这样的能量电池。BEV的功率能量比一般为4∶1或者更少。BEV电池一般在90%SOC条件下工作，根据所选电池的不同，电池寿命一般为3000～4000次。

上面这些描述是很重要的，因为很有必要去澄清没有所谓的“万能锂离子电池”可以满足所有设备需求。这一点是RESS设计师们在电池系统标准制定之初就必须明确的。

微混汽车快速增长的市场开始向使用锂离子电池迁移。但是，由于这一类锂离子电池的电压很低（基本低于48V)，而且结构相对也比较简单，所以并不对其进行讨论。

本章将讨论RESS设计理论，而且集中讨论主要的组件系统，包括锂离子电池单体、机械结构、BMS和控制电子以及热管理系统。最后的部分将会综述RESS电池的几种应用。

7.2 锂离子电池设计考虑的因素

任何一种应用的电池包总体设计在很大程度上取决于所用的锂离子单体电池。锂离子单体电池的类型将决定电池包的机械结构、热管理系统、BMS以及整体包装。

根据车辆结构以及所需系统性能的不同，电池包的系统设计也有所不同，比如对于一台EV来讲，是直接设计为EV，还是在目前的车辆结构上改进变为EV的。例如：通用汽车雪佛兰沃蓝达（Chevrolet Volt）是一辆串联式HEV，也称作增程式电动车（EREV），它的结构大部分是新的，但是其“骨架”却是基于更早的车辆平台。Volt内除了有一个电力驱动系统外，还有一个小型内燃机（ICE）。在这个设计中，ICE仅仅充当一个发电机的角色，为电池进行充电，电池驱动车辆前行。这样的设计不仅使得车辆可以装载一个比全EV车辆中更小的电池，而且在内燃机开始为电池充电前，车辆可以依赖电力驱动行驶一段距离。这种采用已有车辆结构的方法需要将电池装载在车辆结构的可用区域内，比如Volt是将电池装载在先前用于放置传动装置和燃料箱的地方。而尼桑聆风（Nissan Leaf）则是采用一个不同的系统设计，它是一个全电动汽车、没有内燃机，任何时候都完全依靠电池动力来运行车辆。这不仅需要一个很大容量的电池（24kW·h，Volt：16kW·h），而且可以单纯依靠电力行驶更长的距离（100英里，Volt：40英里）。Leaf也是基于骐达（Versa）车辆的已有“骨架”，将电池装载在已有空间中，在车内地板之下，座位的下方，因此需要对车辆核心平台进行微小改动。

PHEVs和EREVs相比较BEVs而言，使用情况和动力情况都不相同，所以需要进行不同的电池包设计来满足不同的性能需要。PHEV的工作状态有时像HEV，其他时候像BEV。PHEVs和EREVs都需要电池携带足够的可用能量来使得车辆能够实现需要的电力行驶距离，一般在10～40英里之间。一旦达到了这个距离，而且电池包容量下降到了预先设定的程度，那么PHEV便开始在ICE驱动下工作，电池处于混合动力或者电量保持状态，在车辆停止时为车辆和附件供能。而一旦EREV电池达到最低容量，那么ICE并不直接驱动车辆，而是给发动机提供恒定功率，使之驱动车辆和附件。这种将锂离子电池和电力驱动系统与ICE集合在一起的策略使得PHEVs和EREVs都能够获得电力和内燃机行驶距离，达300～400英里甚至更多，可与内燃机车辆相抗衡。这种使用模式使得应用于PHEV和EREV的电池有更高的功率能量比需求。PHEV电池根据电力行驶里程的不同，容量从5kW·h到15kW·h不等。EREV的电池大小范围从16kW·h到20kW·h不等，但大部分在16kW·h左右。

BEV倾向于采用同样的设计要点，但是由于没有内燃机充当备用电源，因此需要一个更大的电池，意味着BEV的整个行驶距离必须与车载的电池功率以及基于再生制动回收的能量相一致。电池越大，对于功率的要求就稍微不再重要，因为电池越大，它含有的功率也会越大。这并不是因为BEVs需要较小的功率，而是因为大电池足以提供更多的功率。根据车辆大小不同，许多BEV车载电池容量为20～24kW·h，而且对于高性能车辆来讲，容量可以达到50kW·h，对于一些轻型商用车比如一些纯电动送货车，电池容量甚至可以达到100kW·h。

EV和PHEV电池的功率能量比不同，原因主要如上所述，它们会经历不同的使用模式。在不同电池设计中，评估电池性能需求时，能量密度和功率密度是需要考虑的重要因素。车辆携带的能量越多，就可以行驶越多的里程。但是，在进行系统设计时，一个主要的考虑是需要尽可能地减小电池尺寸。这主要有两个方面的原因：首先，电池越大，占据车辆的空间越大，从而会相应地减小有效负载空间，而且导致更多更复杂的综合问题。第二，电池越大，价格越贵。所以系统的设计者需要在增加电池能量的同时，在减小电池大小和质量上下足功夫，开拓创新道路，从而开发出高能量密度（W·h/L）以及高比能量（W·h/kg）的电池。

与能量密度密切相关的是功率密度（W/L），这个参数与车辆加速时电池快速放电功率以及刹车制动时电池接受电荷的能力有关。功率一般用“倍率”来进行讨论，这个术语代表电池充电或放电过程中耗费的时间。例如，如果一个24kW·h的电池在1h内完全放电，就相当于1C放电倍率，但是如果同样的24kW·h放电时间超过2h，就相当于其C/2或0.5C放电倍率。采用3.3kW充电器（典型的1级充电器）对一个24kW·h的电池充电大概需要7h，就相当于采用一个0.14C的倍率进行充电。另一方面，采用6.6kW的充电器（典型的2级充电器）可以将充电时间缩短一半，而同时充电倍率增加。充电倍率越高，充电或放电时的功率越快。最初的汽车加速或刹车制动可以产生高达5C的充电或放电倍率，持续时间约为5～10s。在选择和设计电池时，必须要考虑这些重复的高充放电倍率。目前锂离子电池的成分和工艺导致电池充放电倍率变化很大，在合适倍率的条件下工作，才能保证不对电池造成长期伤害。例如，大部分的磷酸铁锂（$LiFePO_4$）均能保持较高放电倍率，没有长期恶化效应，但是该材料的能量密度较低。而近期引入的新型镍锰钴氧化物材料则大多能够同时提供高能量密度和高倍率。

在锂离子电池选择中需要考虑的另外一个因素是流经RESS的总电流。一般情况下，BEV用锂离子电池可以在几百安（约300A，这很常见）条件下充放电。所以选择串联的电池大小以及数量就很重要，因为这些会使电池包产生电阻，从而使电池产热。由于I^2R的值决定了电池包的产热量，所以维持电池电阻尽可能低是很有必要的。电阻为0.1Ω甚至更低有利于减少产热量，从而减少以及简化热管理系统。

锂离子电动车电池的设计还需考虑一些因素，比如车辆测试的行驶工况。官方的行驶工况测试的案例包括US06、城市测力计行驶工况UDDS以及新欧洲行驶工况NEDC。这些循环工况最早是为排放标准测试而设计的，是特定区域驾驶场景的代表。例如，US06循环工况是设计为监测低速的城市类型以及高速的高速公路类型混合行驶的状况。NEDC也包括城市和高速公路行驶工况，但主要包括城市部分，所以它也可作为测试EVs的一个合适的工况。但是这些工况到底是否适合电动汽车还需进一步的测试。

另外一个设计考虑要点是电子管理系统。它负责监控电池包中电池单体、电池模块的温度、电压以及电流情况。此外BMS的另外一个核心作用在于确保电芯在电池包中的均衡。电芯均衡涉及监控和确保所有的电芯维持一致的容量。这点是很重要的，因为电池只依照最低容量的电池单体工作。围绕电芯平衡有两个主要概念，主动平衡和被动平衡。主动平衡是指系统主动模拟每个电芯的容量并将电芯的能量从一个传递到另外一个，以保持单体电池之间的能量平衡。被动平衡也需要监测每个电芯，但是采用外加电阻消耗掉容量最高的电芯的多余电量，使之以热的形式释放出来，以保持电芯之间平衡。体系的电子也具有安全功能比如人工服务断开（MSD），用来将电池包的电压切断为一半（或者切为电压较低的小副包），以及高电压连锁回路（HVIL），在有外壳被打开或者连接被破坏的情况下激活MSD保险丝。

另外一个要考虑的因素是车辆销售和使用的区域。这是一个很关键的因素，因为区域影响环境温度的要求，从而影响热管理系统的设计。温度是最大的长期影响锂离子电池寿命的因素之一，因为电池在恒高温或者低温条件下使用，都会减少锂离子电池材料的寿命，这点适用于目前市面上几乎所有材料。装载在汽车中的锂离子电池，如果在低温条件下使用，对冷却需求较少（一般只需要空气冷却），但是需要额外加热，以防止电解液在过低温度下冻结。而另一方面，如果车辆需要在极高温度下运行，则需要更加有效的冷却方法，而不再需要任何加热措施（这样条件下一般需要液体冷却措施）。当然，设备制造商们（OEMs）正在设计可以跨区域使用的汽车，因此需要满足两种温度极限。

热管理系统主要负责使电池包中电池单体的温度保持在始终一致的水平，对于最佳的锂离子电池寿命来讲，这个温度一般维持在25℃左右。热管理包括在低温运行时对电池加热，以及在大电流放电时和环境温度较高时对电池进行冷却。一般采用强迫空气流经电池的方法来实现热管理（一般采用预先寒冷处理过，大约为10℃的空气）；一些体系也采用液体加热和冷却的方法，将铝管放置在电池单体中间，迫使水和乙二醇的混合物流经这些管道来管理电池温度。

7.3 可充电能源储存系统

RESS是由几个核心组件集合组成的，包括锂离子电池单体、单体组成的电池模块、整体机械结构、热管理系统以及高电压连接元件、开关和切断元件。

并非所有的RESS系统都包含上述的所有组件。一些系统将电池装载入机械外壳中，而另外的系统则采用大量的模块来局部装配电池单体；一些系统将电池组分解成不同的“电池小包”，分装在汽车的不同位置，其他的一些系统则将所有的电池装在一个单独的“电池包”中；一些系统将电池平衡组件和电子监控组件集合在模块中，而其他系统则将电池平衡组件和监控元件整合在核心电池管理系统电路中；一些系统采用加热或者冷却的空气热管理系统，而有一些体系则根本不对电池系统进行主动管理。

下面将对锂离子电池主要的子系统进行详细的描述。

7.3.1 锂离子电池单体电池

基本上，锂离子单体电池在形状和尺寸上有很多型号。最广泛生产的、普遍应用的型号是18650（直径18mm，长度65mm）圆柱状电池，它们应用于手持动力设备如笔记本电脑和类似设备中。18650电池的容量为2～3.5A·h，因此，如果应用于动力汽车领域就需要很大的电池数量。但是，自电动汽车市场兴起至今，对于标准电池还没有一个统一的说法，比如大小、成分或者电池类型。

采用小电芯的益处在于它们大多数都有“内置的”安全性能，比如温度驱动的可重置热保险丝、压力驱动的电流切断装置和通风口。采用小电芯还可以通过降低连锁故障传播的可能来减小单个电池失效的影响。小电芯在生产过程中容易分容，从而使得容量比较接近的电芯可用于同一个应用中，减小对电芯均衡的需要。此外，由于目前这些电芯的生产量很大（每年数十亿个），所以电芯的成本比其他类型的电芯成本要低。但是，采用小电芯存在的主要问题以及OEM关注的是：驱动电动汽车所需的电芯数目过多（如Tesla需要6800多个电芯）所引发的可靠性问题，以及这么庞大的电芯数量可能引起更加复杂的问题。

除了18650圆柱状电池之外，聚合物电池（也称为层压电池或软包）也成为许多美国和欧洲汽车生产商的新宠。的确，许多OEMs倾向于选用更少的部件，以获取高可靠性和低成本，所以他们一直在寻找解决用少量电芯组成电池包，并且安全性可行的方法。这便引发了对“大型”电芯的需求，这类大型电芯的容量一般为20～100A·h。聚合物电池由阳极、隔膜以及阴极以Z字形叠片装配或堆叠装配。在Z字形结构中，阳极、隔膜和阴极直接叠在一起，连续装配成一个单体电池。而在堆叠结构中，要首先将阴极和阳极切成片，与隔膜交错堆叠在一起，然后组装成电芯。组装好的电芯称为“凝胶卷”，之后采用焊片在这些凝胶卷不同位置焊接，以形成电气连接，传递电流至电芯末端。将这些带有焊片的凝胶卷装入一个软铝箔“袋”中，采用黏结剂将其密封起来。对电池的高安全性要求需要电池通过欧洲汽车研发委员会制定的针刺滥用测试至少第3等级标准（无漏液、不起火、不燃烧、不破裂、不爆炸），在这种安全要求下，建议使用陶瓷隔膜包覆技术。

采用软包设计有很多好处，比如：用同样的成分以及同样的电池设计，能够组装出不同大小的电池；可以灵活地设计较薄的电池包；较少的电池单体便可以组装成更大的电池容量（15～40A·h，在一些应用中甚至高于 100A·h）；电池本身具有较高的能量密度。但是，由于这种类型的电池还是一个相对崭新的技术，要想在生产量和质量上赶上 18650 电池还需要一些时日。在这种电池上需要关注的其他一些方面有：缺乏综合的安全性能、需要外部设备对电池施加堆叠压力、有串联失效的危险（大电池失效时会放出更多的能量）以及软包电池在包装时会有破坏的危险。但是，即使存在这些挑战，层状薄片电池依然是今天很多主要汽车生产商所倾向的电池类型。

另外一种可能得到广泛应用的电池是方形电池。这类电池容量可以从非常小（＜4A·h）到非常大（＞250A·h），而且在电池设计和类型上也变化多端，可以采用铝壳包装，也可以采用塑料包装。方形电池一般将阴极/阳极/隔膜通过卷绕或者折叠的方式装入铝壳或塑料壳内。根据电池大小的不同，阴极和阳极可以采用 Z 字形折叠、堆叠或者卷绕设计。卷绕设计基本上是重复 18650 圆柱形电池的生产过程和系统：隔膜置于阴极和阳极中间，之后附着在轴上，随轴旋转，生产出圆形凝胶卷。在方形电池设计中，将组件压在凝胶卷上以形成平坦的椭圆状。这样的电池如图 7.1 所示。

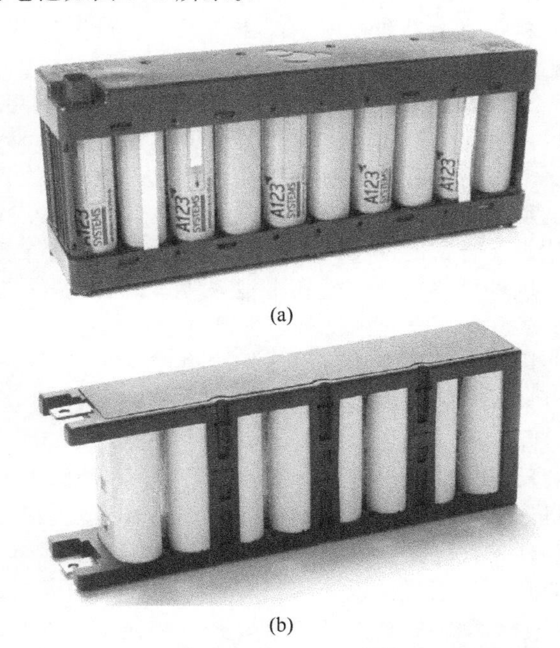

(a)

(b)

图 7.1　(a) 6.6V，8.8A·h 的 Nanophosphate® AHR32113 动力模块的照片（来源：A123）和 (b) 3.7V，35A·h Boston-Power 产品 Swing 的核心模块

方形电池的一个好处是它和层状薄片电池一样，具有较高的容量，但是也同样存在安全相关的问题，如漏液、偶尔还出现热保险丝熔断现象等。方形电池也可以采用机械连接的方式来增加电池单体之间的连接，从而降低对焊接母线的需求。这类电池存在的主要问题在于串联失效（大电池失效时会放出更多的能量）。此外，由于这类电池目前产量很低，所以在生产量以及质量上赶上 18650 电池也还是需一段时间。

所有这些类型的电池目前都已经应用于示范车辆或者是 HEVs、PHEVs 以及 BEVs 产品中。

7.3.2　机械结构

RESS 第二个核心组件是系统整体机械结构。主要包括一些设计因素比如采用单电池包结构还是多电池包结构，这点主要取决于电池包放置于车辆中的位置；车架和车身结构的集成以及考虑电池单体如何组装：采用标准的模块、整体设计还是直接安装进入电池包结构。

自 2011 年夏天，国家公路交通安全局对雪佛兰沃蓝达进行测试，而后车辆发生起火这一事件之后，机械综合能力就摆在了电池包设计之前。这些测试使得通用汽车在沃蓝达汽车上增加更多的结构元件，来改善对锂离子电池的保护措施，增加它们在侧面碰撞撞击中幸存的能力。许多 RESS 是设计在行李箱位置、前后座或者燃料箱位置，所以很有必要在结构上进行加强，以增加 RESS 生存率和安全性。基本上，如果 RESS 安装在碰撞区域或者燃料区域，就很有必要加强其机械综合能力，以保护电池包。

对于锂离子 RESS，无论是否作为整体结构的一部分安装在汽车中，都需要一些特殊的要求，比如材料类型、质量、挤压和碰撞、电磁兼容性、震动、振动、湿度以及液体浸入等，这些因素对于每一个车辆都是独特的。根据区域特殊要求以及 OEM 特殊要求，电池包需要在防护环境（IP69）或者类似条件下进行密封。这意味着安装好的电池包不允许任何灰尘或者液体入侵而且能够经受浸没，如果电池安装在车辆外部，这是很必要的。但是，如果 RESS 安装在车辆内部，那么防护安装要求等级会稍微降低，因为电池会较少遭遇液体入侵，但是依然需要密封等级以阻止电池单体中产生的气体在挤压、碰撞或者电池单体失效的情况下逸出电池包。

电池包设计的另外一个重要方面，是在项目实施之前预先了解电池包是固定在车辆中，还是可移动的。目前有很多企业正致力于开发可替换的电动汽车电池包，可能大家比较熟悉的是 Better Place，这个公司就安装换电站问题，已经与几个汽车生产商以及区域政府签署合同。在这种情况下，电动汽车开到换电站更换电池，就像传统的内燃机汽车开到加油站加油一样。一旦到达换电站进行合适的匹配之后，耗尽的电池包会被自动拿下来，更换为一个新的、充满电的电池包。这种可更换性驱使在电池系统中需要设置一套完整的新要求。这种 RESS 会从车辆存储位置被摘掉、拿出并放回，所以自身机械结构必须牢固。除了额外的结构上的要求外，这种电池设计必须要考虑高电压动力供应、车辆对电池通信以及热管理系统等的自动互连作用。在设计上，所有这些子系统必须能够自动地使它们之间的每一次连接、任何时候的连接都高度可靠。

评估和管理 RESS 的质量是非常重要的，因为质量越大，移动车辆花费的能量就越多。质量评估的方式与内燃机评估方法一样，根据每个组件尤其是较大的部分，比如外壳和锂离子电池所选择的材料来评估。在保持高能量水平的基础上降低电池体系的质量，会产生更大的行驶里程。许多生产商致力于铝、镁以及结构塑料等材料的研究，以降低电池包的质量。

与电池整体结构集成入车辆相并行的，是需要开发和使用一种普遍的电池安装策略。如上所述，电池设计有很多种，目前对于模块的形状和尺寸没有工业标准。模块是将电池单体连接到单个电机械单元中的机械结构。根据电池单体、车辆的类别（从 A 段到 E 段，再到轻型商用车）、热管理策略（空气或液体）等的不同，模块的大小变化也很大。所有这些因素在不同商家模块设计上，甚至是在同个商家的不同汽车设计上都会带来很大的差别。但是虽然形状和大小变化很大，大多数模块设计却包含一些通用的因素，比如将电池单体连接在一起、将它们组装入一个机械结构中、在模块中集合电池或者模块监控、均衡元件，以及在模块中集合加热/冷却系统等。

模块概念的另外一种衍生是由一些小电池的生产商引入的，即所谓的“块体”。这个概念将电池组（通常通过焊接母线连接）集成到预先建有热管理系统的小机械包中（见图 7.1）。

7.3.3 电池管理系统和电子元件

BMS可能是RESS最重要的组件，因为它负责监控电池性能，并调整系统使之与使用条件和环境相匹配。BMS是在一个复杂的系统中，而且本身也相当复杂，它不仅包括主要的系统监控电路，还包括平衡电路（一般在模块或电池水平安装）、通信功能、安全回路以及多种保险丝。

用于控制电池的BMS以及算法模型是用来监控和控制电池在不同负载条件下的行为，包括监控电池荷电状态（SOC）、健康状况、电池单体和电池包的温度以及电流需求等[1]。对BMS的设计至少应该包括用于获得与存储（传输）性能数据的硬件与软件；系统安全保护与防护；电池当前状况的测试与预测；充放电控制功能；电池均衡功能；向汽车系统传递电池状态及鉴定结果；同所有电池系统组件进行通信；延长电池使用寿命[2]。电池需要管理的性能很多，上述的是电池系统优化的核心，以达到最佳性能和最长寿命。

现在，有几种主要的拓扑学应用在BMS的开发中，包括集中式的、分布式的以及模块化的BMS[2]。在集中式BMS系统中，软件和硬件都设计在一个单一的物理控制单元上，传感器贯穿整个电池系统来提供电池性能的相关反馈。这种集中式系统的一个潜在不足是需要大量的电线来连接系统。但是，因为需要较少的硬件，它可能也是最便宜的系统。在分布式BMS系统中，主要的控制器与电池均衡和监控电路（也称作从板）安装在同一个位置，与主控制器所处位置分开，经常安装在模块和电池单体上或者在其附近。这种体系布线比较简单，因为体系的每两个单元之间只有一个单一串行通信设置，但是由于需要多个电路板，所以价格较高。在模块化的BMS系统中，有多个主控制器，每个都能控制一定的电池单体或者模块。从利益得失角度来看，这种模块化的体系兼具集中式以及分布式系统的特点，比分布式系统的布线复杂，但是比集中式系统的控制线路要多。

当多个电池被串联或者并联以达到体系所需要的电压或者电量需求时，从运行一开始彼此之间就出现偏差。此外，由于生产过程以及化学配方上的不同，所有的锂离子电池在电压和电容上都略有差异，这种不同会在电池包的使用过程中导致容量衰减，这种情况在电池充放电过程中都会发生。充电时，一旦容量最低的电池单体达到全荷电状态，电池包的BMS便会停止充电。这意味着一些电池单体并没有完全充电，事实上除了最弱的那个电池，其他电池都只会被充电到不同的程度，而不会被充满，如图7.2所示。同样地，在放电过程中，最弱的电池会在其他电池完全放电之前达到完全放电状态，从而降低了电池包的整体使用能力。虽然这些电池单体之间的差异最初会很小，但是会随着时间延长而逐渐增大。这些因素会使电池单体之间产生越来越大的差异，从而导致容量衰减，造成电池包的过早老化、容量和功率降低以及续航里程受限[2]。

图7.2　电池单体不均衡的例子

由于电池电压间存在不平衡，有效的BMS系统必须能够平衡电池包中的电池单体。通常有两种方法来完成这项工作：主动电池平衡和被动电池平衡。主动平衡采用变压器、导体或者电容来均衡电池单体之间的差异，将一个单体的电荷转移到另外一个单体中。基本上，电容从高容量电池中流出，转移到低容量电池中来实现电池均衡。类似地，被动平衡也是尝试平衡体系中电池的容量，采用电阻等消耗元件来浪费掉多余的电容或电压，将多余的能量转化为热能[2]，从而使所有电池的容量都降低到与容量最低的那个单体持平。

目前主动平衡尚在发展和商业化的早期。现在认为在主动平衡中每组电池要配独立的硬件需要较高的成本，且其效益难以量化。被动平衡是目前电动汽车常用的系统，因为它易于理解，而且价格较低。但是，被动平衡系统浪费能量，而且会在电池中产生较大的热量，所以在对系统设计时需要考虑热管理的因素，否则会导致电池发热。随着电池管理元件的持续发展演变，主动平衡会由于其具有延长电池寿命的可能性，而会变得更加广泛使用。

BMS 管理的另外一个重要变量是电池系统的放电深度（DOD）。DOD 是指电池中含有的用于推动和驱动汽车的电量。在很多电动汽车应用中，电池“高”终点端的 DOD 被设置在 80%～95%之间。这样的目的是为了避免电池中单体过充，从而导致安全故障，降低循环寿命。在“低”终点端，电池的 DOD 截止范围根据使用周期的不同一般设置为 10%～20%。SOC 设置的“低”端是基于避免对电池过放的需求，以及需要一个最小的容量以保证电池运行“跛行模式”。BMS 也监控电池的 SOC 并做出相应调整。例如，当电池的 SOC 高于 90%时，很多 BMS 系统不允许在刹车制动时对电池充电，以避免对电池造成过充，而在大约 20%SOC 时，BMS 系统会减少电池使用，并且警示操作者尽快充电——就像传统内燃机汽车上“低燃料”警示。此外，系统还能降低 DOD，以实现长时间循环寿命。例如，一些锂离子电池在容量下降到 80%初始容量前，100%DOD 条件下能够循环超过 1000 次。一些汽车 OEMs 一般认为当电池可用能量达到初始值的 80%时，锂离子电池就达到了使用寿命的终点。但其实同样的电池，如果降低 DOD 的截止范围，还可以实现额外几千次的循环。

电池系统设计的另外一个方面是保证体系具有较低的寄生功率损失。当电池系统组件利用储存在电池中的能量来保证自身的运行和功能时，就发生一种类型的寄生损失。有较高寄生功率的 RESS 会利用电池中的能量，而这部分能量本来应该用于电力驱动。其实需要运行体系电子元件所需要的电流一般非常小，但是随着时间的推移，积累的效应却非常大（尤其是车辆没有在使用的情况下）。换句话说，高寄生损失会降低电动汽车的行驶里程。

7.3.3.1　高电压开关、接触器和保险丝

高电压电路中另外一些重要的部分是开关，也叫接触器，它们的开或关可以使体系通路或断路。接触器是一种电磁控制的开关，可以运载大量电流。接触器内一般有一套静触头和一套动触头。当体系通电时，电磁铁吸附铁棒，使之与体系的电流携带部分接触，闭合回路。

作为该电路的一部分，许多系统也包括一个“预充电”电路，它由第二个回路与第二套接触器组成，在主接触器闭合之前，这个电路首先给体系进行预充电。预充电的存在可以避免系统突然涌入大电流。

保险丝也是高电压电路设计中重要的部分：因为电池储存了高能量，保险丝可以避免系统中由于正负极连接导致的直接短路。如果没有保险丝装置，电池会在短路的情况下继续供应能量，直到发生不可逆的损害。

7.3.3.2　高压互锁回路（HVIL）

由于几乎所有的电动汽车都在高电压条件下运行，所以很有必要简要讨论一下能够保护 RESS 的组件。安全系统中最常见的一个部分是 HVIL。HVIL 是由电开关和电路组成的系统，在安装、维护以及维修时，它可以断开电池，避免其与高电压电子设备及组件接触。

HVIL具有几个功能，第一个是开关控制高电压电路回路，来中断电流流经整个高电压电路。通过闭合回路，将信号传送给主机，BMS控制器会给整个高电压系统断电。HVIL的另外一个目的是给任何试图进入这个系统的人提供延时，根据它的物理外观和整体设计的性质，它在任何人尝试进入高压系统之前断开电路。在电池体系中引入HVIL回路是非常有必要的，它可以通过断开高电压回路的方式避免电池与高电压之间的物理接触，从而使电池在维护、维修或安装的情况下保持安全。

7.3.3.3 手动断电(MSD)

高电压组件系统中的另外一个安全特征是MSD，也被称为中间电池组断开、手动断电开关、服务断开开关或紧急断开开关。无论使用哪个名字，它们的作用是一样的，即在系统维护或者进入系统之前断开高电压RESS系统。MSD也可以将电池组的电压削为一半，来降低电压和电流。MSD还是HVIL系统的一个关键部分，采用基于杠杆原理的系统，来阻止系统短路；以及在电池组中间切断联系，本质上是将电池组的电压切为一半。

大部分现成的MSDs设计在固定的保险丝周围，这些保险丝是为电池组水平（一般为大约450V，650A）的RESS设计的。

7.3.3.4 充电器

电动汽车充电设备，或电动汽车电池充电器，主要分为3大类，适用于从110V的系统到超过400V的系统。大部分电动汽车会随载一个"等级1"的充电器作为标配。等级1的充电单元一般可插在家用110V插座上，为车辆提供3.3kW的功率。接着是等级2的充电器，可以提供6.6kW的功率，需要220～240V的电压。等级2的充电单元必须进行专业安装。使用等级2的充电器，可以用等级1的充电器的一半时间来充满电动汽车。最后，是等级3充电器，它采用较高的电压，一般大约480V，但是可以在10min左右为车辆充满电。由于等级3充电器电压和电流很高，所以它们一般不适合家用电动汽车充电，而更加适合用于公共充电站。在表7.1中，显示了1～3等级充电器的主要特征。

表7.1 电动汽车充电等级

等级	电压/V	电流/A	功率/kW	类型
1	110	16	1.9	AC
2	208/240	32	19	AC
3	480	400	240	DC

目前正在发展的另外一种充电技术有望变得更加普遍，它是基于采用无线或感应系统充电的。一些感应充电系统已经用于一些小容量电动汽车示范项目中，比如通用汽车EV1以及丰田RAV4。标准充电器和感应充电器之间的主要区别在于后者不需要直接的物理连接。的确，汽车充电系统只需要足够靠近感应充电器，电磁电流就可以通过它们对电池进行充电。当然需要一半的电磁铁放置在汽车中，另外一半放置在充电站中。

感应充电由于没有开放的或者外露的连接，可以大大降低触电的危险。但是，目前的技术在电流传输过程中损失较高，感应充电器的最高效率大约只有75%～85%。

7.3.4 热管理系统

热管理系统是锂离子电池设计的另外一个核心组件，它用于调整电池组中锂离子电池单体在使用过程中的温度。对电池单体温度进行监控和管理，使之保持在最佳温度使用范围内，可以延长电池的使用寿命。热管理系统是基于一些条件来设计的，比如汽车使用区域及其性能曲线等。其中一个例子如图7.3所示。

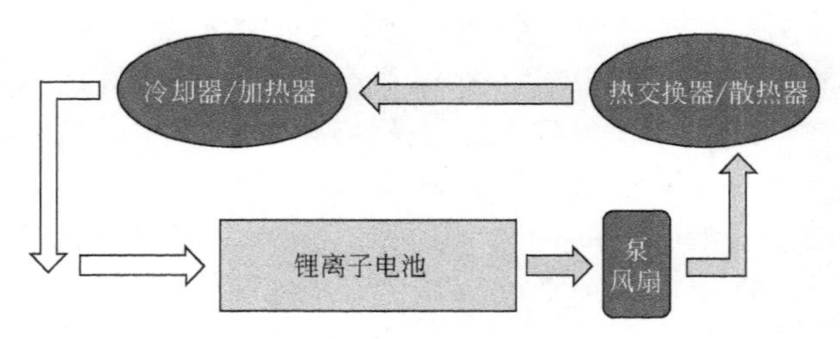

图 7.3　热系统原理示例

控制电池组温度的其中一个关键是设计热管理系统，可以保持电池单体在电池组使用过程中温差为 2～5℃。如前所述，这是延长电池组寿命的关键。

随着锂离子电池开始老化，它们会由于内阻不断增加而自然地出现容量损失。所以热管理系统能够保持电池单体的温度越接近，电池越会获得更好的性能和更长的寿命。

基于液体的和基于空气的热管理系统工作原理一样，每一个都有自己的优点，但是从电池的性能到价格以及 RESS 整体设计的复杂性上，都面临着不同的挑战。两个系统包含相似的设计工艺。

基于液体的热管理系统倾向于将具有热传导性（一般是铝）的冷却片集成在模块中的单体之间，之后连接在冷却线上。在流经模块之前，液体会经过热交换器（散热片/蒸发器）降低自身的温度。液体采用铝片作为集热器或散热器，将电池单体中的热量逸散出去。吸收了热量的液体会回流到热交换器中进行冷却，之后重新回归到电池模块中。可以在系统中增加一个加热元件，以在较冷的温度下加热液体，改善天气较冷情况下的电池性能。

基于液体的热管理系统能够提供更有效的性能，因为液体传热要优于空气。但是，该系统比空气系统的价格适当偏高，因为液体系统使用了大量的铝作为热交换器，而且增加了冷却线。液体热管理系统的另外一个优点是可以将它设计为封闭回路，换句话说，这个系统并不需要将液体或空气传导到系统外面。基于液体的系统最常用的液体是 50∶50 的水-乙二醇混合物，它也是常用的液体冷却剂。

为了方便描述，将采用冷却剂的系统也划分在基于液体的冷却系统中。它们与液体系统具有一样的基本工作原理，但是能够更快地降低冷却剂的温度，在很大程度上比辐射式的热交换器要快。在这个系统中，有一个冷凝器可以将冷却剂冷却，之后冷却剂流经附着在电池单体上的热交换器，这些热交换器根据选用电池单体的不同，可以采取多种形式。

基于空气的热管理系统与液体管理系统采用的策略类似，也包括一个热交换器（散热片/蒸发器），而且往往集成有冷却装置，以降低进入系统空气的温度。在空气管理系统中，经过热交换器的空气经过一系列导管和管道，将电池单体或者电池组中的热空气驱赶出去，之后又回归到热交换系统中。可以在空气冷却系统的设计中集成一个加热元件，以备在冷空气中使用。但是，考虑到安全问题，并不常用这种方法来加热锂离子电池。不过也有一些成功使用的加热元件，其中一种类型是一款薄膜，或者叫基于聚酰亚胺胶带的可伸缩元件。这种元件可以用来主动加热电池（可能会增加安全隐患），不过更多情况下是用于被动地降低电池冷却速率。

空气系统的主要优点是比液体系统便宜，因为可以在电池组和模块设计的机械机构上集成一些热管理管道，而不给系统增加额外费用。热管理系统的另外一种创新技术是采用相转变热交换介质，这种介质可以与其他冷却方法联合使用，也有一些是自身单独使用。

为锂离子电池设计有效热管理系统的另外一个重要因素是确定系统传递温度的效率。其中一个方面是评估电池组中热管理入口到出口的压力降。电压降是指从冷却介质进入 RESS 的位置到出去的位置之间的电压变化。这个电压降，至少有一部分，是由于冷却介质经过电池组过程中产生的电阻引起的。这点在锂离子电池冷却过程中很重要，因为电压降决定了冷却系统的效率。电压降越低，锂离子电池越能受到均匀的冷却。而电池冷却得越均匀，那么老化的速率也会越均匀。这意味着电池的电阻随时间增加这样一个锂离子电池中的自然过程，也会非常均匀，从而可以阻止容量的早期衰减。否则，如果电压降很大，那么电池单体会有不同的老化速率，这意味着离进入的冷却介质最远的电池单体内阻会增加的更大，因此其容量也会减小。由于容量最低的电池单体决定整个电池组的容量，所以电池单体之间的差异会导致电池组整体容量（范围、性能等）比期望值下降得快。

另外一个影响力学性能以及热管理系统的设计考虑是将 RESS 以单个电池组的形式还是以多个电池组的形式安装在汽车中。这一点常常是根据可用的安装空间来决定的，其他方面的因素影响则较小。但是，如果是以多个电池组的形式安装，则还需要考虑更多的设计因素。从热管理的角度看，管理一个电池组比管理多个要容易得多。单个电池组下，空气冷却（加热）就可以满足应用的性能需求、保持锂离子电池单体在需要的温度范围内。但是，如果采用多个电池组，可能需要采用液体冷却办法来热管理 RESS。基于液体的热管理系统，即使是对于分离的电池组，保持电池单体温度梯度在 2～5℃之间也是可能的，而且比空气冷却系统更加容易和更加有效。

主动或者被动热管理是另外一个需要评估的因素，主要是根据需要的 RESS 性能进行的。今天的很多系统都是主动冷却（或加热），即根据电池组内不同的温度感应反馈信息，冷却的空气（或冷却的液体）主动地通过 RESS。根据电池组中的现有温度读数，BMS 可以根据需要来指示冷却或加热。未经冷却的周围空气也可能会被带入到电池组中，以除去操作过程中产生的多余热。但是这个方法并不十分有效，尤其是在高温条件下以及苛刻的工作条件下运行时。

可以替换主动热管理系统的是被动热管理系统。在这类应用中，电池组设计一般是将铝质热交换器贯穿其中，在运行过程中协助传导出电池单体产生的多余热。但是，在这种情况下，难以把在极限运行下的电池单体中的热转移掉。被动热管理系统可能比较适合在较低倍率、温和气候下运行的设备使用，而且被动热管理系统基本上是最便宜的热系统设计，但是如果设备在高倍率或者高温条件下运行，这个管理系统可能会导致电池单体具有较短的寿命。

7.4　测试与分析

对动力锂离子电池的测试主要分为两个主要类别。首先是性能测试，主要目的在于确定在一系列不同条件以及使用模式下，电池的性能表现。其次是滥用测试，目的在于确定电池如何应对多种滥用条件，比如挤压、撞击、针刺、翻转以及高温。

几个主要的工业群体，包括汽车 OEMs、电池生产商以及一些政府机构，联合设置了一些有关滥用测试的草案：

① FreedomCAR 电动汽车以及混合电动汽车用电力能源储存系统滥用测试手册；

② 美国先进电池联盟电化学储能系统滥用测试程序手册（SAND99-0497）；

③ 电动汽车以及混合电动汽车可充电能源储存系统（RESS）安全以及电池滥用测试（SAE J2464）。

除了这些测试标准外，还有一些产业集群以及组织也制定了一些额外的区域性安全测试标准及条件：

① ANSI/UL 1642，ANSI/UL 2054；

② ICE60086-1，60086-2，60086-3；IEC62133；IEC61851，61951，61960，62196；

③ IEEE1625，1725；

④ ANSI C18.1 第一部分，ANSI C18.3 第一部分；

⑤ 联合国交通运输测试（38.3 T1-T8）；
⑥ SAND99-0497；
⑦ SAE J2464 EVB；
⑧ 北欧生态环保标章（白天鹅）。

电池性能测试也有一些区域性的测试标准，一般基于区域行驶标准。美国汽车工程师学会（SAE）的一些性能测试包括：

① 电动汽车电池模块循环寿命测试（SAE J2288）；
② 电动汽车电池振动测试（SAE J2380）；
③ 电动汽车电池模块性能评定等级操作规程（SAE J1798）；
④ 确定混合电动汽车可充电能源储存系统的最大可用功率（SAE J2758）。

7.4.1 分析工具

对结构进行电脑辅助工程（CAE）分析在理解电池组受力上是非常有用的工具。CAE 工具能够用来评估 RESS 的结构在普通性能使用条件下以及滥用条件下的反应。从结构角度看，CAE 能够用来确定 RESS 在挤压场景、翻转场景以及碰撞场景下的行为，而且能够看到电池组在不同循环工况下的总体压力。

在电池单体、模块以及整体系统存在有效热管理模式的情况下，可以评估分析该系统在不同条件以及负载情况下的性能。经过证明，这在电池组的开发过程中是一个非常有效的工具，因为可以将这些热模式输入到计算流体力学（CFD）模型中，来判定电池在使用过程中如何发热。

一个好的 CFD 模型能够用于判定电池组中力的流速、扰动以及热传递。此外，可以采用总参数模型来开发出简单的模型，在这个简单的模型中，基本可以忽略外部参数，采用完全可调的参数来对系统的热效应进行高水平的评估。

另外一个有用的分析和开发工具是使用硬件在环（HIL）技术。HIL 测试是基于一套连接到测试平台上的嵌入硬件。这允许硬件和软件以非常快的周期来进行开发，降低了在工程开发早期需要对硬件进行建设并测试的需求。在锂离子电池的案例中，可以对电池单体和整体系统进行模拟，也可以部分模拟，比如对 BMS 以及相关的控制器进行模拟，并且在实际使用中进行验证。

7.4.2 标准化

如上所述的已经存在的一些测试标准，还有很多组织如 SAE、国际标准组织、国际电工委员会（IEC）以及美国国家标准协会（ANSI）也开始致力于电池领域和电池开发的一些标准。但是，电池单体、模块以及/或者电池组的标准化，如果可能实现的话，也还需要数年来进行完善。

2012 年，SAE 颁布了 J2464 标准《EV&HEV 混合电动汽车可充电能量储存系统（RESS）的安全以及滥用测试标准》。这在电动汽车电池的安全以及滥用测试的标准化上是一个尝试，并且是在美国政府赞助的“FreedomCAR”计划以及美国动力电池联合会（USABC）已有工作的基础上开展的。USABC 于 1991 年创立，志在协助推动先进的电动汽车用高性能电池的开发。

7.5 电动汽车可充电储能系统的应用

在最后一部分里，将综述几种目前已经生产的电动汽车和插电式电动汽车，着重讨论它们的电池与本章上述讨论的核心领域相关的细节。

7.5.1　尼桑聆风 (Nissan Leaf)

于 2010 年年底在日本以及美国上市，Leaf 采用一个 24kW・h 的锂离子电池组，其中的单体是来自于汽车能源储存公司（Automotive Energy Storage）的聚合物电池。Leaf 是一款 BEV，因为它没有内燃机，汽车单纯地由锂离子电池提供的动力来驱动。

目前，在 Leaf 的电池系统中没有包含主动热管理系统。但是，封装有电池单体的电池模块是由铝制备而成的，可以充当电池的散热器，被动地将电池单体中产生的热量散失掉。

图 7.4 所示的电池组，安装在汽车下端，在乘客座和司机座的下方。由于电池组直接安装在汽车的中间，因此重心较低。同时也意味着电池组必须按照 IP69 标准进行密封，来保证外部的碎片，无论液体还是灰尘，都不能渗入到电池包中。

图 7.4　由 AESC 公司锂聚合物电池单体制备而成的 24kW・h 的尼桑聆风锂离子电池组

从性能角度上，美国环境保护署（EPA）根据美国循环工况，将聆风的行驶里程预测在 73 英里[1]左右，100 英里能源消耗约为 34kW・h。EPA 将 Leaf 的燃料经济性评定在 99MPGe（英里每加仑汽油当量）。

7.5.2　雪佛兰沃蓝达 (Chevrolet Volt)

同样是在 2010 年年底上市，Volt 采用 16kW・h 的电池组，来自于 LG 化学（LG Chem）的锂离子聚合物电池单体。Volt 是一款 EREV，这意味着它既有一个 1.4-1 的内燃机，也有一个 16kW・h 的锂离子电池包。当电池电荷降低到一个最低水平（由系统控制器决定）时，内燃机就会作为发电机操控电机。锂离子电池和内燃机联合起来给汽车提供的总行驶里程，相当于一个常规的内燃机。

Volt 的电池设计在传动轴通道以及燃料缸区域，是一个“T”形电池包设计（见图 7.5）。它安装在车厢外面，因此其对环境密封程度要遵从 IP69 等级。在这个安装位置上，它的重心也会较低，而且它的位置使得它成为汽车底盘的一个结构部分。

图 7.5　采用 LG 化学公司锂聚合物电池单体组装的 16kW・h 雪佛兰沃蓝达锂离子电池组

通用汽车采用液体冷却热管理系统来加热和冷却电池单体。锂离子电池单体采用包含有铝散热板的塑料框架分割开，这个塑料框架中有冷却的液体流过，以带走电池单体中产生的热量。电池的液体冷却系统是独立于内燃机冷却系统之外的独立冷却回路。

[1] 1 英里＝1.609km。

虽然电池组的整体容量是 16kW·h，Volt 在设计上只采用其中的 10.3kW·h。通过降低对电池能量的使用，来延长电池系统整体的使用寿命。在 2013 版中，Volt 的电池容量增加到 16.5kW·h，使用时利用其中的 10.8kW·h。通用汽车声称容量的提升在于锂离子电池单体中化学成分的改变。

采用美国行驶工况，EPA 估算 Volt 的行驶里程在全电条件下为 35 英里，总的行驶里程为 379 英里。EPA 也计算了电池的能量消耗在 100 英里 36kW·h 左右。在 2013 版的汽车上，EPA 增加了 Volt 的燃料经济性，为 99MPGe，并且将它的全电条件下行驶里程增加到 38 英里。

7.5.3 福特福克斯（Ford Focus）BEV

福特福克斯纯电动汽车于 2011 年 12 月批量上市。2012 年 5 月，在美国加利福尼亚、纽约以及新泽西开始销售，之后在 2012 年第三季度陆续销售给其他 16 个美国市场。Focus 是一款 BEV，携带有一个 23kW·h 的锂离子电池系统，采用 LG 化学公司提供的锂聚合物电池单体以及 Compact Power（LG 化学公司在美国的子公司）提供的电池系统，包括电池单体、模块以及控制器。

图 7.6 所示的福克斯电动汽车锂离子电池，采用液体热管理系统来对电池系统进行主动冷却和加热，与 Volt 类似。电池管理回路设计为对电池进行"预处理"，即在热天对电池预冷却，而在冷天则对电池进行预加热。

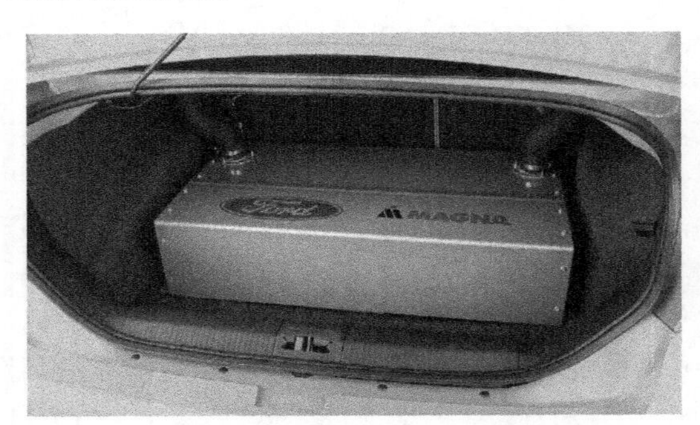

图 7.6 LG 化学公司锂聚合物电池单体组装而成的 23kW·h 福特福克斯锂离子电池组

Focus 电池由两部分隔开的电池组组成，一部分安装在后座下方，另一部分安装在紧跟后座后方的后备箱下。

EPA 估算福克斯电动汽车的行驶里程为 76 英里，混合燃料经济性等级为 105MPGe。电池的能量消耗为 100 英里 32kW·h。

7.5.4 丰田普瑞斯 PHEV

丰田普瑞斯 PHEV 于 2012 年 2 月在美国的 14 个市场上市。这款车型是普瑞斯车型里面首款采用锂离子电池的汽车，传统的普瑞斯都采用镍氢电池。这个 4.4kW·h 的电池可以提供大约 14 英里的纯电动行驶里程，如果混合电动和内燃气，最大行驶里程可以达到 540 英里。EPA 将普瑞斯的英里耗电当量定义在 95MPGe。

这个 4.4kW·h 的锂离子电池安装在汽车后部行李箱区域，大约有 80kg，质量能量密度大约 55kW·h/kg。采用标准等级 1 充电器（110V），电池可在大约 3h 内充满电，采用等级 2 充电器（220V），可以在约 1.5h 内充满电。

这款普瑞斯 PHEV 与其他 PHEVs 有所不同，主要在于它只有 10～15 英里的纯电动行驶里程，相比其他如雪佛兰沃蓝达，有 35～40 英里的纯电动行驶里程。这使得它从纯电动行驶距离上看处于较低的一端，而在RESS系统以及成本上有所优化，因为它同Volt相比，可以携带一个小得多的电池。

7.5.5 三菱“I”

三菱“I”是一款BEV，继日本2009年开始的示范车队计划之后，首次在2012年大规模生产。这款“I”，也被称作“I-MIEV”，采用日本锂能源公司（Lithium Energy，Japan）（三菱/汤浅合资企业）设计的柱状锂离子电池。该容量为16kW·h的电池要比其他全动力汽车电池（一般为24kW·h）小得多。

锂离子电池安装在汽车底部的底盘上，在前后座下方都有。RESS密封在不锈钢包中，密封并与环境隔开。同其他锂离子RESS电池类似，它安装在汽车中最低点上，以保证重心较低。

“I”的锂离子电池采用主动压缩空气冷却系统，将空调系统中寒冷的空气带入电池系统中。这个热管理系统在设计上也能够在充电时主动冷却电池，来保持电池温度在优化水平，延长电池寿命。

EPA测试“I”的燃料效率为112MPGe，是目前在美国测定的最高值，燃料消耗为100英里30kW·h。EPA将其纯电动行驶里程估算为62英里。

7.6 结论

随着汽车市场电动化程度日益增高，对相关规范的需求也逐渐增加，再加上一些复杂的电机械系统工程与设计相关的教育项目，需要人们更好地理解锂离子电池几种组件系统之间的交互作用。新的电池工程师和设计师需要对很多领域有基本的了解，包括化学，以及其他很多领域涉及的机械、电、热和电子工程学。

本章尝试在每个领域上收集一些基本的设计考虑因素，以形成在HEV/PHEV/BEV中所用的大型、高电压电池四大组件系统的设计要求和考虑因素。所谓的四大组件系统即锂离子电池系统、机械和结构系统、电池管理以及电子元件系统和热管理系统。

目前市场上日渐增多的HEVs、PHEVs以及BEVs已经证明了锂离子电池是驱动未来电动化的可行方案。尽管如此，依然需要更多的创新来实现锂离子电池能量密度超过300W·h/kg，是目前的两倍，而价格要下降到今天的1/4，从而才能使得市场对这些技术有更大的需求。

电动汽车锂离子电池RESS在机械和结构系统方面的设计要求包括电池组是按照单个还是多个配置，以及RESS是可替换的，还是固定安装在车辆中的。这些设计必须也要包括对材料类型的研究，包括材料的质量以及相容性。设计时也必须将应用过程发生的冲击以及振动考虑在内。最后，电池单体如何组装成模块以及/或者如何安装在电池包内也是电池组在安装时的核心考虑，因为它们会最终决定整体包装，而且会影响上述讨论的很多其他因素。

在锂离子RESS中最重要的子系统可能就是BMS系统。BMS是一个复杂的系统，不仅包括主要的系统监控电路，而且包括平衡控制电路、通信电路、安全电路以及多种保险丝。设计时需要考虑BMS是主动还是被动地平衡电池。

热管理系统设计可以根据锂离子电池、应用以及使用工况和整体电池组设计而变化。热管理系统的主要功能是确保电池组内的锂离子电池单体维持在它们的最佳使用温度内。这点是非常重要的，因为超过锂离子电池建议操作温度会导致电池早期衰减，缩短其使用寿命。

总之，上述的4个子系统对于电动汽车锂离子电池RESS设计都是非常重要的，因为他们的运行和功能会彼此影响。比如，一个电池设计中即使存在有效的热管理系统，但是没有足够的测试电池温度的热敏电阻，那么也会降低整体热设计的有效性。电动汽车电动化的未来包括锂离子电池，而且虽然在未来十年左右还有大量的优化工作需要开展，它都是这条路上的下一步。

术 语

AESC 汽车能源储存公司
ANSI 美国国家标准协会
BEV 纯电动汽车
BMS 电池管理系统
C-rate 放电电流与电池容量之比
Capacity 电池可用以及储存的电量
CFD 计算流体力学
DOD 放电深度
DOE 能源部门
EMC 电磁适应性
EREV 增程式电动汽车
EUCAR 欧洲电动汽车研发理事会
HEV 混合电动汽车
HPPC 混合脉冲功率特性
HVIL 高压互锁回路
ICE 内燃机
IEC 国际电工委员会
LFP Li_yFePO_4 电极
LMO $Li_{y+0.16}Mn_{1.84}O_4$ 电极
LPM 集中参数模型
LTO $Li_{4+3x}Ti_5O_{12}$电极
MSD 手动断开
NEDC 新欧洲循环工况
NHTSA 国家公路交通安全局
PHEV 插电式混合电动汽车
RESS 可充电能源储存系统
SAE 汽车工程师协会
SOC 荷电状态
SOH 健康状态
SOL 生命状态
UDDS 城市测力计行驶工况
USABC 美国动力电池联合会

参 考 文 献

[1] M. Daowd, N. Omar, J. Van Mierlo, P. Van Den Bossche, Int. Rev. Electrical Eng. 6 (2011) 1264.
[2] Y. Xing, E.W.M. Ma, K.L. Tsui, M. Pecht, Energies 4 (2011) 1840.

第8章 Voltec系统❶——储能以及电力推动

Roland Matthé[1], Ulrich Eberle[2,*]
([1] 全球电池系统，德国；[2] 氢&电力推进策略研究，通用替代推动技术研发中心，德国)
*ULRICH.EBERLE@DE.OPEL.COM

8.1 概述

今天，世界上很多地方对个体移动的需求依然在增加，尤其是中国和印度。根据世界市场形势以及石油等级，原油价格已经暂时超过了100美元/桶。此外，降低温室气体排放以满足监管目标也引发了对低碳燃料以及非矿物基燃料的探索。这些过程加速了对使用电力推动系统汽车的开发，虽然在20世纪初前期这些技术遭到遗忘，但是在20世纪60年代，最初与航空相关的技术促使世界上第一辆燃料电池电动车（FCEV）的诞生，以及装载有高功率电池的纯电动汽车（BEV）的开发，而且与此同时也重新启动了相关的技术计划。在20世纪90年代，零排放运输的目标驱使了电动汽车如GM EV1的开发，以及FCEVs如GM HydroGen1到HydroGen4等几代燃料电池车的上市，还有专门设计的GM Sequel汽车的发展。在动力电子设备、电动机以及锂离子电池上所取得的进展逐渐应用到基于Voltec系统的汽车上，如雪佛兰Volt以及欧宝Ampera，它们是在北美洲（2010）以及欧洲（2011）市场上首次出现的具有增程容量的电动汽车。这些汽车采用锂离子电池，在电动机提供全部功率以及在顶级行驶速度下，可运行40～80km的纯电动距离。如果电池到达预设的低荷电状态（SOC），则内燃机驱动的发动机会提供长距离行驶所需的功率。

Voltec汽车采用电力空调以及电动舱加热系统。为了优化再生制动，电力驱动系统还能够使汽车减速，而且如果需要大幅减速，则电力驱动系统还能与液压制动系统联合起来发挥作用。

此外，装载有数据记录器的测试汽车可以为美国、欧洲以及迪拜的公共道路的开发、检验以及批准提供有用的数据信息。得到的实际数据证实了Voltec推进概念，即以电能作为能量载体替换掉石油是如何的重要。应用来自于可再生能源的电能可以逐步降低“从油箱到车轮（TTW）”温室气体的排放。

8.2 电动汽车简史

19世纪末20世纪初，电动汽车（EVs）（见图8.1）在新兴汽车市场上起着重要的作

❶ Voltec技术是通用汽车的E-Flex插座充电式混合动力驱动系统的最新版本，采用一个小型的内燃机以及电力联合进行驱动。

用。第一辆创设速度记录超过100km/h的电动汽车叫“永无止境（La Jamais Contente）”，其由比利时车手和汽车设计师卡米乐·热纳茨（Camille Jenatzy）驾驶。当时，奥兹莫比尔公司（Oldsmobile）（1908年并入通用公司）也生产电动汽车。电动汽车容易启动，而且相对比较舒适，因此成为最早的奢侈汽车：特别是托马斯·爱迪生以及克拉拉·福特拥有的电动汽车。1911年，通用汽车研发中心的创始人以及研发主管（1920～1947年）查尔斯·凯特林，发明了内燃机用电力启动器。这项重大突破率先应用于凯迪拉克汽车，正是由于这项突破，内燃机驱动的汽车（由更易得的石油提供燃料，而且行驶里程更长）开始占领全球汽车市场。

(a)

(b)

图 8.1 （a）奥兹莫比尔电动汽车及（b）GMC电动货车

20世纪30年代，最后一批制造电动汽车的美国公司停止生产。这种状况一直持续到1964年，通用公司研发中心将源于美国太空计划的银锌电池和电机装载于基于科维尔（Corvair）的电动汽车上，组装成Electrovair［见图8.2（a）］。1966年，通用公司研发中心开发出了电动货车［见图8.2（b）］，这是世界上第一台燃料电池汽车，装载碱性燃料电池，将液态氧和液态氢转化成电能。采用交流感应电动机来驱动四轮转动。1969年，通用汽车公司展示了一款实验小汽车XP-883。这辆概念汽车将两门掀背式车身设计、双缸对置水冷发动机、铅酸蓄电池、飞轮发动机以及直流串励发电机技术融合在一起。XP-883成为今天我们熟知的插电式混合电动车的前驱。通用公司也通过它的子公司德科电子公司（与凯

(a)

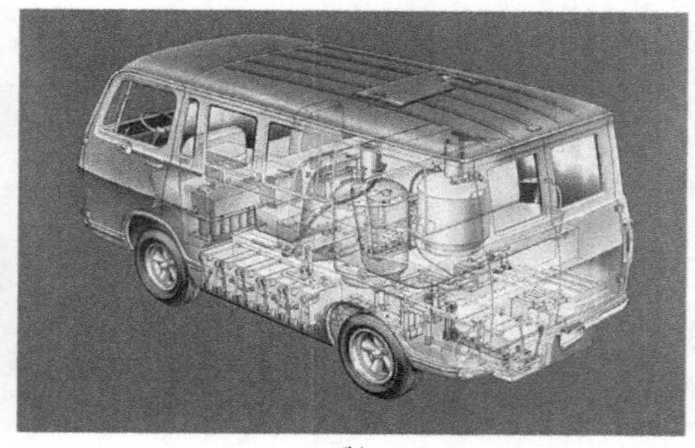

(b)

图 8.2 （a）Electrovair（1964）及（b）通用电动货车（1966）

特林共同举办）涉足于月球车的设计、开发和测试，其月球车的特征是装载有电动车轮毂电机以及两个 36V 的银锌电池。其中有三辆由阿波罗 15 号、16 号以及 17 号框架内的美国国家航空和宇宙航行局宇航员操控，在月球上运行。

但是由于当时所有的技术都不够成熟到能够商业化应用，所以电动汽车的研发又一次湮没在历史之中。

1987 年，第一届“世界太阳能车挑战赛”，一项由太阳能驱动的汽车在澳大利亚竞赛，触发了刚刚收购了休斯航空公司的通用汽车公司的灵感，于是便携手技术公司与航空环境公司（AeroVironment）共同参加竞赛。最终他们设计的“Sunraycer”［见图 8.3（a）］以平均速度 67km/h 赢得了比赛。

“Sunraycer”的成功，说服了通用汽车公司的工程师们开发两座的概念电动车“Impact”[1]。1990 年，“Impact”设计为具有低阻力系数（C_w 值为 0.19）、轻质量以及低滚动阻力轮胎的特征。有效的推进系统包括两个交流感应电动机（总额定功率为 85kW；减速比为 10.5∶1）以及一个带有 228 个 MOSFET❶ 晶体管的功率变换器。电池系统由 32 个铅酸电池组成，电压 320V，容量 42.5A·h，因此可以储存 13.6kW·h 能量。从 0 加速到 100km/h 低于 9s，最高时速可达 128km/h，这样的数据使所有参与测试的驾驶员们相信电动汽车并不是速度缓慢的“交通障碍”，而是可以从匝道上快速起步，而且能够提供在高速路上通行所需的足够性能。“Impact”的电力行驶距离，尽管严重依赖于驾驶类型以及天气条件，但是还是能够超过 100km。

(a)

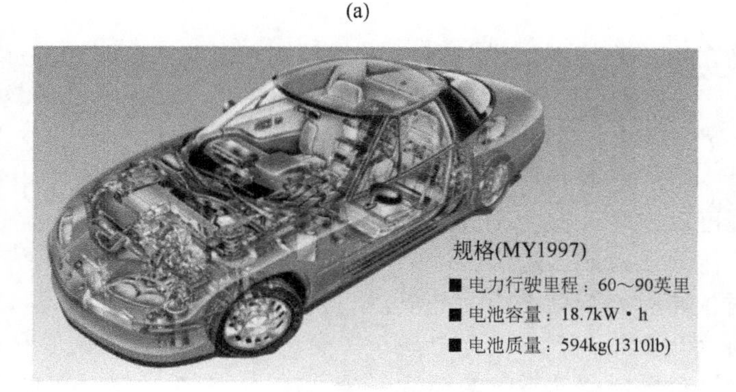

(b)

图 8.3 （a）GM Sunraycer 及（b）GM EV1

❶ 金属-氧化物半导体场效应晶体管。

通用汽车公司“Impact”给公众留下的极好印象是影响美国加利福尼亚州下达零排放汽车（ZEV）指令的其中一个方面，该指令要求大型制造商出售一定份额的零排放电动汽车。在这种概念车的驱使下，通用公司设计了EV1[1]［见图8.3（b）］，该车符合最初的航空动力学性能，不过现在的版本采用生产优化的带有测悬挂式齿轮减速器的交流感应电动机和差速器。最新开发的“绝缘栅双极型晶体管（IGBT）”将直流电转换为感应电动机需要的三相交流电。空调热管交换器与高压加温挡风玻璃与功率转换器外壳集成在一起。充电时，高频电感耦合器（即所谓的“Delco's Magne Charge”充电系统，当时的标准是SAEJ1773）插入到汽车前段凹槽内。EV1在1996年开始生产，当时生产了超过1000辆，几年内出售给美国加利福尼亚、亚利桑那州以及纽约的客户。第二代通用EV1可以选择采用能量总量为26kW·h的镍金属氢化物电池组。

图8.4　欧宝Impuls2

在欧洲，Impact的驱动系统也推动着欧宝Impuls2的诞生，它诞生于1991年，是欧宝雅特旅行车的变款。它采用新型的、定制开发的带有IGBT转换技术的交流感应单元，打造了一个由Impuls汽车组建的小型车队（见图8.4）。这个小车队作为汽车测试机身，对汽车集成不同先进电池系统进行测试，如镍-镉、镍-金属氢化物、钠-氯化镍、钠-硫以及密封铅酸蓄电池。

这些电池系统在特定条件下提供的行驶里程最高可达160km；但是由于受到德国典型的230V单相电源插口3.3kW的功率限制，充电时间长达8～10h，这也意味着当时的BEVs并不能完全替代可以在几分钟内加满油的内燃机汽车。

通用汽车公司在燃料电池开发中，研究出的燃料电池系统可以允许电动汽车在行驶里程上有所延伸，并且可以在几分钟内完成燃料再生。在2000年，基于欧宝赛飞利原型的欧宝HydroGen1，展示在公众面前。随后，由基于欧宝赛飞利的HydroGen3汽车组建的小型车队用于德国、美国、韩国以及日本的示范项目。自2007年开始，119辆装配有镍-金属氢化物动力电池的雪佛兰Equinox燃料电池电动车，交付给美国以及德国的私人或者商业用户试用，以积累下一代燃料电池驱动系统的经验。到2012年中期，这个车队已经在通用公司的“车行道规划”框架内的公众道路上累计行驶了超过4000000km的距离，折合为每三辆车行驶超过110000km。

在锂离子电池系统技术上取得的进展以及电力驱动设备功率密度的改善，促使了所谓的“增程电动车（EREVs）”概念的诞生[2,3]。采用这类动力系统，如Voltec的汽车，可以作为高性能电动汽车运行，它可以提供更长的行驶距离，发电机与内燃机联合可以提供更长行驶距离所需的能量。在同样行驶距离下，与假设的纯电动汽车 BEV 对比，电池容量更小，因此充电时间也缩短到低于 4～6h，所以可以使用现有的欧洲 230V 的基础设施。

"雪佛兰 Volt"概念车[2]于 2007 年底特律召开的北美国际汽车展上崭露头角。而在 2010 年，雪佛兰 Volt（见图 8.5）开始引入美国市场。1 年后，欧宝 Ampera（也是一辆基于 Voltec 系统的汽车[3]）开始在欧洲市场销售。2013 年初，凯迪拉克 ELR，一辆采用改良的、性能优化后的 Voltec 动力系统的两门轿车，在底特律以及日内瓦汽车展上作为 2014 年生产模型展露于大众面前。

图 8.5　(a) 雪佛兰沃蓝达及 (b) Voltec 系统

对汽车实施部分电气化改善了电动汽车的燃料经济性，所以逐步引入到不同的汽车层次中。2008 年，通用汽车双模混合系统引入到大型汽车，如雪佛兰 Tahoe 以及卡车如雪佛兰 Silverado（西维拉多）中。

自从 2012 年别克 Regal（君威）以及别克 LaCrosse（君越）中型轿车开始销售，这种由 115V 锂离子电池系统驱动的"电力辅助"中型混合系统便成为可行。

通用汽车的总体电动化策略囊括了从低程度的汽车电动化如启停系统，到中等程度混合系统，再到全混合系统以及插入电动车系统[3,4]。插入电动车包括基于 Voltec 系统的增程式电动汽车，大批量生产的电池电动汽车有雪佛兰 Spark（斯帕可）以及电动汽车原型如通用 EN-V 两轮或者欧宝 Meriva MeRegiomobil（实现双向功率流[3]）。燃料电池电动汽车利用化学能量载体，如氢的高能量密度，通过燃料电池作为转换器驱动电动机运行[5]。所有这些插入式的以及燃料电池电动车概念至少在部分上用潜在"可再生的"电力或氢气，替代掉了石油或者柴油燃料。有关能源的更详细更复杂的信息，以及涉及不同类型动力系统的"油箱到车轮"以及"油井到油箱"效率，作者推荐参考文献 [3，4]。

8.3　增程式电动汽车

Voltec 汽车，如雪佛兰 Volt 以及欧宝 Ampera，都是增程电动汽车（EREV）。在"耗电（CD）"模式下，这些汽车采用电池系统提供的电能，直到荷电状态到达某个规定水平（见图 8.6）；之后系统进入"增程（ER）"或者"电量维持（CS）"模式。在这两种模式下，由内燃机系统驱动发电机传递电能来维持荷电状况在设定的范围内。第一代 Voltec 汽车如雪佛兰 Volt 汽车（2011 年模型）安装有一个 54kW 的发电机，和一个 1.4L 的四缸内燃机驱动。当系统不需要电能时，比如在减速、下坡行驶时、停止或者低负载需求下，内燃机系统会关闭。Voltec 系统允许选择最有效的引擎操作区域。

在纯电动模式下（也称为 CD 模型），Voltec 电池系统提供加速所需的功率，最高可以加速到 161km/h。这个最高速是电子限制的。在增程模式下（也称为 CS 模式），汽油引擎驱动发电机提供最高到 54kW 的电功率。如果需要，电池系统可以提供额外的功率来维持整体加速性能为 111kW 的驱动系统。

基于 Voltec 电池能量的电动汽车行驶里程（见表 8.1 和图 8.6）是 40～80km，该行驶里程受到驾驶类型、环境温度条件以及气候舒适度影响。采用新欧洲行驶工况（NEDC）[见图 8.6（b）] 确定欧宝 Ampera 的行驶里程为 83km。联合增程模式，该车型在汽油耗尽或者电池需要充电前可以连续行驶超过 500km。

表 8.1 欧宝 Ampera 动力系统规格（基于 Voltec）

规格	数值
牵引电机	PM 同步电机
最大功率	111kW
最大扭矩	370N·m
内燃机	1.4-l DOHC 1-4 发电机（63kW）
发电机	PM 同步电机（54kW）
最高速度	161km/h
加速时间（0～100km/h）	9s
电池容量	16kW·h
充电时间	<4h@230V，16A（暗线箱） <6h@230V，10A（电源线）
行驶里程	
EV 模式，实际行驶	40～80km
EV 模式，NEDC 值	83km
共计行驶里程	>500km
CO_2 排放（CS/CD）	27g CO_2/100km
基于 NEDC 以及欧洲 ECE	
R101 规格	
燃油经济性（CS/CD）	1.2-l 石油（附加费）/100km
基于 NEDC 以及欧洲 ECE	
R101 规格	

注：DOHC—双顶置凸轮轴；PM—永久磁铁。

至于充电，Voltec 汽车如欧宝 Ampera 提供了车载充电模块（OBCM），可以直接连到欧洲常用的 230V 电源，可以采用固定好的 16A 的充电线，也可以通过 10A 转换线连接到家用插座上（汽车标准设备的一部分）。在 16A 条件下，充电少于 4h。采用转换线设备，充电时间少于 6h，在用户选择降低充电电流的条件下充电时间小于 8h。

Voltec 汽车的控制系统旨在有效管理推动、加热通风以及空气调节下的能量分布，以及 12V 系统（见图 8.7）。在纯电动模式下行驶时来自电池系统（可充电能量储存系统）的能量，或者在增程行驶时来自于燃料缸中的能量，都需要根据行驶模式进行管理，保持电能储存系统在允许的 SOC 范围内。总体的目标是优化汽车效率。当汽车经由充电绳连接到插座上时，电源不仅可以为电池充电，而且可以根据需要，通过运行电加热器或电力空气调节系统来对车体分别进行加热或者冷却。司机可以选择在某些冷天或热天来对汽车实施预调节。通过这些措施，可以实现储存在电池中的可用能量得到优化，有更多的能量可以用来实现推动的目的，从而增加电动汽车的有效行驶里程。

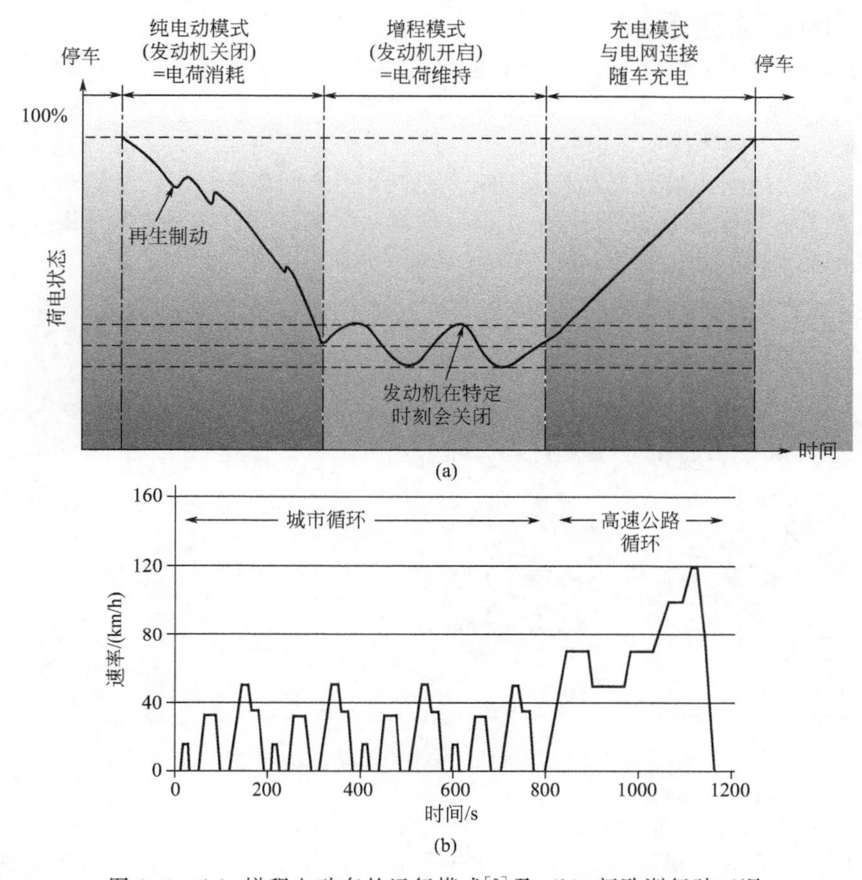

图 8.6　(a) 增程电动车的运行模式[5]及 (b) 新欧洲行驶工况

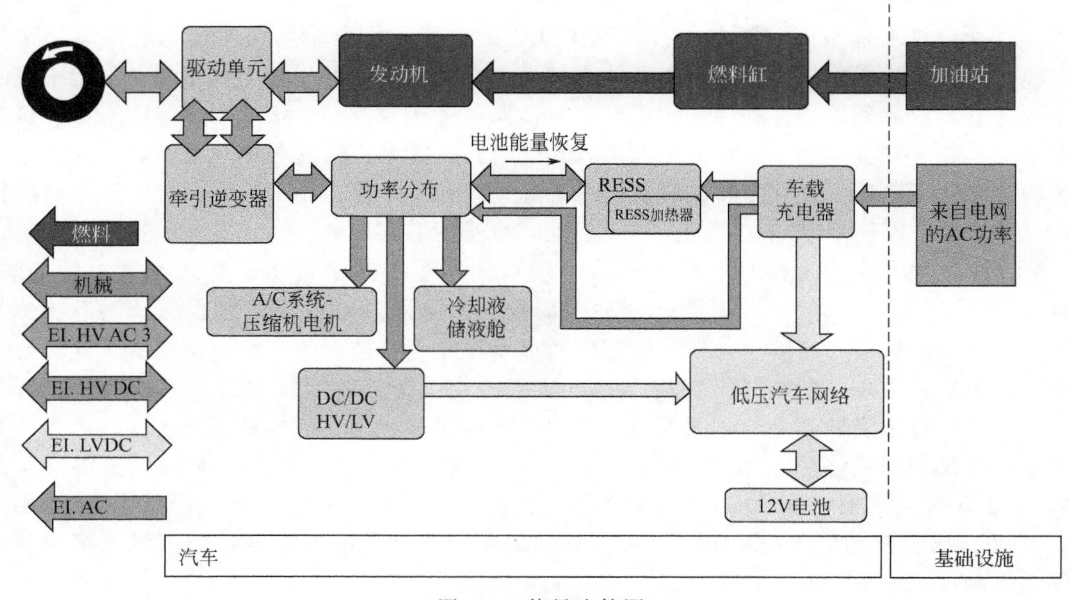

图 8.7　能量流简图

8.4 Voltec 推动系统

推动系统的主要子系统是电力驱动单元、Voltec 电池、1.4-1 内燃机、OBCM、辅助动力模块（APM）(HV-12V 直流/直流转换器)、电驱动空调以及座舱加温系统。

电力驱动单元（见图 8.8）包括两个电动机、一个环形齿轮组、齿轮双极主减速器以及三个离合器。牵引电动机的额定功率和扭矩为 111kW、370N·m，发电机也可以通过功率转换器输出功率为 54kW 的高压直流电。两种情况下都采用永久磁铁同步电动机；一个 Voltec 汽车需要大约 3kg 的稀土元素材料。

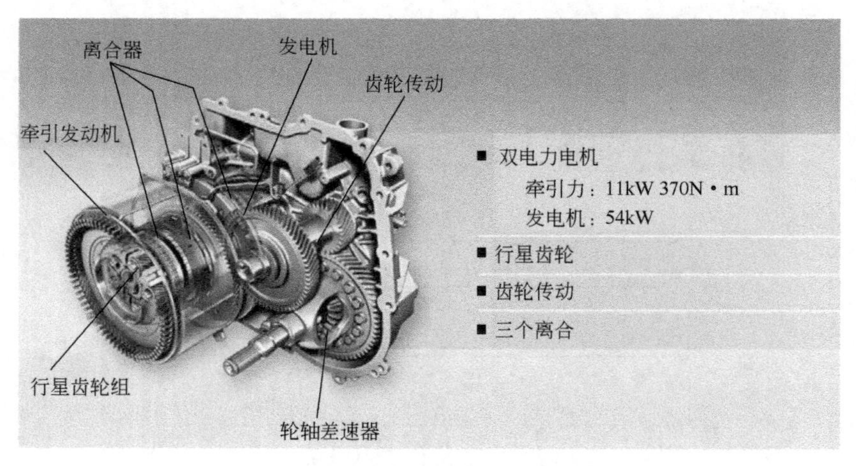

图 8.8 Voltec 电力驱动单元

Voltec 电池系统[2]包含 288 个软包电池，每个容量为 15A·h，额定电压为 3.8V。其中三个电池单体串联为一组，容量为 45A·h。一共有 96 个电池组并联在一起，最终电池组的总额定电压为 360V［见图 8.9（a）］[2]。电池组集合在 9 个模块内，安装在 3 个部分［见图 8.9 和 8.10］。软包电池单体是由韩国 LG 化学公司开发与生产的，采用锰基阴极材料[2]。每个电池单体单面按压在含有热流体管道的热交换板上，热交换板和电池单体采用含有液体歧管的塑料框架堆积在一起，热流体由电动泵泵入，通过管道分布到散热器中或者分布到与空调液体系统相连的冷却装置中。电池系统中包含有一个液体加热器，来保持冷天时电池温度在室外温度之上。在对电池插入充电时，也能够提供这种加热功能，以保持电池系统的放电和充电功率足够高，改善汽车的加速性能，并使再生制动成为可能。通过这些操作，汽车在大气温度低至－40℃的条件下启动，也是能够实现的。

Voltec 电池系统中这种基于液体的热管理系统通过冷却剂进出软管来与汽车的加热、通风以及空气调节系统融为一体[2]。这种冷却剂一般是通过专为电池定制的低温散热器来冷却。这种方法保证了高效率，使热管理所需能量最小化，这对于在纯电动模式下能够行驶不错的距离非常重要。在高环境温度下，电池系统中被加热的冷却剂通过以下两步进行冷却：①在散热器中降低到一个中间温度水平以及②经过与汽车交流电系统连接在一起的冷却装置进一步降低到最终温度水平。因此，Voltec 电池系统能够在几乎所有的环境温度下进行合适的冷却，从而使电池的总体效率得到优化。此外，在低温下，可以利用电池的 HVAC 系统来轻微加热电池系统。这可在旅途之初便增加了电池性能，使电池系统更早地达到优化温度。

电池系统的前端包含两个主要的开关，是为最大运行电流设置的，可在驱动运行时使用。它们将牵引动力逆变器模块（TPIM）以及辅助动力模块（APM）连接到提供 12V 动

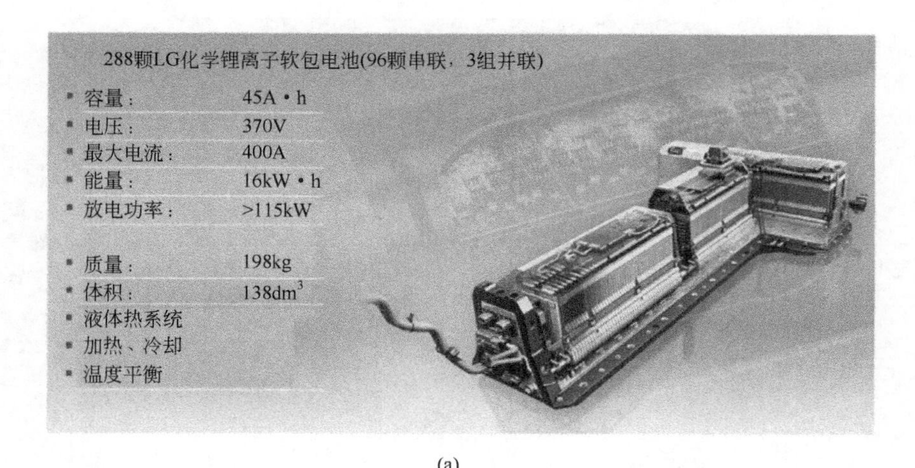

(a)

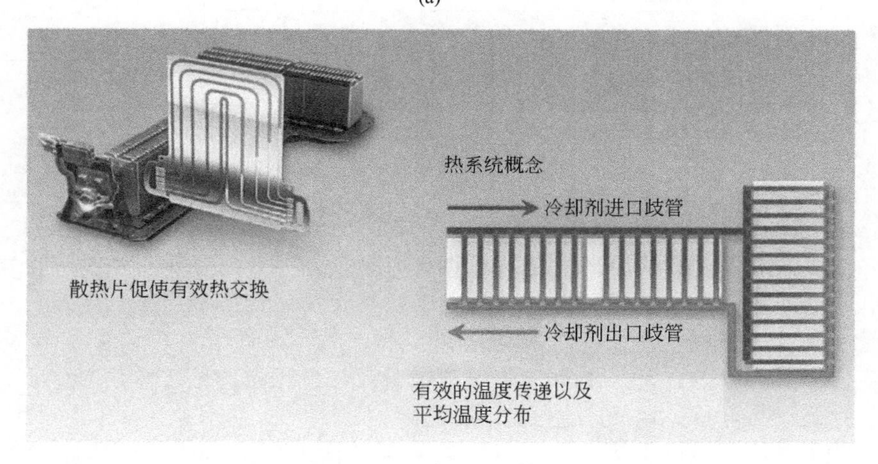

(b)

图 8.9　(a) Voltec 电池组及 (b) 主动热系统

力的直流电/直流电转换器上。通过 TPIM，功率分布在电力驱动的空气调节系统上以及电力冷却剂座舱加热器上（见图 8.7 和图 8.10）。在长时电池充电过程中，使用两个更小的、节省功率的开关，它们与 OBCM 相连。这些开关安装在电池断开装置（BDU）内，BDU 也包含有电池热流体电力加热器以及加热器控制装置。

前端面板也包含有 TPIM、OBCM 以及 APM 模块的接线器，额外的有两个单独的接线器，连接控制器局域网总线（CAN bus）以及控制 12V 功率供应。在电池壳的顶端，安装有自动断开（MSD）的插座。MSD 插头包含有系统主要的保险丝。电池系统的所有外部连接配备有高压互锁回路的开关。拔出一个连接器或者 MSD 会打开接触器，防止电弧作用发生。

电池的总额定能量是 16kW・h；储存能量中大约有 10kW・h 能量可用。在标准温度条件下，SOC 操作窗口内，最大放电功率（10s）超过 115kW。电池系统的总质量为 198kg，包括牵引逆变器的电缆以及后侧支架。

为了监控电池系统电压，需要使用“电压电流温度模块（VITM）”中所有电池组的电压、电池电流、特定电池的温度以及电池热流体温度。VITM 位于 BDU 以及第一部分之间。这个模块是由数据总线与几个“电压温度子模块（VTSM）”相连，置于每个部分的顶

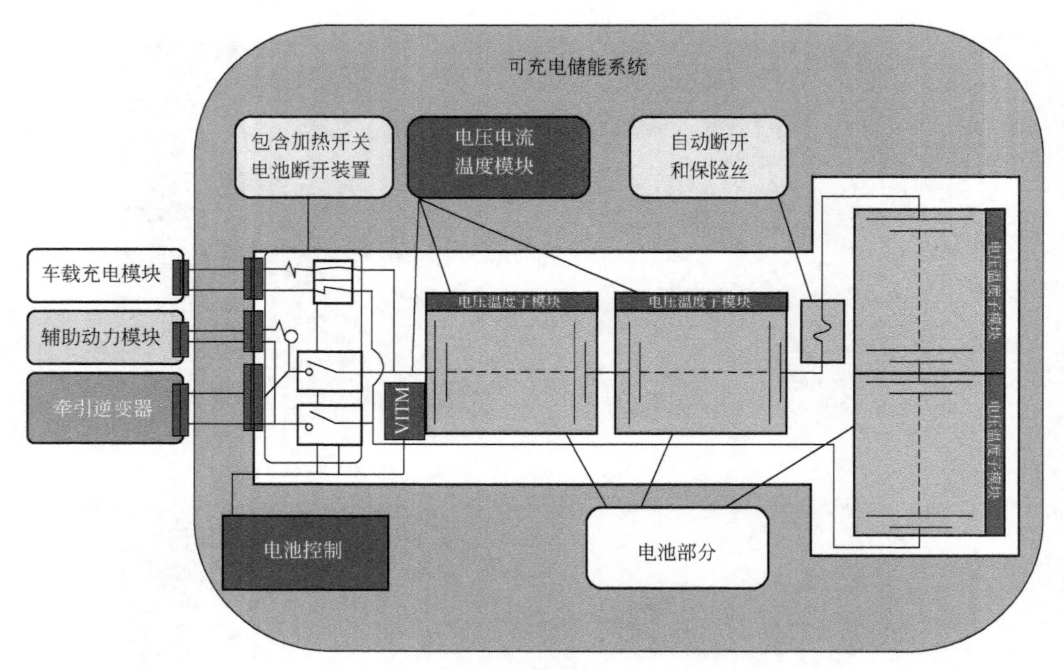

图 8.10　高压系统的结构及细节

端（见图 8.10）。VTSM 模块测量电池电压：它们包括晶体管以及每个电池一个电阻器来控制电池放电。电压较高的电池组可以通过放电来实现电池系统内所有电池组电压平衡。系统的长时运行需要通过这种平衡或者电池均衡来实现。此外，每个模块包含有与 VTSM 相连的电池温度感应器。电池电流采用霍尔效应传感器来进行测量。VITM 信号经过电池状态估算算法来进行处理和分析，以获得电池 SOC 值。

此外，VITM 信号也用来确定高压导体和车辆接地电压之间的绝缘电阻。

8.5　Voltec 驱动单元以及汽车运行模式

8.5.1　驱动单元运行

Voltec 汽车的电力驱动单元［见图 8.8 和图 8.11］可以在四种不同模式下运行[3]，有单一电机①或双电机②运行的两种纯电动（或“耗电”，CD）模式以及串联的③或混合运行的④两种增程（或“电量维持”，CS）模式。

① 在电动汽车低速运行情况下，离合器 C3 和 C2 释放，离合器 C1 闭合。驱动器在“单一电机模式”下运行，由牵引电动机推动汽车运行。

② 纯电动运行在高速时，“双电机电动模式”会更加有效：离合器 C2 闭合，释放离合器 C1 和 C3。两个电动电机（牵引电动机和发电机）在行星齿轮上运行，第二个电机阻碍环形齿轮上的扭矩。扭矩以及两个电动电机的速度是由行星齿轮结构确定的线性关系决定，而且可以连续调节。双电机电动模式降低了电动电机的速度。当在高速情况下使用这种模式时，可以改善汽车效率，从而提升汽车行驶里程。就美国高速公路循环工况（US06）而言，电动汽车的行驶里程可以额外增加 1～2 英里。

③ 在增程模式下低速运行时，使用所谓的“单一电机串联增程”模式：闭合离合器 C1 和 C3，释放 C2（见图 8.11）。内燃机驱动的发电机为牵引电动机、APM 以及电力空气调节系统提供电能，并维持电池 SOC。采用串联驱动装置，从发动机到轮子之间没有机械功率；

汽车基本上是由电力牵引电机驱动。

④ 增程模式下高速运行时，应该使用“双电机混合模式”：离合器 C3 和 C2 闭合，C1 释放。在高速公路形式中，与③模式下相比效率可以改善 10%～15%，因为在高速下运行时，电动电机的效率损失以及串联模式下机械能到电能之间的能量互相转变的效率损失都可以避免。电动机功率以及牵引电动机功率在行星齿轮组上联合，在这个功率输出分流装置上共同驱动汽车行驶（见图 8.11 和图 8.12）。

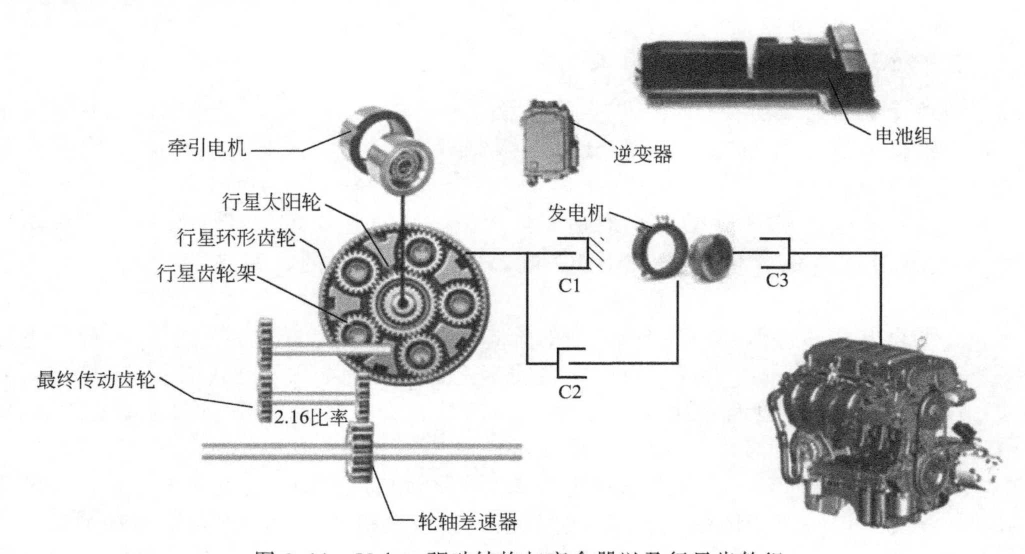

图 8.11　Voltec 驱动结构与离合器以及行星齿轮组

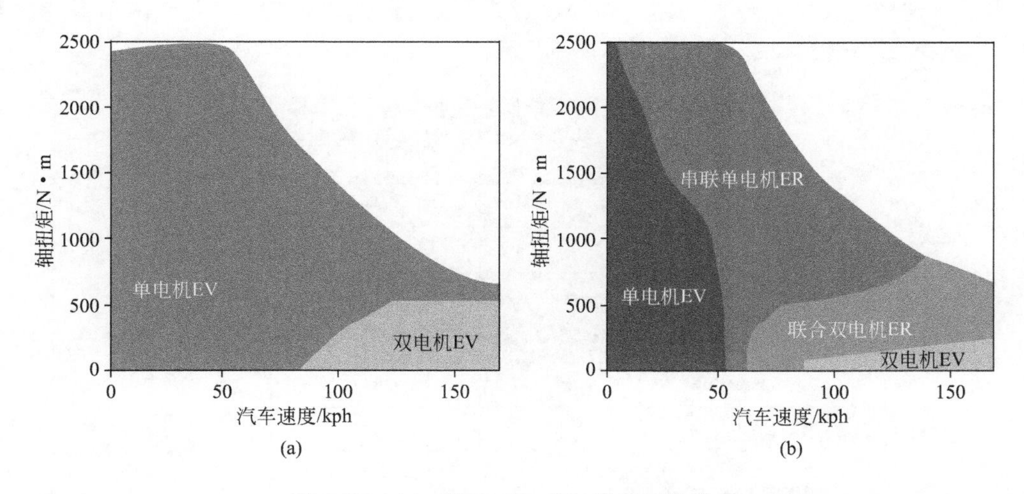

图 8.12　(a) 纯 EV 及 (b) 增程行驶模式

8.5.2　司机选择模式

Voltec 汽车如欧宝 Ampera 的司机可以选择四种驾驶模式中的一种。在启动汽车之后，“常规模式”是默认设置。在这种模式下，汽车在纯电动模式下运行，直到标准 SOC 到达“电荷维持”水平：之后发电机开始运行，提供电动机需要的能量。在汽车被司机转换为“运动模式”的情况下，加速踏板的特征也随之改变。为了保证“最大功率可用”，“运动模式”应在高速行驶情况下选择，如在德国“高速公路”上。相比之下，“高山模式”可以增加转换为“电荷维持”运行模式时 SOC 的水平（见图 8.6）。在较高速到达山口公路或者长陡坡之前应该选择“高山模式”：通过联合发电机（54kW）以及电池的功率，经过一段时间，可以达到 111kW 的最大推进功率。最后，在长距离旅途中，如果司机想要节省更多的能量，以在纯电动模式下到达终点，则应该选择“保持模式”。通过启动内燃机，“保持”模式可以保持 SOC 水平固定在选择该模式时的那个值。汽车可以“人为的”强制进入“电荷维持模式”。

8.6 电池经营策略

使用锂离子电池需要避免过充、过电流以及欠电压状况出现，以避免电池损坏或者电池寿命衰减。根据内阻、开路电压、高/低电压限制以及电流限制不同，充放电功率会随着 SOC 水平的变化而变化。

一般来讲，放电功率在 SOC 较高时达到最大值，而随着 SOC 变低而降低[2]。充电功率的表现则几乎相反。在较低和中等 SOC 情况下，可以得到不错的充电功率。详情见图 8.13。

与低温下充电功率类似，在高 SOC 时的充电功率需要非常精确的控制。因此，电池无法在一个完整的 SOC 范围内运行。由于充电功率不足，因此必须要排除掉低 SOC 值；而在高 SOC 情况下，牵引电池无法用于再生制动。因此，有效的能量窗口仅仅是总能量的一部分[2]。

在较高的 SOC 水平下，需要降低充电功率以避免电池过电压（见图 8.13）。为了优化再生制动，需要采用一个所谓的混合制动过程来控制发电机的电功率以及液压动力。

在电池 SOC 非常低的情况下，必须要降低放电功率以避免“电池欠电压”出现。低端 SOC 水平是这样定义的：放电功率足够提供暂时的 115kW 功率值，以允许汽车保持一致的加速度，并为超车提供足够的能量（见图 8.13）。

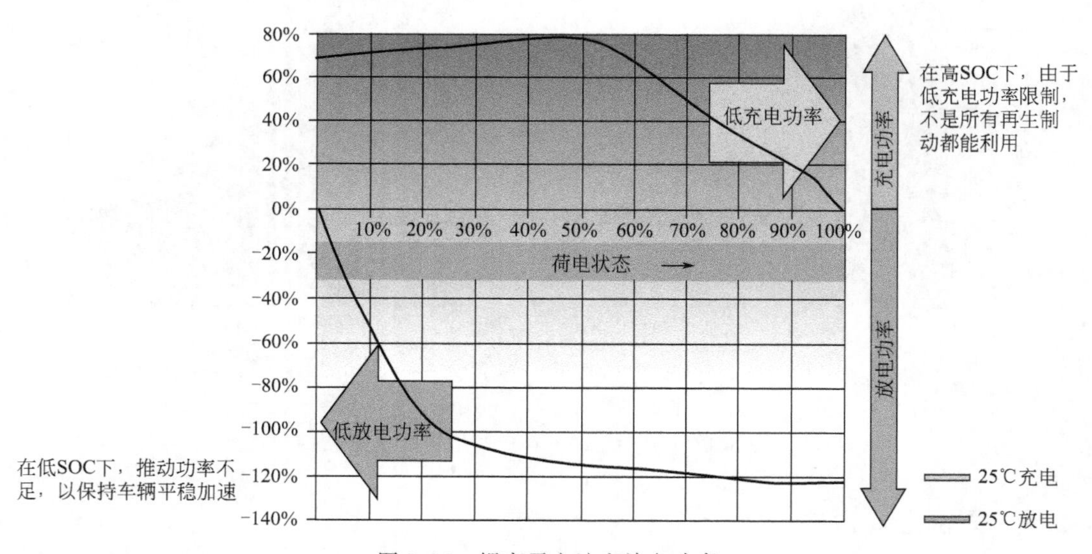

图 8.13 锂离子电池充放电功率

当锂离子电池执行多次“小”充放电循环时，所产生的总能量要比少量“大”充放电循环多一些（见图 8.14）。“小”循环特别是指 20％～25％SOC 之间的循环。而“大”循环的例子如从 100％SOC 运行到 5％SOC。

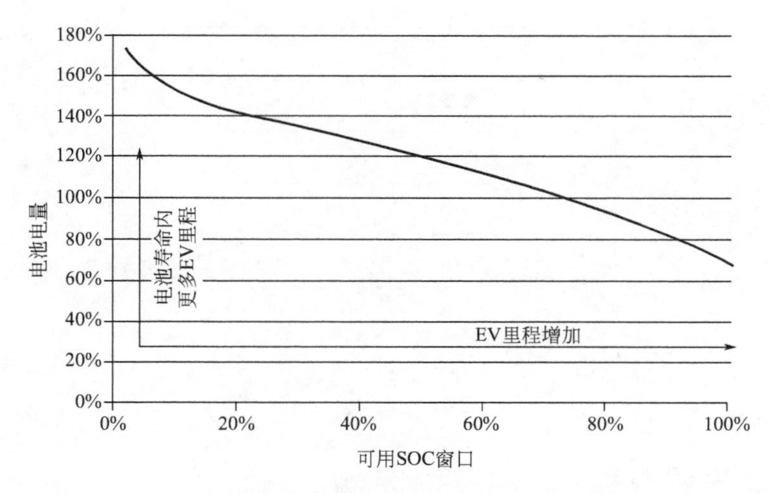

图 8.14　总电池能量输出与荷电状态窗口大小的关系

当阴极或阳极完全“锂化”或“脱锂”的时候，阴极或阳极材料中会产生压力，结果会导致电池在耐久性上出现问题。因此在决定电池 SOC 运行策略时，需要深刻理解和评估该问题。

低温时，电池的内阻增加，会导致电池功率下降。如果汽车运行功率接近额定功率，则电池温度需要高于 0℃（见图 8.15）。如果温度低到 −30℃，那么电池至少需要有足够的功率来启动发动机。明确了这些特征，EREV 的概念允许在零下温度时，发电机功率来补充额外的电池功率，而且在低 SOC 水平下，可以获得改善的汽车性能。

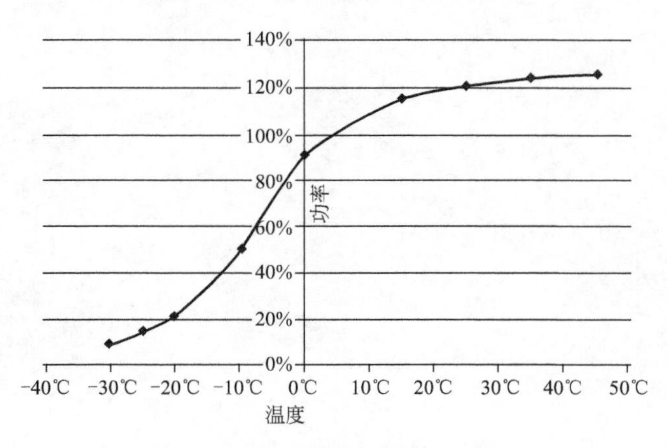

图 8.15　功率与锂离子电池温度的关系

锂离子电池是电化学系统，因此其反应过程与温度相关。高温加速副反应的发生，导致电池容量下降或者电池内阻增加。需要把长时间暴露在高于 32℃ 下的时间最小化，以满足 10 年的使用目标（见图 8.16）。每种特定的化学成分对于温度具有不同的敏感性，但是一般的规则却几乎通用于所有系统。

电池运行策略需要平衡功率、能量以及温度。因此，需要仔细监控并控制体系的电压、电流以及温度。可以加热以及冷却的热系统使得电推动系统在不同地理区间以及温度范围不同的真实世界内得以实际应用。功率管理系统为电池慢衰减、长寿命提供了解决策略，但是任何一种这些解决策略的基础在于选择强健的、安全的锂离子电池成分。

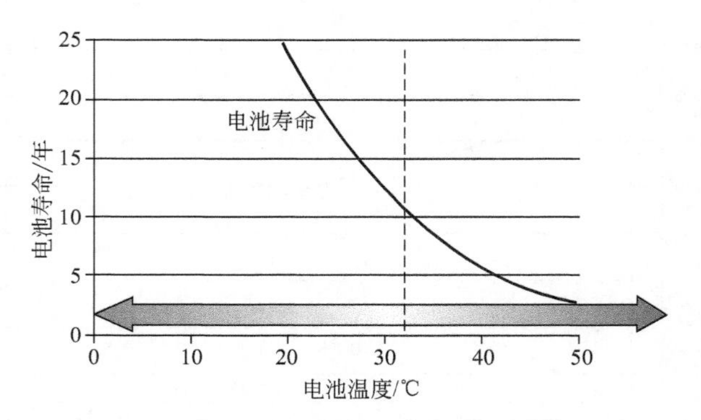

图 8.16　电池所处温度越高，寿命越短

8.7　开发及生效过程

模拟和实验测试是现代汽车产品开发以及生效产业链中的起点（见图 8.17）。因此，需要应用标准化测试以及模拟方法，而且模拟结果需要通过实验证实，并且通过相应的程序和方法证实。Voltec 动力系统以及电池系统包括不同的新技术和设计，因此很多时候需要开发完全新的测试程序。不过如果在适用的情况下，比如对于电子控制器，可以应用现有的程序或者适当改变后加以使用。本章将会讨论电池系统开发和生效的过程。

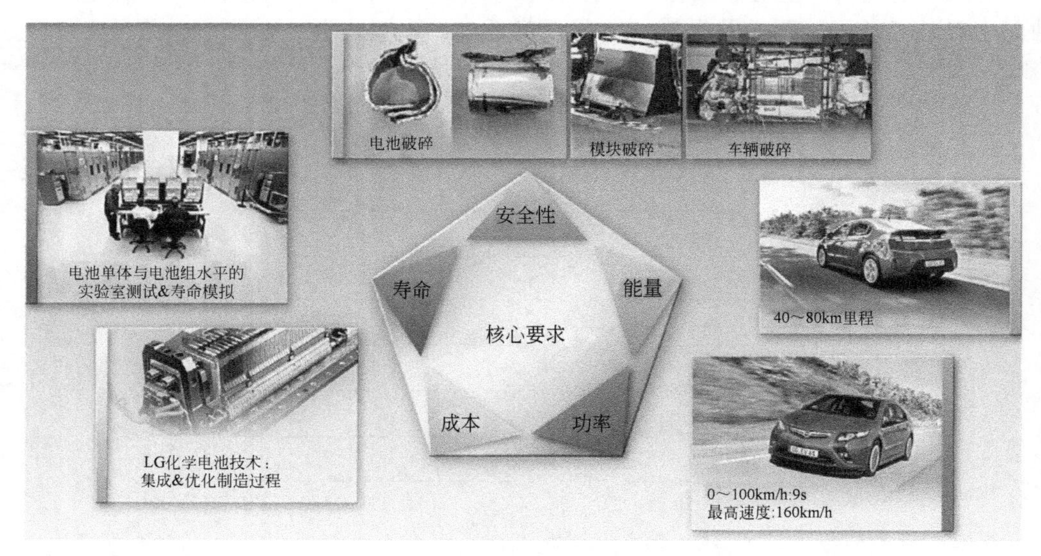

图 8.17　开发与生效过程中的核心要求

电池开发程序包括很多电池测试。比如，为了表征电池，需要在其整个 SOC 范围内以及温度范围内测试可用的功率。而且在这个过程的早期，需要进行电池滥用测试以评定它们用于汽车生产项目中的实用性。这些滥用测试包括过充、过放、短路、针刺、热箱实验以及挤压等程序。

为了确定最佳操作范围，需要进行不同放电程度、功率以及温度条件下的循环测试。对于电池测试，需要数以百计的测试通道运行数年之久。测试通道供应双向直流功率，可以依据功率随时间变化曲线对电池进行充放电，这个设备可以测试电池实际电压和电流数据。将电池放置在不同的环境空间内，控制空间温度从－40℃到 70℃。大量的电池测试数据结果是电池寿命数学模型的基础。通过电池寿命模型可以很精确地估计在不同温度条件下使用的不同类型汽车随着时间的进行，电池容量和电阻的变化。

在一个统计范围内，电池测试也可以用从模块以及电池组水平上的测试进行补充，采用更大的电池循环仪。在电池组生命周期测试的框架内，首先应用电量耗尽曲线，接着是模拟电荷维持曲线，最后是加速充电曲线。得到的完整测试曲线作为加速寿命测试重新运行。在环境空间内模拟底特律、洛杉矶或者菲尼克斯这些地区的温度条件，有相当数量的电池已经达到 320000km，而且依然能够满足相关容量以及功率要求。

为了证实 Volect 电池系统在面对振动以及冲击时的优良性能，在实验场地道路条件下，对比传统汽车来记录测试曲线。该曲线是在全尺寸电池振动器上模拟的，且测试温度在汽车要求的最小值和最大值之间变动。在振动和热循环中，应用电功率曲线（包括充放电最大值）来尽可能早地鉴定汽车开发过程中可能遇到的问题。

Voltec 电池系统是根据国际防护等级标准（或简称 IP 标准）分类 IP6k9k 来设计的。浸泡实验证实了电池在遭遇水浸时能够自我保护。模块是根据 UN38-03 程序进行测试，包括振动、冲击以及短路测试。这些测试都是电池系统在得到通过飞机、陆地或海洋运输许可时所需要的。

从汽车水平上，测试了 Voltec 电池系统的功能性、电磁适配性以及测试时的水驱性能。通过精心研制的程序、采用计算机辅助工程工具评定 NCAP 汽车碰撞性能为 5 颗星（无论是在美国还是欧洲）；模拟结果也得到汽车碰撞实验的证实。道路测试对于实际运行中改善噪声、振动质量、汽车操作性以及验证所有系统的控制功能是非常重要的。Voltec 汽车的系列生产开始于 2010 年末。电池组是在美国通用汽车密歇根州 Brownstone Township 工厂生产，采用韩国 LG 化学电池单体。内燃机里程扩展器最早是在通用汽车/欧宝位于奥地利的维也纳-阿斯佩恩的动力系统工厂生产。最后在通用汽车位于密歇根汉姆川克的工厂，组装完成 Voltec 汽车。

8.8 汽车场地经验

2008 年，将电池组安装在“骡子车”中以进行最初测试，意图开发 Voltec 系统。通过最终成功的实验，第一辆雪佛兰 Volt 产品汽车（“集成汽车”）于 2009 年夏天在通用汽车的原型工作室中组建出来，并且被用于完成控制系统的校准工作。大部分这些汽车配备有数据收集器，以能够进行根本原因分析以及监控较长时间运行的电池系统。2010 年，制造出 CTF 车辆控制测试车，而且加入到测试项目中。这些车里面也安装了数据记录仪。通过数据收集器的使用，一项具有决定性的结果是成功地实验验证了车辆在增程使用区间内需要的电池均衡质量。

在南美洲、欧洲以及阿联酋的汽车被不同的驾驶员在公众道路上进行操作和测试，以收集有关电池功率的数据以及子系统中的能量流动情况。数据显示：在迪拜的夏天，热系统可以控制电池温度低于 30℃，而在密歇根的冬天，可以保持电池温度高于 0℃。在欧洲，车辆能够开到大城市周边（如法兰克福附近的莱茵地区）走走停停的交通状况中以及以平均车辆速度进入到德国较长的高速道路中（例如临近斯图加特的“Albaufstieg”）。从德国城市威斯巴登开到科布伦茨以及返途的实地驾驶曲线显示在图 8.18 和图 8.19 中。与官方的 NEDC 曲线和数值的对比，见图 8.6（b）和表 8.1。

美国雪佛兰 Volt 消费者通过通用汽车公司的安吉星系统记录的实地数据显示：车辆有大约 65%的里程是在电动汽车模式下完成的；更精确的数字见图 8.20（a）。测试显示 EV 模式在实际雪佛兰 Volt 操作过程中非常受欢迎，这与美国交通部门 2003 年公交调查报告结

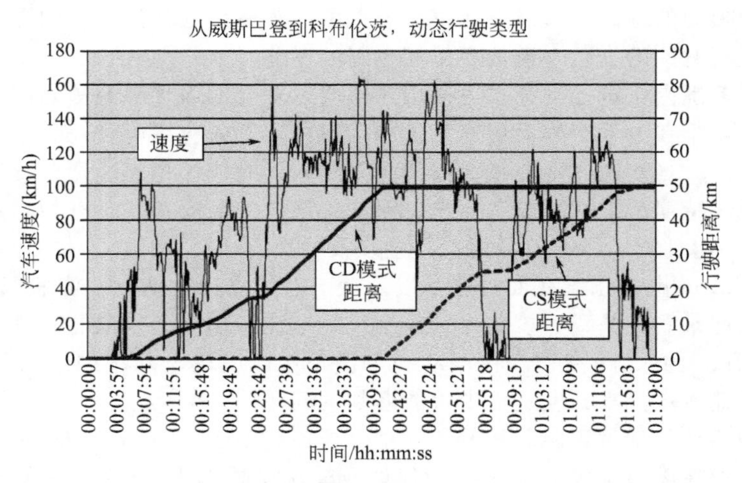

图 8.18 在电荷损耗模式下行驶 50km 距离的记录

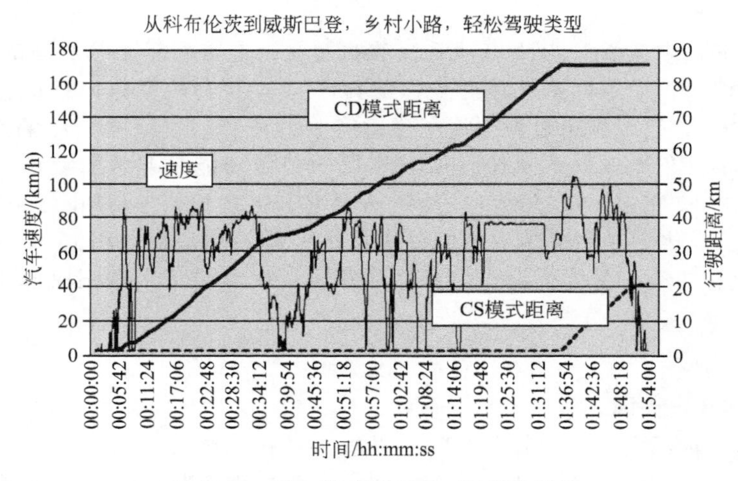

图 8.19 耗电模式下 86km 距离的记录

果非常一致，该报告显示 68%的美国用户每日平均通勤里程不超过 30 英里，而且 78%的用户通勤里程不超过 40 英里［见图 8.20（b）］。

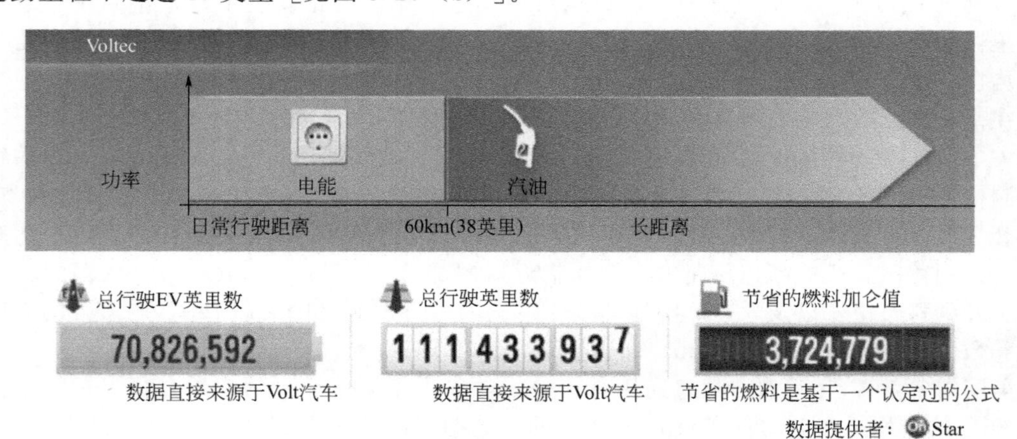

(a)

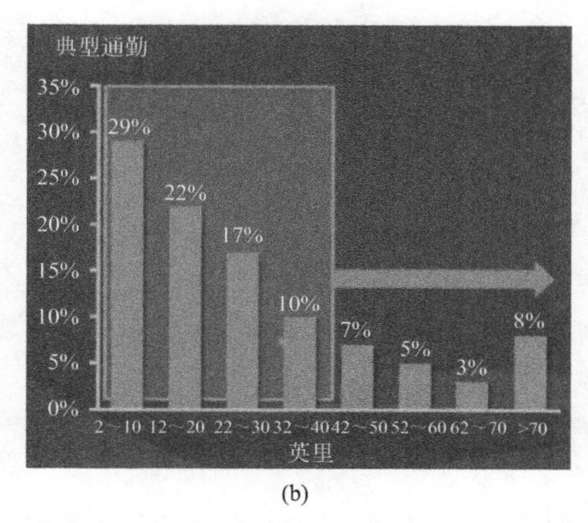

(b)

图 8.20　EV 模式行驶数据（美国雪佛兰 Volt 车队，2012 年 7 月 31 日状态）

8.9　总结

雪佛兰 Volt 以及欧宝 Ampera 是最早在北美洲以及欧洲市场出现的增程电动车。这些车辆每日纯电力通勤量为 40～80km。比如，80%德国使用者[5]以及大约 70%美国使用者每日行驶距离低于 50km，Voltec 技术在降低石油消耗以及 CO_2 排放方面提供了很大的潜力。汽车可以采用 230V 插座充电或者通过连接在 230V 交流电网上的暗线箱进行充电，而不需要大量基础设施投资。

Voltec 电池以及驱动系统在设计、开发方面考虑到所有的气候以及交通情况，并在这些条件下进行验证。实际车辆运行的数据也证实了这些车辆在所有相关的条件下都能按照预期运行。大部分客户（约 65%）是将其主要作为电动汽车进行使用的，可以满足日常使用，替代掉他们的常规车辆。客户反馈显示司机们都非常喜欢 Volt 以及 Ampera 的全电动汽车的驾驶质量。

除了小型汽车之外，最近关于汽车电气化技术的进展也给其他汽车款式提供了机会[3～5]。虽然不同的电力驱动系统还存在很多物理限制，需要在未来几年解决，但是 BEV、FCEV 以及 EREV 动力系统（如 Voltec）却为降低 CO_2 排放提供了最大了潜能，尤其是如果采用可再生能源来制造所需要的电力以及/或者氢气的话。

在这些先进的推动技术发展的同时，更加传统的内燃机动力系统的电气化也会增加，因为这些发动机将会通过在汽车水平上集成中度混合或者强力混合系统来进行弥补。此外，一些高度依赖于运行成本的应用，如长途运输，将会因为这些混合化而受益颇大。

在当前的技术水平下，BEV 由于电池的能量储存密度有限，而在行驶范围和汽车质量上有所缺憾，但是在一些设施如城市公交以及小型城市车辆上也取得了商业成功。现在，EREV 技术允许客户仅在电力驱动下，日均行驶距离为 40～80km，不需要第二辆汽车，也没有汽车使用限制。因此，Voltec 技术确实是电动汽车得以广泛推广的重要促进者。

EREVs 以及 BEVs 都可以通过智能充电以达到负载管理。这使得它们可以成为太阳能和风能发电的补充技术。长期来说，大范围储存氢气以达到负载管理是最有潜力的技术[3,5]。但是，有效的基础设施配置却还存在挑战，因为所有的未来能源负载选项都需要很高的基础设施和产品发展投资。

总之，不同应用领域的电气化程度是能源价格、技术进展、可用基础设施、管理框架、汽车性能、有趣驾驶以及总体消费者价值等所有变量的函数。

术　语

AC　交流电
ACEA　欧洲汽车工业协会
APM　辅助电源模块
BEV 电池电动车
CAFÉ　公司平均燃料经济性
CAN　控制器局域网
CD　电荷耗尽模式（SOC 在降低）
CNG　压缩天然气
CNGV　压缩天然气汽车
CONCAWE　欧洲石油公司环境健康安全组织
CS　电荷维持模式（SOC 在一定期间内维持恒定）
DFMEA　设计失效模式及后果分析
DC　直流电
DOHC　双顶置凸轮轴
ECE　欧洲经济委员会
EMC　电磁适应性
EPA　环境保护署（美）
ER　增加里程
EREV　增程电动车
EU　欧盟
EUCAR　欧洲汽车研发理事会
ETP　联邦测试程序
FCEV　燃料电池电动车
GM　通用汽车
GHG　温室气体排放
HV　高压（汽车应用中约为 60V）
HVIL　高压连锁回路
HVAC　供暖、制冷及空调
HVDC　高压直流电
ICE　内燃机
IGBT　绝缘栅双极型晶体管
JRC　欧洲委员会合作研究中心
LV　低压（这里指低于 60V）
NEDC　新欧洲循环工况
MOSFET　金属氧化物半导体场效晶体管
MSD　人工服务断开
NCAP　新汽车评估方案
OBCM　车载充电模块
PHEV　插电式混合电动汽车
PM　永久磁铁

R&D 研发
RESS 可充电能源储存系统
SOC 荷电状态
TPIM 牵引功率逆变器模块
TTW 从油箱到车轮
USABC 美国先进电池联盟
VITM 电压电流温度模块
VOLTEC 通用公司增程汽车牵引系统
VTSM 电压温度子模块
WTW 从油井到车轮
ZEV 零排放汽车

参考文献

[1] (a) M. Shnayerson, The Car That Could, Random House, New York, 1996;
(b) B. Tuckey, Sunraycer, Chevron Publishing Group, Hornsby, Australia, 1989.

[2] R. Matthe, L. Turner, H. Mettlach, Voltec Battery System for Electric Vehicle with Extended Range, SAE World Conference 2011, 2011-01-1373.

[3] (a) N. Brinkman, U. Eberle, V. Formanski, U. D. Grebe, R. Matthé, Vehicle Electrification – Quo Vadis? Fortschritt-Berichte VDI, Reihe 12 (Verkehrstechnik/Fahrzeugtechnik), Nr. 749, vol. 1, pp. 186–215, ISBN 978-3-18-374912-6.
(b) U. D. Grebe and L. T. Nitz, Electrification of GM Vehicles – A portfolio of solutions, Fortschrittberichte VDI, Reihe 12 (Verkehrstechnik/Fahrzeugtechnik), Nr. 735, vol. 2, pp. 34–63, ISBN 978–3–18–373512–9.

[4] (a) International Energy Agency, World Energy Outlook 2011.
(b) Argonne National Laboratory, GREET1_2011 (Greenhouse Gases, Regulated Emissions, and Energy Use in Transportation). http://greet.es.anl.gov/, 2011.
(c) JRC/EUCAR/CONCAWE Study, Well-to-Wheels Analysis of Future Automotive Fuels and Powertrains in the European Context, European Commission Joint Research Centre, Institute for Energy, 2011.

[5] (a) U. Eberle, R. von Helmolt, in: G. Pistoia (Ed.), Electric and Hybrid Vehicles, Elsevier, Amsterdam, 2010, ISBN 978-0-444-53565-8, pp. 227–245;
(b) U. Eberle, R. von Helmolt, Auf dem Weg zur Kommerzialisierung, Automobil Industrie, December 2010. Also available in html format, retrieved in September 2012: http://www.e-auto-industrie.de/energie/articles/295843/.

锂离子电池应用于公共汽车：发展及展望

Aviva Brecher
[美国交通部（USDOT）研究与技术创新管理（RITA），美国]
AVIVA.BRECHER@DOT.GOV

9.1 概述

9.1.1 背景和范围

本章将集中介绍美国联邦交通管理局（FTA）在推动和促使锂离子电池（LIBs）在先进公共汽车中开发、示范、整合以及部署方面的努力，以及相关的美国联邦项目。在最近一个FTA的报告中[1]，作者综述了已存的以及新型的先进公共汽车用车载可充电储能系统（RESS），也包括锂离子电池大规模应用所需要面临的挑战和研发需求。9.2部分简单介绍了不同锂离子电池成分及将它们整合在混合和电动公共汽车中的配置选项，以及最近的市场趋势。9.3部分介绍了几个成功将锂离子电池整合到已经在运行的、或者新开发的电气动力系统中的案例。9.3部分总结了在城市公交车中大规模配置锂离子电池的关键点以及尚待解决的挑战，并对该领域的发展和展望进行了简要的评估。

9.1.2 电力驱动在公交汽车中的配置趋势

2010年，有大概850000辆商业用车以及校车，但是只有大约65000辆公共交通汽车。美国公共交通协会（APTA）统计结果[2]显示33%的美国公共汽车采用可替代燃料，包括7%的混合汽车以及0.1%的电动汽车（EBs）。城市交通运输车队能够给在大都市区展示和实施绿色技术以及可替代燃料提供一个非常明显的、普遍接受的平台，能够降低环境空气污染以及能源消耗。公共汽车车队对于生产商、供应商、先进能源回收和储存技术整合者以及节能产品整合者来说，都是很有前景的市场利基[3]。最早将创新的杂交技术以及先进的RESSs和电池技术应用于城市公交汽车中是受到结构化公交运营（固定路径以及时间）以及集中维护的推动。公交车也是由经过专业培训的员工进行管理、操作以及维护的，他们能够保证和执行系统安全最优方法。

在过去20年里，严格执行环境要求使得混合电动公共汽车（HEBs）/EBs快速渗透到城市公交车中，它们可以改善20%～50%的燃料效率，相应地降低废气排放。正在配置的先进技术（车身、底盘以及座位安装采用轻质量材料；采用启停系统降低空闲耗能；改进电池性能及电动机、整流器和电力电子技术）以进一步改善公共汽车的燃料效率以及城市空气质量为主旨。

公共交通汽车沿着可预测的路线运行，因此允许优化RESS以及相应的动力管理系统（PMS）来匹配特殊的路线、里程、循环工况以及环境条件。城市汽车的连续运行以及起-停循环工况对RESS在可靠度、可用性、可维修性以及耐久性等上，比其他轻负荷汽车要求更严格，而在质量、大小以及费用上要求则相对宽松。在过去10年里，整合在公共交通汽车上的LIB能够在动力单元的体积和质量较小的情况下，提供更好的性能（能量储存容量以及密度），但是却耗费了可观的附加成本。

由于公交车的平均使用寿命为12年，因此相比购置新HEBs，通过改造混合驱动设备为它们恢复动力，价格会更低。这些配置包括使用更轻、更小以及动力更足的LIBs替换掉镍金属氢化物（NiMH）电池，采用集成电源以及控制电子和相关充电设施。车身、底盘、安装座位以及其他组件可以采用质量更轻的材料，以进一步改善先进电动汽车的燃料效率，扩展它们的运行里程。

近年来，FTA资助的运输公共汽车竞争资助项目［例如“公共汽车和公共汽车设施”，“清洁燃料”以及“减少温室气体和能源使用的运输投资（TIGGER）”］[4]促使带有先进电池的混合和电力驱使HEBs/EBs/燃料电池汽车（FCBs）得到示范以及快速发展。

采用节能高效的混合和电力技术的公共汽车以及校车也受到能源部（DOE）“清洁城市计划”[5]的支持，美国回收与再投资法案（ARRA）在混合以及清洁公共汽车上也投资超过30000000美元。DOE的“汽车技术项目（VTP）先进汽车测试活动（AVTA）”指出了公共汽车作为新储能技术以及燃油高效技术早期使用者的几大优势[6]：

① 用于更新公交车车队的联邦补贴支持了替代燃料的使用以及创新储能技术的配置；

② 庞大的公交运输车队代表了一个实质的利基市场。

③ 公共汽车的平均使用寿命12年，要求示范项目具有高可靠性和可用性；

④ 公共汽车基本上用于需要抑制空气污染和降低能源消耗的大都会区域，具有高可见性和市场影响力；

⑤ 公共汽车一般在固定的路线上运行，运输工况、动力负载以及能量需求可预测；

⑥ 公共汽车车队一般由训练有素的员工进行集中加燃料和维护，能够保证其安全运行。

DOE国家可再生能源实验室（NREL）通过对HEBs、FBs以及FCBs先进技术（AT）进行评估来协助FTA[7]。美国环境保护署（EPA）也通过它的“清洁柴油”、“清洁公共汽车”以及“SmartWay项目”以及最近的“ARRA奖励”来推动绿色的柴油-电力混合校车和公共汽车的使用[8]。

曾参与过开发、论证以及评估先进零排放公共汽车（ZEB）模型的CALSTART公司[9]，也为FTA编译了一份重负载应用中RESS电池成分的纲要[10]。它综述了公共汽车的储能、牵引力要求，以及相关领域的注册生产商、供应商和系统整合商。

FTA在过去20年里资助了创新性HEBs、EBs和FCBs的主要研究、技术以及试点示范和推广。FTA的“多年研究计划”[11]以及几个竞争性资助项目已经促使公共交通官方购买和更新了HEB/EB/ECB车队，并且针对汽车设备和相关的充电基础设施进行了主要的燃油效率改进。针对在清洁公共汽车电力传动系统架构中整合先进的LIBs，主要的FTA竞争资助项目包括“TIGGER[12]”、“清洁燃料”以及“公共汽车和公共汽车设施”[13]等项目。

目前最好的RESS选择是整合更轻、更小以及动力更足的不同成分的LIBs，它们与早期HEBs和EBs中使用的镍金属氢化物电池（NiMH）以及铅酸电池（PbA）相比具有更高的能量（W·h）、峰功率（W）、能量密度（W·h/kg）以及功率密度（W/kg）。混合公共汽车电池组需要的能量为2～10kW·h，但是全电力公共汽车需要超过80kW·h的能量。锂离子电池能量密度为110～150W·h/kg，NiMH的能量密度为40～140W·h/kg，而最好的PbA电池，其能量密度仅为30～50W·h/kg。快速加速时所需要的功率密度，对于LIBs来说，根据LIB成分不同，在200～3000W/kg或者更高之间变动，而NiMH的功率密度则为200～1300W/kg。

有关锂离子电池测试以及确保电池安全的工业和技术标准，目前尚在美国汽车工程学会

(SAE)[14]以及国家消防协会（NFPA）的开发之中[14]，以促进基于LIB的RESS在国家公交汽车车队、校车以及商业客车中的商业化和大规模应用。在9.4.2部分将详细讨论LIB相关的安全问题。假定电池以及系统性能、安全性、耐久性以及负担能力等问题都能够得到解决的话，如在第9.4部分中所讨论的，将大型LIB整合在HEBs、EBs以及卡车中是非常有前景的。

9.2 在电力驱动公交汽车中整合锂离子电池

公交汽车沿可预测的路线行驶，因此允许优化RESS以及PMS，来匹配其行驶里程和循环工况。但是，城市公交汽车连续运行以及起-停的循环工况，使得它们比其他轻负荷汽车在可靠性、实用性、可维修性以及耐久性上有更加严格的需求。DOE的NREL，在过去十多年内，与FTA联合实施了一系列先进混合电力驱动公交汽车的评价办法，记录了在RESS容量以及性能上所进行的连续改进[15]，为后续几代汽车的成功奠定了基础。

LIBs整合在包含有电动机/发电机、动力转换单元以及动力监控和控制电子这些组件的电力传动系统中，来保证公交汽车的安全以及平稳运行。PMS包括电池管理系统（BMS）的硬件和软件，以及监控和保持安全运行温度的热管理系统（TMS），热管理系统的存在目的主要是为了避免电池性能的退化以及发生热失控，从而导致起火或者爆炸。

最近的FTA/Volpe中心报告针对目前LIB的成分以及RESS的技术选择进行了详细的描述以及评价，以确定研究需求[16]。整合在混合驱动中的LIB成分、形状、大小、能量密度以及类型完全取决于电力驱动混合结构（串联、并联或者双重模式）以及决定电池放电深度[对于HEBs以及FCBs来说是电荷维持（CS）；而对插电式HEBs和EBs来说是电荷损耗（CD）]的循环工况。对于电力驱动结构来说也有多重选择：串联、并联、分割并联式、后传动或者预传动、发动机主导或者电池主导、插入式混合或者纯电力等。每种类型的混合或者电力驱动装置都需要定制的RESS，并根据电池循环工况和路径进行优化。

图9.1列出了电力驱动结构以及在Orion Ⅶ HEB中广泛配置的关键动力和推动系统，它们采用磷酸铁锂（$LiFePO_4$，LFP）锂离子电池，图9.2中展示了空气冷却LIB模块堆的详细结构。

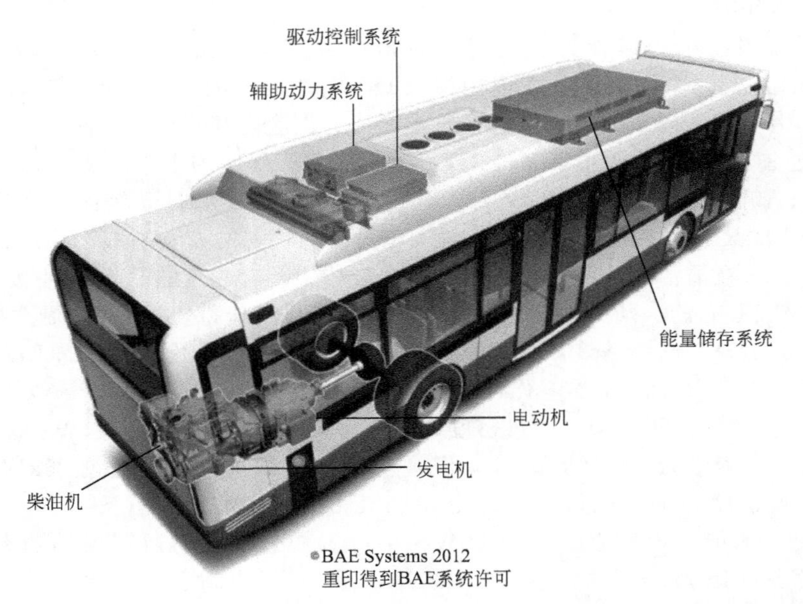

图9.1 BAE系统公司HybriDrive推动系统整合在交通巴士中的结构图，应用在戴姆勒NA Orion Ⅶ公共汽车以及New Flyer Xcelsior混合电动公共汽车中（来源：BAE系统控制公司）

图 9.2 在 Orion Ⅶ 中的 BAE HybriDrive RESS，采用 A123 系统的纳米磷酸铁锂锂离子电池

锂离子电池一般与补充的辅助动力单元（APUs）一起整合在 RESS 中，来扩充公共汽车行车距离以及满足循环工况对能量、提供峰值功率以及存储捕获刹车能量的需求。在一个双电池公共汽车中，APUs 可能包括燃料电池（FCs）、微型燃机（Capstone）、超级电容器（Ucaps），以及其他类型的电池。为容纳这些 APUs，需要复杂的动力系统、储能、PMS 以及冷却系统。例如，可以将 FC 电池堆和压缩氢气储罐放置在汽车顶部，易于取用，而且便于维护和防止氢气的泄漏。

对于应用于 HEB/EB，电池的大小和质量不如电池能量和动力传输能力（充放电的速度，或者倍率）那么关键。公共汽车可以容纳大型电池，将其安装在地板上，车顶上，或者汽车尾部。典型的大型公共汽车电池组包括几个模块，每一个都由多个电池组串联或者并联组成，而每一个电池组则由成百上千个电芯组成。大型锂离子电池构型中如果堆叠以及连接的较少，那么就更容易监控和平衡单个电芯的电压。这些电芯可能具有不同的形状：棱柱单体阵列比圆柱形电池更紧凑，也更容易实现紧凑包装。图 9.3 是 Proterra EcoRide 公共汽车的照片，而在图 9.4 中则展示了在其中应用的 TerraVot 模块钛酸锂（LTO）LIB 电池。

图 9.3 Proterra BE35 EcoRide 电池电动公共汽车（REB）(来源：Proterra)

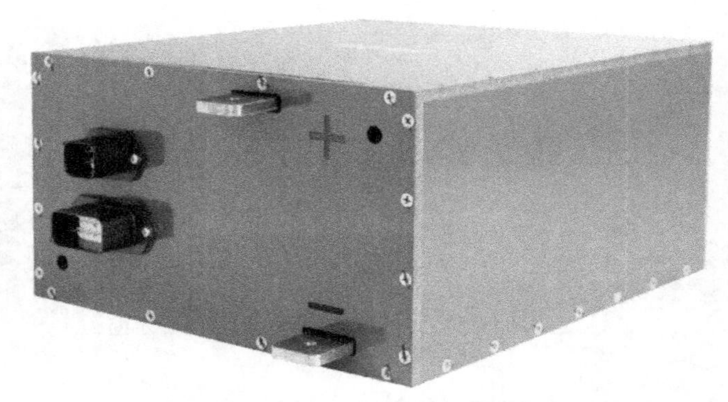

图 9.4　Proterra 公共汽车中的 TerraVolt 钛酸锂锂离子电池，采用来自奥钛的 50A·h 电芯（来源：奥钛）

9.3　基于 LIB 充电储能系统（RESS）的 HEB/EB 公共汽车

9.3.1　使用锂离子电池的公共汽车综述

Volpe 中心辅助 FTA 开发了一项“电力驱动战略计划（EDSP）”，作为其“多年研究计划”中的研究、技术、示范和配置部分[17]。EDSP 这项活动是为了评估不同类型 LIB 驱动公共汽车以及其他电池驱动公共汽车的车载储能需求以及 APU 技术选项[18]。报告中讨论了 HEBs/EBs 以及 FCBs 中电动系统配置的广阔选择范围，以及系统集成商在选择 LIB 成分、电池大小、质量、形状、包装以及安放位置时的理性考虑（安全性、动力以及热管理、能量密度、充放电倍率、耐久性等）。

一份 FTA 赞助的运输合作研究项目（TCPR）报告[19]为运输当局在 HEB/EB 技术方面（一些是采用 LIBs 技术）的市场准备以及寿命成本（LCC）提供了有用的导向作用。这份 TCRP 报告综述了采用不同动力系统架构（串联、并联或者分割并联）的商业化 HEBs 和 FBs 的性能。在城市起-停运行路况下倾向于采用串联混合模式，而在长途运输路况下，并联混合或者双混合的模式则更优一些。报告中认为先进电池在长寿命以及可靠性方面依然比运输部门预期的要短，而且它们的投资成本以及更换成本还是非常高的（高达 60000 美元），占总成本很高的一个比例，比清洁柴油以及压缩天然气（CNG）高 2～3 倍。

为了容纳电池堆以及由燃料电池堆和压缩氢气燃料组成的 APUs，FCBs 需要更加复杂的动力系统以及燃料存储结构。用于车载气体重整的加压氢罐或者燃料罐一般放置在车顶，以方便取用，而且一旦发生泄漏，可以加速易燃氢气的安全排放。

这里挑选了一些有代表性的采用 LIBs 的 HEBs/EBs/FCBs，来阐明 LIB 的化学成分选择以及 RESS 整合结构。

9.3.1.1　采用磷酸铁锂（LFP）电池的 BAE 系统公司的 HybriDrive

BAE 系统公司[20]是戴姆勒北美公司（DBNA）生产的 Orion HEBs[21]中使用的 HybriDrive 系列混合电力驱动系统的主要整合商和供应商。HybriDrive 是经过在戴姆勒 Orion 系列柴油 HEBs 上进行改性，以及根据城市启停行驶工况进行优化[22]后的产品。在美国的城市包括纽约、旧金山、波士顿、芝加哥、休斯敦、华盛顿以及西雅图，运行着超过 3000 辆 Orion 公共汽车。纽约运输署以及芝加哥交通运输局（CTA）操纵着 Orion Ⅵ 以及 Orion Ⅶ HEBs 的大型车队，其中大部分 Orion Ⅵ 安装有 LIBs。这些公共汽车中整合有柴油发电机驱动的单个电动机以及 HybriDrive 驱动系统[23]。

Orion Ⅶ 柴油-电力混合公共汽车（见图 9.1）搭载有 A123 LFP 电池（见图 9.2），于 2007 年开始运营，车辆在提供高能效的同时，能够保证环境友好[24]。这些电池的能量密度以及功率都比之前使用的 PbA Orion 电池组要大，而且要轻 3000lb（1lb≈0.45kg），因此能够改善汽车的燃油经济性。BAE 的“下一代 HybriDrive”能够使得带有电子控制冷却以及 APU（FCs 或者其他选择）的更加灵活的 RESS 模块结构放置在车顶，以方便取拿和维护，如以下讨论的 FC HEBs 那样。

BAE 的 HybriDrive[25]也能够与其他 HEB 以及 EB 平台以及 RESS 选项匹配：加拿大的 New Flyer 客车公司 40ft（1ft=0.3048m）柴油 Xcelsior HEB（XDE40）也采用 BAE 的带有 LFP 电池的 HybriDrive，其中的 LFP 电池来自于锂电池科技有限公司（Lithium Technology Corporation）。这种 LIB 电池能够传递 200kW 的峰功率，采用压缩空气进行冷却。华盛顿地铁运输管理局于 2011 年接收到 152 辆这种 Xcelsior 公共汽车，而且在 2012 年又额外订购了 95 辆，准备在 2013 年运营[26]。

9.3.1.2　采用钛酸锂（LTO）电池 TerraVolt RESS 的 Proterra 公共汽车

Proterra 公司[27]开发和场地实验了一系列轻质复合公共汽车，在这类公共汽车中，安装在混合电动、插电混合类型中的 TerraVolt RESS 系统具有快速放电的特征，此外还有 FC 辅助的电池 EB。在所有 EB 的结构中（见图 9.3 中的 EcoRide BE35），均采用来自澳钛科技（Altairnano）的钛酸锂电池组（见图 9.4）。厂家为 TerraVolt 混合驱动担保使用 10 年，或者 6000 次充放电循环。由于它期许具有 18～25 年的使用寿命（比一般公共汽车的 12～15 年要长），所以这种复合公共汽车可能会比 CNG 公共汽车或者 HEBs 更加划算。Proterra 选择澳钛钛酸锂电池，主要是考虑到其优异的热性能、深放电情况下的长循环寿命（16000 次）、低内阻、防过充和快速充电能力。该电池可以通过车顶快速充电（5～10min），也可以在公共汽车站或者停车场进行快充，显示了良好的热稳定性以及安全性，而且每次充电可以行驶 30～40 英里距离。其中一个典型的电池组包含有 3 个并联的 368V 电池串，电池串为 16 个 23V 的模块，能够提供高达 54kW·h 的可用能量（预留了第四个电池串，以增加功率到 72kW·h 以及提供更长的行驶里程）。这些电池堆叠固定在复合材料制备的地板结构中，以降低公共汽车的重心，提供更高的稳定性（见图 9.4）。

带有串联混合动力驱动的 Proterra HEBs 几乎是万能的，Proterra 公共汽车能够在 CD 电池电动公共汽车模式下运行长达 20 英里，而且如果安装有 FC APU 或者通过车顶充电的情况下，也能够在深放电或者 CS 模式下运行。后者里程可以扩展到 250 英里，或者运行时间长达 20h。

Proterra Ecoliner 配置在山麓运输的是插电式混合电动公共汽车（PHEV），车顶有缆线与车顶电缆或者悬链线支柱连接[28]。Proterra 公司设计和生产了自己的 ProDrive 车辆控制方法以及能源管理系统（EMS）。其 RESS 动力装置需要主动冷却，而主动冷却需要匹配汽车设计和运行工况，因此需要 BMS 或者 TMS 来保证安全。

9.3.1.3　ISE 公司整合 LIBs 与超级电容 APU 的 ThunderPack

最近被 Bluways 收购的 ISE 公司[29]，是另外一家专为公共汽车结构设计混合电力驱动系统的开发商和系统整合商。其中 ThunderVolt 电力和混合驱动模块是由西门子（Siemens，ELFA）制造的，而且能与几种 HEB 平台匹配[30]，包括 New Flyer、北美公交产业（North America Bus Industries，NABI）[31]以及 Gilling Hybrids[32]。ThunderDrive RESS 能够灵活配置到具有不同循环功率以及负载要求的公共汽车中，可以将 LIBs 与 FC、柴油以及汽油混合电力 APUs 整合在一起，以及将 LIBs 应用到纯电力公共汽车中。

RESS 设计模块具有广泛行业适用性，其包括可程序化的功率控制硬件、软件以及界面。RESS 可以针对不同公共汽车应用以及路线进行优化，尽管它采用液体冷却，但还是一般放置在公共汽车车顶。一些 RESS 是基于 LIB，而其他的则基于超级电容器，或者电池与超级电容器的混合选择[33]，以能够从 APU 或者通过刹车制动来进行所需能量的快速储存与传递。

从 2002 年起，ISE 公司开始与麦克斯威科技公司（Maxwell technologies），一家美国圣地亚哥 PowerCache 超级电容器制造商，达成战略性的开发和供应协议[34]。ThunderPack RESS 采用 150 个大电池超级电容器来进行快速储存和释放 150kW 的功率[34]，或者以双单元提供 300kW 的功率，可以满足成百上千次的循环使用。

2007 年起，ISE 公司将 LIB 整合入 RESS，这些 LIB 或者是 A123 的 LFP，也或者是澳钛的 LTO。用于电池主导混合公共汽车的 ThunderPack RESS 将 LIBs 与 TMS 集成在一起，与紧凑的、可扩展的麦克斯威的高能 BoostCap 超级电容器模块（Ultra-E 500）一起放置在公共汽车车顶。这种组合的 RESS 可以允许上百万次的充放电循环，而且在高功率情况下，也能够捕获能量（刹车制动）。至今，带有 LIBs 的 ThunderVolt 已经配置在超过 500 辆正在运营的公共汽车中，而且累计行驶里程超过 1 千万英里。其中包括如下例子[35]。

① 位于拉斯维加斯的 Wright 制造了 62ft 拖挂式柴油混合有轨快速公共汽车。

② 超过 10 家美国公交经营者，运营了超过 250 辆 New Flyer 汽油混合巴士，它们已经累计行驶超过一千两百万英里。这些公共汽车由圣迭戈城市运输系统自 2008 年开始运营。在这些公共汽车中整合有配套电池的 RESS、电气 TMS 以及紧凑的、可扩展的、高能超级电容器模块（Ultra-E 500），一起放置在公共汽车车顶。这样的组合使得公共汽车在高功率情况下可以实现逾百万次的快速能量捕获（刹车制动）。

③ SunLine 公司于 2004 年引入了 ISE/New Flyer 混合氢气内燃机，在 ISEThunderVolt 中整合了采用奥钛钛酸锂 LIBs 的电力驱动系统以及以氢气为燃料的内燃机。

④ FC 混合公共汽车：2004～2006 年，AC Transit 以及 SunLine Transit（在美国加利福尼亚州棕榈泉地区服务）示范了 40ft 的范胡尔公共汽车，这些公共汽车采用 UTC Power 的 FC 电池堆以及压缩氢气燃料，并整合有 ISE 混合电力驱动系统。

⑤ 正在进行的美国燃料公共汽车项目（AFCB）（在 9.3.2.1 中有讨论）将会示范一种改进的 ISE 电力牵引和功率电子系统，其中配套有 UTC FCs（120kW）以及紧密的高能 EnerDel LIB，安装在一辆质量很轻、很安静的 New Flyer 40ft 公共汽车上。这种 FCB 结构配置在温哥华 2010 年冬奥会上使用的 20 辆 FC 混合公共汽车上，而且也在伦敦 2012 年夏季奥林匹克运动会上使用。

图 9.5 显示了 BLUWAYS/ISE ThunderVolt 混合驱动是如何安放在 FC HEB 中的，而图 9.6 则是这种 BLUWAYS LIB 电池堆以及控制模块的放大图[36]。

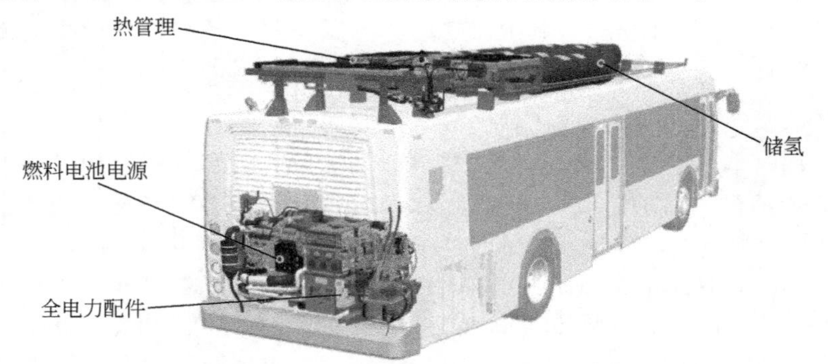

图 9.5 整合在燃料电池混合公共汽车上的 BLUWAYS/ISE 混合驱动（资料来源：BLUWAYS）

图 9.6 ISE/BLUWAYS锂离子电池系统以及主控制模块（资料来源：BLUWAYS）

9.3.1.4 DesignLine公司带有LIB以及Capstone微型燃机APU的ECOSaver Ⅳ HEB

DesignLine公司的ECOSaverⅣ公共汽车（见图9.7）是特地为美国“城市公共汽车”市场研制开发的[37]一款公共汽车。它是一款配置有轻量铝身的HEB，具有两倍的燃油效率，但是有一半的废气排放接近传统柴油公共汽车。这款ECOSaver公共汽车在2007年由CTA进行成功展示；它于2009年在纽约进行评估，但并没有达到其路线要求。2009年，巴尔的摩市在车辆成功展示后，采购了21辆ECOSaver公共汽车，用于传播魅力城市的概念。这款HEB采用Capstone的小型柴油机（30kW）以及发电机作为APU。Capstone的小型燃机一般安装在公共汽车尾部，而奥钛钛酸锂电池则安装在公共汽车地板上，分别位于后轮以及轮子之间。小型燃机用于里程扩展，它通过两台换流器（每个250kW）提供交替电流来为车载LIBs进行充电。这些LIBs再来驱动两台120kW，三相的交流感应电机来提供牵引力。ECOSaver公共汽车安装有GAIA LIBs和Capstone小型燃机，其中LIBs是以LFP为阴极成分，而且它的RESS是由先进的BMS以及APU控制和驱动界面一起进行管理的。这些公共汽车目前在测试中或者运行中遭遇了与RESS以及LIB相关的问题，如在9.4.1部分所述。

图 9.7 在美国巴尔的摩运行的DesignLine ECOSaver Ⅳ公共汽车（资料来源：DesignLine公司）

9.3.1.5 校车和城市PHEBs用伊诺瓦系统（Enova Systems） HybridPower

Enova Systems[38]为串联和并联混合公共汽车以及纯电动公共汽车开发了一系列混合动力驱动以及相关的驱动转换和管理组件。伊诺瓦的HybridPower驱动系统被IC公司[39]

(Navistar 公司巴士分部) 整合在 CS 以及 CD 插电式混合后传动并联柴油-电混合公共汽车中。

(1) Enova CD 混合公共汽车 对于 CD PHEB 校车，有几个 RESS 电池选择：NiMH、PbA 或者双 LIB 电池组。其中，双 LIB 电池组需要整合在混合冷却电池组中，而且需要整夜充电。这些电池组可以深放电到大约 25%荷电状态 (SOC)，一整夜充电后可以行驶超过 40 英里。

(2) Enova CS 混合公共汽车 最新零排放校车中的 CS RESS 系统整合有 Enova 后传动 80kW 混合动力系统与 LIB 电池组和电动机。电池的 SOC 可以通过车载系统进行保持，而不需要电网充电界面。

自 2007 年开始，Enova/IC 后传动并联 PHEBs 就在美国加利福尼亚以及佛罗里达学校区域运行。2009 年，DOE 为 Enova 以及 IC/Navistar 斥联邦经济激励费，在全国范围内配置 16 辆 PHEB 校车。它在传动系统的后方 (后传动) 安装有一个柴油发动机以及一个 80kW 交流感应电机，以及带有电池看护单元 (BCU) 的混合控制器来监控电池电压、SOC、容量、功率和温度。BCU 控制一个安全连接单元来保证电池组在充电过程中的安全以及提供过载保护和自动断开，避免接地故障发生。

Enova Systems 也为 HEBs 和 PHEBs 开发了电池主导的 FC 动力系统。该动力系统将感应电机、8kW 双核逆变器、380V DC/DC 转换器、BCU、安全断开保护以及数字 PMS 整合在一起。该 RESS 利用 EMS 可以提供 90kW、120kW 或者 240kW 的模块功率。Enova 混合驱动与水吉能公司 (Hydrogenics) 20kW FC 电堆 APU 联用可以提供 120kW 的功率。Enova 电池为主的 FC 穿梭公共汽车[40]也在位于夏威夷的火奴鲁鲁希卡姆空军基地进行示范，而且由 NREL 对其进行性能评价。这种 FC HEBs 目前也在德纳里国家公园进行运营，采用 Valence 公司的 XP-U-Charge Saphion® LFP 电池，以提高电池的安全性和热稳定性。

Enova 的前传动混合系统也被第一汽车厂 (简称一汽) 使用，它是中国很大的一家公共汽车和小汽车制造商，一汽将 Enova 的该系统部署在其 12m 解放客车 (可容纳 103 名乘客，最高速 85km/h) 上，在 13 个中国城市进行运营。

9.3.2 FTA 先进公共汽车示范与配置项目

9.3.2.1 美国燃料电池公共汽车项目 (NFCBP)

国家燃料电池公共汽车项目 (NFCBP) 是一个以公共汽车研究、开发以及示范为主的合作性项目，开始于 2006 年，旨在推动技术进步和促使 FCB 商业化的可行性。在过去的接近十年里，FTA 的 NFCBP 已经资助了非盈利组织联盟 [如 DOE、CALSTART 公司，东北先进汽车联盟 (NAVC) 以及州和地方机构] 进行结构不同的先进 FCBs 的开发、国家范围内的示范以及商业化项目。这些零排放的 FCBs 性能正在通过将氢气 (氢气在美国加利福尼亚州采用太阳能电解的形式获取) FCs 作为辅助动力与混合电力驱动联合起来的方式，而得到平稳改进，目前采用先进 LIBs 进行储能。NREL 以及 FTA 针对它们的运输操作性能、燃料效率、成本、可靠性以及技术改进进行了评估[41]。第二代 FCBs 目前正在开发中，包括以 FC 为主的 CS 设计类型 (FC 对小电池充电)，电池主导的 CD 类型 (FC 充当 APU 增程器)，以及柴油机与小型 FC 驱动附件混合类型[42]。NREL 发布的评估和项目情况说明书提供了 RESS 结构的细节以及 LIB 化学成分的选择，以及 FC 混合公共汽车的供应商。

在 2011 年中，有 25 辆 FC 运输公共汽车在美国进行运营，包括：

① 18 辆采用 UTC 动力公司 FCs 的范胡尔 (Van Hool) 公共汽车。

② 1 辆采用巴德拉公司 (Ballard) FC 的 New Flyer 公共汽车。

③ 2 辆采用水吉能公司 (Hydrogenics) FCs 的 Proterra 插电混合公共汽车。

④ 3辆采用巴德拉公司FCs的Ebus插电混合公共汽车。

⑤ 1辆采用水吉能FC APU的戴姆勒/BAE柴油混合公共汽车。

2012年4月，交通部门（DOT）以及FTA为全国范围内的11项FCB新项目投资了1.31千万美元，其中有5项属于CALSTART公司[43]，其中的6.6百万美元用于美国加利福尼亚州先进ZEB概念示范项目，该示范项目中采用动力更足、体积更小的FCs，以及更加有效的电力电子和组件。

FTA的NFCBP拟在美国公共汽车示范车队中继续增加7辆车。所有这些新FCBs中的RESS储能以及刹车制动将会采用氢气FCs与先进的LIBs混合，其中有一些是以电池为主的构架，而FC则充当APU。

AFCB工程[44]将会在阳光车道公司（SunLine，Thousand Palms，美国加利福尼亚州）运输车队中增加更加先进的FCB，它的合作伙伴是FTA、CALSTART公司，而BAE系统将作为串联混合动力和推动系统的整合商；ElDorado National公司以及Axess公司负责汽车制造；而巴德拉动力系统公司则负责150kW FC的生产。2011年，SunLine又收到FTA TIGGER的赞助资金，增加两辆额外的FCBs。此次FCB的团队合伙人依然包括巴德拉公司，它负责提供FC模块，BAE系统负责整合RESS和混合动力，而ElDorado National则作为2013年之前的唯一汽车制造商[45]。

由AC Transit公司带领的“海湾地区联盟”将运行一个由12辆范胡尔（Van Hool）FCBs组成的车队，这些FCBs中安装有ISE ThunderVolt混合驱动以及UTC Power 120kW的FCs。尽管在早期（2006）AC Transit公司的HyRoad FCBs中是采用三个ZEBRA（钠氯化镍）电池，但是最新的版本则是采用西门子ELFA电驱动以及EnenDel的LIBs作为混合推动。EnerDel的LIB化学成分是以锰酸锂为阴极，钛酸锂为阳极，电解液为不易燃类型，整体减小热失控以及起火等情况发生的可能性。这些重负荷牵引电池（额定容量为29A·h，额定能量为17.4kW·h）采用大表面积的金属薄片包装成紧凑、平坦的软包，以加速电池冷却[46]。在NFCBP经费支持的Nutmeg项目的燃料电池公共汽车中，EnerDel LIBs也是被整合到一个类似的RESS结构中[47]，这些公共汽车被CT Transit公司放置在康乃迪克州进行示范。

美国旧金山Compound Bus 2010 FCB项目是BUS 2010 FTA以及CALSTART公司项目的一部分[48]，旨在采用能够支付得起的电池组来加倍柴油公共汽车的燃油效率。它将FC、传统柴油机以及电池储能系统连接进一个动力和推动系统中。它联合了戴姆勒/BAE Orion Ⅶ 柴油-混合电力驱动与LIB（200kW峰功率），系统又由两台Hydrogenics的FCs（每台12kW）来进行动力补充，这些FCs由四个氢气罐来提供燃料，从而扩展了小柴油机公共汽车的功率，增加了其行驶里程。

NFCBP也在2007年资助了Proterra进行项目开发，该项目将TerraVolt RESS设计和整合到一个35ft轻量复合骨架中，为氢气燃料电池35ft（HFC35）电池主导FC HEB提供能量。FTA也资助了这种HFC35轻量公共汽车在哥伦比亚、南加利福尼亚的示范项目。其中RESS为两台UQM Technologies PowerPhase 150kW电力驱动电机提供电能。该电动电机[49]是一台永磁无刷电动机/发电机，能够回收刹车制动能量的90%，并将其转换成电能。这种结构允许公共汽车以灵活的模式运行，可以是电池驱动电力模式，也可以采用一台FC APU来进行增程。

在电池主导的FCB中，由两台小型的、16kW的HYdrogenics聚合物电解液隔膜FCs（由位于公共汽车车顶的储罐中的压缩氢气来提供燃料）组成的APU来为LIB进行充电。Proterra电池主导的FCB在过去几年内在伯班克、加利福尼亚进行运营，采用早期RESS每日大概行驶100英里，证明了其良好的可靠性和耐久性。

SunLine 运输公司[50]也示范了几种 FCB 结构（见图 9.8），这些是根据已有经验教训终改良出成功的几代。最新的来自 New Flyer 的 SunLine AT FCB 采用 Bluways USA[51]的混合电力驱动以及西门子 ELFA 组件；它能够将刹车制动的能量储存在 Valence Technology 的 LFP 电池中（47kW·h），并且采用巴德拉 FCs（HD6，150kW）来提供额外功率，该 FCs 是由 6 个装有 5000 psi 氢气的燃料罐来提供燃料。

图 9.8 SunLine 燃料电池公共汽车（资料来源：L. Eudy，NREL 照片）

电池主导的轻量混合 FCB 是由通用电气公司（GE）[52]示范项目开发出的创新性 NFCBP 公共汽车原型。它的双电池 RESS 包括两种补充电池：一类功率高但是储存能量低的 LIB 电池（“功率电池”以及两个 18W·h，278V 的钠氯化金属 Durathon 电池，其能量密度高但是功率低，作为“能量电池”）。这种双电池结构能够满足 60kW·h 的能量储存容量以及 160kW 峰功率负载，而且价格比 LIB 要低。

9.3.2.2 FTA TIGGER 以及清洁燃料项目

FTA 研究、开发和技术部门以及清洁生产项目促使了混合以及电力驱动公共汽车的开发、示范、评估以及商业化，也促使了在不同动力系统结构中整合重负载、高性能 LIBs。两个比较显著的项目是为期 3 年（2009～2011 年）的 TIGGER[53]以及清洁公共汽车/清洁燃料补贴项目，后者增加了公共汽车和公共汽车设施的补贴[54]。这些 FTA 针对公共运输机构的竞争性资助会导致混合以及电动运输公共汽车车队的持续膨胀，而且也将会许可在大范围天气以及路线下，针对用于运营的新型 RESS 系统进行示范以及评估。

TIGGER 项目的目的在于推动新型技术的配置，以改善燃料效率和降低交通设施和车队的环境污染排放。申请评估和奖励的三个年度周期已经在全国范围内资助了相当可观的创新公共汽车项目。TIGGER 项目的资金将会推动最新的电驱动公共汽车技术，在未来以最低的成本改善电池的安全性和使用性能。

NREL 目前对 TIGGER 项目实施了评估，针对这些升级后公共汽车车队的实际运营性能进行了新的阐述。在他们发布的信息表中[55]，阐明了混合、电动以及 FC 公共汽车设计的一系列范围，生产商，相关技术，驱动结构以及带有 LIBs 的公共汽车在美国不同地区、路线以及环境条件下运行时的充电设施特征。以下筛选了来自于最近 TIGGER Ⅰ资助的整合有 LIBs 的 HEB/EB/FCBs 配置的一些例子。

① 在 TIGGERⅡ资助下，美国加州波莫纳市的山麓运输将会得到九辆新电动 Proterra 公共汽车，并且相应扩展充电设施。该项目在过去 3 年内已经成功实施。

② 位于美国得克萨斯州圣安东尼奥市的 VIA Metropolitan Transit 公司，将会得到三辆 Proterra 全电动公共汽车，其快速充电设施是由风能以及太阳能等可再生能源产生的。

③ 美国明尼苏达州圣保罗-明尼阿波利斯的地铁移动公司，能够获得小型的由 Azure Dynamics（AZD）公司提供的汽油-电并联混合公共汽车，该公共汽车带有 AZD 平衡混合驱动以及 Forcedrive 的 LIBs，其中 LIBs 的化学成分是锂镍钴铝氧（NCA），来自于江森自控-Saft。

④ 美国华盛顿州埃弗里特市的社区交通将会得到15辆New Flyer公司的柴油混合公共汽车，车辆由BAE系统的HybriDrive以及高功率LIBs来共同提供能量，能够最大化能量储存以及减小发动机体积。

⑤ 美国华盛顿州韦纳奇的接驳交通中心，能够得到多至10辆无轨电车，这些电池由Ebus制造，电池采用澳钛的钛酸锂电池，此外，还能得到两座由可再生水力驱动的快速充电站。

9.4 经验积累、进展以及展望

9.4.1 案例研究以及从LIB公共汽车运行中学习到的安全经验

从公交公司在实际运行混合以及电力驱动公共汽车上积累的经验，可以获知关于LIB电池容量、可靠性以及安全性能等有关的有价值的经验。尽管目前所遭遇的一些关于电池维护和可靠性的问题一般是属于新技术“成长的烦恼”，但是其他的却会导致安全问题。DOE的替代燃料数据中心（AFDC）关于混合电动重负载车辆和发动机的数据库[56]中包含超过15辆商业化的柴油以及石油-电力HEB和EBs，这些车辆来自于不同的制造商和供应商。采用不同混合推动系统（这些系统大部分以基于LIB的RESS为特征）的公共汽车，目前都是新的或者刚刚改建过的动力装置。目前在美国范围内运行的一些公共汽车模型包括戴姆勒公车NA Orion Ⅶ、DesignLine ECOSaver Ⅳ、ElDorado National Axess、Foton America FCB、Gillig、带有ISE ThunderPower的NABI柴油电动汽车，带有TerrVolt以及澳钛LIBs的Proterra电动或FC公共汽车，以及带有BAE或ISE LIBs的New Flyer Xcelsior混合公共汽车。一些新选择包括中国比亚迪（BYD）电动公共汽车，它可以用作洛杉矶飞机场中的穿梭汽车[57]。

NREL在很多美国城市中开展的针对混合和电动公共汽车车队评估结果[58,59]中，也能够找到关于LIB电池失效以及维护的信息。这些报告评估了HEB和EB车队，比如纽约城市交通BAE Orion的柴油混合公共汽车车队、Long Beach Transit的石油-电力混合公共汽车、King County Metro的Allison HEB以及诺克斯维尔交通公司（Knoxville Area Transit）Ebus的电动公共汽车和有轨电车。NREL多方比较了在纽约运输管理局运输车队运行的Orion/BAE HEBs[60]，从而确定了符合运输可靠性、可用性以及耐久性要求的LIB的核心性能、耐久性以及安全性能[61]。

以LIBs作为RESS的运输公共汽车的安全操作性是FTA中DOT管理和监督项目的核心关注点，也是国家公路交通安全局（NHTAD）、联邦汽车运输管理局以及国家机构的重要关注点。LIBs会由于过热时发生热失控以及爆炸等引发潜在危险，而当电芯破裂时会引发起火。

可燃的锂以及释放出的氢气或氧气会进一步加剧火灾，而腐蚀性的、毒性的电解液也会泄漏出来。这些问题可以通过设计、包装以及滥用测试，或者通过电压、温度监控系统来进行避免，将系统断开或者电绝缘。BMS、TMS、机械防撞包装以及RESS主动或被动冷却系统也能够参与缓解这些危险发生。

保证这种带有高电压电池的混合或者电动汽车的电气安全性，一般在于阻止和缓解与LIBs相关的起火或者爆炸危险，而这些也是正在进行的NHTSA研究和管理项目中将要解决的问题。2012年5月，NHTSA电动汽车安全研讨会讨论了商业的混合、插电混合以及电动汽车中的LIB系统整合和运营安全保证策略[62]。

专门针对LIB事故和保护措施的标准制定组织（SDOs）是SAE、NFPA以及保险商实验室（UL）[63]。

目前一些利益相关者，包括工业、NHTSA、NFPA[65]以及SDOs（ANSI，SAE，UL）等已经召开了两次电动汽车安全峰会[64]，并确立了紧急求援者需要的研究空白以及训练需求。NHTSA安全性LIB分析研究项目[66]也确定了严重故障的评定标准。阻止和缓解热失控一类的危险可以通过热管理、改善包装以及电气隔离，并改善电池模块和子系统的耐撞性能。现有的规定，比如联邦机动车辆安全标准No.305电池子系统安全性管理条例，以及其他一些已有的和新出现的SAE标准[67]，都将会改善和确保混合以及电动汽车中的电池安全性。目前也开发和补充了一些针对维修工人、现场急救员以及消防局长的安全训练项目，以补充原始设备生产商（OEM）以及电池供应商提供的RESS材料安全性数据表（MSDS）。

2011年10月28日，NHTSA故障调查办公室（ODI）发布了一个安全召回，修正和替换了戴姆勒Orion VII HEBs[68]中的LIBs。经过对几起由于碎片以及水分积累引发的电气绝缘事故中的潜在破坏进行事故调查后[69]，召回了1300辆Orion Ⅶ混合公共汽车，这些混合公共汽车中安装有BAE HybriDrive以及采用A123 LFP电池的RESS（于2008～2011年间生产的），也召回了一些在2006～2007年模型基础上加装有LIBs的公共汽车，对这些召回的公共汽车都更换了车顶的电池模块。

BAE系统HybriDrive[70]之所以选择LFP电池化学（由A123系统开发），是因为它优异的热稳定性以及操作安全性，还因为其模块的紧密、轻量设计以及长寿命（超过6年）。将其放置在车顶并不需要主动电池冷却，但是却会由于碎片、水分等的积累导致短路以及起火风险。

这次的召回事件影响到了在纽约运行的超过1600辆Orion公共汽车。2011年Orion Ⅶ安全召回事件也影响到了美国很多地方的城市交通车队，也致使戴姆勒自2012年5月起不再生产和向美国和加拿大出售Orion Ⅶ混合公共汽车[71]。

New Flyer生产的Xcelsior公共汽车，也采用BAE HybriDrive以及A123的LIBs组成的RESS，New Flyer于2012年3月告知NHTSA，他们也要对这些车辆进行召回，以纠正同样的RESS可能导致LIB短路和引发火灾的问题。并针对在华盛顿特区的47辆混合Xcelsior公车进行了检修，并将其中的LIBs替换为BAE系统公司生产的[72]。

另外一个与LIB有关的事情涉及DesignLine EcoSaver Ⅳ HEBs，这款车最近也是遇到了有关机械和可靠性的问题：导致21辆在巴尔的摩传播魅力城市[73]的DesignLine公共汽车全部停止服务。也有一些DesignLine EcoSaver Ⅳ公共汽车的订购者被丹佛区域交通区以及纽约城市交通管理局取消，他们针对五辆HEBs进行运行检测后，认为这些ECOSaver公共汽车动力不足，且可靠性很差，不能满足预期路线和循环工况。

迄今为止，涉及LIBs过热、漏气或者短路等事故发生的可能性和严重性还比较低。在过去十年内，在美国和加拿大地区发生的超过2200混合公共汽车事故中，只有10起类似的事故发生，而且没有造成伤害。这些“经验曲线”对于先进RESS系统技术在试运期间，实际用于公共汽车车队中是非常典型的，它会促进这些技术有进一步的改进，包括安全性、可靠性和可维护性[72]。

从这些经验中学习到的最重要的一课是，对于采用LIBs用作电力推动系统中储能部分的HEB和EBs，可靠性和安全性是最重要的一环。

9.4.2 LIB用于公共汽车市场：预测和展望

目前很清晰的是美国以及全球的混合以及电动公共汽车产业都准备采用改良的LIBs，但是这种先进的电池技术是否以及何时能够在性能、耐久性、成本、商业利润上具有可行性还未可知。感谢最近的进展以及联邦当局在改善燃料效率公共汽车项目上的投资，使得交通当局部门在LIBs和RESS的可用整合上有了很多的选择，能够采用更清洁的选择来更新它们的公共汽车车队。NHTSA公共汽车安全监管部门，以及早期的FTA和交通部门的验收测试项目，能够而且也将会避免LIB相关的事故发生，并且纠正错误的RESS设计或者LIB产品，这些都促进该产业的持续发展以及公共汽车中新技术的应用。

尽管在增加LIB循环寿命、降低成本、改善性能可靠性以及确保运行和维护安全等措施正在增加，但是将大规模LIB整合到现有公共汽车中还存在很多挑战。需要完全解决LIB运行中存在的挑战，来促使其进一步的商业化应用。这些挑战包括：

① 监控和控制LIB电芯电压平衡和有效调节（电池堆内部均衡）；

② 扩展LIBs的使用寿命，目前LIB保修时间不足公共汽车寿命的一半；

③ 重新设计之前失效的混合电力驱动组件；

④ 稳定的用于牵引功率电子的控制系统（硬件和软件）。

如前所述，有多种LIBs被整合到一系列推动系统以及RESS结构中，在保证它们的性能以及它们在不同路线、循环工况要求以及环境条件下运行时的可靠性和安全操作能力，也已经有了快速和平稳的进步[74]。

但是也需要针对电池维护以及公共汽车操作进行安全训练，以弥补自动RESS监控和控制系统的不足。

另外一个挑战是如何扩展大型LIBs的寿命，它比之前使用的较重、较大但是更加便宜的NiMH、PbA或者ZEBRA电池相比起来都要短一些，尤其是在CD运行模式下。最好的LIB设计寿命只有6年（在保修范围内），但是公共汽车的平均设计和使用寿命是12～15年。事实上，电池实际运行中，有时失效会发生得更快（1～2年）。

LIB单体、模块以及电池堆的高昂费用也是一个需要克服的挑战：更换电池包可能要高达60000美元的费用。在降低LIB成本、选择LIB电池成分、包装、质量控制以及配套更好的监控系统，和承诺解决LIB可靠性和寿命问题上，可能会遭遇更大的竞争。在这场全球LIB市场的竞争中，需要一份长期维修合同，包括免费LIB更换以及更长的工厂保修期，来抵消LIBs初始的昂贵费用和更换费用。一个很好的保证LIB子系统安全性的策略是与电池生产商和供应商谈判一份长期保修时间（3～6年），而不是1～3年。

在保证电池包稳固以及LIB滥用耐受度上也需要继续进步，来避免电解液泄漏、极端天气下热压力引发漏气以及道路碰撞中出现机械故障等问题的出现[75]。在系统中整合电子感应器，采用故障诊断和检测软件来监控LIB，管理TMS以及BMS的性能，以及探测电池内部随时间进行的老化以及退化现象，都能够辅助确认LIB的结构稳定性。这些挑战可能会随着轻负载电动汽车、混合电动汽车以及插电混合电动汽车市场的快速发展而得到解决。

这是一种承诺。DOE电池研发机构与电池制造商联合，致力于改进下一代LIB材料的性能，以获取更好的滥用耐受度和电池耐久性。这些研发项目包括开发更高的容量的阳极材料（如硅和金属化合物），更高的电压和容量的阴极材料，不易燃电解液，弹性隔膜以及稳固的包装。由于联邦政府的研发资金资助以及动力LIBs生产补贴，因此先进的高功率高能量LIBs有望得到广泛商业化，并整合在公共汽车车队中。动力应用电池供应商之间增加的竞争会降低电池的单位成本，而且促进电池性能的改进。

2012年DOE发布针对能源储存研发的年度绩效评估报告[76]肯定了电池在发展和示范中所取得的连续进步，以及雄心勃勃的技术目标。DOE已经向多家电池产业引领者（A123系统，LG化学，Saft-江森自控）以及美国先进电池协会（USABC）签署了合同。下一代锂基电池也正在火热研发中，包括锂硫、锂空以及阳极高容量和阴极高电压的锂金属电池。

NHTSA研究[77]目前正在评估LIB在汽车碰撞中和碰撞后的安全性能，以及电池相关起火和电击危险的保护和缓解措施。最新的指导意见是由标准委员会开发电池测试、认证以及充电接口标准，而由电池以及汽车制造商提供维修。

HEB、EB以及其他目前正在转型中的重负载汽车产业，立足于遵从新的、更加严格的NHTSA以及EPA重负载汽车燃油效率和2014～2018年的温室气体排放标准以及2018～2025年的提案标准[78]。下一步也正在跟进，将会促使更大范围的公共汽车混合化以及电气化，并提升它们的燃油效率，促进环境保护。一些案例如下。

① 在电站进行快充，或者在移动中充电：Proterra EcoLiner BE35公共汽车采用钛酸锂电池，可在电站5～10min内完成快充，单次充电可以运行30～40英里。改善充电速度以及充电方便性的下一步是对移动公共汽车通过电磁感应或者磁共振进行无线充电，将线圈埋藏在路基或者高架结构上。FTA的TIGGER项目已经选择了几项创新性的无线能量输送项目。查塔努加地区运输局（CARTA）将针对三台EBs通过路基线圈以95%效率的快速无线充电进行开发、示范以及评估[79]。另外一个得到TIGGER资助的创新性项目是采用磁共振对EB进行无线充电，项目来自于美国犹他大学，他们采用WAVE公司的技术[80]。形磁共振充电［如WiTriCity以及在线电动汽车（OLEV）所倡议的］是另外一个无线充电技术选择。TIGGER Ⅲ对于麦卡伦的一项资助[81]将会引入和评估OLEV的形磁共振（SMFIR）无线充电技术[82]，来将三种柴油公共汽车转化为全电力、快速充电、能量效率高以及能够增程运行的公共汽车。其中的优势在于所述的RESS要比现有EBs中的小3倍，更轻，而且也更便宜。

② 公共汽车电气化的下一步是开发无线充电标准。SAE目前正在与几家技术提供者开发J2954标准，它是针对插电混合以及电动汽车制定的无线充电标准[83]。对HEB以及EBs进行感应充电目前已经在日本以及意大利的城市内运行[84]。

③ 正在进行的下一步也包括开发能量、功率更高的LIBs，采用超级电容器、FCs或小型燃机发电机的高性能RESS能够弥补NFCBP公共汽车上的LIBs，这点已经在前面论述过。美国Sinautec的超级电容器公共汽车已经于2009年在华盛顿特区的大学内进行示范[85]。而现在，麻省理工学院（MIT）衍生的FastCAP系统公司正在开发纳米技术混合“电池容器”，将LIBs的能量与功率密度与电容器联合在一起，以应用于未来汽车[86]。

总之，来自于FTA、DOE以及EPA连续的联邦政府财政支持以扩展更新的以及燃油效率更高的公共汽车车队，结合目前正在火热进行的改进LIB成分以及安全性能的产业、政府以及高校研究，在公共汽车车队电气化以及不同的LIB应用于公共汽车方面一定能够取得平稳进步。

术　语

AC Transit　阿拉米达康特拉科斯塔运输
AFCB　美国燃料电池汽车
AFDC　替代燃料数据中心
APTA　美国公共交通协会
APU　辅助动力装置
ARRA　2009美国复苏与再投资法案
AT　先进技术
AVTA　先进汽车测试活动
AZD　Azure Dynamics（艾苏尔动力公司）
BCU　电池管理单元
BEB　电池电动公共汽车
BMS　电池管理系统

BYD　比亚迪
CARTA　查塔努加地区运输局
CD　电量消耗
CNG　压缩天然气
CS　电荷维持
CTA　芝加哥交通局
DBNA　戴姆勒汽车北美分公司
DOE　能源部
DOT　交通部
EB　电动巴士
EDSP　电驱动战略计划
EMS　能源管理系统
EPA　美国环境保护署
FC　燃料电池
FCB　燃料电池公共汽车
FMCSA　联邦汽车运输安全局
FTA　联邦运输局
HEB　混合电动公共汽车
HFC　氢气燃料电池
HHICE　混合氢气内燃机
LCC　寿命循环成本
LIB　锂离子电池
LFP　磷酸铁锂
LMO　锰酸锂
LTO　钛酸锂
LWFCB　轻质燃料电池公共汽车
MSDS　材料安全说明书
MTS　城市交通系统
NABI　北美汽车产业
NaMX　钠金属卤化物
NAVC　东北先进汽车联盟
NCA　镍钴铝氧化物
NFCBP　美国燃料电池公共汽车项目
NFPA　美国消防协会
NHTSA　国家公路交通安全局
NiMH　镍金属氢化物
*n*LTO　纳米结构钛酸锂
NREL　美国可再生能源实验室
ODI　缺陷调查办公室
OEM　原始设备生产商
PbA　铅酸电池
PEM　聚合物电解液隔膜
PHEB　插电式混合公共汽车

PM 永磁铁
PMS 功率管理系统
R&T 研究和技术
RESS 可充电储能系统
SAE 汽车工程师学会
SDO 标准开发组织
SDU 安全断开装置
SMFIR 形磁场共振
SOC 荷电状态
TCPR 交通合作研究项目
TIGGER 减少温室气体以及能源排放的运输投资项目
TMS 热管理系统
Ucaps 超级电容器
UL 保险商实验室
USABC 美国先进电池联盟
Volpe center 沃尔普国家交通研究中心
VTP 汽车技术项目
WMTA 华盛顿市区运输管理局
ZEB 零排放公共汽车

参考文献

[1] A. Brecher, Assessment of Needs and Research Roadmaps for Rechargeable Energy Storage Systems (RESS) Onboard Electric Drive Buses, FTA-TRI-MA-26-7125-2011.1, December 2010 at http://ntl.bts.gov/lib/35000/35700/35796/DOT-VNTSC-FTA-11-01.pdf.

[2] 2011 APTA Public Transportation Factbook posted at http://www.apta.com/resources/statistics/Documents/FactBook/APTA_2011_Fact_Book.pdf.

[3] The Transit Bus Niche Market for Alternative Fuels: Module 8 – Overview of Advanced Hybrid and Fuel Cell Bus Technologies, DOE Clean Cities Coordinator Toolkit, TIAX LLC, December 2003 at the Transit Bus Niche Market for Alternative Fuels: Module 8 – Overview of Advanced Hybrid and Fuel Cell Bus Technologies, DOE Clean Cities Coordinator Toolkit, TIAX LLC, December 2003 at www.afdc.energy.gov/pdfs/mod08.zebs.pdf; 2010 Goldman Sachs report Energy Storage: Advanced batteries at http://www.eosenergystorage.com/articles/GSBatteryReport2010-06-29.pdf; and Lithium Ion Batteries for Electric Vehicles: The U.S. Value Chain, 2010, by M. Lowe at http://unstats.un.org/unsd/trade/s_geneva2011/refdocs/RDs/Lithium-Ion%20Batteries%20(Gereffi%20-%20May%202010).pdf.

[4] See FTA Formula and Discretionary Grant programs posted at http://www.fta.dot.gov/grants_263.html.

[5] See postings at http://www1.eere.energy.gov/cleancities/.

[6] See Transit Vehicles DOE/EERE postings at http://www.eere.energy.gov/topics/vehicles.html.

[7] See http://www.fta.dot.gov/documents/HydrogenandFuelCellTransitBusEvaluations42781-1.pdf and http://www.actransit.org/wp-content/uploads/NREL_rept_OCT2010.pdf and http://www.fta.dot.gov/documents/HydrogenandFuelCellTransitBusEvaluations42781-1.pdf.

[8] See www.epa.gov/cleandiesel;www.epa.gov/recoveryand http://www.epa.gov/smartway/financing/index.htm.

[9] See ZEB postings at www.calstart.org.

[10] See Energy Storage Compendium: Batteries for Electric and. Hybrid Heavy Duty Vehicles. March 2010, www.calstart.org/news_and_publications/Publications.aspx.

[11] See FTA Multi-Year Research Program Plan (FY 2009-2013), September 2008 at http://www.fta.dot.gov/documents/FTA_TRI_Final_MYPP_FY09-13.pdf.

[12] See TIGGER program postings at http://www.fta.dot.gov/%20TIGGER.

[13] See FY12 FTA discretionary grant programs at http://www.fta.dot.gov/grants/13094.html, and http://fta.dot.gov/documents/DiscretionaryWebinarSlides_for_FY_2012_-_2-29_and_3-1.pdf.

[14] See SAE releases Li-ion battery safety standards https://www.sae.org/mags/aei/SAEWC/9539 and NFPA March 2012 news releases at http://www.nfpa.org/newsReleaseDetails.asp?categoryid=488&itemId=55931&cookie_test=1.

[15] See NREL Hybrid Electric Drive Fleet Test and Evaluation reports at www.nrel.gov/vehiclesandfuels/fleettest/publications_hybrid.html.

[16] See Reference 1.

[17] See the FTA Multi-year Research Program Plan (2009-2013) at http://www.fta.dot.gov/documents/FTA_TRI_Final_MYPP_FY09-13.pdf.

[18] See Reference 1.

[19] TRB/TCRP Report 132 Assessment of Hybrid Electric Transit Bus Technology, December 2009, see http://www.trb.org/Main/Blurbs/Assessment_of_HybridElectric_Transit_Bus_Technolog_162703.aspx.

[20] See postings at www.baesystems.com.

[21] In April 2012 Daimler Bus North America ceased manufacture of Orion buses, see http://wibx950.com/daimler-buses-closing-manufacturing-operation/.

[22] BAE presentation BAE Systems Hybrid propulsion Systems at the AB 118 Hydrogen Workshop of the California Energy Commission (CEC) on September 29, 2009, posted at www.energy.ca/2009-ALT-1/documents/2009-09-29_workshop/presentations/.

[23] See HybriDrive components and power specifications at www.hybridrive.com.

[24] See TRB/TCRP Report 132 Assessment of Hybrid Electric Transit Bus Technology, December 2009, at http://www.trb.org/Main/Blurbs/Assessment_of_HybridElectric_Transit_Bus_Technolog_162703.aspx; and "BAE/Orion Hybrid Electric Buses at New York City Transit: A Generational Comparison" (NREL/TP-540–42217).

[25] See http://www.hybridrive.com/.

[26] See news at http://www.newflyer.com/index/2012_08_07_wmata_additional_order.

[27] See postings at www.proterraonline.com/products.asp and at www.proterra.com.

[28] See 2009 All American Zero Emission Electric Bus Debuts on Capitol Hill at http://green.autoblog.com/2009/10/30/zero-emission-proterra-electric-bus-comes-to-capitol-hill/.

[29] See postings at http://www.isecorp.com/hybrid-technologies/.

[30] See hybrid-electric drive subsystems posted at www.isecorp.com/applications/transit-bus.

[31] See http://www.nabusind.com/index.asp.

[32] See http://www.gillig.com/New%20GILLIG%20WEB/hybrid.htm.

[33] See http://www.isecorp.com/energy-storage/lithium-ion-power-systems/.

[34] See the ISE and Maxwell integrated energy storage systems at www.isecorp.com/energy-storage/.

[35] See presentation by Paul B. Scott, ISE Corp., at CEC Hydrogen Workshop, September 29, 2009 posted at www.energy.ca.gov/2009-ALT-1/documents/2009-09-29_workshop/presentations.

[36] See Analysis of Electric Drive Technologies for Transit Applications: Battery-Electric, Hybrid-Electric and Fuel Cells, 2005 NAVC report for FTA at http://www.fta.dot.gov/documents/Electric_Drive_Bus_Analysis.pdf.

[37] See bus specifications at http://www.designlinecorporation.com/EcoSaver%20IV.%20pdf.pdf.

[38] See Enova bus specifications and ESS at www.enovasystems.com and http://www.enovasystems.com/drive-system-components.html.

[39] See www.ic-corp.com postings and http://eon.businesswire.com/news/eon/20100526005345/en.

[40] L. Eudy, Hickam AFB Fuel Cell vehicles early implementation experience NREL, 2007 at https://www1.eere.energy.gov/hydrogenandfuelcells/tech_validation/pdfs/42233.pdf.

[41] See Hydrogen Fuel Cell Bus Evaluations and plans http://www.nrel.gov/hydrogen/proj_fc_bus_eval.html and at http://www.nrel.gov/hydrogen/pdfs/49342-2.pdf.

[42] See U.S. Fuel Cell Bus Deployment summary at www.fuelcells.org/info/charts/fcbuses-US.pdf.

[43] See FTA announces 5 awards to CALSTART – advancing zero emission bus technology on April 10, 2012 at www.calstart.org/News_and_Publications/.

[44] See Fact Sheet at www.nrel.gov/hydrogen/pdfs/nfcbp_fs4_feb12.pdf.

[45] See http://www.sunline.org/sunline-receives-fta-award-for-two-additional-fuel-cell-buses.

[46] See NREL report Fuel Cell Buses in U.S. Transit Fleets: Current Status 2010-AC Transit at www.actransit.org/wp-content/uploads/NREL_rept_OCT2010.pdf.

[47] See Nutmeg CT Transit Fuel Bus project NFCBP factsheet at http://www.nrel.gov/hydrogen/pdfs/nfcbp_fs3_jul11.pdf.

[48] See San Francisco Hosts National Fuel Cell Bus program Demonstration at http://www.nrel.gov/hydrogen/pdfs/nfcbp_fs2_jul11.pdf.

[49] For UQM Technologies electric motors for hybrid and electric buses, see http://www.uqm.com/pdfs/PowerPhase150%20_edited_.pdf.

[50] See NREL report SunLine Transit Agency Advanced Technology Fuel Cell Bus Evaluation: Second Results Report and Appendices, October 2011, by L. Eudy and K. Chandler at http://www.nrel.gov/hydrogen/pdfs/52349-2.pdf.

[51] Bluways USA is the current owner of ISE Corporation Technologies, see http://www.isecorp.com/company/ise-timeline/.

[52] See SAE Technical paper 2012-01-1029 by Salasoo, Richter, King, and Li: GE Electric Drivetrain Technologies for Lightweight Battery Dominant FCB, at papers.sae.org/2012-01-1029/.

[53] See postings and awards for three year TIGGER program at http://www.fta.dot.gov/%20TIGGER.

[54] See list of FTA grant programs for clean bus technologies, fuels and facilities at http://www.fta.dot.gov/grants/13094.html.

[55] See project details listed at www.fta.dot.gov/about_FTA_14440.html.

[56] See detailed searches at www.afdc.energy.gov/afdc/vehicles/search/heavy/engines.

[57] See press release at http://www.engadget.com/2011/10/25/byd-opens-north-american-hq-in-la-electric-bus-headed-for-lax/.

[58] See transit hybrid fleet reports posted at http://www.afdc.energy.gov/afdc/fleets/transit_experiences.html?print.

[59] See postings listed at www.afdc.energy.gov/afdc/fleets/transit_experiences.html.

[60] See As hybrid buses get cheaper, cities fill their fleet, October 22, 2009, New York Times at http://www.nytimes.com/2009/10/22/automobiles/autospecial2/22BUS.html?_r=1.

[61] See Clean Air Initiative: Infopool-Hybrid Bus postings at www.cleanairnet.org/infopool/1411/propertyvalue-17735.html#h2_5.

[62] See NHTSA overview and presentations posted at www.nhtsa.dot.gov/vehicle+Safety/Electric+Vehicle+Safety+Symposium.

[63] See FTA Transit Safety information at http://bussafety.fta.dot.gov/splash.php and Volpe Center transit safety resources posted at http://www.transit-safety.volpe.dot.gov/Safety/Default.aspx.

[64] See postings at http://www.evsafetytraining.org/News/News-Articles/NFPA-SAE-Summit.aspx.

[65] See NFPA July, 2011 report Lithium Ion Batteries Hazard Assessment posted by the Fire Protection Research Foundation at www.nfpa.org/Foundation.

[66] See 2012 presentations at http://www.unece.org/fileadmin/DAM/trans/main/wp29/WP29-155-43e.pdf and NHTSA-Battelle report overview at http://www.sae.org/events/gim/presentations/2012/stephensbattelle.pdf.

[67] See SAE/GIM presentation, January, 2012 at http://www.sae.org/events/gim/presentations/2012/galyenmagna.pdf.

[68] See October 28, 2011 http://recallcast.com/recalls/2011/oct/28/daimler-buses-noth-america-inc-electr-11v523000/.

[69] See Orion 7 Hybrid Bus recall at http://recallcast.com/recalls/2011/oct/28/daimler-buses-north-america-inc-electr-11v523000/and at HTTP://WWW.SAFERCAR.GOV.

[70] See www.hrbridrive.com/hybrid-transit-bus.asp and www.hybridrive.com/lithium-ion-energy-storage-system.asp.

[71] See http://www.newschannel6now.com/story/17736988/daimler-buses-reconfigures-operations-in-north-america?clienttype=printable.

[72] See news item at http://washingtonexaminer.com/local/transportation/2012/03/47-hybrid-metrobuses-recalled-flawed-battery/416416.

[73] See For the Charm City Circulator, growing pains are inevitable at www.bizjournals.com/baltimore/stories/2010/08/23/.

[74] See Live Reporting from Advanced Automotive Battery Conference (AABC) 2012: Latest Battery Technology Developments at http://www.cars21.com/content/articles/75120120210.php and AABC2012: Challenges and Solutions for Cost-Effective Integration of Batteries into Electric Vehicles at www.cars21.com/content/articles/75220120213.php.

[75] See Lithium Ion Batteries Hazard and Use Assessment final report by Exponent for NFPA, 2011 at http://www.nfpa.org/assets/files/pdf/research/rflithiumionbatterieshazard.pdf.

[76] See David Howell review presentation of battery R&D activities by DOE/EERE Vehicle Technologies Program (VTP), May 14, 2012 at http://www1.eere.energy.gov/vehiclesandfuels/pdfs/merit_review_2012/plenary/vtpn07_es_howell_2012_o.pdf.

[77] See the May 18, 2012 NHTSA Electric Vehicle Symposium and Interim Guidance documents posted at http://www.nhtsa.gov/Vehicle+Safety/Electric+Vehicle+Safety+Symposium; and Failure Modes & Effects Criticality Analysis of Lithium-Ion Battery – SAE/GIM presentation at www.sae.org/events/gim/presentations/2012/stephensbattelle.pdf.

[78] See NHTSA and EPA heavy duty vehicle fuel economy regulations posted at www.nhtsa.gov/fuel-economy/.

[79] See CARTA electric buses to charge on the go in Chattanooga, November 18, 2011 at http://www.timesfreepress.com/news/2011/nov/18/cartas-electric-buses-charge-go/.

[80] See Electric bus charges wirelessly at U of U, November 16, 2011 at http://www.ksl.com/?nid=148&sid=18116082&title=electric-bus-charges-wirelessly-at-u-of-u.

[81] See McAllen, TEXAS to introduce OLEV-powered electric buses at http://evworld.com/news.cfm?newsid=27074.

[82] See postings at www.olevtech.com and http://www.witricity.com/pages/technology.html.

[83] See presentation by Jesse Schneider, SAE TIR J2954 Chair, on Wireless Charging of Electric and Plug-in Hybrid Vehicles at http://bioage.typepad.com/files/SAE%20J2954%20Wireless%20Charging%20Dec.%202010.pdf Industry; includes: WiTriCity in the U.S., Conductix Wampfler in Germany, HaloIPT in the UK and New Zealand.

[84] See NYT article on May 30, 2012 In Italy, electric buses wirelessly pick up their power at http://wheels.blogs.nytimes.com/2012/05/30/in-italy-electric-buses-wirelessly-pick-up-their-power/.

[85] See http://www.pluginamerica.org/vehicles/sinautec-ultracap-hybrid-bus and Sinautec America demonstrates bus at America University.

[86] See http://www.fastcapsystems.com/about.html.

第10章 采用锂离子电池的电动汽车和混合电动汽车

Fabio Orecchini[1,2], Adriano Santiangeli[2,*], Alessandro Dell'Era[2]
([1] 能源与移动系统，CIPRS校际可持续发展研发中心，罗马大学，罗马，意大利；[2] 机械与能源系，古列尔莫·马可尼大学，罗马，意大利)
*A.SANTIANGELI@UNIMARCONI.IT

10.1 概述

10.1.1 锂离子电池的革新

汽车的电气化正在快速进行，在未来几十年内，电动汽车在市场上的数量将会非常可观，但是却仍然有限。混合类型在重要性以及市场占有率上将会持续增加。在过去几年内，它们也经常出现在市场上，而现在基于之前取得的不错结果，那些对混合汽车类型满意的司机要求在汽车动力传动系统上增加电动成分。

氢燃料电池汽车虽然并未准备上市，但是它们也代表了另外一种电动化的类型，而它未来也有可能作为替代产品进入市场或者与混合电动汽车（HEVs）以及电池驱动的纯电动汽车（EVs）并行于市场上。因此，关于电动汽车，我们至少要考虑三类产品：有内燃机（ICEs）的混合汽车、以可用插座充电的电池驱动电动汽车（EVs）以及氢燃料电池汽车。

10.1.2 电动汽车分类

这里采用的分类方法是将机动车辆分为混合电动汽车（HEV）以及纯电动汽车（BEV）。为了方便表述，以车辆的混合程度来表示每种类型的混合汽车，即中混汽车、全混汽车，以及可外部充电的汽车（插电式混合电动汽车，PHEV）。在10.2节重点评述BEVs的章节里面，也囊括了增程式电动汽车（EREVs）。其中锂离子电池驱动的微型车，也用了一节来详述。

为了方便阅读，先说明一下电气化程度的描述。汽车电气化程度可以按照以下顺序进行：无混合汽车即内燃机汽车，HEVs（微混汽车、中混汽车、全混汽车以及PHEV），EREVS和BEVs。表10.1根据不同类型的汽车，列出了它们有的或者可能有的功能和特征。

提到HEV，采用这种混合的方法是为了减少消耗和排放。在混合电动体系中，电动机的存在使得热机的使用更加有效，而且电力蓄电池以及电动机也可以实现在刹车过程中能够回收一定量的能量，这部分能量可以用作后续牵引使用。对混合汽车的传统分类方法主要是基于系统构架，即串联混合（只有电动机为车轮提供动力）、并联混合（热机和电动机串联为车轮提供机械力，但是两者并不相连）和串并联混合（电动机和热机，除了为车轮提供机械能之外，还彼此相连）。不过，目前汽车生产商以及该领域专家采用的分类法还涉及汽车混合程度，即热机/发电机提供的能量和电动机提供的能量之间的比例（见表 10.1）。

表 10.1　不同的汽车类型及其主要的功能/特征

系统	功能				
	起停	电力牵引	回收制动	仅依靠电力行驶	外部电池充电
传统汽车	可能	不能	不能	不能	不能
微混电动车	可以	不能	少量	不能	不能
中混电动车	可以	受限	可以	少量	不能
全混合电动车	可以	可以	可以	可以	不能
插电式混合电动车	可以	可以	可以	可以	可以
增程电动车	可以	可以	可以	可以	可以
电池电动车	可以	可以	可以	可以	可以
燃料电池电动车	可以	可以	可以	可以	可以①

① 电动以及/或者氢气补充燃料。

10.1.2.1　微混电动车

电子元件在微混电动车中所起的主要作用如下：

① 为电力驱动附件包括空调提供动力；

② 起 & 停（汽车怠速等待和停止时关闭内燃机，汽车再次启动时又自动将内燃机打开）；

③ 刹车时能量再生（能够回收部分刹车能量）。

10.1.2.2　轻混/中混电动车

电子元件在中混电动车中所起的主要作用如下：

① 为电力驱动附件包括空调提供能量（也是微混车的特征）；

② 起 & 停（与微混车一样）；

③ 停止正时系统（当内燃机不对扭矩发出请求时，阀门处于休眠状态，不吸收任何能量，而内燃机在没有实际切断的情况下停止）；

④ 提供牵引能量；当发动机达到最大转矩时，电动机为车轮提供能量（例如启动时）❶；

⑤ 刹车时能量再生。

这种解决方案与微混车的最大不同在于：中混车中电力系统对动力系统的贡献大。根据电动机功率与内燃机功率之间的比率，混合车辆可以分为微中混到中混。不过，无论在哪种情况下，独自依赖电动机给汽车提供牵引力都是不可能的，除非在一些特殊条件下。

10.1.2.3　全混电动车

除了具有在微混和中混电动车中的功能之外，全混电动车能够单独采用电动机来启动和行驶。显然，由于电动机和电池的大小限制，全电动行驶距离很受限。

因此，总结全混系统的所有功能，其特征如下：

① 为电力驱动附件提供能量，包括空调（与微混和中混电动车中的一样）；

② 起 & 停（与微混和中混电动车中的一样）；

③ 停止正时系统（当内燃机不对扭矩发出请求时，阀门处于休眠状态，不吸收任何能

---

❶ 在这种方式下内燃机提供的扭矩与在消耗和排放上的显著减少“持平”。

量，而内燃机在没有实际切断的情况下停止)(与中混电动车中的一样)；

④ 提供牵引能量；在需要最大转矩的情况下，电动机为车轮提供能量，例如启动时❶(也是中混和微混的特征)；

⑤ 刹车时能量再生❷（与微混和中混电动车中的一样）。

⑥ 可以在零排放汽车（ZEV）功能下，以纯电力模式启动和行驶。

除了这些外，电动汽车的分类还包括以下 4 类。

10.1.2.4 插电式混合电动汽车(PHEV)

PHEV 与当前混合汽车可以提供性能的主要不同在于，可以通过电插座对车上电池进行充电，而且电池能量能够保证汽车全电行驶一段距离，至少能够满足日常城市行驶。例如，从 15km 左右到超过 100km。与 HEVs 一样，PHEVs 也是迈向纯电动汽车的一个中间步骤。

其中，充电可以按照：

① 标准充电（国内电力供应，比如 220V，10A 或者 16A)；

② 快速充电（专用充电站，如 400V，32～63A)。

10.1.2.5 增程电动车(EREV)

增程电动车（EREV）在一定距离内可以像一台纯电动汽车一样运行。而电池电量耗尽之后，ICE 驱动发电机，继续行驶几百公里的“增程”距离。理论上一台 EREV，根据传统的基于系统结构进行的分类，是一个“串联混合”(给车轮提供功率的引擎只有电动机)。

在一台 EREV 中，由电力组件提供的功能主要如下：

① 为电力驱动附件包括空调提供能量；

② 起 & 停；

③ 为牵引目的提供能量；

④ 刹车能量再生；

⑤ 以纯电动模式（ZEV）提供汽车牵引力；

⑥ 通过 ICE 为电池充电；

⑦ 能够插上电源进行充电。

10.1.2.6 纯电动汽车(BEV)

一辆电池电动汽车中电力组件所提供的性能如下：

① 为电力驱动附件包括空调提供能量；

② 起 & 停；

③ 以纯电动模式（ZEV）为牵引提供功率来源；

④ 刹车能量再生；

⑤ 能够插上电源进行充电。

10.1.2.7 燃料电池电动汽车(FCEV)

一辆燃料电池电动汽车中电力组件提供的性能主要如下：

① 为电力驱动附件包括空调提供能量；

② 起 & 停；

③ 以纯电动模式（ZEV）为牵引提供功率来源；

④ 刹车能量再生；

---

❶ 在这种方式下内燃机提供的扭矩与在消耗和排放上的显著减少“持平”。

❷ 事实上，在这种情况下只能回收刹车时的一部分能量。

⑤ 外部充电，充电以及/或者加氢气。

10.2 HEVs

10.2.1 奥迪 O5 混合电动汽车 (全混 HEV)

奥迪 Q5（见图 10.1）首次将高性能锂离子电池（266V/5A·h）用于混合运动型多用途车（SUV）中。一个四缸的 155kW（211hp）的 2.0 涡轮增压燃油分层喷射（TFSI）发动机以及高达 40kW（54hp）、扭矩为 210N·m 的电动机一起为汽车提供能量。

quattro[1] 技术确立了分布在前轴和后轴中的全时四轮驱动的地位。Q5 hybrid quattro 允许选择使用三种驱动模式中的一个。例如，在“EV”模式，可以以纯电动模式驱动，最高速度为 100km/h，几乎没有噪声产生。另外两个模式包括，“D”，采用两个发动机来工作，以降低消耗；“S”，在该模式下汽车性能增强。纯电动模式的行驶里程在恒定速度 60km/h 的情况下可以达到 3km。

图 10.1　奥迪 Q5 hybrid 及其动力传动系统

10.2.2 宝马 ActiveHybrid 3 (全混 HEV)

BMW ActiveHybrid 3 有望成为世界上第一台全混合动力驱动的紧凑型豪华运动轿车。在这辆车中，电动机与 BMW 双涡轮增压直列六缸发动机的联合，利用了搭载有智能混合车辆能源管理系统的高性能锂离子电池的优点。

直列六缸发动机以及电动机联合起来，提供 335hp（1hp=1 匹=0.735kW，故 335hp≈246kW）以及 332lb·ft（450N·m）的扭矩。除了 ICE 所行驶的里程外，电动机能够以高达 45mph（1mph=1mil/h≈1.609km/h，45mph≈70km/h）的速度来驱动 ActiveHybrid 3 至 2.5 英里（4km）。

电动机是由锂离子高电压电池驱动，这是专为 BMW ActiveHybrid 3 特别开发的电池。电池包装在一个特殊的高强度壳内，放置在车辆后备箱的轮拱罩之间（见图 10.2）。这可以给电池提供最优的保护，而且帮助汽车保持匀称的质量分布。电池是由 96 个电芯组成的，有效能量为 675W·h，在空调冷却回路中安装有一个冷却系统。

10.2.3 宝马 ActiveHybrid 5 (全混 HEV)

宝马 5 系列也有 ActiveHybrid 版本（见图 10.3），车内安装有 3.0L 发动机和 250kW/340hp 电动机。这款车是欧洲汽车工业在高档全混动力轿车领域开发的首个产品。它采用 BMW535i 的双驱涡轮增压六缸直列发动机（225kW/306hp），并配备 40.5kW/55hp 电动机，所以总马力可达 250kW/340hp。通过锂离子电池（675W·h）为发动机提供能量，使

[1] Quattrro 是大众公司旗下奥迪四驱技术的注册商标。

图 10.2 BMW ActiveHybrid 锂离子高电压电池放置在行李箱下方

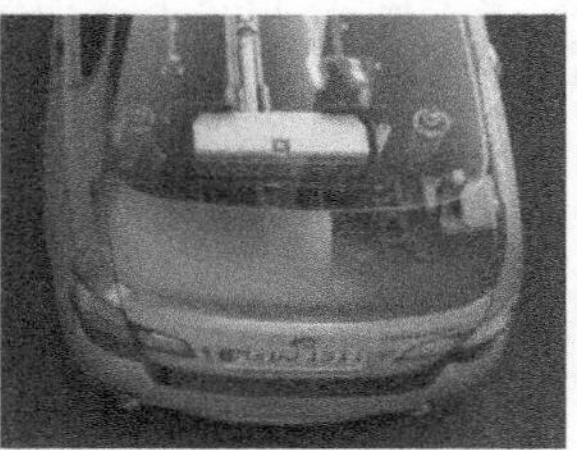

图 10.3 BWM ActiveHybrid 5

汽车速度可以达到 60km/h。8 档自动变速器将双引擎扭矩传至后轮。该汽车还配备了能量管理电子系统，电池在启停时可以充电。由于这个装置，使得 BWM ActiveHybrid 5 比 535i 能量消耗减少 20%，加速时电力增大，电力行驶速度可以达到 160km/h。

10.2.4 宝马 ActiveHybrid 7（轻混合 EV）

宝马（BMW）7 系列 ActiveHybrid 模型如图 10.4 所示，是市场上首款 BMW 轻混合电动车。这款高端豪华车的设计理念上并非为了减少能耗，而是相对于更高级的车型（V12）在质量上实现更轻，而在行驶里程上更长。基于此，它配有双涡轮增压 V8 发动机（330kW），除了有 15kW 和 210N·m 的电动机外，还依靠 8 档自动变速器进行动力传输。这样，ActiveHybrid7 的总能量能够达到 342kW（略少于考虑不同电动机不同能量的计算值）。引擎/发动机耦合在扭矩变换器之前的传动轴上，通过一个 120V 的逆变器连接到 800W·h 锂离子电池上，车辆从 0 加速到 3500 转速只需要 4min（转速继续升高，电动机的扭矩下降，不利于它的有效使用）。在正常行驶中，电池可以通过刹车制动和直接通过引擎进行充电，而电池管理系统对充电条件进行合适的选择。ActiveHybrid（微混合）系统明显赋予此款车起 & 停的功能，避免了车辆停止时引擎空转。通过 DC-DC 转换器，电动机也可同样执行启动功能，替代汽车 12V 电源。BMW ActiveHybrid 系统采用混合技术来优化一些服务：例如，双液中冷器的回路也可以用来冷却 DC-DC 转换器以及所有的动力电子设备。宝马 7 系列 ActiveHybrid 不能在纯电模式下提供车辆牵引。

图 10.4 显示该 ActiveHybrid 系统，包括：①锂离子电池（120V，800W·h，35 个电芯）；②电池加热/冷却系统和③电动机用高压线。

正是由于锂离子电池，使得宝马 7 系列微混合电动车在朝向多功能电动汽车的道路上迈出了重要的一步。刹车制动产生的能量，根据在不同阶段的行驶条件，可以为电池提供能量，使得这些能量在需要时可用。宝马 ActiveHybrid7 系统的开发是基于锂离子电池技术，能量存储量可达 400W·h。电池组由 35 个电芯组成，且在充电时有集成控制单元，从而确保系统在不同驾驶条件下提供合理的功能，包括温度调节。配套有液体冷却系统的锂离子电池［37cm×22cm×32cm（长，宽，高）］的质量为 27kg，置于后备箱底部的高刚性金属防护盒内。这样，能够同时保证电池保护以及质量分布。电力动力系统位于电力单元和 8 速

图 10.4　BMW 7 系 ActiveHybrid 以及其锂离子电池细节

ZF（Zahnradfabrik Friedrichshafen）传动装置之间，最终形成 50∶50 的质量分布［37cm×22cm×32cm（长，宽，高）］。

10.2.5　宝马 Concept Active Tourer（PHEV）

宝马 Concept Active Tourer（见图 10.5）的推动系统，阐释了宝马集团在未来占据可持续发展领域的依据。宝马混合插电式车型的推动技术以及电气模型以 BMW eDrive 作为标识。电动里程超过 20km，同时也容许在短时电力行驶、相对长时电力行驶或者混合行驶下有效地使用车辆。虽然宝马集团开发的电动机是同步的，但 BMW EfficientDynamics 的热力发动机仍为 1.5L。正如迄今为止所有宝马模型一样，1.5L 汽油引擎不能驱动后轮，只能驱

图 10.5　BMW Concept Active Tourer

动前轮。必要情况下，电动机可作用于后车轴自行驱动车辆。

当电池充足电时，并只依靠电力驱使时，宝马 Concept Active Tourer 可以行驶超过30km。此外，同步电动机提供的动力可用于比如在高度动态加速度过程。锂离子电池能够用家庭 220V 电源插座进行充电。从双轴中获取能量并注入锂离子电池中，以增强该款插电混合汽车的效率。减速时，在后轴的电动机自动恢复最大能量，与内燃机相连的还有一个额外的高压发电机，必要时为电池充电。

该车配备有智能管理系统，以增加插电混合动力系统的效率。依照预期的操作策略可以优化发动机效率以及高性能的电池。系统可以利用导航系统提供的数据，预先计算出最优化路线以及行驶模式，使用电力驱动或者充电。这种优化的充电策略节约了 10%的能量，可以延长车辆单纯依靠电力行驶时的总时间。

10.2.6 宝马 i8(PHEV)

驱动宝马 i8 概念车（见图 10.6）的驱动系统集成在前轴和后轴模块中，两者之间有碳纤维增强塑料 Life 模块作为桥梁将其连接起来，存储在 Life 模块中的电池电芯位于能量隧道之内，结构类似于中央传输隧道。

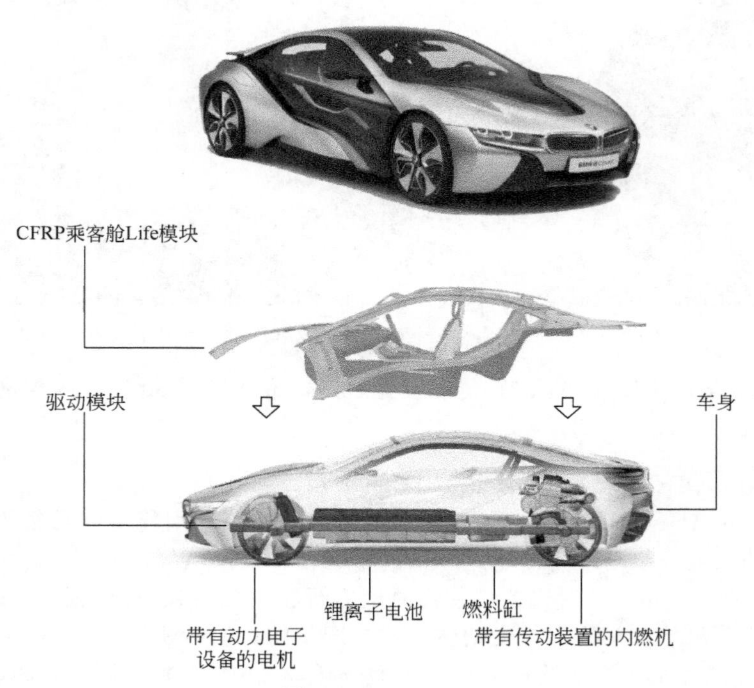

图 10.6 BMW i8

前后轴模块与乘客舱以及电池连接，形成一个功能单元，该单元不仅能够承担负载，而且要承担碰撞功能。位于能量隧道中的高压电池增强了它的动力性能。与位于车轴上的发动机和引擎一起，形成 50：50 的质量分布。创新性的插电式混合概念联合了从 BMW i3 Concept 上改进的电力驱动系统——安装在前轴的高性能三缸式内燃机，可以在后轮产生164kW (220hp)/300N·m。驱动系统产生 250kW 的总功率。专为这个目的特殊设计的锂离子电池安装在前后轮模块之间（见图 10.6），可以采用家用电力供应进行充电（总充电时间 2h)。

宝马 i8 Concept 在纯电力驱动下可行驶里程达到 35km（约 20 英里）。

10.2.7　本田（讴歌） NSX（PHEV）

混合插电式 NSX（见图 10.7）是本田下一代高性能轿车的代表。采用轻质材料以及半悬 V6 引擎，NSX 概念车中采用了讴歌的几种新技术，包括应用讴歌的创新的 Sport Hybrid SH-AWD®（Super Handling All Wheel Drive™）。

图 10.7

采用双侧扭矩可调控系统的独特的双电动机传动单元，全新的混合四驱系统在转弯时能够即时地在前轮产生正扭矩或者负扭矩。讴歌期望其 Sport Hybrid SH-AWD® 能够提升车辆操纵性能，解决与之前 AWD 系统的不匹配问题。除了改善车辆的操纵性能之外，强大的下一代直喷 VTEC® V6 发动机与内置电机的双离合变速箱共同工作，可以在提供杰出效率的同时提供超级加速度。电力传动系统的电池是锂离子电池。新款 NSX 预计于 2015 年内上市，将由美国本田研发中心开发，在美国俄亥俄州进行生产。这种超级跑车是由本田与其奢侈品牌讴歌联合研发，采用创新混合电力-汽油系统，拥有高性能和高行驶里程。汽油发动机可以是 3.5V6，并与电动机联合能够实现 280kW/380hp 的总功率，从 0 加速至 100km/h 只需 5s。

10.2.8　英菲尼迪 EMERG-E（EREV）

英菲尼迪 EMERG-E（见图 10.8）由两个 Evo 电动机（每个功率 150kW）驱动后轮提供牵引力。四方的逆变器控制发动机以及在刹车时能量回收。回收的能量直接进入安装在座椅后的锂离子电池中。电池可提供超过 50km 的城市运输距离，而一旦电动车的能量耗尽，由 Lotus Engineering 提供的 1.2L，35kW 的轻便简洁的三缸式汽油引擎便作为发电机开始启动。

图 10.8　英菲尼迪 EMERG-E

这种三缸式引擎产生的马力为1500～4000r/min，在3500r/min时达到最大功率。根据已公布的性能，英菲尼迪 EERG-E 的最大速度可达 220km/h，在 4.1s 内可实现 0 至 100km/h 的加速，在增程模式下运行时，其 CO_2 的排放为 55g/km。

10.2.9 英菲尼迪 M35h（全混 EV）

这种混合系统（见图 10.9）取名“直接响应混合动力（Direct Response Hybrid）”，联合一台 306hp 和 350N·m 的 3.5-1 V6 发动机和一台 68hp 以及在 1770r/min 时输出最大扭矩为 270N·m 的电动机共同驱动后轮。

图 10.9 英菲尼迪 M35h

这款车配备 7 档自动变速器，包括替代扭矩转换器的电动机，通过次级离合装置与传动轴相连。英菲尼迪的“Direct Response Hybrid”系统能够通过其电动机在零排放模式下驱动 M35h，最高时速可达 80km/h。英菲尼迪混合系统配备有刹车回收系统，可以此来提升安装在车辆中的 1.3kW·h，340V 锂离子电池的行驶里程，如在图 10.9 中所示。电子控制车辆最大行驶速度为 250km/h，而且通过改善空气动力阻力系数（C_x），使其从 0.27 下降到 0.26，那么汽车性能还可以得到进一步提升，而且其汽车质量限制在 1830kg，而不是 M30d 的 1845kg。

10.2.10 奔驰 S400 混动（轻混 EV）

在世界上推出首款混合模型 10 年之后，高端品牌领域（2005 年 6 月，雷克萨斯 Rx400h）推出混合车辆 4 年之后，奔驰推出了 S 级汽车。但是，它是第一台带有电动机和电池的动力系统可支持传统 ICE 的欧洲汽车，也是世界上首款批量生产的锂离子电池混合汽车。

S 级微混合车辆类型的车载混合技术，带有一台有起 & 停功能的 15kW 电动机，匹配有 V6 汽油发动机：混合功率为 220kW，最大联合扭矩为 385N·m。锂离子电池不只结构紧凑（直接安装在发动机舱，见图 10.10），而且很轻，不过能量相对有限。

同市场上其他混合车辆相比，奔驰 S 级的电力支持时间更为有限；但是，认证数据显示，这些小而重复的措施导致良好的结果，比如 100km 消耗 7.9L 汽油，相当于排放 186g/km CO_2。这套锂离子电池组（由德国大陆 Continental 公司和 Saft 公司共同研发）能够保证在

图 10.10　奔驰 S400 级混合汽车

动力激活的那几秒能量供应充足。但是，它与没有电动机的汽车之间的明显区别在于驾驶舒适度。此外，锂离子电池放置的位置使得很容易可以拿到它，而且可直接驱动汽车的空调系统制冷。

10.2.11　奔驰 E300 BlueTEC HYBRID（全混 EV）

奔驰 E300 BlueTEC HYBRID（见图 10.11）配备 2.2L 四缸式柴油发动机，最大功率达 204hp，最大扭矩为 500N·m，配套的由置于发动机舱的 0.8kW·h 锂离子电池供能的电动机，最大功率为 20kW，最大扭矩为 250N·m。在纯电模型下汽车行驶里程只有 1km，最大速度为 35km/h，而在其恒定速度 160km/h 下，ICE 关闭，电动机利用存储的惯性单独驱动车辆行驶。带有锂离子电池的模块混合系统是借鉴其旗舰轿车 S400 的技术，在此基础上，奔驰 E300 BlueTEC HYBRID 再为自身加上诸如起/停、刹车能量制动以及“促进”效应等系统。

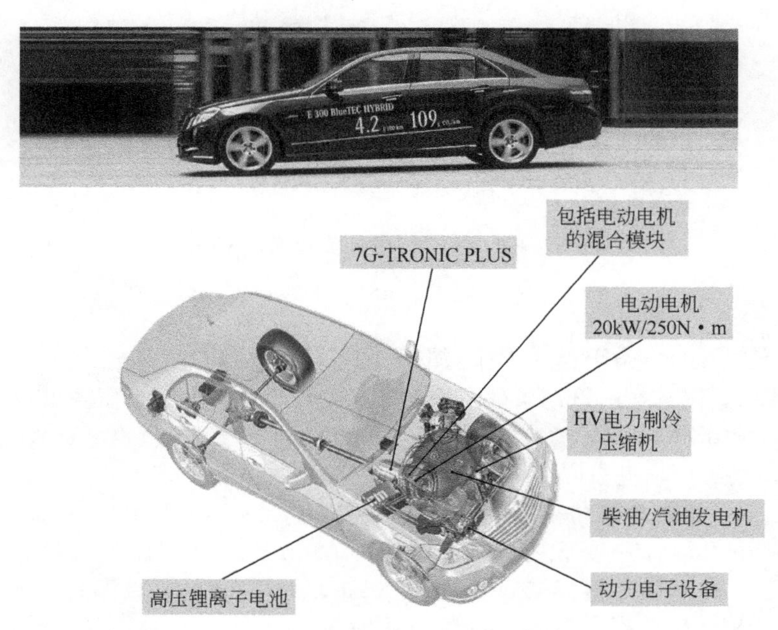

图 10.11　奔驰 E300 BlueTEC HYBRID

10.2.12　奔驰 Vision S500 插电式混合电动汽车（PHEV）

奔驰 Vision S500 插电混合电动车的混合系统（基于 S 级）联合了 3.5L 汽油热发动机以及在纯电条件可支持车辆行驶 30km 的 44kW 电动机。电池配套为 10kW·h 的锂离子电池组，置于汽车尾部的车轮之间，如图 10.12 所示。该电池同样可以使用家用插座进行充电，只需 4.5h；如果可能的话，连接到 20kW 的电源插座上，其充电完成时间只需 1h。

同样，在这款车中，两台引擎之间的逻辑管理可以使得从电力驱动系统（六缸有短暂干预）到传统汽油推动（顶加速时有电力辅助）之间自由切换。

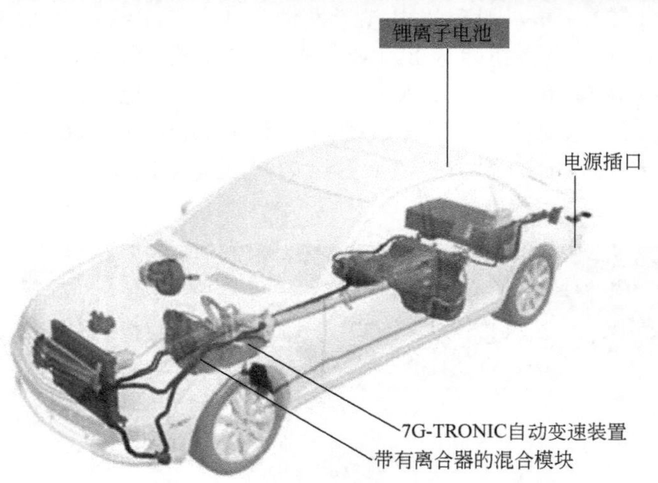

图 10.12　奔驰 Vision S500 插电混合汽车：系统配置

10.2.13　丰田 Prius 插电混合电动汽车（PHEV）

全新 Prius 插电汽车在纯电动条件下行驶车程为 25km（车辆自限速 85km/h），然而根据认证数据显示，其 CO_2 的排放仅为 49g/km，而标准 Prius 的值为 89g/km。将汽油引擎考虑在内的话，全部行驶里程可达 1200km。

全新 Prius 插电式汽车的功率可达 136hp，可在 11.4s 内实现从 0 至 100km/h 的加速，最大速度为 180km/h，此速度下耗油率为 2.1L/100km，比标准普锐斯要低 45%。如果没有电池辅助的话，汽车耗油率大概在 3.7L/100km，而且 CO_2 排放率为 85g/km。Prius 插电汽车携带 4.4kW・h 锂离子电池，位于车辆后端（见图 10.13），容量是常规 Prius 的 4 倍，而总充电时间为 90min。

发动机为 1.8L，在 Prius 阿特金森循环（Atkinson cycle）下最大输出功率为 99hp，扭矩为 142N・m，而配套的永磁式电动机为 60kW/82hp 和 207N・m。该车允许三种行驶模式：HV、EV 和 EV-City。其中最后一种模式中，在油门踏板重压时，引擎操作会适当延迟。Eco 模式会更改电子气门控制程序以及空调系统的操作，来最大化节能，而且增加的 Eco 驾驶辅助监控与常规混合 Prius 相比，也增加了信息的可见性。

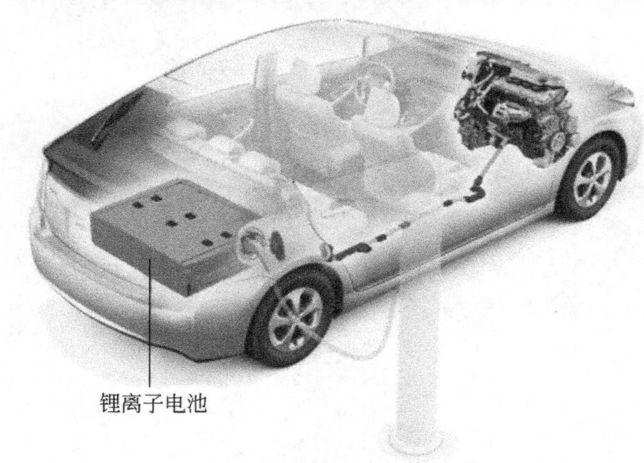

图 10.13　丰田 Prius 插电式混合动力电动汽车

10.2.14　丰田 Prius⁺（全混 EV）

在该车上，动力体系得到进一步改进。该车技术可利用电动机和发动机的最大效率，从而在性能和能耗方面得到方便、快捷的平衡。在汽车减速和刹车过程中，将动能转化为电能，并储存在电池中。变速杆受电子控制，通过混合系统的心脏，即行星齿轮来传输驱动动力。

丰田 Priu$^+$配备的锂离子电池，位于前座之间的中央控制台内，如图 10.14 所示。新电池只有 56 个电芯，总质量为 34kg；结构紧密，比镍氢电池所占据的空间要少 50%，在提供同等功率的情况，质量减轻 8kg。

Prius$^+$的混合动力包括 1.8L 汽油发动机，最大功率为 99hp，以及最大功率为 82hp 的电动机，从而可实现最大功率为 136hp。其耗能和 CO_2 排放水平分别为 4.1L/100km 以及 96g/km。

该混合动力系统可以自动启动电动机达到最大速度 70km/h，之后启动 1.8L 汽油引擎。中央控制台上的按键显示“EV”模式时，系统单独使用电力驱动；而在“Eco”模式下，车辆处于自由行驶模式，可以优化管理能量消耗；而在“POWER”模式，可以增加加速度，而驾驶乐趣也随之得到提升。由于锂离子电池安装在车辆中央控制台内，所以整个车辆空间增加。

10.2.15　沃尔沃 V60 插电混合电动汽车（PHEV）

自在日内瓦车展上展出后，2012 年，沃尔沃 V60 便以 1000 辆的单位进军市场。它是首款联合插电以及柴油发动机的混合车辆。前轮由 5 缸，2.4L 涡轮增压柴油机驱动，而后轮由 70hp 的电动机驱动。汽车总体功率可达 285hp，具有 6 速自动变速器，沃尔沃 V60 插电混合汽车的性能可与其 T6 汽油引擎汽车相抗衡。瑞士汽车制造商也声明该 11.2kW 的锂离

图 10.14　丰田 Prius⁺

子电池（见图 10.15，安装于汽车底部）可以采用家用常规插座充电（230V，6A，10A 或者 16A），根据电流大小，充电时间为 3.5～7.5h。

图 10.15　沃尔沃 V60 插电混合电动汽车

10.3　BEVs和EREVs

10.3.1　比亚迪e6(BEV)

比亚迪（Build Your Dreams）e6（见图10.16）并非全新款，在2009年和2010年它就已经在Cobo中心展出，但是在2011年美国底特律汽车展上展出的更新BYD e6-Eco越来越接近批量生产模型。该模型是日产Leaf和雪佛兰Volt的电动替代品，车的技术特征包括60kW·h的磷酸铁锂电池，在6h内充电，可以驱动75kW电动机。车最高时速可达140km/h，一次充电行驶里程有望达到300km。

此外，在刹车、减速以及下坡滑行中，车辆的动能转化为电能，通过再生制动功能存储在电池组中。比亚迪自行开发的电池能够承受高温、高压以及严重的碰撞等，具有良好的可靠性，电池提供10年的保修期。

在高压供电系统下，该电池系统能够自动探测漏电流以及电池外壳破坏。紧急维修开关会与高电压电池组断开，以在系统故障以及车辆需要维修时保证司机和乘客的安全。停车齿轮电机控制器接收到发动机发出的锁定/解锁指令后，执行相关措施，以提供停车或者车辆启动时的最大安全。对e6充电非常方便，而且快捷，用100kW快速充电箱充电只需要40min，而用标准10kW充电桩充电则需要6h。环境友好的e6是一台零排放EV，这意味着它不释放出有害有毒物质、污染物以及有害的温室气体。比亚迪锂离子电池进一步体现了绿色理念，在电池中采用完全可回收的或者一次性的化学配方。

图10.16　比亚迪e6

10.3.2　宝马ActiveE(BEV)

宝马ActiveE是在2010年美国底特律车展上展出的。它属于由电机驱动的零排放1系汽车。与MiniE一样的原理，宝马ActiveE是前驱汽车，电机安装在后轴处。它采用两种不同的锂离子电池组，如图10.17所示：第一组安装在燃料缸的“传统”区域（后部模块）；第二组放置在配电系统（通道模块）。

电机最大功率170hp，最大扭矩250N·m，可以提供145km/h的最高时速，从0加速到100km/h大约需要9s。该锂离子电池全电行驶里程承诺为160km（FTP72循环里程统计为240km）。在ECOPRO系统中允许设置车载系统来优化回收刹车制动能量；在城市驾驶模式下，一般不激活常规刹车系统。

图 10.17　宝马概念车 ActiveE

在宝马 1 系 Coupé 的基础上，ActiveE 继续采用后轮牵引，正是由于电池组安装在轮轴位置以及车辆平台中心，所以保证了整车有 50∶50 的质量分布。采用 32A 充电设备，电池可在大约 5h 内充满电，而采用快充的方法，充满电池则只需 3h。

10.3.3　宝马 i3（EV& 也可作为 EREV）

宝马 i3 概念车，是在 BMW i3 的基础上直接作为 EV 进行设计的，车内配备有 125kW/170hp 的电机，最大扭矩可达 250N·m，主要在城市地区运行。它的电机不同于 ICE，其扭矩随引擎转速增大而增大，而在静止时获得最大扭矩。这使得宝马 i3 概念车非常敏捷，可以提供引人瞩目的加速度。在小于 4s 内可以加速到 60km/h，而加速到 100km/h（62mph）的时间小于 8s。此外，高扭矩可以在一个较宽泛的转速范围内获得，从而使得车辆功率输出非常平稳。单速变速箱将最优功率传输至车辆后轮，加速 i3 Concept 至电控速度 150km/h，不造成功率损失。

与其他汽车一样，电机也可以作为发电机，回收动能转化为电能并反馈给电池。能量回收产生制动效果，从而对车辆减速起到重要作用。由锂离子电池提供能量（锂离子电池集成在车辆下方，见图 10.18），宝马 i3 一次充电行驶里程为 225km，采用标准充电插座充电时间为 6h，而快充条件下只需 1h（充进电量的 80%）。宝马 i3 概念车的电池，集成有加热/冷却系统，因此总能保持在最佳温度下运行，这对于性能提升以及电池寿命达到期望值有重要意义。由于可选配增程器，Rex，宝马 i3 概念车也能作为一台 EREV。Rex 是一台运行平稳、安静的汽油发动机，用于驱动发电机维持电池充电水平，从而保证车辆能够在电力驱使条件下连续运行。

10.3.4　雪佛兰 Spark EV 2014（BEV）

雪佛兰在其包括 Volt 在内的电驱动车系中又增加了一款车：Spark EV 2014，在 2012 美国洛杉矶车展上发布了这款车。

这款车功率为 130CV（110kW），扭矩约是汽油款的 5 倍，大约为 542N·m 而不是汽

图 10.18 宝马 i3

油款的 112N·m。

由于车载的 20kW·h 锂离子电池（见图 10.19），Spark EV 有望提供出众的性能。雪佛兰 Spark EV 将会是首款提供 SAE Combo 直流快充能力的 EV，这使得这款车可以在 20min 内达到电池容量的 80%。采用 240V 充电器进行标准充电大约需要 7h。

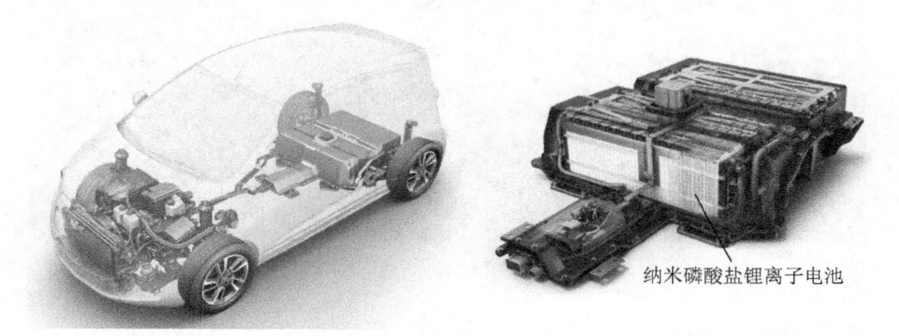

图 10.19 雪佛兰 Spark EV 及其纳米磷酸盐锂离子电池

10.3.5 雪佛兰 Volt(EREV)

2012 年 3 月，年度汽车大奖颁给了雪佛兰 Volt（见图 10.20）。该车系统是串联混合，即 Volt 的车轮始终通过电机来激活。车辆的能量储存在 16kW·h 的锂离子电池中，以保证大约 60km 的行驶里程［60km 是官方测定数据，是在发动机车辆排放小组（MVEG）城市循环下测定的数据］，如果电池接近耗尽，便激活汽油/乙醇发动机。实施上，车辆内有一个“传统的”汽油缸，可以为发电机供能，为电池充电或在锂离子电池放电后供能于电机。

当电池耗尽，Volt 依然可以行驶几百千米。车辆总行驶里程大约是 EV 的 4 倍，即 480km。电池长 1676mm，质量为 198kg，每个模块中包含有 288 个方形电池。这些能量可为电力传动装置提供 110kW 以及 370N·m 的扭矩，车辆最大行驶速度为 160km/h。Volt 可以采用提供的充电设施，用家用 230V 插座进行充电。

极端温度条件会影响电池的操作性能。Volt 的下一代锂离子电池带有内部管理系统，可进行主动控制，从而保持电池温度在优化范围内，以最大化电池的效能和使用时间。汽车采用的 Voltec® 组件以及电池非常安全，可以保修 8 年或者行驶 160000km。Voltec 系统是由两个电机组成，其中主电机可以提供 150hp，而辅助电机则可以提供 72hp，辅助电机的主要作用在于当车辆速度超过 100km/h 时，辅助主电机的工作。此外，该车配备了第三个 1.4L 的汽油发动机，用来支持另外两个发动机的工作，而从不直接用于推动作用，它只用来为辅助电机充电。只有电池组的电荷水平低于总电荷的 30% 时，汽油发动机才开始运行。

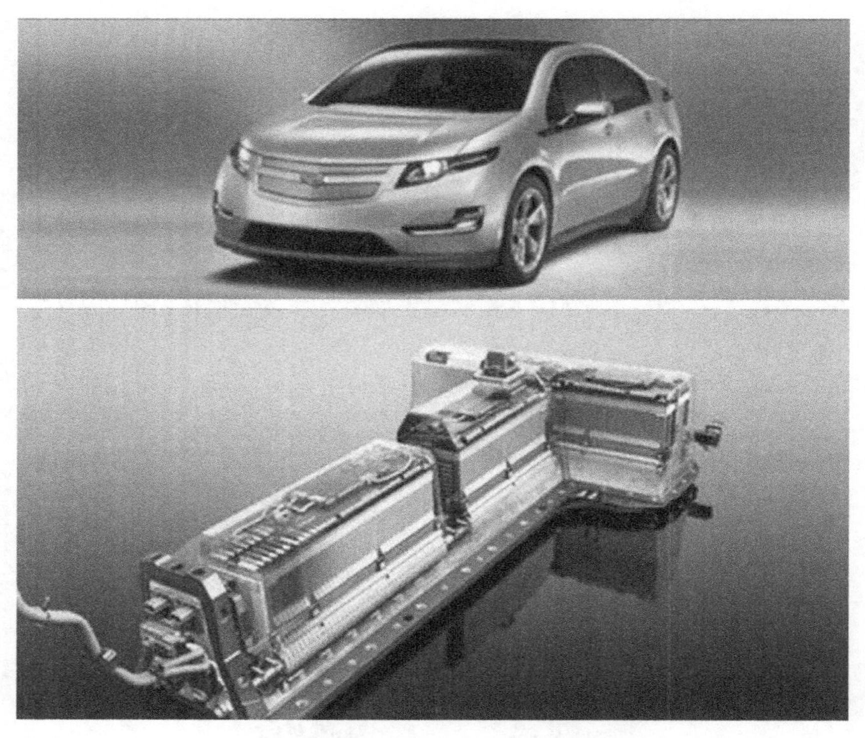

图 10.20 雪佛兰 Volt 及其电池

10.3.6 雪铁龙 C-Zero(BEV)

C-Zero（见图 10.21），是雪铁龙与三菱汽车公司合作研发的产品。作为一款纯电动汽车，它配套有永磁同步电机，转速从 3000r/min 到 6000r/min 时功率为 47kW，从 0 到 1800r/min 时最大扭矩为 180N·m，功率由单速减速齿轮传递到后轮。永磁电机位于车辆后方，传递能量到车轮上。从而使得 C-Zero 成为雪铁龙新世纪里第一台后轮驱动车，也是继雪铁龙第一台后轮驱动车后 77 年来的新一代。发动机由最新一代锂离子电池驱动，安放在车辆中间：88 块 50A·h 的电芯（能量为 16kW·h），电压为 330V。

锂离子电池对部分充电有抵抗力，即部分充电对电池寿命没有任何影响。对电池充电非常简单：将供电电缆直接插入 220V 插座中。完全充电需要 6h，但是如果采用专用电站的 125A、400V 的单相电流进行充电，则 30min 可以充电 80%，电机最大功率为 50kW。制造商为车辆设定的最高时速是 130km/h，从 0 加速到 100km/h 需要 15.9s，而从 60km/h 加速到 90km/h 需要 6s。官方宣称在 Eco 驾驶模式下最大行驶里程为 150km。

10.3.7 雪铁龙电动 Berlingo(BEV)

为了吸引商用客户，Berlingo（见图 10.22）配备了 22.5kW·h 的锂离子电池，驱动一台电机可以提供最大 49kW 的功率以及 200N·m 的扭矩。充一次电汽车可以行驶 170km。当电池电量耗尽，采用标准家用插座可以在 6～12h 内充满电。快充可以在 30min 内给电池充电 80%。由于电动系统安装在排风罩下以及车身壳体下，该车载货容量为 4.1m^3，负载能力为 675kg。

Berlingo 电动货车在 2013 年上市销售。

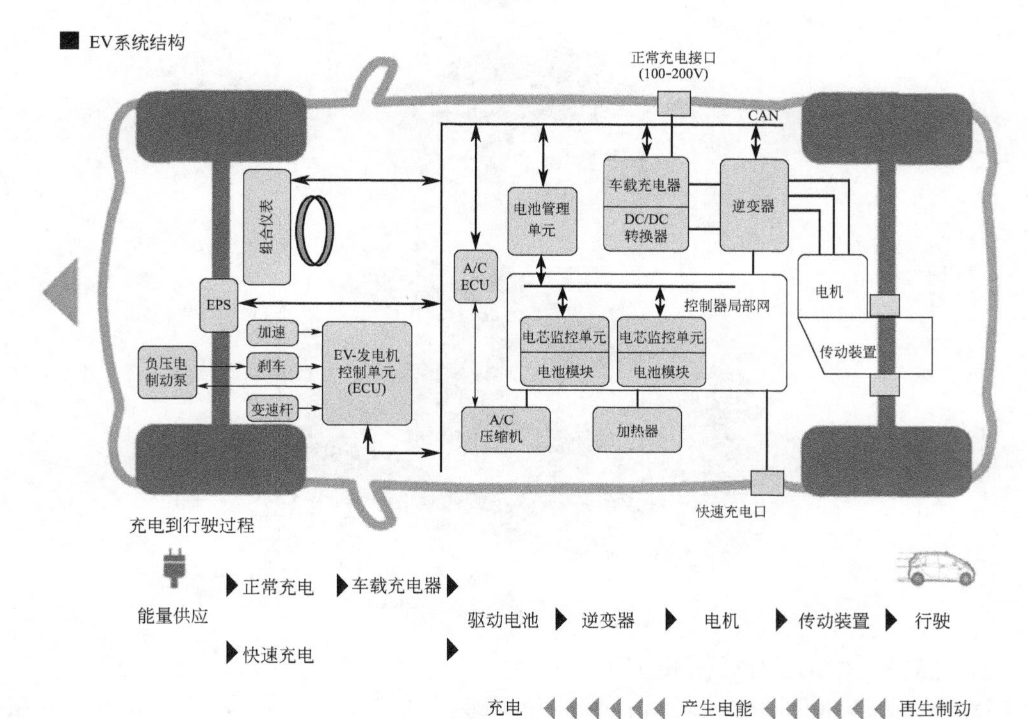

图 10.21　雪铁龙 C-Zero 及其 EV 系统结构

图 10.22　雪铁龙电动 Berlingo

10.3.8 菲亚特 500e(BEV)

这款车直到 2013 年才在欧洲出现。菲亚特的汽车合作伙伴，克莱斯勒，宣布自 2012 年起为美国市场生产菲亚特电动 500。至于新“美国”500 的外观，其设计与 500 Abarth 版很类似，即具有侵略性和运动性。尽管克莱斯勒和菲亚特都没有放出任何官方数据，但 500BEV（见图 10.23）很可能配备 22kW 的锂离子电池，提供 140km 的行驶里程，最高时速达到 115km/h。在宣布开发这款“零排放”500 的时候，克莱斯勒已经表明这项开发工作是包含在美国能源部的资金资助的一项测试内的，这些资助旨在逐步推动美国汽车生产商开发与生产对环境影响小的汽车。

图 10.23 菲亚特 500e BEV

10.3.9 福特 Focus EV(BEV)

福特 Focus EV（见图 10.24）由永磁电机驱动，可产生 145hp 功率和 250N·m 扭矩；据福特公司公布的数据，它可以达到 136km/h，行驶里程可到 160km。其锂离子电池（23kW·h，液体冷却/加热，可回收）充满电需要 3h（采用 220V 电源插座）至 11h（使用家用插座充电）。电池不能出租，具有 5 年保修期。

在电动福特 Focus 的所有技术特征中，有一个特殊的系统来管理电池系统的温度，可根据外部条件对电池进行加热或者冷却，而不影响车程。由于 MyFord touch 技术，在 EV Focus 里面可以看到车辆信息的创新性演示，包括电池电荷水平、充电站的位置以及距离，还有行车里程等。它也可以计划行车路线，包括停车充电等。电动 Focus 2012 中还包括一项功能，当 EV 处于低速行驶时，可以发出警告警示行人。

10.3.10 本田 FIT EV(BEV)

在美国，全新本田 FIT EV（见图 10.25）由美国环境保护署中专门为电池驱动车辆成立的单位官方评定其平均能耗为 118mpge。本田 FIT 的记录等级优于三菱 i-MiEV (112mpge)、福特电动 Focus (105mpge) 以及尼桑 Leaf (99mpge)。FIT 上配套一个 20kW·h 的锂离子电池组，驱动电机的最大功率为 92kW，以及 256N·m 的扭矩。采用 240V 充电器进行全充电时间少于 3h，可提供预期行驶里程为 130km。该车具有 3 种驾驶模式，可根据性能或消耗进行优先选择驾驶模式，这点与 CR-Z 混动类似。

图 10.24　福特 Focus EV

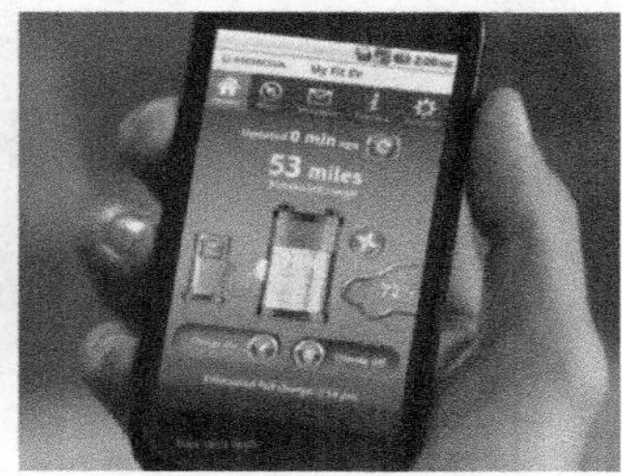

图 10.25　本田 FIT EV

10.3.11　英菲尼迪 LE 概念车（BEV）

英菲尼迪 LE 概念车（见图 10.26）同样是在 2012 年巴黎车展上展出（欧洲首秀）。量产版本与概念车大同小异，预计于 2013～2014 年出现在英菲尼迪展示间[1]，作为英菲尼迪首款零排放奢侈轿车。它具有高性能的电机，最大功率 100kW（134hp），最大扭矩 325N·m，行驶距离大约为 160km。

图 10.26　英菲尼迪 LE 概念车

英菲尼迪 LE 概念车的主要特征包括有高科技内饰为特征的独创豪华客舱、尖端锂离子电池、创新性的带有智能停车辅助系统的家用无线充电系统。电池系统是 24kW·h 锂离子电池，配备有 50 kW ChaDeMo 直流快速充电器，可在 30min 内充电 80%。家用无线充电系

[1] 英菲尼迪 LE 概念车分别于 2012 年和 2013 年亮相于纽约车展以及上海车展，官方宣称 24 个月内量产。但目前尚无该车量产的消息。——译者著。

统在充电垫上包装有安全线圈，通过感应能量流来对电池充电。智能停车辅助系统可以自动对齐充电垫进行充电优化，司机可以自行走开，且不需要电缆连接。这种高频率无接触的充电，是由汽车显示屏或者智能手机控制的，可以简单地安装在家用车库中。英菲尼迪 LE 有望在 2014 年上市。

10.3.12 Mini E(BEV)

宝马采用一个由 500 辆 Mini 组成的车队，针对锂离子电池驱动电机进行了一系列实验。Mini E（见图 10.27）配备有一台 150kW 的电机，扭矩为 220N·m（从 0 到 100km/h 为 8.5s），由最新的 35kW·h 的锂离子电池进行供能，能够保证行驶里程接近 200km。将汽车与合适的宝马提供的专用插座（所谓的 Wall Box）连接，2.5h 内可以完成全充电，Wall Box 可以安装在车辆经常停放的位置。考虑一次充电消耗电量为 28kW·h，宝马宣称使用此款车具有极大的经济优势。此车最大速度电子控制为 152km/h。

图 10.27 Mini E

10.3.13 三菱 i-MiEV(BEV)

三菱 i-MiEV（见图 10.28）配备有①高能量密度锂离子供能的 47kW 永磁同步电机和②轻质减速齿轮传动装置，以更好地利用电机的典型特征获得高的低挡扭矩。正是得益于此，一次充电后可以行驶 130km 的官方距离。充电可以采用三种不同方法：通过再生制动充电、将汽车连接到常规 100V 或 200V 家用插座上进行充电，或者在高压充电站进行快速充电。

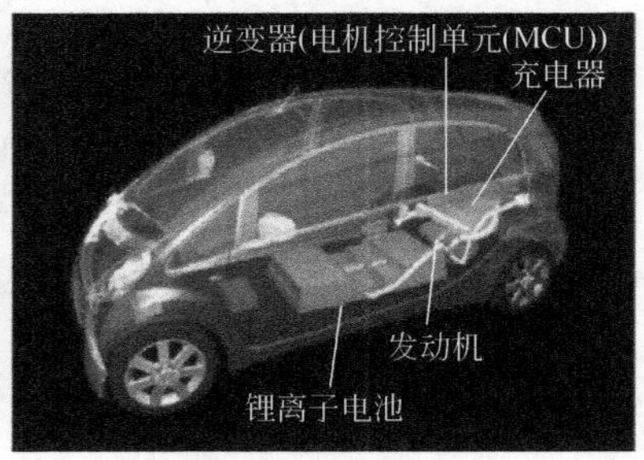

图 10.28 三菱 i-MiEV

10.3.14 尼桑 e-NV200(BEV)

尼桑 e-NV200（见图 10.29）与尼桑 Leaf 的主要动力传动组件类似，其动力也是由锂离子电池提供。同样地，采用快速充电系统可以在小于 30min 内对电池充电 80%。此外，特定的适配器使得汽车可以很好地利用储存在电池中的能量，以 1500W 的最大功率来驱动电动汽车。其中，锂离子电池是由 48 个紧凑的模块，耦合在一台 80kW・h 交流同步电机上，产生 280N・m 的扭矩。汽车行驶时非常安静，而且不排放污染物。电机在启动时传递最大扭矩，提供即时加速度和车辆平稳运行。

图 10.29　尼桑 e-NV200

将尼桑 NV200 改造成一台 EV 并没有改变车辆的内部空间以及运载能力。电池组置于车辆下方，从而使得 e-NV200 的负载体积为 4.3m^3，正是由于这个较大的空间，使得该车可以在两后轮之间放置两个标准欧洲货盘或者 20 个欧洲箱子。e-NV200 的官方发布会将在汉诺威汽车展期间发布，而该车的批量生产将在 2013 年开始。

10.3.15　尼桑 Leaf（BEV）

Leaf 是一辆 5 座 5 门斜背式轿车，长 4.44m，车辆配备有 80kW、280N・m 电机（相当于一台 1.6L 柴油发动机）。其中的 24kW・h 和 90kW 的锂离子电池（48 个模块，360V 额定电压，192 块层压方形电池）如图 10.30 所示，采用快速充电设备可在 30min 充满其电量的 80%，而采用常规家用插座，则需要充 8h。

Leaf 的平均行驶里程是 175km。该车选择向客户出售车辆以及租用电池组的商业模式，来降低价格影响。尼桑 Leaf 已经被授予 2011 年世界年度最佳汽车（也获得欧洲 2011 年年度最佳汽车）。

10.3.16　欧宝 Ampera（EREV）

除了配备有动力十足的 16kW・h 的锂离子电池外，这款车还有独特的电推动系统，可扩展其行车里程。在最开始的 40～80km 内，车辆由存储在 16kW・h 锂离子电池中的能量来驱动。

而当 Ampera 的电池达到电压下限时，电池可通过车载充电系统，采用标准插座在 230V 下不到 4h 充满电。由于电池可快速充电，所以大部分 Ampera 车辆几乎可以在电池模式下一直运行。但是如果需要更长的行车里程，那么汽油燃料引擎/发电机在满罐油的情况下将汽车行驶里程扩展到超过 500km。Ampera 的每个元素都针对效率提高进行设计和分析，使得该车（见图 10.31）成为市场上最符合空气动力学以及节能的车辆之一。欧宝 Ampera 是“2012 年年度最佳汽车”获得者。

10.3.17　标致 iOn（BEV）

标致 iOn（见图 10.32）是在三菱 I-MiEV（比如雪铁龙 C-Zero）的基础上开发出来的

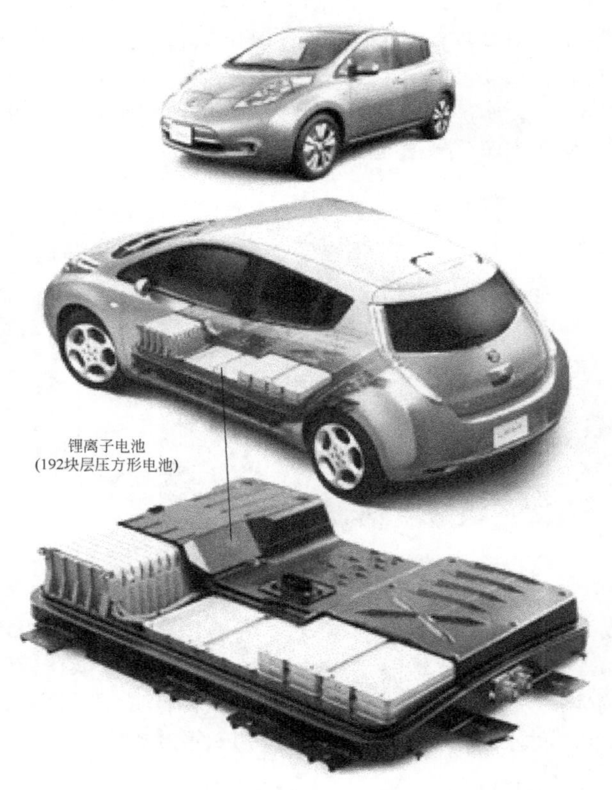

图 10.30 尼桑 Leaf 及其锂离子电池

图 10.31 欧宝 Ampera

图 10.32 标致 iOn

标致牌城市车辆，也是在两家汽车生产商的合作协议上衍生出来的。该车由 100%电力驱动，配备有永磁同步电机 [47kW (64hp)]，在 3000～6000r/min 下工作。安装在后轮的电机驱动后轮工作，使该车称为 20 年后首款后轮驱动标致汽车（之前的一辆是标致 505，于 1992 年停止生产）。驱动电机的锂离子电池包含 88 个 50A・h 的电芯，可以采用 220V 电插座进行充电。标致 iOn 可以在 6h 内充满电，而且采用快速充电，30min 内可以充电 30%。

该车也非常容易操作，可以像普通城市车辆那样驱动。此外，由于电机的特征，使得车辆可以瞬时获得最大扭矩，而不需要改变齿轮。但是，也可用类似于变速杆的齿轮选择器。iOn 的最大速度为 130km/h，从 0 加速到 100km/h 需要 15.9s，一次充电最大行驶里程为 150km。

10.3.18　雷诺 Fluence Z.E.（BEV）

这款车在其最终形式出现之前，首先是在 2009 年德国法兰克福汽车展上以概念车的形式参展的。它是一款为私人卖家或者车队所有人打造的纯电动轿车。车身灵感来自于雷诺 Fluence 内燃机版本。电动版本的雷诺 Fluence 车长 4.75m（比内燃机版本的长 13cm），为放置在后座的电池腾出了空间。Fluence Z.E.（见图 10.33）与 Fluence 类似，不同在于转速表的位置被显示器取代，显示器上提供车程以及充电信息，而且车辆中央控制台包括"前进"、"后退"、"空挡"以及"停车"等按键，这些有的是在变速杆上。

Fluence Z.E. 拥有带有转子线圈的同步电机，在 11000r/min 下达到功率峰值 74kW（约 94hp），最大扭矩 226N・m，最高速度可达 135km/h。车辆配套的锂离子电池（22kW・h，250kg）在混合行驶模式下可行驶 160km 里程，而且可以采用三种方式进行充电：使用 10A、16A，220V 家用插座需要充电 6～8h；用 32A，400V 公共充电站需要充电 30min；在专用电池更换设施下采用 Quickdrop 系统更换一个充满电的电池，只需要 3min。

图 10.33　雷诺 Fluence Z.E.

10.3.19　雷诺 Kangoo Z.E.（BEV）

雷诺 Kangoo Z.E.（见图 10.34）首展于 2010 年汉诺威车展，并荣获"2012 年度国际轻型商用车"。这是第一辆获此殊荣的电动车。电动机置于引擎盖下，由位于车板下的 22kW・h

的锂离子电池驱动，提供44kW的功率。在新欧洲行驶工况（NEDC）下测试，其行车里程为170km，而且该数字会随着使用条件不同而有所改变，比如驾驶风格、温度、地形或者驾驶速度。在启动、强力加速条件下，可在低引擎转速下获得最大扭矩226N·m，而且没有噪声以及无需变换齿轮，该车辆在性能和驾驶舒适度上又设置了新的标准。为了管理行车里程，对汽车仪表盘新设计了一个界面来提醒驾驶员剩余电量和行车里程。在Eco驾驶系统下，在充电时可对车辆进行预热。为了进一步使消费者放心和优化行车里程，雷诺表示会与该车驾驶员以及车队经理建立市场联系。

图 10.34　雷诺 Kangoo Z. E.

10.3.20　雷诺 Zoe Z. E.（BEV）

Zoe Z. E.（见图10.35）配备有最大扭矩226N·m，最大功率为70kW的电机，使得这款时尚的重达1400kg的小轿车能够达到140km/h的车速，并且其行车里程在锂离子电池满电情况下可达160km。车载22kW·h锂离子电池组使得Zoe可在城市行驶100km（冬天），或者150km（夏天），这多亏了该车配备的Range OptimiZEr技术、再生制动、加热泵以及Michelin Energy E-V轮胎。全新Chameleon充电器使得该车①可通过任何插座充电；②接受任何大小的电流以及③在高达43kW功率下进行快充，不到30min即可充进电量的80%。Chameleon充电器使得车辆可通过家用3kW/16A家用充电盒在9h充满电，在22kW/32A三相充电站1h充满电，或者在43kW/63A快速充电站30min即可完成充电。此外，在快充单元以及"Quickdrop"系统的帮助下，整个电池可在3min内得到更换。电池组置于车厢地板下，所以乘客舱可以容许多达5人乘坐，而且车辆空间容量达到338L。时速大于30km/h时，所有的安全设置都被激活，比如驾驶员和乘客舱的安全气囊，而且Zoe也会对出现的行人发出指示警告。

图 10.35　雷诺 Zoe Z. E.

10.3.21　Smart Fortwo 电动车（BEV）

自2012年起，Smart Fortwo电动车（见图10.36）便成为Smart系列中的一个组成部分。它配备了35kW（51hp）的永磁电机提供120N·m扭矩，并利用特斯拉汽车公司生产的全新水冷锂离子电池（17kW·h），其时速在100km/h下行车里程最少可达135km。电池充电时间从3h（在城市驾驶）到全充满需要6～8h。Smart在通过电插座充电时，其独特的"车载单元"能够持续收集影响汽车使用的宝贵信息。这样，司机能够一直得到该Smart车辆的发展情况。

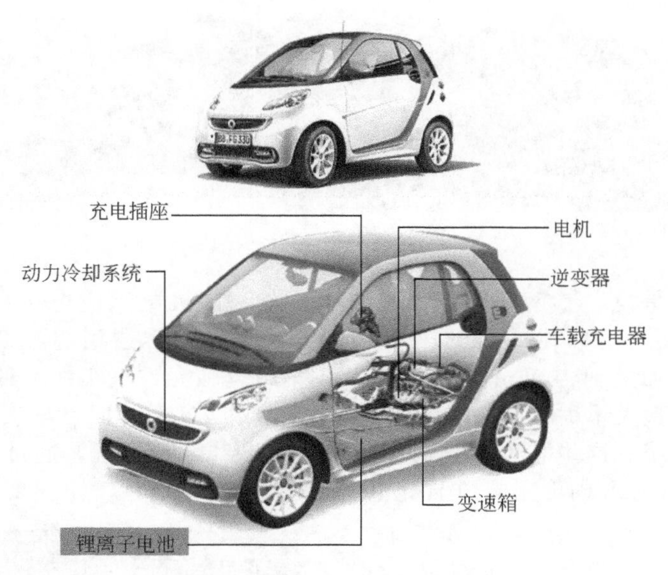

图 10.36　Smart Fortwo 电动车

10.3.22　Smart ED Brabus (BEV)

这款由巴博斯打造的 ED Smart（见图 10.37）比其标准版本更加强大，它拥有 60kW 的最大功率，135N·m 的最大扭矩。该性能的提升源于运动悬挂将车辆降低 1cm，更接近沥青地面，而且带桨叶的运动方向盘允许司机调整能量再生程度。合适的噪声发生器用来模拟运动引擎的噪声，这是一个用来增加行人安全的装置，同时也可为驾驶者增加驾驶舒适度。

图 10.37　Smart ED Brabus

10.3.23　Smart Fortwo Rinspeed Dock+ Go (BEV 或 EREV)

Smart Fortwo Rinspeed Dock+Go（见图 10.38）可以扩展为一款拖车，它也能够配备额外的电池或增程引擎。它是 Smart Fortwo 的特殊版本，增加了一些“拖车”的功能，因此可以附加一个额外的行李舱。Dock+Go 仅指拖车部分，它是由独立的轴组成，该拖车理论上可用于任何电气化高速汽车。

10.3.24　特斯拉 Roadster (BEV)

特斯拉 Roadster（见图 10.39）是自 2008 年以来，特斯拉公司开始销售的一款 EV。它

图 10.38　Smart Fortwo Rinspeed Dock+Go

是一款跑车，也就是说一款两座跑车，配备了三相、四极电感应电机，耦合有单速 Borg Warner 变速驱动桥，可以在 14000r/min 时产生最大扭矩，达到超过 200km/h 的顶速度（电子限制），从 0 加速到 100km/h 需要 3.9s。车载电脑允许汽车在 5 种驾驶模型下运行，即“最优性能”、“最大里程”、“标准”、“储能”以及“Valet”，而且车载电脑还能管理其锂离子电池的充电系统。这些电池可以驱动汽车行驶 392km 的车程，通过充电单元进行全充电时间大约为 3.5h，2h 内可完成 80%充电。通过标准家用插座充电需要 10～15h。

图 10.39　特斯拉 Roadster

特斯拉 Roadster 是首款配备有再生制动装置的车辆。其 Sport 模型是特斯拉 Roadster 最具运动的版本。与第一个模型相比，其扭矩功率增加了 15%，即 288hp，相比之前版本的 248hp，因此性能也得到很大提升。此外，Sport 模型也对悬挂装置进行了改进，可根据驾驶员的需求进行调整。车辆可在 3.7s 内从 0 加速到 100km/h，比标准模型改善了 0.2s。

新型的 Model S，一款运动型轿车以及 Model X，一款高性能电动 SUV，都从 2013 年开始生产，前者每年大约生产 20 辆。

10.3.25 丰田 eQ(BEV)

新款丰田 eQ 采用松下的锂离子电池（见图 10.40）进行驱动。松下的电池已经为普瑞斯的混合车辆模型供能，目前又成为丰田的汽车包括全电动汽车的电池供应商。

图 10.40　丰田 eQ

2012 年 12 月，丰田在日本和美国推出了 eQ，但是它在 2010 年承诺的几千辆的生产量却被大幅削减至 100 辆，主要作为面向车队的车辆。这款全电动车是基于丰田的燃油 iO 城市汽车开发的，配有四个座椅以及单次充电可行驶 100km（62 英里）的 12kW・h 锂离子电池。由于电池装在车辆地板下，所以车辆内部容量和舱体大小也与 iQ 城市车类似。

从机械水平看，iQ 电动车有一台电机，可提供 64hp 的功率以及 163N・m 的空气冷却扭矩，一个 150 电芯组成的电池组，3kW 的水冷电池充电器、逆变器、DC/DC 转换器以及电机减速机制。该车最大速度为 125km/h，14s 内可实现 0 到 100km/h 的加速。行车里程为 85km，采用 200V 插座充电 3h 可实现完全充电，快速充电 15min 可充电 80%。

从 2013 年开始，丰田计划在其城市车辆上进行无线充电试验，利用嵌入道路和汽车底盘上的无线线圈，来评价充电效率。

10.3.26　沃尔沃 C30(BEV)

沃尔沃 C30（见图 10.41）是瑞典制造商生产的首款电动汽车。其生产平台是全新的，而且要考虑到电池组的容积问题，对电池组进行拆分设计，一部分安装在隧道，另外一部分安装在油箱区域，电池容量为 24kW・h，400V，单体电池电压 3.7V。该亚洲供应商供应的锂离子电池能够保证使用其容量中的 21.5kW・h 时，行车里程达 120～150km。该车还配备有特殊的冷却加热系统，能够保持车辆温度在 0～30℃之间。在非常寒冷的天气，辅助的乙醇加热器允许车辆较快地回归到合适的温度水平。车上的定时系统使得车辆可以在设定的时间内完成准备状态（冷天加热、夏天制冷）。根据电流大小（10A 或者 16A），充电时间为 8～10h。沃尔沃的传统关注点在于安全，因此将电池安放在不受碰撞的区域，前端结构设计也考虑到电机碰撞时引起的低电阻。

图 10.41　沃尔沃 C30 BEV

电子限制其最大速度为 130km/h，从 0 加速到 100km/h 需要 10.5s。11000r/min 时最大功率为 40kW（82kW 的顶功率，可持续 45s），能够快速从 0 至最大扭矩 220N・m，而且上升平稳。

车辆仪表盘上有电源消耗或者功率恢复的指示，以及一个小显示器指示配件的电消耗，这些配件全部是由电力驱动的，包括空调在内。

10.3.27　Zic kandi(BEV)

由于配备了锂离子电池（$LiFePO_4$，容量 14.1kW・h），康迪 Zic S 以及 Zic L（见图 10.42）。这两款模型都能实现 120km 的行车里程。完全充电需要 2h；电机是一款 72V 的交流电机（7.5kW），且其净重（不包括电池）为 670kg。

这款车中配备了减速器，当插入减速器时，速度限制在 50km/h，从而可以提高电池寿命。这个功能显然是为了方便城市驾驶（平均速度小于 35km/h）而开发的。但是如果交通和速度限制允许的话，该车也能重新达到其平时的性能，最大速度达 75km/h。

图 10.42 康迪 Zic L

10.4 电动微型汽车

本节主要讲述一些市场上可见的电动微型车。在欧洲，这些汽车也被命名为四轮车，而在美国，它也称为低速汽车（LSV），该类微型电动车有一个明确定义，即邻里电动车（NEVs）。更特别的是，在欧洲，四轮车受到质量、功率以及速度的限制归属为四轮微型车，并划分为轻型四轮车和重型四轮车，两者的最大速度都能达 50km/h。而在美国，LSV 必须具有 20～50mph（32～40km）的最高速度，而 NEVs，根据一些州的法律，它们仅能用于最高限速为 45mph（72km/h）的道路上，而它们的最高速度一般不超过 30mph（48km/h）。

10.4.1 Belumbury Dany（重型四轮）

这款车的构思，设计和生产都在意大利进行，这款城市车具有汽油引擎或发动机引擎两个版本。车内有 3～4 个席位（见图 10.43），最大时速达 85km/h，在最优条件下其车程范围为 150～170km。电池充满电需 8h，电池储存在 9kW·h 的磷酸铁锂电池组中，车重 179kg（不包括电池）。

图 10.43 Belumbury Dany

10.4.2 雷诺 Twizy（轻型和重型四轮车）

Twizy（见图 10.44）是首款纯电动城市车，它几乎一半是汽车一半是滑板车。自 2011 年来由法国雷诺汽车公司生产，这款车被归类为摩托车（所以，它不需要遵守汽车的交通规则)。根据版本的不同，它被归类为轻型四轮车或者重型四轮车。事实上，Twizy 提供了两种可用版本，纯电动四轮车或者带有感应电机的四轮车。对于其轻型版本，最大功率为 9hp，时速可达 80km/h。由于其质量非常轻（包括 100kg 电池），使该车在城市交通中可以保持灵活性。Twizy 的质量范围为 446～473kg。

图 10.44　雷诺 Twizy

车载锂离子电池提供高达 100km 的车程，空调并非在任何版本都有，是因为该设备需要相当可观的能量，因此需要更强大的电池。

10.4.3　Tazzari Zero（重型四轮车）

这款车产于意大利，在价格很有竞争力的情况下，具有高技术和高品质（见图 10.45）。它是一款双座汽车，在最优条件下，最高时速 100km/h，行车里程达 140km。锂离子电池（15kW）充满电需要 9h。这款车重达 400kg（电池除外）。

图 10.45　Tazzari Zero

10.5　城市运输车辆新概念

10.5.1　奥迪 Urban Concept

奥迪 Urban Concept 跑车（见图 10.46）是一款城市概念电动汽车（长 3.22m，质量为 480kg）。该车的乘客座椅可向后方移动 30cm，以便给肩和肘提供充足的空间，7.1kW·h 的锂离子电池（90kg）置于座椅后面。两个电机提供 20hp 的功率和 47N·m 的扭矩，电机安装于两个后轮之间，并通过一个单速传动装置进行驱动。

图 10.46 奥迪 Urban Concept

奥迪 Urban Concept 可在 16.9s 内实现 0 至 100km/h (62.1mph) 的加速。在 6s 内其速度能达 60km/h (37.3mph)。其最高时速限于 100km/h。在欧洲循环工况下计算其行车里程为 73km。

电池利用 400V 三相电需要大约 20min 进行完全充电，采用家用电流则需要大约 1h 才能充满电。此外，奥迪还开发了无线充电系统。

10.5.2 欧宝 Rak-E

欧宝电动概念双座汽车是作为“城市移动零排放改革车辆”而提出来的。

欧宝 Rak E (见图 10.47) 是介于汽车和摩托车之间的一款车。其车程范围为 100km，时速可达 120km/h，采用家用插座完成全充电需要 3h。

图 10.47 欧宝 Pak-E

10.5.3 PSA VELV

PSA VELV (见图 10.48) 采用蝴蝶门设计，其乘客舱能容纳 3 个人。它的有限的体型允许它可以有 7.2m 的转弯半径，其质量为 650kg。据法国汽车制造商称，租赁公司可能会对这款车感兴趣，而且它同样可作为一款私家司机的备用车。该车行车里程为 100km。PSA VELV 配备由锂离子电池供能的 20kW 电机，其电耗范围为 85W·h/km，使得 ZEV 最高时速可达 110km/h，总车程达 100km。

图 10.48 PSA VELV

10.5.4 大众 Nils

大众 Nils 概念车（见图 10.49）主要设计为日常上下班应用，首先在个头方面（304cm×139cm×120cm，长×宽×高），这款车可以与奥迪 Urban Concept 以及 PSA VELV 竞争市场。

图 10.49 大众 Nils

其行车里程为 65km，由充电时间少于 2h 的锂离子电池供能。20hp 的电动机重达 19kg，短时间内其最大输出功率达 34hp。Nils 在少于 11s 内可实现从 0 至 100km/h 的加速，最高时速达 130km/h。车身质量为 214kg，具有铝材料的车身以及鸥翼形车门。

10.6 结论

电动汽车正在逐步走入市场，但是它们的成功与否很大程度上取决于经济因素，即生产低成本电池的能力，以及电动车自身的性能，比如充电时间、行车里程以及可靠性。

成本问题目前仍不确定。汽车驾驶员虽然不愿意再拥有会污染环境的汽车，但是他们也不愿意花费更多的钱去购买同样大小以及性能相同的车。车辆所有权的新形式也正在进行测试，将出租费用、租赁以及车辆所有权联系起来，而不是电池本身。

在车辆性能方面，核心问题包括充电时间和完全充电所能保证的车程。策略很明确：电池驱动的车辆旨在用于城市驾驶，而且每次充电后能够保证 150～200km 的行车里程。但是，充电时却是一个大问题，如果采用低电压插座，那么至少需要5～8h。所以，电池充电必须在长时停车过程中完成。其他的选择可以考虑快速充电，但是它们需要合适的设施。另外一个选择是在专用服务站快速替换掉整个电池，而且这也是一个正在采用的方法，比如在美国加利福尼亚州的Better Place，在与雷诺-尼桑联盟合作的试点项目中就是采用这个方法。

第11章 PHEV电池设计面临的挑战以及电热模型的机遇

Peter Van den Bossche[1,*], Noshin Omar[1], Monzer Al Sakka[1],
Ahmadou Samba[2], Hamid Gualous[2], Joeri Van Mierlo[1]
([1] 布鲁塞尔自由大学，比利时；[2] 卡昂大学，法国)
*PVDBOS@VUB.AC.BE

11.1 概述

自从汽车时代开启以来，就一直用内燃机（ICE）作为车辆牵引动力。不过ICE驱动的汽车也是大气污染以及与全球温度变化密切相关的温室气体的重要贡献者[1,2]。在不断增长的石油价格以及环境问题带来的压力下，全球经济开始收缩，而一大批研究工作激励着不同类型清洁能源运输系统的开发，如混合电动汽车（HEVs）、电池电动汽车（BEVs）以及插电式混合电动汽车（PHEVs）[3~7]。但是，在开发运输系统方面，有几个关键的因素，比如建立能够在加速时提供输出功率的储能技术、有效的使用再生能量以及系统具有可观的长使用寿命，不过目前还没有电池技术能够满足这些并行的目标[8~21]。

为了理解电池的运行以及能够精确地预测其特征及寿命，有必要建立复杂模型以描述它的行为。在设计电力模型或者电池等效电路上，已经进行了大量的研究工作；而为了对发生的现象有一个全面的了解，也有必要通过热模型以及电热模型来考虑电池的热行为。

在HEVs、PHEVs以及BEVs中，电池会经受不同的激烈因素如大电流、深放电、过低或者过高的操作温度等。尤其是温度，能够很大程度上影响电池在加速以及回收制动中的行为。为了保持电池在需要的温度窗口内，需要冷却和加热系统，它们的运行取决于电池电芯的表面温度。为了评估温度在电池电芯表面的分布情况，就需要几种热感应器。另外一个可能是开发一种精确的热模型，能够预测电池电芯在所有环境中的表面温度。

在文献［22］中，Al Sakka等人通过在电层水平上实施特殊的技术，提出了柱状双电层电容（EDLC）的热模型。文献［23］中提出了一个模拟柱状磷酸铁锂电池电芯内部温度的方法。

紧接着这些工作，文献［24］中的作者提出了一个方法，凭借耦合的2D和3D热模型，来检测HEVs以及PHEVs中的锂离子技术。在这项工作中，可以评估和分析每个电池电芯的温度。但是，这些方法需要从电极水平上进行大量复杂的表征测试。

2009年，在国家可再生能源实验室，研究者们从电芯和模块水平上进行了一系列热表征测试，以对比和评估不同的可充电储能系统[25]。作者采用了专用设备如热相机以及热量计。与在标准中描述的常规测试曲线不同，作者应用了实际行驶工况比如US06，考虑的主要参数是模块中的产热速率、传导传热以及临界温度。

在文献[26～30]中，研究者们提出了一系列三维热模型方法，来探究电池电芯中的热分布。这些方法多是采用特殊的多重物理量模拟工具，比如Comsol、CDF、Phoenics以及Modelica。但是，这些模型应用在实际电池管理系统（BMSs）中时，需要强大的处理系统和记忆空间。一般地，这些模型对于冷却以及加热系统的尺寸标注非常重要。尤其是在电池组水平上，这些模型能够提供关于电池电芯哪些地方需要冷却/加热的额外信息。

在文献[31～34]中，展示了一系列为了预测锂离子电池电芯相关性能的模型。在这些参考文献中，强调了电芯表面温度对电学参数的重要影响。因此，从这些观点来看，需要从电芯层面上有一个精确的基于电参数的锂离子热模型，在PHEVs中的BMSs上实现。此外，模型参数应该在汽车运行过程中，从时间、电压以及电流变化中提取出来。而且这个热模型以及提取模型参数的方法应该适合所有电池的设计概念。

11.2 理论

一般地，柱状电池电芯中的热分布（见图11.1）可以采用方程（11.1）进行描述[35,36]。如下所示，方程在极坐标中描述了热传递。

$$\frac{1}{r}\times\frac{\partial}{\partial r}\left(rk_{r}\frac{\partial T}{\partial r}\right)+\left(k_{z}\frac{\partial T}{\partial z}\right)+\frac{I}{V}\left[(E-U)-\left(T\left[\frac{\mathrm{d}E}{\mathrm{d}T}\right]\right)\right]=\rho C_{p}\frac{\partial T}{\partial t} \tag{11.1}$$

式中 ρ——电池电芯的密度，kg/m^3；

C_p——比热容，J/(kg·K)；

k_r、k_z——沿圆柱电池电芯径向方面以及z方向的热导率，W/(m·K)；

$-I\left(T\left[\frac{\mathrm{d}E}{\mathrm{d}T}\right]\right)$——由于不可逆熵变产生的热，W；

$I(E-U)$——内阻产生的热，W；

T——温度，℃；

E——平衡电位，V；

U——负载下电池的电芯电压，V；

V——电池电芯的体积，m^3。

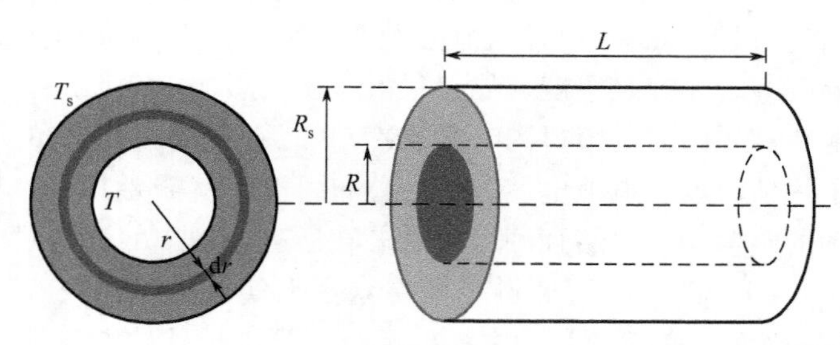

图11.1 柱状电池电芯描述

由于电池是一个不透明的系统，电池内部的辐射热传递可以基本忽略。因此，在电池内部认为只有热传递引起的传导，而在电池表面，发生的热传递只有对流热流和辐射热流。电池电芯表面以及周围环境之间的对流热流等同于[32]：

$$\varepsilon\sigma(T_s^4-T_a^4)=h_{rad}(T_s-T_a) \tag{11.2}$$

以及

$$h_{rad}=\varepsilon\sigma(T_s+T_a)(T_s^2-T_a^2) \tag{11.3}$$

式中 ε——电池电芯的表面辐射系数；

σ——斯蒂芬-玻耳兹曼常数，$5.669\times10^{-8}\mathrm{W}\cdot\mathrm{m}^2/\mathrm{K}^4$[17]；

T_a——大气温度，℃；

T_s——表面温度，℃；

h_{rad}——热辐射传递系统，$\mathrm{W/(m^2\cdot ℃)}$。

这里假设电池在 z 方向上的温度是相同的。因此，只需要考虑在 r 方向上的温度。方程（11.1）可以简化为方程（11.4）。

$$\frac{1}{r}\times\frac{\partial}{\partial r}\left(rk_r\frac{\partial T}{\partial r}\right)+\frac{I}{V}\left[(E-U)-\left(T\left[\frac{\mathrm{d}E}{\mathrm{d}T}\right]\right)\right]=\rho C_p\frac{\partial T}{\partial t} \tag{11.4}$$

需要注意的是热方程（11.4）只能适用于电池电芯内部。而要计算电池电芯表面的热，需要指明边界条件。

根据方程（11.4），边界条件可以描述如下：

$$-k_r\frac{\partial T}{\partial r}(r=0,t)=0 \tag{11.5}$$

$$-k_r\times\frac{\partial T}{\partial r}(r=R_s,t)=h(T_s-T_a) \tag{11.6}$$

$$T(r,t=0)=T_a \tag{11.7}$$

式中　R_s——电池电芯的外部半径，m；

h——总热传递效率，$\mathrm{W/(m^2\cdot ℃)}$。h 是对流热传递系统（h_{con}）和辐射热传递（h_{rad}）的总和。

在文献［33，35］中，记录了可以忽略电池电芯表面与环境之间的辐射热传递。但是从模块的层次看，电芯表面之间的辐射热传递还是有很大影响的。

11.3　设置描述

在本章中，采用如图 11.2 中所示的一个连续的微循环。这个微循环重复了 255 次。在这种情况下，表面温度达到稳态条件。此外，在（80%、65%、50%、35%以及 20%）SoC 下以及在（$10I_t$、$8I_t$、$6I_t$、$4I_t$）电流倍率下对电池进行测试。之后，同样的测试在不同的操作温度（40℃、25℃、10℃、0℃）下进行，温度采用如图 11.3 所示的恒温箱进行控制。通过这些测试结果能够提取出这些条件下热阻抗与热容量之间的关系。在图 11.4 中，列举了所进行的实验中的一个例子，该实验主要为了总结出电压和温度的变化。

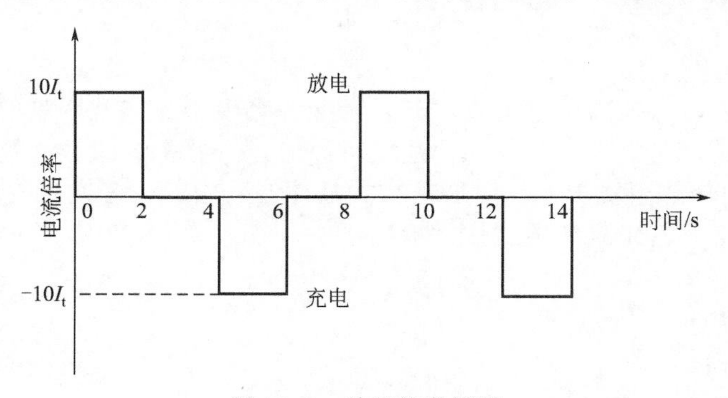

图 11.2　采用的微循环

在本研究中，所采用的圆柱状磷酸铁锂基的电池电芯额定容量是 2.3A·h，标称电压是 3.3V，如图 11.3 所示。

图 11.3 本项研究中的电池在恒温箱中（2.3A·h）

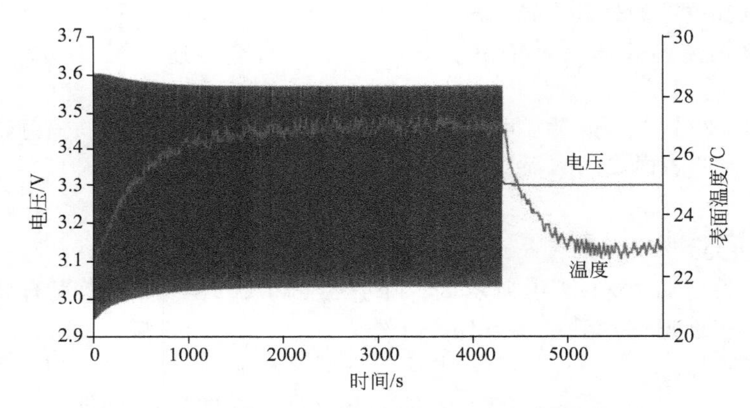

图 11.4 在 25℃测试时电压和表面温度的变化

11.4 提取模型参数

11.4.1 热对流

如在前言中所述，为锂离子电池技术开发精准的热模型是非常困难的一项工作，因为会发生各种现象。但是，在文献［23］中记述了可以通过一些主要参数来提出一个热模型，比如热容量 C_{th} 以及内部热阻抗 R_{thi}。但是，在文献［22］中，作者发现对流热阻抗 R_{con} 在开发热模型中不可忽略。基于这两项工作，提出了一个新的如图 11.5 所示的热模型。这些模型的参数可以如下定义：

① P_{gen} 代表产热；

② C_{th} 代表热容量；

③ R_{thi} 是内部热阻；

④ R_{con} 是指对流热阻；

⑤ P_1 和 P_2 分别代表通过 R_{con}、R_{thi} 以及 C_{th} 的功率。

如文所示，提供合适的电芯性质，可以通过该模型来预测电芯内部和表面的温度。

在这部分，将集中讨论不同的模型参数，并基于图 11.6 中提出的“工作方法”对其进行逐一分析。如我们所看到的，这个“工作计划”包括几个步骤。在最先的 3 个步骤上，需要确定模型参数（R_{con}、R_{thi}、C_{th}），在“校准”步骤，将根据模型得到的参数与实验结果进行对比。这个过程将会持续重复，直到模型结果与实验结果之间形成良好的一致性。最后的一步是用来验证模型在不同负载条件下以及不同温度条件下的可行性。

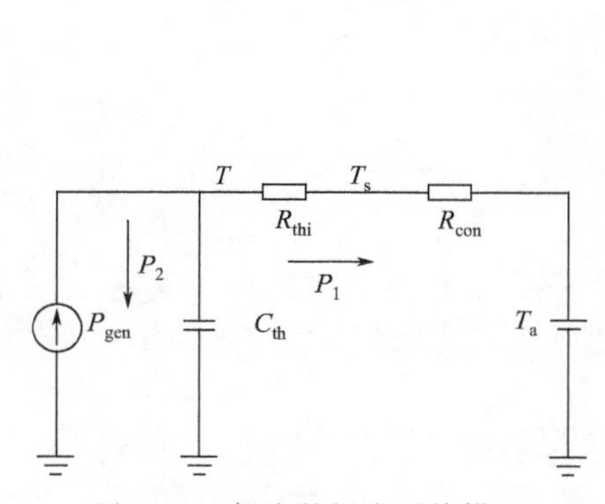

图 11.5 提出的锂离子热模型

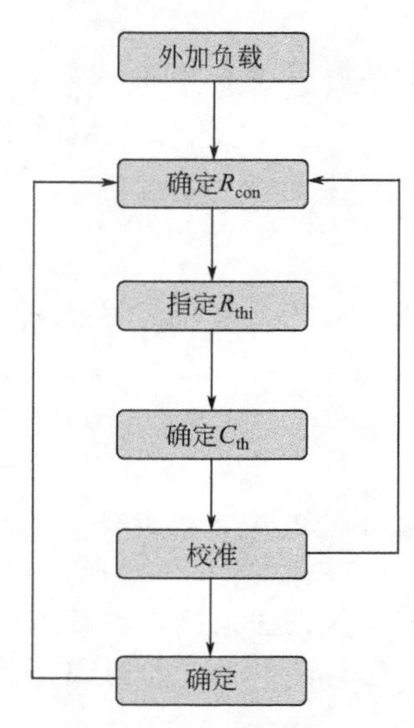

图 11.6 工作方法

文献［23］中提出了一个确定模型参数的评估程序。但是，这个报道的方法并不清晰。因此，需要有一个定义明确的方法来抽取这些参数。此外，这里提出的方法需要测试电池内部温度以确定其他电池热模型参数。电池内部温度可以通过在电池中插入热传感器来进行测量，但这个工作在实际中难以实现。

热模型中的第一个参数是对流热阻 R_{con}，它是用来描述电池电芯表面与环境之间的热交换。对流热传递可以通过几个方法实现；众所周知的方法是自然对流。热交换可以通过采用通风设备或者在对象周围流通液体的方法来进行加速。文献［22］中指出 R_{con} 能够通过方程（11.8）得到。

$$R_{con}=\frac{1}{h_{con}S} \tag{11.8}$$

式中 R_{con}——对流热阻，℃/W；

h_{con}——对流传热系数，W/(m^2·K)；

S——电池电芯表面，m^2。

h_{con}依赖于一系列参数，比如电芯表面和环境之间的温差、空气的物理特征，空气物理特征又依赖于空气温度、动态黏度、热导电性、比热容以及体胀系数。参数 h_{con} 可以通过努塞尔特数推导出来[37]：

$$h_{con}=\frac{Nu\lambda_{空}}{D_s} \tag{11.9}$$

对于层流自然对流，Nu 根据关系式[37]进行变化：

$$Nu=0.53Ra^{0.25}(10^3\leqslant Ra\leqslant 10^9) \tag{11.10}$$

对于湍流自然对流，Nu 根据以下关系式[37]变化：

$$Nu=0.1Ra^{0.33}(10^9\leqslant Ra\leqslant 10^{13}) \tag{11.11}$$

$$Ra=GrPr=\frac{\rho_{空}^{2}\ g\beta(T_{s}-T_{a})D_{s}^{3}}{\mu_{空}^{2}}\times\frac{\mu_{空}\ C_{p空}}{\lambda_{空}} \tag{11.12}$$

其中对于理想气体，参数 β 可以根据室温计算出来，如下所示：

$$\beta=\frac{1}{T_{a}} \tag{11.13}$$

在这些方程式中 D_s——电池电芯的内部直径，m；

$\lambda_{空}$——空气的热导率，W/(m·K)；

$\rho_{空}$——空气密度，kg/m^3；

β——空气的体胀系数，1/K；

g——重力加速度，$9.8m/s^2$；

Nu——努塞尔特数；

Ra——瑞利数；

Pr——普朗特数；

Gr——格拉斯霍夫数。

如果可以知道或者能够得到空气的物理性质，那么根据方程（11.9）确定 R_{con} 是非常有趣的。此外，在恒温箱中的热传递，如图 11.3 所示，是强制对流，而不是自然对流。因此，需要其他方法来确定参数 R_{con}。

与自然对流类似，也可以得到如方程（11.14）提出的强制对流的关系[37]：

$$h_{con}=\frac{Nu\lambda_{空}}{D_{s}}$$

$$Nu=DRe^{n}Pr^{1/3} \tag{11.14}$$

强制对流的雷诺数和瑞利数可以通过以下方程确定[34]：

$$Re=\frac{\rho_{空}\ u_{空}\ D_{s}}{\mu_{空}} \tag{11.15}$$

$$Ra=\frac{C_{p空}\mu_{空}}{\lambda_{空}} \tag{11.16}$$

在表 11.1 中，可以发现常数 D 与雷诺数之间的关系。

表 11.1 *Re* 值与 *D* 值说明[34]

Re	*D*
0.4～4	0.989
4～40	0.911
40～4000	0.683
4000～40000	0.193
40000～250000	0.0266

不过，这种方法在涉及导热性参数确定以及恒温箱中的空气动力黏度时，也会遇到同样的困难，这与之前所述的自然对流情况一样。

从图 11.3 中，可以得出 R_{con} 可以通过以下方程进行估测（在附表中有公式推导）：

$$R_{con}=\frac{T_{s}-T_{a}}{P_{gen}}=\frac{T_{s}-T_{a}}{R_{b}I_{b}^{2}(t°,I,SoC)} \tag{11.17}$$

式中　T_a——室温，℃；

T_s——表面温度，℃；

I_b——电池电流，A；

R_b——电池电芯电阻，Ω；

P_{gen}——欧姆电阻产生的热，W。

在稳态，可以很容易地得到室温 T_a 和表面温度 T_s 之间的温差。产生的热量对应于 $R_b I_b^2$，是一次微循环中的平均功率。

图 11.7 说明了 R_{con} 会随着施加电流速率的变动有微小的变化。而这个参数随荷电状态以及工作温度变化很大。这主要是由于电池内阻的变化，如文献［38，39］报道的那样，电池内阻依赖于电流速率、温度以及荷电状态。为了将这个变化考虑在内，可以用一个多维查询表来替代对流电阻。

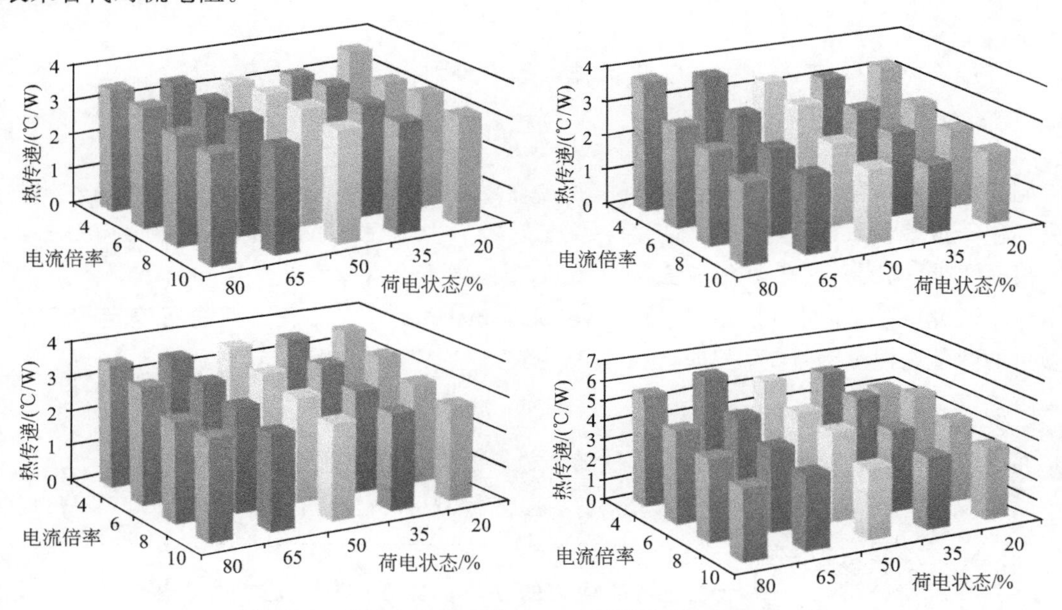

图 11.7　不同电流倍率以及 SoC 水平下对流电阻的变化

11.4.2　热阻

图 11.5 表明了电池电芯的热阻可以通过以下关系式得到：

$$R_{thi}=\frac{T-T_s}{P_{gen}}=\frac{T-T_s}{R_b I_b^2} \tag{11.18}$$

式中　R_{thi}——电池的热阻，℃/W。

不过，在这个方程中，必须要知道电池电芯的内部温度 T。基于安全考虑，不能直接测试这个参数；因此，需要其他方法。为了确定这个参数，在圆柱电池电芯中的热传导可以假设如下[22]：

$$P_{gen}=k_r S\times\frac{dT}{dr} \tag{11.19}$$

式中　k_r——电池电芯的热导率，W/(m・℃)；

r——半径，m。

圆柱电池电芯的表面积 S 与 L 之间的关系可以描述如下：

$$S=2\pi rL \tag{11.20}$$

式中 L——电池电芯的长度，m。

经过电池电芯的热与半径 r 之间关系等于：

$$P_{\mathrm{gen}}=k_{\mathrm{r}}\times 2\pi rL\ \frac{\mathrm{d}T}{\mathrm{d}r}$$

$$\text{或者}\ \mathrm{d}T=\frac{P_{\mathrm{gen}}}{k_{\mathrm{r}}\times 2\pi L}\times\frac{\mathrm{d}r}{r} \tag{11.21}$$

对方程（11.21）进行积分和计算得到：

$$T(r)=\frac{P_{\mathrm{gen}}}{k_{\mathrm{r}}2\pi L}\int_{R}^{R_{\mathrm{s}}}\frac{\mathrm{d}r}{r}=\frac{P_{\mathrm{gen}}}{k_{\mathrm{r}}2\pi L}\ln\left(\frac{R_{\mathrm{s}}}{R}\right) \tag{11.22}$$

根据上述关系，可以发现软包电池的温度梯度与半径 r 之间是一个对数关系，而不是线性关系。

将方程（11.22）带入方程（11.18）中，结果得到：

$$R_{\mathrm{thi}}=\frac{1}{k_{\mathrm{r}}2\pi L}\ln\left(\frac{R_{\mathrm{s}}}{R}\right) \tag{11.23}$$

同样存在的难题在于寻找层、外壳以及接触之间的热导率。所以这个方法只有在电池生产商提供了这些参数的情况下才有用。在文献［23］中，提出了热阻 R_{thi} 大约为 3～3.2℃/W。根据文献［40］，这个参数在温度 0～60℃范围内不会有太大的变化。

在本研究中，R_{thi} 可以采用先进的 levenberg-marquardt 最小化工具进行确定[41,42]。这个参数的数值在温度为 0～40℃时，在 3.05～3.25℃/W 之间变化。

11.4.3 热容

在圆柱电池中，关于热容 C_{th}，其值随半径 r 的变化可以进行如下计算：

$$C_{\mathrm{th}}=\rho C_{p}\pi L(R_{\mathrm{s}}^{2}-R^{2}) \tag{11.24}$$

式中 C_{th}——热容，J/K。

方程（11.24）需要一些与电池特征相关的参数，比如内径。这里可以采用逆算法，即比热容 C_p 的值可以通过热容 C_{th} 的值求得。在图 11.4 中，发现温度变化可以看做一个一阶系统（见附录中的证明）：

$$T_{\mathrm{s}}(t)=(T_{\mathrm{a}}-T_{\mathrm{s}})\mathrm{e}^{-\frac{t}{\tau_{\mathrm{th}}}}+T_{\mathrm{s}} \tag{11.25}$$

式中 τ_{th}——热时间常数，s。

一般认为对于一阶系统，在温度达到最终值的 63% 时，可以获得热时间常数。因此，从这点上，在每个电流倍率、电池 SOC 以及温度条件下，都可以获得时间常数 τ_{th}。从图 11.5 中描述的回路中，可以推导出时间常数等于（见附录证明）：

$$\tau_{\mathrm{th}}=C_{\mathrm{th}}(R_{\mathrm{con}}+R_{\mathrm{thi}}) \tag{11.26}$$

因此，可以轻易地计算出热容 C_{th}。

这里需要注意的是，根据文献［22］报道，EDLC 的比热容 C_p 基本是一个恒定值。但是，对于锂离子电池来说，这个数据跟很多参数有关，比如温度、电流倍率以及循环寿命，如图 11.8 中所示。在 40℃和 25℃之间，热容 C_{th} 的值变化很小；而在 10℃到 0℃之间，这个值变化很大。尤其是在 0℃，由于内阻 R_{b} 的增大（如文献［32，41］中报道），C_{th} 变化非常明显。

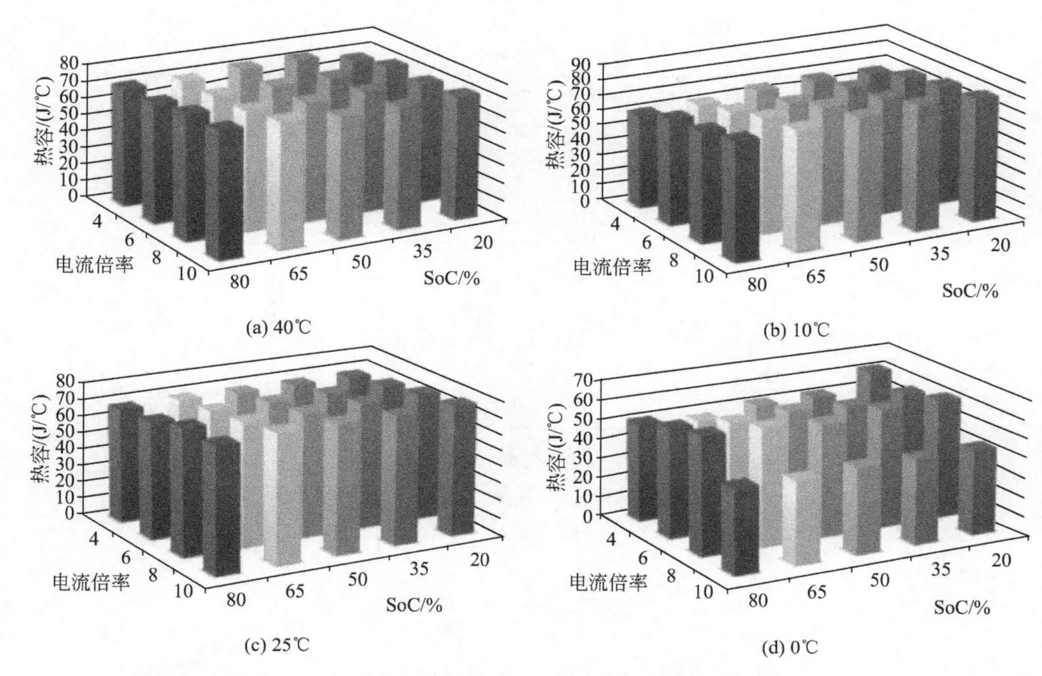

图 11.8　不同电流倍率 I_t 以及 SoC 水平下热容的变化

11.5　结果和讨论

11.5.1　校准开发的模型

在上一部分里，我们提出了一个热模型以及总结了提取模型参数的方法。在本部分中，将实验进行的结果与模拟结果进行对比和分析。下面将列出在不同工作条件下（40℃、25℃、10℃、0℃）的一系列对比结果。其中，实验结果是基于 80%SoC 下 $10I_t$ 的电流倍率；而模拟结果则是基于图 11.5 所示的模型。已经在前面描述过测试（磷酸铁锂）用电池的特征。

如在图 11.9 中所观察到的，模拟结果能够与实验结果形成良好的一致：但是在 0～0.5℃之间出现一些偏差。在图 11.10 中，展示了在 25℃条件下同样的对比结果。可以看出模拟结果与实验结果之间的偏差稍微大了一些（0～2℃）。尤其是在时间间隔 0～1000s，偏差几乎不可忽略；但是，从统计的观点看，这些结果都属于能够接受的范围。

在图 11.11 和图 11.12 中，把分析扩展到更低的温度下以归纳模型的性能。如能够从这些数据中看到的，温度越低，预测模型与实践结果之间的偏差越大。当工作温度为 10℃和 0℃时，出现最大偏差，分别可达 2℃和 4℃。尤其是在 0℃条件下，在时间间隔 0～500s 之间的误差很大，这可能主要是由于电池自身加热的缘故。

这点可以用电池内阻之间的差异进行解释。在前一种情况下，电池内阻是固定的。但是，随着温度的降低，内阻增加：在脉冲为 5s，$10I_t$（80%SoC）的条件下，电阻从 10℃时的 0.021mΩ 增加到 0℃下的 0.03mΩ。如在图 11.12 中看到的，温度从 0℃增加到 13℃。

为了对电池内阻的热行为在任何环境条件下都能够进行更加准确的预测，我们认为应该把提出热模型扩展为一个电热模型。这个方法可用来更加精确地确定电阻以及预测荷电状态（见图 11.13）。基于这个方法，电模型和热模型之间能够相互关联起来。

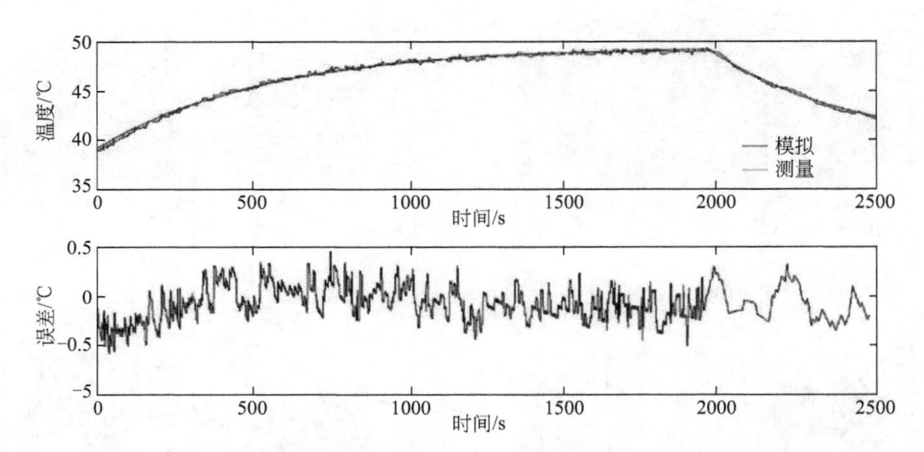

图 11.9 40℃工作温度下，测试与模拟曲线之间的对比

在这个数据，以及在图 11.10～图 11.12、图 11.14，图 11.15 以及图 11.17 中，测试曲线均为锯齿状

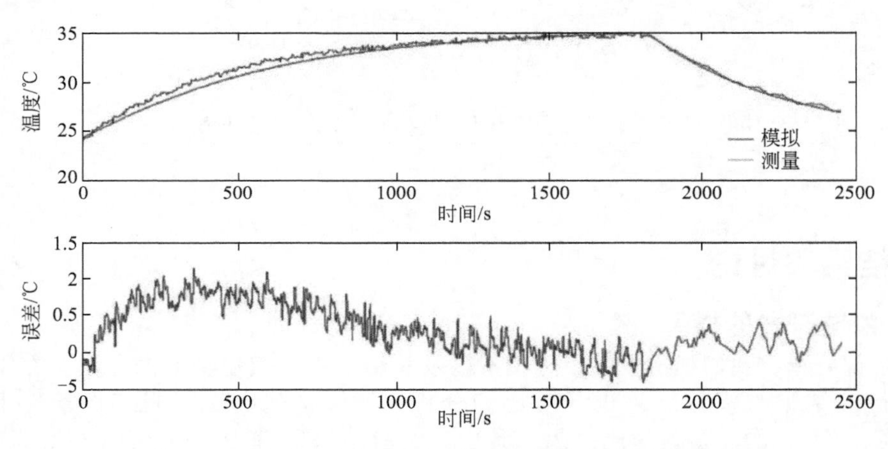

图 11.10 25℃工作温度下，测试与模拟曲线之间的对比

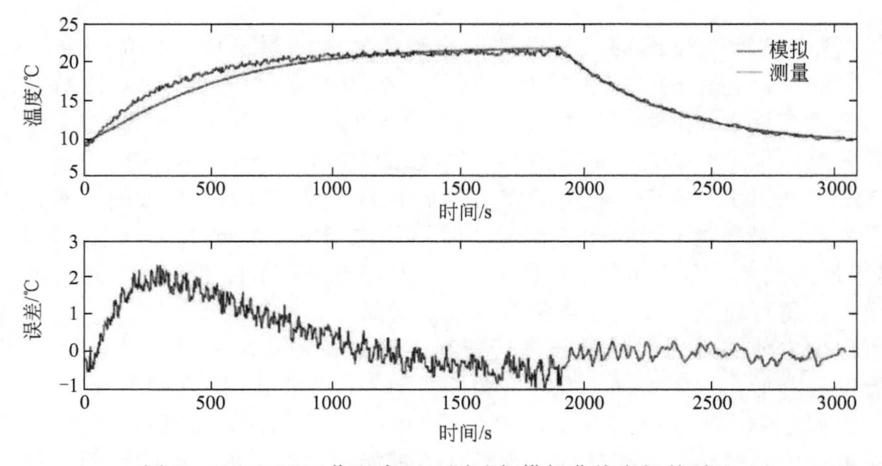

图 11.11 10℃工作温度下，测试与模拟曲线之间的对比

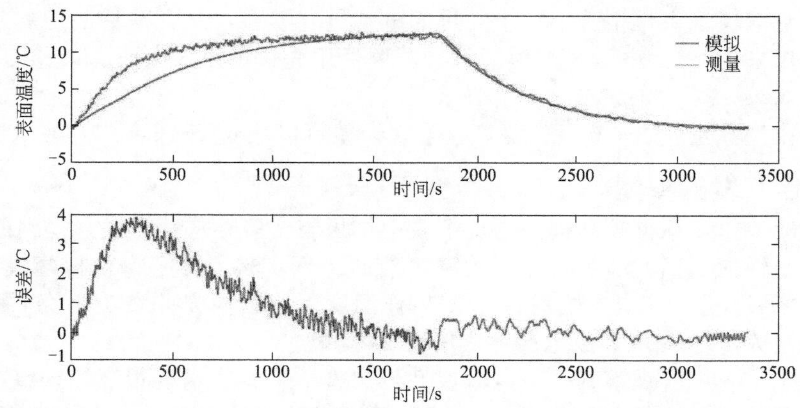

图 11.12　0℃工作温度下，测试与模拟曲线之间的对比

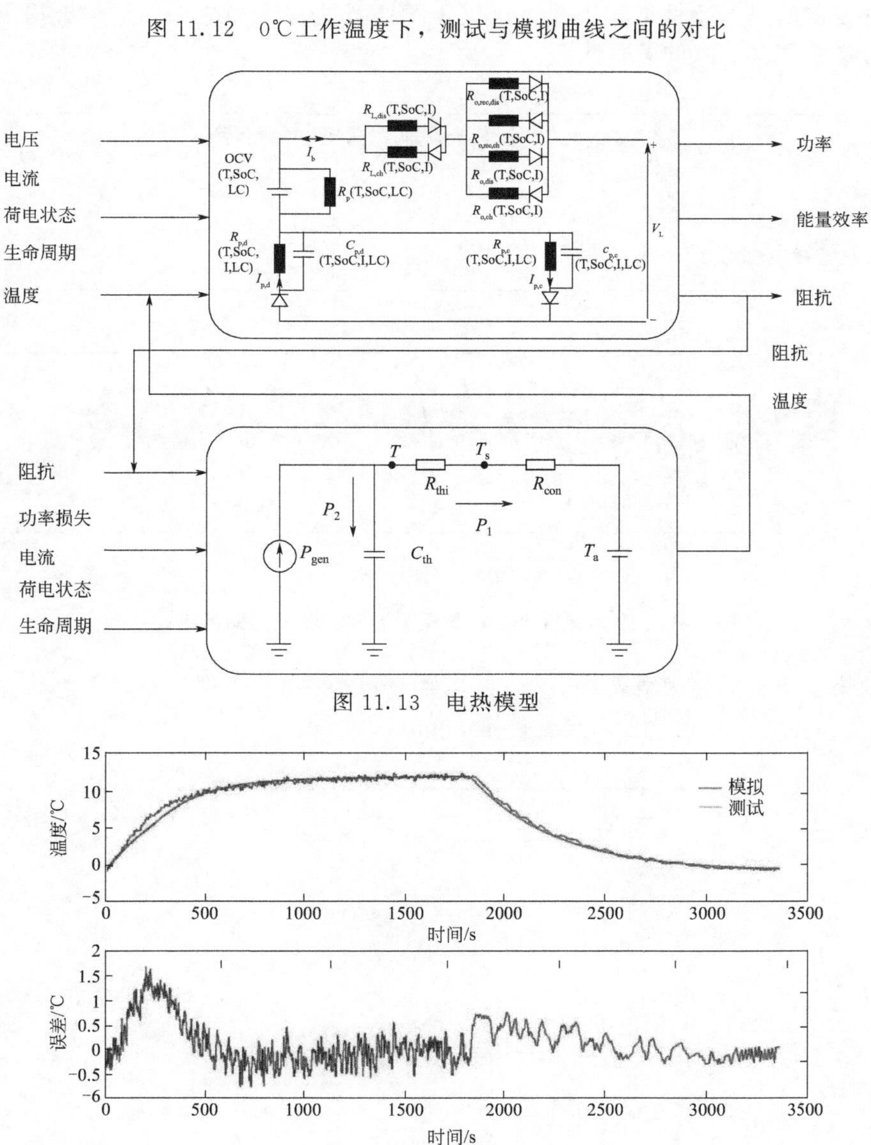

图 11.13　电热模型

图 11.14　基于电热模型，重复 0℃工作温度下，测试与模拟曲线之间的对比

在提出的热电模型中，整合了一个先进的电池电气模型，这个是基于几个锂离子电池的统计分析开发出来的[42]。电池电气模型的参数可以用先进的 levenberg-marquardt 最小化工具进行提取[42]。

基于电热模型，重复在 0℃下的测试，发现误差可以从 4℃降低到 1.5℃（见图 11.14）。

11.5.2　确定开发的模型

在之前的章节里，根据校准模型对比了模拟结果与实验结果。但是，得到的结果并不影响实际中的模型性能。因此，需要一个无需校准的验证步骤。为了评估拟建模型的精确度，将电池在 $1I_t$ 条件下进行充电，之后在 25℃工作温度下连续微充并在 $10I_t$ 条件下进行放电。每次脉冲的宽度为 2s，充电和放电脉冲之间有 2s 间歇。

正如在图 11.15 中所观察到的，电池模型与实验结果相比精度很高：误差为 0～0.7℃。这意味着开发出的热模型性能很不错。这里需要注意的是这些结果都是基于提出的电热模型，电热方法之间有连续的关联性。

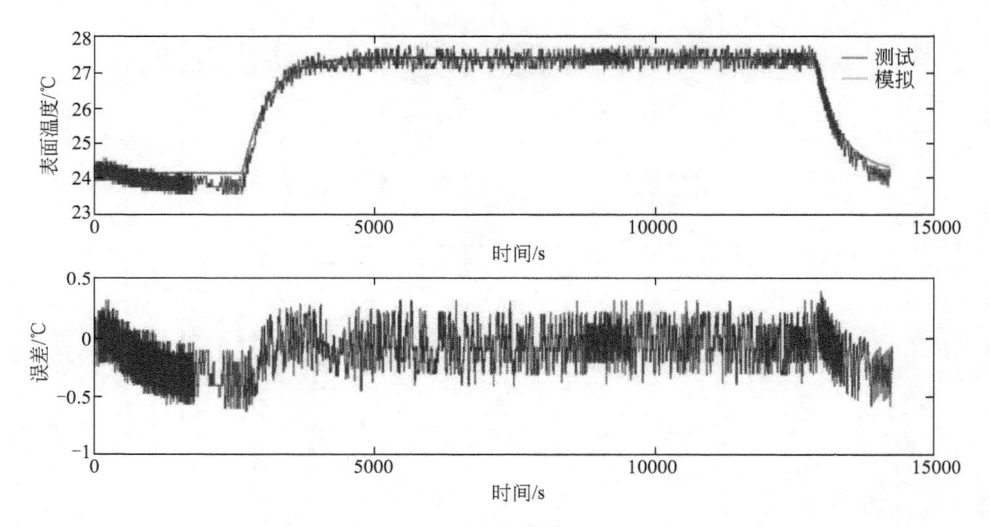

图 11.15　连续脉冲下模拟结果与实验结果之间的对比

开展的第 2 个验证测试结果列于图 11.16 中。电池在 $1I_t$ 条件下充电，之后分别在 $10I_t$ 和 $5I_t$ 条件下放电。在放电之前，电池静置 30min。

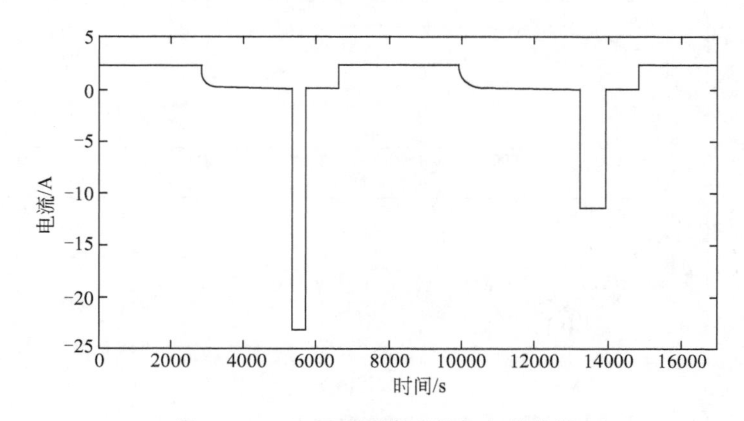

图 11.16　为了验证模型施加负载曲线

在图 11.17 中，列出了模型以及测试出的结果。实验和模拟结果之间吻合良好。但是，恒定电流下的电池模型似乎没有在微脉冲条件下的结果精确。这个测试的误差在 0～5℃。最大的误差出现在 $10I_t$放电时温度快速变化的条件下。这个问题可以由电池热行为的非线性进行解释，不过这些并没有包含在电池模型中。

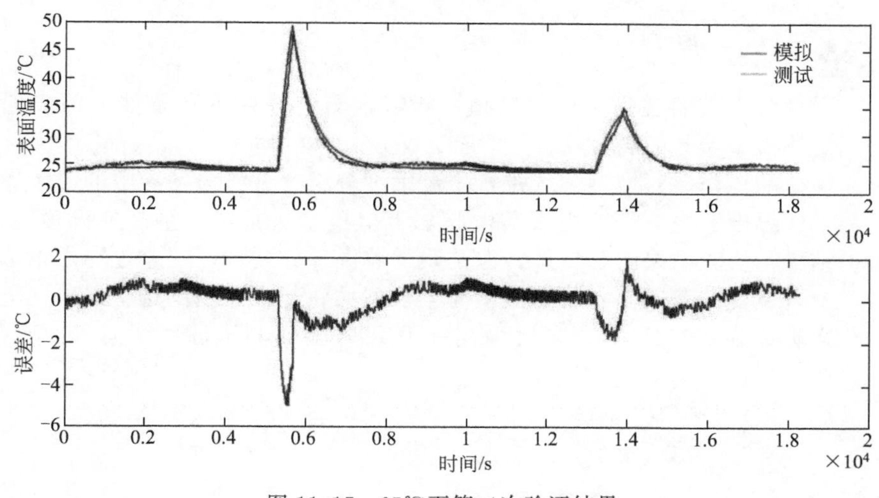

图 11.17　25℃下第二次验证结果

11.5.3　传热系数变化

在 PHEVs 中，将电池置于一个宽荷电窗口中，经受小电流以及大电流运行。由于这些苛刻的操作条件，电池温度可以达到最大允许温度。因此，为了保持电池在一个安全的工作区间，需要施加冷却系统，以提供合适的冷却。为了对电池冷却条件进行评估，在室温（21～22℃）条件下进行了如图 11.4 所示的同样的测试。在图 11.18 中，阐明了不同的风扇设置速度下电池的表面温度。

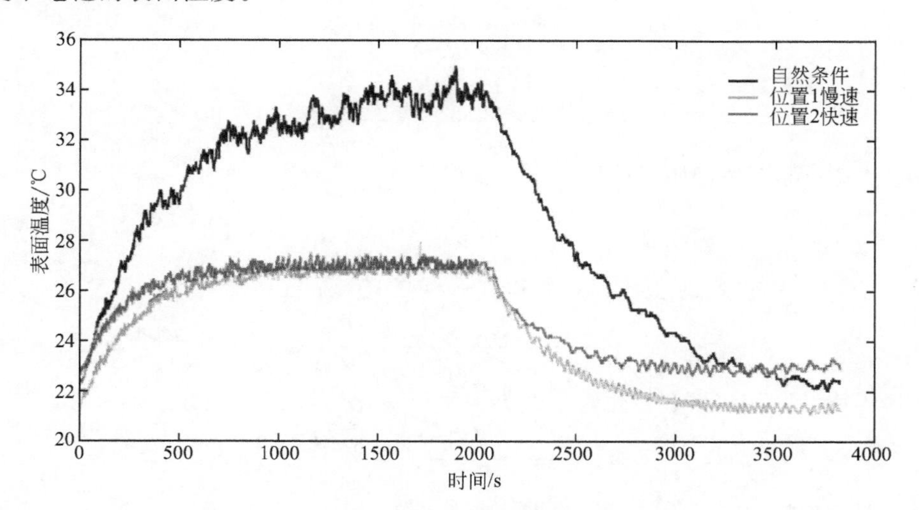

图 11.18　不同冷却设置下表面温度的变化

在自然对流条件下，最初温度为 22℃，后来达到 34～35℃。如在文献［9］中所报道的那样，电池老化现象在特定的温度条件下会加速，而电池的寿命会相应降低。在换气扇设置 1 和

2 条件下，温度增加限制在 5～6℃。基于这些温度变化和产生的功率损失，常温下、设定 1 和设定 2 条件下的传热系统分别为 13.7W/(m² · ℃)、44.4W/(m² · ℃) 以及 57.1W/(m² · ℃)。根据这些结果，可以统计出需要的传热系数应该是 44.4W/(m² · K)，需要换气扇处于位置 1 的状态下，从而保持电池温度在适宜的温度窗口下。

11.6 结论

本章开发了一个先进的锂离子电池模型，能够预测电池在不同条件下的表面温度 T_s。并提出一个确定热模型参数的新方法。

基于正在进行的工作，对模型参数进行了灵敏度分析，分析出了参数的非线性关系。之后又在不同的工作温度、电流倍率以及荷电状态下对模型进行了评估。在温度范围为 25～40℃时，模拟结果与实验结果吻合良好，但是，随着温度的增加，误差也随之增加。为了将误差保持在一个可接受的范围内，将热模型与电模型关联起来。基于这个方法（电热模型），在 0℃运行的误差缩减到 0～1℃。之后采用一系列的验证测试证明了模型的性能以及精确度。

附录

A.1. 确定 R_{con}

根据图 11.5 所示的回路，系统的总失热可以根据如下公式进行计算：

$$P_{gen}=P_1+P_2 \tag{A.11.1}$$

式中，P_1 和 P_2 是单位为 W 的功率损失。

图 11.5 显示了 P_1 可以根据如下公式进行计算：

$$P_1=\frac{T-T_s}{R_{thi}}=\frac{T_s-T_a}{R_{con}}=\frac{T-T_a}{R_{thi}+R_{con}} \tag{A.11.2}$$

对式（A.11.2）进行求解得到：

$$\frac{T-T_s}{R_{thi}}=\frac{T_s-T_a}{R_{con}}$$

或者

$$T=\frac{R_{thi}+R_{con}}{R_{con}}T_s-\frac{R_{thi}}{R_{con}}T_a \tag{A.11.3}$$

功率损失 P_2 可以进行如下计算：

$$P_2=C_{th}\frac{dT}{dt} \tag{A.11.4}$$

将式（A.11.2）带入式（A.11.4）得到：

$$P_2=C_{th}\left(\frac{R_{thi}+R_{con}}{R_{con}}\times\frac{dT_s}{dt}-\frac{R_{thi}}{R_{con}}\times\frac{dT_a}{dt}\right)$$

考虑到环境温度基本不会变化，上述方程可以简化为：

$$P_2=\frac{C_{th}(R_{thi}+R_{con})}{R_{con}}\times\frac{dT_s}{dt} \tag{A.11.5}$$

因此，总功率损失等于：

$$P_{gen}=P_1+P_2=\frac{T_s-T_a}{R_{con}}+\frac{C_{th}(R_{thi}+R_{con})}{R_{con}}\times\frac{dT_s}{dt} \tag{A.11.6}$$

求解这个方程得到：

$$\frac{dT_s}{dt}=\frac{T_a-T_s}{C_{th}(R_{thi}+R_{con})}+\frac{P_{gen}R_{con}}{C_{th}(R_{thi}+R_{con})} \quad (A.11.7)$$

在稳态，方程（A. 11. 7）可以写作：

$$R_{con}=\frac{T_s-T_a}{P_{gen}} \quad (A.11.8)$$

以及

$$R_{thi}=\frac{T-T_s}{P_{gen}} \quad (A.11.9)$$

A. 2. 确定暂态的温度变化

根据图 11. 5 以及式（A. 11. 7），表面温度变化的时间常数等于：

$$\tau_{th}=C_{th}(R_{thi}+R_{con}) \quad (A.11.10)$$

根据温度时间常数，方程（A. 11. 7）可以改写为：

$$\frac{dT_s}{dt}=-\frac{T_s}{\tau_{th}}+\frac{T_a}{\tau_{th}}+\frac{P_{gen}R_{con}}{\tau_{th}} \quad (A.11.11)$$

将方程（A. 11. 11）中 $\frac{T_a}{\tau_{th}}+\frac{P_{gen}R_{con}}{\tau_{th}}$ 这部分作为常数 B，则方程（A. 11. 11）可以改写为：

$$\frac{dT_s}{dt}=-\frac{T_s}{\tau_{th}}+B \quad (A.11.12)$$

方程（A. 11. 12）的解可以表示为：

$$T_s(t)=Ke^{-\frac{t}{\tau_{th}}}+B\tau_{th} \quad (A.11.13)$$

式中，K 是一个常数。

考虑到边界条件：

在 $T_s(t=0)=T_a$

$$T_s(0)=K+B\tau_{th}=T_a \text{ 或 } K=T_a-B\tau_{th}$$

因此，常数 K 可以确定为：

$$K=T_a-B\tau_{th} \quad (A.11.14)$$

在 $T_s(t=\infty)=T_s$，稳态的表面温度：

$$T_s=B\tau_{th} \quad (A.11.15)$$

$$T_s(t)=(T_a-T_s)e^{-\frac{t}{\tau_{th}}}+T_s \quad (A.11.16)$$

以及

$$T_s=B\tau_{th}=T_a+P_{gen}\cdot R_{con} \quad (A.11.17)$$

参 考 文 献

[1] J. Van Mierlo, G. Maggetto, E. Van De Burgwal, R. Gense, J. Automob. Eng. 218 (2003) 43.

[2] J. Van Mierlo, G. Maggetto, J. Automob. Eng. 217 (2003) 583.

[3] A. Burke, M. Miller, Performance Characteristics of Lithium-ion Batteries of Various Chemistries for Plug-in Hybrid Vehicles, EVS24 International Battery, Hybrid and Fuel Cell Electric Vehicle Symposium, Stavanger, Norway, 2009.

[4] R.T. Doucette, D. McCulloch, J. Appl. Energy 88 (2011) 2315.

[5] N. Omar, M. Daowd, B. Verbrugge, G. Mulder, P. Van den Bossche, J. Van Mierlo, M. Dhaens, S. Pauwels, F. Leemans, Assessment of Performance Characteristics of Lithium-Ion Batteries for PHEV Vehicles Applications Based on a Newly Test Methodology, EVS25 International

Battery, Hybrid and Fuel Cell Electric Vehicle Symposium, Shenzhen, China, 2010.

[6] L. Borelli, G. Bidini, F. Gallorini, A. Ottaviano, J. Appl. Energy 97 (2013) 777.

[7] H. Yi-Hsuan, W. Chien-Hsun, J. Appl. Energy 98 (2012) 479.

[8] N. Omar, B. Verbrugge, G. Mulder, P. Van den Bossche, J. Van Mierlo, M. Daowd, M. Dhaens, S. Pauwels, Evaluation of performance characteristics of various lithium-ion batteries for use in BEV application, VPPC International Vehicle Power and Propulsion Conference, Dearborn (MI), USA, 2010.

[9] N. Omar, M. Daowd, G. Mulder, J.M. Timmermans, P. Van den Bossche, J. Van Mierlo, S. Pauwels, Assessment of Performance of Lithium Iron Phosphate Oxide, Nickel Manganese Cobalt Oxide and nickel cobalt aluminum oxide Based cells for Using in Plug-In Battery Electric, VPPC International Vehicle Power and Propulsion Conference, Chicago (IL), USA, 2011.

[10] N. Omar, B. Verbrugge, P. Van den Bossche, J. Van Mierlo, Electrochim. Acta 55 (2010) 7524.

[11] N. Omar, F. Van Mulders, J. Van Mierlo, P. Van den Bossche, J. Asian Electric. Vehicles 7 (2009) 1277.

[12] N. Omar, M. Al Sakka, M. Daowd, Th. Coosemans, J. Van Mierlo, P. Van den Bossche, Assessment of behavior of Active EDLC-Battery system in Heavy Hybrid Charge Depleting Vehicles, ESSCAP International European Symposium on Super Capacitors & Applications, Bordeaux (France), 2010.

[13] J. Van Mierlo, J.M. Timmermans, G. Maggetto, P. Van den Bossche, WEVA J. 1 (2007) 54.

[14] G. Mulder, N. Omar, S. Pauwels, F. Leemans, B. Verbrugge, W. De Nijs, P. Van den Bossche, S. Six, J. Van Mierlo, J. Power Sources 96 (2011) 10007.

[15] N. Omar, M. Daowd, O. Hegazy, G. Mulder, J.M. Timmermans, Th. Coosemans, P. Van Den Bossche, J. Van Mierlo, Energy 5 (2012) 138.

[16] A. Burke, Electrochim. Acta 53 (2007) 1083.

[17] R. Kötz, M. Carlen, Electrochim Acta 45 (2000) 2483.

[18] M. Daowd, N. Omar, P. Van den Bossche, J. Van Mierlo, Passive and Active Battery Balancing Comparison Based on Matlab Simulation, VPPC Vehicle Power and Propulsion Conference, Chicago (IL), USA, 2011.

[19] J. Axsen, A. Burke, K. Kurani, Batteries for Plug-in Hybrid Electric Vehicles (PHEVs): Goals and State of the Technology; technical document: UCD-ITS-RP-10-16 (2008).

[20] P. Van den Bossche, F. Vergels, J. Van Mierlo, J. Matheys, W. Van Autenboer, J. Power Sources 162 (2006) 913.

[21] J. Axsen, K.S. Kurani, A. Burke, J. Transport Pol. 17 (2010) 173.

[22] M. Al Sakka, H. Gualous, J. Van Mierlo, H. Culcu, J. Power Sources 194 (2009) 581.

[23] C. Forgez, D.V. Do, G. Friedrich, M. Morcrette, C. Delacourt, J. Power Sources 195 (2010) 2961.

[24] E. Prada, J. Bernard, R. Mingant, V. Sauvant-Moynot, Li-ion thermal issues and modeling in nominal and extreme operating conditions for HEV/PHEVs, VPPC Vehicle Power and Propulsion Conference, Bordeaux (France), 2010.

[25] A. Pesaran, Thermal Management Studies and Modeling, Hydrogen Program and Vehicle Technologies Program Annual Merit Review, Arlington (VA), USA, 2009.

[26] A. Pesaran, J. Power Sources 110 (2002) 377.

[27] L. Cai, R.E. White, J. Power Sources 196 (2011) 5985.

[28] I. Krüger, M. Sievers, G. Schmitz, Thermal Modeling of Automotive Lithium Ion Cells using the Finite Elements Method in Modelica, 7th Modelica Conference, Como, Italy, 2009.

[29] G.H. Kim, A. Pesaran, R. Spotniz, J. Power Sources 170 (2007) 476.

[30] G.C.S. Freitas, F.C. Peixoto, A.S. Vianna, J. Power Sources 179 (2008) 424.

[31] B. Verbrugge, Y. Heremans, F. Van Mulders, H. Culcu, P. Van den Bossche, J. Van Mierlo, WEVA J. 3 (2009) 2032.

[32] M. Daowd, O. Omar, P. Van den Bossche, J. Van Mierlo, IREE 6 (2011) 1692.

[33] J. Newman, C. Pals, J. Electrochim. Acta 42 (1995) 3274.

[34] C.C. Wan, Y.Y. Wang, S.C. Chen, J. Power Sources 143 (2005) 111.

[35] J.L. Stevens, J.S. Shaffer, Modeling and improving heat dissipation from large aluminum electrolytic capacitors. Thirty-Second IAS Annual Meeting, New Orleans (LA), USA, 1997.

[36] M.S. Wu, K.H. Liu, Y.Y. Wang, C.C. Wan, J. Power Sources 109 (2002) 160.

[37] Y. Jannot, Course de Transferts Thermiques, Ecole des Mines, Nancy, France, 2011.

[38] N. Kong Soon, M. Chin-Sien, Ch. Yi-Ping, H. Yao-Ching, J. Appl. Energy 86 (2009) 1506.

[39] D. Halfeng, W. Xuezhe, S. Zechang, W. Jiayuan, G. Weijun, J. Appl. Energy 95 (2012) 227.

[40] S. Al Hallaj, H. Maleki, J.S. Hong, J.R. Selman, J. Power Sources 83 (1999) 1.

[41] N. Omar, M. Daowd, P. Van den Bossche, O. Hegazy, J. Smekens, Th. Coosemans, J. Van Mierlo, Energy 5 (2012) 2952.

[42] N. Omar, Assessment of Rechargeable Energy Storage Systems for Plug-in Hybrid Electric Vehicles. PhD thesis, Brussels, September 2013.

第12章 电动汽车用固态锂离子电池

Fuminori Mizuno[1,*], Chihiro Yada[2,*], Hideki Iba[3,*]
([1] 丰田汽车北美研究所，安娜堡，密歇根州，美国；[2] 丰田汽车欧洲办事处，布鲁塞尔，比利时；[3] 丰田汽车公司，裾野市，静岗县，日本)
[*] FUMINORI.MIZUNO@TEMA.TOYOTA.COM
CHIHIRO.YADA@TOYOTA.EUROPE.COM
IBA@ATOM.TEC.TOYOTA.CO.JP

12.1 概述

12.1.1 汽车发展环境

全球工业的快速发展、人口的日益增长以及相应车辆数量的增加引起了化石能源消耗的骤升。在这样的背景下，汽车制造商面临的严峻问题可以归结为以下三类：避免空气污染，降低 CO_2 排放以及开发采用替代石油的其他能源驱动的汽车。解决这些问题最有效的途径无疑是开发电力驱动的汽车，如混合电动汽车（HEVs）、插电式混合电动汽车（PHEVs）、电动汽车（EVs）以及燃料混合电动汽车（FCHEVs）。

丰田汽车公司在 1997 年首次在日本市场上引进了第一代普瑞斯。自此，它便开始改进该混合系统并将其应用于其他汽车模型中。目前，丰田公司共计出售 17 种 HEV 模型，包括第三代普瑞斯，其在全世界范围内销售的 HEV 数量超过 300 万。这些 HEV 至少减少了 1400 万 t 的 CO_2 排放（到 2010 年 5 月）。

电动汽车和混合电动汽车的一个核心技术是二次电池。尤其是对于未来大力推广的 PHEVs 和 EVs，它们基本上完全依赖于电力驱动，所以毋庸置疑，未来二次电池性能的突破以及价格的降低是迫切需要的。

接下来的章节综述了目前电动汽车以及混合电动汽车中所使用的二次电池的发展状况[1]。

12.1.2 汽车用可充电电池

安装在电动汽车以及混合电动汽车中二次电池的要求如下：必须保证安装在汽车中的电池的安全性以及可靠性。此外，从将电池安装到汽车中这一观点来看，它们的性能要求可以大体上分为：能量密度、功率密度以及成本。从第一代电动汽车于 19 世纪 90 年代投入实际应用，一直是在使用铅酸蓄电池。这种电池成本低，使用方便，但是它们的能量密度很低。最初，由于没有其他选择，所以在电动汽车以及混合电动汽车中只能使用铅酸电池。不过后来意识到铅酸蓄电池体积过大，而且应用在汽车中会导致质量过大。因此，这种电池没有实现大规模的应用，仅仅使用在少数几种 EVs 和 HEVs 上。

电池领域的技术创新一直持续不停，在 19 世纪 90 年代发明了镍金属氢化物电池，20

世纪初发明了锂离子电池。开发和设计这些电池是为了实际应用于电动汽车中，同时也昭示着用这些高性能电池替换掉过时的铅酸蓄电池的一个新时代的开始。在引进这些新电池的同时，在开发和推广电动汽车和混合电动汽车方面也取得了引人注目的进步。

20 世纪 90 年代，对镍氢化物电池的开发使之得以在 1997 年应用于第一代普瑞斯上，自此丰田公司开始将镍金属氢化物电池应用于 HEVs 上。在第一代普瑞斯上，电池是圆柱形的，不过从那时起也开发了方形电池，方形电池体积更小，质量也更轻。电池微型化由于金属外壳的应用而得到进一步的推动，而且带有金属外壳或者塑料外壳的电池也已经应用于现在的汽车生产中。由于镍金属氢化物电池具有较好的耐过充性能，所以它们的安全措施相对容易实现。镍金属氢化物电池应用于目前销售的多种 HEVs 中，使用该电池生产的 HEVs 的总量已经接近 350 万。

2003 年，丰田公司将开发出的锂离子电池应用于空载启停系统中，并安装在雅力士（Yaris）上，锂离子电池也具有了进一步规模生产的潜力。2009 年，应用于 HEVs 上的新型锂离子电池开发出来，并安装在插电式混合普瑞斯上投放市场。

无论是镍金属氢化物电池还是锂离子电池，其开发背后的基本理念是降低体积和质量、改善性能（比如增加功率和能量密度）以及降低汽车需要的电芯数量。

12.1.3　电动汽车和混合电动汽车的发展趋势和相关问题

在 HEVs 中，二次电池的输入和输出功率性能是保证汽车减速时能量再生以及动态性能的基本要求。保证能量再生以及动态性能所需要的电池能量总量为 1～2kW·h，而且 HEVs 的一个优点是采用小体积电池，可以降低大量的能量消耗。目前，镍金属氢化物电池是应用于 HEVs 中的主流二次电池，这主要是由于成本原因，而且该项技术也较为成熟。但是，为了进一步减少电池组的体积和质量，需要具有高功率密度和能量密度的锂离子电池快速成为主流。图 12.1 显示了不同类型的二次电池在一张能量比较图上的关系。由于 PHEVs 和 EVs 需要单独依靠电能行驶较长距离，所以在这些车辆中存储的能量要比在 HEVs 中高得多。由于汽车留给电池的空间有限，所以镍金属氢化物电池不能提供 PHEVs 和 EVs 使用的足够能量。而由于锂离子电池相比较镍金属氢化物电池而言，具有更大的能量密度，所以目前正逐步适用于 PHEVs 和 EVs 中。

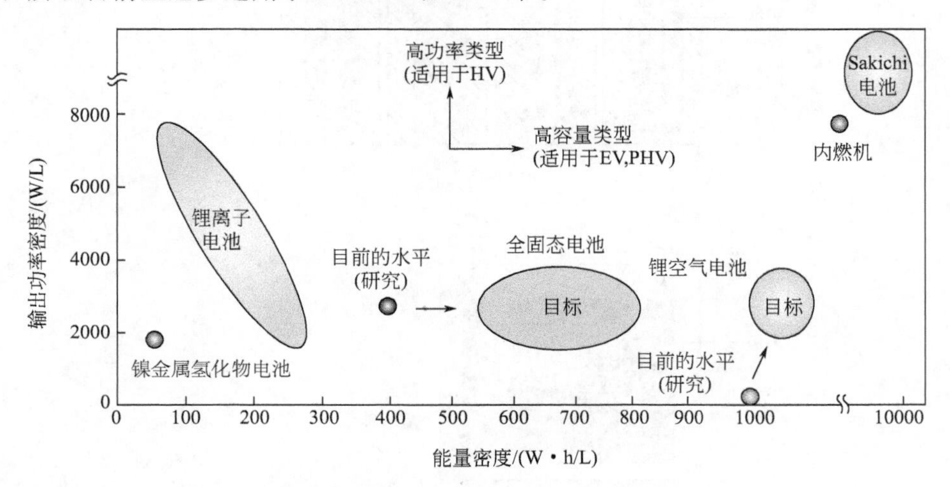

图 12.1　不同类型的二次电池在一张能量比较图上的关系

汽油的能量密度大约为 9000W·h/L，相比较而言，锂离子电池的能量密度的理论限制为大约 1000W·h/L。为了实现汽车能够单独依赖电力行驶，且在体型和行驶距离上可以与目前的汽油车相抗衡，很有必要开发一种新型的工作原理与现有二次电池不同的强电力驱动装置。因此，在未来10年或者更长时间内，EVs的推广会受到限制，而HEVs和PHEVs，由于两者可以同时采用电力和发动机行驶，则会占领汽车市场的主流。EVs所用的电池成本也是一个主要的问题，因为在EV中需要存储的能量需要与行驶里程一致，EVs要想与传统汽车一样方便，受大众欢迎，那么就需要解决这个问题。

12.1.4 对电动汽车用新型锂离子电池的期望

目前，已经研究出了比锂离子电池理论能量密度高的其他类型的电池。然而，它们的性能却不能与内燃机相抗衡（9000W·h/L与10kW/L）。这些未来电池如全固态锂离子电池和锂空气电池的理论潜力，与锂离子电池的开发目标一起展示在图12.1中。最近，其他一些新型能源储存系统，如钠电池、多价离子电池包括Mg和Al、液流电池以及氧化还原电容器都作为后锂离子电池（这些电池的潜力没有列在图12.1中）广泛开发。为了克服当前的问题以及开发出高性能可充电电池，将重新回顾理解电池的基本原理，即离子和电子如何穿过本体介质以及固液、固固界面的。

在本章中，将主要介绍全固态锂离子电池，它是很有前途应用于电动汽车上的一种电池，之后将讨论与电池相关的一些问题[1]。

12.2 全固态锂离子电池

12.2.1 全固态锂离子电池的优点

如在前言中所提到的，全固态锂离子电池是最有前景的电池系统，拥有比目前可用的锂离子电池所期望的更高的体积能量密度。全固态电池通过串联堆叠以及双极结构设计，能够提升电芯容量，并且极大地提升电池的封装效率。因此，通过减少传统锂离子电池电芯之间的无效空间可以获得高能量密度，如图12.2所示。

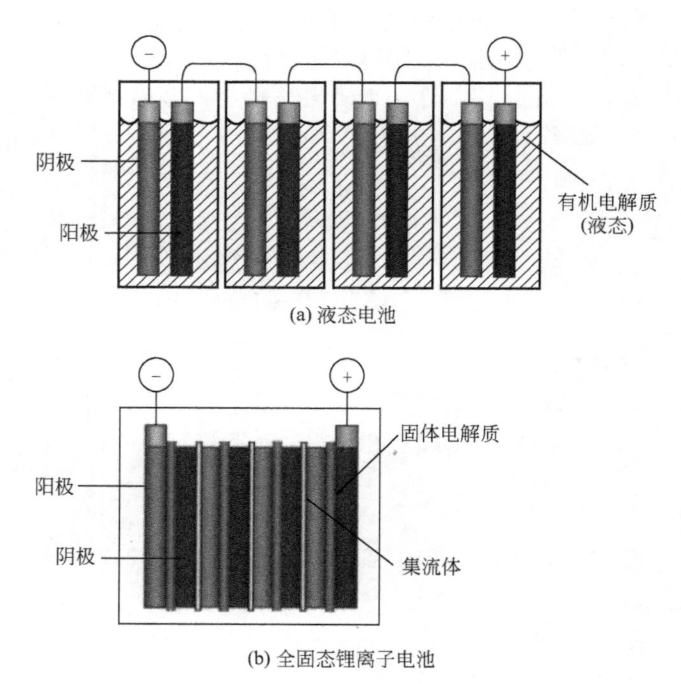

图12.2 电池组概图

固体锂离子电池的另外一个优点是没有液体电解质泄漏的风险，从而增加了电池的安全性，此外由于电解液是不易燃的无机固态电解液，所以增加了热稳定性。

最后，关于电池性能，可以说全固态电池很大的一个优点是其长循环寿命。在20世纪90年代，Bates等报道了采用玻璃态磷锂氮氢化物（LIPONs）作为固体电解质的全固态锂离子电池[2~4]。尽管典型的LIPON（$Li_{2.9}PO_{3.3}N_{0.46}$）的电导率在室温下只有3.3×10^{-6} S/cm，比传统的液态电解液要低，但是这种薄膜固态电解质在与金属锂接触时表现出长时的稳定性。而且，薄膜固态电池表现出了极其优异的循环性能，经过上万次循环几乎没有容量损失。有人认为固态电池的这种高可靠性来源于固态电解液较宽的电化学窗口，没有为了中和阴离子而引起的迁移等副反应，以及在电极-电解液界面没有溶剂化-去溶剂化的反应。自此之后，陶瓷型全固态电池便吸引了越来越多的兴趣。如下一章节所述，人们开发出了一大批固态电解液而且广泛研究了它们在固态电池中的应用。其中较为突出的是由Takada等[5,6]、Tatsumisago等[7,8]以及Kanno等[9,10]论证出的硫化物电解质基全固态锂离子电池。硫化物固体电解液系统有Li_2S-SiS_2、LiS-P_2S_5以及Li_2S-GeS_2-P_2S_5，以室温下锂离子电导率高而出名，电导率为$10^{-4}\sim10^{-2}$ S/cm[5~12]。采用高离子电导率的固体电解液，组装出全固态电池，尽管施加电流密度限制在$\leqslant0.1mA/cm^2$，但是固态电池依然能够表现出优异的循环性能和耐久性，经过3～4年内几百次循环几乎没有容量衰减[13]。因此，全固态电池给我们提供了一种电池长寿命的新方案。

这里，将简单综述作为全固态电池核心部分的锂离子导电固体电解质。接下来，也将会探讨改善电极-电解液界面以及活性物质的锂离子导电性的方法。

12.2.2　Li^+导电固态电解液

如上所述，锂离子导电固态电解液是一个核心材料，是建立全固体锂离子电池的必要组件。到目前为止，在开发优异的可与有机液体电解液相抗衡的锂离子导体上进行了很多工作。

图12.3显示了到目前为止开发出的典型锂离子导电材料的阿伦尼乌斯导电曲线（见参考文献[10]）。固体电解质大体上可以分为两类；一类是有机物类型，如聚合物电解质，另外一类是无机物类型，如陶瓷电解质。此外，无机电解液可以分为氧化物基、硫化物基、氮化物基等。其中，硫化物基无机固体电解液材料能够提供相对高的离子导电能力；比如$Li_{10}GeP_2S_{12}$的电导率高达1.2×10^{-2} S/cm[10]，可与有机液体电解液相媲美。而且，一般来讲，无机固体电解质自身具有很高的氧化稳定性。硫化物基固体电解质还特别地拥有高还原稳定性，从而具有较宽的电化学窗口。此外，由于硫化物本质比较柔和，所以这种固体电解质中颗粒之间界面电阻较小，制备时不需要像氧化物基电解质那样需要烧结过程。因此，硫化物基固体电解质是以粉末形式与活性材料结合的一类很有前途的材料；不过，它们的化学稳定性是目前的一个难题。

石榴石型氧化物基固体电解质（$Li_7La_3Zr_2O_{12}$[14]）常温下总体锂离子的电导率为10^{-4} S/cm，常温条件下与锂金属接触时具有高化学稳定性以及高电化学稳定性。尽管对于这种氧化物基固态电解质，降低界面电阻非常重要，但是这种石榴石在近几年内已经吸引了很多目光，因为它不仅有望用于全固态锂离子电池，也有望用于锂空气电池。

如到目前为止所讨论的，开发新型固态电解质材料是改善电池性能其中一个最重要的手段。组合合成技术是寻找适合全固态电池新型电解质材料的有效方法[15]。这里，将介绍系

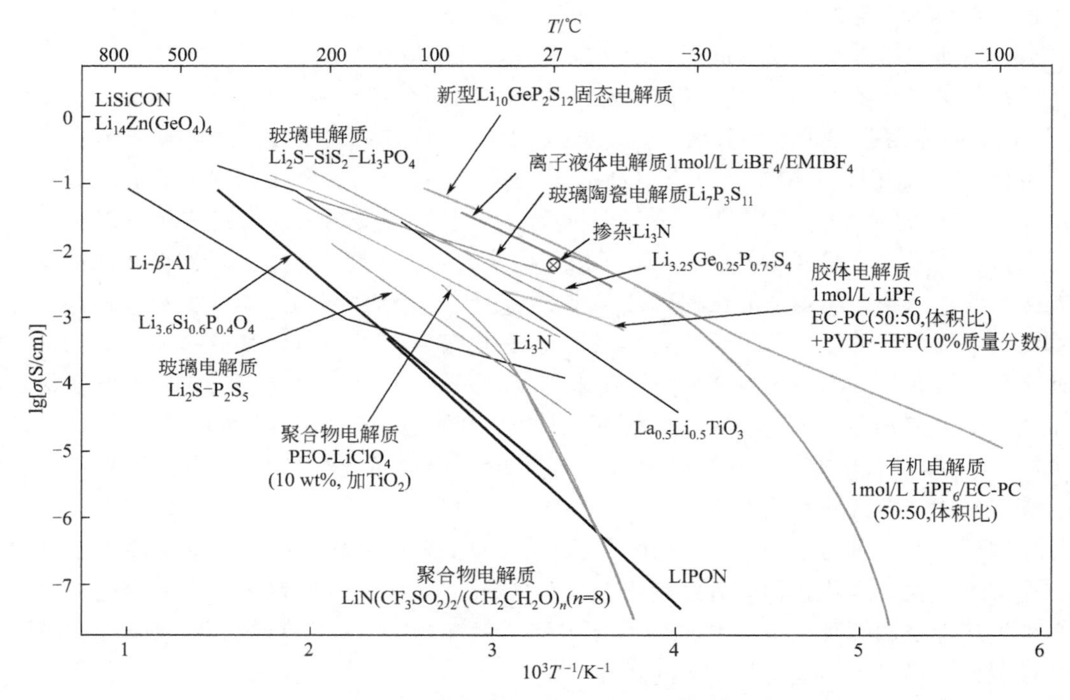

图 12.3 到目前为止开发出的典型的锂离子导电材料的阿伦尼乌斯导电曲线

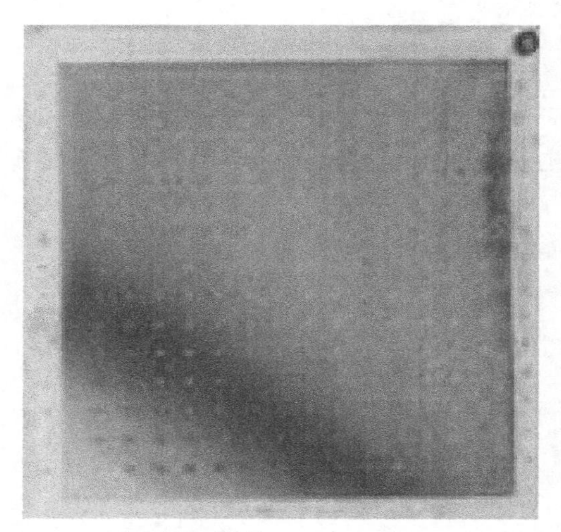

图 12.4 浓度梯度薄膜 $LiO_{0.5}$-$LaO_{1.5}$-TiO_2 采用 HT-PVD 技术沉积在 $Si/SiO_2/TiO_2/Pt$ 衬底上的照片

统研究三元 $LiO_{0.5}$-$LaO_{1.5}$-TiO_2 体系的过程，其中包括快锂离子导电化合物 $Li_{3x}La_{2/3-x}TiO_3$（LLTO，$0.07\leqslant x\leqslant 0.17$[16]）。浓度梯度薄膜 $LiO_{0.5}$-$LaO_{1.5}$-TiO_2 通过高通量物理气相沉积（HT-PVD）的方法，利用单个元素的共蒸发沉积在 $Si/SiO_2/Ti/Pt$ 或者 $Si/SiO_2/TiO_2/Pt$ 衬底上[17]。这种薄膜的典型外观如图 12.4 所示，图中 196 种不同成分的 $LiO_{0.5}$-$LaO_{1.5}$-TiO_2 被 14×14 的 Pt 顶端接触分隔开。采用 11 种薄膜衬底，通过不同的实验条件，一共可以收集到 2060 个数据点，覆盖快锂离子导电相 $Li_{3x}La_{2/3-x}TiO_3$（$0.07\leqslant x\leqslant 0.17$）。对所有数据点进行成分测试（ICP-MS，电感耦合等离子体质谱）、相分析以及导电性测试（EIS，电化学交流阻抗）。应用非负矩阵分解的方法来估算每个样品中的相百分比例，并模拟出人工神经网络（ANN）来帮助理解收集到的导电点。

图 12.5 对比了已知的快锂离子导电相 $Li_{3x}La_{2/3-x}TiO_3$ 的构成以及本项研究中从 EIS 和 ANN 得出的离子电导率。尽管在图 12.5（b）中优化的总（晶体＋晶界）电导率是 5.5×10^{-4}S/cm，比同样组成的粉体材料的电导率（2×10^{-5}S/cm）高，但是观察到的薄膜或粉体材料的总体趋势是类似的，两组数据之间的不同主要归因于多晶体的不同形貌导致不同

的晶界电阻。总之，经证明是可以采用 HT-PVD 技术来对 $LiO_{0.5}$-$LaO_{1.5}$-TiO_2 体系进行成功筛选的，HT-PVD 方法是鉴别全固态电池中可用离子导电材料的有力工具。

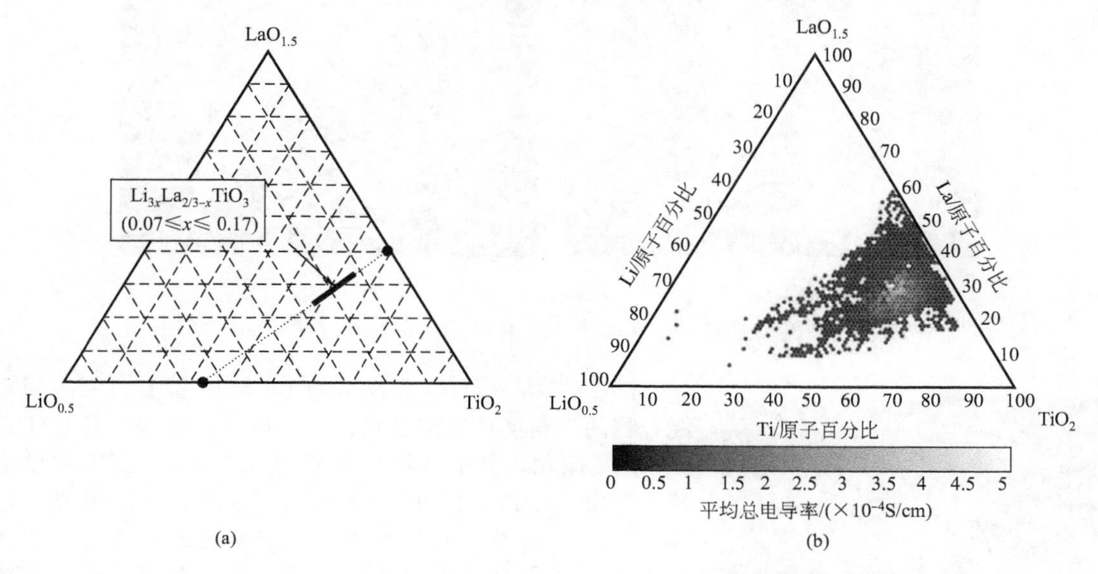

图 12.5 (a) $Li_{3x}La_{2/3-x}TiO_3$ ($0.07 \leqslant x \leqslant 0.17$) 的快锂离子导电相及 (b) 通过人工神经网络得出的总（本体＋晶界）离子电导率

12.2.3 全固态锂离子电池的问题

人们关注了一系列无机固态电解质（$Li_7P_3S_{11}$[18] 等）以及它们在全固态锂离子电池中的应用。由于无机固态电解质的迁移数基本上是一致的，所以固体电解质的锂离子电导率与有机液体电解质的相差不大。但是，虽然存在高锂离子电导率的固体电解质，全固态锂离子电池却一直都无法提供有效的功率密度，这一问题直到最近才得以解决。功率密度有限的一个重要原因是由于阳极和固态电解质界面之间存在很大的锂离子迁移电阻。

为了提升固态电池的功率密度，在接下来的几节里面，将详细讨论电极-电解液界面以及活性物质内部的锂离子传导。

12.2.3.1 界面上的 Li^+ 传导

2006 年，Ohta[6] 等讨论过界面电阻的起源。他们提出界面大电阻形成的原因，主要在于界面上形成的空间电荷层，在该层固体电解质一方会缺乏必要的维持界面化学势平衡的锂离子。人们也已经证实，引入锂离子导电氧化物如 $Li_4Ti_5O_{12}$[6]、$LiNbO_3$[19]、Li_2SiO_3[20] 以及 Li_2S-P_2S_5[8] 等缓冲层可以抑制空间电荷层的形成。

为了更详细地理解这层缓冲层在降低界面电阻中所起的作用，可以采用透射电镜（TEM）来观察阴极/固体电解质界面的纳米结构。采用商业的 $LiCoO_2$ 粉末作为阴极材料。$LiNbO_3$ 包覆层是从锂和铌的醇盐乙醇溶液中制备而成的，将该溶液采用滚动流化包覆机喷射在 $LiCoO_2$ 粉末上。根据已有文献报道[19]，将包覆后的样品在氧气氛围 673K 下烧结 30min，便得到 $LiNbO_3$ 包覆的 $LiCoO_2$ 颗粒。将 $LiCoO_2$ 阴极材料和通过相应玻璃晶体化得到的 $Li_7P_3S_{11}$ 固体电解质[18]，在氩气手套箱中混合在一起，按压得到球形样品。在对 $LiCoO_2$/$Li_7P_3S_{11}$ 界面进行 TEM 观察前，采用聚焦离子束来切割样品。由于 $Li_7P_3S_{11}$ 会与空气中的 H_2O 反应形成 H_2S，见图 12.6，所以样品在从手套箱中转移到 TEM 仪器前需要采用封闭容器，避免样品暴露在空间中。

(a)

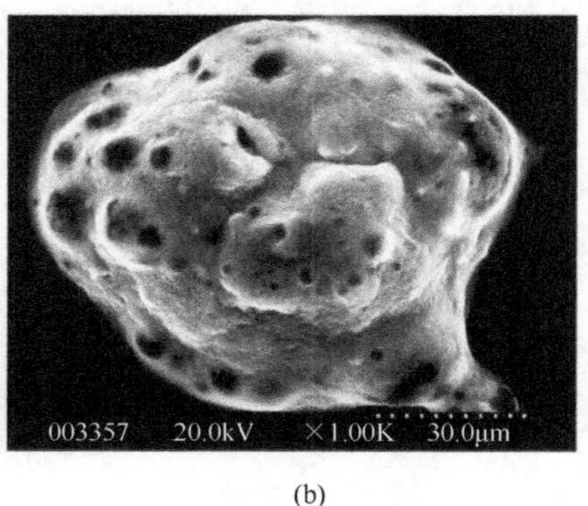

(b)

图 12.6 $Li_7P_3S_{11}$颗粒（a）暴露在空气前和（b）暴露在空气后的 SEM 图

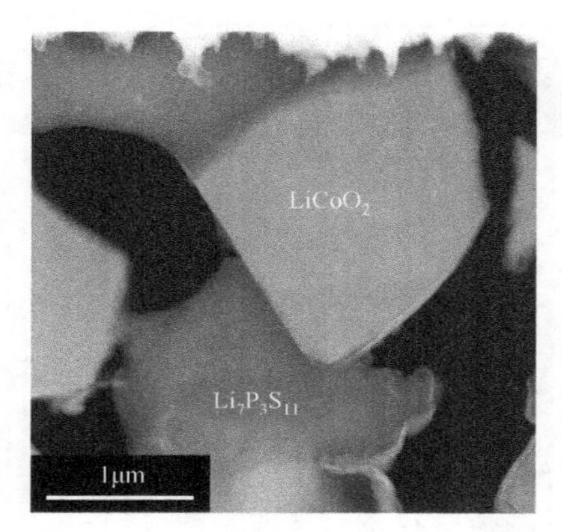

图 12.7 $LiCoO_2$ 和 $Li_7P_3S_{11}$ 混合物典型的 HAADF-STEM 图

图 12.7 显示了一个典型的 $LiCoO_2$ 和 $Li_7P_3S_{11}$ 阴极混合物的高角度环形暗场扫描透射电子显微镜（HAADF-STEM）图像，其中较亮的颗粒是 $LiCoO_2$，而颗粒稍微暗的是 $Li_7P_3S_{11}$。图 12.8 显示了 $LiCoO_2$（包覆或未包覆）/$Li_7P_3S_{11}$界面的放大图。在未包覆的界面中，如图 12.8（a）所示，沿着界面可以观察到一个厚度约为几纳米的异相。该异相呈现灰度，预示着它比 $LiCoO_2$ 相具有低的电子密度。而另一方面，在 $LiNbO_3$ 包覆的 $LiCoO_2$/$Li_7P_3S_{11}$界面，如图 12.8（b）中所示，在界面处没有观察到异相。

图 12.9 显示了沿 $LiCoO_2$（包覆或未包覆）/$Li_7P_3S_{11}$界面的能量色散 X 射线能谱（EDX）线分析结果。如图 12.9（a）所示，在未包覆的 $LiCoO_2$/$Li_7P_3S_{11}$界面，一部分最初在 $LiCoO_2$ 相内的钴离子扩散到 $Li_7P_3S_{11}$相内，而相反地，另一部分最初在 $Li_7P_3S_{11}$相内的硫离子也扩散到 $LiCoO_2$ 相内，这意味着在界面上形成的异相内至少包含钴离子和硫离子（注意由于锂离子的电子密度太小，所以不能用 EDX 探测出来）。而在 $LiNbO_3$ 改善后的 $LiCoO_2$/$Li_7P_3S_{11}$界面上，如图 12.9（b）所示，则没有发现明显的相互扩散层。这些结果说明 $LiNbO_3$ 缓冲层可以充当钝化层，阻止互相扩散现象的发生，如图 12.10 示意图所示，从而改善了界面锂离子扩散速率。

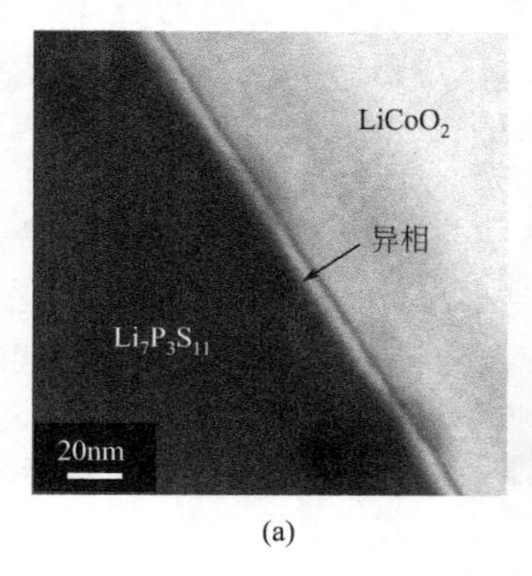

(a)

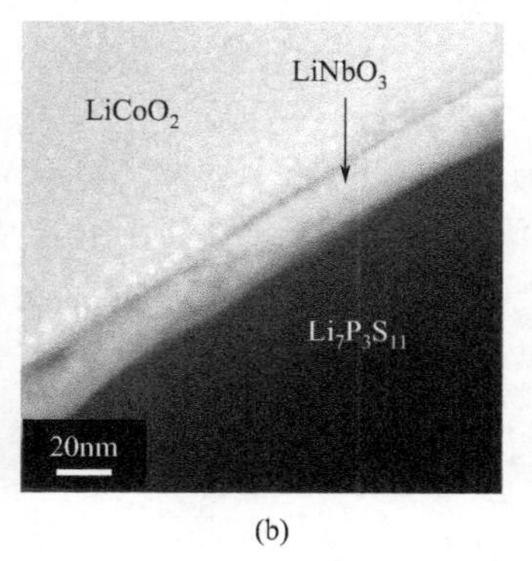

(b)

图 12.8 （a）无和（b）有改性层的 $LiCoO_2$/$Li_7P_3S_{11}$界面放大的 HAADF-STEM 图

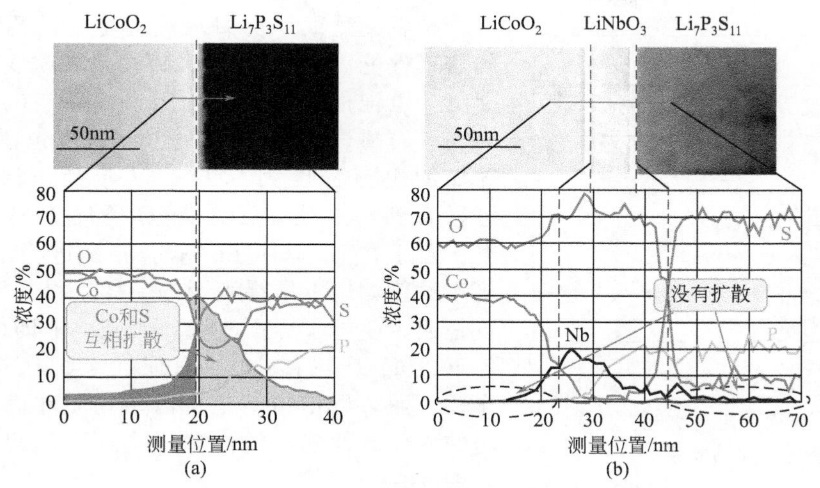

图 12.9　沿 $LiCoO_2/Li_7P_3S_{11}$ 界面的 EDX 线分析结果

（a）无改性层；（b）有改性层

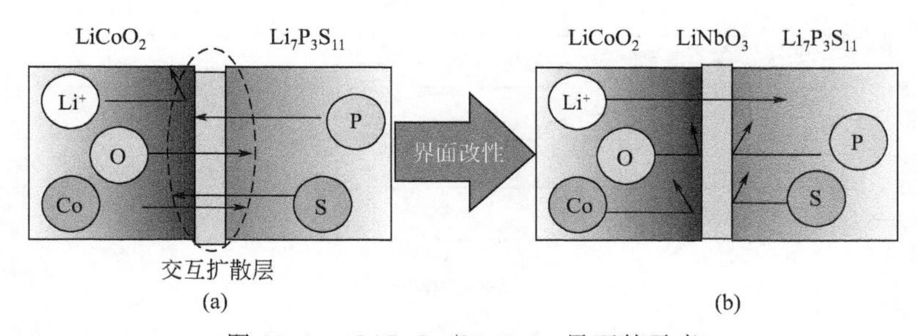

图 12.10　$LiCoO_2/Li_7P_3S_{11}$ 界面的示意

（a）无改性层；（b）有改性层

为了获得 Co-S 基交互扩散相更多的信息，在 $LiCoO_2/Li_7P_3S_{11}$ 界面进行了选定区域电子衍射（SAED）分析。在 SAED 分析之前，样品暴露在高温（60℃）下来加速交互扩散相的形成。图 12.11 显示了得到的 SAED 图以及对应的 HAADF-STEM 图，图中显示在界面观察到 Co_3S_4 晶体的衍射花纹。由于 Co_3S_4 晶体是一种绝缘材料，它们的形成能够阻止 $LiCoO_2/Li_7P_3S_{11}$ 界面锂离子的扩散。事实上，界面上厚的 Co_3S_4 层造成了如图 12.12 所阐述的更大的界面电阻（界面电阻与交互扩散层厚度之间的关系）。

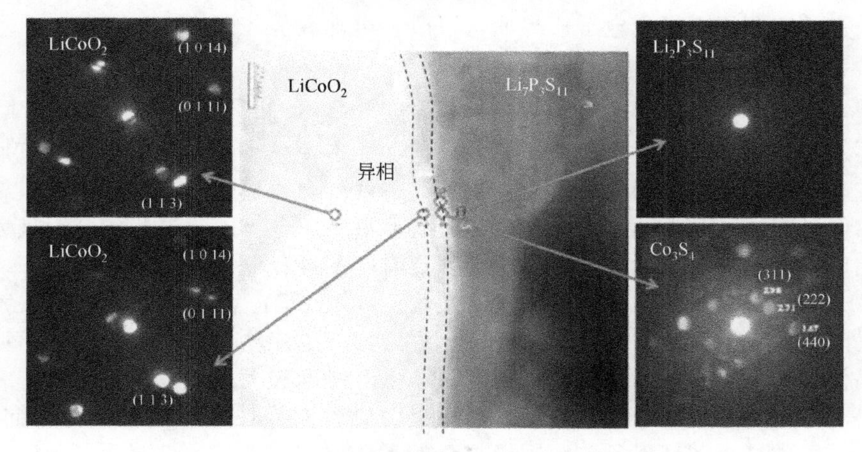

图 12.11　有改良层的 $LiCoO_2/Li_7P_3S_{11}$ 界面的 SAED 图以及对应的 HAADF-STEM 图

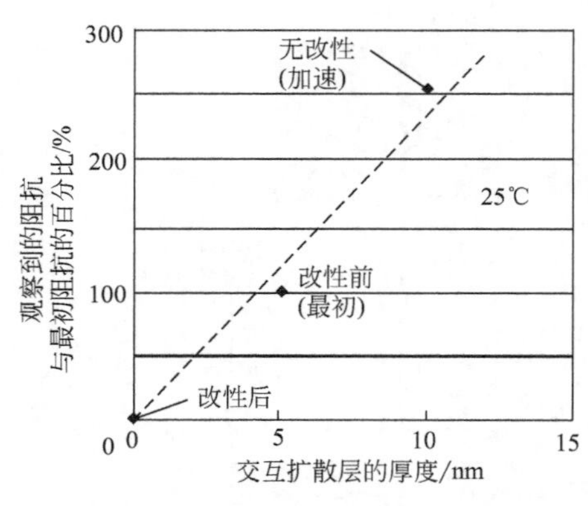

图 12.12　界面电阻与交互扩散层厚度之间的关系

最后又测试了全固态锂离子电池界面改性前后的倍率性能。图 12.13 显示了界面改性后的全固态锂离子电池的放电曲线，阳极、固态电解液和阴极分别是石墨、$Li_7P_3S_{11}$ 以及 $LiNbO_3$ 包覆的 $LiCoO_2$，施加的电流密度为 0.1～10C，操作温度是 25℃。可以看到，电池在 2C 和 5C 条件下都能够良好放电。由于在 $LiCoO_2/Li_7P_3S_{11}$ 界面进行了表面改性，倍率性能如以上结果表明的一样，得到了极大改善。正是因为实施了界面改性，否则电池即使在 1C 的条件下也难以运行：电池只能在＜0.1C 的条件下工作。从而可以得出结论：活性物质和固体电解质之间的界面改性确实能够增强全固态锂离子电池的功率密度。

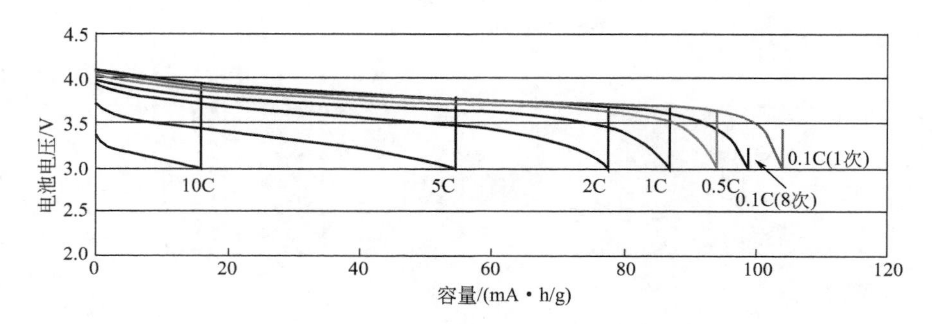

图 12.13　界面改性后的全固态锂离子电池在室温下的放电曲线

阳极、固态电解液和阴极分别是石墨、$Li_7P_3S_{11}$ 以及 $LiNbO_3$ 包覆的 $LiCoO_2$

尽管由于锂的电子密度太低，目前的 TEM 分析并没有针对 $LiCoO_2/Li_7P_3S_{11}$ 界面的锂离子浓度提供信息，但是这项技术却也能够验证界面电阻起源的一个方面。如果应用一些其他的能够跟踪锂浓度曲线的现有分析技术，如电子能量损失能谱法（EELS）以及电子全息法[21]，则能够进一步阐明界面现象。此外，界面改性技术在改善全固态电池以及其他下一代电池性能中会变得越来越重要。一个很有趣的制备电化学有益界面的方法是原位制备阳极和阴极材料[22]，在集流体和电解质之间自形成的界面可以很好地充当阳极和阴极材料。未来需要更加有效的利用电极和电解质界面，以改善电池性能。

12.2.3.2　活性材料中的 Li^+ 传导

具有大能量密度的电池最好是电解质层较薄，电极较厚，活性物质稠密的压紧在电极上。这些要求也是传统锂离子电池所需要的，但在固态锂离子电池中这些要求更加迫切。在目前的固态电池中，都需要加入一定比例的固态电解液和炭黑来分别改善电极中 Li^+ 和电子的导电性，但是为了达到上述提及的要求，有必要最小化电极中的这些成分，最大化活性物质材料的比例。换句话说，活性材料自身必须要有高 Li^+ 和电子导电性。

图 12.14 显示了电池性能与层状结构活性物质如 $LiCoO_2$ 材料厚度之间的关系。如果采用具有随机晶体取向的活性材料，那么随着厚度增加，电流输出会大幅降低。而如果控制晶体取向使晶体排列在 Li^+ 导电的方向，则电流输出会得到极大的改善。

Sakka 等已经报道了在高磁场中可以采用铝的磁各向异性来控制其晶体取向[23]。采用这种技术，可以尝试控制锂离子电池阴极材料的晶体取向。图 12.15 显示了 $LiCoO_2$ 活性物

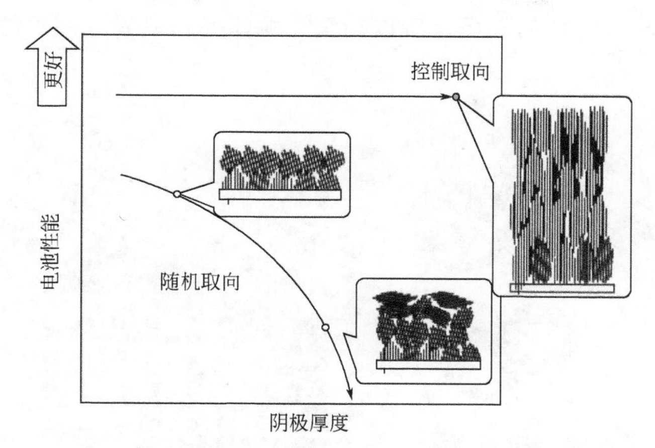

图 12.14　电池性能与层状结构材料如 $LiCoO_2$ 厚度之间的关系

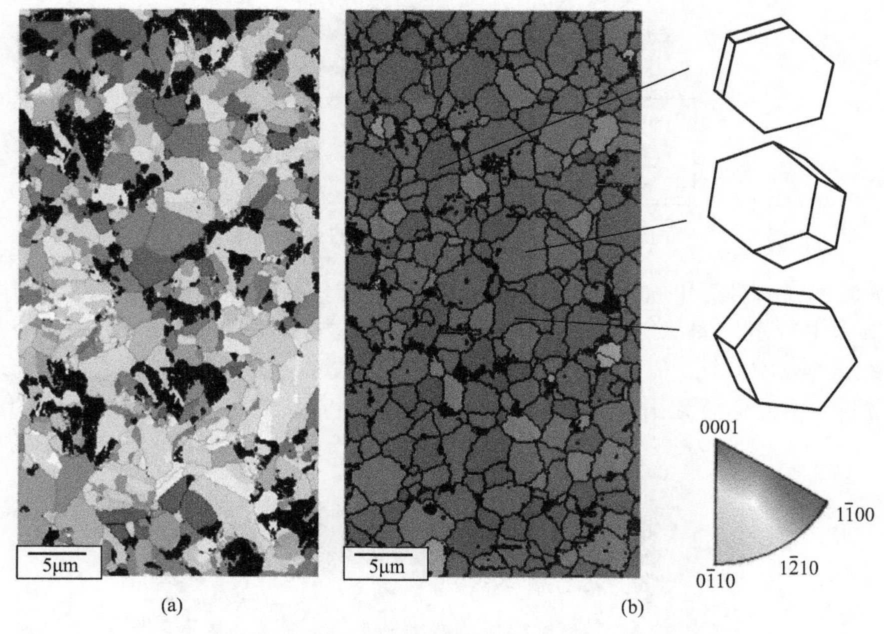

图 12.15　$LiCoO_2$ 活性物质的 EBSD 图
(a) 有强磁场定向控制；(b) 无强磁场定向控制

质在有无强磁场定向控制下的电子背散射衍射（EBSD）图谱，通过施加一个磁通密度为 12T 的磁场，发现能够成功地将本身具有磁各向异性的 $LiCoO_2$ 控制在［001］取向上。这是一项十分有前景的技术，通过创造结构可控的活性材料来促进锂离子快速导电。

这里，又详细考虑了活性物质中的 Li^+ 导电机理。在层状结构活性物质如 $LiCoO_2$ 中，Li^+ 能够在 Co-O 层框架内移动，而且可以在平面上迁移。另一方面，Li^+ 也可能在 Co-O 层中的缺陷之间以及沿晶界传递，这些“缺陷”一般是由于负离子缺陷（晶体缺陷）产生的应力或位错。图 12.16 阐述了层状结构活性物质的分级图像。事实上，在层状结构中存在负离子空位（晶格缺陷）、位错、空隙以及晶界，尽管这些因素极有可能影响 Li^+ 导电，但是它们的特征尚未完全阐明。Maier 等报道了在带有支持盐的非水电解质溶液中加入陶瓷绝缘相，由于界面的离子对破碎导致离子电导率得到了极大提升[24]。由于表面和界面的离子导电具有特殊的性质，所以确定在缺陷处和晶界处基本的 Li^+ 导电是非常重要的。

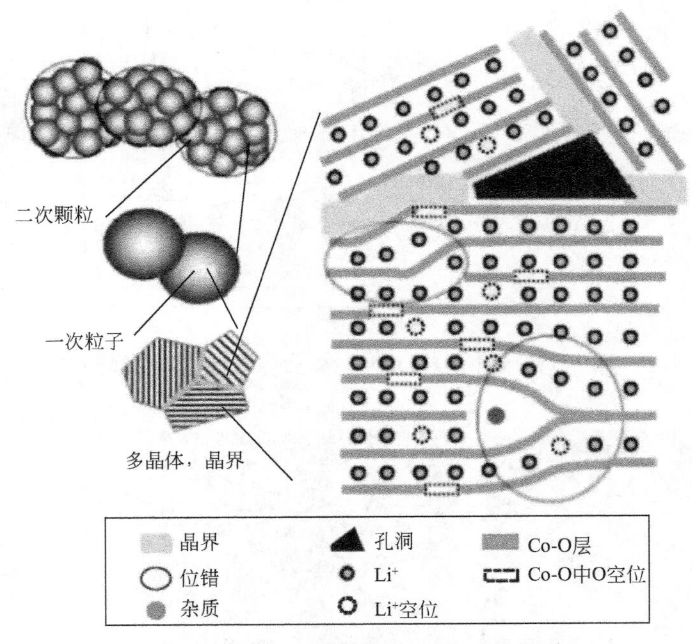

图 12.16　层状结构活性物质的分级图像

为了阐明这样一种导电机制，脉冲激光沉积是能够制造单晶模型的一种有效方法，如在阴极活性物质中所示。图 12.17 展示了采用一种改良方法将单晶 $LiCoO_2$ 外延生长在单晶 Al_2O_3 衬底上的 TEM 图[25]，如图可见一层一层的平整结构。这种单晶是分析 Li^+ 导电的一种模型材料，将它们特地引入到材料中，就能够定量地鉴定出缺陷以及晶界对 Li^+ 导电的作用。

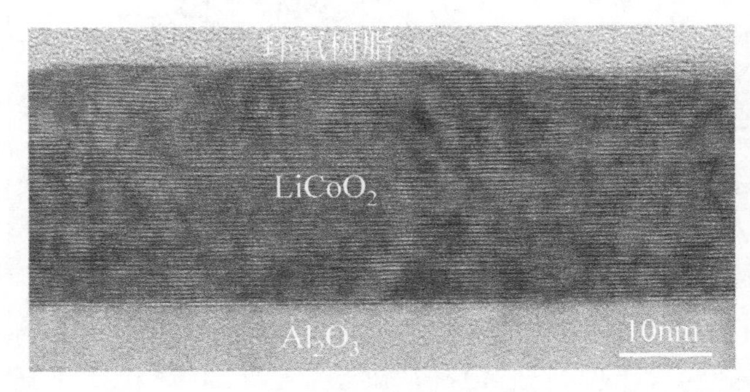

图 12.17　采用改良加热法将 $LiCoO_2$ 单晶外延生长在单晶 Al_2O_3 衬底上的 TEM 图

除此以外，另外一种从理论计算研究衍生而来的方法对理解 Li^+ 导电也非常有效。图 12.18 显示了通过第一性原理计算得出的 $LiCoO_2$ 中 Li^+ 导电路径与电子密度之间的关系。位于中间的 Li^+ 导电路径受到周围 Li^+ 浓度的强烈影响。如图 12.18（b）和（c）中所示，虽然在 Li^+ 浓度较低的情况下，活化障碍相对较低，但是 Li^+ 不会沿着最短的路径迁移，而是会经过电子密度较低的三角形的重心。

从实验和模拟的双重角度来理解活性物质的离子导电行为，是设计和发现具有高能量密度和高功率密度新材料的重要路径。

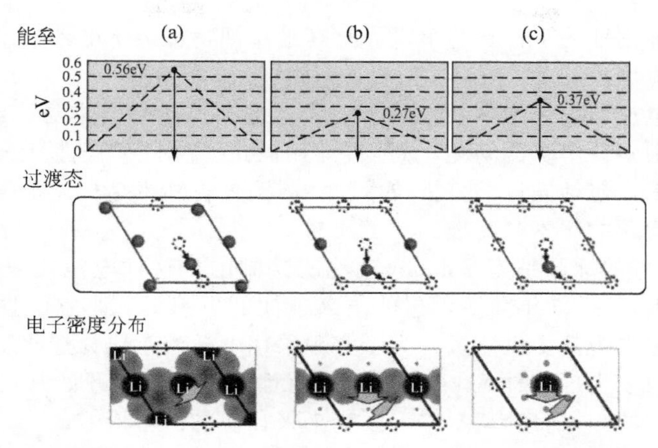

图 12.18　第一性原理计算得到的 $LiCoO_2$ 中 Li^+ 导电路径与电子密度之间的关系

12.2.4　总结

全固态锂离子电池最近引起了人们的广泛关注，相比传统基于液体电解液的锂离子电池来讲，全固态锂离子电池有望实现更高的能量密度。为了改善它们的能量密度以及功率密度，需要考虑以下三个技术要点。

（1）开发优异的锂离子导电固态电解质　有必要去开发具有高锂离子导电性以及电化学窗口较宽的固态电解液，以供应具有高能量密度以及高功率密度的全固态电池使用。$Li_{10}GeP_2S_{12}$在目前所有已经开发的固态电解质中具有最高的离子电导率。基于硫化物的固体电解质不仅能够满足所需要的电化学性能，而且由于它们自身的柔性，使得固体材料之间的界面电阻比较小。因此，硫化物是用于全固态锂离子电池的固态电解液的理想材料。从化学稳定性的角度来看，石榴石型的 $Li_7La_3ZrO_{12}$ 也具有同样的高电导率以及宽电化学窗口，理应是另外一种候选材料，只不过它的界面电阻即使是以自身为电解质，也是需要降低的。高通量方法是其中一种能够鉴别新型固态电解质材料的有力方法。

（2）电极-电解质界面设计　全固态电解质电池的其中一个重要参数——功率密度经常受到电极-电解质界面电阻的影响。例如在采用硫化物基固态电解质的全固态电池中，在界面处会新形成一个异相层。$LiNbO_3$ 缓冲层可以用来抑制两相间的相互扩散，从而使电池的倍率容量得以大幅提升，而且在长期循环中避免容量衰减。

（3）提高电极活性物质中锂离子电导率　提高活性物质离子电导率以提高全固态电池的功率密度也是非常重要的。其中一个很有效的措施是改变活性物质中的晶体取向（如 $LiCoO_2$），以此来控制锂离子的迁移方向，从而使得电极层内的锂离子能够沿最短距离进行迁移。计算的方法也有望用来阐明锂离子导电的机理：不仅在单晶材料内部导电，而且在有缺陷（如空位、位错、晶界）的材料内部也可以导电，这对于改善锂离子导电性应有一定的启示作用。

12.3　结论

20 世纪 90 年代开发并应用起来的镍金属氢化物电池以及在 21 世纪初开发的锂离子电池，它们应用于电动汽车以及混合电动汽车之后先后增加了 HEVs、PHEVs 以及 EVs 的普及和市场渗透率。但是，即使采用最新的、最先进的锂离子电池也不能够满足 EVs 在实际使用中的需求，所以目前依然是 HEVs，而后续则是 PHEVs 会普及并且占据汽车市场的主流。因此，根据汽车性质不同，采用镍金属氢化物电池或者锂离子电池应用于 HEVs、PHEVs 或者 EVs 中。而 EVs 要想在普及度以及市场渗透率上有所突破，还需要在电池性能以及价格上进行开创性的工作。整个世界都在迫切期待锂离子电池技术的下一个突破或者下一代电池的实际应用。

全固态锂离子电池被设定为创新性的新一代电池，虽然它们本身已经具有很长的历史。但是，目前还存在很多待解决的问题，而且它们的实际应用在当前阶段看起来也颇受限制。目前发展的最新技术，包括先进的分析技术、在界面进行纳米结构调控等，将会成为解决这一创新性电池存在问题的线索和突破。

在图 12.1 右上方的椭圆是为 Sakichi 电池所绘制的。这种电池代表了 Sakichi Toyoda，丰田汽车公司创建人，在 85 年前所设想的未来电池的理想形式，它的性能非常优异，甚至能够在飞机飞行过程中为其提供能量。为了实现采用电动汽车作为迁移工具的新社会，丰田汽车公司将再次致力于实现这种 Sakichi 电池，而且已经积极地开始开展前沿性的研究。丰田公司希望这项研究的结果将会从根本上改变未来社会的汽车形式。

参考文献

[1] Toyota Tech. Rev. 57 (2011) 9.

[2] J.B. Bates, N.J. Dudney, G.R. Gruzalski, R.A. Zuhr, A. Choudhury, C.F. Luck, J. Power Sources 43–44 (1993) 103.

[3] J.B. Bates, Electron. Eng. 69 (1997) 63.

[4] B.J. Neudecker, N.J. Dudney, J.B. Bates, J. Electrochem. Soc. 147 (2000) 517.

[5] S. Kondo, K. Takada, Y. Yamamura, Solid State Ionics 53–56 (1992) 1183.

[6] N. Ohta, K. Takada, L. Zhang, R. Ma, M. Osada, T. Sasaki, Adv. Mater. 18 (2006) 2226.

[7] K. Hirai, M. Tatsumisago, T. Minami, Solid State Ionics 78 (1995) 269.

[8] A. Sakuda, A. Hayashi, T. Ohtomo, S. Hama, M. Tatsumisago, Electrochem Solid-State Lett. 13 (2010) A73.

[9] R. Kanno, M. Murayama, J. Electrochem. Soc. 148 (2001) A742.

[10] N. Kamaya, K. Homma, Y. Yamakawa, M. Hirayama, R. Kanno, M. Yonemura, T. Kamiyama, Y. Kato, S. Hama, K. Kawamoto, A. Mitsui, Nature Mater. 10 (2011) 682.

[11] J.H. Kennedy, Z. Zhang, Solid State Ionics 28–30 (1988) 726.

[12] T. Minami, Bull. Inst. Chem. Res. Kyoto Univ. 72 (1994) 305.

[13] M. Tatsumisago, A. Hayashi, Funct. Mater. Lett. 1 (2008) 31.

[14] R. Murugan, V. Thangadurai, W. Weppner, Angew Chem. Int. Ed. 46 (2007) 7778.

[15] M.S. Beal, B.E. Hayden, T. Le Gall, C.E. Lee, X. Lu, M. Mirsaneh, C. Mormiche, D. Pasero, D.C.A. Smith, A. Weld, C. Yada, S. Yokoishi, ACS Comb. Sci. 13 (4) (2011) 375.

[16] Y. Inaguma, L. Chen, M. Itoh, T. Nakumura, Solid State Commun. 86 (1993) 689.

[17] S. Guerin, B.E. Hayden, J. Comb. Chem. 8 (2006) 66.

[18] F. Mizuno, A. Hayashi, K. Tadanaga, M. Tatsumisago, Adv. Mater. 17 (2005) 918.

[19] N. Ota, K. Takada, I. Sakaguchi, L. Zhang, R. Ma, K. Fukuda, M. Osada, T. Sasaki, Electrochem. Commun. 9 (2007) 1486.

[20] A. Sakuda, H. Kitaura, A. Hayashi, K. Tadanaga, M. Tatsumisago, Electrochem Solid-State Lett. 11 (2008) A1.

[21] K. Yamamoto, Y. Iriyama, T. Asaka, T. Hirayama, H. Fujita, C.A.J. Fisher, K. Nonaka, Y. Sugita, Z. Ogumi, Angew Chem. Int. Ed. 49 (2010) 4414.

[22] C. Yada, Y. Iriyama, T. Abe, K. Kikuchi, Z. Ogumi, Electrochem. Commun. 11 (2009) 413.

[23] Y. Sakka, T.S. Suzuki, J. Ceram. Soc. Jpn. 113 (2005) 26.

[24] A. Bhattachatryya, J. Maier, Adv. Mater. 16 (2004) 811.

[25] T. Tsuruhama, T. Hitosugi, H. Oki, Y. Hirose, T. Hasegawa, Appl. Phys. Express 2 (2009) 085502.

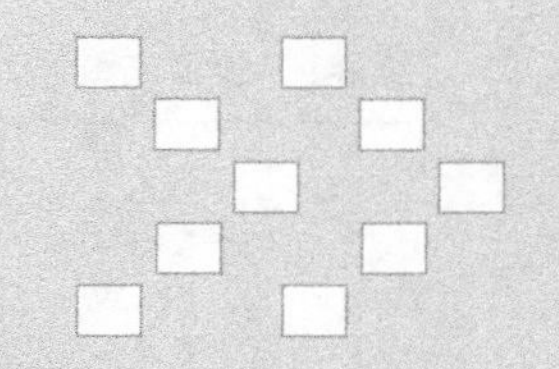

第13章 可再生能源储能以及电网备用锂离子电池

Matthias Vetter*, Lukas Rohr
(弗劳恩霍夫太阳能系统研究所，德国)
*MATTHIAS.VETTER@ISE.FRAUNHOFER.DE

13.1 概述

在电网中增加不稳定的可再生能源如风能、太阳能的比例需要几方面的措施，来保证这种能量的供给以及其质量和有效性。以主要基于可再生能源的电力系统作为电网储存，除了电网扩张和需求方管理方案的开发需求之外，在实现政治目的上也非常重要，就如在一些国家如德国建立的例子那样。

2011 年年底，德国的电力能源结构已经包括大约 20%的可再生能源[1]。2012 年，光伏系统在前六个月内占据了所生产电能总量 5.1%的份额，风能发电占 8.9%。在 2012 年 8 月始，光伏装机容量超过了 31GWp，而风能超过 29GW[2]。同时，德国可再生能源法预测：直到实现 52GWp 的安装量，光伏系统的上网电价才可以保证。考虑到德国的负载容量仅仅介于 45～85GW 之间，所以很显然未来可再生能源的增加只能通过集成储存容量来实现。因此需要不同容量、不同目的的储能设备，其中一些将会进行分散式安装，比如与光伏系统联合来增加自我消耗速率、或者安装作为低压电网的季度储能；而另外一些将会以集中系统的方式进行安装，比如季节储能。因此，需要不同类型的技术来实现这些不同的应用。

可以将储能解决方案分为三类，根据典型的放电时间以及能量对功率比来对每类进行定义[3]。

① 短期储能：几秒到几分钟，能量对功率比＜1。

② 中期储能：几分钟到几小时，能量对功率比在 1～10 之间。

③ 长期储能；几小时到几个月，能量对功率比＞10。

除了在本章所讨论的锂离子电池外，还有一些其他技术能够解决电力储能问题。图 13.1 给出了一个概况和分类。

13.2 应用

在本章中，在为高比例不稳定可再生能源电网进行备份这一背景下，讨论了锂离子电池的一些相关固定应用。

13.2.1 与 PV 系统共用的住宅区电池储能

终端用户不断增长的电费以及不断下降的上网电价提供了一个新的经济视角，即在住宅区 PV 系统上集成电池储能。例如在德国，最终用户在 2012 年需要支付 25 欧元/kW·h 的电费，逐年增长率约为 4%～5%。另一方面，10kW 系统的上网电价在 10 月初降低到了

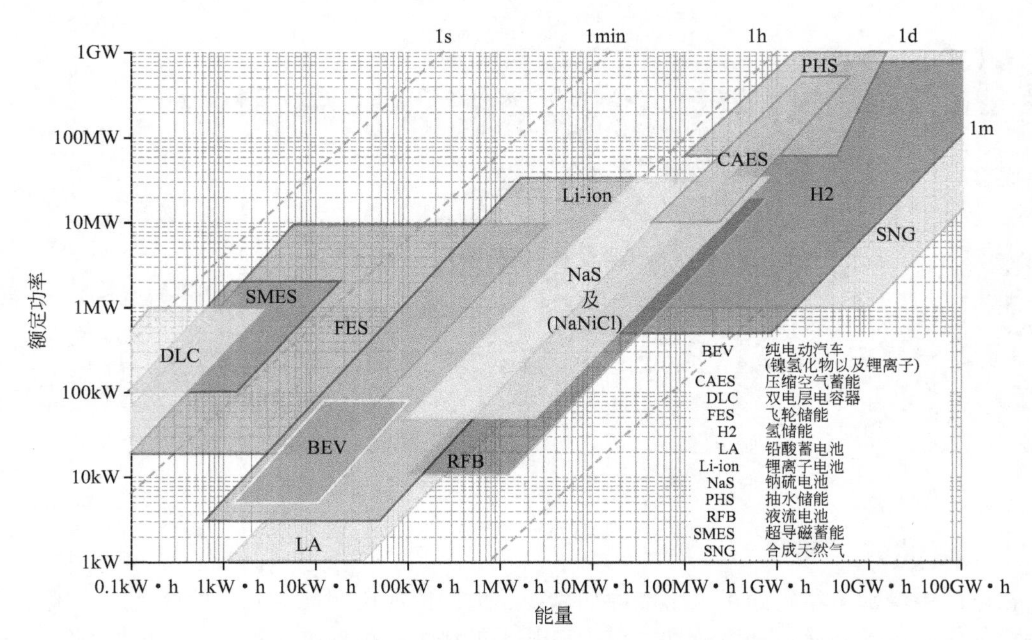

图 13.1 不同电力储能技术的额定功率、能量以及放电时间对比[3]

18.36 欧元/kW·h，在接下来的 3～4 年内，最终用户电费与上网电价之间的差额有望超过 10 欧元/kW·h[4]。同时，新电池技术的研发费用以及“外储能”费用会下降。比如，普华永道（PWC）的一项研究预测锂离子电池费用会从 2012 年的 650 美元（80%电芯，20%包装）下降到 2020 年的 300 美元（70%电芯，30%包装）[5]。基于这样的数据，从经济的角度来看，通过安装电池储能单元增加 PV 的自消费率是可行的，如在图 13.2 中所展示的例子。

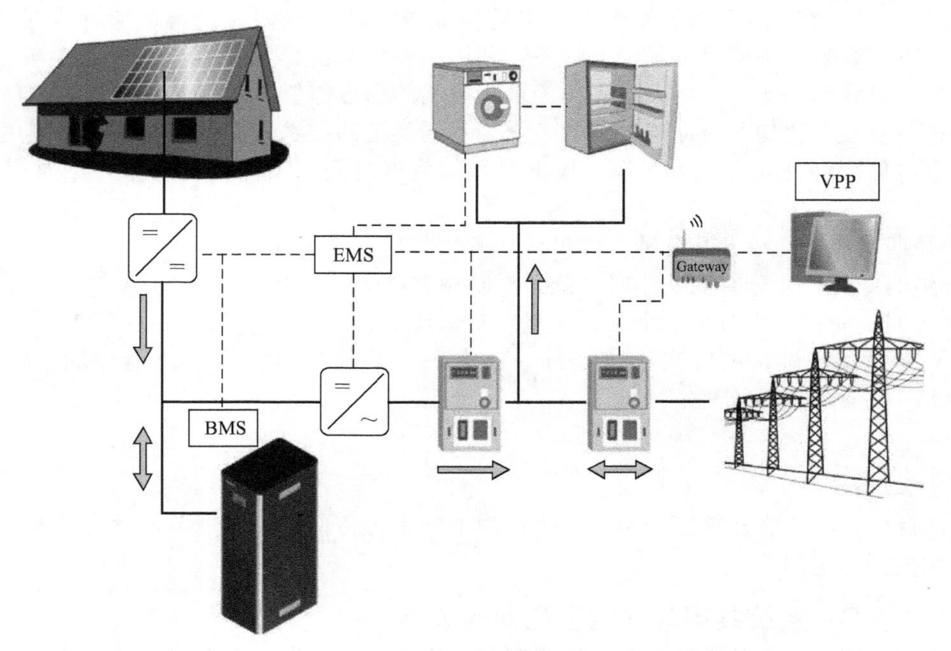

图 13.2 住宅区并网 PV 电池系统的一个例子
能量管理系统作为分布式电网的中心控制单元以及控制界面[6]（直流耦合方案）

接下来，将列出一个模拟研究的结果，通过在光伏系统中整合电池储能，演示自消费率的增加以及德国住宅区应用中太阳能比例的增加。在表 13.1 中，总结了模拟研究相关的参数。

系统建模是在模拟环境 Dymola[7] 中实施的，采用面向对象建模语言 Modelica[8]。

表 13.1　所研究的住宅区 PV 电池系统的系统构架（交流耦合方案）

年能量消耗量	4900kW・h
PV 发电机	6kW・p
PV 换流器（无变压器）	6kW
电池换流器（有变压器）	2kW
案例 1：铅酸电池	
可安装量/kW・h	2.10；4.20；6.30；8.40；10.5
可用电池容量（安装量的 50%）/kW・h	1.05；2.10；3.15；4.20；5.25
案例 2：锂离子电池	
可安装量/kW・h	2.10；4.20；6.30；8.40；10.5
可用电池容量（安装量的 90%）/kW・h	1.89；3.78；5.67；7.56；9.45

13.2.1.1　案例 1：铅酸蓄电池的容量变化

在基于模拟的研究中，铅酸蓄电池的安装容量在 2.1～10.5kW・h 之间变化，然而只有 50%的容量用于减少老化机理。图 13.3 显示了能流分析结果。其中（a）图显示了直接使用的 PV 能、储存 PV 能以及输入低压电网 PV 能的百分比，后者在系统结构中的比例可以消减到 55%。而（b）图则显示了直接使用的 PV 能、从电池中获取的 PV 能以及从电网中购买的能量的百分比，后者在该结构中的值可以降低到接近 38%。

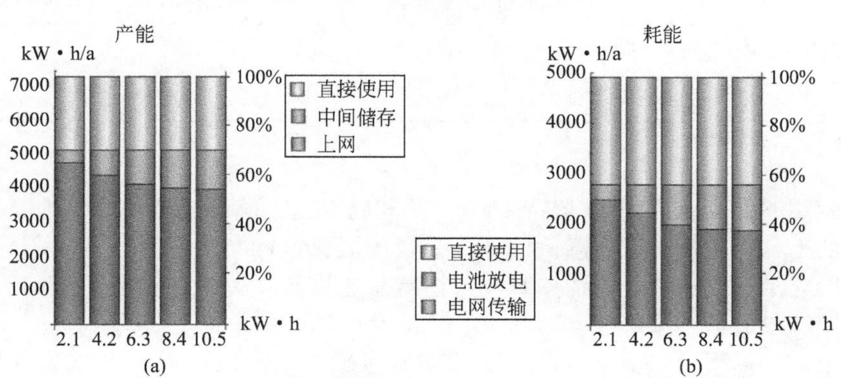

图 13.3　住宅区 PV 铅酸蓄电池系统随安装电池容量变化的能量流分析[6]
（a）PV 产能的分配；（b）耗能分配

13.2.1.2　案例 2：锂离子电池的容量变化

将这个系统中的铅酸电池更换为锂离子电池，其可用容量可以增加到 90%，甚至更多，如采用钛酸锂电池。结果可以在图 13.4 中看到。图（a）显示的是直接使用的 PV 能、储存的 PV 能以及输入低压电网的 PV 能，后者可以降低到接近 42%。图 13.4（b）考虑了能量消耗分配包括直接使用 PV 能、来自于电池的能量以及从电网购买的能量。在这样的系统结构中，能量消耗中太阳能的比例可以达到约 80%；只有约 20%的能量是由分布式电网传输的。

根据图 13.4 中的电池容量进行考虑，可以很清楚地看到随着安装容量的增加，额外获益在逐步变小，因为自消耗率以及太阳能比例在安装电池容量为 6.3kW・h 以上时，都增长缓慢。因此，在这个例子中，与 6kW・h 光伏系统联用的传统锂离子电池的容量为 6.3kW・h，虽然考虑的锂电技术中有 90%的容量是可以使用的。

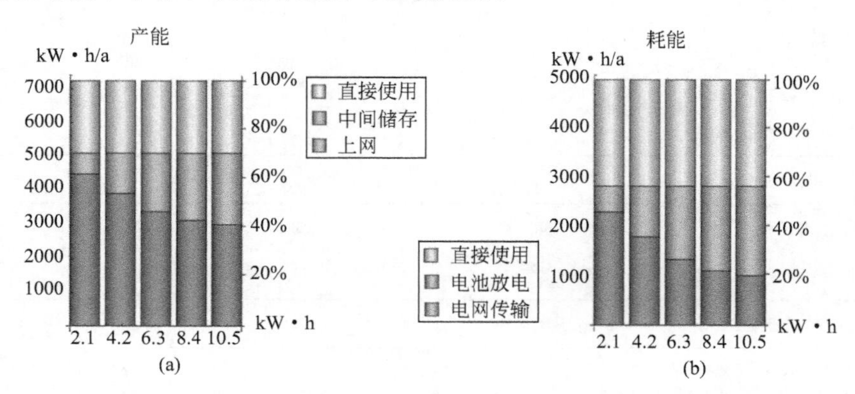

图 13.4　住宅区 PV 锂离子电池系统随安装电池容量变化的能量流分析[6]

(a) PV 产能的分配；(b) 耗能分配

表 13.2 显示了不同大小的铅酸和锂离子电池的等价年均完整循环次数。这些考虑参考的是安装容量。由于铅酸电池只能在最大放电程度为 50%的条件下运行，所以对应的等价全循环次数相对也比较低。我们所探究的锂离子电池技术是可以在放电程度为 90%的条件下运行的，而且也能够提供更高的效率。

表 13.2　不同容量铅酸以及锂离子电池在特定居民并网 PV 应用中的等价年均完整循环次数

装机容量/kW・h	2.1	4.2	6.3	8.4	10.5
铅酸电池等价全年完整循环次数	137	137	128	105	87
锂离子电池等价全年完整循环次数	253	245	235	202	170

注：采用不同装机容量来进行对比。

由于缺少足够太阳能期间，6kWp 的 PV 发电机不能足够频繁地为大电池充电，因此随着装机容量的上升，循环次数下降。此外，受限于居民区的负荷，大电池也不能频繁放电，因此在太阳能充足的周期内，电池一直停留在高荷电状态，从而经过数个晴天后，这些电池中也只能储存有限的额外太阳能。

而就小电池容量而论，很显然循环次数都能超过 250，因此在 20 年的寿命内，可以达到超过 5000 次的全循环。由于锂离子电池相对来讲还比较昂贵，这样一个结构只有在投资快回报的情况下才有意义，但是它对自消费率以及每年消耗的太阳能比例有相对小的影响（见图 13.4）。

13.2.2　分布式电网中的季度电池储能

为了解决在低压电网中安装高比例光伏系统的问题，季度储能（见图 13.5）在不久的将来能够发挥重要作用。由于这种储能技术一般是由电网运营商或者独立的第三方所有，而不是私人屋主所有，所以在选择合适的运营控制策略时，电网问题便占据重要部分。因此在季度储能上，需要确认两个主要问题：

① 能够灵活地通过提供有功功率和无功功率来支持电网的稳定；

② 能够一整天储存能量，在某些特定应用中也能够一连好几天储存能量（比如在独立的小型电网中）。

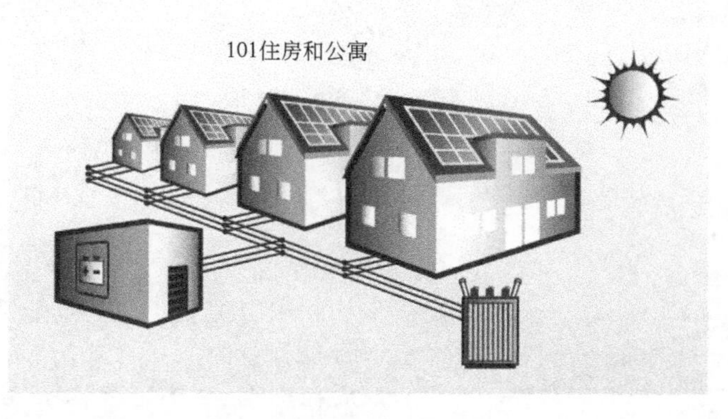

图 13.5 在典型低压电网中集成季度储能的德国例子

接下来将展示一个小型低压电网的模拟研究[9]。为了确定季度储存在此类环境中的应用潜力，在模拟研究中，PV 装机容量会从 28.8kW・p 增加到 600kW・p。季度存储容量在 12～1200kW・h 之间变更。

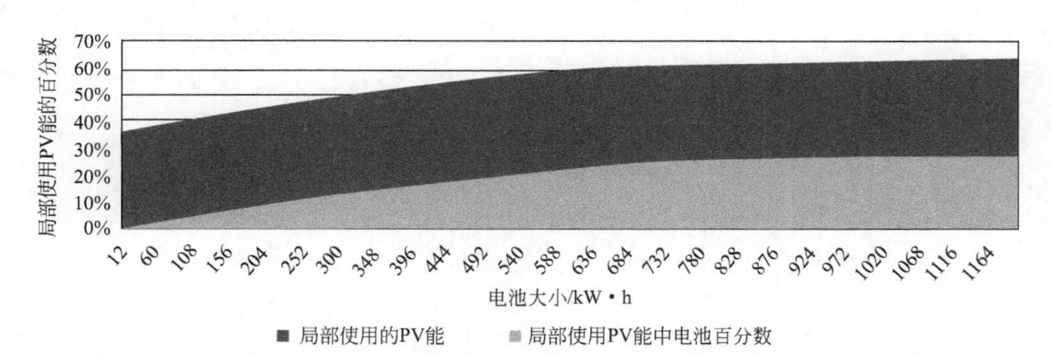

图 13.6 101 户住房的电压电网中局部使用 PV 能的百分数

在图 13.6 中展示了本地使用低压电网中 PV 能的百分率与安装电池容量之间的关系。在该项应用中，该比率从没有电池储能的 35%左右增加到 64%，而在电池容量为 636kW・h 时，该比率已经达到 60%。在电池容量几乎翻倍的情况下，净利润仅仅增加 4%，这个从经济的观点来看并不合理。在低压电网 600kW・p PV 装机容量的极端场景中，40%（或者更多）的 PV 能能够从低压电网流到中压电网上。很明显，在这样一个极端情况下，在电网稳定性上会导致一系列技术问题。从 PV 的角度来看，与能量消耗有关的太阳能的百分率非常有趣（见图 13.7）。该值从没有储能时的 42%增长到 75%（当电池系统为 1200kW・h 时），而在电池容量为 636～1200kW・h 之间，只增长了 5%，这从经济的观点上来看也不合适。

图 13.8 显示了在研究的季度储能应用中，等价年均全循环次数与安装电池容量之间的关系。随着储能大小的增大，循环次数降低。电池容量为 1200kW・h 时，循环次数低于

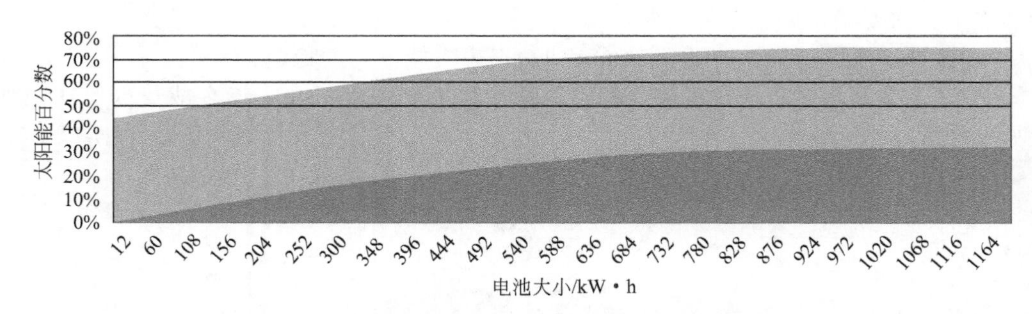

图 13.7 101 户住房用的低压电网中与局部消耗相关的安装 PV 能中的太阳能部分

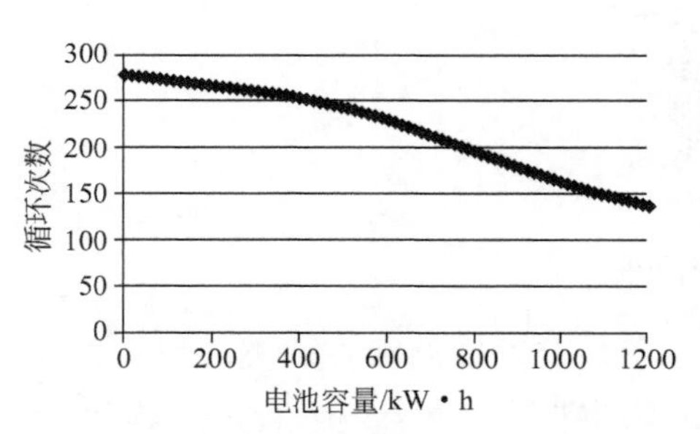

图 13.8 研究的季度储能应用中电池安装容量与等价年均全循环次数的关系

150，而在接近上面提及的容量 636kW·h 时，循环次数为 200 或者更多，这对储能设备在其寿命期间的经济运行是有益的。

最后在图 13.9 中，考虑了在给定季度储能应用中，电池系统的平均年效率（直流到直流 DC-DC）。随着电池容量升高，倍率[1]下降，因此内部损失降低，从而导致更高的整体 DC-DC 的效率。将这点与以上提及的电池安装容量综合考虑，在容量为 636kW·h时，电池效率已经达到97%，因此再增加容量从能效方面考虑也是不合理的。

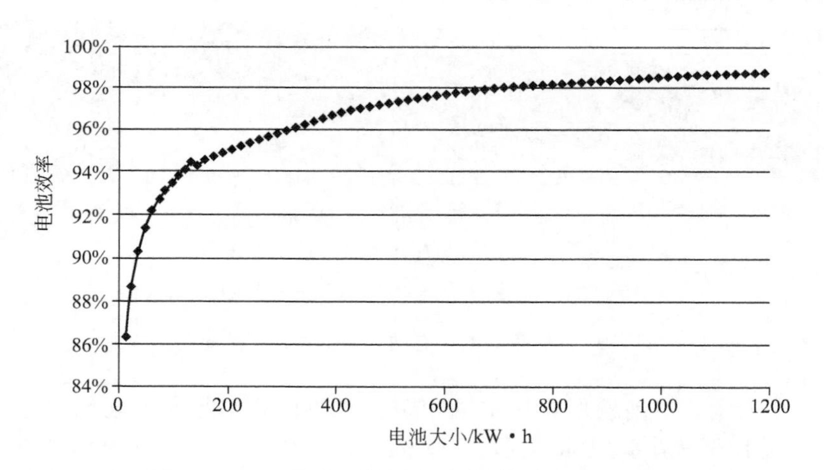

图 13.9 101 住房用低压电网的平均年均电池效率（DC 到 DC）与电池安装容量之间的关系

13.3 系统概念和拓扑结构

电池系统以及主流电源如光伏发电机可以通过功率电子耦合到直流母线上，或者通过单独的逆变器耦合到交流电一侧。接下来的部分，将介绍 3 种不同的系统拓扑结构并进行评价。

[1] 倍率：表述负载电流与电池额定容量之间的关系。比如：1A·h 电池的 2C 代表负载电流为 2A。

13.3.1 交流耦合 PV 电池系统

在图 13.10 所示的交流耦合系统结构中，PV 发电机与电池系统通过两个单独的逆变器连接到交流电网中。传统的 PV 系统，由 PV 模块和 PV 逆变器组成，原则上不会受到电池集成的影响。因此安装好的 PV 系统很容易与储能系统结合，而不会出现不适应。从模块化的概念看，电池系统的大小与 PV 系统组件如 PV 逆变器的大小几乎是没有关系的。

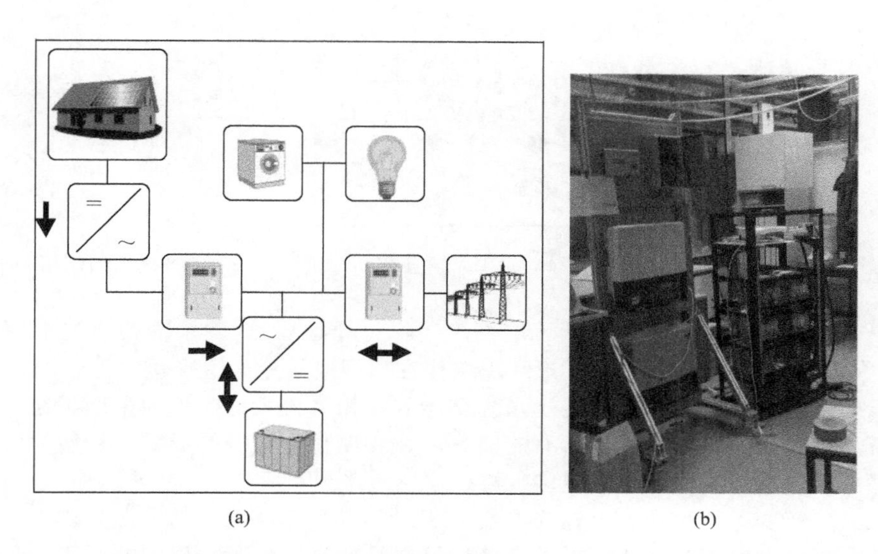

图 13.10 (a) 交流耦合住宅用 PV 电池系统结构[6]及 (b) 在太阳能系统研究所 (Fraunofer ISE) 进行的交流耦合居民区 PV 电池系统的实验室测试

该拓扑结构的缺点是成本减小幅度有限，由于需要两个完整的逆变器，以及市场上可见的住宅使用的电池逆变器的电压水平一般为 24～48V。因此，逆变器需带有变压器，在额定运行点下只能提供相对较低的效率（约 94%），而且在一般工作窗口下，效率会远远低于这个值。

13.3.2 直流耦合 PV 电池系统

在住宅用直流耦合系统中，这些系统一般广泛应用在中小型离网系统中，PV 发电机和电池系统通过充电控制器连接到直流母线上。在这个直流母线上，集成有一个逆变器提供交流功率。其中一些逆变器也能够并网运行，这意味着它们可以连接到低压电网上。这种结构的优点在于系统组件消减成本的潜力很大，因为只需要一台逆变器，以及一到两台 DC-DC 变流器。另一方面，电池的可用功率也受限于这台逆变器，而这一般是决定 PV 发电机的额定功率的参数。此外，现有的 PV 系统在不更换功率电子的情况下难以升级为储能装置。

直流耦合系统可以分为直流低压系统和直流高压系统。其中的主要差别如下所述。

13.3.2.1 直流耦合低压系统

传统的小型 PV 离网系统一般包括 PV 发电机、电池、电池控制器以及可以选择配套一个逆变器，如图 13.11 所示。一般在这类离网系统中，铅酸电池占据主导地位，大约占据 90%的市场份额。

铅酸电池单体可以充电到 2.45V，因此直流母线上的最大电压是 58.8V。所以在离网应用中需要一台逆变器以及一体式变压器来提供交流功率。这些逆变器也能够作为电池充电器

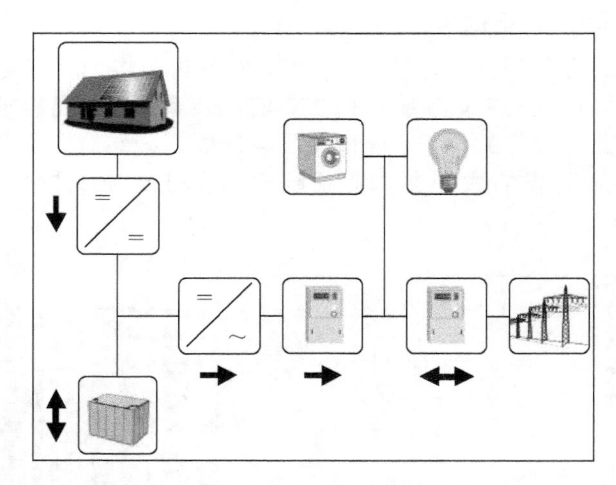

图 13.11　采用低压直流耦合 24V 或 48V 额定电压的居民区 PV 电池系统的结构[6]

使用，其中一些也能够耦合到交流低压电网上[10,11]。因此，这种系统构架也能够用于住宅区并网的 PV 应用。图 13.11 展示了该系统结构在离网应用中的一个例子。

这种拓扑结构的一个主要缺点在于系统整体效率相对比较低，因为采用了逆变器以及一体式变压器。由于这种直流耦合，所有的能量流，存储在电池中的以及直接使用的，在大部分操作点都需要通过逆变器，这就更多地降低了逆变器的效率。

由于大部分逆变器可以作为电池充电器，所以可以利用电网上的电源来避免临界状态的出现，尤其是对于铅酸电池，比如低荷电值以及在没有有效太阳辐射的情况下，长时间在中低荷电值下进行部分循环。

13.3.2.2　直流耦合高压系统

在直流耦合高压系统中，PV 发电机以及电池系统连接到无变压器逆变器的中间电路上（见图 13.12），就像 Bosch 公司提供的例子那样[21]。大部分这样的系统解决方案是为 PV 发

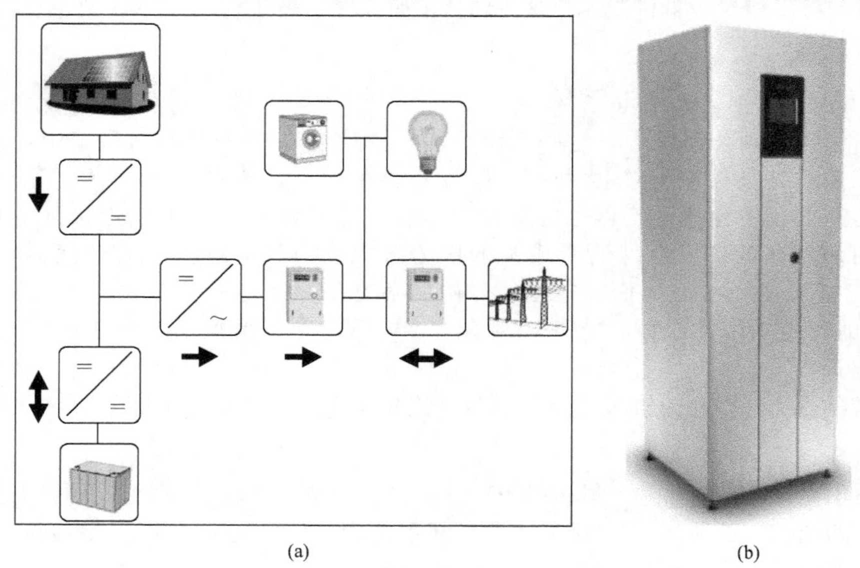

(a)　　(b)

图 13.12　(a) 采用高压直流耦合的居民区 PV 电池系统结构[6]
及 (b) Bosch 公司提供的一个系统例子[21]

电机和电池系统采用两个单独的 DC-DC 逆变器。通过采用优化的控制技术以及合适的电池模块设计，可以在采用一台 DC-DC 换流器的情况下，达到逆变器中间电路的水平。因此，这种系统结构成本降低的潜力很大，而且整体系统效率也很高。

这种结构实际的系统设计不允许通过电网对电池充电。因此电池很有可能在不利的荷电状态范围内停留很长时间，这会影响某些电池的使用寿命，比如铅酸电池。此外，这种系统方案不能通过储存额外电能的方式来支持电网。不过因为这些限制都不是什么原则上的问题，所以在不久的将来有望出现能够提供这些特征的产品。

13.4　组件和需求

13.4.1　电池系统

对于并网 PV 储能系统，目前有几种正在讨论的电池技术。在小型住宅区应用中，锂离子电池是最有潜力的，未来当它们的价格降低到可以接受的程度时，是铅酸电池替代产品。此外，在较大型的光伏园中，可以集成锂离子电池来弥补由于云层移过而引起的短期光伏波动。如果需要更多的自主时间，那么未来液流电池会发挥重要作用。

为了使 PV 电池系统达到很高的整体系统效率，使用高效率的电池技术很重要。采用铅酸电池的 PV 离网应用显示它们的效率可以达到 86%（DC 到 DC）[13,14]，而采用锂离子电池的效率则可以达到 95%（DC 到 DC）。

今天，据统计 PV 系统的使用寿命可达 20 年甚至更长；理想化的储能设备也要达到这个值。考虑德国的气候条件，在这个时间周期内，对于典型结构配置，电池系统需要循环 3000～4000 次。如果使用铅酸电池，那么大部分情况下放电深度为 50%[15]，这意味着安装容量的一半不能使用。从而使得 3000～4000 次循环中，贡献给装机容量的只有 1500～2000 个全循环。

根据数据表，基于镍钴铝（NCA）氧化物阴极的锂离子电池系统，由 Saft 公司提供[16]，可以提供 20 年的使用寿命，而且放电深度为 60%时，可以循环 6000 次，这已经远远足够了，但是还有 40%的装机容量没有用到。

特殊的电池技术，采用钛酸锂作为阳极，磷酸铁锂作为阴极，可以提供 20 年的使用寿命，放电深度为 95%甚至更高时可以循环 7000 次[17]。

为了增加电池系统与 PV 联用时的成本效率，最好是使用这些电池用于中间储存过剩的 PV 能量，而且能够提供电网服务，比如用于中间储存多余的电网能量。这样的情况可能会导致平均每天一个循环，因此在预期的 20 年内可以实现 7300 个循环。

13.4.2　电力电子

独立于系统概念之外，至少需要两个功率电子组件。在交流耦合方案中需要两个逆变器，在直流耦合方案中需要一个逆变器以及一个甚至两个 DC-DC 换流器。这些组件需要能够在较宽的工作范围内提供高效率，这点只有在使用无变压器型逆变器时才能够实现。

与铅酸电池相反，锂离子电池系统一直包含有集成的电池管理，其能够与功率电子组件（电池逆变器、充电控制器）以及能源监督管理系统通信。因此，功率电子组件必须要提供合适的通信界面。此外，也需要停用铅酸电池或者镍基电池中电池逆变器以及充电控制器的内部电池管理系统。

13.4.3　能源管理系统

为了达到电池系统与不稳定的能源联合时的优化运行，在能源管理系统上集成合适的管理控制策略是非常重要的。因此，必须要考虑两类能源管理，这两类系统的不同主要在于优化条件以及特殊的边界条件。下两部分将简要介绍这两类系统。

13.4.3.1 家用能源管理系统以及数据收集

与德国的可再生能源法相对应，新安装 PV 系统的实际边界条件预测最终用户的上网电价要低于电费。例如在 2012 年 10 月，小型居民用 PV 系统的上网电价是 18.36 欧元/kW·h，而最终用户的电价达到 25 欧元/kW·h。在未来几年内该差距会越来越大。因此，家用能源管理系统的主要任务可以解释为通过采用优化方式使用储能设备，在某些情况下对于大型负载，需要通过使用需求方的管理，来实现 PV 能的自我消耗最大化。

13.4.3.2 分布式电网管理

假设连接到分布式电网的分散 PV 系统进一步增加，那么只安装一个连有家用能源管理系统的居民电池储能是不够的。PV 系统在早上为电池充电之后，在晴天到下午这段时间，尺寸优化合适的电池（见图 13.4）又可以将 PV 渗透到分布式电网中的能量集中起来。因此，对电池充电以及上网必须要与低压电网的实际需求相协调。这个可以通过引入能够与本地家用能源管理系统通信的分布式电网管理系统来满足要求。为了实现这点，可以通过采用智能计量体系以及扩展为双向数据交换。但是，只要这些 PV 电池系统属于私有财产，那么唯一一个能够影响分布式发电以及储能的操作只有灵活的电价，不只是消费电价，上网电价也是如此。为了实现这点，必须明确合适的时间间隔，要和本地家用能源管理系统沟通一个合适的收费，而且这个费用要保持稳定。需要明确的要点包括：①什么时候计算收费并且什么时候传递到分布式 PV 电池系统中，以及②一天内变动频率如何。从技术的观点看，需要功率计的辅助，它不仅能累计能源的消耗，而且也能提供随时间变动的消耗信息，比如在个时间间隔内。

13.4.4 通信设施

锂离子电池是一种非常有潜力的储能技术，尤其用于分散并网 PV 电池系统。这主要由于几个原因，比如安全方面：电池管理是锂离子电池系统本身的一部分，没有像铅酸电池或者镍基电池那样和电池逆变器或者充电控制器集成在一起。这种电池管理系统必须要控制好电池系统本身，以及连接其上的功率电子元件。此外，该管理系统必须要与电池监督管理系统交换相关数据。两个任务都需要现场总线通信系统（见图 13.13），但是市面上可用的产品只提供专有解决方案。因此，系统整合商不能为特定的方案自由选择不同的系统组件。此外，必须要预先确定好哪种电池系统可以在哪种逆变器或者充电控制器下工作，才不会对通

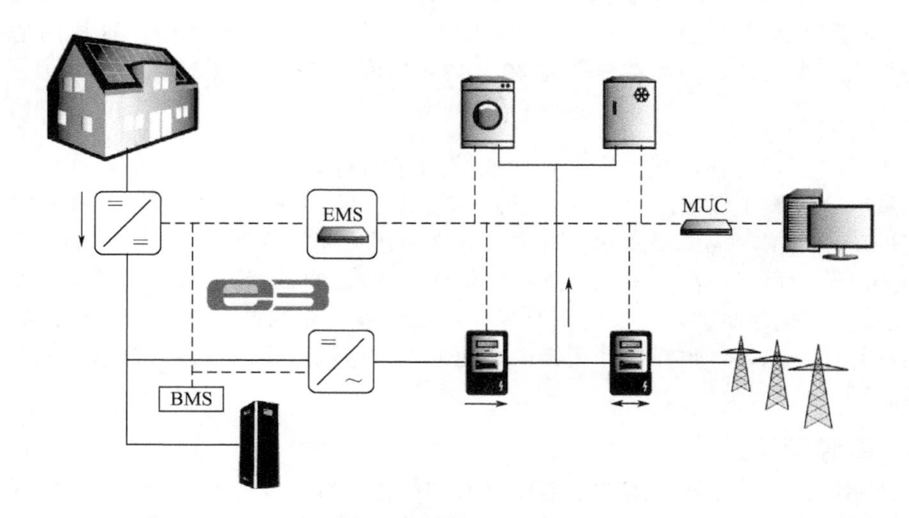

图 13.13 基于 EnergyBus/CiA454 协议进行的通信方案[18~20]来建立在带有不同发电机、储能装置、功率电子以及能源管理系统的现场母线层面的网络

信系统增加很大的适应负担。

为了在系统装配上有很大的自由度，在电池系统、功率电子以及能量管理系统之间现场总线层面的通信需要有一个标准。这样一个方法目前的代表就是所谓的能源总线（Energy-Bus)[19]，其最早是为了简化轻电动汽车内系统组件的连接而开发的。这个标准规定了通信协议以及电源接口。通信协议使用 CANopen 用户文件 CiA454 "能源管理系统"[20]。这个协议说明了单一组件之间的数据交换，比如存储器、发电器、负载以及能源管理系统，并且促进了优化操作控制策略的实施。基于这种标准的现场总线通信，不同生产商的组件可以由系统整合者进行组装。电源接口是为轻量型电动汽车专门开发的，而通信协议则可扩展到固定型应用中，如 PV 电池系统。以这种抽象的方式为发电机以及负载设计了新规范，也促使监控系统实施通用的管理性。例如，一台 PV 发电机和一个热点联产机组是可以通过同样的规范标准进行描述的。此外，也可以轻易集成智能计量组件。例如，图 13.13 中所示的能源管理系统拥有一个所谓的"多功能控制器"界面，它能够为单个计量设备提供相关数据。

13.5 结论

在本章中，介绍了锂离子电池与可再生能源联合的固定型应用，也展示了 PV 电池系统的建模分析结果。由于它们的优势特征，锂离子技术可以在并网居民 PV 电池系统以及季度储能应用中发挥重要的作用，因为它们可以提供高效率、高放电深度、高循环稳定性以及长使用寿命。此外，它们的寿命几乎不受到此类 PV 应用中一般运行条件的影响，比如，在冬天长时间内没有足够的充电，以及在中低荷电值下进行部分循环。

在未来，也可能会实现其他应用，如 PV 园与短期锂离子电池储能联合起来，例如 PV 发电的直销模式。在这样的场景中，预测模型能够提前计算出 PV 园一天的产能量，但是在典型时间分辨率内，比如 15min 内的 PV 功率输出却是难以精确预料的。集成短期锂离子电池系统可以极大地改善预测的功率输出，比如在 15min 时间内，可能刚好经过了一个独立的云层。为了实现这点，额定功率为 1MW 的 PV 园只需要与可用容量为 250kW・h 的锂离子电池耦合，因为现有锂离子电池技术足以在≥4C 的倍率下运行。

参考文献

[1] Brutto-Stromerzeugung nach Energieträgern 2011. BDEW Bundesverband der Energie- und Wasserwirtschaft e.V., 2011.

[2] B. Burger, Stromerzeugung aus Solar- und Windenergie 2012, Fraunhofer-Institut für Solare Energiesysteme ISE, 19.11.2012.

[3] Electrical Energy Storage—White Paper, IEC, December 2011.

[4] B. Burger, Stromkosten und EEG-Tarife, Fraunhofer-Institut für Solare Energiesysteme ISE, 14.11.2012.

[5] B. Carey, Energy Storage Outlook: Promising Technologies, Applications, and Business Models for the Future. Intersolar US, 9th of July 2012.

[6] M. Vetter, L. Rohr, B. Ortiz, A. Schies, S. Schwunk, J. Wachtel, Dezentrale netzgekoppelte PV-Batteriesysteme. Proceedings, VDI-Konferenz Elektrische Energiespeicher, stationäre Anwendungen und Industriebatterien, Wiesbaden, 18–19.5.2011, P. 101-111.

[7] www.3ds.com/products/catia/portfolio/dymola.

[8] www.modelica.org.

[9] M. Thoma, Optimierte Betriebsführung von Niederspannungsnetzen mit einem hohen Anteil an dezentraler Erzeugung. PhD thesis, Fraunhofer ISE und Eidgenössische technische Hochschule, Zürich, 2007.

[10] P.-O. Moix, Current assistance inverter: Opening new possibilities in hybrid systems and mini-grids. Konferenzband 4th European Conference PV Hybrid and Mini-Grid, Glyfada Greece, 29–30.5.2008.

[11] P.-O. Moix, C. Ruchet: Partial AC-coupling in mini-grids. Konferenzband 5th European Conference PV Hybrid and Mini-Grids, Tarragona, Spain, 29–30.4.2010.

[12] A. Schmiegel, P. Knaup, A. Meißner, M. Braun, M. Landau, K. Büdenbender, R. Geipel, C. Vachette, H.-D. Mohring, J. Binder, D.U. Sauer, D. Magnor, C. Jehoulet, H. Schuh, Leistungsfähigkeit und Verhalten von PV-Speichersystemen. Konferenzband 26. Symposium Photovoltaische Solarenergie, Staffelstein, 2–4.3.2011.

[13] M. Vetter, G. Bopp, B. Ortiz, S. Schwunk, PV-Hybridsysteme zur Versorgung von technischen Anlagen, Einzelhäusern und Inselnetzen. VDI-Berichte 2058, Elektrische Energiespeicher, Tagung, Fulda, 25–26.3.2009, S. 157–172.

[14] G. Bopp, S. Schwunk, R. Thomas, M. Vetter, Batterien in autonomen PV-Anlagen. Elektropraktiker Photovoltaik, S. 34–39, 11/12 2008.

[15] M. Rothert, V. Wachenfeld, J. Blanz, J. Hauck, H. Tebbe, Intelligente und einfache Integration von dezentralen Speichersystemen ins Haus- bzw. Niederspannungsnetz. Konferenzband 26. Symposium Photovoltaische Solarenergie, Staffelstein, 2–4.3.2011.

[16] Saft Industrial Battery Group: Datenblatt High Energy Lithium-Ion Module, 48 V/2.2 kWh, April 2010.

[17] www.dispatchenergy.de.

[18] M. Vetter, Dezentrale netzgekoppelte PV-Batteriesysteme. Intersolar—PV Energy World, München 8th of June 2011.

[19] www.energybus.info.

[20] www.can-cia.org.

[21] www.bosch-power-tec.com/.

第14章 卫星锂离子电池

Yannick Borthomieu
(SAFT，法国)
YANNICK.BORTHOMIEU@SAFTBATTERIES.COM

14.1 概述

自21世纪初，卫星动力系统已经开始逐步转向锂离子电池技术。的确，在太空时代开创之初，卫星的动力系统尝试采用了诸多不同的电池系统，从不可充电到可充电的系统。随着卫星使用寿命的增加，显而易见，空间站对可充电系统的需求大大增加。前苏联于1957年10月首次发射的Sputnik人造卫星采用的是银锌电池。20世纪60年代初，为了执行太空任务，卫星尺寸逐渐增加，于是便着力开发可充电系统，尤其是Ni-Cd电池。于1962年7月发射的通信卫星Telstar 1，首次实现了从美国往欧洲进行电视转播，它是首批采用美国和欧洲开发的大型Ni-Cd电池的人造卫星之一[1,2]。

欧洲主导的卫星是由CNES开发的Diapason 1，它于1966年2月发射，首次采用Saft开发的Ni-Cd圆柱电池。正是由于其稳健性和可靠性，Ni-Cd技术才能长期应用于卫星领域。虽然它们的比能量密度较低（约30 W·h/kg），但至今仍用于特定的近地轨道（LEO）和地球同步轨道（GEO）的卫星平台中。例如，2012年9月发射的Spot 6卫星就是采用Saft公司生产的40A·h Ni-Cd电池进行电力供应的。

80年代初，Ni-MH技术已经部分取代了Ni-Cd，并应用于地球同步卫星上，使卫星的质量得到了明显的降低[3,4]。的确，Ni-MH电池的比能量是Ni-Cd电池的两倍[5]。因此，该技术在20世纪90年代得以广泛应用，主要用于高功率通信卫星上。

随着质量逐渐成为卫星的关键参数，锂离子电池技术提供的高比能量（120～140W·h/kg）在21世纪初极大地推动了这种改变。由于锂离子技术的一系列优点，比如热损耗低、自放电低以及库仑效率高，在GEO、LEO以及中地球轨道卫星（MEO）中很快开始应用这种技术。的确，卫星成为率先尝试这种新技术的行业（大型号电池）；到2012年底，世界范围内发射的卫星中，有200多颗采用锂离子电池，而在新的卫星合同中，有超过99%都涉及该种电池。

本章介绍了特殊的卫星应用以及不同的电芯、电池概念，并涉及了不同供应商提出的电池设计。为了说明太空应用的特殊性，本章也会讨论相关的资格要求。

14.2 卫星任务

首先，要了解卫星任务，必须要考虑卫星的使用范围。的确，卫星应用和其所处的轨道是有直接联系的。例如，地球观测卫星的任务是对地形、植被、军事基地等进行高分辨率拍照。为了提高分辨率，卫星应处于离地球近的LEO轨道。

表14.1展示了卫星的用途与其所处的轨道，其中的“+”号代表每项应用中所需要的

卫星数量，它证实了卫星所处的位置实际上依赖于其负载的应用。此外，该表也展示了不同运营商（民用、政府、军队组织或商业公司）主要采用某些特定的轨道。

表 14.1　根据应用和运营商利益而区分的卫星轨道

	卫星轨道			卫星运营者		
	LEO	MEO/HEO	GEO	民用	军事和政府	商业公司
固定通信		√	√	+	++	+++
电视广播			√	+	+	+++
无线电广播		√	√	+	+	++
移动通信	√	√	√	+	+	+++
航行	√	√	√	++	++	+
搜索与营救	√	√	√	++	+	+
地球观测	√			+++	+++	++
气象学	√		√	+++	++	
电子情报	√		√		+++	
预先警报	√		√		+++	
数据中转	√		√	+++	+++	
技术验证	√		√	+++	+++	+
科学	√		√	+++		

GEO卫星的主要应用是通信（电视转播、互联网、语音和电话）以及气象观察。MEO/HEO（椭圆轨道）卫星主要致力于全球定位系统。LEO卫星的用途包括地形观察，通信（手机卫星图）、科学/技术演示和提前预警系统。

在前面已经详细地说明了不同类型的轨道[3]。接下来的段落将描述轨道定位参数与电池设计和使用的关系。不同的轨道对电池每天的充放电循环次数、电流、温度、耐久性和放电深度（DOD）等技术要求变化非常大。

卫星平台或航天器平台是多个卫星航天器的基础通用模块。该平台是航天器的基础设施，用于为载荷（一般是太空实验或设备）提供安放位置。该平台一般是由卫星结构和电源系统［包括太阳能板、电池和动力控制装置（PCU）、燃料库和推进器］组成的。它是一个可以重复使用的组件，可用于多个卫星。载荷主要包括天线、异频雷达收发机、摄像机、望远镜、探测器、科学研究仪器等任务设备。

14.2.1　GEO卫星

地球同步卫星位于地球赤道平面上的圆形轨道中。更专业地说，地球同步轨道是在赤道平面里的圆形同向运行轨道，其运行周期为24h（见图14.1）。卫星处在垂直高度35786 km处，其轨道周期与地球自转一致，因此，看起来卫星好像是停留在地球赤道上空的某个固定位置，如同静止在同一点一样。地球同步卫星每24h在围绕地球的圆形轨道上运行一圈。地球同步卫星的轨道位置称为Clarke Belt，这是为了纪念Arthur C. Clarke，他首次发表了将地球同步卫星安置在地球赤道平面上来实现固定通信目的的理论。GEO卫星最主要的缺陷在于其语音通信系统，由于地球-卫星-地球之间往返的长距离会造成大约250ms的语音延迟。

图14.1　GEO以及LEO卫星轨道

鉴于这种卫星的特征（处于地球上空固定位置），它们主要被运营商应用于无线电通信，通过安装卫星阵列覆盖全球（电视直播、语音和互联网：国际通信卫星、欧洲通信卫星、阿斯特拉卫星等）。值得注意的是 GEO 卫星除了通信应用外，还可发挥地球观测的作用（远程传感）：气象卫星也位于地球同步轨道中（气象卫星以及国际海洋和大气管理卫星）。

由于它在地极轴上与赤道平面存在轨道倾角，而且它此时的位置距离地球很远，GEO 卫星在昼夜平分周期内（每年两次，每次 45 天），一天只有一次会穿过地球阴影锥形区。二分期（也称季度）以春分秋分日为中心：3 月 21 日和 9 月 23 日。如图 14.2 所示，每年 GEO 卫星能观察到的日食次数为 90 次。日食持续时间是不固定的，但在日食期内，开始的 22 天内日食时间会逐步增加到 72min，接下来的 22 天内又逐步减少。

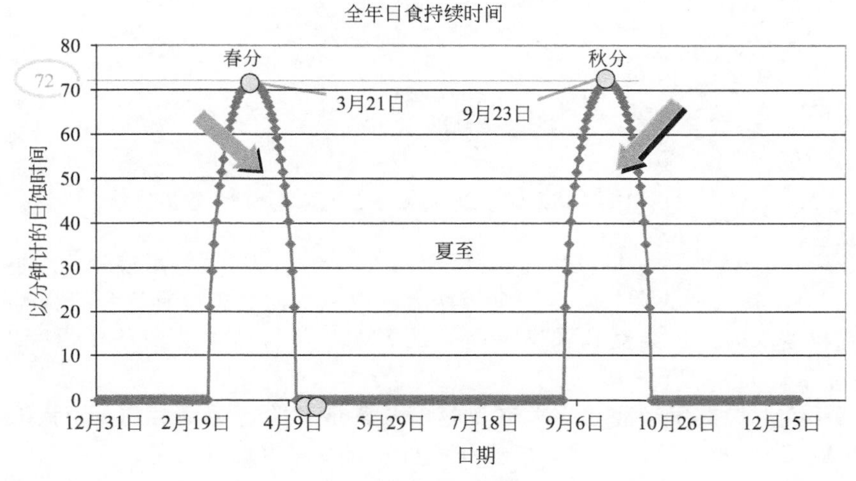

图 14.2　GEO 轨道持续时间

根据卫星的使用用途不同，其现在的使用寿命一般是 15～18 年。因此，不考虑极端使用，卫星电池在平台运行期间需要循环 1350～1620 次（充电/放电）。为了提供大量的能量，卫星用电池是在高 DOD 下循环的：一般情况下，DOD 典型值是 60%～80%，有时根据平台的不同，该值会升到 80%～90%。

直到最近，GEO 卫星才可以采用小型推动器进行重新定位（为了补偿科里奥利力，即地球自转偏向力，月球引力和太阳变迁使卫星向东偏移轨道的影响）。而基于稀有气体（Ar 或者 Xe）推进器原理的新型复位系统也变得越来越普遍。

采用电力将稀有气体转化为等离子气体，为推进器提供能量。当一天内需要复位 1 或 2 次时，该系统可以使用电源系统（包括电池）运行，相比之前使用气体缸，在质量上有明显减轻。

GEO 卫星质量从初期不超过 100 kg 增加到今天的 6t 以上。同时，电能供应也从开始的几十瓦增加到使用在高功率卫星上的 20kW 以上。

14.2.2　LEO 卫星

LEO 卫星处于距离地球表面 250～2000km 高度的圆形（或者椭圆形）轨道中（见图 14.3）。卫星轨道周期主要取决于其所处高度，一般为 90～120min。由于 LEO 卫星的高度很低，所以它们的速度非常快（>25000km/h），可以在一天时间内绕地球运行 12～16 圈。这就意味着 LEO 卫星在 24h 内至少要经历 12～16 次日照期和黑夜期。所以，地球上的观察者可以看到位于地平线上 LEO 卫星的时间不超过 20min。这个时间内，人们可以将数据、影像、照片传送给处于战略位置上的地面基站。

LEO 卫星轨道可与赤道平面成 0～90°，在日食期内会出现微小的倾斜度差异。就高度

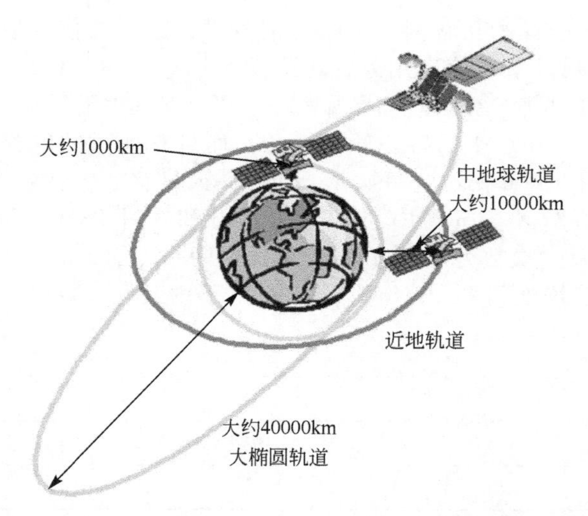

图 14.3　GEO、LEO、MEO 以及 HEO 围绕地球的轨道位置

为 650km 的卫星来说，最大的日食时间接近 35min。但是，当倾斜角接近 90°时，卫星会位于“极轨道”中，其特征为在每一个至日周期内，卫星长期处于没有日食的状况。

在 LEO 轨道中的卫星会受到大气层阻力的影响，使得轨道逐渐恶化，所以一颗 LEO 卫星的标准寿命是 7～10 年。

大部分 LEO 卫星被用于地球或太空观察以及科学实验。最著名的 LEO 卫星例子是哈勃太空望远镜、Spot 卫星家族（地球成像和调查）以及军事观察卫星。

正如前面所述，被称为“极轨道”的特殊轨道与赤道平面成约 90°倾斜角，并覆盖两极。这个轨道在空间上是固定的，地球在其中自转。因此，即使卫星长期处在特定地面站的监控范围之外，理论上在极轨道中的一颗卫星也能覆盖全球。这种卫星运作模式可用于储存-转发型通信系统。当然通过在不同轨道平面部署不止一颗卫星，也可以改善性能。大部分小型 LEO 系统都运行在极轨道，或近极轨道。

大型 LEO 全球通信系统，也称作 LEO 星群，如 Globalstar™和 Iridium™，通过使用大量的卫星（在少数几个轨道平面内部署多达 90 颗卫星）建立一个通信网络来供给移动通信系统。通信系统使用这种类型轨道的原因主要是因为通信系统需要较短的信号传播延迟（20～30m）。

14.2.3　MEO/HEO 卫星（中地球轨道或者高地球轨道）

MEO 卫星运行于离地约 10000 km 高度的圆形/椭圆轨道。它们的轨道周期为 6～14h。使用此类型轨道的全球通信系统要求在 2～3 个轨道平面部署适量的卫星，以实现全球覆盖。

MEO 卫星运行方式与 LEO 类似，但比 LEO 传送数据的频率要更低，传播延迟以及自由空间损耗都更大。

MEO 卫星应用的一个著名案例是 ICO 卫星群，它是由位于离地 10355 km 的两个倾斜轨道平面上的 10+2 颗卫星组成的。

全球定位系统（GPS）是另一个众所周知的例子。像美国的 GPS、欧洲的伽利略、俄罗斯的 Glonass、中国的北斗以及印度的 IRNSS 等定位卫星群使用多达 6 个轨道平面和大量的卫星（>24）构成。基于三角测量原理和精准的原子钟，在地球上空必须部署至少 4 颗卫星，来获得使用者所需的包括经度、纬度和高度的精确定位。

通常高地球轨道（HEO）卫星的近地点处在离地表约 500 km 的高度，远地点则高达

50000 km。为了给北半球高纬度地区提供通信服务，它们的轨道倾斜角为 63.4°。

HEO 系统范例有俄罗斯 Molniya 系统，它使用了三颗卫星，它们分别位于三个 12h 的围绕地球的轨道上，三个轨道之间的夹角为 120°，其远地点距离地球 39354km，近地点为 1000 km。

14.3 卫星用锂离子电池

锂离子电池是卫星的核心部件之一，包含在电源系统中。它们在日食期内为卫星提供全部的能源：在有日照的时间里，太阳能板来为卫星提供电力，同时对电池充电；而在背光的时间里，电池接替太阳能板来为飞船和负载提供电力。

如前所述，在 20 世纪初期，锂离子电池首次应用于太空领域。锂离子电池首次真正意义上的工业化应用是从卫星市场开始的。如今在新制造的卫星中，98%以上都是采用锂离子电池来提供能量的。

根据应用类型的不同，电池设计可以采用不同的方法，每个供应商都尝试去开发一种“堆积木”的方法，来减少采用类似模型的资格认定工作。但是同时也必须考虑到每个卫星使用的锂离子电池都是一个定制的部件。对于一个卫星家族来说，只有少数通用平台使用同样的锂离子电池设计，其中最好的一个例子是采用同种电池类型的独特卫星设计的卫星群，这种设计有利于制造商减少反复的资格认定成本和模具制造成本[6]。

大多数情况下，电池设计都与卫星动力匹配良好。即使 GEO 卫星生产商已经开发出了标准平台，例如：Astrium 公司的 Eurostar 3000，Thales Alenia Space 公司的 SpaceBus 4000，Boeing Satellite System 公司的 HS702，Orbital 公司的 Star 2 及 3，Russian OAO ISS 公司的 Express，Space System Loral 公司的 1300，但他们仍会为每一个卫星定制锂离子电池来优化卫星质量。而 LEO 平台比 GEO 平台使用的频率更低。

基本上，锂离子卫星电池供应商提出了两种电池配置，即 S-P 拓扑结构和 P-S 拓扑结构。

① S-P 拓扑结构的特征是将串联好的“电芯串”并联起来。串联单体电芯的数量决定电池输出电压；通过调整并联“电芯串”的数量来匹配电池的能量/容量所需要的功率。当 P（并联数）远大于 S（串联数）时，这种拓扑结构主要用于由低容量单体电池构成的（<10A·h）低功率电池组。这种 S-P 配置可以在无秩序的卫星平台上使用，因为这些卫星无法承受因电池失常或失效而引起的电压降。通过采用多个电池串的结构，电池可以承受单个电芯失效而不引起电压降。在这种结构中，对单体电芯实施强制性的过充以及短路保护。S-P 拓扑结构的主要缺点在于需要电芯均衡。均衡系统一般置于每个单体电芯上，来避免任何随时间出现的荷电状况（SOC）不平衡的情况（与漏电流的蔓延有关）。如后面所提到的，ABSL 采用这种拓扑结构，但是不带任何均衡系统，主要是因为他们使用了经过特殊筛选的商业化构件（COTS），这种构件必须保证电池在寿命末期（EOL）仅存在有限的蔓延。S-P 拓扑结构常用于使用 28 V 电源的 LEO 卫星。对于这种类型的卫星，S 等于 9。除了纳米 LEO 卫星和一些亚微米 LEO 卫星，其他卫星中 S 的常用范围是 6～12。此外，这种拓扑结构存在一个缺陷：如果在每个单体电池上都应用电压遥测来监测电池的生命演化，那么就会使得整个电池组非常昂贵，所以一般只对整个电池组进行监测。

② P-S 拓扑结构更适合高容量电芯（单个电芯容量>20A·h）。电芯并联构成模块或电池包，来定义电池容量；之后将模块串联，使电池总电压匹配卫星的使用范围。这种拓扑结构的电池非常适合 GEO 通信卫星这种需要高功率的应用。P-S 拓扑结构下，实施模块和模

块之间的平衡只需要 S 个电子控制系统。考虑到空间站中电子系统的成本，降低均衡系统的数目可以提供极大的优势。在同一个模块内的所有电芯都有同样的 SOC 和同样的电压，所以遥测线的数目也可以降低到 S 个。这就使得在任务执行中可以对电池电压和健康状况有精确的监控。图 14.4 给出了 P-S 拓扑结构的示意。这种拓扑结构的模块可以装备支路系统，以保护电池，防止其失效。

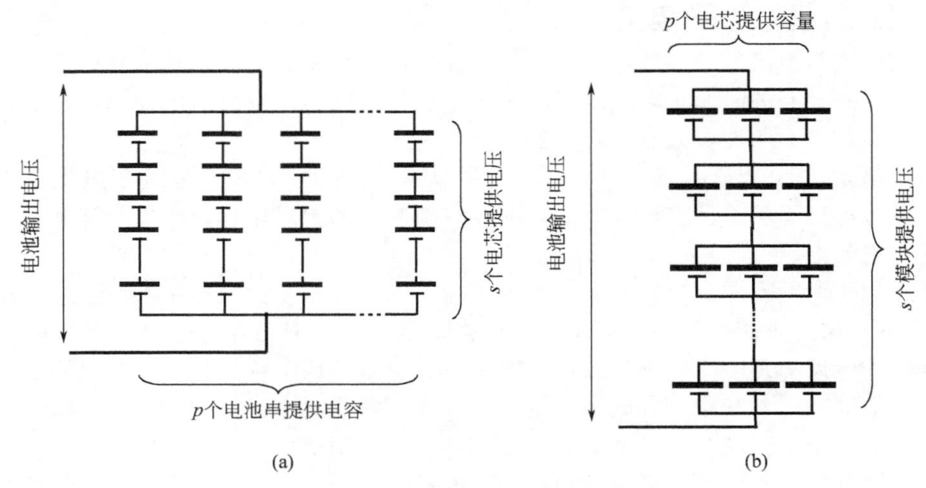

图 14.4 用于卫星电池的两种拓扑结构
(a) S-P；(b) P-S

如在 14.4 节所述，供应商会建议一些他们自已的电池设计。但是，有一些部分对于所有的设计是通用的。对于固定在卫星壁上的固定装置，很多电池都有一个基板或者类似装置，基板用于支撑机械结构，该结构是电池维持必要的振动和震动水平的必备元件。单体电池之间通过基线或母线来进行连接，其中电线标准的选择会考虑严格的电流和温度条件。此外，电源连接和遥感技术中会采用连接器，而针对这些连接器需要进行保护和辨识，避免错连或者无意识的误接。在电池中也安放有特殊的热元件比如加热器和热敏电阻：这些组件用于热损耗管理。考虑到基板会阻挡热流，所以在真空条件下，在轨道内只进行传导传热（不进行对流传热）。大部分情况下，电池采用多层绝缘体（MLI）进行覆盖，使电池与卫星的其他部分隔离开。

14.3.1 主要产品规格

如前所述，电池规格需要匹配卫星类型和卫星任务。

14.3.1.1 GEO 电池需求

用于 GEO 卫星的电池主要参数如下：

① 使用寿命要长达 18 年；

② 能完成多达 1620 次的充放电循环，对应于 36 个为期 45 天、每天最长可达 72min 的日食期；

③ 根据可利用的充电时间（24 h 减去日食时间），充电倍率为 0.1C 或 0.05C；

④ DOD 为 60%～80%；

⑤ 结合 DOD，放电电流在 0.5C～2/3C 之间，放电时间最多可达 72min；

⑥ 100V 或 50V 的控制平台；

⑦ 工作温度范围：在日食期内为 10～30℃，在至日期内为 0～30℃；

⑧ 在 5%～15% DOD 之间达到等离子体推进器峰值功率，一天两次；

⑨ 与发射器特征和卫星机械设计相关的高耐振动以及震动水平；

⑩ 由于电池组也会对增加卫星质量（根据技术水平，在 10%～20%之间），所以较高的能量密度有助于减轻卫星整体质量；

⑪ 耐强辐射水平（穿过 Van Halen 带）；

⑫ 高可靠性；

⑬ 符合欧洲航天局（ESA）和 NASA 标准。

总之，对于在 GEO 中应用的电池，必须要设计为能够传递高能量，在高 DOD 下至少能循环 2000 次，寿命要大于 15 年。

14.3.1.2　LEO 电池需求

对于 LEO 应用，电池的核心在于足够多的充放电循环。主要参数如下：

① 使用寿命为 2～15 年；

② 每年大约能完成 5500 次充放电循环，一个具有服务期 10 年的 LEO 卫星电池要完成 55000 次循环；

③ 充放电循环持续时间为 90min（一般充电 60min，30min 放电）；

④ 根据卫星服务时间，其 DOD 一般为 10%～40%；

⑤ 充电倍率接近 C/3；

⑥ 放电倍率为 0.5C～C/1.5；

⑦ 控制和无控制平台电压为 21～50V（大部分情况）；

⑧ 温度范围为 0～40℃；

⑨ DOD：取决于卫星使用寿命和电池工艺，一般为 10%～40%；

⑩ 与发射器特征有关的高抗振动级别；

⑪ 符合欧洲航天局（ESA）和 NASA 标准。

注意：相比于 GEO 卫星，LEO 中电池组的质量相对没那么重要，这是因为 LEO 轨道高度比 GEO 要低，向 LEO 轨道中每发射 1kg 质量的成本要比 GEO 低很多。但是电池体积和性能变得更为关键，需要为每一次任务要求定制专门的电池。

总之，LEO 电池组的特征：较低的 DOD（＜30%）下，实现较高的循环次数（＞25000），以此来完成高达 15 年的服务任务，而平均服务年限为 5 年。

14.3.1.3　MEO 电池要求

MEO 电池组的关键参数如下：

① 使用寿命达到 14 年；

② 最高 2500 次充放电循环；

③ C/10 或者 C/15 充电；

④ DOD 为 60%～80%；

⑤ 结合 DOD，放电电流在 0.5C～C/1.5 之间变化（最大工作时间为 85min）；

⑥ 在日食期内，使用温度范围为 10～30℃；

⑦ 在至日期内，使用温度范围为 0～30℃；

⑧ 与发射器特征和卫星机械设计相关的高耐振动以及震动水平；

⑨ 高能量密度，以减轻卫星质量；

⑩ 高可靠性；

⑪ 符合欧洲航天局（ESA）和 NASA 标准。

总之，对于MEO电池组的设计参数要求，和GEO卫星大同小异。

14.3.2 资格鉴定计划

资格鉴定测试的要求如下：

① 必须实施以论证电池生产设计、制造工艺以及验收程序能够满足电池生产的特殊需求，使电池经历生产变化、多次返工以及测试循环之外，还能够存在合适利润；

② 必须验证计划验收项目，包括技术测试、程序、设备、仪器以及软件；

③ 必须应用在需要经受验收试验的每种类型的电池、模块以及电芯设计上；

④ 在鉴定测试方案中，在所有应用环境下都要有测试样品。

环境条件鉴定测试时，必须将电池硬件置于比实际使用中最残酷的情况还要严格的条件下进行。不过鉴定测试不能创设超过应用设计安全范围的条件，否则会导致不切合实际的失效模式。鉴定测试条件应覆盖所有应用任务。

14.3.2.1 电芯水平的鉴定测试

标准的电芯鉴定测试包括功能检测（操作电气测试、寿命循环测试），环境测试（比如振动、热震动、热真空、辐射）或者其他认为合适于特殊硬件以及应用的测试，包括滥用和安全测试。用于空间站的电池组件的认定方法详见ISO WD17546。

① 必须要进行电气功能测试，来评估电池性能与电池功率、充放电温度以及电流、充电截止电压。测试必须要确认一些特征，比如能量、容量、自放电（或漏电流）、内阻以及比能量。在生产鉴定过程中需要核对并验证这些参数。需要在不同DOD或者倍率情况下进行标准的能量以及容量测试。

② 振动和冲击试验必须要在能够代表卫星条件的情况下开展。其目的在于验证电池承受正弦以及无规则振动的程度（见表14.2）。

表14.2 正弦振动、随机振动和冲击水平范例

正弦振动		
轴	频率/Hz	振幅/加速度
所有轴线	5～22 22～100	20mm双向 20（9.8m/s^2）
扫频速率：2 Oct/min		
随机振动		
轴	频率/Hz	水平
根据电池的长度	20～50	+6dB/Oct
电池的Z轴	50～300	0.2（9.8m/s^2）^{2}/Hz
	300～450	+12dB/Oct
	700～1000	1.0（9.8m/s^2）^{2}/Hz
	1000～2000	−3 dB/Oct
	全部	23.68（9.8m/s^2）^{2}rms
电池横截面	20～50	+6dB/Oct
	50～100	0.1（9.8m/s^2）^{2}/Hz
电池的X、Y轴	100～150	+17.1 dB/Oct
	150～250	1.0（9.8m/s^2）^{2}/Hz
	250～284	−12dB/Oct

续表

轴	频率/Hz	水平
电池的 X、Y 轴	284～500	0.6 $(9.8m/s^2)^2/Hz$
	500～783	－12dB/Oct
	783～1000	0.1 $(9.8m/s^2)^2/Hz$
	1000～2000	－3dB/Oct
	全部	21.19 $(9.8m/s^2)^2 rms$

持续时间：每个轴 180s

振动

轴	频率/Hz	加速度/$(9.8m/s^2)$
所有轴	200	24
	1400	4200
	4000	4200

每个轴三倍

③ 需要采用几种不同的方法来评估电池的日历寿命和循环寿命，以及在任务执行期间电池性能的退化情况。需要在不同温度和 SOC 下测试电池的寿命。寿命测试可以按照常规步骤以及/或者加速模式。因为一般不太可能等待 10～15 年来得到测试结果，所以一般都会采用加速条件，比如减少轨道运行时间（对应于减少充放电时间），增加充放电电流。比如，GEO 的寿命测试可以采用以下方法加速：

a. 将至日期从 135 天减少到几天；

b. 一天内累计两次日食（将轨道时间从 24h 更改为 12h）。

采用这些方法，一个 15 年的任务可以在少于 3 年内完成。对于 LEO，由于充电倍率增加，轨道减少时间会受到限制。因此可以采用在严酷条件下进行耗尽测试（100%DOD，高充放电倍率）。在寿命测试前可以根据卫星任务需求将电池暴露在辐射中（10～20Mrad）。

c. 滥用测试包括过充、过放、短路、挤压以及高温测试，来检测电池安全性。

14.3.2.2 电池层面的认定测试

电池的认定测试包括类似电芯层面的同样测试，再加上一些热真空测试来模拟空间环境，以及安全性测试。

也需要对电池支路以及电子均衡系统进行一些特殊的鉴定测试。

14.3.2.3 控制生产质量

为了保持认定状态以及确保认定项目中得到性能的可靠性，必须要建立非常准确的监督和检查体制。这些监督要贯穿电池的每一个生产步骤，详细记录在电池运行日志中，并在完成所有测试后进行总结。

由于电池组的核心在于电芯，所以必须要精准地控制锂离子电芯生产所用的材料以及工艺过程。除了在每个生产步骤进行大规模的控制以及系统质量检查之外，还需要在电芯水平执行常规检查。

需要为消费者提供完整、详细的材料、部件以及工艺过程清单。从电池电极生产的原料到电池结构和组件，要可见其完整的追溯性。需要执行 LATs（批量验收试验）来核实认定状态。

14.4 卫星电池技术和供应商

锂离子电池供应商在电芯层面和电池层面上提出了很多不同的设计。即使设计电池是用来匹配同一个任务，但是电池设计还是会在 S-P 或者 P-S 的拓扑结构（见图 14.4）、机械连接、鉴定计划以及电池管理上有所不同。

以下将会阐述电芯设计、寿命检测、电池设计及管理、认定计划以及卫星锂离子电池主要供应商的模型和飞行经验。

14.4.1 ABSL❶

14.4.1.1 引言

在 20 世纪 90 年代，ABSL（当时称为 AEA Technology）开始致力于发展太空用锂离子电池。为此，ABSL 采用了它们之前与 Sony 公司合作开发锂离子阴极材料的经验。太空应用的电池构筑方法与其他应用有所不同，其区别主要在于采用小型商业化的 COTS 电芯，而并非大型定制电芯。根据早期与 Sony 公司合作的经验，电池开发中需要复杂的电芯筛选和匹配技术，来选择一致的 COTS 电芯，以便它们一起工作，这样可以在长期的工作时间内，不需要均衡电子元件。目前认为，能够不采用均衡元件来制造太空电池是很重要的一个优势，因为简化了设计，并消除了一些潜在的失效模式[7]。但是，其代价是 ABSL 必须对每颗电芯都进行彻底的评估，以确保需要的一致性。

14.4.1.2 COTs 电芯及其特征

这里有两种构建锂离子电池组的主导方式。一个是建立大型客户定制的电芯，来直接满足客户需求。这种方法经常在军事市场上应用，整个电池组采用数量较少的大型电芯、与均衡元件组装在一起维持电芯持续一致的运行。第二种电池构建方式是采用商业上常见的成品电芯，这些电芯可用于从无线电动工具到笔记本电脑。常用的 COTS 电芯型号是 18650，是 ABSL 采用的主导产品。

ABSL 一般采用的批量生产小型 COTS 电芯的方法，是常用的一种，即在一个 8h 轮班生产线中一次生产 30000 颗电芯。商业生产商有他们自己严格的质量过程，能够筛选出所有不合格的电芯。这些产品销售到世界工业范围内，就意味着制造商要确保他们销售的所有电芯都非常可靠，以避免回收和召回事件等浪费成本的事情发生。商业市场也有非常严格的安全要求，这意味着 COTS 电芯一般要安装一系列内置安全设置来减少过充或者内压过大等危险的发生。因此，这些产业化的方法，会产生高度一致的电芯，这些电芯具有很高的可靠性以及内置安全设备，从而导致电池的单元费用较低。

商业电芯市场具有很大的营业额，因此与航天工业预算相比，它们能够在研发上投入大量资金。像 ABSL 这样的工业巨头，通过考虑整个 COTS 市场，它们有能力调查这个变化的市场，来评估最新可用的前沿技术以及其在太空应用中的可靠性、适合性以及长期的供应安全性。

太空市场的一个主要考量是电芯生产标准要长期保持不变，要强调和理解每一种设计或者化学成分变化。这是由于每个太空任务，发射之前在设计和构建阶段投注的时间就需要从 1 年到长达 10 年不等，而设计完善后的卫星执行下一个任务前可能又要花费 10～15 年时间。重复鉴定新化学成分而浪费的时间和费用对于该过程有很昂贵的影响，而且也会影响卫星控制系统和其他方面，因此如果可能的话需要尽量避免。很重要的一点是要理解即使电池

❶ 这部分由 ABSL 的 Michael Loweth 和 Carl Thwaite 完成。

上很小的设计改变，也会对整个太空任务造成影响，这些如果没有在一开始就意识到，那么对于卫星来说就可能会导致灾难性的结果。正是因为如此，无论是小型 COTS 电芯还是采用大电芯技术，都必须对任何改变进行评估，以进行电池性能的再确认。

14.4.1.3　电芯质量认证和寿命测试结果

电芯质量认证是一个用于评估电芯性能，以考虑其是否满足太空任务严格需求的过程。这些过程根据所执行任务类型的不同会有所改变。

在电芯质量认证中，要考虑两个主要方面。首先是环境方面，其次是长期电性能评估，后者通常要通过大量的寿命检测来完成。

发射阶段是第一个需要质量认证的核心阶段。在某个任务中的该阶段，整个宇宙飞船，包括电池都要经受很严重的振动以及冲击程度，此外还要承受短时内环境减压到接近真空的程度。

如果电池是驱动卫星或其他宇宙飞船，而不是航天火箭，那么质量认证时还要考虑空间环境因素（比如辐射和长时真空环境）以及电芯用途。此时电池寿命会成为驱动因素。采用 COTS 电芯使得测试大量电芯以全面理解电芯在不同条件下的性能成为可能，事实上，标准的小电芯质量认证程序会使用超过 2000 颗电芯。一些评估包括认证计划的核心内容如在 14.3.2 部分所述。

这些认证测试可以单独进行，也可以联合进行，但必须要保证多种环境条件下复合效应不影响相反的电芯性能。通过这些测试，验证电芯在发射过程中的性能，同时要保证电芯能够在储存条件下或者在太空环境中运行时保持这些性能。测试的第二阶段就是考虑电池在空间中长期使用时可能会出现的问题。

采用小型电芯使得可以同时进行广泛的测试，而不增加额外费用。因此，ABSL HC18650 电芯是目前表征得最为完善的电池，自 1998 年起有超过 1 亿小时的电芯寿命测试。这些数据与软件包相连，有助于实现长期任务评估。

14.4.1.4　电池设计及其特征

小型电芯构建电池的方法是通过将所需要数量的电芯封装成电芯块，之后构建成能够承受发射时严酷条件的结构（见图 14.5）。

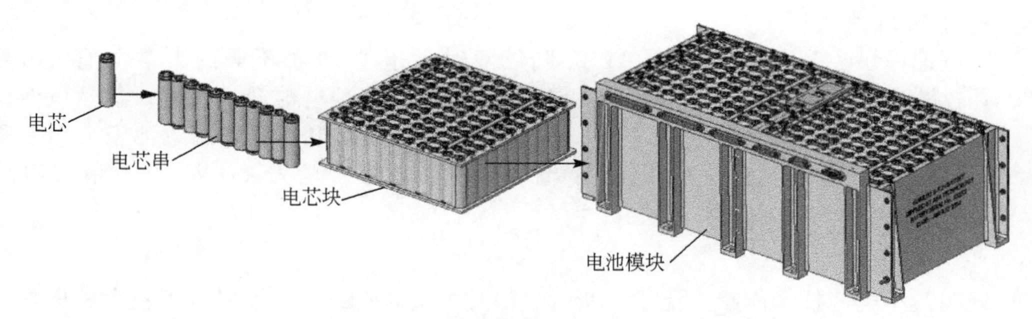

图 14.5　从单体电芯到电池模块

（1）S-P 与 P-S　采用高度一致的小电芯来构建电池时，小电芯可以 S-P 或 P-S 结构连接（见图 14.4）；而鉴于其结构优点，S-P 结构是最为常用的配置。在该种配置下，如果某个电芯失效，那么其所在的整个电芯串都会失效，同时这条电芯串也不再提供容量。但是，电池电压却能够维持不变，因此除了电池容量下降外，卫星系统依然能够持续工作，而不受其他影响。

（2）小电芯构建电池的特点　如上所述，在 S-P 型小电芯电池中所有单个电芯失效都仅仅导致其所在电芯串的失效。为了更好地理解单个电芯串失效造成的容量损失率，卫星电池一般采用8s52p的模块，整个卫星电池的结构一般在8s10p到10s160p之间变动。对于某个给定的电池任务，可以增加少量多余电池串，在对质量有最少影响的情况下改善电池的可靠性。

采用的小电芯容量一般在1～2.5A·h之间（相比而言，大电芯的容量一般在10A·h或者更多），电芯容量自由度很大，以便电池整体容量能够紧密匹配卫星需求。为了成功完成任务，电池体积、质量以及容量之间也一般要彼此折衷。而在大部分科学任务中，电池一般采用小型电芯，其主导原因就是这种自由度。此外，采用小型电芯的方式也能够使电芯得以物理配置在一个有限的体积内，或者得以剪裁来最小化磁矩，以及减小高电压电池中可能发生的短路情况。

商业化的小电芯一般自身包含安全特征，包括过充保护以及短路保护。这就减少了对电芯旁路电子的需求，从而简化了电池设计。组装好的电池仅仅只需连接合适的电源来进行充放电即可。一般电池中也会提供电压保护传感线路与少量温度传感器，来进行简单的电池监控。这就使得对电子以及软件的需求减少，从而降低了整个系统的复杂度，而且减少了无效质量。使用小电芯电池同时也减少了周期性重新均衡的需求，周期性重新均衡对于卫星经营者来说是一个负担，因为会需要额外的操作费用。这使得小电芯电池对遥测的需求降低。

（3）飞行经验　开发太空用锂离子电池始于20世纪90年代，当时AEA技术公司从UK BNSC（现在的UKSA）获得资助来开发太空用锂离子电池。小电芯所具备的优点使其广泛用于LEO、MEO、地球同步转移轨道（带有STRV-1d的GTO）、星际航班（包括2004年“罗塞塔”彗星任务）以及作为首个安装在发射器上的270V矢量推动控制的电池。

首个于2000年11月发射到太空中的锂离子电池，安装在由Ariane-5火箭发射的美国技术示范卫星上，该卫星也称为STRV-1d（太空技术研究车辆）。该卫星被发射到GTO轨道上，但是由于冗余接收系统出现的继电器故障，在进行了6个月的观察之后，官方正式宣布该卫星失去联系。

继STRV-1d卫星后不久，2001年10月，又发射了装备锂离子电池的欧洲卫星，其名称为PROBA-1（见图14.6），该锂离子电池具有目前最长的服务寿命。PROBA-1卫星是一款发射到LEO轨道的ESA技术验证卫星。尽管该卫星最初设计寿命为2年，但是它却连续工作了超过11年之久。

（4）电池模块　到2012年底，ABSL陆续发射了超过90种不同的太空电池（由超过17000颗电芯制成），在接下来的几年中，还会有超过80多种电池会被发射。显然电池设计的范围很宽，其中一些展示在图14.7中。目前最大的采用小电芯组建的电池组之一是欧洲的Sentinel-1 LEO电池，它使用了10个电池模块，电池容量为14kW·h，最大电压是67.2V，设计运行寿命为12年。

14.4.1.5 总结

在证明其小电芯技术能够广泛用于所有卫星类型上，ABSL已经取得了很大的成功。而ABSL也会持续评估、测试以及认证下一代电芯，来改进电池的整体性能，而同时他们也将致力于为整个航天工业提供更大以及电压更高的电池。

14.4.2 三菱电气公司[1]

14.4.2.1 引言

日本三菱电气公司（MELCO）自1998年始着手开发大型卫星用锂离子电池，其设计

[1] 这部分由日本SJAC/MELCO的Kiyokawa Takeshi提供。

图 14.6　Proba-1，第一个携带锂离子电池的 LEO 航天器

图 14.7　部分 ABSL 空间电池

模型采用大型电芯。继 2003 年首次在实验卫星“Servis-1”上运行之后，已经供应了超过 100 个电池模块，这些电池不仅供给 MELCO 标准卫星平台“DS2000”系列，而且还被美国公司、中亚和欧洲国家采用，也成功应用于 LEO 和 GEO 卫星和国际空间站（ISS）的太空运输车辆上。

14.4.2.2　电芯设计

电芯是由日本汤浅公司（即以前的日本储能电池公司）制造的，采用钴酸锂体系，椭圆柱状结构设计。可选择的电池容量有 50A・h、100A・h、175A・h 和 200A・h。

14.4.2.3 模块和电池设计

联合大面积底架以及椭圆柱状电芯，使整个电池组具有良好的传热能力，从而保持电芯之间温度的一致性。采用大型电芯构建模块的技术可以使电池在质量和体积上实现高效率。也可以选择安装电芯支路开关，一旦有电芯失效，就可以自动保护电池功能；以及安装电芯分流回路，来进行过电压保护。这些都可以根据客户需求安装在电池中，使电池保持更长的寿命和高可靠性。

在图 14.8 中列出了标准 GEO 电池的特征。2008 年首个用于 GEO 卫星的电池设计寿命为 15 年。

电芯能量	8640W・h
电压	79.2～96V
电芯容量	100A・h
电芯数量	14电芯串联
宽	315mm
长	705mm
质量	78kg
比能量	110W・h/kg

图 14.8 MELCO 锂离子电池特征

14.4.3 Quallion 公司❶

14.4.3.1 引言

民用电子常用的锂离子电池一般设计寿命为 100%DOD 下实现 500 次循环后，剩余容量可达 80%。1998 年，Quallion 公司成立，着力于开发植入式医疗器件用长寿命、低衰减率以及具有 Zero-Volt™特征的锂离子电池。由于传统的锂离子电池在电芯电压低于 1.5～2V 时，寿命会缩短，而具有 Zero-Volt™特征的锂离子电池特别适合于疼痛管理设备，因为这种病人不可能经常对该设备进行规律充电。

2003 年，Quallion 开始将其长寿命锂离子电池转向应用于卫星。第一个阶段是评估他们的电池成分与其他 18 种其他化学成分结构的材料特征，包括 3 种不同的正极活性材料、3 种不同的负极活性材料以及 2 种不同的电解液。这项工作的目的在于确定他们目前所用的医用锂离子电池成分是否也是 LEO 应用中的最优成分，研究涉及循环寿命、自放电以及日历寿命性能。在这项材料筛选工作下，Quallion 现有的医用锂离子电池成分，基于其在 LEO 中 40%DOD 下的循环能力以及日历寿命测试数据（见图 14.9），而被选定出来。

Quallion 之后设计了实际应用的 15A・h（QL015KA）以及 75A・h（OL075KA）圆柱（叠片电极设计）电芯，能量密度高于 145W・h/kg（见图 14.10）。Quallion 的卫星电池目前被美国政府很多项目所采用，包括 Tac-Sat Ⅳ 计划。

图 14.11 所示为 QL075KA 电芯表现出与预期一致的按比例增加的循环寿命。

接下来的部分会展示循环、日历寿命数据，展示 Zero-Volt™特征以及电池寿命测试数据。

❶ 这部分由美国 Quallion LLC 的 Vincent Visco、Hiroshi Nakahara 以及 Paul Beach 提供。

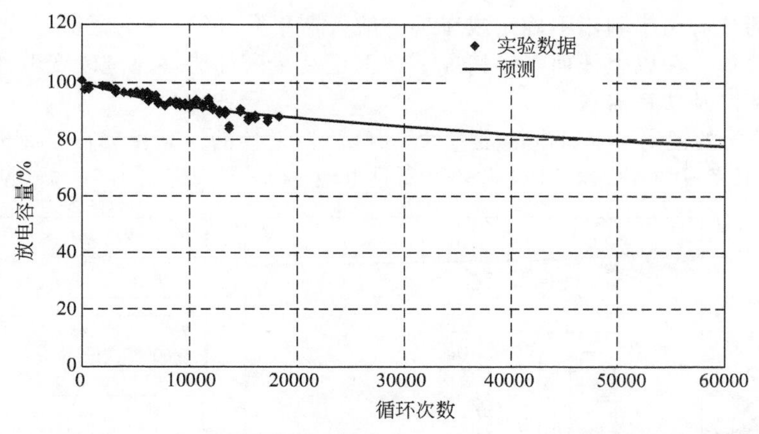

图 14.9　采用 170mA・h 医用锂离子电芯在 LEO 中，40％DOD 下循环容量保持率

图 14.10　15A・h 电芯［AL015KA（a）］以及 72A・h 电芯［QL075KA（b）］的图片

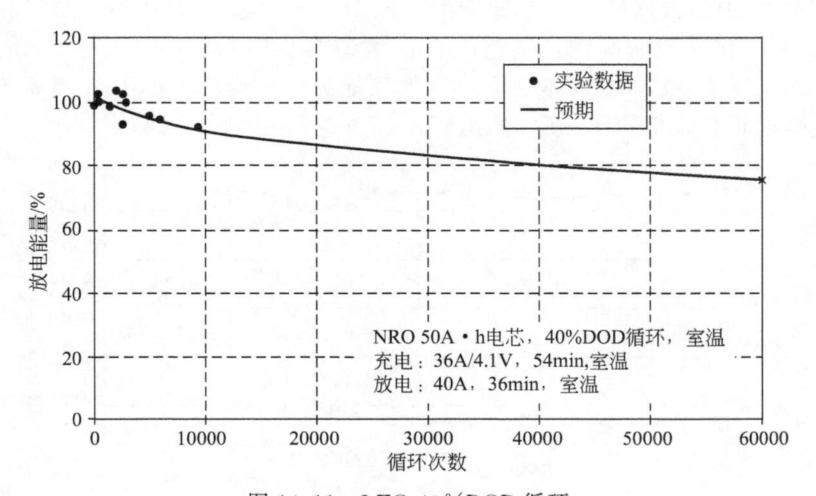

图 14.11　LEO 40％DOD 循环

14.4.3.2　15A・h 以及 75A・h 电芯特征：长寿命及深放电能力

在典型的 LEO 循环中，具有超过几千次深循环放电能力的储能系统使得卫星生产商可以基于每次放电循环的 W・h 值来定义电池的容量大小；以及在保持同样电池结构不变的情

况下，如果碰到载荷功率利用不确定或者现有航天器平台升级，那么卫星生产商应该能够提供电池深放电储备。在以上任何一种情况下，卫星制造商都能够通过改变电池大小来最大化质量、能量储备以及功率需求。

Quallion 公司的锂离子卫星电池是专为 LEO 严格设计的，其目标在于完成 10 年的任务，或在 40%DOD 下完成 60000 次 LEO 循环，而且电池 EOL 剩余容量为 70%（见图 14.12）。

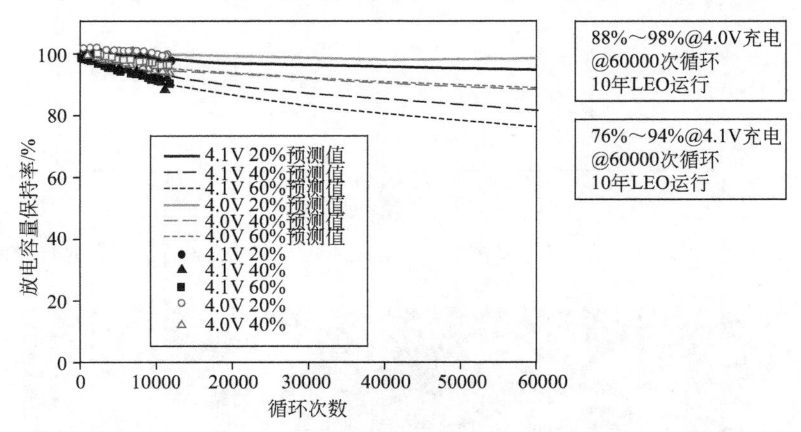

图 14.12　LEO 中 15A·h 电芯（QL015KA）在 4.0V，4.1V EOCV 下，20%、40%、60%DOD 循环容量保持率

15A·h 的电芯（QL015KA）预期在 4.1V 终止充电电压下（EOCV）可以保持 80%的容量，或者在经过 60000 次 LEO 循环后，在 EOCV 为 4.0V 的情况下，保持 85%的剩余容量。此外，在 60%DOD 下，EOCV 为 4.1V 下，预计电芯在经过 60000 次 LEO 循环后，能够剩余 75%的容量。

（1）GEO 及储存数据　对于应用于 GEO，该长寿命化学体系也能够展示出优异的储存性能，经过长时间储存（从 9～135 天）后，还能够在超过 10～20 年的时间内完成 50～100 次循环。图 14.13 中的数据证实了这种情况：该 15A·h 电芯（OL015KA）在室温下日历寿命大于 500 天，在这段时间内，电池一直以满荷电状态（4.1V）储存。在图 14.12 中，也展示了其在 LEO 中 60%DOD 体制下的深循环能力，这说明 Quallion 锂离子卫星电池不仅能用于 GEO 轨道，也能用于 LEO 轨道。

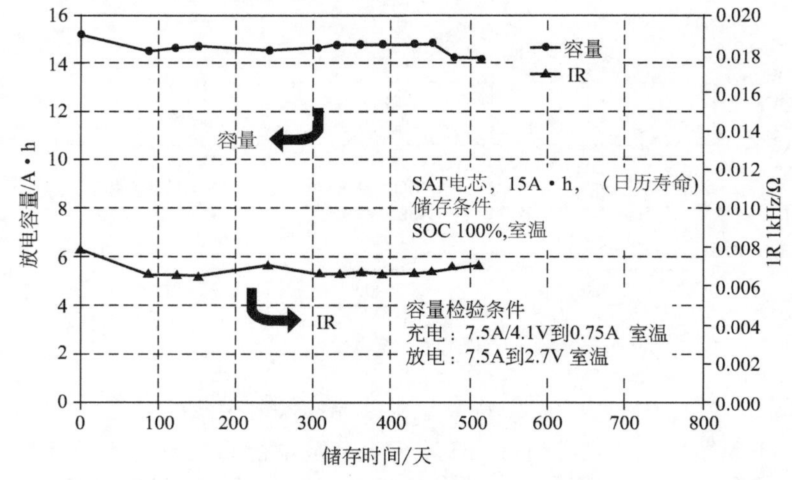

图 14.13　Quallion QL015KA：储存容量

（2）Zero-Volt™技术　传统锂离子电池不能深放电到过低的电压，因为一旦电池电压降低到 2V 以下，容量保持率就会很差。因此，锂离子电池一般都是放电到 2.6V，到该电压时，电池管理回路就会切断放电。在长时循环中，由于电池日历寿命衰减以及自放电的缘故，所以有时也能在该电压以下放电。为了减少这种可能性，Quallion 设计了锂离子电池，这种电池能够完全放电到 0V，而不影响其他性能。

Quallion 设计的 Zero-Volt™[8,9] 电池对于卫星制造商来说有一些特有的性能，比如可以运输无能量的电池以及无须维护等，它还能够实现电池安全、紧密地整合到航天器以及回收再利用的飞船平台中。

验证 Zero-Volt™技术的结果展示在图 14.14 中，在 0V 以及 37℃条件下采用容量衰减率对储存时间进行作图。电池首先放电到 2.5V，之后与电阻负载相连继续放电到 0V。电池在 37℃下进行存储，定期“唤醒”来检验其全容量。与传统电芯不同，Quallion 的 Zero-Volt™电芯在 0V 下，容量没有衰减（这里的衰减是指日历寿命衰减）。

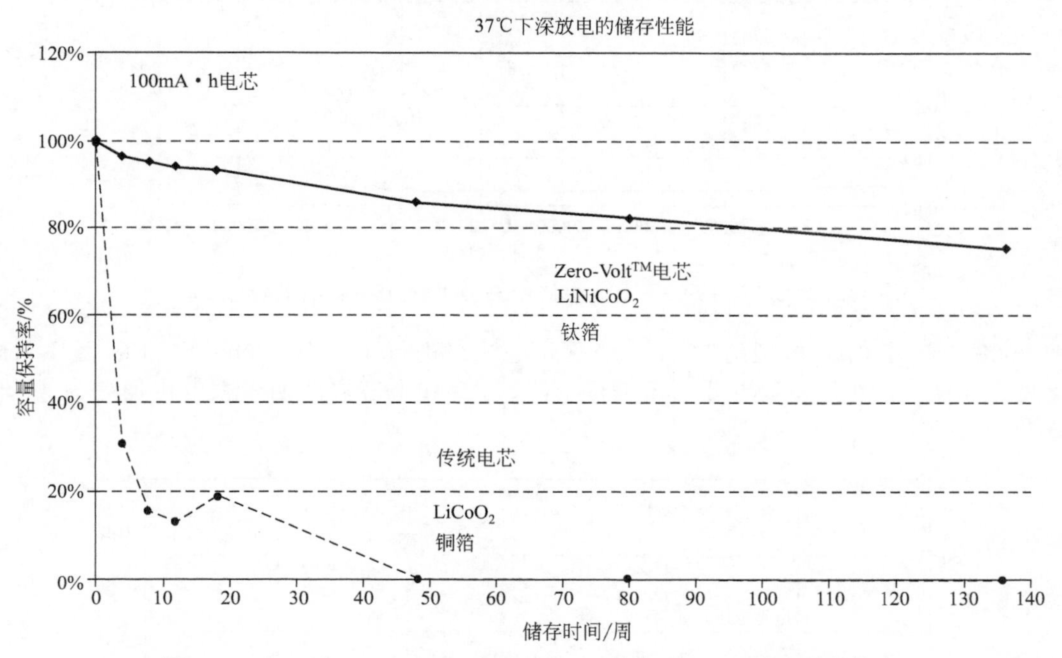

图 14.14　Quallion Zero-Volt 电芯：在 0V 储存（37℃）的容量保持率

14.4.3.3　测试电池循环数据以及没有电芯均衡的情况

锂离子电池的特征是长寿命以及稳定的性能，和传统的可充电电池相比，不易出现电芯失衡问题。

但是，也有一些因素会导致电池体系中的电芯失衡，其中一些因素如下：

① 每次循环温度条件不同；

② 深 DODs；

③ 脉冲放电；

④ 在 LEO 循环中的快速充电。

这些要求使得电芯的机械结构和电池设计变得很重要，以确保所有电芯都在相同的环境条件下。所有的条件都必须一致，包括电池成分的稳定性以及电芯设计，以减少电芯均衡需求。Quallion 的电池航天测试结果展示了非常优秀的加速循环测试结果，这说明它可能并不需要电芯均衡装置。

2006年，对8S1P构型的28V 15A·h电池组进行了20% DOD下LEO循环测试。40355次循环后，对每一颗电芯电压进行了测试。8颗电芯之间的最大电压偏差为23 mV（见图14.15）。

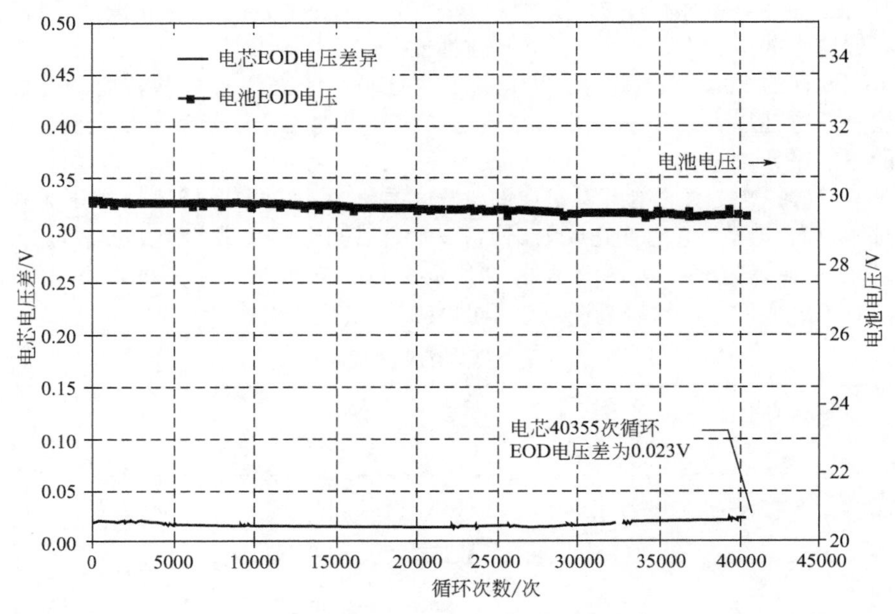

图14.15　28V，15A·h电池20%LEO DOD循环寿命测试与电芯差异

2008年，对8S1P构型的28 V 72A·h电池组进行了20% DOD下LEO循环测试。11800次循环后，对每一颗电芯电压进行了测试。8颗电芯之间的最大电压偏差为46 mV（见图14.16）。

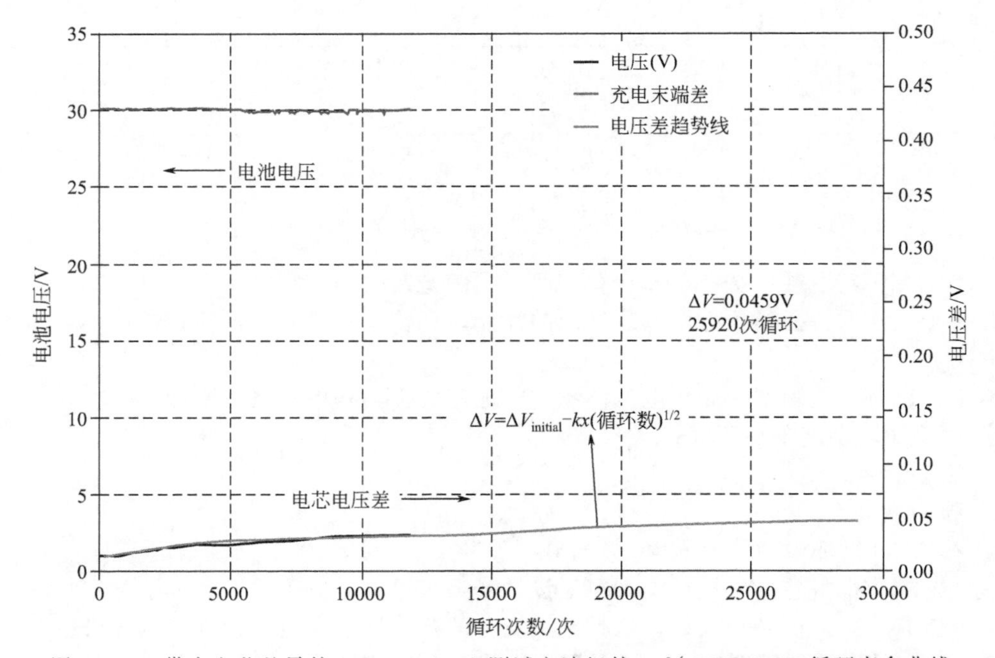

图14.16　带有电芯差异的28V，72A·h测试电池组的20% LEO DOD循环寿命曲线

验证结果表明，两种没有电均衡装置的电池，最终电芯之间的电压差异都在可接受的范围内（<100 mV），减少卫星系统动力结构中的电芯均衡电子元件能够节省质量、降低成本，并且可能减少失效模式机理（比如均衡电路不能正常工作）。

14.4.3.4 模拟锂离子电芯特征和性能

Quallion 使用了不同的物理模型来预测电池充放电过程中的电芯电压。这些模型从简化的模型，到复杂的完整物理模型。在简化模型中，采用不同的近似值来加速性能预测，不过这种模型却不能在低充放电倍率下使用。完整的物理模型会完全考虑到相关的细节参数，而不采用（或很少采用）简化的假设。

这些模型有三个主要应用：

① 在研发领域（R&D）使用；

② 支持工程队的工作；

③ 在使用期内追踪电芯性能。

以研发（R&D）为例，给定设计参数，比如电极大小、厚度、活性材料负载量，可将这些模型用于预测电芯性质。一些更加复杂的热模型可用于预测电芯产热部位以及减少产热的可能方法，在生产某个新设计前，一般都要对这些参数进行模拟评估。

同样，当为卫星设计电池组时，如果采用对流冷却机理，无论是被动的还是自然的，都是没有益处的。采用我们的模型，可以预测散热，以及在增加很少元件的情况下，来研究电芯在不同循环机制以及冷却场景中的温度分布。

采用循环数据，可以提取出电池寿命中影响性能的参数。对于测试的循环数据，可以采用这些参数来计算某次循环下的电芯特征。如果电池是在没有数据（或者很少）的循环机制下运行的，也可以采用统计学的方法来预测电池的未来性能。这项技术的优点在于它能够实时地追踪电芯性能，并且在参数信息量不确定的情况下提供电池性能的估算值。因此，这些不确定的参数也能够及时外推出来，使用户能够评估预测值的有效性。

14.4.3.5 总结

几年来，Qullion 为 LEO 以及 GEO 市场开发了锂离子电池成分以及电芯设计，并得到认可。这些电芯具有独特的特征，比如在高 DODs 下具有几千次的循环寿命，表现出 Zero-Volt™特征以及减少了对电芯均衡电子的需求。

14.4.4 Saft

在过去 50 年内，Saft 公司为超过 650 家欧洲、美国以及国际卫星和发射器提供飞行器电芯和电池的设计、认证和生产。目前，Saft 公司的太空活动依赖于他们渊博的知识积累以及经过认可的专业知识和设施。自从 1966 年首个电池应用于 Diapason 1A 卫星上以来，Saft 公司已经成为卫星电池产业的巨头。由于掌握了太空用 Ni-Cd、Ni-H_2 以及锂离子电池的相关技术，Saft 在这个市场上已经占据领先地位，截至目前，有超过 85 颗以上的卫星携带锂离子电池返航，这就是最好的证据。当前在 Saft 锂离子 VES 和 MPS 电芯中，已经包括有 5 种电芯结构，可以允许很大范围的电池组配置，这些专门设计都可以满足卫星寿命终止时的功率需求，而在卫星开始使用时则不包含任何不利的过度设计。在过去 15 年中，这些 VES 电池组设计已经演变为可以提供满足客户各种需求和限制的产品。

14.4.4.1 电芯设计和性能

锂离子电芯开发始于 1996 年的 Stentor 计划。2001 年成功通过质量认证后，在 2003 年，VES140 电池首次完成了它的太空飞行[10]。到 2012 年末，有超过 70 多颗运行卫星是由 VES 锂离子电池所驱动的。它们中的大部分是 GEO 无线电通信卫星，在轨电池的容量已经累积大于 1MW·h。

当前 Saft 公司卫星用的锂离子电芯主要有四种形式，即 VES16、VES100、VES140 和 VES180（见图 14.17），这些电芯设计在 GEO、LEO 以及 MEO 卫星应用中已经得到认可。

这些为太空设计的锂离子电池，正极材料是镍钴铝氧化物（NCA），该材料由于锂过量而具有长寿命，这是 NCA 材料具有的特征。在首次充电时，有过量的 Li^+ 嵌入到负极中，使得 NCA 材料有额外的负极容量，这个容量也叫负极储量。在卫星工作期间，正是由于负极过量的锂充当储备，才使得电池能量或者容量衰减速度得到大幅降低。此外，相比其他正极活性材料，NCA 可以提供最高的比能量。NCA 应用于卫星的另外一个重要优点在于其在循环过程中能够保持很好的稳定性。如下面段落所述，在 VES140 上进行的真实寿命测试中，相比电池在 BOL 时的能量，12 年后几乎没有任何衰减。

图 14.17 Saft 锂离子航天用电芯（VES16，VES100，VES140，VES180 以及 MPS）

VES100、VES140 以及 VES180 电池（容量分别为 26A·h、40A·h 以及 50A·h）直径都为 53mm，而高度在 160～250mm 之间。其中 VES180 提供最高的比能量，为 175W·h/kg。采用类似于电动汽车（EV）用工业电芯的设计模式，VES 采用铝外壳以及特定的端子，可以保证 He 泄漏率低于 $10^{-7}cm^3 \cdot atm/s$。电池容器设计符合爆炸前的泄漏标准。单个电池生产过程可追溯，且在不同生产步骤中设置有强制检测点（MIP），来保证经过不同生产步骤后能够生产出符合太空质量级别的电池。

最新经过认证的 VES16 电芯，是一种低容量/能量电芯，其尺寸为 *D*（直径为 33mm，长度为 60mm）。电芯容量高于 4.5A·h，在 20℃下最小能量为 16W·h。该电芯自身集成有安全装置（称为断路器），以及电池过压时的泄压阀。这种电芯主要应用于 LEO 卫星。

MPS 电芯基于 COTS 电芯设计，容量为 5.8A·h（20W·h），型号为 176065（分别是厚度、宽度以及高度，单位 mm）。航空专用电池是采用 LAT 程序来进行生产和筛选的。2003 年认证的 MPS 电芯是椭圆柱状结构，如图 14.17 所示，该电池采用钴酸锂（LCO）正极，虽然与 NCA 电芯相比，其容量衰减要大得多，但在 LEO 应用中还可以维持 7～10 年寿命。与 NCA 相比，LCO 电芯没有锂储备。但是，LCO 是消费电芯和电池最为常用的材料，也是 COTS 电芯的基础材料。

Saft 根据卫星任务和尺寸选择两种主要锂离子电芯成分。所有这些电芯设计都采用石墨混合物作为负极，采用标准电解液，以及三层隔膜。

通过大量的实验验证，可以认为电芯质量认证计划中的基本点在于尽可能地在与 GEO 以及 LEO 太空应用类似的环境下进行寿命测试。大部分电池长寿命测试，主要针对

VES140，即使使用者（卫星制造商）已经自行进行过测试，但还需要在欧洲太空电池测试中心再次进行。这些测试电池已经持续不断地运行了超过 12 年[11]。

（1）GEO 寿命测试　关于这些测试曲线以及结果的细节已经在相关文献资料上发表出来了[12]。为了强调 VES 家族卓越的循环性能，在 VES140 电池上进行了两种寿命测试。

第一种是 GEO 加速寿命测试：在 2000～2005 年间，在 3S1P 模块上以 90%DOD 进行。加速模式包括将轨道时间从 24h 降低到 12h，即一日内两个日食循环，以及将至日时间缩减到一周。当电芯达到最高温度 31℃时，基板的温度设置为 20℃。5 年内，一共循环了 95 个 GEO 季度，相当于 GEO 寿命要求的三倍以上，显示了这种材料良好的循环性能。30 个季度（相当于卫星 15 年的任务）之后电池的衰减率低于 2%。其充电截止电压从 4.0V 增加到 4.1V 时，放电截止电压从 3.25V 降低到 3.1V。

第二种测试是在真实环境中进行的，用于评估 GEO 电池的寿命，采用 2P3S VES140 结构的电池模块，采用与在 80%DOD 以及 20℃温度下运行任务时同样的程序进行。寿命测试自 2000 年开始，目前仍然在循环，累积进行了 24 个季度（12 年）。每一个季度末都检查电池能量，在第 24 个季度下的能量基本上与第一个季度的一样，说明经过 12 年的测试，电池基本没有出现衰减。

根据在 VES 电芯上进行的几种长时 GEO 寿命测试，可以评估出不同因素对电池性能的影响，比如加速、日食、DOD、充电截止电压、温度、充电电流、等离子体推动循环等。在 GEO 循环中，VES 电池家族在经过 15～18 年的任务后，几乎表现出同样的能量衰减范围[13]。

（2）LEO 寿命测试　电池在 LEO 上的长寿命测试也于 1999～2011 年在 ESTEC（欧洲太空技术中心）进行。它采用 10 轨道加速数列测试方法，DOD 不恒定，最大 DOD 为 30%，平均 18%。采用 10700 多个数列，完成超过 107000 次循环。相当于 LEO 20 年的任务期。

MPS 电芯也用来进行寿命测试。在 Proba 2 计划框架内，采用稍微加速的 18%DOD 模式，对 7S3P 电池进行了超过 70000 次的循环。在同样条件下，LCO 电池的循环衰减是 VES 电芯的 2 倍多。

总之，寿命测试的结果显示 VES 电芯，由于其优异的电化学体系，能够很容易满足 GEO 无线电通信卫星（80%DOD）要求的 20 年任务期，以及 LEO 至少 15 年的任务期。根据需要 DOD 的不同，MPS 电芯至少能够满足 LEO 卫星 10 年的任务要求。

14.4.4.2　电池组

VES 电芯可以允许大型电池组结构配置，所有特定的设计都是为了满足卫星动力需求，而不需要在开始阶段引入不利的过度设计。在过去的 10 年里，VES 电池设计已经演变成可为客户提供各种可能性，以满足高精度等需求限制。同时，对电池能量需求以及其他如机械水平等方面的要求也随之增加。

需要开发和认证通用的界面尺寸，使不同规格的锂离子电池可以使用类似的、通用的机械接口。这样 Saft 以及其合作者无论在享用质量认证结果，还是在轨道遗产的使用上，都能够有所受益。

Saft 在以锂离子电池为卫星电源的范围上也进行了扩展和完善，图 14.18 展示的是 100V 平台构型。Saft 能够采用合适的电池配置来满足每个卫星动力需求，而没有多余的质量。Saft 的电池模块可以为 2P～12P，因此卫星负载的电池可以得到最优化的能量。每个包含有并联电芯的模块，都能通过串联来提供卫星平台电压需求（见图 14.4）。对于 GEO 卫星，要主要考虑两种范围：采用 10S～12S 电芯的 50V 平台，以及采用 20S～24S 电芯的

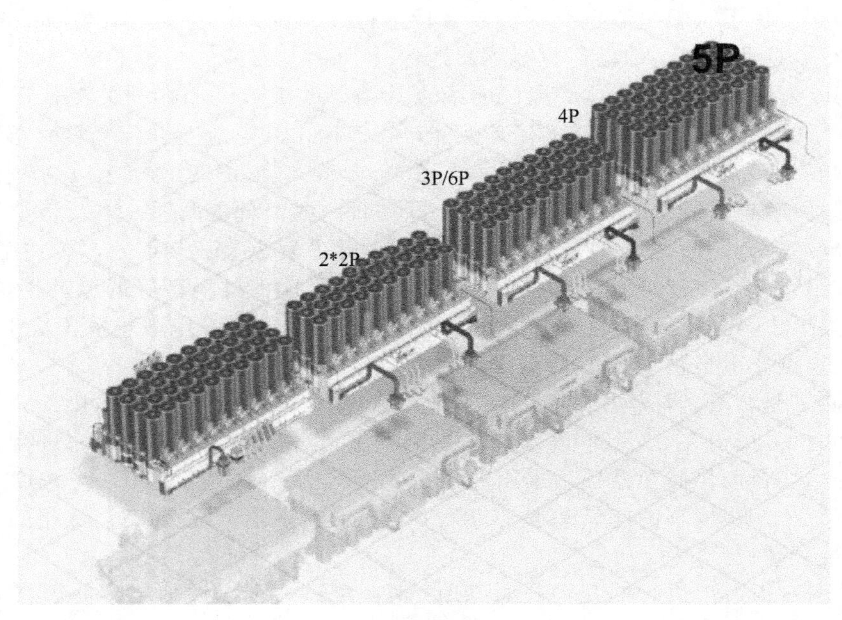

图 14.18 VES电池配置示例

100V 平台。2P～6P 的模块（见图 14.18）可以通过一到两个电池来提供 5～22kW 的功率。

VES 电芯采用树脂嵌入到机械 Al 基板结构中。加热器和均衡分流器都封闭在该结构中。包装中的电芯采用金属母线进行并联，母线的设计理念是一样的，采用模块组装方法。在 Saft 电池中，采用旁路系统作为补充，以应对电芯失效，规避整个电池组的风险。旁路选择的主要要求是：与降额规则相匹配，当与电池组耦合时没有严重的单点失效，避免电池串联电路的开路和失效蔓延，从而导致卫星失效或安全问题。

此外，Saft 提出集成有平衡系统的电池设计来优化电池整个使用过程的可用能量。这点可以通过在电池模块上连接一个管理系统来实现，即智能监测集成系统（ISIS）。ISIS 的主要功能是：均衡（可以优化电池的寿命和可用能量）、激活旁路、远程检测电池组电压以及使电池在卫星 EOL 时保持惰性的处理功能。

采用 VES16 电芯可以设计一系列电池配置，从小配置（4S 平台，3P 容量）到大配置（10S，一直到 56P）。典型的 S-P 拓扑结构的电池配置列在图 14.19 中。这种“堆积木”的方式可以使电池组电压和功率处于一系列范围内。电池组内包括有单独的简化平衡系统（SBS）来确保使用寿命，并有单独的电压监控、加热器以及连接器。

14.4.4.3 模型

一种卫星锂离子模型称为 SLIM，这种模型可用于太空电池选择，并预测电池在 EOL 时的性能。这种 SLIM 模型[14]包括如下：

① 预测 LEO/MEO 以及 GEO 在电池层面的 EOL 参数；

② 是基于电化学特征：能量、容量、EMF、内阻、充电截至电压等；

③ 是一个基于能量的宏观模型；

④ 使用衰减以及日历寿命推测时间、温度、充电截至电压等对能量、内阻的影响；

⑤ 使用任务数据：功率、运行时间、DOD、充电截至电压（EOC）、日食和截止日期内的温度、电芯失效；

⑥ 可给出使用过程中电芯和电池组的电压曲线以及能量演变等（正常以及失效模式下）。

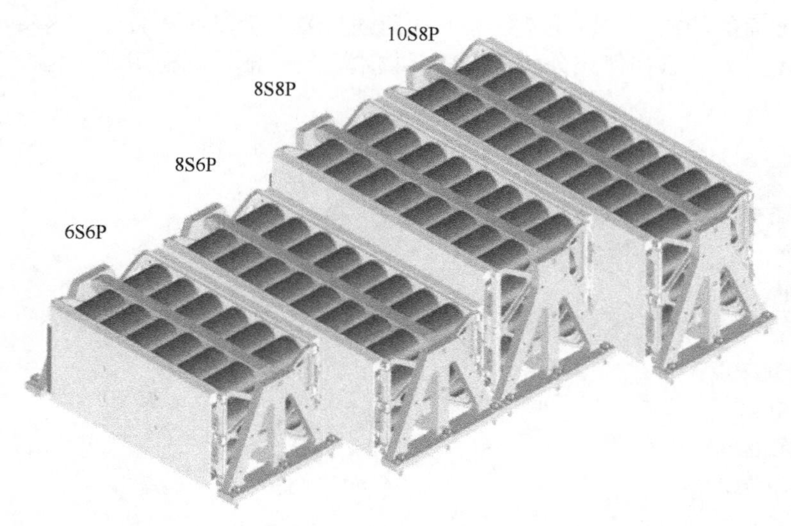

图 14.19 VES16 构筑块

将这个模型的输出与实际运行数据以及在轨电池遥测数据进行核对，显示了很好的可靠性和精准度（误差<3%）。

14.4.4.4 在轨经验

截止 2012 年末发射的 90 多颗卫星中，装载有 Saft 的锂离子电池累计容量大于 1MW·h。首次成功发射的卫星是在 2003 年由欧洲宇航局发射的 SMART1。首个发射的携带锂离子电池的 GEO 通信卫星是 Eutelsat 的 W3A，该卫星由 Astrium 制造，采用 18.5kW·h 锂离子电池进行供能，目前在轨运行 8 年多，电池几乎无能量衰减。之后又相继发射了 65 颗 GEO 通信卫星，形成了一个庞大的锂离子电池卫星阵列。除了 Giove B 之外，有 4 颗伽利略卫星也分别于 2011 年 10 月和 2012 年 12 月发射，它们也分别携带 VES 电池[15,16]。

14.4.4.5 总结

自 20 世纪 60 年代开始，Saft 公司一直是卫星用电池市场的世界领导者，其产品装备在 650 多颗包含所有类型的卫星中。Saft 是唯一一个精通三种卫星电化学系统：Ni-Cd、$Ni\text{-}H_2$ 以及锂离子电池的航天电池生产公司。由于和其他锂离子电池应用领域的协同作用，卫星电池可以利用未来在材料和电芯方面的研究成果。新一代的电池正在研发中，有望在 21 世纪前 10 年末见诸市场。

14.5 结论

锂离子电池（无论是由大电芯构筑还是小电芯构筑）现在已经是航天产业中遍布整个产业链（发射器，LEO，MEO，GEO，探险，科研，航海，无线电通信和行星探测器）的一个成熟而且标准的电池技术。

目前有大量的资金用于开发新型锂离子电池产品，以支持 EV 市场和消费电子市场。太空产业中小型的研发活动固然不可与这种大范围的研发计划同日而语，但是，像 ABSL、MELCO、Quallion、Saft 以及其他公司都乐意学习其他部门的研发经验，来为太空产业增添力量。

现在，正在研发具有改善性能的新电池体系，它们会更加安全，能够承受更大的 DODs，衰减性能也会得到改善。但是，这些技术的造价，它们在扩展任务运行时间时的可靠性和特征等方面的特征，在应用于航天产业前还需要大量时间去验证。这将再一次需要复杂的表征和鉴定，来理解如何充分利用这些新技术以使电池性能得到最大化发挥。

术语

BOL 生命开始
C/n 电流倍率等于标称容量处于 n
COTS 商业成品组件
CNES 国家空间研究中心（法国）
DOD 放电深度
EOC 充电截至
EOCV 充电截至电压
EOL 生命终止
ESA 欧洲航天局
ESTEC 欧洲航天技术中心
GEO 地球同步轨道
HEO 高地球轨道
IRNSS 印度区域卫星导航系统
ISIS 智能监控集成系统
LEO 低地球轨道
MEO 中地球轨道
MIP 强制检查点
MLI 多层绝缘体
NASA 美国国家航空航天局
Ni-Cd 镍镉电池
Ni-H_2 镍氢电池
Ni-MH 镍金属氢化物电池
P 并联
PCU 动力控制单元
S 串联
SRS 简化平衡系统
SOC 荷电状态

参考文献

[1] W.R.C Scott, D.W. Rusta, Sealed-Cell Nickel Cadmium Battery Application Manual, NASA Reference Publication 1052, Dec 1979.

[2] G. Halpert, J. Power Sources 15 (1985) 119.

[3] Y. Borthomieu, N. Thomas, in: M. Broussely, G. Pistoia (Eds.), Industrial Applications of Batteries, Elsevier Science Pub., 2007. (Chapter 5).

[4] Y. Borthomieu, B. Lagattu, S. Rémy, J.P. Sémerie, 40 Years Space Battery Lessons Learned, 8th European Space Power Conference, Constance, Germany, September 2008.

[5] J.D. Dunlop, M. Rao, T. Yi, NASA Handbook for Nickel Hydrogen Batteries, NASA Reference Publication 1314, 1993.

[6] J-P. Semerie, 33rd Intersociety Engineering Conference, Colorado Springs, CO (USA), 2–4 August 1998.

[7] D.Z. Genc, Carl Thwaite, 9th European Space Power Conference, Saint-Raphael (France), June 2011.

[8] H. Tsukamoto, Quallion LLC, Sylmar, CA, U.S. Patent No. 6,553,263, issued 22 April 2003.

[9] H. Tsukamoto, Quallion LLC, Sylmar, CA, U.S. Patent No. 6,596,439, issued 22 July 2003.

[10] P. Mattesco, P. Peiro, V. Thakur, Y. Borthomieu, 9th European Space Power Conference, Saint-Raphael (France), June 2011.

[11] A.F. Castric, S. Lawson, Y. Borthomieu, 9th European Space Power Conference, Saint-Raphael (France), June 2011.

[12] G. Dudley, B. Hendel, Y. Borthomieu, 9th European Space Power Conference, Saint-Raphael (France), June 2011.

[13] Y. Borthomieu, D. Prévot, 9th European Space Power Conference, Saint-Raphael (France), June 2011.

[14] Y. Borthomieu, M. Broussely, J.P. Planchat, Proceedings of the Sixth European Space Power Conference, Porto (Portugal), May 2002.

[15] Y. Borthomieu, A. Sennet-Cassity, P. Tastet, J. Massot, Space Power Workshop 2008, Los Angeles, CA (USA).

[16] Y. Borthomieu, D. Prévot, P. Tastet, J. Massot, NASA Aerospace Battery Workshop, Hunstville, AL (USA) 2008.

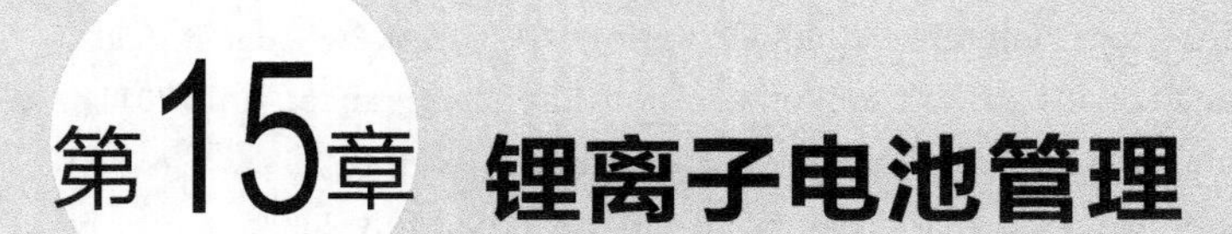

第15章 锂离子电池管理

Andrea Vezzini
(伯尔尼应用科学大学，瑞士)
ANDREA.VEZZINI@BFH.CH

15.1 概述

电池管理系统（BMSs）是一个实时系统，它可以控制 EVs 和 PHEVs 中电能存储系统众多功能参数的正确性和安全操作，包括监测温度、电压和电流、检修计划、电池组性能优化、失效预测和/或预防，同时进行电池组数据的收集/分析。

其他电池领域也经常采用电池管理系统，比如物料运输、不间断电源、离网电源系统、海运以及作为替代能源的蓄电池组等领域。

这些应用领域的 BMS 要求和电动汽车领域的差不多，即保持单体电池和电池组处于健康、可信和优化的状态。

所有的锂离子电池都需要 BMS。这是因为锂离子电池在过充、完全放电或超出安全温度范围下使用时都会导致其失效。每一种类型的锂离子电池都有其自身的安全使用范围，这使得有必要对 BMS 进行相应的编程。图 15.1 表示的是碳/磷酸铁锂电池的典型安全操作范围。

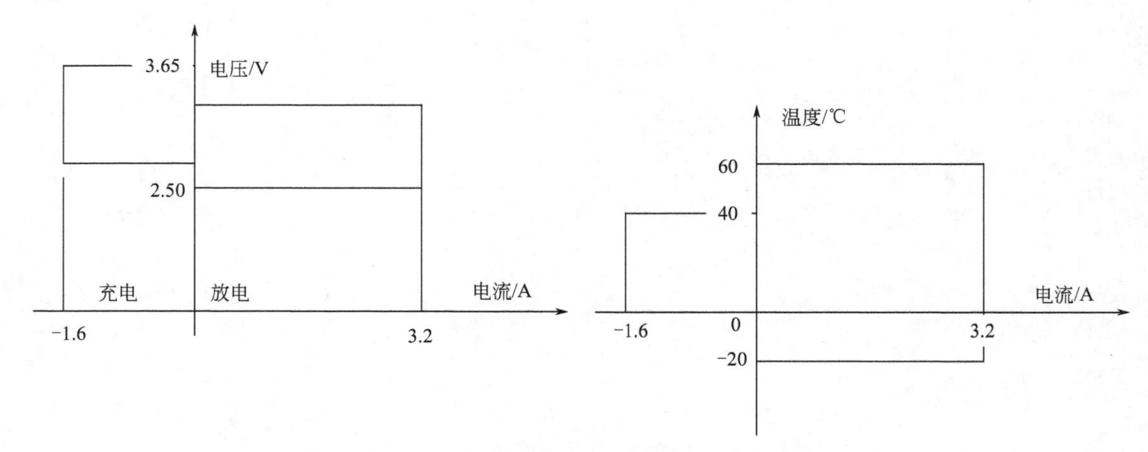

图 15.1 C/$LiFePO_4$ 电池的安全工作范围

在低成本系统中，BMS 可能在性能要求或功能方面有些不同。特别是一些串联数量较少的电池组（比如由 4 个单体电池串联而成的 12V 系统），有些电池系统制造商建议采用简单的外部欠压停止电路以及充电截止电压可控的充电器来进行简单的电池组管理。

而对于更大、更复杂的电池系统，BMS 需保护其中的昂贵组件，并增加系统功能化。

首先，理解“电池”、“模块”以及“单体电池（电芯）”的概念差异是非常重要的。一般来讲，“电池”是完全装配了电子、机械和通信信号界面的电池组。电池组里可能包含几个用导线串联和/或并联（并联比较少见）的“模块”。而“模块”可以认为是电池组的一部分并通常包含在电池壳内，不过对于大型电池组，电池模块也可以用导线单独连接。在每一个“模块”中，“电芯”是通过串联或并联的形式相连接的。如果“模块”是通过并联连接的，那么它可能获得更高的电流，而串联则会获得更高的电压。

在电池模块中，每一个电芯都受到监控，以确保其在理想的工作范围内（电压、电流和温度）发挥合适的功能。这些模块的控制是通过模块控制单元（MCU）来实现的。

在电池组中，几个这样的 MCUs 直接相连，或者通过带有监控电路或者电池控制单元（BCU）的通信总线连接起来，以 MCU 的输入为基础，计算历史值并合并其他方法，来保护电池和维持电池组的性能。他们中的一些额外功能可以描述为：

① 保护单体电池不在临界条件以外工作；

② 平衡单体电池间的电荷情况，以此来保持单体电池间性能的均匀一致性或增加整体可用容量；

③ 在紧急情况下，以一种安全的方式断开电池组；

④ 为司机显示屏传递相关数据和报警功能；

⑤ 根据历史数据和未来可能的数据（基于距离估算的导航），预测电池剩余电量可支持的行程与距离；

⑥ 增加意外情况下“坡行回家模式”。

15.2 电池组管理的结构和选择

一般地，MCUs 和 BCUs 能根据系统的复杂程度和功能，通过不同形式进行配置。它们在价格以及简易程度上是不同的。在图 15.2 中，展示了不同结构 BMS 的简单示意图。

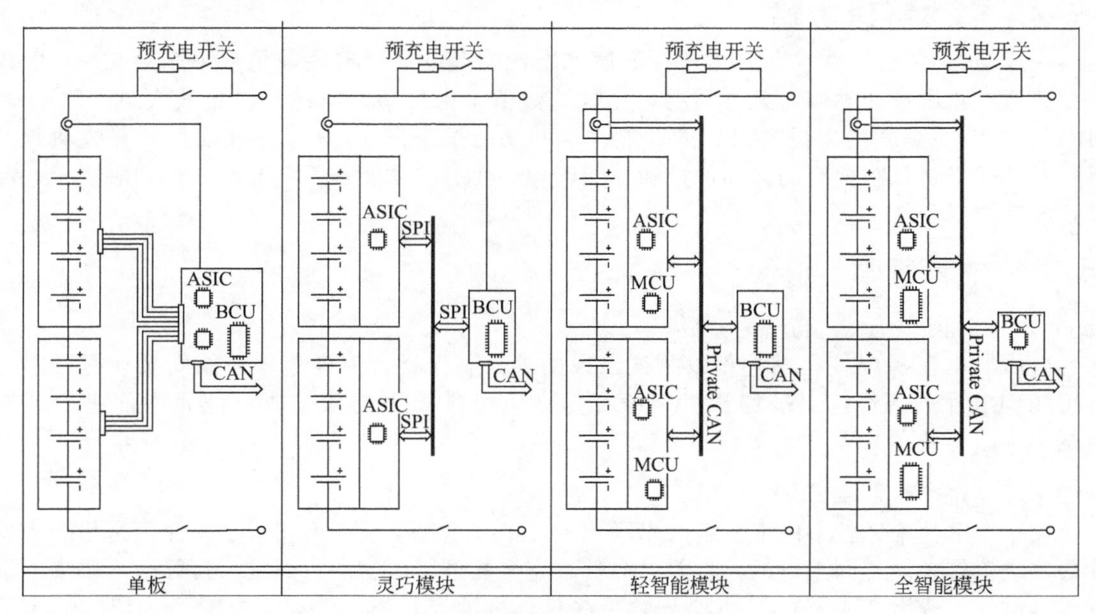

图 15.2 不同电池管理拓扑结构

基于图 15.2，不同的配置结构可以描述如下。

（1）单板结构 对于数量较少的单体电池来说，这种结构是一种低成本的选择，它意味着 BMS 是装在一个单独的印刷电路板上的。除了电压、电流和温度感应装置，电池模块无需再去调整适应系统。BMS基板是由几个专用集成电路（ASICs）构成的，以此控制电池模块。最高级的控制是通过BCU来监督实现的。如果电池中的某个参数超出了设定范围，那么这个单元就会立刻将电池与应用断开。

① 优点：低成本BMS。

② 缺点：每一个测试信号都需要单独和BMS板相连。

（2）灵巧模块结构　在这种结构中，每个电池模块包含了一个ASIC来直接保护该模块。ASICs能通过串行外设接口（SPI）与BCU进行通信，因此，所有与单板结构的连接都可以浓缩到一个SPI总线中，这在所有模块中都是一样的。

① 优点：与前面提到的单板结构相比，模块之间电线连接会少一些。

② 缺点：MCU只在BCU（主）要求的情况下发送信息，因此这可能导致数据丢失。

（3）轻智能模块结构　这种构造改善了上述灵巧模块的通信缺点。这种结构中的MCU通过一个CAN私有界面和BCU进行通信，从而避免了错误的发生。为了初始化这种通信方式，微处理器是必不可少的。

① MCU仍然有以下任务：测试和监控电压，测试温度和平衡电池单体。

② 其他的控制是由BCU来完成的。包括充电态（SoC）和健康状态（SoH）的检测，热管理和控制预充电等。而且，它需要通过CAN将BMS与车辆其余部分相连接。

（4）全智能模块结构　和上面的轻智能模块结构相比，该结构的唯一不同在于BCU的一些功能会被MCU所替代，比如SoC和SoH的测定。这对于一些大型电池系统比如并网储能系统来说是不错的解决方法。

最终采用何种结构依赖于应用类型，以及所需要的安全程序和冗余等级。一般地，电池组越大，结构越复杂。

15.3 电池管理功能

一般的，MCU至少会包含电压、温度和电流检测功能。这些数值接下来会被ASIC或小型模拟电路进行处理，而且也需要使用这些数值来保护单体电池，防止其失灵。BCU从MCU处获得数据并实现更高级别的功能。这些功能根据图15.3可分成几组。有些功能是所有BMSs必须强制拥有的，如保护和性能管理。而有些功能是否需要存在，则取决于电池组系统架构以及复杂程度。

15.3.1 性能管理

15.3.1.1 监控电压、电流和温度

电压、电流和温度是三种可以测试出来的参数。但是，温度值却只能间接获得，因为不可能到电池内部进行温度测试。一般都是在负极集流体的顶端或电池壳中部进行温度测试。

15.3.1.2 均衡电池单体

在一个电池单体较多的电池组（串联）中，单体电池容量会出现微小差异，这是因为生产公差或工作条件不同造成的，且差异会随着充电的进行而增加。而且，自放电（取决于温度和SoC，一般为2%～10%）[1]会导致一些单体电池容量损失。如果电池组内温度分布不均匀，那么较热的单体电池将趋向于具有较大的容量损失，最终导致不平衡。而较弱的单体电池在充电过程中也会承受过重的负担。持续的不平衡最终导致容量偏移，直至最弱单体电池失效。电池单体均衡是一种平衡链上所有单体电池电荷的方法。目前有多种不同的均衡方法。基本的分类有主动均衡和被动均衡。在主动均衡中，能量在相连的单体电池间传递。被

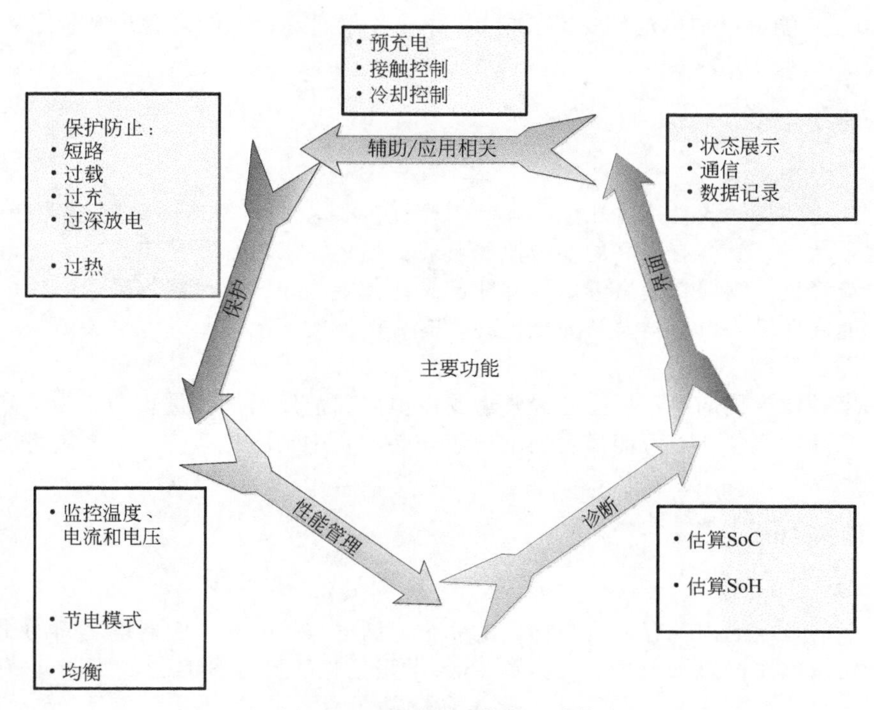

图 15.3　电池管理的核心功能

动均衡方法通常是采用一个可以开关的电阻，该电阻对电池组中充电最多的电池单体发挥作用，使该电池单体放电，而能量则以热的形式浪费掉[2,3]。

15.3.1.3　充电控制

充电控制可以限制流入每个单体电池的电流，以保证电池在安全操作范围内。额外的功能包括与外部智能充电器通信，报告需要的充电参数以及电池状态。

15.3.1.4　省电模式

锂离子电池不能放电到低于设定限制值。如果一个电池长时间处于完全放电状态，那么BMS 应该检测到这种状况并将其转换入省电模式。在省电模式下，为了减小能量消耗到最低以及防止电池电量耗尽，BMS 仅仅实施其基本功能。

15.3.2　保护功能

15.3.2.1　模块保护

如果某个单体电池参数（电压、电流、温度）超出允许范围，那么该单元会立即打开主开关，或发出警报命令，并且在系统完全断开之前允许短时过载。主电源接触器的额定电流需要比正常负载稍微高一点，而且能够多次破坏短路电流，否则电池需要额外配备保险丝来进行保护。

在某些对安全性要求苛刻的应用中，如果用户想要在过电流、深放电或者超温情况下断开电池，那么这个就由用户来自行完成。比如，电动滑翔机中的飞行员，在遭遇突发事故时，更愿意把电池破坏掉。

15.3.2.2　需求管理

有了这个功能，电池就具备了智能能量管理系统，可以防止电池过度的电流损耗，以及在 SoC 已经很高的情况下阻止电池获得再生制动电流。保持电池 SoC 在一定的范围内（比如30%~80%）能够增加电池的功率性能以及/或者预期寿命。能量管理系统必须单独使用于已经安装了BMS的应用中。

15.3.3 辅助功能

15.3.3.1 预充电功能

如果电池是和高输入功率（比如，电动汽车逆变器）系统相连的，就需要有这个功能。如果没有这个功能，就会有很高的涌流流经负载，损坏输入电容器甚至高功率继电器。为了减小这些电流峰值，需要将两个继电器并联起来。其中的预充继电器将采用一串电阻来减弱电流峰值，而之后输入电容器会被充电，在没有大电流的情况下主开关会关闭。

15.3.3.2 冷却控制

在高功率领域应用的电池可能会经常遭受电池内部散发出的热量攻击。为了确保电池单体温度安全和高功率性能，可能需要给电池组安装一个主动冷却系统，该系统可能也要受到BMS的控制。

15.3.4 诊断功能

15.3.4.1 确定电池SoC

SoC表示的是电池内现有电量与该电池完全充满电（100%）后电量之间的比值。这个功能相当于传统汽车的燃油量表。在本章15.4节里描述了确定SoC值的不同计算方法。

15.3.4.2 确定电池SoH

SoH是一个有价值的数值。它表示电池组的实际物理状况与全新电池组（100%）的比值。SoH可以通过测试正在使用的电池容量，并将其与储存在非易失性储存器中的标准值进行对比。

15.3.5 通信功能

15.3.5.1 与主机通信

BMS能确保数据传输到主机或外部设备。这些数据被存储起来或绘制在图形用户界面中。

15.3.5.2 历史（日志功能）

监测和存储电池的历史情况是BMS的另外一个功能。它能记录例如循环次数、最大或最小电压、温度、最大充放电电流之类的参数。

15.4 电荷状态控制器

任何BMS的其中一个最重要的任务就是确定SoC值。SoC值被定义为存储在电池中而且能够被放出的电量。它经常用电池最大电量的百分数来表示。但很不幸的是没有直接测试SoC的方法，而间接方法又存在一些局限性。在以下分节中，将讨论几种间接测试方法。

15.4.1 基于电压估算SoC值

随着SoC的降低，有几种电池成分的电池电压呈线性降低。通过测试电池的开路电压（OCV），能够估算出电池实际的SoC。图15.4中展示了不同电池成分的OCV特征。

OCV是一个很好的SoC指示工具，因为如果它以相对值进行表示的话，就不会随电池的老化而改变。而且温度偏差也很小，不过在电池完全充电或完全放电的情况下除外[4]。

如图15.4所示，基于钴酸锂（LCO）的锂离子电池电压几乎随着放电的进行呈直线下降，所以可以用电池OCV来估算其SoC。

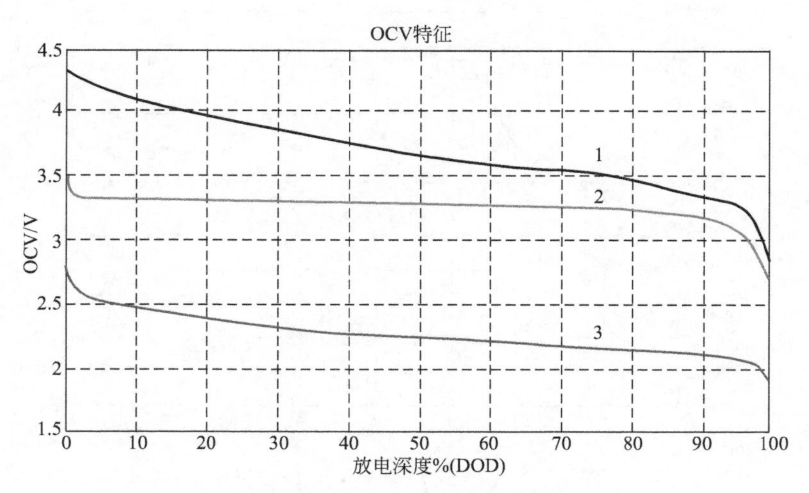

图 15.4　不同电池成分的开路电压

1—$LiCoO_2$；2—$LiFePO_4$；3—$Li_4Ti_5O_{12}$

但是缺点在于测试 OCV 需要将电池与负载断开，这对于一些应用来说不可能实现。而且，全电压弛豫的时间很长，大概为 0.5～4h。

这个方法对于以 $LiFePO_4$ 为阴极的锂离子电池来说不太适用，因为它们的 OCV 曲线中间部分过于平坦。SoC 换算非常难以实现，而且需要很精确的电压测试——需要在单个单体水平上的 1mV 或者更少。

所有锂离子电池的电压在其特征的两端都发生急速变化。所以，这个效应也可以用于检测电池是否完全充满电或者放完电。早期预警对于一些关键应用如医疗设备或者电动汽车来说是非常必要的。

15.4.2　基于电流估算 SoC 值（安时积分法）

该方法可测试从一个定义明确的起始点开始的电池电量，比如从满充电开始。基于不能直接测量电量这样一个事实，可以通过测量电流，并将其对时间积分来计算电量。不过得到的电量值与参考点有关。

该方法的缺陷在于即使电流传感器出现非常小的偏移，SoC 值也会偏离其实际值。由于这种误差是随时间进行积分的，所以长时间内会出现很大的估算误差。这点在图 15.5 中可以看到，这张图中的感应误差被人为增大了（标称电流的 2%），以方便更清晰地观察。

为了能够保证指示正确的 SoC，很有必要进行定时校准。这点可以通过对电池进行完全充电或者完全放电来进行，以很好地确定电池状态，从而重置 SoC 计算器。

15.4.3　联合基于电流与基于电压的方法

为了改善 SoC 估算水平，可以将安时积分法以及基于电压的方法联合起来使用。在该方法中，计数积分的累积误差可以通过基于 OCV 特征的计数器校准来进行消除。不过这个校准只能在电池在没有使用时才能进行。否则，电流也会被积分进来，从而只能得到进出电池的相对电量。

图 15.6（a）对这种方法进行了图示说明。一个电池单体或者电池能处于 6 种状态之一。状态的改变可以通过监控电压和电流来测定。安时积分法可以适用于几乎所有状态，除了“平衡态”以及“全充满态”。在平衡态，电池电压是稳定的，而且 OCV 电压特征也可用于校准荷电状态。当电池处于全充满状态时也能够进行校准，因为在恒电压充电模式下，该状态很容易确定，而且很容易检测。在恒压模式下，对电池施加最大电压，电流随时间减

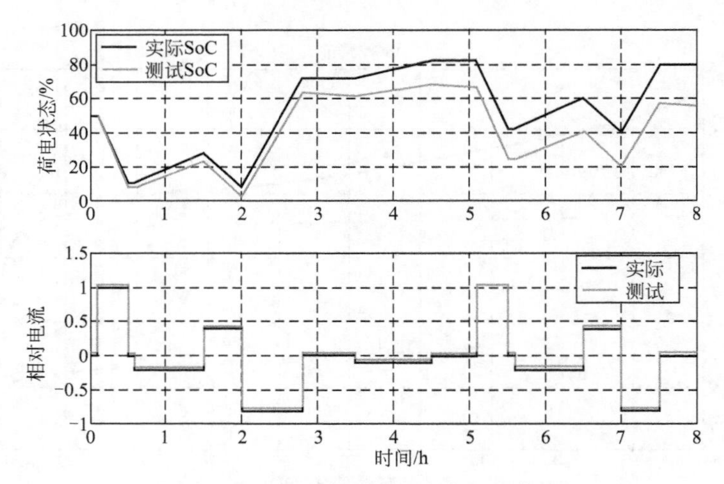

图 15.5　由于感应误差导致 SoC 偏移

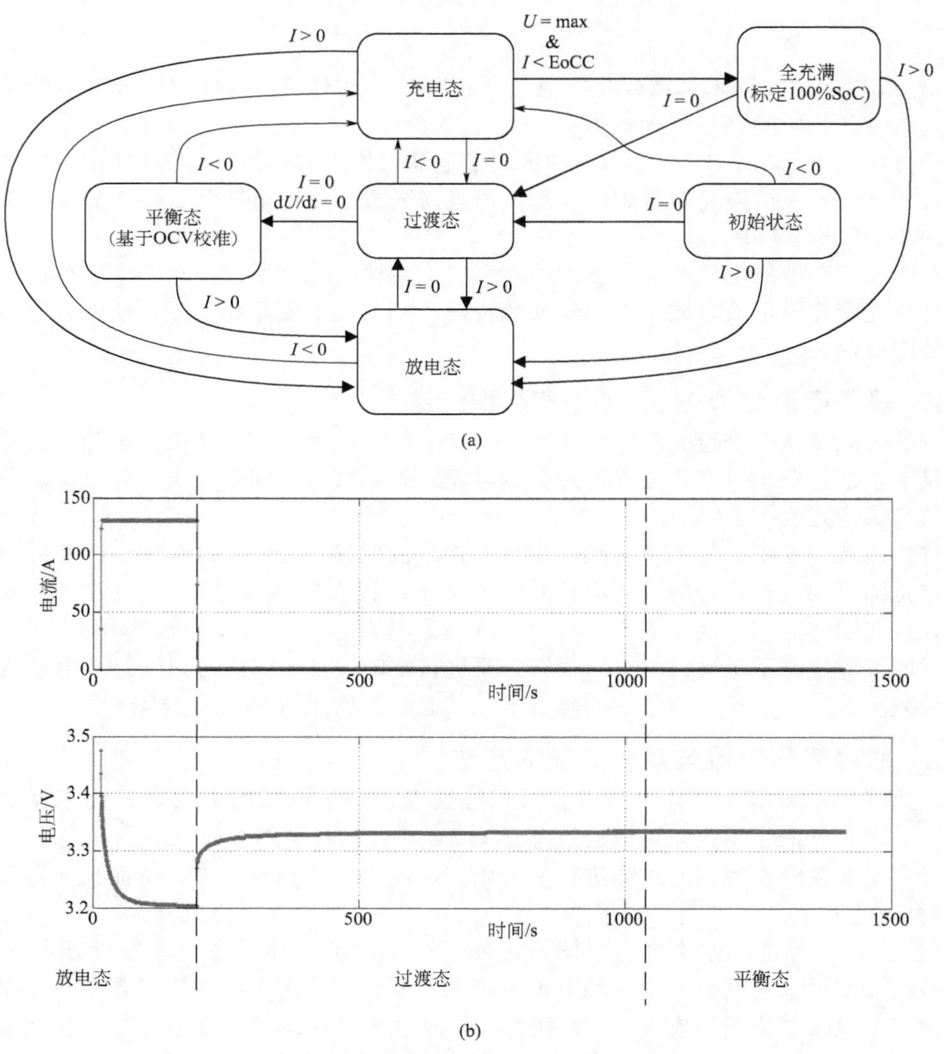

图 15.6　联合 SoC 估算方法的基本想法

(a) 状态图；(b) 三种状态的电池特征

小。当电流到达最小值，该值定义为末端充电电流（EoCC），此时充电过程完成，电池被完全充满。图 15.6（b）中展示了 3 种不同状态下电池电压和电流的例子。

电池容量会随着老化以及循环进行而降低。因此，也需要对标称容量的参考值进行定期校准。最简单的方法是采用小电流（参照循环）进行一次全充全放。基于此循环，测试放电容量，并更新最大容量值。

该方法相对容易实现，而且精度较高。据报道应用该方法，在采用稍微复杂算法的情况下，其估算误差在全电池循环中低于 3%[5]。其缺点在于如果电池连续使用，而且充放电循环之间休息时间不足，难以达到电压平衡和校准执行，那么 SoC 估算误差还是会增加到很大值。

15.4.4 根据阻抗测试来估算 SoC 值

这种方法是基于单体电池的阻抗会随 SoC 变化这样一个事实。当交流电流通过电池时，可以测试电池电压来得到其阻抗值。也必须要测量电压和电流波之间的角度偏移。为了获得电池在给定 SoC 下的阻抗特征，需要在不同的频率下进行阻抗测试，测试结果经常用复数阻抗 Z 的 Nyquist 图来表示：

$$Z(f)=\frac{U}{I}e^{j\varphi}$$

图 15.7 表示了一个小容量电池的 Nyquist 曲线图。Nquist 图随电池 SoC 的相关变化可用于寻找电池单体实际的 SoC 值[6]。不过，这个方法在实验室用起来很方便，而在实际应用中则不同。在实际中 BMSs 测试阻抗是非常困难的，因为电池有时不能与其供能的系统断开。而且，电池的频率特征依赖于其年龄以及周围环境温度[7,8]，这就使得估算变得很困难。

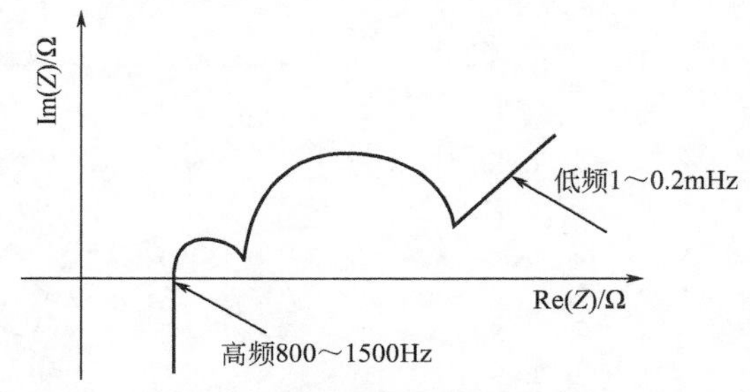

图 15.7 锂离子电池的典型阻抗特征（Nyquist 曲线）

15.4.5 基于模型的方法

更复杂的 SoC 估算方法是基于电池的电当量模型。文献中已经报道了几种方法和模型。一般这些方法比之前提到的方法，要求更复杂的算法和计算能力。但另一方面，即使电池正在使用，这种方法也能通过瞬时响应来估算其 SoC 值。

对确定 SoC 值的方法进行改进的主要需求是在混合电动汽车中，因为电池一直在给定 SoC 区间（20%～80%）内连续运行。这意味着电池几乎不能达到全充电状态，而长时间的休息时间也不能频繁实现。这样，之前提到的方法便都不合适，因为在之前章节中提到的状态之外修正安时积分法是不可能的。而且超过特定的时间，再使用安时积分法，便是非常不准确的了。联合的方法可以提供一些估算上的改进，但是如果使用这种方法，电池必须要有长时休息时间，与基于 OCV 的方法类似。

15.4.5.1 电池模拟

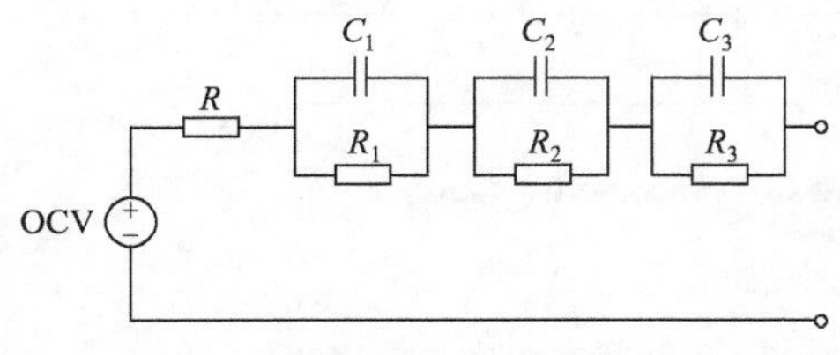

图 15.8 锂离子电池典型电模型

图 15.8 是一种经常使用的模型。它包含 3 个并联的 RC 元件、串联电阻 R 和电源。串联电阻 R 指的是电池内导电元件，如电极材料和连接器。当电流发生变化，RC 元件就被用于模拟电压的瞬时响应。瞬态电压变化是由电池内部化学过程的变化所引起的，这种化学变化是随着不同时间常数而变化

的，在几秒、几分和几小时的范围内[7]。模拟参数是 SoC、温度和电池年龄的函数。

一个精确的电池模拟对于估算 SoC 来说是非常重要的，因为它在电池负载情况下能够修正 OCV 值，进一步用于 SoC 估算中。当电流经过电池时，由于离子浓度变化引起的电势差的影响，端电压会变小。由此产生的电势可以理解为是在模型中 *RC* 元件上的电压降。知道了电池参数值，便很容易从端电压中提取出 OCV 值。

一个正确的模拟电路是不容易得到的，特别是必须考虑自放电和电池老化等现象时。根据初始 SoC 和温度，电池的自放电率一般为每个月 2%～10 %[1]；电池老化与电池成分有关，且非常复杂[9]。实际上，仅仅只能采用一些简单的电池模型，如图 15.8 所示，并且它们的参数也要采用不同算法随时间进行调整。

模型参数可以采用不同方法进行估算。常见的方法是基于电压对电流脉冲的瞬态响应进行评估[10]或者通过阻抗测试。

模型的电压响应与测试结果可以表现出良好的一致性。它们的对比结果列在图 15.9 和图 15.10 中。最大误差出现在充放电开始和结束的时候。这是因为此时电池是在接近 SoC 的上、下限之间进行运行的，此时电阻变化很快。因此，SoC 计算时的一点小误差都会在电压特征上表现出很大的误差。

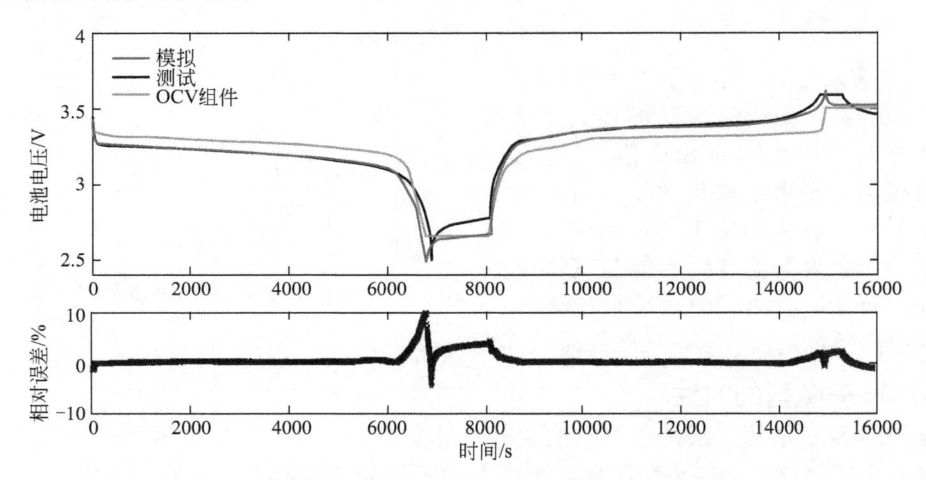

图 15.9　来回循环的模型验证（30℃，75A，130A·h $LiFePO_4$ 电池）

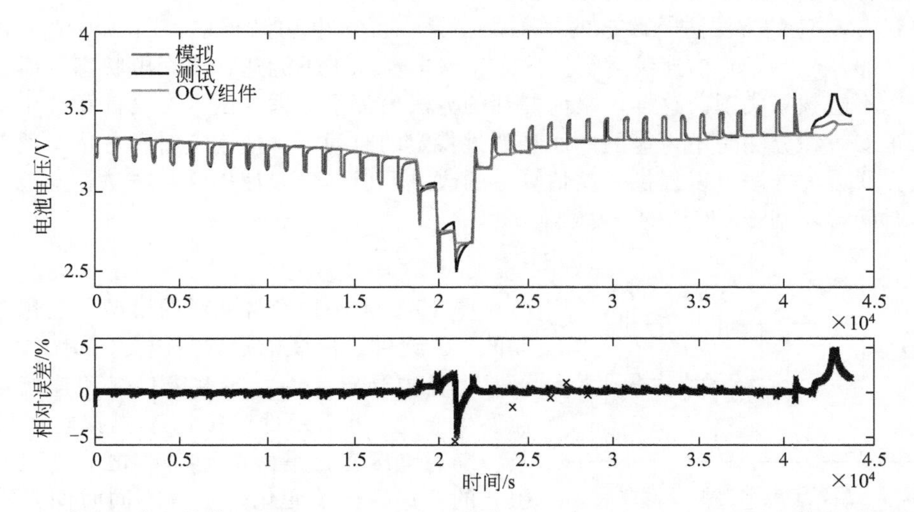

图 15.10　脉冲充放电的模型校验（30℃，130A 脉冲，130A·h $LiFePO_4$ 电池，静置时间 20min）

15.4.5.2 基于观察的 SoC 估算

有些关于电池 SoC 的估算是基于一种观察拓扑，采用电池模型的有关信息。图 15.11 展示了这种方法的一个简单想法。SoC 是基于电池模型内部状态变量❶进行估算的。该模型是基于输入信号，如电池电流，来预测输出信号，比如电池电压。预测值和测试值之间的差值作为一种回馈信号来调整模型的一些状态变量。当模型响应与测试值一致时，模型的状态便对应于电池的真实状态。这种估算的结果强烈依赖于模型参数，所以需要精确的电池模型。

一个适合的 SoC 方法的例子是采用 Plett 等[11~13]研究的扩展卡尔曼滤波法。作者研究了不同的电池模型，结果表明具有 5 种状态变量的模型能够得到最好的结果[12]。为了对比，在图 15.11 中展示的模型一共具有四种状态变量，包括 SoC 以及 3 个变量（电容器的电压）❷。SoC 估算的结果显示对于一个已有的特殊测试程序，精确到误差为 1%是可以实现的。此外，即使 SoC 初始值错误，采用此方法可以纠正 SoC 随时间的变化值。它还可以适用于在线计算和反馈估算的不确定边界信息[13]。缺点是该方法非常复杂，而且结果的准确度也高度依赖于电池模型。

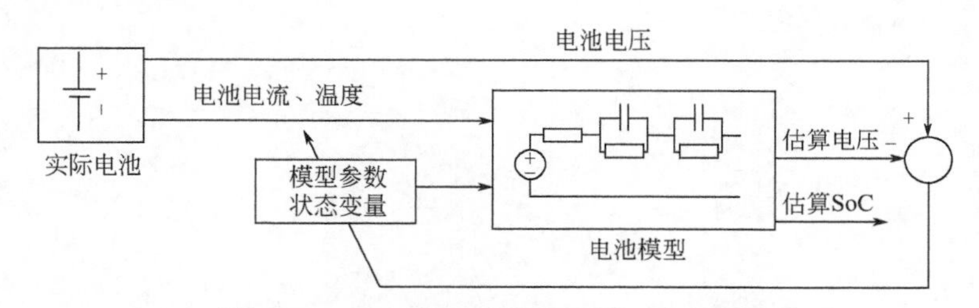

图 15.11 采用状态观察法评估 SoC 的原理

参 考 文 献

[1] D. Linden, T.B. Reddy, Handbook of Batteries, third ed., McGraw-Hill, 2002.

[2] M. Daowd, N. Omar, P. Van Den Bossche, J. Van Mierlo, Passive and Active Battery Balancing Comparison Based on MATLAB Simulation. Vehicle Power and Propulsion Conference (VPPC), IEEE, 2011.

[3] D. Andrea, Battery Management Systems for Large Lithium-ion Battery Packs. ISBN-13 978-1-60807-104-3, Artech House, 2010, 64–84.

[4] V. Pop, H.J. Bergveld, D. Danilov, P.P.L. Regtien, P.H.L. Notten, Battery Management Systems: Accurate State-of-Charge Indication for Battery-Powered Applications. ISBN: 978-1-4020-6944-4, In: Philips Research Book Series, vol. 9, Springer, 2008. pp. 24–37.

[5] V. Pop, H.J. Bergveld, P.H.L. Notten, P.P.L. Regtien, State-of-Charge Indication in Portable Applications, IEEE ISIE, Dubrovnik, Croatia, June 20–23, 2005.

[6] J. Lee, W. Choi, Novel state-of-charge estimation method for lithium polymer batteries using electrochemical impedance spectroscopy, J. Power Electron 11 (2011) 237.

[7] A. Jossen, J. Power Sources 154 (2006) 530.

[8] J.L. Jespersen, A.E. Tønnesen1, K. Nørregaard, L. Overgaard, F. Elefsen, Capacity measurements of Li-ion batteries using AC impedance spectroscopy, World Electr. Veh. J. 3 (2009). ISSN 2032–6653.

❶ 在控制理论中，系统的状态（电池模型）是一组数值（状态变量），根据这些数值的信息和输入函数，依据描述动力学的方程，可以提供系统的未来状态和输出。

❷ 在电路中，电容器的电压和电感的电流是状态变量。根据假设模型，它的值是固定的。

[9] J. Vetter, P. Novák, M.R. Wagner, C. Veitb, K.-C. Möller, J.O. Besenhard, M. Winter, M. Wohlfahrt-Mehrens, C. Vogler, A. Hammouche, J. Power Sources 147 (2005) 269.

[10] A. Rahmoun, H. Biechl, Parameters Identification of Equivalent Circuit Diagrams for Li-Ion Batteries, 11th International Symposium, PÄRNU 2012, Electrical Engineering, http://egdk.ttu.ee/index.php?id=119 (access date: 19.12.2012).

[11] G.L. Plett, J. Power Sources 134 (2004) 252.

[12] G.L. Plett, J. Power Sources 134 (2004) 262.

[13] G.L. Plett, J. Power Sources 134 (2004) 277.

第16章 锂离子电池组电子选项

Daniel D.Friel
(莱顿能源公司，美国)

16.1 概述

几乎所有的锂离子电池都需要有一些类型的电子选项，来促进由电芯按照一定的顺序排列而成的“电池组”的保护以及/或者性能。因此，无论是手机中的、还是混合电动汽车中的电池组，都要包含本章所要讨论的电子选项，这样电池组中的电芯才能按照预定要求进行工作。

锂离子电池的电子选项包括监控、测试、计算、通信以及控制电池包中电芯等基本功能。在实际上，电池组在物理尺寸以及电芯数量上变化多端，但是却都能使用一些相同的电子功能，来保护电芯以及/或者确保它们在设备中的使用性能。

本章将首先通过给出一些基本例子，来详细讨论这些核心功能。也会进一步呈现可用于实现预期功能的电子组件的例子。

接下来部分将集中讨论适用于设备或者某些应用中的电子选项，以及电池尺寸：比如手机这样的单电芯设备、从平板电脑到手提电脑这样的多电芯设备以及电动工具和电动汽车等需要多个电芯的应用[1~3]。

16.2 基本功能

监控、测试、计算、通信以及对电池组中单个电芯实施控制代表了基本的电子选项，它们的作用是增强电池组中这堆电芯的安全性并维持其性能。尽管这些功能适用于所有电池，但并非所有特殊的电池驱动装置都需要这些功能（见图 16.1）。

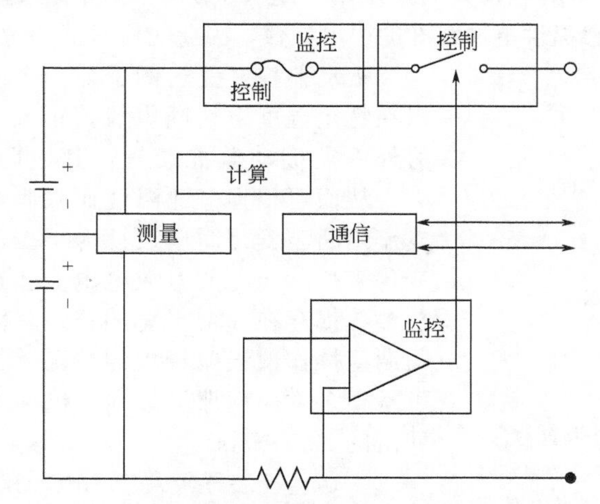

图 16.1 电池管理系统中的监控、模拟、计算、通信以及控制等电子选项的图解及关系

确定需要什么级别的功能是由生产商的需求和消费者的期望共同决定的。小型电子设备一般只需要最基本的监控以及电池控制功能，而大型系统中则往往需要增加检测、计算和通信功能。例如：手机电池一般在几年内就要更换，而人们则期望电动汽车电池系统能够使用更长时间，并网供电系统则设计为有几十年的运行寿命。每一种系统都会设置不同的功能来实现价格以及性能合适的目的。

在这些列出的核心功能中，也有各种专用设备、专用应用的附加功能。一般地，估算电池“荷电状态”（SOC）对于掌握电池组情况已经是足够的了，但是在混合电动汽车中，估算“功率状况”——在适合操作电压下传递高电流的能力——可能更为合适。同样，在全电动汽车高度复杂的电池组中，也可能会包括车载降温、均衡以及其他先进功能，所以就需要有“功能状态”这样一个能够指示所有子系统运行情况的选项。

16.3　监控

对电池进行监控这个电子功能是基于一台比较仪的简单功能来实现的，比较仪是基于“大于”、“小于”的比较功能以及“如果-那么”的条件句来进行工作的。可以针对一个或多个感兴趣的特殊参数，如“电压”、“电流”、“温度”、甚至“压力”等进行监控。监控的目的可以为单体电池、电池串、或者“电池组”的冷却系统，甚至其他如电芯均衡这些功能提供服务。

监控功能的输出在使用上以及对电池操作上可能会有所不同，比如它可用于指示“警示条件”，提醒使用者/操作者电池性能可能会下降；或者主动地阻止电池充电或者放电。在某些情况下，也可能将监控功能设计为可阻止电池滥用或者破坏，甚至使电池完全无效。

监控功能的基本概念在于根据预设的极限值提供定义明确的输出。预先设定极限值，这一概念是非常重要的，因为这需要根据设备的工作范围，预先明晰电池的期望性能。

比如在一种消费电子设备中，电池的工作温度范围大约在－5～40℃之间，因此需要利用一个简单的监控功能，来当电池温度低于－5℃或者高于40℃时，防止电池充电。其中要用到一个简单的“如果-那么”条件句，“如果温度高于或者低于极限值，那么切断通往/流经电池的电流”。其中的检测限的精度可根据设备要求而有所不同。

正如许多电子元件一样，监控设备可以是主动的（大部分电子），也可以是被动的（典型的非电子）。被动设备经常具有较大的公差，因此对于防止使用范围超过预期的电池滥用是非常有用的。主动装置能够提供更加精准的边界参数，因此它经常能同时监控一个或多个参数。

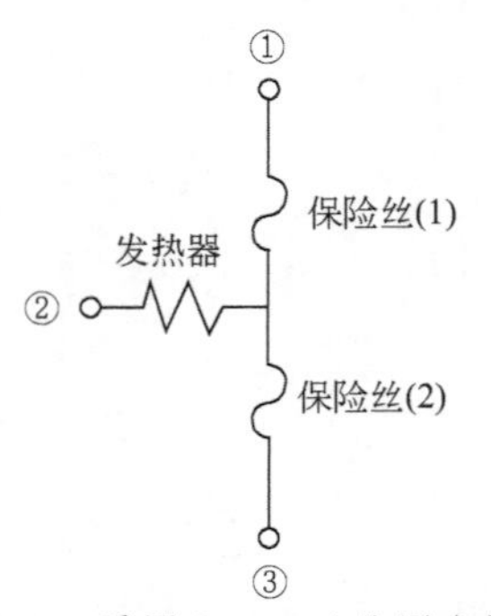

图 16.2　采用 Dexerial 公司自控保护器（SCP）化学保险丝的监控和控制功能，也包括采用电子控制可以激活的被动热保险丝[4]（图片来源于 Dexerials 公司，经许可使用）

被动监控装置的例子如一个简单的热保险丝，它可以在特定温度下切断电流。正温度系数（PTC）元件是另外一类被动监控装置，其电阻可随温度的升高而增大，从而可根据电池温度而限制其充放电电流。双金属电流阻断装置是简单设计为根据温度、压力或者两者的变化来切断充电或者放电电流。在以上所有例子中，监控参数都存在一个很宽的公差，因此它们仅仅用于监控与期望操作值误差较大的情况。保险丝和温度激活装置可从很多供应商那里买到，包括 Murata 以及图 16.2 中列出的 Dexerials。

主动监控装置经常应用电子比较器的功能，来将输入信号与预设阈值进行对比。它可以同时监控多重信号，联合指示某单一行为的多重输出应超过所有输入限值。

在许多消费类电子产品中都预先安装有像 Seiko S-82xx 系列的监控电路。这个简单的集成电路可以监控单体电池电压和电池组电流，并控制一对开关（MOSFETs）在超过预设限值时，切断充电或放电电流。实质上是一系列专用比较器电路，专用比较器是一个简单、有效、低成本的产品，可以确保电池单体电压以及电池组电流在设定工作极限之内。电芯电压公差一半在±25mV 到±100mV 之间，而电池组电流公差则在±3A 或者略大。在监控电路中也包含有弛豫时间，以防止由于噪声引起的有害激活。虽然预设了活化阈值，但在电路中有很好的预配置选择部分。

对于更多的电池陈列，Maxim Integrated MAX1108x 系列产品也提供了可选择的电芯监控功能。

装置举例：

① Dexerials 公司，自控保护器（SCP）化学保险丝（见图 16.2）[4]；

② Murata Manufacturing 有限公司，NTC & PTC 热敏电阻产品[5]；

③ Seiko Instruments’ S-82xx 系列电池组保护装置[6]；

④ Maxim Integrated MAX11080/81，12-channel 电池故障监控装置[7]。

16.4　测量

监控只能提供简单的二进制输出，而测量功能则耦合有控制机理，可以提供更加详细的信息，并且允许做出先进的输出决策。

监控装置通常采用电子比较的功能，但是它不能提供关于大小方面的信息：预设的阈值可能超过了几毫安，也可能超过了几个安培，而输出的激活行为则是一样的。也可以采用多重阈值，来确定过电流随短路情况的变化，但是由于一般监控电路存在公差，所以这些电流的大小必须要有效的分开才行。

但是，测量功能则能够在大小、时间以及其他信息上提供精确的信息，这些对于大型电池管理系统来说是更加有用的。同样，公差是影响测量分辨率的因素，所以待测对象彼此之间的检测距离可以靠得很近，比如在过电流及短路电流这样的例子中（注意：测量系统一般不用于检测短路电流，因为一般需要很短的反应时间来避免出现这种滥用情况）。

测量功能也经常必须要用到计算功能处理数据，并且根据测试参数采取处理措施。计算功能可与测试功能放置在一起，也可位于其他位置，那么后者就需要通过通信功能来获取测试信息。测试功能的复杂程度变化也很大。

正如讨论的许多核心功能一样，测量功能也很少独自发挥作用。它们一般是与上述讨论的其他功能联合应用，大多数情况是联合计算功能以及通信功能，有时也会联合其他功能。

测量装置的例子有 Texas Instruments bq76PL536A 或 Maxim Integrated MAX11068。bq76PL536A 有 6 个电池单体电压测试输入口，每一个都配备有单独的电压比较仪，以及堆叠的串行通信界面。Maxim Integrated 有 12 个电压测试通道和类似的堆叠通信系统，而来自于 Linear Technology Corp（见图 16.3）的 LTC6802-1 也有 12 个通道和类似功能。

测量、计算以及通信功能共有的一个例子是在“起-停”汽车 12V 电源的电池健康检测器中。在一辆典型的起-停汽车中，传统的启动-照明-点火（SLI）12V 电源主要是用于每天多次汽车的重启，因此电池健康非常重要。Analog Device 的 ADuC7039 装置可以提供这种集测量、计算以及通信为一体的功能。

装置举例如下：

① Texas Instruments，bq76P L536A，堆叠式 6 电芯电池保护器[8]；

② Maxim Integrated，MAX11068，12 通道高压感应器[9]；

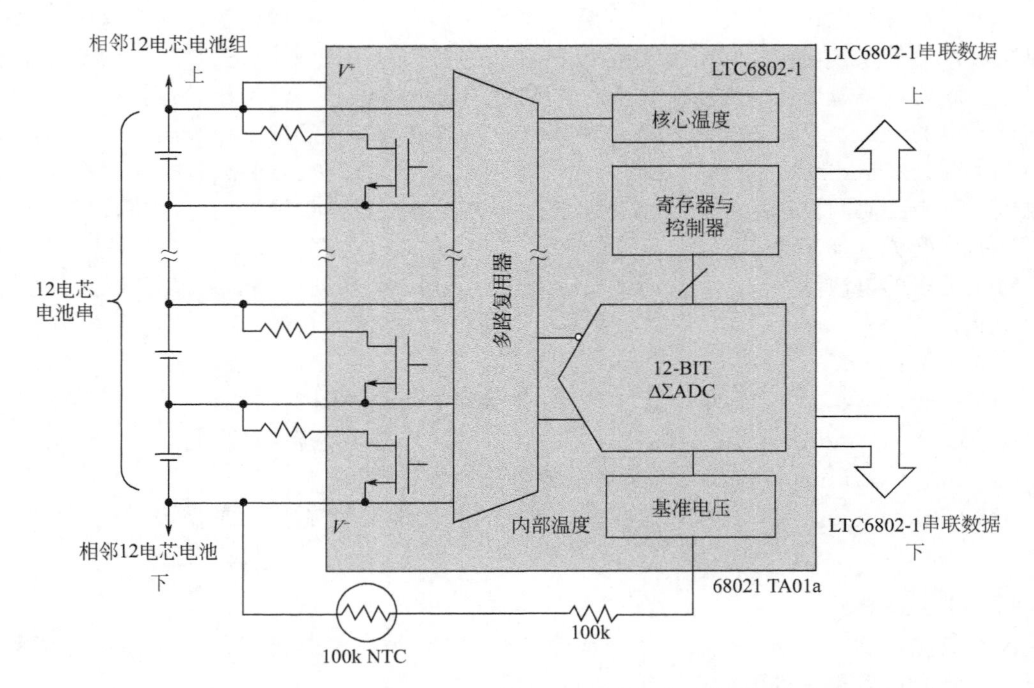

图 16.3 Linear Techology Corporation 的 LTC6802-1 多通道测量装置的测试以及通信功能[10]（图表来自于 Linear Techology Corporation，经许可使用）

③ Linear Technology Corp.，LTC-6802-1/2，多电芯电池监控器[10]；

④ Analog Devices，ADuC7039，汽车集成电池感应器[11]。

16.5 计算

计算功能为锂离子电池系统提供先进特征，正是由于计算功能的存在，才能使得无论是在本地操作还是远程操作，都能使操作者获知关于电池性能的重要信息。

采用监控或者测试得到的电池电压、电流、温度、压力以及环境输入进行的计算，允许系统设计者提供电池组的实时更新以及对未来可信度进行评估。计算可以提供电池的基本信息，比如 SOC，以及对电池健康状况进行提前预测。

另外一个有用的计算是算出电池电量耗完前的工作时长。一个简单的估算方法是用电池中的剩余电量（根据 SOC 以及最后一次满电容量推算出）除以当前的放电电流。更加先进的计算可以通过平均的、或预测的放电电流，或者温度补偿来进行，当然这只是几个例子。用于手提电脑中的典型的计算数据已经在 1998 年刊出的，1.1 修订本的小型电池数据标准 (Smart Battery Data Specification) 中标准化了[12]。

设备或系统会使用从计算功能中得到的很多可能的输出信息，来更好地管理或者简化电池的使用以及安全性，为用户提供方便。这些选项包括电池以分钟或小时计的剩余运行时间，或者以直方图显示的电池剩余容量百分比（注意实际显示的信息其实是稍后会讨论到的通信功能）。

对于更大的电池系统，计算功能并没有位于电池旁或者整合到电池系统中。在更大的汽车电池系统中，比如纯电动汽车，计算功能可能是引擎管理功能的一部分。

在这些更大、更复杂的系统中，计算输出是同设备其他方面相结合的，而进一步的计算和与整个系统操作有关的决定是由下而上实施的。比如在汽车中就是这样的一种情况，当车辆在超过直接测量或者计算的电池状态之外运行或控制时，外部温度或者刹车温度可能发挥重要作用。

大型电池组中也可能会发生分布式计算，系统的每个子模块会计算本地信息和状态，并将其通信到中心枢纽如引擎控制器上（后面讨论的通信功能会涉及分布式以及集中式方式）。

计算功能可以在任意处理器上完成，可作为专用功能，也可以是大型控制器，比如前面提到的引擎控制器的一部分。

早期的笔记本电脑在主板键盘控制器中使用额外的带宽来处理电池组界面——直接或者通过通信功能来获得数据或者测试结果——并将这些信息传递到充电系统中或者使这些数据显示在用户的操作系统上。

当电池采用通用的处理器时，应该特别注意，因为这些通用的处理器一般没有针对锂离子电池电芯的操作电压、功耗以及速度进行专门优化。尽管一直在进行改进，但是一些处理器的无效电流或者闲置电流还是比锂离子电芯的自放电率高很多，因此会不经意地使正在监测的电池电流流失掉。

Texas Instruments、Maxim Integrated、Atmel 以及其他公司也带有嵌入控制器的专用电池管理产品。这些产品中包含有预编程的处理器，可以采用监控和测量功能来计算电池电芯状态的不同信息。它们也包括一些标准的数据通信总线界面，来提供通信功能。Atmel 公司也提供同样为电池系统专门设计的没有编程的处理器。

16.6 通信

电池管理可以是独立的，比如在手机中见到的；它也可能是广泛分布的，比如在一个大型汽车电池系统中。无论哪种情况，都需要将电池状态传达给使用者（通过显示器）或者更大的系统（汽车引擎或者底盘控制器）。

通信功能有时也可以认为是“显示”功能，因为它经常通过设备屏幕、或者电池自身小型 LED 或者 LCD 仪表显示，来为使用者提供电池状态。但是更多时候，通信包括更多详细的信息，这些信息一般会显示出来，而部分信息需要经过进一步计算才能变成有用的信息。

通信功能的另外一个特征是设备对电池的鉴定。在如医疗设备这样的高度可靠系统中，非原装电池会导致系统性能变差，所以这些非原装电池是禁止在这样的终端设备中使用的。其中一个防止使用来自配件市场的电池或者其他电池的方法就是通过通信实施认证技术。主设备通过通信界面对电池组发出命令，采用其中一个标准选项，从电池组中获得认证信息。如果认证成功（使用正确的按键返回一个编码序列），这个电池就是可以使用的。否则，电池就不能用于充放电（在一些情况下，这样的电池允许在设备中放电，但是不能充电，所以会成为“一次使用”的电池）。当需要认证电池身份的时候，就需要用到通信功能（有时也需要计算功能）。

根据设备的需要，通信功能可以是分布式的，也可以是集中式的——集中式一般用于小型消费电子产品，如手机电池或者便携式电脑等，而分布式的则主要用于汽车电池组或者大型不间断电源的电池组中。

通信功能可以与前面提到的监控、测量以及计算等功能一起使用，来得到某个点的最终结果，可以是本地（集中式的）使用，也可以远程（分布式的）使用。

手机电池或笔记本电脑可以直接显示出电池信息（经常通过测量或者计算的方法），所以电池管理系统的通信功能经由主机处理器到达设备显示屏。一般显示内容限于电池 SOC、充放电状态，或者剩余工作时长。

在较大的汽车电池系统中，通信功能可能发生在多个地方：本地处理器从多个分布的电池子系统中获得信息，执行额外的后处理计算，之后将计算结果与引擎控制器或者底盘控制器进行通信，并最终显示给司机。在插电式混合或者全电池电动汽车中显示信息会从还剩几英里开始，一直到电量耗完，而在全混合电动汽车中可能会显示简单的电池健康信息。显示屏可以显示经由通信功能得到的所有信息，但是这些显示一般会受到显示选项的限制，而且使用者（车主）也并不需要一些理解不了的信息。

设备例子如下：

① Texas Instruments，bq20z65 带有保护器的电池监测表（见图 16.4）[13]；

② Maxim Integrated，MAX1705x 系列电量表[14]。

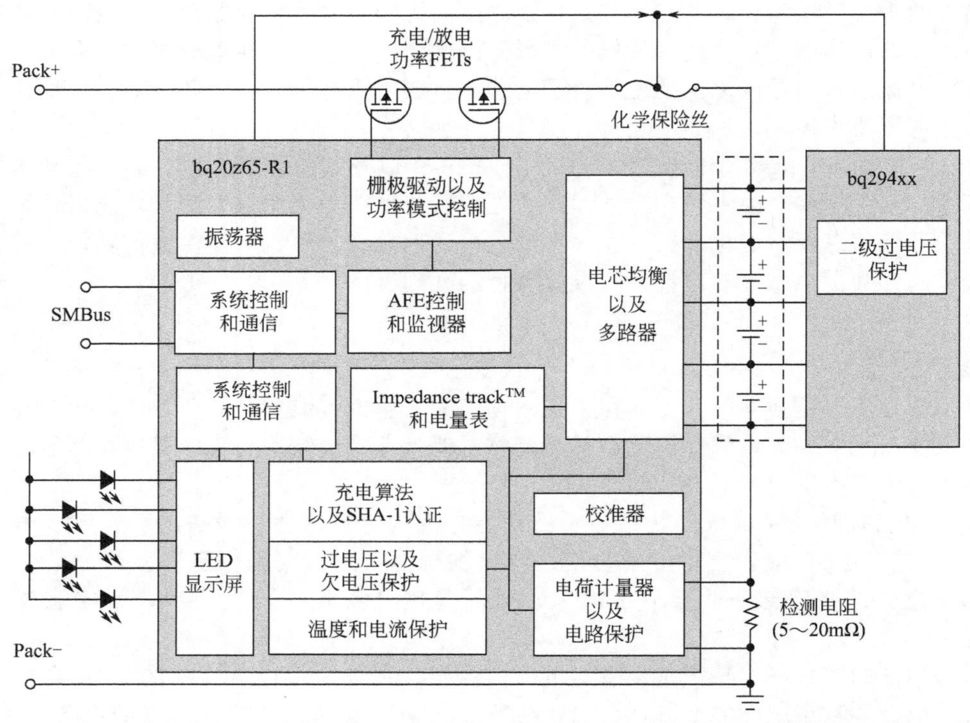

图 16.4 Texas Instruments 的 bq20z65 为典型笔记本电池组提供的监控、测量、计算、通信以及控制功能，认证和电芯均衡是额外的选项特征[13]（图片来自于 Texas Instruments 公司，经许可刊登）

16.7 控制

控制功能通常只与电池系统的安全性能有关，因此可以独立于其他系统功能来进行操作。它可以直接操作，即实际的电压和电流控制元件是包含在电池组或系统中的；也可以间接操作，即相应的控制元件被安置在其他地方，而控制功能仅仅发送一些信号来激活这些控制元件。

例如，尽管电池充电器控制着电池充电的电压和电流，大部分电池系统还会包括另外一个控制功能，以防止充电器发生故障而提供过高电压以及/或者电流。

高温是在电池组内部安装电池自我管理控制功能的另外一个原因。同样的情况也发生在放电过程中，所以电池需要在低压或者高放电电流条件下有相应的控制功能。

例如，锂离子电池一般充电到 4.2V/单体，电池电流要适合电芯型号和设计（其他锂离子电池体系可能会需要不同的充电电压，即 3.6～4.5V 都要。不同化学成分的电压和电流限制会在本书中的其他章节中讨论）。但是所有的充电器回路会有一个输出电压公差，这会导致电池单体被充电到比设计值更高的电压，比如 4.25V 或者 4.3V，这个取决于充电器的成本和设计权衡。

为了防止滥用的过充情况，电池组应该知道电池单体电压什么时候会超过特定的电压值，并直接或者间接阻断电流。监控或者测量功能都能用来检测电池的过电压情况，但是却需要控制功能来中断电流。

直接中断充电电流可以通过安置在电源电路中的 MOSFET 开关来实现。由于 MOSFET 是一种单向开关（因为二极管是和电流路径并联的），所以另一个 MOSFET 需要背靠背安装，以允许直接中断放电电路。在一些放电电流高、充电电流低的设备中，比如电动工具，那么电池的电源路径可能会被分开，因此这两个 MOSFETs 可以合适地调整大小以降低成本（MOSFETs 可以放置在主动电源路径中，也可以在被动路径中，这点要取决于后面将讨论到的设备要求）。

当监控或者测试功能与直接控制机理一起使用时，如果超过了电芯电压以及/或者电流的预设值，那么 MOSFETs 就会阻断流经电芯或者从电芯中流出的电流。

对于间接控制功能，在监控或者/以及测试功能中辅助有通信功能来指示临界值已经被超过，需要采取措施。在大型系统中，比如电动汽车，可能不会立刻执行关于过充或者过放条件的通信信息，而是需要其他信息辅助，可能还需要采用计算功能，来决定最佳行动方案（例如在刹车情况下，如果过充有助于瞬间的刹车制动要求，那么也是允许发生的）。

控制功能也能与电芯温度、SOC，或者除了电压和电流之外的其他限制一起使用，这些可以根据电池管理系统的大小、复杂程度以及需求来决定。

一个经常用于锂离子电池组中联合监控和控制功能的很好的例子是“二级保护器”。顾名思义，这个装置是主要保护功能的额外支撑，可以本地安置，也可以安置在系统中。二级保护器如 Seiko S-8213 或 Texas Instruments bq77180x or bq2920x 系列，都能提供简单的电池电压监控，它提供明确定义的阈值、弛豫时间和输出，可以发挥控制功能激活保险丝，永久切断电池组电流。这些一次性使用的、带有自动防障保险丝的操作可以保护电池组不会在滥用条件下使用。像那些来自于 Dexerials 的保险丝一般会包含一个电流保险丝，它将对大电流独立反应，但是也有一个“触发器”输入，当外部加载电压时能用它来激活保险丝（断开电路），如上面提到的二级保护器电路。

设备例子如下：

① Texas Instruments，bq77180x，2-5 电芯过压保护器[15]；

② Seiko Instruments，S-8213，2 电芯或 3 电芯二级电池保护器[16]。

接下来的章节将根据锂离子电池串联电芯的数量来讨论特定应用和设备，电芯数量确定电池组的电压和设备的工作电压。这样分组并不常见，但也可作为一种方法来讨论在每一个电压范围或设备类别中常见的监控、检测、计算、通信和控制功能。

16.8　单电芯锂离子电池设备（3.6V）

16.8.1　手机、平板电脑、音乐播放器和耳机

像手机、蓝牙无线耳机、音乐播放器（MP_3）等小型消费电子设备经常只用单个电池来为这些设备提供能量。尽管电池的容量和尺寸大小会发生变化，但是它们通常是较小的电池，从 100mA·h 的耳机电池到 3000mA·h 的较大的智能手机电池。

大多数这种设备都只需要监视和控制功能，可能带有一个如前面提到的 Seiko S-82xx 保

护装置。它提供基本的过充和过放保护，并有直接中断电流的能力。在这部分没有温度监视功能，不过电池能提供一个温度敏感负温度系数（NTC）热敏电阻元件，作为充电器或系统处理器的输出来加以利用。

高性能智能手机可以通过采用像 Texas Instruments 公司的 bq27541 “电池包方面的电量表”之类的元件来引入测试、计算和通信功能。这些元件可以精密地测试电池的电压、温度和电流，利用可编程的算法和特定的电池模型来计算 SOC。它们提供多通道通信界面（单线、双线）和为主机提供充分的数据值，如电压、温度、电流、剩余容量等（见图 16.5）。

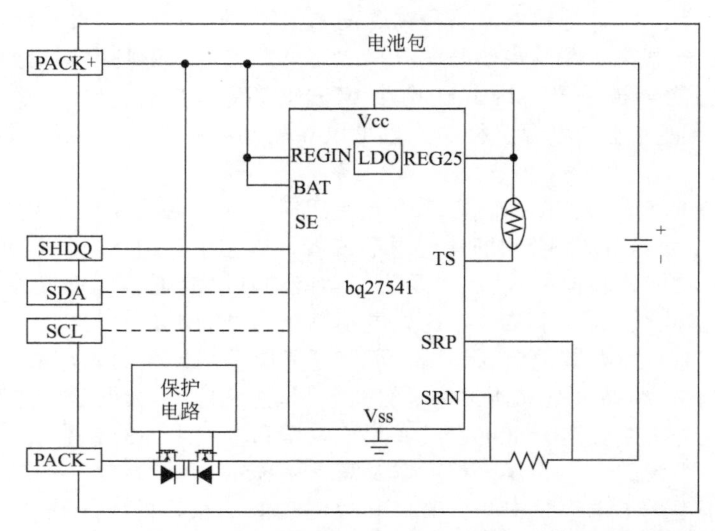

图 16.5 Texas Instruments，bq27541 元件的测量、计算以及通信功能[17]

由于规模和成本的限制，这些附加功能也可能被添加在设备电路板上的“系统方面”，不包含在电池组中。这个位置也经常在不可拆卸的电池组中出现，它一般不能被使用者替换掉，如 Maxim Integrated 公司的 MAX17047/050 “系统方面的电量表”（见图 16.6）。

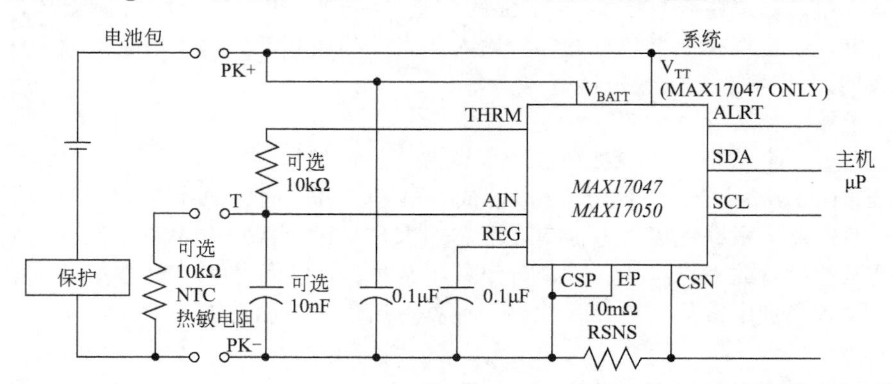

图 16.6 Maxim integrated 公司的 MAX17047/050 元件的测量、计算和通信功能[18]

设备例子如下：

① Seiko Instruments，S-82xx，电池保护元件家族[6]；

② Texas Instruments，bq27541，电池组方面的电量表[17]；

③ Maxim Integrated，MAX17047/050，系统方面的电量表（Figure 16.6）[18]

16.8.2 工业、医疗及商业设备

单电芯锂离子电池工业、医疗和商业设备，经常采用与平板电脑、手机电池等消费电子产品中同样的电池管理元件。但是由于特有的设备要求，它们可能会利用更多功能和特征——可以将监控、测量、计算、通信以及控制联合在电池组中使用。

一般这些可拆卸、可更换的电池包的所有功能都包含在电池包内部，还包括一个可以显示电池 SOC 的可见计量器。

支持这些功能的元件包括 Texas Instruments 公司制造的元件，它也可提供含有保修记录的“黑匣子”，记录电池如何被滥用以及如何失效。这些信息对于后期失效分析是非常有用的，尤其是当电池作为设备操作的关键元件的时候。

设备例子，如 Texas Instruments，bq27545，单电芯电池组方面电量表[19]。

16.9 双电芯串联电池设备(7.2V)

16.9.1 平板电脑、上网本和小型笔记本电脑

由于平板电脑、上网本和小型笔记本电脑中需要更大的显示屏、更强的处理器和额外的存储机制，所以它们有时需要更高电压的电池系统，因此，一般需要双电芯串联的电池。

不难预料，额外串联的电芯会增加电池管理选项的复杂度。额外的电芯输入需要增加监控或测量输入，而 SOC 计算必须要平均两个电芯值或者采用较弱的那个电芯，以精确表达整个电池组的情况。

不过所幸增加的电压和复杂度并不大，所以有很多电子电池管理组件可用，包括 Maxim Integrated 的 MAX17041/44/49 微动力电池电量表。

当电池组中增加更多的如计算、通信以及控制功能，需要考虑的另外一点是能够在滥用事故发生后进行通信，因为在滥用事故中，已经激活了中断电流。

如果设备和电池组电子装置在发生过一次故障后还能彼此通信，那么控制功能必须是在正电源电路中，这就使得负电路保持连续性作为通信功能使用的信号线的参照。要想控制功能采用背对背 MOSFET 开关切断正电路中的电流，系统会稍微复杂一些，而且也需要考虑这种 MOSFETs 的串联电阻和成本。电路的不同可以对比图 16.4 和图 16.5，很容易区分开来。

设备例子，如 Maxim Integrated，MAX17041/44/49，2 电芯电池电量表[22]。

16.9.2 车载电台、工业、医疗和商业设备

类似于单电芯电池设备，对于商业设备来说，电池增加的功能，可靠性，以及包含有监控、测量、计算、通信以及控制功能的电池组的强健性往往是首先要考虑的。

这些应用往往需要更大的功率，因此其电流比类似消费电子设备的要大。专业的双向便携式移动电台有无线电频道，其 RF 输出功率可能有几瓦，因此需要电池提供相当大的电流。在过充电流控制上配备带有紧密度容限的易配置的设备是非常关键的，以便当过度放电时，不会出现常规操作，从而激活保护（监控和控制）功能。

Texas Instruments 的 bq34z653 设备包括所有必需的功能，此外还有一个 LCD 显示器和外加热装置以确保在极端条件下正常运行（加热器能用于加热在低温下操作的 LCD 显示器）。这个设备还包含两个热敏电阻温度输入，以便获得额外的温度测量精度。

设备例子，如 Texas Instruments，bq34z 653，带有 LCD 显示器以及加热器的 2～4 电芯电池电量表和保护器[23]。

16.10 3~4个电芯串联电池设备（一般10.8~14.4V）

16.10.1 笔记本电脑

在小型、多电芯设备如平板电脑、上网本或小型笔记本电脑中，电池可能包括所有的功能元件：监控、测量、计算、通信以及控制。先进的功能还包括能够记录电池滥用以及失效情况的“黑匣子”，以及可防止配件市场电池、假冒伪劣电池的身份验证功能。

智能功能相比非智能功能的一个关键的不同在于直接控制功能的位置——功率MOSEFETs用于中断电流来防止过充或者过放。如前面所讨论的，由于智能设备希望在因故障而中断电流后，还可以保持通信功能，所以，电池组和系统设备之间的负电源电路必须保持完整。这就要求在正电源电路中使用MOSFETs，而通常会增加成本，且给控制带来困难。它们之间的区别可以从图16.4和图16.5中观察出来。

16.10.2 工业、医疗和商业设备

正如前面所提到的，有些工业、医疗或商业设备可能要求一些高级功能，如保证数据记录、故障检查以及先进通信界面。而其他设备可能只简单要求一些由监控和控制功能提供的先进的安全和保护机制。

Maxim Integrated的MAX1924保护器提供工厂编制的监控阈值，从而避免错误设定，这个在高可信度设备中是非常有用的。附加功能包括在正电源电路中安装有中断电流的MOSFET控制，以便在故障时也能和MAX1924保持完整连通（见图16.7）。

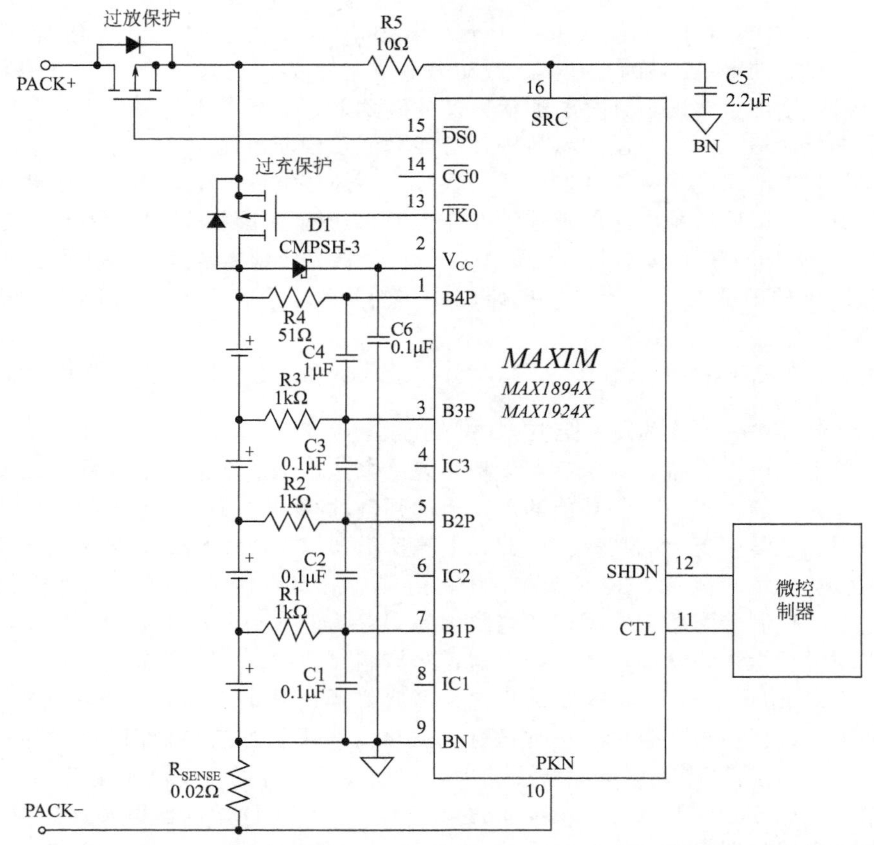

图16.7 Maxim intergrated的MAX1924提供的3~4电芯电池先进的监控和控制功能[20]
（图表来自于Maxim Integrated Products公司，经许可刊登）

设备例子如下：

① Texas Instruments，bq20z65，带有保护装置的电池电量表[13]；

② Maxim Integrated，MAX1924，先进锂离子电池保护装置[20]。

16.11　5～10 电芯串联电池设备

随着串联锂离子电池电芯数量的增加，电池组电压增高，能量也增大，因此需要额外的设计考虑。

虽然消费电子设备持续变得更小，从之前笔记本电脑 3～4 电芯串联电池演变成目前在小型笔记本电脑、平板电脑和智能手机中的 1～2 电芯串联电池，但是在稍大型的设备中，对电池管理电子的要求却一直在增加。

较大型的设备具有更高的串联电压、更高的容量、更高的充电和放电倍率，因此有更多的安全限制。

比如，即使采用 4 电芯串联电池配置，电动工具在电机启动或者暂停条件下的正常放电倍率几乎与笔记本电脑在短路情况下的电流相当。因此，用于保护以避免发生短路的监控和控制功能，也需要适当进行调整。

一旦电池中电芯的数量增加到超过 4 个，那么对电芯均衡的要求就更加关键。随着更多电芯被串联起来，而且随着电芯尺寸的增加（这并不总是相同的），电芯之间不平衡的可能性就会随之增加。随着电池老化、电阻增加或者其他因素导致锂离子电芯之间变得不均衡，容量差异增大，大部分是由于像温度梯度等之类的环境因素造成的（一个典型的例子是在串联电池堆中的端电芯温度一般比其他电芯高，因此自放电倍率会更高，从而改变了串联电芯的 SOC）。

在构造电池组时，使用的所有电芯容量和 SOC 均相同。关于电芯失衡的更加全面的解释可在本书其他章节中找到，但是基本原理是串联的电芯之间容量会出现差异，因为需要重新平衡到一个匹配的状态（差异量和差异率都可以减小到非常小的地步，使得无需再采取电芯均衡措施）。

再平衡涉及利用监控或者测试功能与计算功能联用。这些都可以是预设的或者可配置的，也可简单或者复杂，但是基本的都涉及在电芯之间的电荷移动。这些功能可以检测随电池使用电芯电压或者电芯容量之间的差异，从而激活一个方法来将电荷从 SOC 高的电芯转移到 SOC 低的电芯中。

这里有很多方法来执行电荷转移，最简单的方法是在最近一次充电中电压最高的电芯旁边安装旁路电阻。当旁路机制启动时，可以“减缓”对该电芯的充电，允许其他电芯由于可以得到更多的充电电流而“赶上”。这个方法只在充电时管用，而且散热问题限制了均衡的电量。电池转移或穿梭机制（使用开关电容器或者开关电感技术）经常更加有效，在这种情况下，会产生更少的热量，而且可在任何工作阶段都能使用——充电、放电、甚至空闲状态下。

16.11.1　电动工具、草坪和花园工具

锂离子电池最近成为便携式电动工具的电池选择，与先前该领域的主导镍基电池相比，其容量更高，质量更轻。锂离子电池可以在更高的电压下产生更多的能量，使电机效率更高，而且具有更好的储存性能。

在这些设备中设计可以安装锂离子电池的电子装置，比传统消费设备有很大不同，不过工业上也为这些需求提供了解决方案。

如前面所讨论的，电池较高的电压和较大的容量也会有较大的充放电倍率，因此它们需

要更严格的安全限制。在电动工具启动或暂停时，在使用相同数量电芯串联配置的条件下，其放电倍率和笔记本电脑短路电流几乎相同。因此，用于保护电池避免短路的监控和控制功能，也需要调整到相应的大小。

这种设备运行中极大的电流给电池电子的设计带来了很大的挑战。这些大电流一般只出现在放电过程中，充电过程中一般不会出现。此外，充放电使用情况一般是独特的，而且是分开的，很少有工具是边充电边使用的，这点与笔记本电脑完全不同。这些不同使得可以采用另外一种监控和控制配置来改善其安全性和降低成本。

其中一个例子是选择分叉电源电路，即充电线路和放电线路是分开连接在电池上的。这个就需要监控功能安全组件（保险丝、过热保护装置）以及控制的 MOSFET 开关根据每种情况进行合适的大小调整。放电中的过电流要比充电时的过电流大得多，因此放电 MOSFET 与充电 MOSFET 可以设定为不同的电流。

电动工具中的监控和控制功能也必须要能够根据电池的使用而进行调整，这些电池一般是功率型电池，设计为传递大电流，而并非为传递小电流的能量型电池，后者一般用于手机和笔记本电脑中，以保证长时运行。

在消费类智能手机和小型笔记本电脑中，电池的监控和控制功能很少达到欠压状态，此时必须切断电池放电电流。一般使用者或者设备会进入到低功耗运行状态来保存电池，直到电池能够再次充电。

但在电动工具中却不是这样的情况，电动工具中的电池一般会持续运行直到达到放电终止电压，之后监控功能激活控制功能来切断电流。

但是，在电动工具中，经常使用高放电倍率，电芯电压经常快速恢复到正常操作范围。不过在这样的情况下，对于使用者来说立即再启动电机是非常危险的。而在监控功能中必须包含一个机制，保证控制功能切断电流之间，原来的放电电流负载（电机）已经被释放，之后才允许电机再次运行。这样就保证了使用者释放触发器机制，防止电动工具电机的误重启。

但是，在电动工具中，在高放电倍率时，电池电压将经常迅速恢复并回到一个正常的工作范围。但是在这种情况下，对于使用者来说立即再启动将是非常危险的。相反，监视功能必须包含一个机制来检测到初始放电电流负载（电机）在允许控制功能来清除电流中断之前被释放，并允许再次操作。这个可以确保使用者释放触发器机制并防止电动工具电机的误重启。

这是当消费电脑设备上的电池管理电子不适合电动工具之类应用的一个例子。不过所幸电池管理电子元件工业已经开发了相关的组件来解决这些问题，比如 Texas Instruments 的 bq77908A 和 bq77910A，其中包含有专为这些应用设计的监控和控制功能（见图 16.8）。

设备例子，如 Texas Instruments，bq77908A & bq77910A，多电芯电池保护器[21]。

16.11.2　汽车 SLI 电池

在“起/停”汽车中采用锂离子电池，相比传统铅酸电池来说，在质量以及功能密度上具有优势。在这类汽车中，传统的 SLI 电池用于一天内多次重启的汽车，所以电池的健康状况对汽车运行是非常重要的。本书其他地方讨论的关于“起/停”汽车的优势在于它可以具有更好的燃油效率，因为内燃机在闲置时间处于关闭状态，因此相应地减少了燃油的消耗。

尽管锂离子起/停系统中的电池元件也依然是之前提到的监控、测量、计算、通信以及控制功能，但是其细节分类又有很大不同。测试与通信功能可能安置在电池中，而计算和控制功能又被安放在别处，与引擎控制器放置在一起。该系统中的充电器实际上是

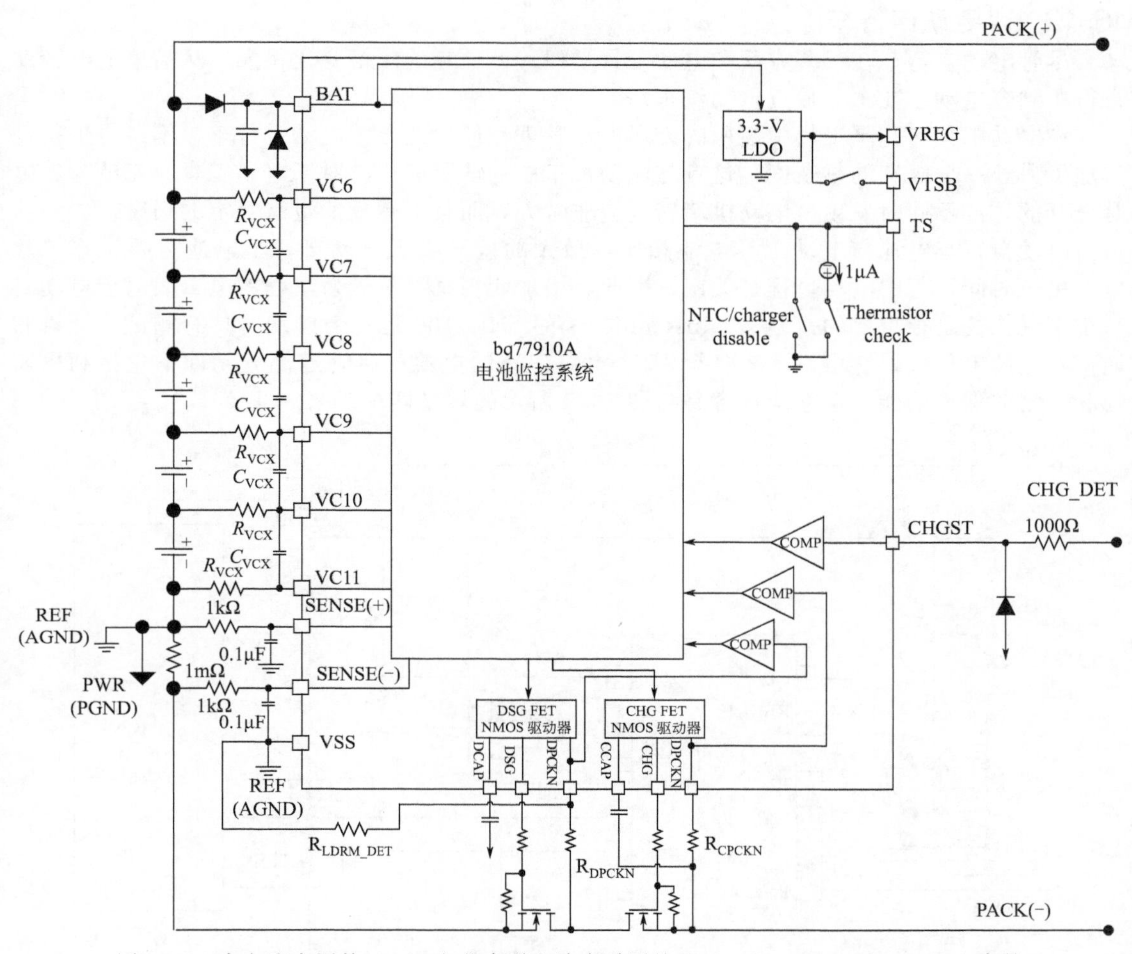

图 16.8 大电流应用的 4～10 电芯串联电池中采用的 Texas Instrument bq77910A 中的监控和控制功能[27]（图片来自于 Texas Instrument，经许可刊登）

一台交流发动机，因此需要额外的设计考虑，比如必须要考虑负载突降以及电感反冲效应对电池的影响。

一个测量、计算以及通信功能共有的好例子是用于起停汽车中的 12V 电源的电池健康监控器。Analog Devices 公司的 ADuC7039 提供了这些功能。

设备例子，Analog Devices，ADuC7039，汽车集成电池传感器[11]。

16.12 10～20 电芯串联电池

当电池系统的电芯串联数量增加到 10 颗以上时，安全问题就成了主要考虑因素，因为高电压和高容量会更加危险。

更高的充放电电流要求在电芯方面以及电池管理系统方面的设计都要做出相应改变。能够承受这些高电压和电流的电子元件更加昂贵，而诸如怎样将电子元件连接到电池中之类的简单问题也变得更加复杂。

由于电芯数量增加，以及存在更大的温度梯度之类的问题，所以电芯不平衡的问题也变得更加突出。

16.12.1　电动自行车

尽管电动自行车在某些方面和电动工具类似，但是它的规格变化很大，从简单的电辅助自行车到全电动摩托车（接近电动汽车）。

在电动工具和花园工具中使用的许多电池管理元件也适合于电动自行车，不过再生制动增加了另外一个级别的复杂度，这点与电动汽车中的情况类似。对于电动工具，充电和放电是分开的，从不同时发生，电动机堵转电流非常大，而且电感反冲也有一定的损害。

电动自行车电池与电动工具电池相比，最大的差异在于电动自行车电池需要工作（放电）更长时间，其中电动里程是关键。因此，增加能精确显示剩余里程的电量表对于电动自行车来说往往是很重要的。Texas Instruments 的 bq34z100 是一个典型的具有测试、计算和通信功能的电量表，它可以配套多至 15 个电芯串联的电池。尽管这部分元件不包括利用监控和控制的保护功能，但它却很容易与图 16.9 所示的设备匹配起来。

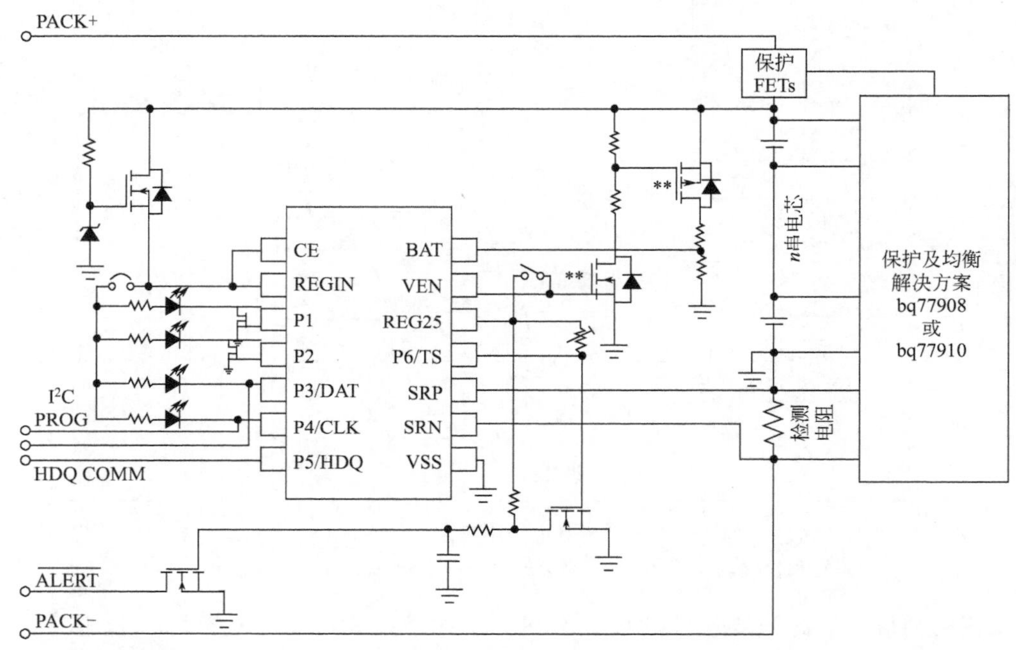

图 16.9　Texas Instruments bq34z100 电量表为高压电芯串联电池提供的测量、计算、通信和控制功能[24]

设备例子，如 Texas Instruments，bq34z100，高压电量表[24]。

16.12.2　48V 通信系统及不间断电源

10～20 锂离子电芯串联电池的非机动应用包括为通信、计算机服务器以及台式电脑提供固定电源备份系统。这些应用的范围很广泛，而锂离子电池的使用范围还很有限。不过比起传统电池系统，其在能量和功率密度上的优势说明锂离子电池是有光明的未来的。

正如大部分备用电源系统一样，高可靠性、实用性以及使用寿命是非常重要的，相比之下传统电池也能提供长运行时间和循环寿命。替代属性需要大量的测量以及计算能力，来预测正常运行时长和可能发生的失效。定期的自我强制放电联合详细的模拟和预测运算，可以提供电池潜在失效的早期预警通讯，可以使得在这些失效发生之前更换电池。

由于这些锂离子电池应用属于新兴市场，因此必要功能的专用组件尚且还没有出现，其中的电池管理方案通常是采用混合电动汽车或者纯电动汽车中的那一套。

16.13 超大阵列电池系统

越来越大的电池系统给电子电池管理功能带来的额外挑战，也给取决于电池应用的系统配置带来了新的挑战。

对于较小的电池系统，电芯一般是并联在一起，但是对于大型电池，串联的电池“串”一般是分离的，只是将所有电池串的最正极端和最负极端彼此连接在一起，组成一个完整的电池。这可能会增加额外的成本和系统的复杂性，但是却易于分段和调整大小，因为并联的“电池串”能够相对轻易地增加或者移除。

在大型电池阵列中，这些看似简单的事情，即电芯的连接顺序，对电子系统可能是破坏性的。在较少数量电芯连接的电池中，可以通过组装过程很容易地控制电芯连接顺序：首先连接最下方电芯的负极、之后正极、之后下一个电芯，如此这般一直到电池堆的顶部。对于10～20 电芯串联的电池，这非常简单，但是如果电池堆数量超过几百个电芯，那么这样的电池排列的成本就会很高。

这些高压、大电流系统的复杂性和危险程度要求配备额外的组件以及适宜的结构排列来保证其安全、可靠以及长时间的运行。图 16.10 列出了有关系统复杂程度的一个例子。

这些高压、大电流系统的复杂性和危险程度要求额外的组件和结构排列来保证安全、可靠和长时间运行。复杂度的例子在图 16.10 中得到阐述。

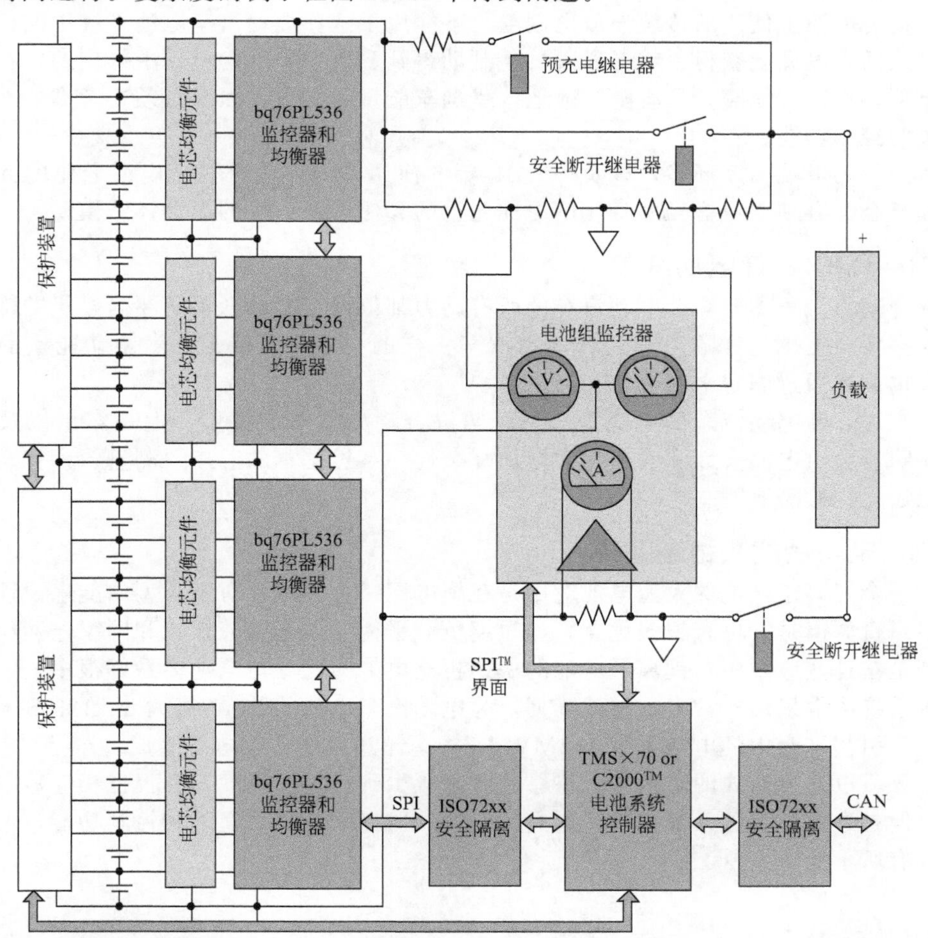

图 16.10　采用多个自动级别的元件（Texas Instruments）为超高压、大电流电池系统提供监控、测量、计算、通信以及控制功能[8]（图表来自 Texas Instruments 公司，经许可刊登）

设备例子如下：

① Texas Instruments，bq76PL536A，6 电芯堆叠电池保护装置[8]；

② Maxim Integrated，MAX11068，12 通道高压传感器[9]；

③ Linear Technology 公司，LTC-6802-1/2，多电芯电池监控装置[10]。

16.13.1 汽车：混合动力及插电式混合动力汽车

现在的混合动力以及插电式混合电动汽车以同样的方法使用电池——作为驱动汽车的大型电容储备，而不是主要动力。电池提供启动和最初动力，也可作为限定里程内的动力来源，但是仍然需要大幅采用汽油或柴油动力内燃机。

在这样的汽车中，在设计电池管理系统时需要额外的考虑，因为充放电电流很大，所以安全限制很关键，此外工作环境很极端，并且设计寿命要非常长。

在这些汽车电池中，要使用所有的监控、测试、计算、通信以及控制功能，还需要配套其他先进特征，比如电芯均衡、故障检查以及热管理。许多功能都需要备份，以检测并容忍一个到多个系统的故障（这是汽车系统的基本要求——一般不允许完全切断，而且需要有"坡行模式"，来保持在有限的性能下维持一定水平的运行）。

此外，电池管理系统的位置有时是分散的，或是分布式的，允许专用功能分布在大型电池阵列上。

在非动力电池上使用的传统充放电制度是不能用于这些电动汽车电池系统中的，因为充电电量是从插入电源上获得、或者通过再生制动得到、或者是从内燃机中得到的。在再生制动的情况下，电池可能需要具有随时随地接受刹车能量的能力，因此必须要考虑过充保护限制和相关的控制功能。

电池所处的极端温度环境，以及一般 10 年的使用寿命，使得关于电池老化的计算功能变得更加复杂。必须要考虑额外变化的更加先进的算法以及更好的电池体系模型。

16.13.2 汽车：纯电动汽车

与混合动力汽车不同，纯电动汽车的所有动力都依赖于电池，不需要内燃机的辅助。但是它在很多特征上也是和插电式混合动力汽车一样的——需要接受再生制动能量的充电机制，以及也需要通过固定电线进行充电。

一般来说，纯电动汽车的电池管理系统与混合动力汽车的类似，但是容量以及电压稍大。这些明显会给电池设计和安全考虑增加复杂性，不过基本的监控、测量、计算、通信和控制功能还是仍然需要的。

16.13.3 电网储能和稳定系统

最后一个锂离子电池的大型电池应用是在配电网络中。尽管对于大型储能来说锂离子电池仍然很昂贵，但是它也有很多优点，如短期负载平衡、频率调节以及和国家电网相似的要求。特别是在这些应用中，锂离子电池的快速再充电能力比其他电池体系好很多。

这些系统通常采用非常大的电池阵列，是电动汽车电池的数 10 倍大。A123 Systems 的一个半挂牵引车平台中的电池系统为 2MW·h，由超过 80000 颗电芯组成。

采用分段以及分布式的结构可以将系统管理减少到合理的程度，并且也相应地限制了安全问题，但是这里的管理系统仍然需要具有测量、监控、计算、通讯和控制功能，但是在程度上却也有所不同。

16.14 结论

如上所讨论的，随着锂离子电芯被构筑成电池组，其中采用了各种电子选项。从智能手机用的单电芯到千瓦时级的大型电池阵列，都需要用到测量、监控、计算、通信以及控制功能。

提供这些功能的电子组件也遵循应用于不同领域锂离子电池的市场发展。首先为数码相机以及智能手机开发了具有监控和控制功能的简单可靠的安全元件；之后是为手提电脑以及上网本所开发的更加先进的带有测量、计算以及通讯功能的电量表设备；而后，为电动工具以及电动自行车开发的高电流设备也开始变得普遍；最后，便出现了电动汽车以及混合动力汽车中超高压系统使用的元件。

电子选项的发展趋势将继续遵循市场需求，会增加集成性、降低成本，而且会增加独特、新颖的新特征。但是在所有的应用中，监控、测量、计算、通信以及控制这些基本功能却仍然是必不可少的。

参考文献

[1] D. Friel, in: Thomas B. Reddy (Ed.), Linden's Handbook of Batteries, fourth ed., McGraw Hill, 2010. Ch. 5.

[2] D. Friel, in: G. Pistoia (Ed.), Electric and Hybrid Vehicles: Power Sources, Models, Sustainability, Infrastructure and the Market, Elsevier B. V., 2010. Ch. 19.

[3] D. Friel, B.Y. Liaw, in: M. Broussely, G. Pistoia (Eds.), Industrial Applications of Batteries. From Cars to Aerospace and Energy Storage, Elsevier B.V., 2007. Ch. 13.

[4] Dexerials Corp., www.sonycid.jp/en/products/dd6/.

[5] Murata Manufacturing Co. Ltd, www.murata.com/products/thermistor/index.html.

[6] Seiko Instruments Inc., www.sii-ic.com/en/param_chrt.jsp?subcatID=5.

[7] Maxim Integrated Products Inc., MAX11080/81, www.maximintegrated.com/datasheet/index.mvp/id/5524.

[8] Texas Instruments Inc., bq76PL536A, www.ti.com/product/bq76pl536a.

[9] Maxim Integrated Products Inc., MAX11068, www.maximintegrated.com/datasheet/index.mvp/id/5523.

[10] Linear Technology Corp., LTC-6802-1/2, www.linear.com/product/LTC6802-1.

[11] Analog Devices Inc., ADuC7039, www.analog.com/en/processors-dsp/analog-microcontrollers/aduc7039/products/product.html.

[12] Smart Battery Data Specification, Revision 1.1, System management Implementer's Forum, Copyright 1998, www.smbus.org/ & www.pmbus.org/.

[13] Texas Instruments, bq20z65, www.ti.com/product/bq20z65-r1.

[14] Maxim Integrated, MAX1705x, www.maximintegrated.com/datasheet/index.mvp/id/7655.

[15] Texas Instruments, bq77180x, www.ti.com/product/bq771800.

[16] Seiko Instruments S-8213, www.sii-ic.com/en/product1.jsp?subcatID=5&productID=50734.

[17] Texas Instruments, bq27541, www.ti.com/product/bq27541-g1.

[18] Maxim Integrated, MAX17047/050, www.maximintegrated.com/datasheet/index.mvp/id/7181.

[19] Texas Instruments, bq27545, www.ti.com/product/bq27545-g1.

[20] Maxim Integrated, MAX1924, www.maximintegrated.com/datasheet/index.mvp/id/3417.

[21] Texas Instruments, bq77908/910A, www.ti.com/product/bq77908a and www.ti.com/product/bq77910a.

[22] Maxim Integrated, MAX17041/44/49, www.maximintegrated.com/datasheet/index.mvp/id/7636.

[23] Texas Instruments, bq34z653, www.ti.com/product/bq34z653.

[24] Texas Instruments, bq34z100, www.ti.com/product/bq34z100.

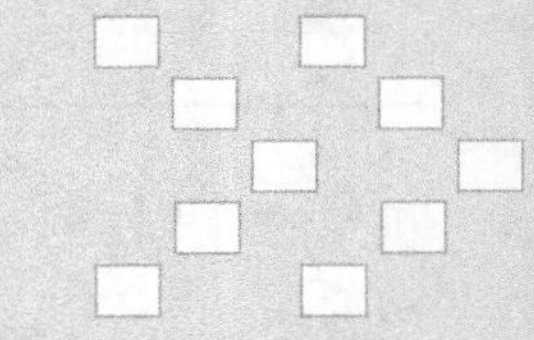

第17章 商业锂离子电池的安全性

Judith Jeevarajan
(美国宇航局约翰逊太空中心，美国)
JUDITH.A.JEEVARAJAN@NASA.GOV

17.1 概述

自 20 世纪 90 年代中期以来，锂离子电池已经替代镍基电池为便携式电子设备提供电源，因为它们具有更高的电压（3.6V 或 1.2V）和更高的能量密度。这种电池体系也被广泛应用于航空航天领域，不仅为便携式设备和太空科学实验提供能源，而且还为太空飞船和卫星系统提供能量。商业锂离子电池有圆柱形、方形或袋装设计形式。圆柱形和方形电池是用不同金属成分的外壳制造的，锂离子电池的型号是根据电池的尺寸来命名的，而不是之前的传统型号（AA、AAA、C、D 等）。锂离子电池目前采用液体和聚合物电解液。

自 1998 年开始，NASA 制造的商业锂电池就广泛应用于为太空硬件和太空实验提供便携式能源[1~3]。商业锂离子电池容量在过去 15 年间不断增加。例如，90 年代中期 18650 电池的设计容量为 1.0 A·h，而现在同样的设计已经能达到 3.1 A·h 了。另一个不断改善的因素就是锂离子电池的倍率性能。直到 21 世纪早期，锂离子电池还只具有中等倍率（1C 倍率）的放电能力，但是随着电池设计、电极材料和电解液成分方面的一些改善，现在市面上已出现能高倍率[4]放电的电池。当前最具有创新性的磷酸铁锂电池在 36V Dewalt 电动扳手中的应用。对这种工具中使用的电池进行的测试表明了该 2.3 A·h 的电池能瞬间提供高达 130A 的电流[5]。

随着高能量密度锂离子电池的发展，也出现了一些灾难性的危险事故，比如爆炸、起火以及热失控等[6]。有机电解液及其蒸汽、高温以及氧化剂的存在，在很多情况下，导致了这些非正常条件下灾难事故的发生。对于锂离子电池成分来说，过充、外部短路、内部短路以及高温是最危险的。尽管内部短路非常稀少，而且也不能明确地指出它们就是灾难性现场事故的发生原因，但却是大部分锂离子电池成分和设计确定无疑的危险。锂离子电池过放不会导致灾难性事故的发生，但是它会引起铜集流体的溶解并导致电池失效。这种过放的情况还会导致电池中电芯之间内阻/阻抗的失衡，如果没有紧密监控每次循环中的内阻/阻抗特征并将这种失衡判定为非正常情况，那么就会导致其他电池中其他电芯出现灾难性的过充情况。在过充条件下，阴极的不稳定以及电解液发生的分解会导致电池鼓包、起火以及热失控。对于 $LiCoO_2$ 正极材料（八面体结构）[7,8]，超过 4.8V，该阴极材料就会很容易地释放其晶格中的氧，氧气在电池中聚集，在高温以及有机电解液存在的情况下就会引发火灾。而在尖晶石阴极中，比如 $LiMn_2O_4$（四面体结构），其内在结构导致其不容易产生氧气。而在新发现的像磷酸铁锂之类的正极材料中，氧原子不再和金属原子直接相连，因此也不容易释放氧。在磷酸铁锂电池中，阴极电压在充电截至前都保持稳定，不会导致电解液分解。高温会使电解和电解液不稳定，从而导致灾难性的失效发生。像外短路之类的其他危害在后面章节中会详细讨论。

本章 17.2 节主要讨论应用在便携式设备中商业锂离子电池组的本质，17.3 节中讨论商业锂离子电池的限制，17.4 节讨论商业锂离子电池的质量控制，17.5 节讨论商业电池单体以及电池组的安全认证过程。

17.2　便携式设备用商业锂电池组

商业锂离子电池通常使用在便携式电子设备中。商业电池设计一般采用商业设计形式，以及地面、水下和太空应用领域的定制电池。大部分原始设备制造商（OEMs）至少会为每一种特定设备选择两个商业电池供应商来满足它们的供给和需求。尽管使用者很少能在他们的 OEM 便携式设备中确定锂电池的来源，但是 OEM 有严格的可追溯性要求。不过这点对于便携设备电池零件市场则不一样。在 17.4 节将详细讨论该问题。

一般来说，大部分为 OEM 便携式设备设计的商业电池组是配备有智能电路板的，它提供电芯水平的电压监控和电池串级的电芯电压平衡，同时也提供防止灾难性失效的保护功能：如由于外部短路引起的过电流、由于过充导致的过电压、过放引起的欠压[2,3,9]以及某些情况下的超温保护。这些都是通过使用电流限制器、多重开关、快速熔断保险丝、温度保险丝以及过电压和欠电压限制器来实现的。商业电池中使用的智能电路板具有集成电路（IC）芯片，可连续监视所需的电压、电流以及温度（在某些情况下）。ICs 提供性能管理，同时提供安全保护。当安全电路检测到非正常工况时，金属-氧化物-半导体场效应晶体管（MOSFET）开关被激活，使得电池断路，阻止其向灾难性的危险方向发展。充电管理是通过使用谨慎的充电协议、过压保护以及电池均衡来实现的，其中电池均衡可采用多种方法，如采用连续充电的低压电池来给高压电池分流、或给电压较高的电芯安装电阻等。

放电过程中的电池管理也可通过类似的方法实现，如欠压保护以及电池均衡，可通过电压较低的分流电池来实现。

商业电池需要多个电芯之间串并联来实现，一般配置是先将电芯并联，之后再行串联的方法。这有助于减少电流和电压监控的复杂性[1~3]。但是这种先并后串的方法有它自身缺陷，这点会在第 3 部分提到，在电池配置中还需要包含一些合适的设计控制。

大部分服务于便携式设备的商业锂离子电池只需要 2～3 年的使用时间，但是在一些国际空间站（ISS）的 NASA-JSC 应用中，通过维护或者合适的使用方法，它们的使用寿命可以延长到 8 年

17.3　商业锂离子电池的局限性

商业锂离子电池有圆柱形、方形金属壳和方形软包设计。商业锂离子电池通常装配有一个或多个内部保护装置。其中一些是正温度系数装置（PTC）、电流中断装置（CID）和“自闭孔”隔膜。PTC 和 CID 位于锂离子电池的顶端，如图 17.1 所示。

圆柱形电池，如 18650、18700 以及 26650 等，电芯级别的外部短路保护是由 PTC 来提供的，有时候“自闭孔”隔膜也会参与其中[10~12]。高倍率电池设计是不包含 PTC 的，因为这些电池需要在高倍率充放电条件下使用，并通常要承受大电流。在定制的高容量圆柱形和方形电池中，短路保护是通过其他的装置来实现的，比如易熔线等。

PTC 是一种圆环状的装置，由带有聚合物夹层的两个不锈钢板制成。聚合物膨胀引发电流和温度升高以及聚合物链的断开，从而导致聚合物材料电阻升高，而同时聚合物膨胀也会引发导电碳之间出现裂缝，从而减小了电路中的电流。增加的电阻降低了流经电池的电流，达到电池可以承受的范围。一旦引发热和短路的问题被解决了，PTC 就会恢复到原来

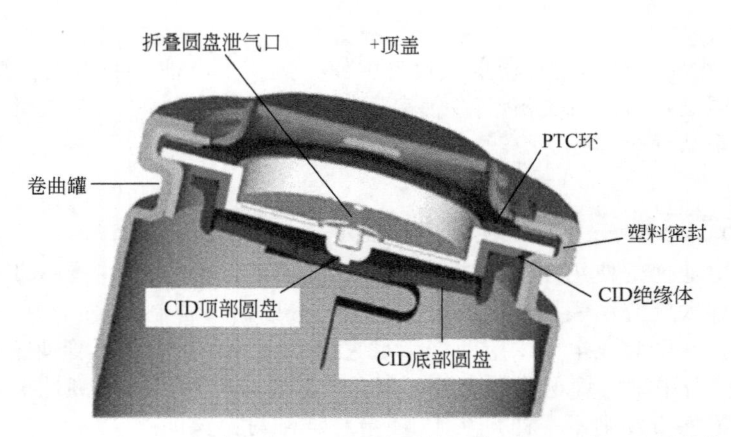

图 17.1　商业锂离子电池 18650 电池顶端展示 PTC 以及 CID 的结构

电导的 95%以上，而电池又恢复正常状态。在串联的电芯中，被激活的 PTCs 带有一个负电压，其值等于电芯串的电压减去 PTC 被激活的电芯电压。在导致 PTC 被激活的短路情况下，几个电芯 PTCs 会轮流激活并保护电芯串。但是 PTC 有它自身的局限性，如阈值电压，以及被激活过的 PTC，以后会在较低的电流温度下被激活，这些局限性在这部分中会详细讨论。根据使用材料的性质，PTC 所能承受的电压能在 30～60V 之间变动。对从商业锂离子电池中取下的 PTC 进行实验室测试表明：当 PTCs 在 30V 以上被激活时，由于电流以及温度过高，它会发生自燃。证明了这个局限性的过去的一些测试项目[13,14]，最开始是针对单个电池，之后针对电池串和不同大小的电池组，是通过多方位来理解这个现象的[10,15]。

内部短路以及过充测试是在一系列 18650 电池结构上开展的：单电芯、4 个电芯串联、4 个电芯并联、14 个电芯串联（14S）以及 16 个电芯并联（16P），阴极为钴酸锂，阳极为硬碳[16]。在所有测试中，单电芯的过充（见图 17.2）以及外部短路测试（见图 17.3）表现出了预期结果，即分别发生 CID 打开和 PTC 激活，没有发生任何灾难性事故。在 14 节电芯串联电池上进行的短路实验中，发现有几颗电池在开始 10s 内发生鼓包现象；至少有 8 颗电芯发生明显的电解液泄漏以及电芯头部发生变色。串联电芯中的 PTCs 轮流激活以缓解这种短路情况，记录的最高温度将近 120℃。图 17.4 和图 17.5 展示的串联电芯中的 PTCs 应对短路的反应情况。

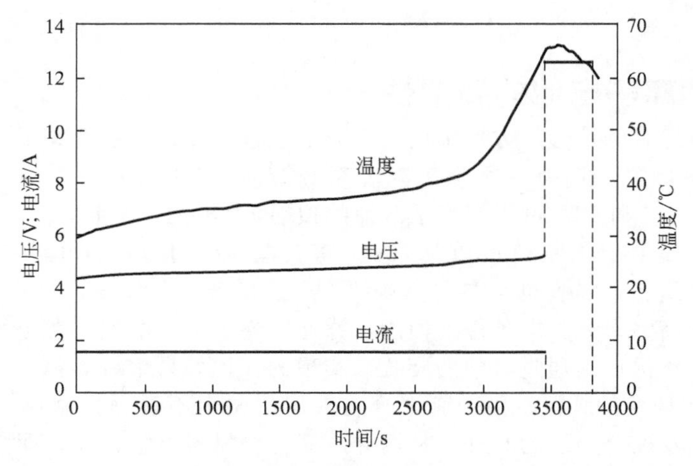

图 17.2　采用 1.5V 电流和 12V 的电压限制测试单个锂离子电芯的过充情况

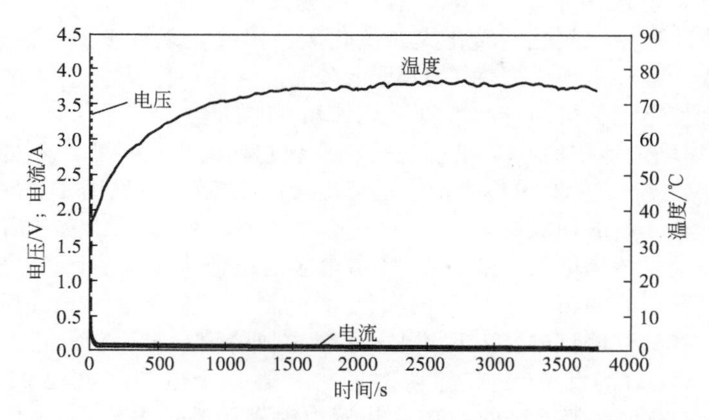

图 17.3　采用 50mΩ 负载测试单个锂离子电芯的内部短路情况

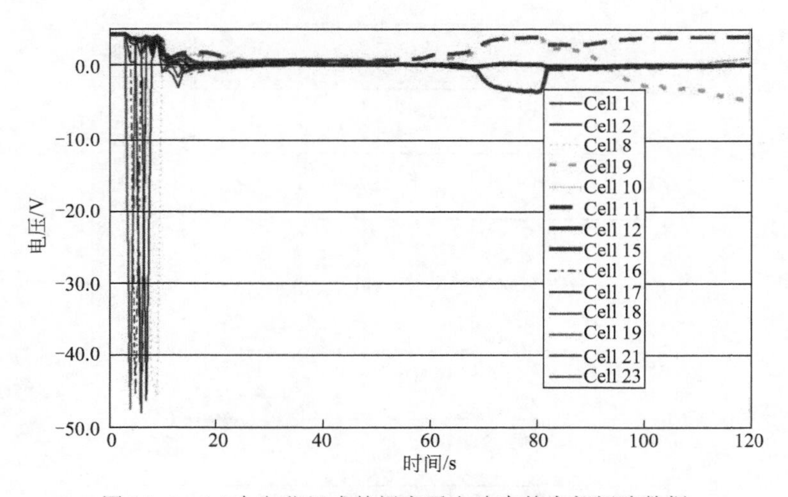

图 17.4　14 个电芯组成的锂离子电池串的内部短路数据

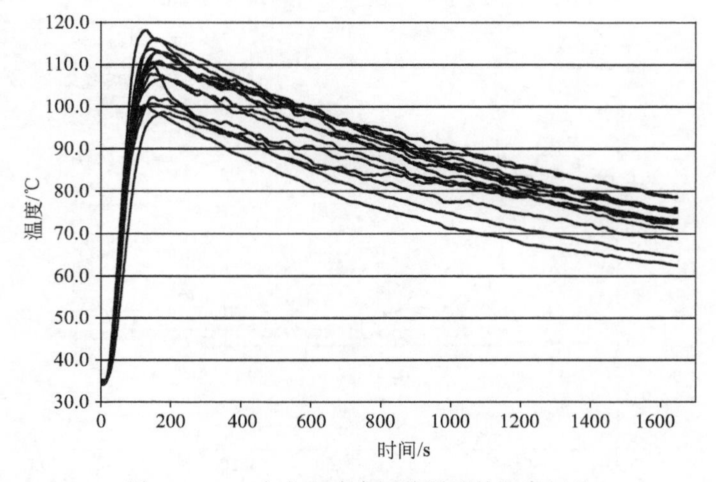

图 17.5　14 电芯电池串短路测试的温度记录

在过充情况下，电压高于 4.5V 时，有机电解液发生电化学分解，产生大量的一氧化碳，随着电压升高，这些一氧化碳转化成二氧化碳。研究发现许多添加剂[12]可以减少过充的危害，但是对于 18650 电池内嵌的 CID 设计来说，它在一定压力下会被激活并通常不能复位，在激活后会使电池保持断开状态（不能使用）。在过充条件下[12]，对单体电池、4 电芯串联和 14 电芯串联电池中的 CID 进行观察，发现它在高压电池串中不能发挥有效的保护作用[10]。在 5.0 V 以上，所有单体电池中的 CID 都能被激活（见图 17.2），但是 CID 的激活时间有所不同。在 4 电芯串联的电池串中，其中一个电芯的 CID 激活后，导致该串电池的电阻变大，从而使得该串电阻失效。在 14 节电芯的电池串中（见图 17.6 和图 17.7），对高电压数据的详细分析表明第一个 CID 的激活（电池 36，在经过 50min 后的第 11s 发生激活）是不完全的。在这项测试中，发现了 2.5A 的电流峰值，之后降低到 1.6A，在 1.6A 和 1.5A 之间摇摆了 35s 后降到 0A。在这段时间内，第二个电池（电池 31）的电压飙升到 24V 并回落到 8V 左右。在接下来的 200s，尽管电池串的整体电流在 0A，但至少有 2 颗电芯的电压上升，但是保持在 10V 以下。

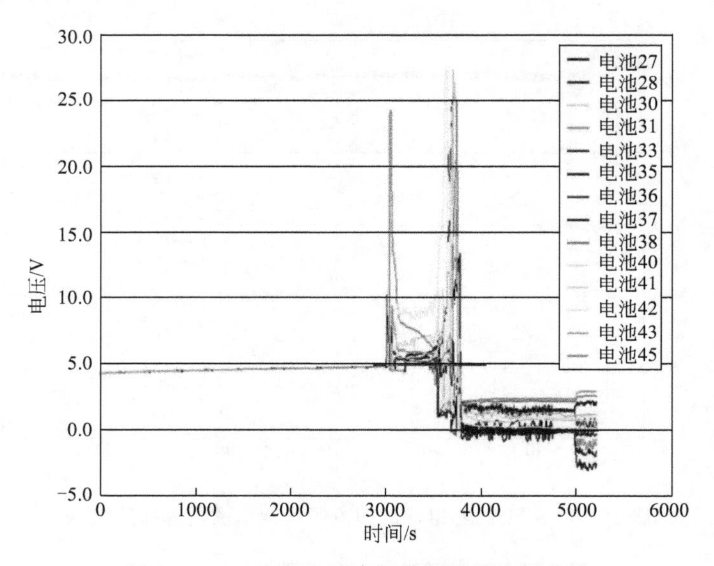

图 17.6 14 电芯电池串短路测试的电压曲线

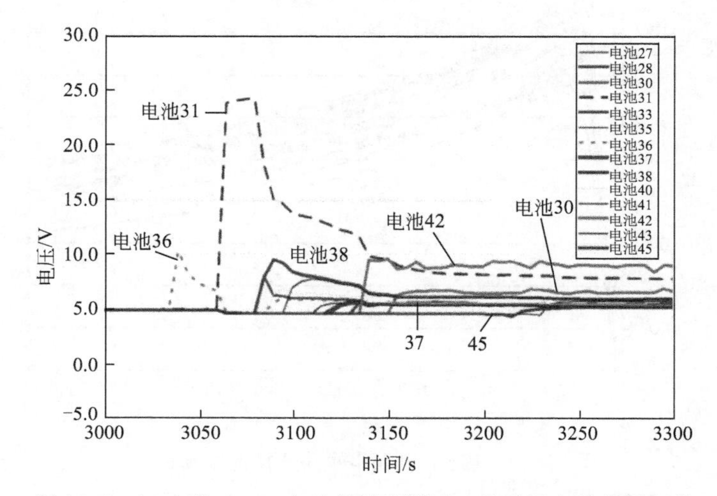

图 17.7 14 电芯 18650 电池的过充测试，显示了电芯电压细节

这表明尽管在电池串中观察到了高电阻会阻止电流通过电芯，但是这些电芯还是处在一个电化学不稳定的条件中，导致它们遭受伴随有电芯之间热传递的快速的和不可控变化。对电芯电压进行细节观察，发现至少有 3 个电芯的电压降低到 0V 以下，这意味着 PTC 可能由于高温原因被激活了（见图 17.8）。易燃电解液蒸气压的增加、在高电压下阴极分解释放的氧和由于 PTC 在高于其阈值电压（本案例中高于 30V）下被激活而引起的自燃等，最终导致电池气胀、伴随电池分解的热失控以及其他剧烈反应。

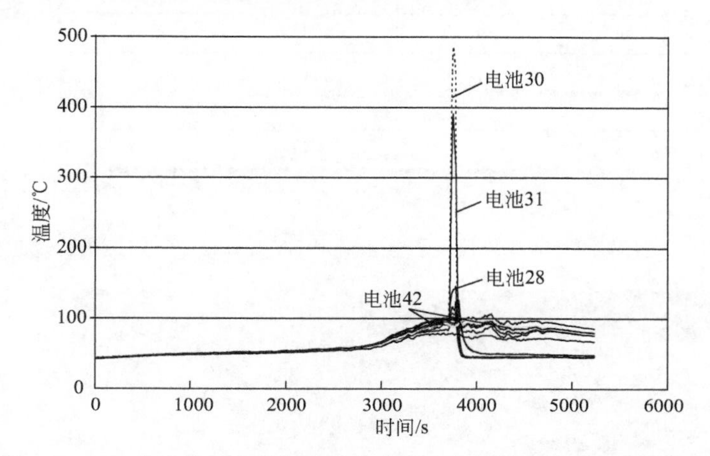

图 17.8　14 个电芯组成的锂离子电池串过充测试中的温度记录情况

对 16P 的并联电池采用 2mΩ 的负载进行外短路测试[16]，没有发生严重失效。记录的最高温度是 89℃，总的峰电流为 361A。在短路测试开始时，电压降到 1.48V，接着 3s 内降到 0.41V 左右，2min 后降到 100 mV 以下。之后电压稳定在 50～60mV 之间，直到最后一颗电芯被完全放电。

对不同数量电芯并联的电池进行过充测试，其电压和电流情况汇总在表 17.1 中[16]。

表 17.1　测试总结

描述	电压	电流
单电芯过充	12	1.5
4P① 过充—48V，6A	48	6
4P 过充—12V，6A	12	6
4P 过充—12V，4A	12	4
16P 过充—48V，24A	48	24
16P 过充—12V，24A	12	24
16P 过充—12V，12A	12	12

① 4P 即 4 颗电芯并联构成的电池组（译者注）。

采用 6A 电流（相当于每个电芯 1C）和 48V 上限条件对 4P 电池进行过充实验，结果如图 17.9 所示。在过充条件下，1h 内，电池 4 的电流下降到 200mA 左右。图 17.9 表示的是电池 4 电压下降后发生的变化。之后大约 14min，电池 1、电池 2 和电池 3 相继发生 CIDs 断开。此时电池 4 承载所有的电流（6A）并暴露在 48V 电源中，从而发生鼓包爆炸和热失控（见图 17.10)。在鼓包发生之前该电芯的最高温度记录仅为 51℃。

4P 结构的索尼电芯（从 Canon 电池组上拆卸下）也用来经受 6A，12V 电压上限的过充实验，图 17.11 和图 17.12 展示了该实验相关的图表和照片。

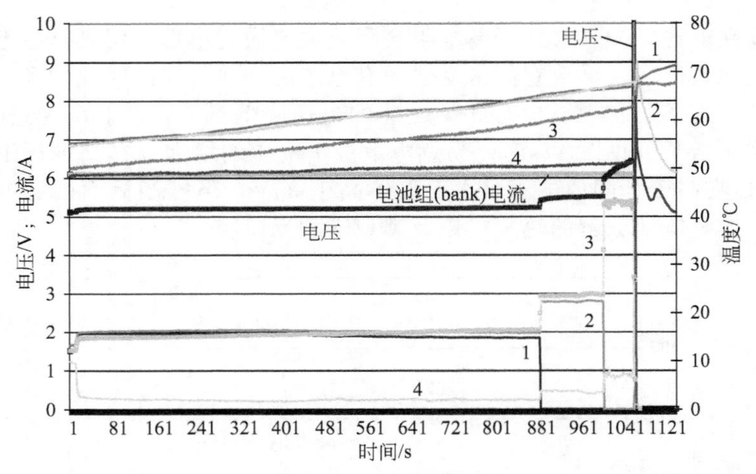

图 17.9　索尼 4P（bank）锂离子电芯采用 6A 电流、48V 限压进行过充测试

(a)　(b)

图 17.10　(a) 过充测试前 4P 电芯和 (b) 过充测试后 4P 电芯（过充电流为 6A，48V 限压）

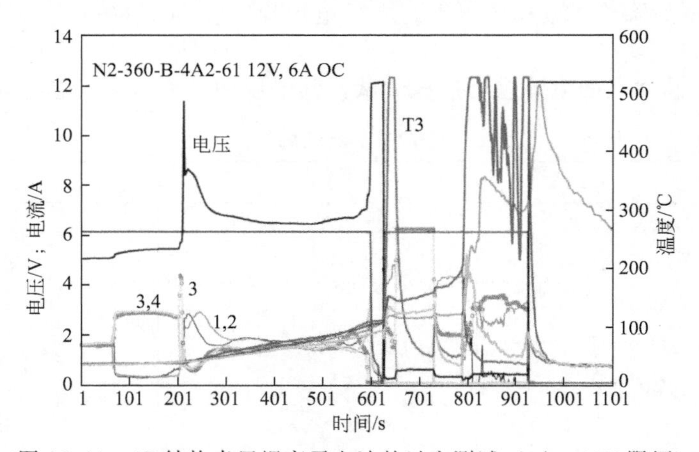

图 17.11　4P 结构索尼锂离子电池的过充测试（6A，12V 限压）

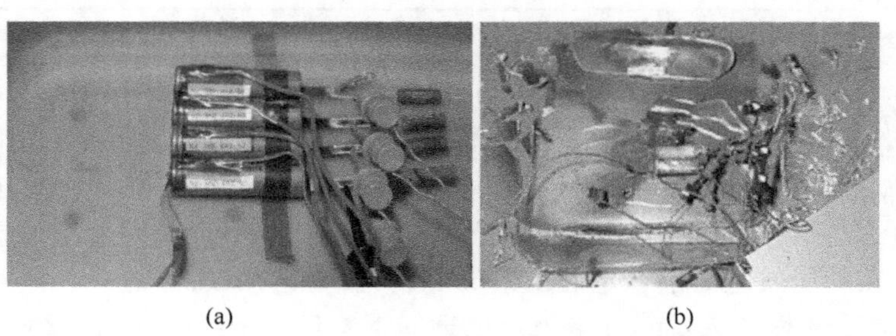

(a)　(b)

图 17.12　4P 索尼锂离子破坏的 Pyrex 耐热器照片

(a) 过充测试前；(b) 过充测试后

在过充～58s 时（完全充电后），电池 1 和电池 2 承载很小电流，而电池 3 和电池 4 承载较大电流；在 206s 左右，电池 1 和电池 2 承载较大的电流，而电池 4 在 320s 左右稳定；在大约 590s，电池 3 出现 CID 激活现象，而在接下来的几分钟内，其他 3 个电芯相继发生 CID 激活现象。在 640s，电池 3 的温度在不到 1s 内从 109℃上升到 120℃，接着飙升到大于 500℃，这时，可能由于电池 3 的热传递引起，其他 3 个电芯也爆炸起火。这个实验又采用从供应商那里获得的新索尼电池进行重复。图 17.13 给出的结果表明所有的电芯均按预期发生了 CID 激活现象。

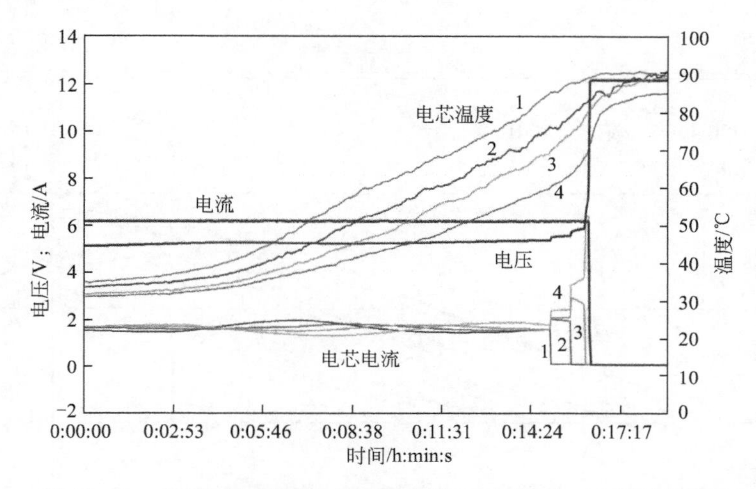

图 17.13　4P 索尼锂离子电池（新电池，6A 过充，12 限压实验）

对 PTC 电阻和电池交流阻抗的测试分析表明，从 Canon 电池组上拆卸下的电池的 PTCs 缺乏抵抗力（电阻增加）。这证明一旦被激活过的 PTCs 再次被激活时电流和温度都会较低。激活的 PTCs 可能也会降低其电压阈值，这需要进一步的测试来确认。

在 4P 并联电池中的最后一组过充实验是在 4A 和 12V 限压下进行的。这个实验也激活了 CIDs，但没有造成任何灾难性的失效。图 17.14 给出了该测试的电流、电压和温度变化曲线图。正如所观察到的，虽然对于不均衡的电芯配置，电流不断地被分享，但是 CIDs 还是按预期被激活而没有导致灾难性失效。该实验在同等条件下重复，结果显示一致。

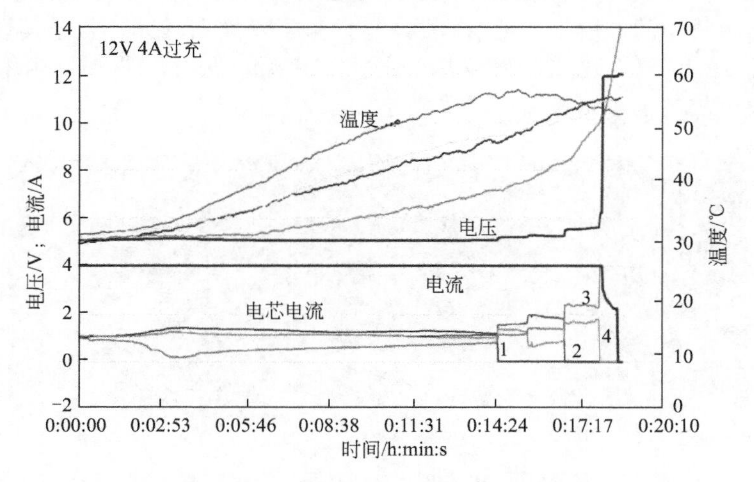

图 17.14　4P 电芯采用 4A 过充，12V 限压

对 16 节并联的电芯进行的首次测试是在 24A 和 48V 限压下进行过充测试。可以看出(见图 17.15)一半以上电芯的 CIDs 接二连三地被激活。此时电芯的温度均稳步上升,甚至在电流降低到 0A 时也是如此,当最后几个 CIDs 试图同时打开时,突然发生热失控现象。例如,当电池 3 的 CID 被激活时,其温度为 84℃,但是它在 3min 内就达到 106℃,并发生热失控。

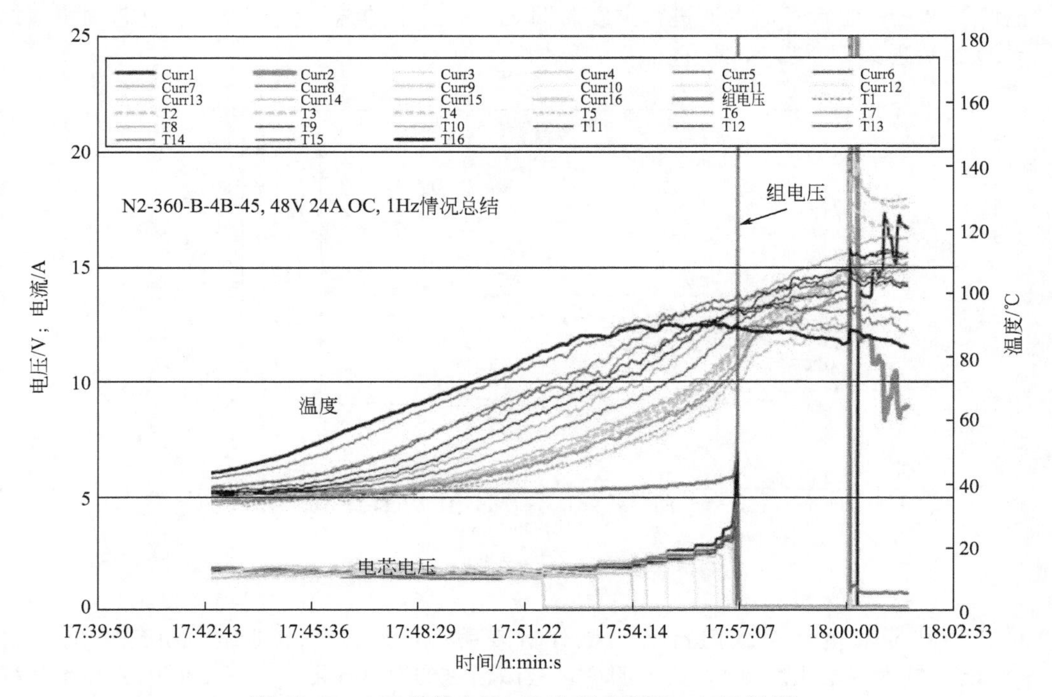

图 17.15 16P 结构电池(24A 过充测试,48V 限压)

热失控可能是被高内阻 PTC(受高温激活)的引燃所引发,因为 PTC 进一步被暴露在了高电压下(48V)。

第二个 16P 电池过充测试是在 24 A 和 12V 限压下进行的。这个测试最终也导致了灾难性热失控,甚至比 48V 限压下的测试更糟糕。CIDs 连续断开后 2min 内所有的电池 CIDs 都相继断开,电池模块中间的一个电池(电池 8)发生了爆炸和起火。紧随其后的是旁边的电芯(电池 7、9、10 和 11)也连续发生爆炸起火。之后,所有电芯都发生了热失控(见图 17.16),而引发事故的电芯则被爆出模块之外。

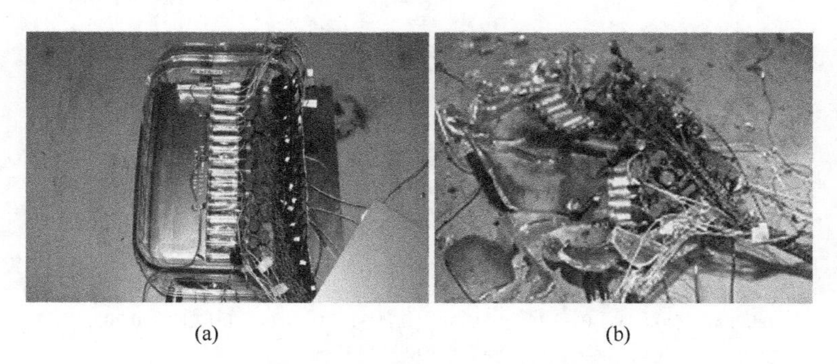

图 17.16 16P 结构在 24A,12V 限压下过充测试的照片

(a) 过充前;(b) 过充后

16P 结构的第三个过充测试是在 12 A 和 12V 限压下进行的。电芯中的 CIDs 被激活，没有出现灾难性失效。测试后的交流阻抗值证明在所有电芯中都发生了 CID 激活。

从这些大量的研究中，可以总结出在高压和/或高容量电池设计下，CID 和 PTC 不能如期有效地保护电池，这需要采取其他的保护措施。其中的一种方法是在每几个串联电芯之间安装二极管，它可以在 PTC 激活过程中，防止它变成负电压。但是，为了达到该目的，必须选用具有高压公差的二极管。另一个厂家更常用的方法是为电池中的每个电芯都配用一个外部保险丝。尽管这种方法很麻烦，但它是目前防止 PTC 失效的最有效和最稳健的设计。

类似的测试项目也在没有安装 PTC 的尖晶石型 18650 电池上进行[17]。在过充和外部短路情况下，当电池以 16P 或 16S 结构配组时，CIDs 也不能预期地保护电池。尽管没有发生起火现象，但还是发生液体电解液的过度气胀和冒烟现象。电芯的测试结构如图 17.17 所示，没有发生电解液溅到任何其他电池上，如果发生这种情况，就会由于高温电池的热源引发火灾。

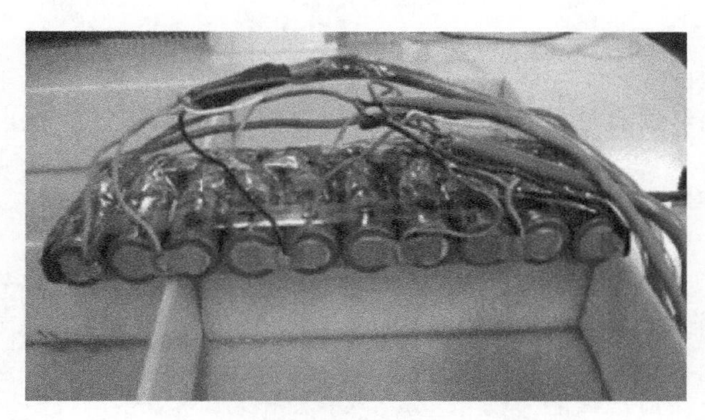

图 17.17　尖晶石锂离子电池结构照片

在方形电池的设计中没有配置 CID，过充会导致电池头部焊接处或铝塑袋的破损，释放出易燃气体和电解液。有时，它还会导致电池的散架。由于这个原因，电池排气阀或防爆装置就称为一种在爆裂前对气胀的一种可靠保护设计。在新生产的批次中至少选两个样品来进行测试，以确认该保护装置是否能正常使用，是否能如预期一样起到保护作用。

有些锂电池的隔膜是三层聚合物隔膜材料，由两层 PP 中间夹一层 PE 构成。在环境温度下，隔膜允许离子通过。当电池的温度升高到 130℃时，PE 层融化，从而阻碍离子通过。该聚合物材料的扫描电镜（SEM）结果表明原隔膜中的孔经过该温度后封闭。虽然隔膜的这个性质可以在内部短路、外部短路以及高温环境下保护电池，但是隔膜融化的温度却和锂离子电池热失控的温度过于接近。有人研究了更低的温度区间（80～110℃）内会被激活的隔膜[18]。制造过程的精细化，并降低纳入到实际锂离子电池生产过程中，有助于“自闭孔”隔膜发挥更多有用的保护。最近，陶瓷涂覆隔膜也被制造商所采用，安装有这种隔膜的电池在 NASA-JSC 进行检测，但还不是很清楚这种隔膜是否能为内部短路保护提供更有益的效果。针对陶瓷隔膜电池，还需要进行更多的测试来确认其保护性能。这节所述的研究指出了商业锂离子电池的内部保护特征，同时，在单体电池中能表现出预期的保护效果，在多电池组结构中却不一定能发挥作用，而且在许多情况下会导致发生灾难性的事故。

17.4　商业锂离子电池的质量控制

锂离子电池的内短路经常会导致电池的爆裂。而这只能通过良好的生产规范和非常高的质量管控来避免。锂离子电池在 2000～2006 年之间的召回事件都说明是由电池生产过程中的品质管理不达标所引起的。虽然事故中的电池被损坏了，不能进行分析，但是从对相同“批次”或“日期代码”的电池进行破坏性实验表明：CIDs裁剪不当导致的毛边、电池壳内部脱落的阳极材料碎片、黏附在电极上的活性不纯物都是这些内部短路的主要原因。内部短路的另外一个原因是电池的使用超出了生产商的规范要求。OEMs方面已经确定了在存在合适电芯电压监控、均衡以及保护的情况下，严格控制充放电电压的范围。但是，当商业电池被用于太空、水下和地面（电动汽车）的应用中时，人们需要在电池设计中增加严格的控制。在设计电池时，需要考虑第3部分分析的问题，应在适当的级别（单体电池、并联电池块、串联电池串、电池模块和电池包等）测试电池来确保可信赖的安全性，确保这些设计如预期一样的工作，不仅可以防止过充、过放和外部短路引起的明显危害发生，还能防止由于滥用引发的更敏感的内部短路。当电池被违规使用时，枝晶锂（过充）的形成和铜的电溶解以及在负极表面的沉积、正极和隔膜（过放）会进一步变成枝晶锂生长（内部短路）位点，这些都会导致局部过热、隔膜分解、电池阻抗的不平衡和最终电池发生热失控。

商业锂离子电池的一个主要问题是电池生产商数量爆发式增长，其中有许多低品质生产商。由于电极材料高纯原料价格上升以及锂离子电池的需求增长，有些电池配件市场也生产电池并以极低的价格出售。电池配件市场的电池是用非常差的原料，在非常差的制造环境下生产的，生产控制不严格，也会导致电池的热失控。在人类生存环境中，应尽量避免使用配件电池。

其他需要考虑的因素是电池生产设备的检修、新电池的破坏性检测分析和严格的筛选技术来辨别那些潜在的内部短路电池，这种内部短路电池不能用制造商使用的任何电池验收测试检测出来，也不能在电池生产过程中筛选出来。第5部分详细讲述了这种筛选过程。

电池生产设备应该保持高度清洁和非常低的湿度。应当采用磁性过滤器来消除电池材料粉末、浆料等中的金属杂质。在包括电极涂布在内，以及生产过程中所有存在金属切割的领域中都应该使用磁铁、胶带等，并采用抽真空措施。电池注液应尽可能少地暴露到环境中，以避免湿度改变以及从环境中引入杂质。应当采用X射线来确认电池两端电极以及隔膜的整齐度。也应当采用X射线来检测极耳弯曲是否合适以及是否离电池头部或电极太近，因为容易导致短路。电池生产商应执行独立的原料评估、随机取样检测，并对每批样品进行安全检测。最后，应当要求电池原料和组件的可追溯性，以对未来可能发生的问题进行辨别和解决以及持续改进电池的生产质量。

17.5　商业锂离子电池的安全认证过程

商业的和定制的锂离子电池被用于地面、水下和太空领域。商业电池组可以是OEM生产的，也可能是配件市场电池。在当今环境中，很少看到既生产商业电池又生产定制电池的企业。

在这一部分，将详细描述NASA-JSC的电池认证过程。像其他政府机构和私营部门这样的使用者也使用其他一些标准，比如UL、UN、IEC、SAE、BAJ。海军使用电池的认证过程在参考文献［19］中有详细描述。

NASA-JSC的电池认证过程包括3个主要过程。分别是工艺、质量和飞行验收阶段，对于安全认证过程这三个阶段都非常重要。每一批为飞行项目生产的新样品都需要进行批次测试，以保证它们具有同样的性能和安全特征。只有当所有的测试都已经采用同批合适的样品测试过，正在使用的某批次，才不需要进行批次样品测试。图17.18和图17.19提供了认证过程的简单示意。

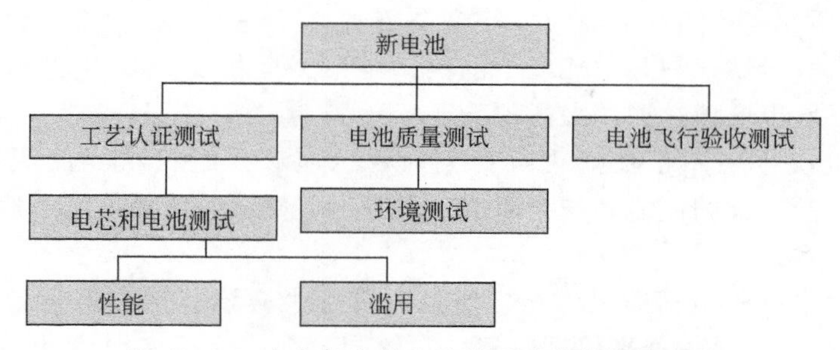

图 17.18 太空任务的电池认证过程的简易流程

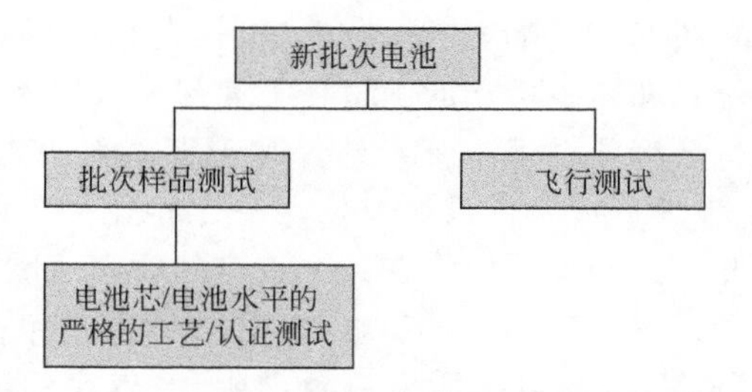

图 17.19 已有认证电池的新批次电池验收简易流程

对于采用商业电池单体组装成的电池组，NASA-JSC 也遵循这里描述的认证过程。第一部分是电池的工艺评估，对电芯和电池组测试。执行这些测试以确定电芯和电池组的性能和安全特征。基于测试结果，选择合适的电芯以及电池设计过程。对于采用商业电芯的商业电池以及定制电池，工艺设计和测试部分包括电芯水平的测试，比如倍率性能、脉冲特性、不同温度性能，确定泄爆比以及它们在过充、过放、外部短路、模拟内部短路以及极端温度条件下的安全容忍度。

NASA-JSC 的模拟内部短路测试方法是用一个冲杆冲压电池但不刺穿外壳，使电极片之间相互接触而引起内部短路，电池电压降到 500mV[20]。这种方法只能用于确定电池对内部短路的容忍程度。NASA-JSC 对于电芯设计对内部短路相关的容忍度测试的原则是，不拒绝也不赞成所有导致热失控行为的电芯设计。测试结果用于确定电芯是否需要增加额外的严格的内部短路筛选过程。在 NASA-JSC，发生热失控的电池设计被归类为“不能容忍内部短路”的一类，而其他没有表现出热失控的则归类为“能够容忍热失控”的一类。伴随严格的飞行电池验收项目的同时，也会执行振动筛选过程，来筛选出有内部短路缺陷的电芯和电池。采用的这种振动筛选[21]是在 1998 年第一个商业锂离子电池被认证用来太空飞行后，就一直作为微小风险电池筛选的方法，由于没有其他外部控制方法可以采用以保护电池或者电芯应对内部短路。

电池组级别的测试包括在相关任务下的测试以及启动性能，还有热、压力等环境下的测试。执行热分析来确定电池内部热梯度，并选择能够获得电池组内最低的可接受的热梯度的设计。在设计阶段以及结构建造中都应该考虑电池独特的使用环境，如在发射或在轨道中的振动以及在着陆时的冲击负荷，并相应作出调整来适应这些独特要求。电池可能在质量和体积方面有一定的限制，所以在设计电池组时也需要考虑这个因素。

电池组级别的安全测试应至少包括过充、过放和外部短路测试。在 NASA-JCS，经过数年的测试经验，建立了良好的不将电芯级别的控制转化为电池级别控制的方法。电池控制，尤其是电芯内部的控制，由于其自身限制而不能保护或防止灾难性事故发生（17.3 节中有讨论)。所以也应该在相关测试环境中进行安全测试。NASA-JSC 测试项目表明在环境压力条件下的安全测试显示结果与真空环境下的测试结果完全相反[22]。电芯或电池组对安全控制设定的最高容忍度也应通过测试来得到验证。

当随后的多批次生产用于任何飞行计划时，也应该执行批次样品测试。应随机抽取3%～6%的样品接受关键的性能和安全测试。这是为了确认后续新批次电池的安全容忍度与之前的批次保持一致。

认证过程的第二阶段包括质量测试。质量测试至少应该包括类似飞行环境下的性能测试[21]。类飞行环境电池是一种高保真原型，它等同于太空飞行电池设计。这种测试通常是一次只进行一组电池，除非由于时间限制，要求多个测试并行开展。环境和余地将取决于项目团队和电池、电池组的硬件标准。性能测试也应包括在相应压力（宇宙飞船内是环境压力，而外部是高度真空环境）和热条件下的发射任务简况协议以及特定持续时间振动所要求的频率，频率和时间为飞行环境提供了一个余地。对于那些无法忍受内部短路（导致爆炸、起火和热失控）的电芯/电池成分或者体系，应使用一个相比手工筛选要求更高的振动水平来筛选内部短路电池。因此，这些电池应该在某个特定的频率范围内进行测试，这个范围内整体振动荷载以及认证时间都有一定的余地。通过/失败标准应包括对比每一个环节测试之前和之后进行开路电压（OCV）、容量、质量以及内阻和/或交流阻抗。在筛选过程中，应该采用严格的通过/失败标准。例如 NASA-JSC 的有些项目使用的标准是每次环境测试前后 OCV 和内阻变化值小于 0.1%，质量变化（取决于电池组尺寸）在 0.1%～1%之间，容量变化小于 5%。

飞行验收测试是在 100%的太空飞行电池上开展的。飞行验收阶段开始于电池筛选，100%的电池都要经历物理检测、尺寸和质量测试、开路电压、容量和内阻和/或交流阻抗以及自放电测试。符合电压、容量和内阻条件的电芯用来构建电池模块。如果需要的话，电池筛选可能还要包括采用高精度 X 射线来确认没有外来或自身污染物、电极排列和焊接完整度等。飞行电池应该进行的飞行验收测试至少应该包括：振动之后的性能测试（充电和放电循环）、振动之后的性能比较、真空前后性能对比以及真空或热真空泄漏检查。对于那些不能容忍内部短路（导致爆炸、起火和热失控）的电池/电池组体系或设计，电池组应采用相比手工筛选更高级的振动筛选来进行内短路筛选[21]。对于质量测试，应该采用严格的通过/失败标准来筛选电芯/电池缺陷。通过/失败标准应包括每次测试后的 OCV、容量、质量和内阻和/或交流阻抗的对比。在筛选过程中，应该采用严格的通过/失败标准。例如 NASA-JSC 的有些项目使用的标准是每次环境测试前后 OCV 和内阻变化值小于 0.1%，质量变化（取决于电池组尺寸）在 0.1%～1%之间，容量变化小于 5%。

上面提到的 3 个阶段的数据收集，以及任何相关分析和其他文档，都需要以一种安全数据包的形式上交到相关的 NASA 安全小组，以获得最终的飞行安全许可。

17.6 结论

商业锂离子电池为商业、私人和政府部门提供了很大的利益。但是由于不合格电池和/或电池组设计容易引发灾难性危害这一本质特点，所以必须要进行严格的控制来防止这样的危害引发宇航员、太空站或太空任务等方面的损失。在特定领域使用电池的用户以及电池设计应该考虑电池的使用方式和使用寿命，特别是在长期应用领域。针对相关设计配置进行测试，以及在不同环境中进行测试，并理解电芯和电池安全性和性能特征，这些对于获得在人类环境中使用的安全电池是非常重要的。

术　语

BAJ　日本电池协会
C　倍率
CID　电流中断装置
IC　集成电路
ICE　国际电工委员会
JSS　国际空间站
JSC　约翰逊航天中心
MOSEFT　金属氧化层半导体场效晶体管
NASA　美国国家航空航天局
OEM　原始设备生产商
♯P　♯个电芯串联
PTC　正温度系数
♯S　♯个电芯串联
SAE　汽车工程师协会
SEM　扫描电镜
UL　美国担保人实验室

参 考 文 献

[1] J.A. Jeevarajan, B.J. Bragg, Proc. 1999 NASA Aerospace Battery Workshop, Huntsville, AL, 1999.
[2] J.A. Jeevarajan, F.J. Davies, B.J. Bragg, S.M. Lazaroff, Proc. 39th Power Sources Symposium, Cherry Hill, NJ, 2000.
[3] J.A. Jeevarajan, J.S. Cook, J. Collins, Proc. 41st Power Sources Symposium, Philadelphia, PA, 2004.
[4] J.A. Jeevarajan, T. Inoue, Proc. 42nd Power Sources Symposium, Philadelphia, PA, 2006.
[5] J.A. Jeevarajan, G. Varela, T. Nelson, The Olivine Workshop, Pasadena, CA, 2007.
[6] D. Lisbona, T. Snee, Process Saf. Environ. Prot. 89 (2011) 434.
[7] J.B. Goodenough, K. Mizushima, Electrochemical Cell with New Fast Ion Conductors, U.S. Patent 44,302,518, 1980.
[8] J.B. Goodenough, K. Mizushima, Fast Ion Conductors, U.S. Patent 4,357,215, 1980.
[9] S. Tobishima, J. Yamaki, J. Power Sources 81–82 (1999) 882.
[10] J.A. Jeevarajan, P. Patel, Proc. 2007 Space Power Workshop, Manhattan Beach, CA, 2007.
[11] P.G. Balakrishna, R. Ramesh, T. Prem Kumar, J. Power Sources 155 (2006) 401.
[12] G. Venugopal, J. Power Sources 101 (2001) 231.
[13] P.R. Cowles, E.C. Darcy, F.J. Davies, J.A. Jeevarajan, Proc. 2002 NASA Aerospace Battery Workshop, Huntsville, AL, 2002.
[14] J.A. Jeevarajan, E.C. Darcy, F.J. Davies, P. Cowles, Proc. 203rd Meeting Electrochemical Society, Paris, 2003.
[15] W.A. Trancinski, J.A. Jeevarajan, Proc. 2006 NASA Battery Workshop, Huntsville, AL, 2006.
[16] J.A. Jeevarajan, E.C. Darcy, G. Varela, F. Davies, P. Patel, Proc. 43rd Power Sources Symposium, Philadelphia, PA, 2008.
[17] J.A. Jeevarajan, B. Strangways, T. Nelson, Proc. 2011 NASA Battery Workshop, Huntsville, AL, 2011.

[18] J.A. Jeevarajan, L.-Y. Sun, Proc. 2006 Space Power Workshop, Manhattan Beach, CA, 2006.
[19] J.A. Jeevarajan, C.S. Winchester, The Electrochemical Society Interface, Summer 2012, p. 45.
[20] J.A. Jeevarajan, T. Viviano, H. Jones, T. Chapin, M. Tabaddor, Proc. 2011 NASA Battery Workshop, Huntsville, AL, 2011.
[21] J.A. Jeevarajan, E.C. Darcy, Crewed Space Vehicle Battery Safety Requirements, NASA Document JSC 20793, Houston, TX, 2006.
[22] J.A. Jeevarajan, W. Tracinski, Proc. 2008 NASA Battery Workshop, Huntsville, AL, 2008.

第18章 锂离子电池安全性

Zhengming (John) Zhang*, Premanand Ramadass, Weifeng Fang
(Celgard隔膜，LLC公司，夏洛特，北卡罗来纳州，美国)
*JOHNZHANG@CELGARD.COM

18.1 概述

锂离子电池已经商业化超过20年的时间，目前是所有时尚消费电子设备最先进的能量来源。锂离子电池由于自身先进的成分构成：插层碳负极、插层金属氧化物正极以及非水有机液态电解质，所以在与其他可充电电池系统相比时，性能特征非常出众。锂离子电池可以提供高能量、高功率密度、长寿命以及可靠性，使之对于应用于电力驱动汽车、军事以及航空宇宙领域，都非常具有吸引力，而且目前也正在开发应用于这些领域的大型锂离子电芯和电池组。

对于锂离子电池技术，长期关注的一个焦点是与系统相关的安全问题，这也是除了成本和耐久性之外，电芯/电池包生产商考虑的一个主要问题。对于锂离子电芯来讲，安全性到底意味着什么？一个普遍的关于安全性问题的看法是锂离子电池电芯在使用时不能起火或者爆炸。但是，关于该看法存在一个问题，即它并没有定义使用条件。下面考虑几个例子。

【例1】众所周知汽油是一种高度易燃的物质，但是在用于驱动汽车时却被认为是安全的。人们可以接受汽油作为日常生活的一部分，却忘记了如果不正确使用或者操作时，它的危险性有多大。事实上，当在操作、运输或者使用汽油时，做好所有必要的安全保护措施，使用汽油来驱动汽车的确是很安全的。

【例2】房屋人们一般认为是很安全的。但是，当它经历一场超过房屋建设者设定程度的地震时，房屋就会坍塌或者起火，也就不再被认为是一个可生存的安全场所。事实上，只要自然灾害如地震在房屋能承受的程度之内，那么住在房屋中就是安全的。

同样地，锂离子电池包含有能量很高的材料以及易燃的电解质溶液，如果将其置于计划外的不合理条件中时，那么也会发生热失控。事实上，如果在制造商设定的条件范围内操作甚至滥用锂离子电池，锂离子电池都是安全的。但是，即使是在正常设定范围内对锂离子电池进行操作或者滥用，而发生了过热、起火、冒烟或者爆炸等热失控事件的话，那么就不能认为锂离子电池是安全的。

因此，“安全性”这个词汇应该是指电芯/电池组生产商与用户之间，就特定条件下使用电芯/电池组，以及在滥用条件下对其测试时，针对不发生能量热失控所达成的一种共同协议。

该协议包括：①生产商有责任陈述清楚所生产以及供应设备的电池所用操作条件，以及滥用耐受程度；②消费者/终端使用者有责任确保锂离子电池在所规定的条件范围内使用。

图 18.1　通过网络获取的应用在消费者笔记本、手机等电子产品中的锂离子电芯/电池组事故现场

图 18.1 展示了几个锂离子电芯/电池组在消费电子设备中应用时所发生的现场事故。由于目前有几十亿颗锂离子电池用于驱动移动电话、笔记本电脑以及其他消费电子产品，所以势必要关注现场事故问题[1~4]。2006 年，戴尔、索尼、苹果、联想/IBM、松下、东芝、日立、富士通以及夏普笔记本电脑中安装的索尼电池几乎被召回了 1 千万颗。研究者发现这些电池非常容易受到金属颗粒的内部污染以及在某些环境下，这些颗粒会刺穿隔膜，导致内部短路。2007 年 3 月，联想公司召回了 205000 颗有爆炸危险的电池。2007 年 8 月，诺基亚公司召回了超过 46000000 颗有过热以及爆炸危险的电池。为了解决安全隐患，惠普公司在 2009 年、2010 年以及 2011 年召回了大约 286600 颗有可能发生过热、破裂等危险，会给用户带来起火、燃烧等危险的笔记本电池[5]。2012 年，A123 系统召回了价值 5500 百万美元的电动汽车电池，这批电池因为在制造过程中使用了不标准的焊接机器，因此可能会导致电池中的一个元件刺穿铝电绝缘袋[6]。也是在 2012 年，诺基亚公司召回了超过 200000 颗存在燃烧危险的照相机电池[7]。生产商一向将热相关的电池失效问题看得非常严重，所以采用安全召回这种保守的方式来进行处理。

考虑到市场上所用的锂离子电池数量，这种储能系统（ESS）其实在破坏以及个人伤害上造成的危害还是比较小的。锂离子电池一向具有不错的安全记录，市场上十亿颗电池也仅会发生少量的安全事故。这种优异的安全记录来自于生产商、终端使用者的共同关注，以及得益于 IEEE、IEC 以及 UL 等规范标准来管理电池的安全。

虽然记录很不错，但是锂离子电池的安全问题依旧是一个热门话题，即使是很小的事故也会引起媒体的高度关注。从 2006 年戴尔和苹果笔记本电池召回事件之后，电池生产商不仅在尝试向电池包中封装更多的能量，同样也在尝试增加其防护性能。但是，随着锂离子电池系统逐渐进入几个新的如电动汽车、军事、卫星等大多使用大型电池的领域，在安全性问题上依然存在很多改进的空间。本章将集中从系统的层面来分析锂离子电池的安全性问题以及包括热滥用、机械滥用以及电子滥用等方面的相关测试；之后集中讨论锂离子电池的内部短路以及相关的失效机理；并在最后讨论高比表面锂沉积以及它的含义。

18.2　系统层面的安全性

一般来讲，确保电池的安全要从电芯层面开始、到使用者层面结束。IEEE1625 以及

1725 标准委员会最近集中传递了这样一个概念：锂离子电池组的安全性是电芯、电池组、系统设计以及制造等所有参数的函数[8,9]。因此在解决锂离子电池安全性问题上，系统层面的方法就变得非常必要。系统层面的安全性包括电芯、电池组、主机设备、功率供应或者适配器终端用户/环境等方面的联合，所有这些方面在确定电池组安全性上都会起到一定的作用。

当锂离子电池驱动电子设备（如笔记本电脑、移动电话等）时，具有不同子系统的电池界面位于不同的等级水平。图 18.2 显示了接近于锂离子电池设计和使用的系统概图。电芯自身代表着系统的第一级。从电芯的水平上来确保电池安全性主要包括：选用合适的材料、增加电芯安全装置如内部通风口、CID、PTC、采用一致的生产过程以及从材料采购到电池运输都执行严格的质量监控措施。此外，需要针对电芯在滥用耐受安全性上进行测试和资格认定。不仅要测试新电芯，而且还要测试老化的电芯以及循环过数次的电芯，这样才能够帮助减少可能的现场问题。本章的后一部分将会对电芯等级方面的安全问题有更多的讨论。

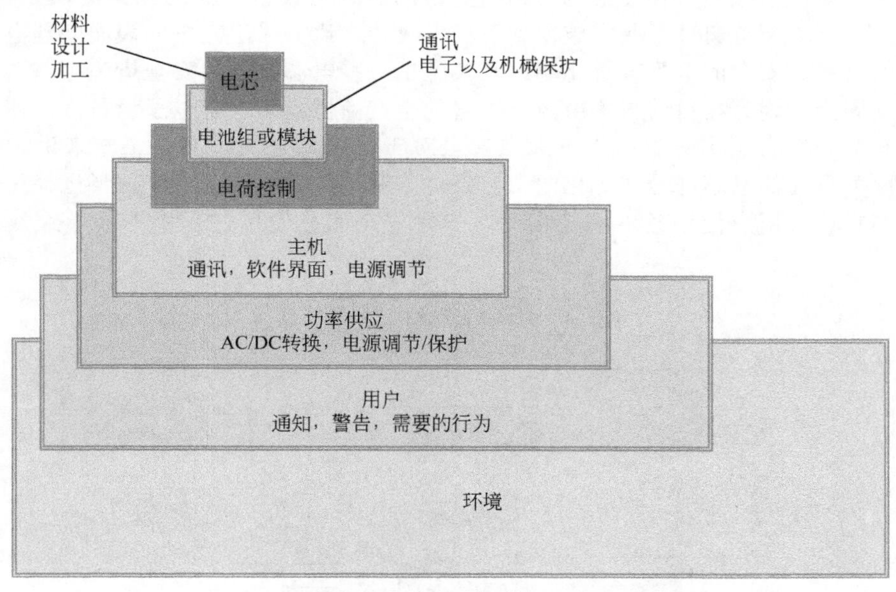

图 18.2　锂离子电池设计和使用系统方法示意

根据应用类型的不同（如笔记本、摄像机等），需要多个电芯彼此作用（串联或者并联在一起），以形成电池组或者模块。从电池组的等级上，需要增加几个安全组件来降低安全风险。这些安全组件包括：安全电路来保护电池组过充或者过放，二级保护装置如基于电流以及/或者基于温度的组件。这些保护装置通过监控电池组中一处或者多处的电压、电流以及温度来进行工作。

下一等级包括电荷控制机理，它们主要充当电池组和主设备之间的界面，并且与对它充电（操作）的功率供应系统相互作用。在系统的等级上，充电器是作为第一道防线。由于不同的电芯化学物质具有自己的充电方法，所以在设计充电器时需要考虑独特的电荷控制方法包括建议电压、温度以及充电倍率限制，以避免出现任何过充情况。

用户和环境组成了系统交互作用的最后一级。从系统的层面确保安全性取决于生产者/供应者的实施，也依赖于最终用户的行为。这部分的系统安全性是关于理解产品预期使用方法，以及减轻电池可能发生的合理的和可预知的滥用。便携式计算机充电电池标准：IEEE P1625 是第一个囊括电池生产各个过程以及用户体验的标准。

18.3　电芯层面的安全性

锂离子电池的安全性是商业应用的必要要求。电池生产商在设计更加安全的电芯上一直不遗余力，通过对电芯组件进行改性或者通过改良生产实践，最终形成实地安全性记录良好的电芯。从电芯的层面，热失控失效可以由一系列原因引起，包括电池设计不良（电化学上的或者机械上的）、电芯生产瑕疵、电芯外部滥用等。随着锂离子电池能量的增加，在安全技术上也需要更多的进步，以减少现场事故的发生，这些进步会进一步受到来自于EDV、卫星以及其他专业领域的关注。

电芯层面的安全性大概可以分为3类，如图18.3所示。第一类安全性依赖于电芯设计方面，即电池材料以及生产过程。世界范围内的电池生产商正在采用最成熟的方法来生产锂离子电池。这些过程高度自动化，而且能够采用光学的或者X射线检查方法来对电池进行有效的先进质量检查，这些检查主要针对几个安全性相关的核心因素，如电极安装、是否存在金属杂质、电极边缘是否存在毛刺、朝向负极的靠近电极包覆面的铝集流体是否绝缘等。此外，电芯安全方面也通过一些措施得到了极大改善，比如采用先进的表面处理电极、核壳结构类型的材料、安全的电极容量比率以及实施了一些电芯层面的安全措施等。这一类也可称之为大众安全，因为在目前很多由经验丰富的生产商供应的消费电子设备生产使用的电芯中，几乎有99.999%都归于这一类。大众安全对于目前先进的锂离子工艺来讲，并不是什么问题，因为目前的电芯都是在优化的工艺条件下制造的，设计坚稳、材料选择先进，这些都使得电芯在建议用户使用条件下使用时，非常安全而且使用过程中不会导致热失控状况出现。

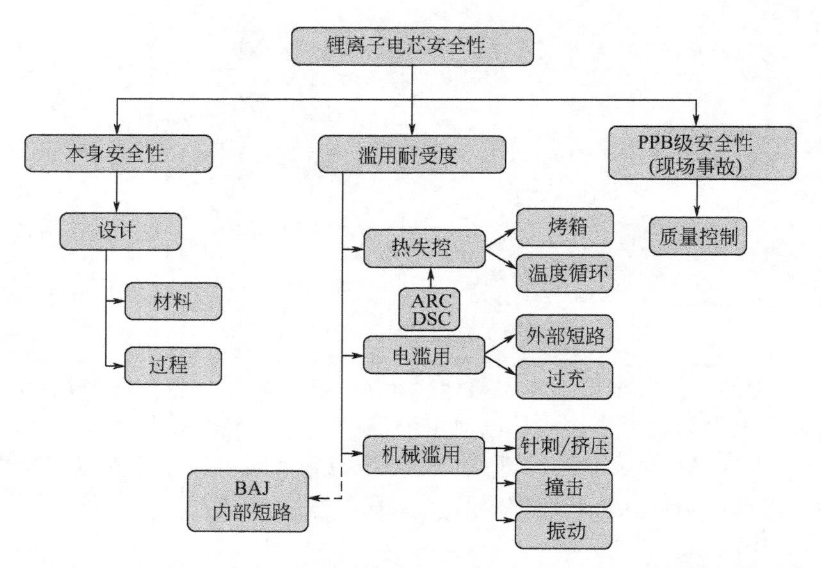

图18.3　消费者电子应用中的锂离子电池电芯层面安全性的原理流程

第二类涉及电芯层面安全性的是滥用耐受性。“滥用”这个词汇是指不按照供应者提供的方式去使用某样东西，可能是不合理的或蓄意的人为，或是不合理的极端条件或环境[8]。电池在设计时有必要对这些自毁的滥用条件有一定的容忍度。但是这些也并不能完全保证电芯在正常设定条件下的安全。必须要指出的是，几乎所有报道的锂离子电池现场故障并不是发生在滥用条件下，而是在正常操作条件下使用时发生的。

第三类是涉及锂离子电池现场故障的PPB（十亿分之一）水平的安全问题，在这一类中，电池按照正常设定的操作条件运行。这一类是最引人关注的一类，它关系到不归类为大众安全名目下的电芯，这些情况下电池的失效模式往往在正常操作条件下发生热失控。

现场故障一般是指无缘无故的电池爆炸，而且据行业专家评估，这类事件非常稀少，大约 1 亿颗锂离子电池中会有 1 颗发生这样的事情[10]。复制现场故障以及在实验室进行研究都非常具有挑战性，因为它们的发生非常稀少。此外，这类事故不同于滥用耐受测试失效，在滥用耐受测试中，电池按照一定方法经受极端条件，比如无控制的加热、过充、碰撞或者刺穿，并对电池反应进行评估。分析此类自发性损坏事故的另外一个困难在于，失效的电池大部分是已经经受过滥用以及可靠性测试的，而且它们之前一直都在正常工作。

最近一些电池生产商的研究以及来自于 IEEE 电池安全委员会的讨论表明，PPB 级安全问题的主要诱因是在正常电池运行过程中发生大面积锂沉积，从而引起电池失效。因此严格的质量控制措施以及新的安全评价方法可能有助于控制这类事故的发生。关于这个问题的更多讨论放在内部短路和锂沉积那一部分中。

18.4　滥用耐受测试

消费者电子电池的滥用耐受测试方法由国际电工委员会（IEC）、美国安全监测实验室（UL）以及日本储能电池协会（JSBA）[11] 等规定。这些测试基本上分为热、电以及机械相关的滥用测试。热滥用测试包括高温斜坡上升测试，也称为热箱测试以及温度循环测试。过充和内部短路测试归属于电滥用测试的范畴，而最常见的机械滥用测试包括针刺、挤压、撞击以及机械振动测试。本部分对每种测试进行简要的介绍，如果想了解每项测试的更多细节，可以参见 UL1642 号文件[12]。电池生产商在衡量锂离子电池的滥用响应时，一般会采用一种范围化的方法，即这些滥用响应的表现从最不严重的即没有变化，到电解液泄漏，再到最严重的情况如起火冒烟以及爆炸等。而在滥用耐受测试中，电池通过的标准是没有发生起火以及没有爆炸现象发生。

18.4.1　热失控耐受以及热稳定性测试

其中一个常用的热失控测试是热箱测试，该测试将电池以重力传导的方式加热，或者循环热箱内空气使其以特定的加热速度（一般是 5℃/min）到一个特定值，且停留一段时间。

电池通过测试的标准是在高温中暴露的这段时间内不能起火或者爆炸。图 18.4 显示了一些锂离子电池通过或者不通过热箱测试的一些特征。如果电池加热超过特定温度（一般是高于 130～150℃），那么可能会由于一些反应的发生导致内部产热，这些反应包括 SEI 膜的分解、锂与溶剂以及黏结剂反应、电极和电解液内的化学反应、焦耳热以及与内部短路相关的电化学反应等。如果电池能够使这些内部产生的热消散掉，那么温度就不会快速地升高。

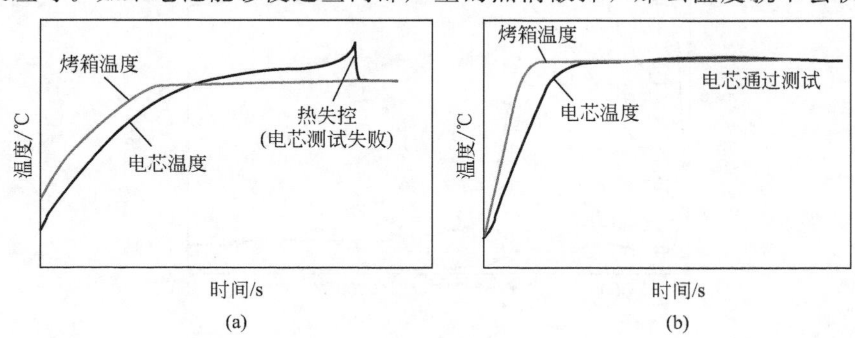

图 18.4　锂离子电池典型热箱行为

（a）电芯测试失败，导致热失控；（b）电芯通过测试

但是，如果产生的热比消散的要多，那么电池的温度就会增加。温度增加会加速化学反应，从而进一步增加了产生的热量。随着这个过程持续进行，就会发生热失控，而电池也会发烟或起火。善于释放热量的电池是更加安全的电池。

热失控耐受测试中的其他一些补充测试方法包括加速量热仪（ARC）以及差热扫描量热（DSC），它们也是广泛用于研究电池组件（电极材料、电解液及其他）的反应性质以及电池从温度倾斜上升直到热失控发生这一过程中电池自身性质的手段[13~15]。通过这些测试，可以研究与材料热稳定性直接相关的热性质，比如自加热速率、热失控起始温度、反应级数以及阿伦尼乌斯参数等，这些参数可以为锂离子电池的热失控耐受响应特征提供直观数据。需要注意的是，这些表征技术并不一定与真实的热箱失控测试相等，除非锂离子电池自身在所有荷电状态下去经受 ARC 或者 DSC 测试。

DSC 分析用于识别锂离子电池中的热反应，并且将这些反应与电池组件以及反应物质联系起来。由于这些反应的放热本质，DSC 提供了一种方便的方法以在特定条件下来研究反应速率和机理。DSC 技术包括在控制速率下加热样品以及测试样品的热流。通过对比热流速率、起始温度以及总体产热量，可以研究出电极材料、计量比以及电解液分解对热稳定性的影响[14]。

ARC 是研究材料热行为的标准技术之一。这项技术主要利用绝热量热仪，在绝热量热仪中，热电偶附于密封样品之上，放置在热量计中。热量计的温度以稳定速率上升，通过对流与传导，样品温度升高。整个过程保持绝热状态，因此样品产生的热流不可忽视。如果电解液中的电极经历产热的化学反应，那么样品温度就会升高，而且周围环境也会匹配一个温度升高。如果自加热速率比临界值高，那么 ARC 会进入到放热模式，直到加热速率降低到低于检测限或者测试达到设定终点温度。可以根据时间以及温度测量出样品在绝热条件下的自加热速率[16]。

18.4.2 电滥用耐受测试

18.4.2.1 外部短路测试

外部短路是通过在全充电电池两端连接一个小电阻（$<5\text{m}\Omega$），由于这个小电阻，电池中会有大电流通过，从而产生热量。图 18.5 显示了一个带有“自关闭”特征隔膜的 18650 型电池的典型外部短路响应曲线。这个电池并没有其他安全装置（比如 CID、PTC），一般这些安全装置会在隔膜自闭孔前发挥作用。当电池通过一个很小的分流电阻外部短路时，为

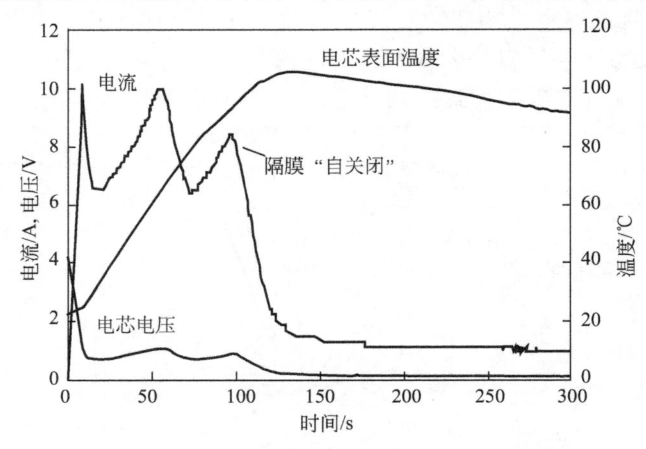

图 18.5 带有“自闭孔”隔膜的锂离子电芯的典型短路行为
该测试是模拟电芯的内部短路情况

了响应这种小电阻短路，电池会产生能量，开始发热。在缺乏电芯层面安全装置的情况下，隔膜会在 130℃左右发生自闭孔，从而阻止电池进一步发热。由于隔膜自闭孔发生，电池内部电阻增大，电流下降。在包含有电芯安全装置的情况下，由于外部短路造成的电流可以在温度到达隔膜自闭孔发生的温度前得到阻止，电池能否保持功能性取决于哪种安全机理得到激活。比如：CID 的激活是不可逆的，它激活后电池不能继续使用，而 PTC 的激活则是可逆的，一旦温度降低，电池又可以投入使用。

18.4.2.2　过充测试

过充测试包含连续的对电池以特定充电倍率进行充电，直到超过安全电压限制，之后测试电池的热响应。典型的测试条件是对一个 18650 型电池以 1C 电流充电，充电到 12V 截止电压。如果充电控制系统检测的电压不当或者当充电器故障时，电芯或者电池组就会发生过充情况。当发生过充时，停留在阴极的锂离子会迁移，而嵌入到阳极的锂离子则会比标准充电条件下多。如果碳阳极的锂嵌入能力很小，那么锂金属会以枝晶的形式沉积在碳表面，从而导致热稳定性的剧烈下降。

通过 ARC 的研究已经观察到，电芯的热稳定性高度依赖于其荷电状态。一个过充的锂离子电芯（充电到 4.8V）的热稳定性极低，其热失控起始温度低至 40℃[17]。

随着温度的上升，电池内部会发生几个放热反应（比如锂和电解液之间的反应、阴极和阳极的热分解、电解液的热分解等）。一般带有 CID 的电池在过充条件下，CID 会被激活，而电池达到接近隔膜自闭孔性能温度的可能性很小。在这些条件下，有缺陷的电池安全装置会导致电池过热，从而使得电池温度达到隔膜材料的熔点，如图 18.6 所示，而隔膜会发生自闭孔。隔膜发生自闭孔、电池内部阻抗会增加，从而导致电流降低。一旦隔膜的孔由于软化而关闭，电池就不能充电或者放电，从而阻止了热失控。

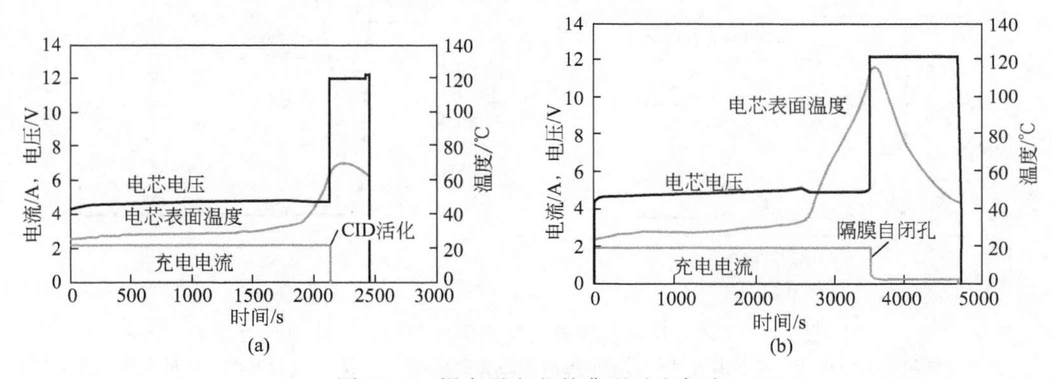

图 18.6　锂离子电芯的典型过充行为

（a）带有电芯安全装置如 CID 以及 PTC；（b）没有电芯安全装置，只有隔膜自闭孔特征控制过充以及避免热失控

18.4.3　机械滥用耐受测试

通过针刺实现机械滥用测试一般通过以特定的速度，在电池上按压一根针，导致电池内部短路，电池中产生电流从而产生热量。挤压测试与针刺测试类似，只不过是采用棒或者球按压在电池上直到产生短路。冲击实验是将电池放置在一个平坦面上，将一个直径为 15.8mm 的棒放置在电池表面，一个重达 9.1kg 的圆柱砝码从 610mm 高落到实验电池上。在振动测试中，电池需要经受一个简单的振幅为 0.8mm 的简谐振动。

在针刺试验中，瞬间的内部短路会导致针立刻穿透电池。金属针尖和电极之间的电流会产生巨大的热量。根据针刺的深度不同，接触面积也会变化。刺穿深度越浅，接触面积越小，因此局部电流密度以及产热就会越大。当局部产热导致电解液和电极材料分解时，就会发生热失控[18]。另一方面，如果电池被完全穿透，那么增加的接触面积会降低电流密度，相应地电池就通过了针刺测试。

相对于之前所述的外部短路测试，内部短路测试更难通过，因为金属针尖接触的面积比电流集流体之间的接触面积要小得多。根据电池设计、产热以及热消散速率的不同，隔膜自闭孔特征在阻止热失控中可以发挥安全作用。图 18.7（a）展示了施加在锂离子电池上的典型针刺试验的示意。锂离子电池在针刺试验中通过或者失败的典型电压和温度响应曲线，分别在图 18.7（b）以及图 18.7（c）进行阐明。显然，针尖通过（内部短路发生）以及温度升高，这两种情况下都有一个瞬间急速的电压降。当产热速率低时，在电池温度接近隔膜自闭孔温度时，电池停止产热，如图 18.7（b）所示。如果产热速率很高，那么电池持续快速加热，产热远远超过热散失，大部分这样的情况下，电池都不能通过针刺实验，如图 18.7（c）所示。在这种情况下，隔膜自闭孔不能够足够快地阻止电池热失控。

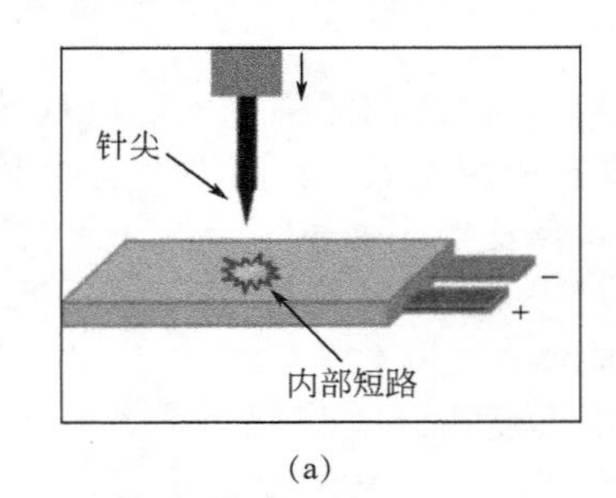

(a)

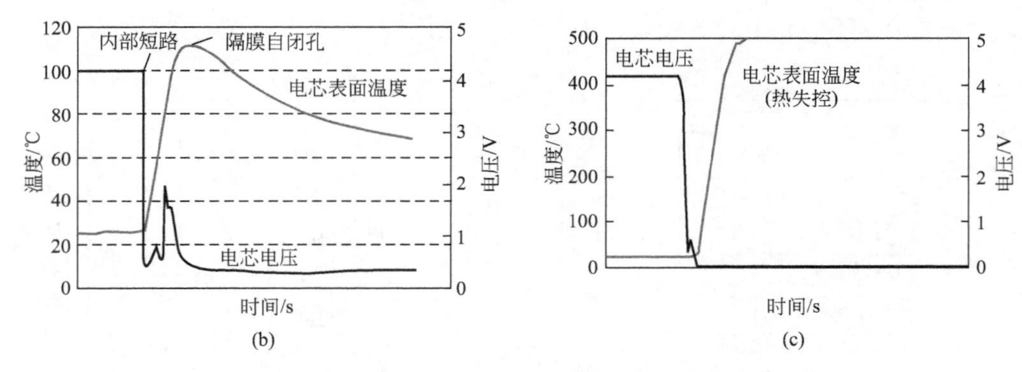

(b) (c)

图 18.7 带有自闭孔隔膜的锂离子电芯的典型针刺行为

（a）典型针刺试验示意；（b）电芯通过针刺测试的电压和温度响应；（c）电芯不通过针刺测试的电压和温度响应

18.4.4 对可控内部短路测试的需求

为了改善滥用耐受程度，从而增加锂离子电池的安全性。研究者们设计了很多方法并投入使用，比如安全通气口，正温度系数元件（PTC），电流阻断设备（CID），带有不易燃添加剂、过充保护添加剂、抗氧化剂添加剂等多种角色的电解液，自闭孔隔膜等。但是，锂离子电池的内部短路问题是关系到电芯层面安全问题的关键，它可能在任何条件下发生，比如在滥用条件下以及没有滥用的条件下。内部短路招致的能量非常巨大，而且会难以控制，因为在很短的放电时间内，几乎瞬间产生巨大能量。例如，一个容量约为 1A·h、电压为 3.7V 的完全充电的锂离子电池包含有 13320J 能量。内部短路会导致强电流通过，从而增加电池温度，快速增加电压，从而导致电池发烟以及起火。

在锂离子电池中，当电池并没有经受任何机械诱导变形，而是在正常情况下运行时，也有很多情况会导致内部短路。电池组装时不合适的质量控制方法会导致产生缺陷电池，这些缺陷电池或者在电极包覆末端铝集流体上存在无效绝缘，或者阴、阳极之间没有对齐，又或者存在金属离子污染等问题使得电池在运行过程中引发内部短路，严重的话会导致热失控。

尽管人们已经开发了一系列的方法来测试电池滥用耐受性以及评估电池的安全性，并投入实践中，但是目前尚不能很好地表征在电池正常使用情况下发生的内部短路。而与机械滥用测试如针刺、挤压、冲击、振动等有关的缺点则是双重的。第一，设计的这些测试只能通过将电池变形，之后模拟其滥用情况，而不能模拟在没有任何物理滥用条件下发生在电池中的内部短路；第二，既然内部短路是通过对电池诱导变形进行模拟的，它就使得整个测试非常随机，因为没有控制招致的内部短路类型（铝对阳极，阴极材料对阳极材料等），而且它的大小（短路面积）以及再现性也非常具有挑战性。图 18.8 展示了对一款 2.2A·h 的圆柱锂离子电池以不同针刺速度以及在不同荷电状态（SOC）下进行针刺实验时，对应的末端充电电压的数据总结图[19]。这个图表清晰地展示了在任何给定 SOC 下，以不同速度进行的随机测试响应。除了测试速度外，针刺实验结果也依赖于其他几个参数，包括温度、针尖尖锐度、针尖材料，以及在制造内部短路后，针是否还在它穿透的位置、或者完全穿透、或者针被撤回来等。

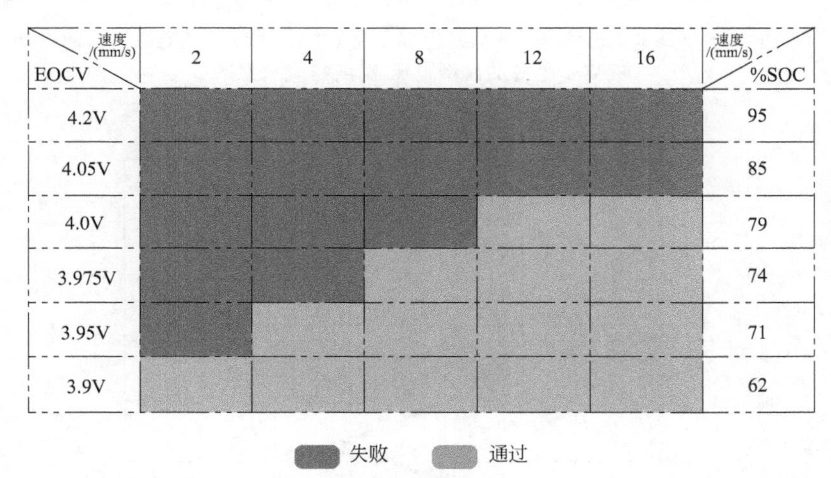

图 18.8 在 2.2A·h 18650 型锂离子电芯上用不同速度和在不同 SOCs 条件下的针刺实验结果

所以，找到一种测试方法在不使电池变形的情况下，能够帮助表征不同的内部短路，并用一种可控的具有很好重现性的方法来研究电池失效机理，便变得非常重要。BAJ 最近开发了一种测试方法来分析发生在锂离子电池中的内部短路，并表征相应的失效机理[8]。BAJ 测试包括将完全充电的电池拆解，在特定位置放置镍金属颗粒（比如在阴极和阳极之间），按压电池中颗粒所在位置，制造内部短路。

采用 BAJ 这种测试方法，可以实际模拟出内部短路导致的现场事故。为了更进一步获得重复性的结果，需要控制导电物质的位置以及大小（比如镍金属颗粒）。图 18.9 展示了典型的 BAJ 内部短路评估方法以及电压-温度行为。图 18.10 显示了实验测得的经受不同短路方式的棱柱锂离子电池的温度变化。这项研究选用的电池额定容量大约为 750mA·h[20]，电池均选用 BAJ 内部短路方法来制造需要的短路。结果发现，完全充电电池的正极铝集流体和碳负极之间的内部短路会导致热失控，而其他的短路组合方式则不会。BAJ 的测试方法已经包含在 IEEE 1625 文件中，并被建议作为一种标准测试方法进行使用，以评估锂离子电池在非滥用条件下发生的内部短路[21]。

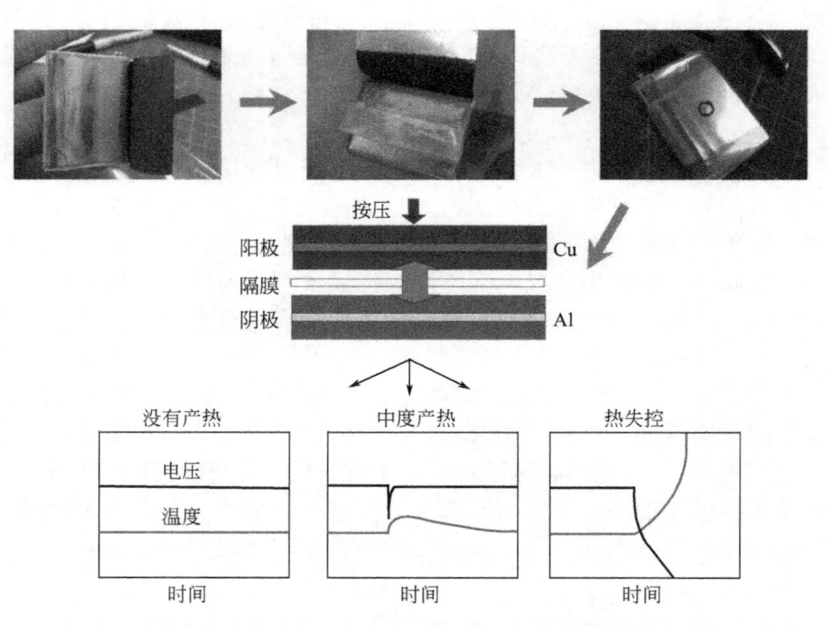

图 18.9 日本电池协会（BAJ）内部短路评估方法以及经受该测试的锂离子电芯的典型电压-温度响应示意图

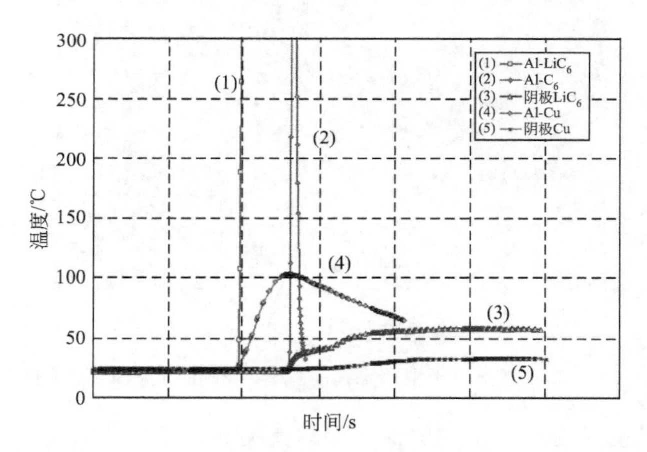

图 18.10 采用 BAJ 内部短路方法对不同短路情景下的电池温度进行实验测定

最近，人们也报道了另外一种与 BAJ 测试方法类似的方法[22,23]，以进行可控的内部短路测试，这个方法涉及在隔膜中制造孔来研究需要类型的内部短路。采用红外成像技术可以获得电池在遭受内部短路时的温度响应。图 18.11（a）显示了针对一个典型的针刺测试，红外成像与热电偶测量温度响应的对比。该测试是在一个容量为 700mA·h 的锂离子软包电池上完成的。红外影像技术能够记录当针碰触电池时，在短路位置发生最初“闪光”时的温度。图像中显示的温度瞬间升高正是对应于这种火花的产生。图 18.11（b）和图 18.11（c）分别显示了通过红外影像技术记录的阴极-阳极短路以及阳极-铝集流体短路时的最大电流温度，在不同的荷电状态下，采用控制内部短路的方法进行测试。

相比控制的阳极-铝集流体短路测试（251.4℃），针刺实验的最初温度上升在同等 SOC 条件下要低（137.5℃）一些。这主要是由于在针刺实验中可能会发生多层短路以及多种类

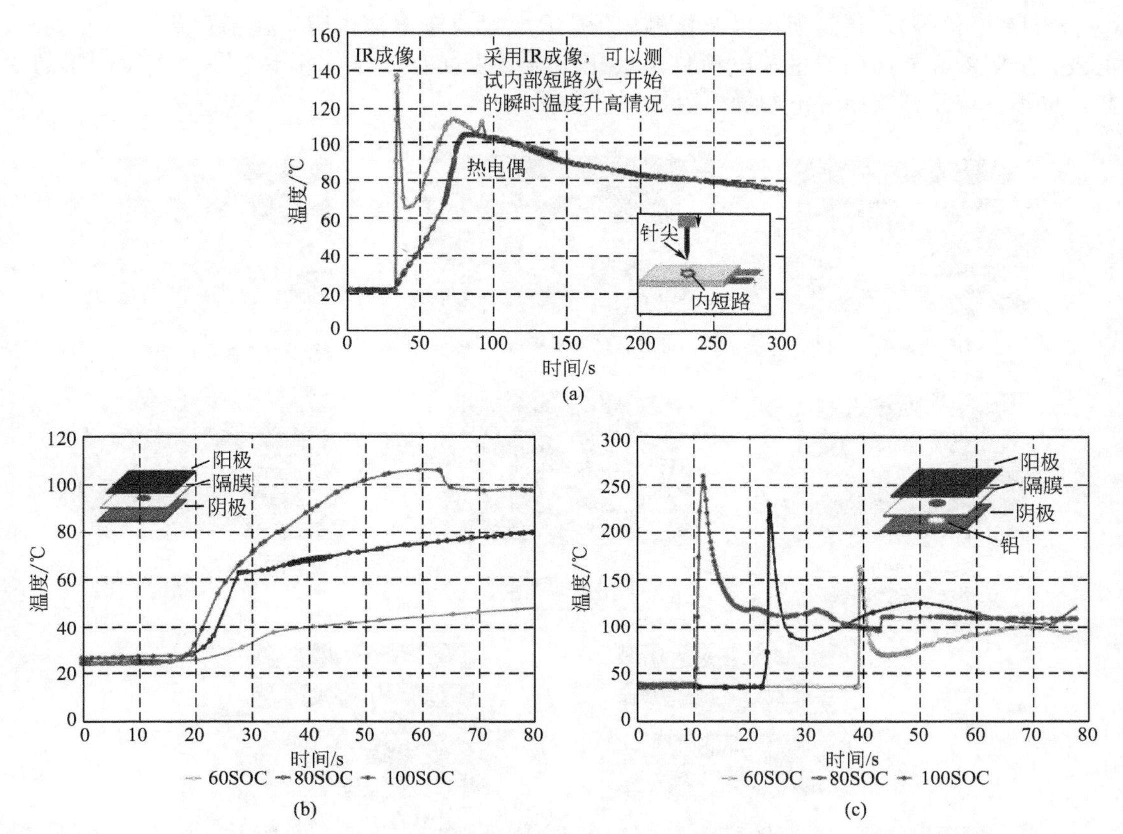

图 18.11　(a) 采用热电偶与 IR 成像温度测试技术测试针刺实验的效果对比；采用红外成像技术测试；(b) 控制阴极-阳极内部短路以及 (c) 控制阳极-铝短路

型的短路（包括阳极-铝短路）。基于整个电池的红外影像结果[22]，可以估计在控制的阳极-铝内部短路实验中，约 45%的电池面积在 2s 内温度升高到 80℃，而在针刺实验中，这个数字只有约 15%。单层的阳极-铝内部短路要比针刺导致的多层短路引起热失控的概率大。相比阳极-铝短路来讲，研究者们发现阴极-阳极短路要安全得多，因为电池在短路 30s 后，最高温度才升高到 71℃。

通过这种内部短路测试，可以开发一种电化学-热电偶内部短路模型来估算几种短路方式的接触电阻[22]，并将接触电阻作为拟合参数，来拟合电池的电压和温度响应。

18.5　内部短路和热失控

热失控这个术语是用来描述电池瞬间自毁这样一种情况。对于一个发生在正常操作条件下，由于内部短路而发生的热失控情景，会依次发生两件事情。第一件是与内部短路相关的发电量需要足够大，以在短路地方产生高温区域，也称为热点；第二件是这种热点在负极传播，会极大地增加整个电池的温度，从而引发进一步的化学以及燃烧反应。

在锂离子电池中，如图 18.12 所示的案例 (a) ～ (h)，有几种可能的内部短路情景。表 18.1 对它们的特征进行了描述。图 18.12 中的案例 (h) 代表了软短路，并且适用于所有以上 7 种类型。不同于硬短路，软短路一般不太强烈，不会持续太长时间，产热量也非常小。软短路可能会导致电池的自放电。锂离子电池中发生的内部短路一般以一个与电池内阻串联的短路电阻表示，如图 18.13 (a) 所示。R_{sc}表示不同短路类型的内部短路电阻（Al-

Cu、阴极-阳极等)、接触面积以及接触压力。R_{cell}对应于电池内阻，包括内部短路发生时，电极、电解液和界面的质量和电荷传递极化。需要注意的是R_{cell}并不是一个实验测得的参数，也不对应于开路条件下的静电阻抗测试数据。

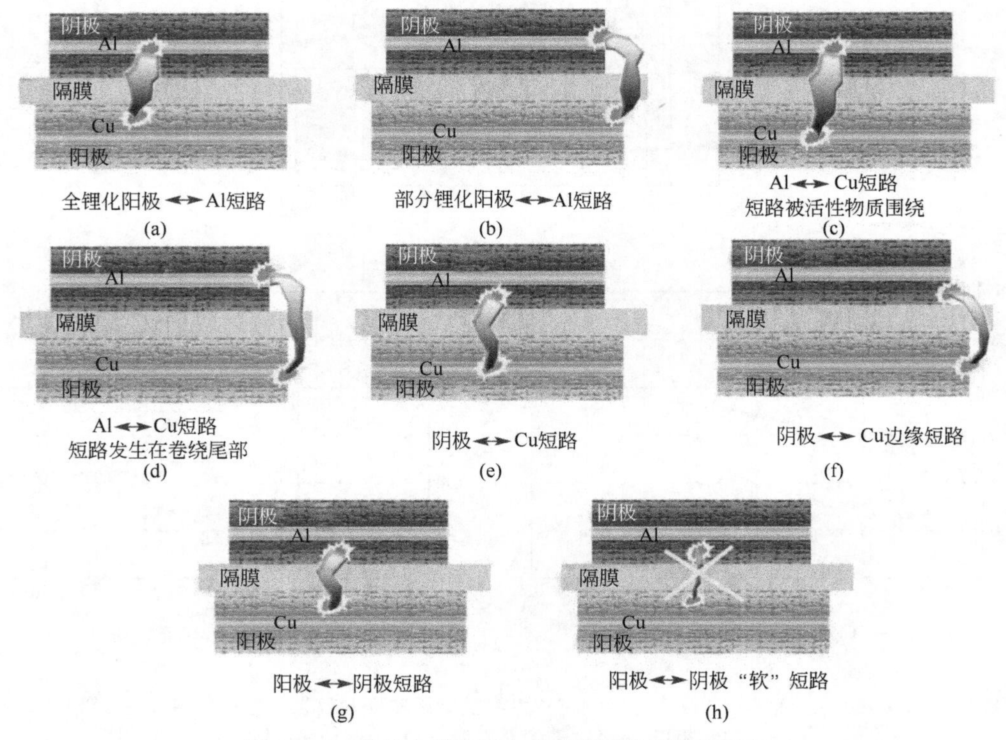

图 18.12　发生在锂离子电芯内部短路情况的示意

在(a)～(g)例子中包括了高 SOC 以及硬短路情况，在案例(h)中涉及“软”短路

表 18.1　锂离子电芯几种可能的短路方式总结及其特征

短路情况	硬短路(位置)	动力	化学反应	硬短路热失控发生的可能性
1	Al-完全锂化阳极(内部)	高	包含	很大
2	Al-部分锂化阳极(边缘)	高	根据 Li 含量	如果锂含量低，则可能性比较低
3	Al-Cu(内部)	高	包含	根据电池大小和设计可能会很大
4	Al-Cu(边缘)	很高	不包含	很低
5	Cu-阴极(内部)	很低	包含	很低
6	Cu-阴极(边缘)	很低	依据阴极材料	很低
7	阴极-阳极(内部)	很低	包含	根据电池大小和设计可能会很小

图 18.13(b)显示了在短路位置产生的功率大小以及整个电池功率大小与R_{sc}/R_{cell}之间的函数关系。当电池内阻等于内部短路电阻时，在短路位置产生的功率最大。短路面积一般非常小，因此在这个区域的温度上升到极高，这可能会引发热的蔓延以及其他化学反应。

图 18.14 中的示意图解释了锂离子电池中的内部短路以及热失控机理[21,24,25]。任何内部短路都会制造热点，而且根据短路大小的不同、严重程度以及能量产生的范围，热点可能

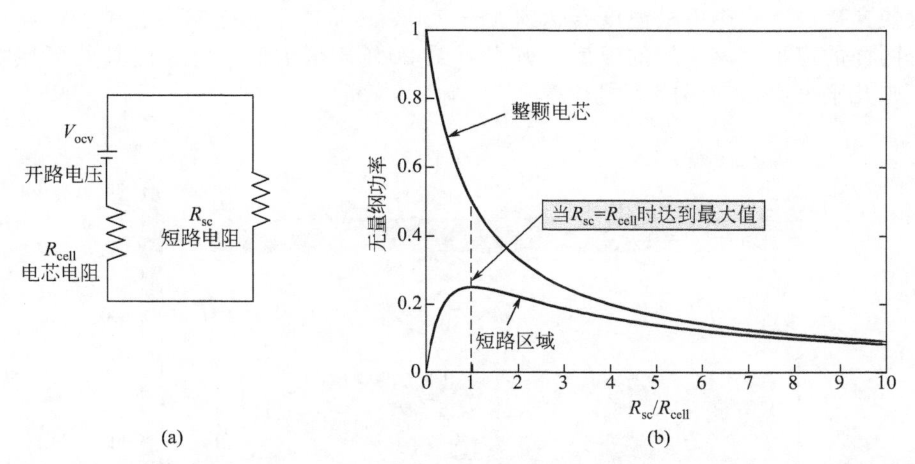

图 18.13　(a) 内部短路的等效电路；(b) 模拟内部短路中产生功率与短路变化以及电芯内阻之间的关系当电芯内阻等于内部短路内阻时在短路区域产生最大功率

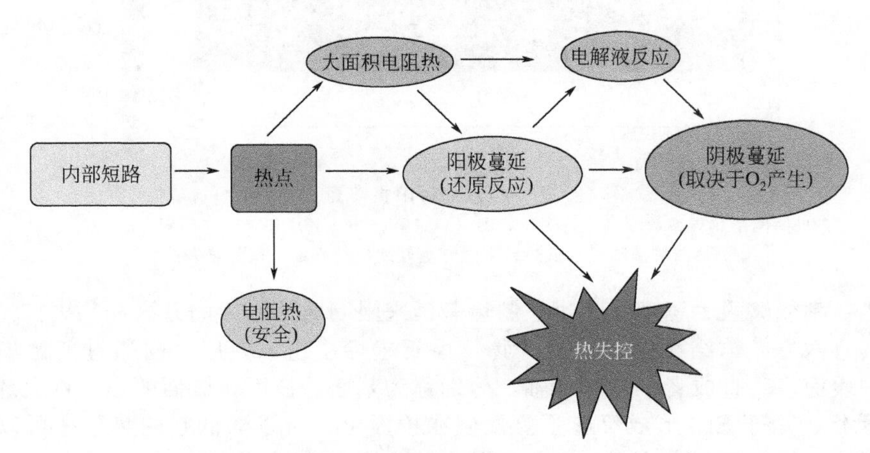

图 18.14　锂离子电芯中内部短路后发生的热失控机理解释

以小能量短路结束，即仅仅释放焦耳热；也可能导致严重的情景，如产生很大能量以及在阳极蔓延。热点温度为 300℃或者更高才能引发锂离子电池阳极蔓延反应。根据选择的材料以及电池设计的不同，阳极蔓延自身就可能会导致热失控，此外它还会引起电池整体温度上升、电解液分解以及阴极蔓延反应。阴极蔓延反应是自动催化的，因为它会释放氧气，一旦反应开始，就无法停止。需要注意的是阳极蔓延反应是还原反应，而对于阴极蔓延反应，假定电池在内部短路过程中没有破裂或者漏气，根据阴极产生氧气，那么它应该是氧化反应。如果电池在这样的事件中包装被打开，那么外部进入的氧气会加速化学反应以及阴极蔓延反应。

影响阳极蔓延反应的最关键的性质是它在 x-、y-以及 z-方向上分别对应于长、宽以及高的热导率。如果局部的热点不会导致阳极反应的蔓延，那么内部短路引起的热失控就能够控制住。图 18.15 显示了两种不同热导率，即 10W/(m·K) 以及 0.3W/(m·K) 下热蔓延过电池电极的模拟图[26]。选择这两个数据背后的原因，是因为两者是锂离子电池典型阳极和阴极的实验测量值。在这个模拟中选用的电极材料是由石墨和导电碳组成的。假定电极为完全锂化，长为 50cm，厚为 130μm。图中所示的温度曲线对应于对电极末端区域施加高能量后 1.5s 产生的一个热点。对于一个热导率大于 10W/(m·K) 的电极，模拟结果显示热点会导致快速蔓延，整个电极温度会达到大于500℃。而对于热导率小于0.3W/(m·K)的电极进行同样的模拟，该区域的温度上升只有约20%甚至更低。电极的其他区域相对于热点而言，则几乎没有任何温度上的升高。

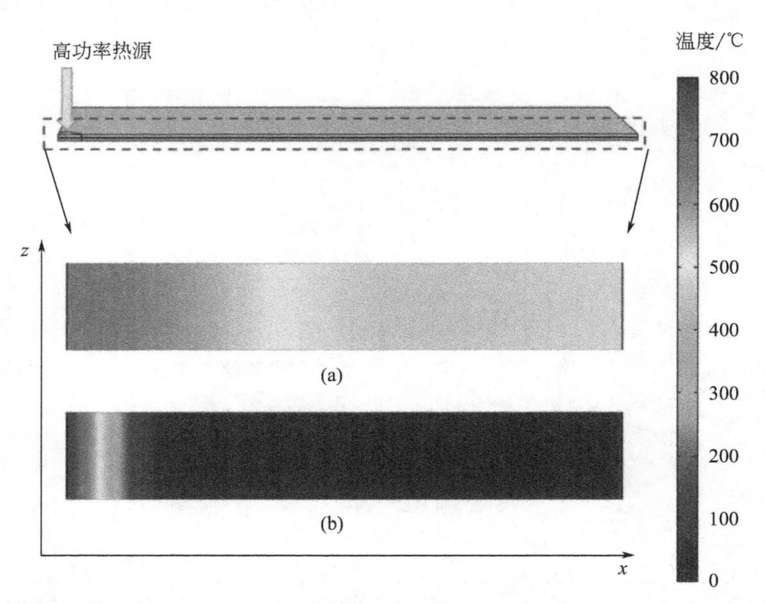

图 18.15 热导率对阳极蔓延的影响

采用两个热导率数值来进行对比，即 (a) 10W/(m·K) 和 (b) 0.3W/(m·K)，热曲线清晰显示低热导率能够更好地控制蔓延，避免热失控

降低热导率能够很大程度上通过控制热蔓延来限制电池温度的升高和热失控。石墨是一个典型的具有六方晶体结构的层状化合物，由石墨烯层组成，层之间通过范德华力弱键连接，有两种表面，垂直或者平行于c轴，分别称为基面和棱面。棱面的热导性大约是基面的2～3个数量级。由于SEI形成反应主要发生在棱面上，所以降低它的热导率可以通过在电解液中增加特定的添加剂来改变SEI性质的方法实现。

其他影响负极蔓延反应的参数有荷电状态以及表面积。负极的反应活性与锂化程度或者荷电状态直接相关。对于一个给定电池的任何一种类型的内部短路，产热量的大小可以通过电池含有的能量来决定，而这点又取决于电池荷电状态。因此，在完全相同的条件下，在低荷电状态下的电池，在内部短路中会产生少得多的能量，而不会导致热失控情况。碳材料的比表面积在锂离子电池安全中也起着重要的作用，因为阳极的反应活性与它的表面积呈指数增长关系。一般用于组装锂离子电池阳极的碳材料，其比表面要小于$2m^2/g$。

在合适的电池设计以及严格的质量控制下，可以有效地管理电池的安全问题，减小热失控情况。为了减轻内部短路引起的电池失效效应，需要对电池设计以及生产过程进行一些改进。在涂覆有阴极材料的边缘地带包覆一层绝缘胶布，以保护铝箔，是一种在商业锂离子电池生产中常用的手段，这个可以极大地阻止发生高能阳极-铝短路的可能性。在铝箔表面包覆一层PTC类的材料也是一种降低产热量的方法，因为它可以使短路电阻更高。

此外，在阳极的表面包覆一层陶瓷材料如铝以及一定量的黏结剂材料也是在内部短路中控制电极蔓延反应的常用方法。陶瓷材料的存在改变了热导率，可以阻碍z方向（厚度方向）上的热传导，而且也有可能限制电解液沿电极长和宽方向上的扩散。所有这些方法都能够帮助减小蔓延率，从而控制电极上的热失控反应[21,27]。也有一些采用在正极电极颗粒上包覆一层陶瓷材料如ZrO_2、$AlPO_4$、Al_2O_3来防止热失控。一些电池生产商也会采用在隔膜上涂覆一层陶瓷材料，或者在隔膜孔结构中填充陶瓷填料，在这方面改善电池滥用耐受性能以及循环性能也已经有很多报道。

18.6 大型电池及其安全性

随着在技术上取得更多的进展，锂离子电池现在已经成为电力驱动汽车（EDVs）以及 ESSs 的主流选择。由于在这些电池管理系统中，需要更高的能量，而且系统也更加复杂，所以现在正在广泛追求更大容量的锂离子电池。在设计电池组的时候，一般选用容量为 15～100A・h 的单体电池。牵引以及其他高功率应用所需要的高能量可以采用大型、大容量电芯来提供，或者采用几个小电芯并联以提供与大电芯相同的容量。在两种情况下，一组大型电芯或者一组并行的小电芯都必须串联起来，以提供电池组所需要的高电压。一个很典型的例子是，一辆 PHEV 中的电池组包含有大约 300 颗锂离子电芯，每颗电芯的容量都在 20A・h 左右，通过合适的串联或者并联组合以达到需要的电压（300～330V）以及能量（15～20kW・h）。

采用大型号的锂离子电芯能够减少 BMS 的复杂程度，通过最小化电芯之间的互相连接，可以使得监控以及电子控制简易化，并相应地降低了组装费用。但是，大容量电芯也存在安全问题。应用在 EDV 或 ESS 中的典型单个 100A・h 的锂离子电池可以储存 1332000J 能量。一旦电池组中的一个这样的电芯在事故中失效、短路或者破坏掉，这部分能量就会立刻释放出来，通常会引发爆炸或者大火等电池工业上的热事故。当这样的事情在一个电池组中发生时，电池失效引发的起火或者压力破坏会导致临近的电芯也以同样的方式失效，最终影响到电池组中的所有电芯。所以考虑备用电池设计来减缓这种热事故的发生是非常重要的。

采用数学方式对两种可能的输出容量为 15A・h 的设计进行模拟。采用电化学热模型来预测该种锂离子电池设计在内部短路中的行为。在模型中采用了电化学热耦合以及多尺度耦合等通用的电池模型框架[28]。内部短路情景中释放的热一般来自于那些由高温引发的不同化学反应。通过将电化学模型与化学反应的热响应耦合在一起，可以提供一个更加逼真的热蔓延机理。这些模拟说明了大型锂离子电芯，在内部短路方面与安全性方面面临的相关挑战，并强调了采用多个小容量电池进行设计的优点。

图 18.16 显示了模拟采用的两种电池设计的示意。为了公平对比，两种设计的整体尺度是保持一致的。第一个设计包含单个容量为 15A・h 的大型锂离子电池。第二个设计是由 3 个容量为 5A・h 的电芯，并联在一起实现总体容量为 15A・h。此外，第二个设计中还采用了增强热传导机理，即在电芯之间采用吸热板隔开。这个模拟包含有评估两种电池设计在 80％SOC 条件下阴极-阳极内部短路的热响应。在第二种设计中，内部短路被设定为发生在中间电芯上。两种电池设计都设计有具有类似的与环境发生热传递的机理模型，即对流空气冷却。

图 18.17（a）和图 18.17（b）显示了两种电池设计在 80％SOC 情况下阳极-阴极内部短路下的热响应。接近引发内部短路时，设计 1 和设计 2 的最大电芯温度分别升高为约 120℃以及 85℃。设计 2 中 3 个电芯之间增强的热传递机理使得温度在内部短路过程中，与设计 1 相比升高得很小。随时间进行的热蔓延结果［见图 18.17（b）］意味着设计 1 中电芯发生热失控的机会比设计 2 要大。当在大型电芯（设计 1）中发生内部短路时，电芯的整个能量会流失殆尽，使得在很短的实践内产生极大的能量，从而导致热失控。而当同样的内部短路发生在第二种设计中 3 个电芯中其中一个上时，其他两个电芯中的能量也会流失。但是由于电芯之间是由吸热板隔开的，所以更多的热量会浪费掉，从而保持电池整体温度在一个较低值上。

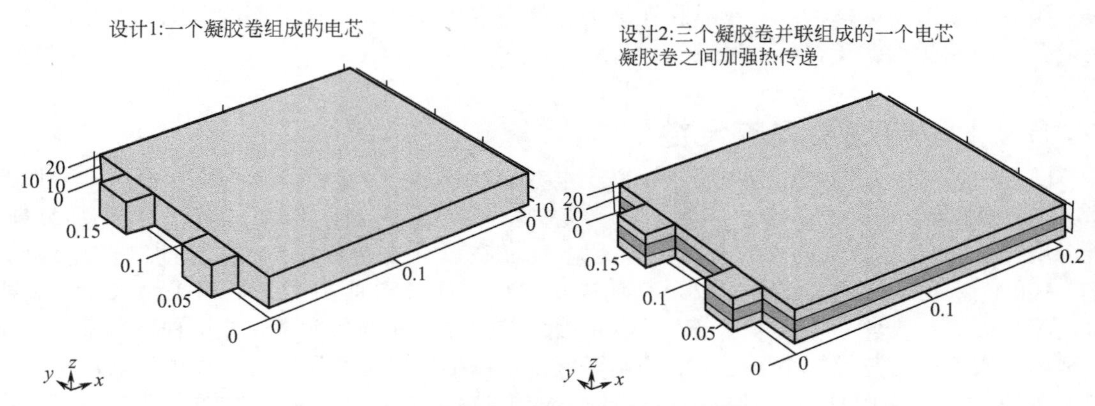

图 18.16 两种额定容量为 15A·h 的电池设计示意

设计 1 涉及单个 15A·h 电芯，而设计 2 是为 3 个 5A·h 电芯并联组成

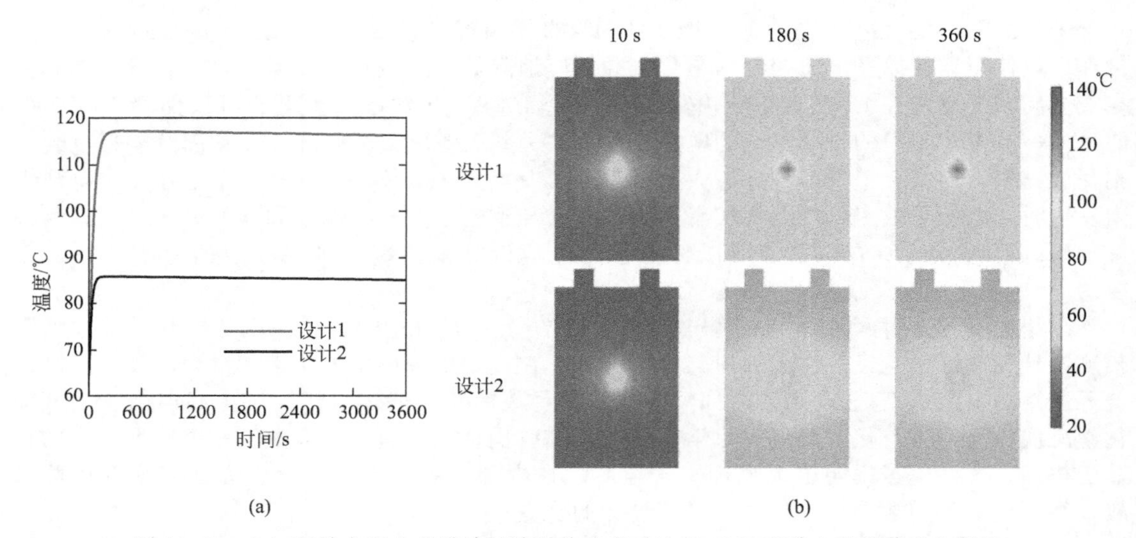

图 18.17 (a) 两种大型电芯设计短路时热响应对比和 (b) 两种电芯设计发生阴极-阳极内部短路后在 10s、180s 以及 360s 的温度控制曲线

两种设计的模拟都是在 80%SOC 情况下进行的

18.7 锂沉积

目前，锂沉积被认为是锂离子电池最大的安全问题。在正常运行的电池中，高表面积锂沉积的形成是发生 PPB 级安全问题的主要影响因素[25,27,29]。

当电极的电压比锂金属的电压负时，就会发生锂金属沉积。发生锂沉积的情景有几个：包括在电芯安装过程中，不合适的电极安装；正极端的金属颗粒污染；不合理的运行条件如高倍率/低温充电；过充电池到超过规定的截至电压以及低阳极/阴极容量比的不适当的电池均衡。

锂沉积形状上通常表现为突起，具有针状的特征，能够以分枝状结构生长（枝晶名字的由来），如图 18.18 (a) 所示。在热力学上，锂沉积容易发生在枝晶顶端。随着充放电循环的连续进行，枝晶会逐渐长大，尤其在溶解过程（放电）中，锂从枝晶基底溶解（与电极接触的一端），迁移到枝晶顶端（不与电极接触），从而使得活性物质变为“闲置”或“废弃”。枝晶顶端的锂是电化学不活跃的，这便降低了可用锂的量以及循环效率。但是，这些自由锂的电化学活性很强，因为它们比表面积很大，因此一般称为高比表面积锂。因此锂沉积的形貌非常重要，因为它决定了电池的循环寿命和安全性。

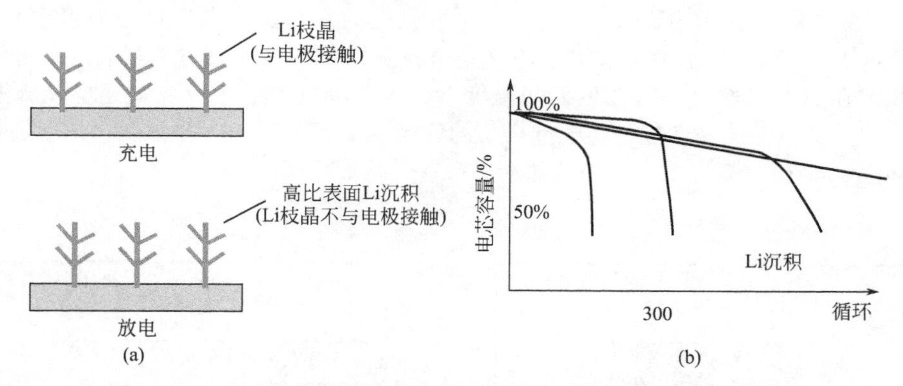

图 18.18　(a) 锂枝晶以及高比表面锂沉积示意和 (b) 锂离子电芯由于高比表面锂沉积导致的典型循环失效示意

锂枝晶的形成一般发生在阳极/SEI 界面上。SEI-溶液界面是动态的，根据 SEI 膜的均匀度以及完整性，电子隧道效应可以发生在其特定的位置，因为 SEI 膜上一些区域可能依然具有高电子导电性，可以发生沉积-溶解反应。这导致锂枝晶可以在 SEI 膜表面形成，并且形成高比表面积锂的沉积，由于它们具有非常高的活性，所以需要引起安全方面的严肃考虑。

由于热力学不稳定性以及高活性，高比表面积锂在 SEI 表面的沉积会持续消耗本来用于嵌入正极的锂离子，从而极大地降低了电池容量和使用寿命[25]。此外，与高比表面积锂相关的反应放热很强，会导致电压不稳定的情况，尤其是在内部短路情况下、意外暴露在潮湿空气中以及热或机械振动条件下，都可能会导致热失控。枝晶也可能会穿透隔膜，导致内部短路，不过一般认为其相比高表面锂沉积来讲比较安全，因为它们的比表面积较低，反应活性也较低。

图 18.18 (b) 显示了主要由锂沉积导致的典型的锂离子电池循环失效 (也称为突然死亡)。在避免这类电池突然失效的情况中，电池设计便起到一个很关键的作用，比如电极多孔性、电极尺寸、阴极对阳极容量比等。而且也需要优化电池设计，在电池制造过程中降低孔率，因为这点会导致极化效应增加，从而加速锂沉积情况，即使是在建议的操作条件下使用。

为了避免锂沉积发生，需要选择电极尺寸，负极要比对应的正极长 1～2mm。这使得电流能够分散在延伸的区域中，而不是像在均匀一致的设计中，电流会沿边缘流动。由于这种延伸而引起的额外容量，极大地削减了有利于锂沉积的条件。

另外一个关键的电池设计参数是负极对正极的容量比。首次充电时的负极容量一般要比首次充电时正极容量高约 15%。由于正极决定电池容量，所以这能够阻止充电时锂金属在负极上的沉积。需要注意的是即使电池在其初始状态是均衡的，但是随着电极材料的荷电状态随着循环进行而改变，电池均衡状况也会陆续改变，从而导致锂沉积。因此，有效的余量在电池均衡中也是非常重要的。实际的容量比是根据高容量电池需要、与抵抗滥用条件的安全因素需求之间的一个折中。

为了避免过充和镀锂，电池一般会在负极设计多余的容量。但是，即使负极有多余的容量，如果电位降低到介于负极电位和电解液 (0V，vs. Li^+/Li) 之间，那么锂依然会沉积。这种状况发生在石墨电极快速充电中，或者在低温条件下，当需要驱动电流的过电势比石墨的平衡电势更大的时候。

为了解决这些问题，IEEE规定了一个用于消费电子设备中的锂离子电池典型的安全操作窗口[8,30,31]。图18.19显示为锂离子电芯/电池组充电的安全操作电压以及温度窗口的示意。对于最常用的$LiCoO_2$/C电极体系，在充电截止电压是4.25V以及充电率最大的条件下，操作温度范围规定在10～45℃之间。在更低的温度下，需要降低充电率以及截止电压来避免锂沉积。电解液以及电极的传输性能是与温度相关的，当温度低于10℃时非常低，从而需要降低充电率。在高温（大于40℃）下，传输性能会好一些，从而可以采用额定的倍率。

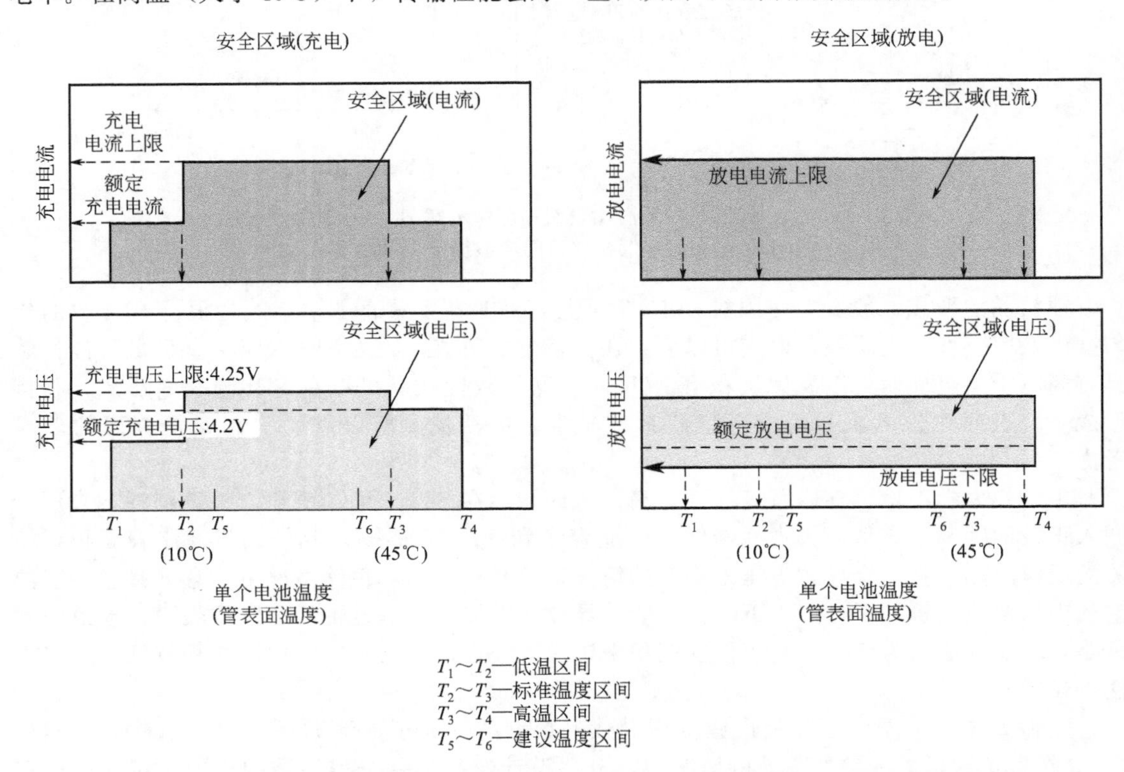

图18.19 消费电子应用锂离子电芯IEEE1625标准的充放电电压和电流安全范围图解

先进的质量控制方法在检验PPB级安全隐患上起到一个重要的作用。此外，新的安全评估方法，比如对循环过的锂离子电池进行滥用耐受测试，能够在理解高比面积锂沉积对于电池安全作用上提供清晰的思路，并且为锂离子电池应用在几种先进系统，如EDV和ESS中增加信心。

参考文献

[1] Dell recalls lithium batteries, Chem. Eng. News: American Chem. Soc. (August 21, 2006).

[2] Dell laptop explodes at Japanese conference, The Inquirer, June 2006 Staff (27 July 2007). Nokia – Retrieved 15 June 2010.

[3] N91 cell phone explodes Mukamo, Filipino News (blog), July 2007.

[4] Nokia issues BL-5C battery warning, offers replacement, Wikinews, August 2007.

[5] HP's massive battery recall: what you need to know, PC world article, May 2011.

[6] A123 systems to recall electric-car battery packs for Fisker, others, News article from http://www.greencarreports.com, March 26, 2012.

[7] Nikon recalls more than 200,000 camera batteries due to burn hazard, News article from Consumerreports.org, July 12, 2012.

[8] IEEE 1625:2008, IEEE Standard for Rechargeable Batteries for Multi-Cell Mobile Computing Devices.

[9] IEEE 1725:2011, IEEE Standard for Rechargeable Batteries for Cellular Telephones.

[10] Burning batteries, Chem. Eng. News 85 (2007) 26.

[11] R.J. Brodd, K. Tagawa, in: W. van Schalkwijk, B. Scrosati (Eds.), Advances in Li-ion Batteries (2002), pp. 267–288.

[12] UL 1642, UL Standard for Safety for Lithium Batteries, third ed., April 26, 1995.

[13] E. P. Roth, 35th Intersociety Energy Conversion Engineering Conference and Exhibit (IECEC). 2, 962, 2000.

[14] E. P. Roth, C. Crafts, D. H. Doughty, J. McBreen, Thermal Abuse Performance of 18650 Li-ion Cells, Sandia Report, ATD Program for Lithium-Ion Batteries, March 2004.

[15] G.G. Botte, R.E. White, Z. Zhang, J. Power Sources 97–98 (2001) 570.

[16] M.N. Richard, J.R. Dahn, J. Electrochem. Soc. 146 (1999) 2068.

[17] C. Lampe-Onnerud et al., 14th Battery Conference on Applications and Advances, 215, 1999.

[18] T. Yamauchi, K. Mizushima, Y. Satoh, S. Yamada, J. Power Sources 136 (2004) 99.

[19] Z. J. Zhang, 29th International Battery Seminar and Exhibit, FL, USA, March 2012.

[20] S. Santhanagopalan, P. Ramadass, Z.J. Zhang, J. Power Sources 194 (2009) 550.

[21] Z. J. Zhang, 27th International Battery Seminar and Exhibit, FL, USA, 2010.

[22] P. Ramadass, W. Fang, Z. Zhang, Abstract # AF0543, IMLB 2012, Jeju, Korea.

[23] Z. J. Zhang, P. Ramadass, W. Fang, IMLB 2012, Jeju, Korea.

[24] Z. J. Zhang, 26th International Battery Seminar and Exhibit, FL, USA, March 2009.

[25] Z. J. Zhang, Pacific Power Sources Symposium, Hawaii, 2011.

[26] Z. J. Zhang, Abstract # 74, IMLB 2008, Tianjin, China.

[27] Z. J. Zhang, Batteries Conference 2010, Cannes, France.

[28] C.Y. Wang, V. Srinivasan, J. Power Sources 110 (2002) 364.

[29] Z. J. Zhang, CIBF, Shenzhen, China, 2009.

[30] Z. J. Zhang, LLIBTA, Tampa, FL, USA, May 2008.

[31] Z. J. Zhang, LLIBTA, Long Beach, CA, USA, June 2009.

第19章 锂离子电池组件及它们对大功率电池安全性的影响

Karim Zaghib[1,*], Joel Dubé[1], Aimée Dallaire[1], Karen Galoustov[1], Abdelbast Guerfi[1], Mayandi Ramanathan[2], Aadil Benmayza[2], Jai Prakash[2], Alain Mauger[3], Christian M.Julien[4]
([1] 魁北克水电研究所，加拿大；[2] 伊利诺理工大学，美国；[3] 矿物学、材料物理和天体物理研究所，巴黎第六大学，法国；[4] 物理化学与电化学实验室，巴黎第六大学，法国)
* ZAGHIB.KARIM@IREQ.CA

19.1 概述

安全问题是锂离子电池在大功率应用中的主要障碍。电池爆炸以及起火事件依然频繁发生。相关工作人员对每个这样的事件都进行了调查，发现一些事故的主要责任在于使用者，他们本来应该遵守制造商提供的针对这些动力组的"用户使用守则"，以避免使用中出现危险。那些在过高或过低的温度下使用或者储存小型号电池的人们也应该受到指责。在这些事故中，责任应该归属于制造商，他们没有严格地设计电池。而在另外一些事故中，问题则主要来自于行业本身在技术革新上的困难。比如，一个汽车制造商需要数载才能将它研发部门开发的新模型推广到市场上。在这个过程中，从一种电池类型转移到另外一种，代价是非常昂贵的，而且困难的地方还在于电池制造方与承包方之间的环节。事实上，有时候承包方也要为事故承担责任。工厂很难像生产组件那样去生产出一模一样的电池。即使最安全的电池材料，如 $LiFePO_4$，只有在品质高的时候才是安全的。以上所述的这些事故原因，显然并不在科学家们的能力范围之内，因此也超过了本章综述的范围。

对于大功率应用而言，必须要同时满足几个要求。首先，电解液必须要有高的离子电导率，一般要高于 10^{-3} S/cm[1]。第二个要求主要来自于这样一个事实：当前商业化的很多电池的石墨阳极与电解液之间存在交互作用，会形成固体-电解液界面（SEI），需要控制和稳定 SEI 膜的形成。第三，需要确保有机电解质溶液中锂盐的热稳定性。第四，阴极材料不能溶解在电解液中。最后一点，滥用耐受程度也非常重要。本章旨在综述目前找到的符合这些要求的溶液，以使得锂离子电池最大限度地满足应用于大型系统如电动汽车、智能电网以及大功率电子设备中。

大功率用安全的大型电池一般不以金属锂作为阳极，主要有几个方面的原因：锂金属的反应活性太高；它的熔点很低（180℃），因此在过热条件下熔融锂会增加起火隐患；此外，快速充电会导致枝晶生长，在连续循环中，电池可能会出现短路，如果电解液易燃，则会出现严重后果。另一方面，也不能使用一些新型的硅阳极，即使它们是以在锂化过程中能够减小巨大体积膨胀纳米尺寸形态，因为它们的循环特性太差，而且动力也受到限制。因此，目前的关注主要集中在石墨和 $Li_4Ti_5O_{12}$（LTO）阳极上。至于阴极，目前则主要有两种材料在竞争市场，即 $LiMn_2O_4$ 和 $LiFePO_4$，以及少量的层状化合物。其他在电池安全方面起到关键作用的相关元素，比如电解液、隔膜以及黏结剂等，也将会在这里对其进行综述。

19.2　电解液

对于小型的不需要太多功率或者能量的电池，可以使用固态电解质。而对于有更多要求的应用，则需要导电性更高的有机液体电解液[1]。高离子导电性的非水电解液包括基于碳酸盐的非质子溶剂，如碳酸丙烯酯（PC）、碳酸乙烯酯（EC）、碳酸二乙酯（DEC）、碳酸甲乙酯（EMC）或者碳酸二甲酯（DMC）或者它们的混合物。液态碳酸盐能够溶解一定浓度的锂盐，可以提供电子所需要的导电能力（$\sigma > 10^{-3}$ S/cm）。在这种情况下，稳定和控制 SEI 膜的形成非常重要，它不仅关系到电池的稳定性和性能，也使得电池更加安全，因为 SEI 膜在形成过程中会产生可燃气体，而且 SEI 是有电阻的，因此会增加电池温度。这也是为什么科学家们在理解 SEI 膜的形成机理上做出了很多努力，也尝试在电解液中加入添加剂来控制和稳定 SEI 膜的原因。这些工作在文献［2］中进行了综述。

动态研究结果显示 SEI 膜的形成需要两步。第一步是在 Li^+ 嵌入到石墨之前发生，在这步形成的 SEI 膜在结构上是疏松的，阻抗很高，而且不稳定。第二步则是与嵌锂同时发生，得到的 SEI 膜更加紧密，导电性高[3,4]。后者更好的稳定性主要是由于通过协调 Li^+ 以及有机碳酸根阴离子，形成了有机化合物的网络结构[5]。因此，对安全问题的研究主要需要关注第一步。

19.2.1　控制 SEI 膜

相较于第二步高电位（测试会偏低，vs. Li^+/Li^+）而言，第一步形成的 SEI 膜中含有更多的无机化合物。此外，这一步中会产生很多气体产物，尤其是在含有 PC 的电解液中。SEI 膜的形成可以通过添加剂的电化学还原，在石墨表面化学包覆一层有机物膜来加以促进。这点可以通过加入可聚合的添加剂来实现，可聚合的添加剂容易还原，形成不溶解的固体产物，这些固体产物覆盖在石墨的表面，作为一层初始薄膜来降低催化剂的活性。因此，采用这些添加剂不仅能够减少气体产生，而且能够增加 SEI 膜的稳定性，因为添加剂分子也部分参与到 SEI 膜的形成中。这些添加剂的分子中含有一种或者更多碳碳双键，包括碳酸亚乙烯酯[6~11]、碳酸乙烯亚乙酯[10,12]、碳酸丙烯乙酯[13]、醋酸乙烯酯[14,15]、己二酸二乙烯酯[15]、丙烯酸腈[16]、2-乙烯基吡啶[17]、顺丁烯二酸酐[18]、肉桂酸甲酯[19,20]、膦酸酯[21]以及包含乙烯基的硅基化合物[22,23]和呋喃衍生物[24]。不过，除了还原性的聚合反应外，相反的氧化性聚合反应也会在阴极发生，从而不可避免地增加阴极的阻抗以及不可逆性。因此，电解液中这些添加剂的量不能超过 2%（质量分数）。既然还原性的聚合反应比溶剂的还原电位要稍高一些，那么这些添加剂会在 SEI 膜形成的第一个阶段起作用，降低气体的产生以及 SEI 膜的稳定性，从而提升安全性。

其他一些添加剂通过吸附它们的还原产物到石墨表面上来发挥不同的作用。这些添加剂包括硫基化合物比如 SO_2[25,26]、CS_2[27]、聚硫化物[28,29]、环状烷基亚硫酸盐[30~33]以及芳基亚硫酸盐[32]。它们的量都必须严格控制，因为它们在有机电解液中都可溶而且在高电位下阳极不稳定。另外一个例子是将 5%（质量分数）$AgPF_6$ 加入到 1mol/L $LiPF_6$ PC-DEC（体积比为 3∶2）电解液中，可以抑制 PC 的还原以及石墨的剥落[34]，因为 Ag 在 2.15V（vs. Li/Li^+）下会发生沉积。此外，氮化合物[29,35,36]以及羰基化合物[31,37~40]也能用作还原物质。

最后，另外一类添加剂，叫做反应型添加剂[2]，通过清除废弃的自由基离子[41,42]或者通过与 SEI 膜的最终产物联合发挥作用。比如提供 CO_2[43,44]，因为 CO_2 能够促使 SEI 膜在 EC-基电解液以及 PC-基电解液中的形成[26,29,45~47]。一个简单的方法是在电解液中加入 Li_2CO_3 至饱和[48,49]。

19.2.2 锂盐的安全问题

电解液中的锂盐也在电池安全性中也发挥着重要的作用。对于在 $LiPF_6$-碳酸电解液中形成的 SEI 膜[50]，游离的 LiF 是形成不稳定 SEI 膜的重要因素[51~54]。最有代表性的化合物是三（五氟苯基）硼烷[55,56]，它不仅能够在含有 $LiPF_6$ 的电解液中溶解 LiF[51,52,54]，而且也能够在含有 $LiBF_4$ 的电解液中溶解 LiF[53]。但是这个物质的缺点是它容易捕获 $LiPF_6$ 中的 LiF，释放出高反应活性的 PF_5[54,57]。解决这个无用副反应的一个方法是从芳香族异氰酸酯入手，它能够减弱缺电子的分子 PF_5 与电解液溶剂的反应，并且通过在石墨颗粒表面化学吸附氧官能团来稳定 SEI 膜[58]。由于它与水以及 HF 之间具有极强的反应能力，所以能够排除电解液中的这两类杂质。PF_5 也能够通过与 SEI 膜的成分发生反应来破坏后者的稳定性。结果产生气体产物，在电池内部产生压力，造成安全问题。也可以通过添加弱路易斯碱如三（2，2，2-三氟乙基）亚磷酸酯来降低 PF_5 的活性和酸性[58,59]，关于它会在 19.2.4 部分中涉及关于防火剂，或者氨基化合物如 1-甲基-2-吡咯烷酮[60,61]、氟化氨基甲酸酯[62]以及六甲基磷酰胺[63]的介绍。

为了克服与 $LiPF_6$ 相关的困难，在采用其他无氟盐类替换这方面也进行了很多尝试。二草酸硼酸锂（LiBOB）是最早研究的替代盐，来改善锂离子电池的高温性能[64]，而且它也能在长时循环中极大地稳定 SEI 膜[65]。Jiang 和 Dahn 采用加速量热仪（ARC）系统地研究了 LiBOB 与不同电极材料之间的安全特征[66~69]，发现在采用全锂化石墨阳极和 LiBOB 电解液时，安全性能能够得到增强，但大多数测试的阴极材料却存在安全问题，因为它们表现出较高的自加热速率，这意味着 LiBOB 与这些金属氧化物之间存在较高的反应活性。而其中唯一的例外是 $LiFePO_4$[68]，在 LiBOB 存在的情况下，它可以表现出高得多的起始温度（ARC 测量数据上的起始温度——译者注）。因此，Dahn 和合作者提出了一个所谓的“热稳定锂离子电池”，其结构框架为石墨/LiBOB/EC/DEC/$LiFePO_4$[69]。此外，LiBOB 是一种非常有效的过充保护剂，这点与 $LiPF_6$ 相反。我们将在下一章节讨论过充保护。LiBOB 以添加剂水平［即 1%（摩尔分数）］加入到 1mol/L $LiPF_6$[70~72]或者 1mol/L $LiBF_4$[70] PC-EC 电解液中，也能够发挥作用。草酸二氟硼酸锂（LiODFB）也具有同样的性质，但是在低温下比 LiBOB 能提供更好的性能。注意这里又一次讨论到了含氟盐，事实上很难避免它，因为虽然它会带来很多安全问题，但是却有一个有益的作用：它通过在铝集流体表面镀一层 AlF_3 来使其钝化，从而保护集流体避免腐蚀。不过，铝的钝化在没有氟的情况下也能够实现：不止 LiODFB 能够阻碍 Al 在 PC-DEC 或者 EC-DMC 电解液中的腐蚀，LiBOB 也可以做到[73]。这是由于 O—B 键上的阴离子断裂，新的阴离子会与 Al^{3+} 结合，形成稳定的钝化层。

尽管如此，LiBOB 还是有很多缺点限制了它的应用：它在低介电常数的溶液中几乎不溶解；与 $LiPF_6$ 相比，它在典型碳酸盐混合物中溶解度很小；容易水解；且难以大规模地合成高纯度的 LiBOB[74,75]。科学家们对 LiBOB 电池相关的安全问题也进行了评估[68,76~78]：问题依然在于阴极的自热速率很高，包括 x 值很小的 $Li_xMn_2O_4$[79,80]，这意味着 LiBOB 与氧化物阴极之间存在反应。

众所周知，$LiBF_4$ 的热稳定性比 $LiPF_6$ 要高得多[81]。它在 EC＋γ-丁内酯电解液（GBL）中的稳定能力使得在高温储存过程中阳极膨胀极低，能够改善 $LiCoO_2$ 阴极材料的安全性能[82]，并且在与 $LiFePO_4$ 相互作用时，结果也非常好[83]。早期的研究也是首先激发对二（三氟甲基磺酸）亚胺锂（LiTFSI）作为替代选择的兴趣，而不是 $LiBF_4$。LiTFSI 基电解液的导电性大约为 8×10^{-3}S/cm[84]，摩尔质量只有 197g/mol。但是，在 GBL-EC 混合物中，$LiBF_4$ 比 LiTFSI 更优越，是因为它是唯一允许石墨阳极完成全充放电循环的盐[85]，而 GBL 是一个很有趣的溶剂，因为它的燃点很高、沸点很高、蒸气压很低，而且在低温下导电性很高[86]。

一类新的化合物如氟化二异丙基膦酸锂也被引入进来[87～89]。关于它们的发展，主要是源于这样的想法：采用吸电子全氟烷基来替代掉 $LiPF_6$ 中的一个或者更多氟离子，以稳定 P—F 键，使它不易水解，从而改善盐的热稳定性。疏水的全氟烷基在空间上能够防护磷，避免其水解。这个新化合物的导电性也堪与 $LiPF_6$ 媲美。Oesten 等[88]显示 $LiPF_3(C_2F_5)_3$（LiFAP）由阻燃的部分、氟化衍生物以及磷酸酯等几部分组成。Gnanarj 等[90]调查了 $LiPF_6$ 和 LiFAP 在 EC-DEC-DMC 混合物中的热稳定性，结果显示对于 LiFAP 溶液，尽管它们的自发热率非常高，但其热分解起始温度要高于 200℃。

19.2.3 针对过充的保护措施

过充也可能会导致安全问题，而且如果电压过高，电池的寿命也会相应下降。电解液中的添加剂能够保护电池，避免过充。尤其是氧化还原穿梭电对添加剂，它们在过充时能够可逆地对电池进行保护，这些可以穿梭的分子在正极氧化，氧化的基团扩散到负极，又被还原回中性分子。困难主要来自于这些穿梭添加剂在这样苛刻的条件下必须要满足：①穿梭反应必须高度可逆；②它的氧化电位必须稍微高于正极正常的截止电压；③它在电池操作电位范围内必须电化学稳定性很强；④它的氧化态和还原态都必须高度可溶和可迁移。苯甲醚族的化合物属于能够同时满足这些条件的少数有机分子中的一小部分[91]，研究者们针对它们的性质也进行了广泛的研究[91～95]。它们的电位大部分为 3.8～4.0V，因此很适合 $LiFePO_4$ 基的锂离子电池。其他芳香族化合物也有类似的功能。但是，对于 $LiMn_2O_4$ 阴极，它们的工作电位使得它们需要与 $LiFePO_4$ 不同的添加剂。目前唯一的解决办法是由 $Li_2B_{12}F_xH_{12-x}$ 作为锂盐，而且同时作为电位在 4.5V[96]的氧化穿梭电对。这是目前氧化穿梭分子在没有结构恶化的情况下能够承受的最高电压。

与氧化穿梭电对添加剂不同，“自关闭”（shutdown）添加剂可以长久地终止电池运行：在高电位下，添加剂分子发生聚合反应，释放气体，能够激活电流中断设备（与压力安全阀断开），同时形成的聚合物镀在阴极的表面，使其不能进一步过充。大部分这些添加剂是芳香族化合物，比如二甲苯[97]、苯基环己烷[98]、联苯[99～107]、2,2-二苯基丙烷、苯基-R-苯基化合物（R＝脂肪族烃、氟代物）以及 3-噻吩乙腈[106]。但是，这些化合物会由于其不可逆的氧化反应而减少电池的使用寿命。另外，LiBOB 也可以充当“自关闭”添加剂[108]，因为它大约在 4.5V 分解和释放气体（主要是 CO_2 和 CO）。在一个 8A·h 的锂离子电池上进行的 1C 过充测试中，LiBOB 电池仅仅经历一个温和的放气过程，最大温度不超过 100℃，而且没有起火。而含有 $LiPF_6$ 的电池不仅仅起火，而且在最大温度达到 400℃下发生爆炸[108]。LiBOB 电池优异的过充容忍性，也同样发生在尖晶石阴极电池上[109]，主要是因为 LiBOB 中的草酸分子能够比在阴极产生氧气前优先氧化，释放出 CO_2[110]。

19.2.4 阻燃剂

热失控和电池起火是锂离子电池用于电动汽车中所遭遇的主要问题，这主要是由于有机液体的可燃性所致。因此，在寻找阻燃剂上也进行了很多努力，意图降低自加热率（SHR），延迟热失控的发生。

最早采取的策略主要是利用化学自由基清除工艺，它能够终止气相中燃烧反应的罪魁祸首：自由基链反应[111~113]的发生。这里所采用的添加剂主要是有机磷化合物。部分含氟烷基磷酸不仅能够作为阻燃添加剂，而且能够改善还原稳定性[114~118]。例如，当在电解液中加入20%（质量分数）三（2,2,2-三氟乙基）亚磷酸盐，电解液变得不易燃，而且对石墨阳极和阴极都没有不利影响[114,116]。由于环状结构上含有大量的磷，所以环磷腈族化合物也是很有潜力的阻燃剂[59,119,120]，尤其是六甲基氧环三磷腈，其可以在相对于阳极电位5V左右保持稳定[119~121]。除了 P^{5+} 磷酸盐，P^{3+} 亚磷酸盐也同样具有作为阻燃剂的能力，它们能够促进 SEI 膜的形成[122]，而且能够降低 PF_5 活性的效果[57]，最好的例子是 TTFP[59,123]。此外，氟化的 PCs[124]也能够充当无磷阻燃剂的作用。

目前正在研究的降低电解液可燃性的一个策略是与离子液体（IL）混合，众所周知，ILs 的特征是不挥发，而且不易燃。但是，大多数 ILs 在首次锂化过程中，不能在碳表面形成良好的 SEI 膜。目前所做的很多工作主要针对确认 ILs 是否具有改善电池循环性能的特点。以1-乙基-3-甲基咪唑鎓（EMI）、1-丙基-1-甲基吡咯烷鎓（Py13）作为阴离子，双氟磺酰亚胺作为阳离子，与传统电解液：1mol/L $LiPF_6$ 或者双氟磺酰亚胺锂（LiFSI）在 EC-DEC 中进行对比[125]，这项研究后来扩展到以 *N*-三甲基-*N*-丁基铵（TMBA）阴离子以及双（三氟甲烷磺酰）亚胺（TFSI）阳离子[126]上，研究结果证明，含有 $TFSI^-$ 的比含有 FSI^- 的离子液体要安全，而且含有 EMI^+ 的离子液体比那些含有 3-甲基咪唑 $BMIM^+$、$Py13^+$ 以及 $TMBA^+$ 的离子液体性能要差。$TFSI^-$ 优异的稳定性主要是由于它含有的 F 原子比 FSI^- 多这样一个事实。在含锂的负极中，这些 F 原子可反应形成 LiF，LiF 是钝化膜的有效成分。所以，F 含量高的 TFSI 可以形成比 FSI 厚的、而且稳定的反应产物膜。这些实验也显示了离子液体不能以100%的浓度用于锂离子电池中，因为它们黏度过高，且导电性较低，此外，当向它们加入盐（如 LiTFSI）形成电解液时，其导电性还会继续下降。这些行为与传统的水性以及非水性的溶剂都不同。解决这些困难的一个方法是在其中增加有机溶剂如 EC 和 DEC。已经有人研究了 EMI-TFSI 用有机电解液 EC/DEC 和 2%碳酸乙烯酯（EC-DEC-VC 1mol/L $LiPF_6$）进行稀释时的速率与导电性和黏度之间的函数关系[127]。结果如图 19.1 所示。当离子液体在混合物中的比例增加到60%时，导电性比黏度增加的快得多。进一步增加离子液体，导电性会下降，因为没有足够的有机溶剂来溶解所有的离子液体，所以整个溶液的导电性接近于纯离子液体。相应地，随着离子液体百分数的增多，溶液的黏度也呈现急剧上升。在该混合物中，电解液的导电性与黏度之间并没有出现期望的负相关，因为有机溶剂含有共价键和少量的离子（自动溶解），因此导电性较低，而离子液体富含离子，因此导电性比有机溶剂要高得多。因此，在实际电池应用中，有一个优化浓度范

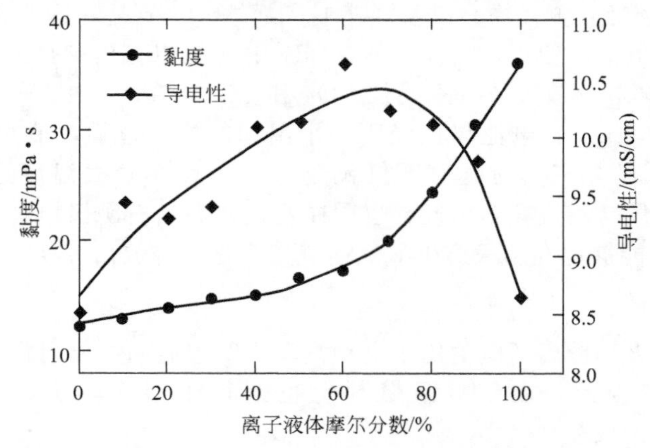

图 19.1 EC-DEC-VC-1mol/l $LiPF_6$ 随 EMI-TFSI 的导电性以及黏度变化[127]

围，即离子液体在混合物中的比例为40%～60%，这时能够提供需要的特征：高导电性和低黏度。将混合物直接暴露火焰之上，纯有机电解液一点燃就立刻着火；而一旦将离子液体加入到电解液中，在着火发生之前的火焰暴露时间就会增加。当在电解液中加入40%的离子液体时，在测试时间（25s）内没有发现着火现象。此外，$LiFePO_4$的高倍率容量性能，在纯离子液体中被削减，而在离子浓度为40%的混合物中，其容量能够得到恢复；此外，随着放电倍率的增加，直到2C倍率，容量都能够保持接近于其在有机溶剂中的容量[127]。需要注意的是混合电解液并不是一个新相，所以加热到高于100℃并不能阻止混合物中盐和有机溶剂的分解。但是，如果在有机电解液中加入40%～60%的离子液体，能够显著地增加电池的安全性，直到2C放电倍率也不会破坏电池性能。

19.3　隔膜

隔膜也是液态电解液电池的一个关键组件。它的结构和性能极大地影响电池的性能和安全性。Zhang等已经对隔膜的一些要求，包括化学稳定性、孔隙度、孔大小、隔膜渗透性、使用的不同材料以及生产工艺都进行了综述[128]。隔膜必须要在电池发生热失控之前能够发生“自闭孔”，而且这个“自闭孔”并不会导致隔膜失去机械完整性。目前锂离子电池中使用的聚乙烯（PE）-聚丙烯（PP）多层隔膜的“自闭孔”温度大约为130℃，而且会在大约165℃的条件下融化（PP的熔解温度）。一般来说，很多隔膜生产商广泛采用PE-PP双层[129,130]以及PP-PE-PP三层[131～137]结构。基于PE（120～130℃）和PP的融化温度不同，这些隔膜可以充当热“自闭孔”隔膜。PE层在温度低于热失控温度时能够融化，并填充隔膜孔，这可以导致两级之间电解液层阻抗的极大增加，从而中断电池的运行，而PP层还能够有足够的机械强度来阻止两电极之间发生短路。PE“自闭孔”和PP融化之间有大约35℃的缓冲，足够保护大部分锂离子电池，但如果过热很大，而隔膜会发生收缩或者融化，这种情况会在针刺实验中出现，以及在热稳定性差的层状化合物作为活性阴极材料的电池短路实验中也会出现。此外，在PP-PE-PP三层隔膜的两层PP层之间加入少量的金属氧化物颗粒，能够有效地吸收由树脂材料、抗氧化剂以及其他在挤出过程中可能的添加剂所带来的杂质[137]。

事实上，大部分与温度相关的安全事故中，隔膜的尺寸收缩或融化是连续的，最终可能会导致电极的物理接触。一旦这种接触确定下来，有强烈氧化性的阴极材料以及有强烈还原性的阳极材料之间发生直接的化学反应，产生的热容易导致热失控。因此隔膜需要有优异的热稳定性，尤其是在高功率应用中。无机化合物隔膜满足这些要求，它们由极细的颗粒黏结在少量的黏结剂上制备而成。这些颗粒是过渡金属氧化物，比如MgO[138]、TiO_2[139]、Al_2O_3[140]或者$CaCO_3$[141,142]。黏结剂通常是聚偏氟乙烯（PVdF），或者聚偏氟乙烯-六氟丙烯共聚物（PVdF-HPF）。这些隔膜热稳定很好，在高温下几乎零收缩。它们出色的润湿性使得电解液中可以含有高比例的PC和EC，而它们的热稳定性也使得电池具有很佳的温度耐受性。要注意复合物隔膜的厚度不能比团聚颗粒的半径小。为了降低这个厚度，Carlson等[143]采用一种溶胶-凝胶法，可以制得小于10μm的隔膜。但是主要的问题在于这些隔膜机械强度不够，不足以承受搬运和生产。为了解决这个问题，德固赛开发了一系列SEPARION®的隔膜，联合了聚合无纺布聚对苯二甲酸乙二酯（PET）以及陶瓷材料（铝、硅、锆纳米颗粒）的特征[144～148]。制备的隔膜受到PET无纺布母体熔点的限制，热稳定性高达210℃。温度的稳定性以及热收缩性都相比较Celgard隔膜有极大的改善[128]。最近，Kim和Park[149]提出了一种新型的方法，采用SiO_2薄层覆盖住聚乙烯基隔膜的微孔。通过这种新型工艺，这种微孔隔膜的热稳定性和尺寸稳定性都得到改善。

还有另外一类高性能的隔膜，称为无纺布隔膜，它主要是基于通过化学、物理以及机械手段，将无数纤维黏结在一起的纤维毡制备而成。Kim 等[150]成功地制备了聚偏氟乙烯-六氟丙烯（PVdF-HFP）隔膜，它由平均直径为 0.5～2.3μm，厚度为 30μm 以及孔隙度为 68%～82%的纤维组成。这种无纺布隔膜主要用于可充电碱性电池如镍-镉以及镍金属氢化物电池中。它们不用于锂离子电池中，主要是因为它们的“开放”结构以及粗糙的表面不能有效地阻止短路的发生，除非以牺牲电池能量密度为代价，增加它们的厚度。但是，目前也可能在 PE 无纺布毡的粗糙表面上包覆一层微孔 PVdF 层，改善它们对液态电解液的渗透性[151～153]。PE 无纺布母体给予隔膜机械强度和热“自关闭”特征，而 PVdF 层可以提供亲水导离子相；采用这种隔膜，锂离子电池可以具有良好的容量保持率[152,153]。

19.4 阴极的热稳定性

热失控的机理一般是从阳极以及电解液开始的[154]，关于热失控的一些解决办法已经在前面论述过。但是，电池中快速的温度升高，这一主宰这个过程整体产热的步骤，则是由阴极与电解液互相反应产生的[119,155]。所以，找到一个更加稳定的阴极以发挥锂离子电池的最大潜力是至关重要的[156]。在需要高安全性的电池中，一般会采用 $LiMn_2O_4$ 尖晶石替代层状 $LiCoO_2$，而目前橄榄石的 $LiFePO_4$ 又正在赢得市场。该材料由 Goodenough 等[157]首次提出，材料本身内部导电性比较小，但是这个问题可以通过在颗粒表面包覆一层导电碳层得到解决，也可以根据需要降低材料尺寸到 20～200nm，不过材料的价格也与材料尺寸关系很大。目前对于 $LiFePO_4$ 以及它脱锂后形态的非凡热稳定性，业界已经达成共识[158,159]，而且一般认为 $LiFePO_4$ 比其他常用的层状结构锂金属氧化物阴极材料要安全[155,160,161]。其能够抑制热失控的能力，使得相应锂离子电池热稳定性较高，这主要是因为在其四面体 PO_4 单元中，P—O 键的高共价特征稳定了橄榄石结构，使之在高达 600℃的条件下也能够阻止氧释放[162,163]。差示扫描量热法（DSC）以及加速量热仪（ARC）的研究结果显示 $LiFePO_4$ 在热滥用以及电化学滥用上，是比常用的层状结构或尖晶石结构的锂金属氧化物阴极更加安全的材料[164]。图 19.2 显示了以尖晶石、层状以及橄榄石材料为阴极、石墨为阳极的 18650 型电池，电解液为 1.2mol/L $LiPF_6$ EC-EMC（质量比为 3∶7），在全充电条件下的 SHRs（自发热速率）与温度之间的关系。图中展示了三种不同的放热反应。第一个自发热放热反应发生在 90～130℃之间，主要归因于含碳材料与电解液之间的反应，SEI 层的分解[165]；温度高于 150℃时，对应于隔膜的融化温度，开始发生第二个自加热放热反应，导致阴极暴露出来与电解液发生反应。在温度大于 245℃时，尖晶石和 $LiCoO_2$ 阴极陆续发生分解，与电解液发生反应，释放更多的热，进一步增加电池温度。温度高于 260℃，从阴极中释放出的氧与有机溶剂发生反应，引发第三个自加热放电反应，对应于热失控的开始。但是，$LiFePO_4$ 电池能够在温度高达 450℃的条件下保持安全，不发生热失控（与其他阴极材料不同），由于该电池最大的 SHR＜6℃/min。可以推断 286℃下最大 SHR 峰对应于主要的放热反应，如在 DSC 研究中描述的一样。在 ARC 研究中观察到的 $LiFePO_4$ 的 SHR 比层状氧化物以及尖晶石阴极要低得多，这意味着橄榄石阴极较好的热稳定性。在 $LiNi_{0.8}Co_{0.15}Al_{0.05}O_2$ 材料上得到的结果非常令人失望，因为 Co 和 Al 的引入并没有改善层状化合物的热稳定性。相比较层状阴极以及尖晶石阴极的 532℃/min 以及 878℃/min 的 SHR 最大值而言，即使过充（到 4.2V）的 C-$LiFePO_4$ 电池也只表现出 158℃/min 的 SHR 最大值。

这些结果说明，与 $LiFePO_4$ 相反，针对 $LiMn_2O_4$ 必须要进行过充保护。事实上，当 Li_xCoO_2、Li_xNiO_2 以及 $Li_xMn_2O_4$ 中 x 值较小时，对这些阴极的热稳定性有不利影

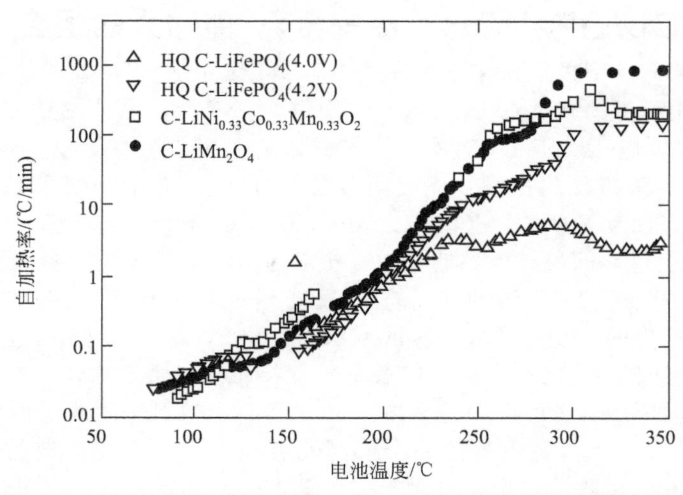

图 19.2　以尖晶石、层状 $LiNi_{0.33}Co_{0.33}Mn_{0.33}O_2$ 以及橄榄石阴极和石墨阳极在 EC-EMC（质量比 3∶7）电解液中的全充电 18650 型电池的自加热率

响[79,80]。所以，对负极的热稳定性研究一般是针对它们的嵌锂态，而对正极，则是在脱锂态。在充电过程中，尤其是过充过程中，会产生酸性杂质。溶剂会被 $LiMn_2O_4$ 阴极释放出的氧气化学氧化，产生 H_2O 以及 CO_2，生成的 H_2O 会进一步水解 $LiPF_6$，形成酸性物质，如 HF 和 POF_3[166]。HF 是 $LiMn_2O_4$ 溶解的主要原因。为了解决这一难题，目前在 $LiMn_2O_4$ 电池中采取了一些步骤，尤其是在一些电动汽车中使用的电池，即在阴极中加入另外一种材料捕获锰。不过不幸的是，这种材料是一种层状化合物，也会增加电池的热不稳定性。在这样的一种结构中，汽车的安全仅仅只能依赖于复杂的电池管理系统（BMS），一旦有一颗电芯出故障，BMS 可以避免热失控在电芯之间的蔓延，否则就会导致爆炸。另外一个解决方法是降低 $LiMn_2O_4$ 的溶解。Saidi 等[167]提出氨基的有机碱如丁胺能够清理酸性杂质，而 Takechi 等[168]则采用碳化二亚氨基的化合物如 N,N-二环己基碳二亚胺与水反应来阻止酸的产生。胺能够通过降低 PF_5 的反应活性和酸性来使之失活，从而降低 $LiMn_2O_4$ 的溶解。这些不同的添加剂或多或少地能够降低尖晶石的溶解，但是却不能从根本上抑制它。

另外一个方法是寻找能够与 Mn^{2+} 结合，形成保护膜覆盖在阴极上的添加剂，从而可以阻止阴极进一步的溶解。Amine 等[169]将浓度为 0.1mol/L 的 LiBOB 添加到 $LiPF_6$ 基电解液中，发现石墨/$LiNi_{1/3}Mn_{1/3}Co_{1/3}O_2$ 电池的容量保持率有所改善。不过，这种低浓度的 LiBOB 也需要折中考虑：要想取得非常好的容量保持率，需要浓度为 0.7mol/L，但是一旦增加浓度高于 0.1mol/L，则会导致 SEI 膜的加厚，破坏锂离子电池的功率容量。总之，目前基于 $LiMn_2O_4$ 的锂离子电池并不能提供与 $LiFePO_4$ 一样的安全性。由于材料在电解液中溶解导致电池循环寿命低，意味着需要在 $LiMn_2O_4$ 中加入一些元素，这些元素或者热不稳定，或者会破坏电池功率；这也是为什么一大批公司转向 $LiFePO_4$/石墨锂离子电池，以用于高功率电子设备以及电动汽车/巴士的缘故。的确，$LiFePO_4$/石墨锂离子电池有两个优点：①长的循环寿命，由于 $LiFePO_4$ 并不溶解在电解液中；②在不使用任何电子安全器件即一般称作的回路保护模块（PCM）的情况下，成功通过了安全测试以及混合脉冲功率特性（HPPC）测试，测试模拟电池在 HEVs 以及 PHEVs 中行车要求。最后，它们的能量密度可以保证装载有 85kW·h 电池组的新电动汽车，能够行驶 400km 的距离，像特斯拉的轿车那样。

19.5 $Li_4Ti_5O_{12}/LiFePO_4$：最安全、最强大的组合

$Li_4Ti_5O_{12}$（LTO）阳极正在逐渐渗透到锂离子电池市场。LTO的放电电压接近1.55V（vs. Li/Li^+），对比石墨的则为0.1V。从一方面讲，它降低了电池的整体电压和能量密度。但是，事实上，LTO电压高于1.0V的事实意味着它不需要钝化，这点与石墨以及其他会与电解液发生反应的阳极材料不同：即当阳极是LTO时，没有SEI膜的形成，所以LTO从本质上是安全的。事实证明，LTO与$LiFePO_4$阴极结合比它与层状或尖晶石化合物更安全，原因如前几章所述，而最终得到的电池有望成为市场上最安全的锂离子电池。在之前的一项工作中，已经报道了C-LFP/LTO电池成功地通过了电池在公共交通中的安全测试[170]。其中，制备出的18650型电池容量为800mA·h，在10C（6min）条件下充电、5C（12min）条件下放电20000次循环后，容量基本保持不变，而在15C（4min）充电、5C放电条件下，30000循环后容量可以保持95%，以上测试都在100%放电深度和100%荷电状态下进行，如图19.3所示。将电池的一个模型安装在世界能源委员会的一辆电动汽车上，可为该车提供50km的里程。这个距离对于一台EV来讲可能太短了，但是如果安装在插电式HEVs中，会非常合适。

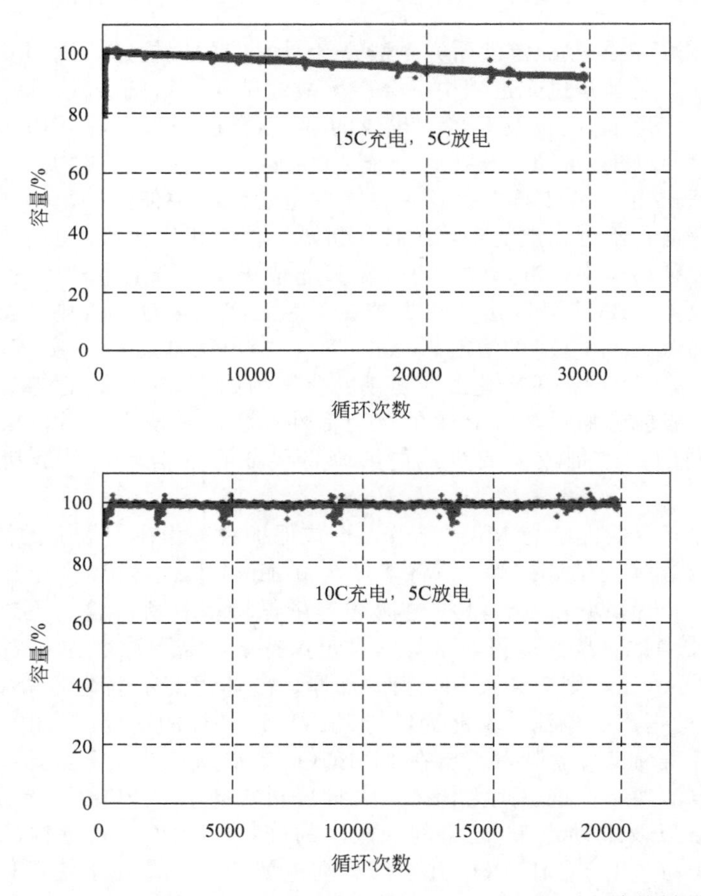

图19.3 C-$LiFePO_4$/EC-DEC-1mol/L $LiPF_6$/$Li_4Ti_5O_{12}$ 18650型电池的循环寿命[169]

以上这些性能都是在碳包覆$LiFePO_4$的情况下得到的，但是其中涉及的LTO颗粒并没有进行包覆，这点限制了它的性能发挥。最近，LTO颗粒也开始包覆上了导电碳，而且研究者们也针对C-$LiFePO_4$/C-$Li_4Ti_5O_{12}$ 18650型电池进行了研究[171]。其中，C-$LiFePO_4$和

C-$Li_4Ti_5O_{12}$的颗粒直径都是 90nm，电解液是 1mol/L $LiPF_6$ 溶解在 EC-DEC 中。图 19.4 中列出了这种 18650 型电池的性能和热特征，并显示了修正的 Peukert 曲线以及电池的平均温度。电池的最大平均温度在 40C 倍率下达到 34℃，而它的放电容量依然还有 0.53A・h，在低放电倍率下，电池容量是 0.65A・h。在极限充电和放电倍率的条件下（50C），采用热红外相机测试 18650 型电池的热曲线，测试结果显示在图 19.5 中。放电的热曲线是在部分

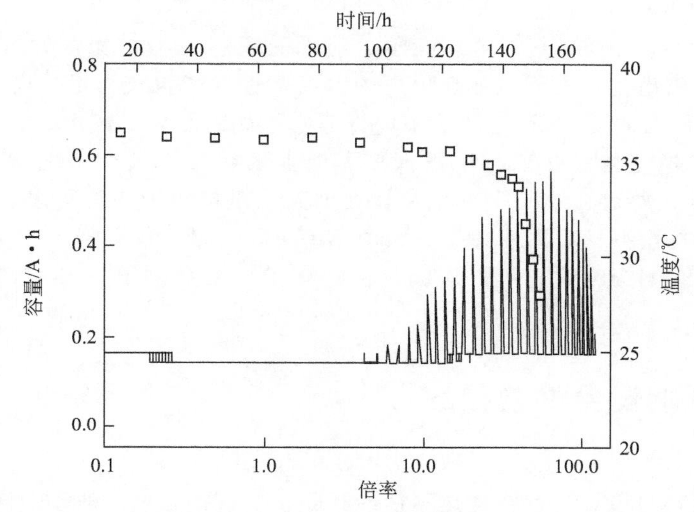

图 19.4　$LiPF_6/Li_4Ti_5O_{12}$ 18650 型电池的改良 Peukert 曲线[170]，以及实验中电池在不同步骤的温度

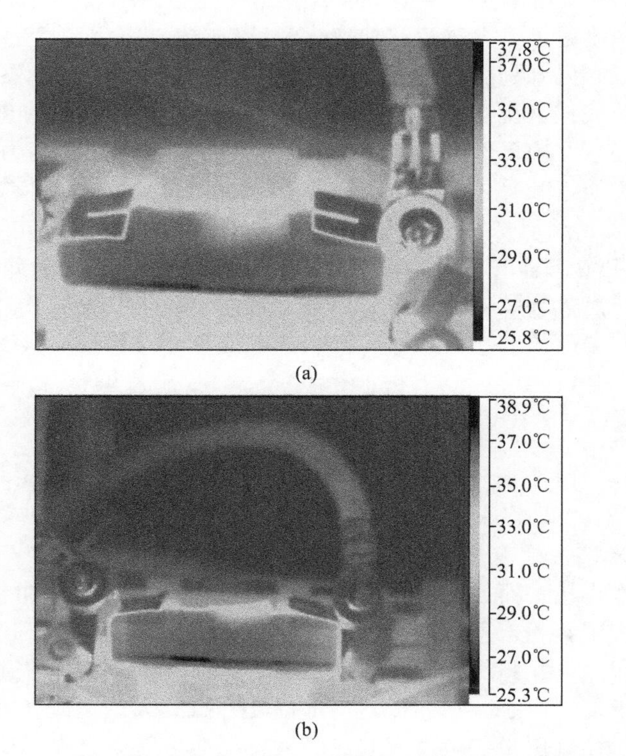

图 19.5　$LiPF_6/Li_4Ti_5O_{12}$ 18650 型电池在 50C 条件下放电的热红外曲线[170]

（a）部分放电到 1.2V；（b）全放电到 1.0V

放电（1.2V）以及全放电（1.0V）下得到的，可以看到电池中的任何地方的温度都低于40℃。在同样倍率充电条件下也进行了同样的实验，结果显示当充电电压限制在1.7V时，电池中任何地方的温度都不超过35℃，但是如果在全充电（2.1V）的条件下，局部温度会增加到48℃[171]。此外，对电池在循环过程中的稳定性也进行了测试，发现电池循环可以超过3500次，并且确认了电池不会随循环的进行而老化，即使是进行HPPC测试中的倍率测试。

但是，如前所述，$LiPF_6$基的电解液不太能承受超过30℃的温度，所以在其他电解液中测试了LFP/LTO电池，发现电池在更高的温度条件性能也很稳定。尤其是在0.5mol/L LiTFSI+1mol/L $LiBF_4$ EC-GBL电解液中取得非常乐观的效果。在19.2.2部分中也提到过这个组合出色的热稳定性。在这种电解液中，电池的容量以及改进的Peuckert曲线与图19.4中的几乎一样，不过在60℃时，结果比在$LiPF_6$基电解液中好得多。放电容量在高达10C倍率下几乎保持不变；而即使在40C放电倍率下，容量仅仅下降了25%[171]。因此，在这种电解液中，LFP/LTO组合可以形成一种能够在60℃条件下，以40C倍率工作的强大电池。

19.6　其他影响安全性的参数

19.6.1　设计

非水性电池在自身设计中存在散热不良的缺陷，这也是影响电池安全性的一个原因。在之前的章节里，对SHR以及电极和电解液之间发生在130～150℃之上的放热反应进行了综述（见图19.2）。如果产热比放热要多，那么放热反应会在绝热条件下得到加速，电池的温度也会飞快上升。温度的上升会进一步加速化学反应，这将会继续产生更多的热，导致热失控[172～174]，热失控的起始温度决定了电池的安全限制。对于一个需要很多电芯连接在一起的高能电池来说，热失控甚至会通过链反应引起爆炸。因此，电池的热稳定性显然依赖于不同的热失控保护策略（之前已经综述），但是也依赖于电池的散热能力。通过辐射进行散热依赖于电池的表面本质，几乎占据热散失的50%[174]，而通过对流散失热量，占据了剩下的50%。除了其他因素，对流散热主要依赖于电池外部表面积以及电池的几何结构。在图19.5中，可以看到电池内部的温度并不均匀，所以这就很容易理解如果电池设计不良会导致电池中出现局部热点，导致电池失效。锂离子电池中的热散失是一个很大的工程挑战，尤其是这些设计为高功率应用的电池，因此必须从电池单体以及电池组层面进行有效的热散失设计[175]。

19.6.2　电极工程

金属颗粒（就像一袋金属珠）之间的接触是绝缘的，这是Branly效应[176]，这个理论来自于这样一个事实：两个珠子之间只有微米级的接触，因此其导电路径是一条接触链[177,178]。这种微米接触是有电阻的，电流通过这些接触点可以产生高达1050℃的温度，导致颗粒之间形成微焊接。而且，这个问题在LTO或者LFP材料中更为引人注意。首先，在嵌锂和脱锂的过程中，粉末颗粒要分别承受膨胀和收缩，这点在LTO这样的零应变材料的特殊案例中除外[179]。由于颗粒之间的接触非常脆弱，所以在循环过程中它们会由于体积变化而破碎，从而恢复绝缘态。在阴极，局部温度升高到大约1000℃可能会导致氧的脱离，氧与石墨发生反应，而且由于这个反应放热极大，电池可能会起火。值得一提的是，最近关于18650型锂离子电池的安全研究已经显示出：即使在低放电倍率（C/5）下，电池中温度分布也是不均匀的，而且可能会局部超过200℃，从而引起局部放热反应[180]。这个现象目前还没有得到解释，但是推测它可能与接触失效有关。事实上，在电池失效的例子中，已经知道温度肯定会高于660℃，因为集流体上的铝珠已经开始融化[181]。

这点与在DC-Branly效应相关的研究中，温度局部会超过1000℃是相对应的。所以使材料紧密压实，或者选择黏结剂，保持颗粒之间紧密结合在一起是使得电池安全的重要参数，而这点直到最近才开始重视起来[182]。目前特别适合C-$LiFePO_4$纳米颗粒的一种黏结剂是Kynar® HSV900树脂，它是一种高分子量的PVdF均聚物，少量即可提供优异的黏结力。

19.6.3 电流限制自动复位装置

保持锂离子电池安全的一个主导机理是限制通过它们的电流。电子安全电路，一般称作保护回路模块（PCM），经常作为单独的模块附于电池组上。在错误情况下，如短路，PCM会打开电池回路，避免电池组受到伤害。由于PCM没有集成在电池内部，所以它不在这个综述的范围之内，在先前另一个综述中有探讨电池这一安全方面[175]。此外，也可以通过改进锂离子电池中的电池成分，提升电池的安全水平，从而使PCMs成为多余[183]。但是这一点是符合今天的$LiFePO_4$技术，并不适用于$LiMn_2O_4$基的电池。

另外一方面，也设计了电流限制设备如正温度系数装置（PTC）来对高温进行响应，它们通常集成在电池内部。PTC元件是基于那些阻抗随着温度的升高而快速增长的材料，因此能够阻止电流流动，相应地降低温度。一旦电池冷却下来，PTC元件的阻抗也下降，使得电池充放电得到恢复。早期的PTC元件是陶瓷，但是目前被聚合物和导电颗粒的复合物替换掉。在正常操作温度下，嵌入在晶体聚合物母体中的导电颗粒为电流流动提供一个低电阻通道，而在超过玻璃化转变温度的高温（一般在125℃左右）条件下，聚合物会变为无定形态。母体伴随的膨胀破坏掉嵌入颗粒之间的导电通道，从而呈几个数量级的快速增加设备的阻抗。从而使得电池电流可以降低到安全水平。一旦打开回路，设备工具允许聚合物母体回归到其正常态，而设备阻抗回到其正常低值。导电聚合物PTC设备能够在几毫秒的时间内启动。这可能也是一个问题，一个隔离的电芯爆炸，不会引起太大的伤害，但是一个高功率的电池会经历链反应而且爆炸，所以它们需要更短的启动时间。在这样的情况下，可以建议采用简单的一次性保险丝。导电聚合物PTC设备适合于允许保险丝慢熔特征发生的应用中[184]。需要注意的是这些聚合物PTC设备具有较低的热质量，所以它们在过充条件下会发生快速反应。尽管如此，它们能够承受的最大电流依然受到限制，这也是一个问题，不过基于$LiFePO_4$的电池不需要PTC设备，因为它在没有任何PCM或者PTC的情况下，自身已经成功通过了短路、针刺、挤压测试。Feng等通过在集流体上包覆一层合适的PTC材料，得到内部PTC效应，从而意识到在预设活化温度下需要更加灵敏的装置来提供断开作用[185]。

19.7 结束语

科学家们在锂离子电池组的安全上已经进行了大量的研究工作，并取得了很大的进步。对于阴极而言，近10年前已经放弃了价格昂贵且不安全的$LiCoO_2$，以$LiMn_2O_4$取代之，近来又发展了更加安全的$LiFePO_4$，这是阴极材料发展的简况。这篇综述也展示了电解液及其添加剂的发展，在隔膜上取得的进步也贡献很大。而且也出现了另外一些阳极，比如LTO，其在安全性以及功率密度上比石墨要好得多，所以$LiFePO_4/Li_4Ti_5O_{12}$的组合也实现了适合高功率应用的电池。但它的能量密度会相对较低，这点会阻碍它在电动汽车上的应用，而石墨则依然是主宰。以上提到的在特斯拉新型电动轿车上安装有$LiFePO_4$/石墨电池（85kW·h）就是一个很好的例子。此外还有在美国不同地方的出租车以及公交汽车也是其中的例子，不过在中国又是另外一种境况。

在 $LiFePO_4$ 进入市场之前，人们也为电动车尝试过不太安全的电池，汽车制造商通过集成一个复杂的 BMS 来试图保证电池的安全性。为了提供安全性能及其他优异的性能，这些锂离子电池组必须受到电子 BMS 的监督，而 BMS 则监控和服务于每一个单独的电芯[186,187]。需要指出的是，尽管如此，安装内部电子设备比如 PTC 以及集合电路需要生产成本，而且消耗能量，因此会降低电池的能量密度。采用 $LiFePO_4$ 技术能够简化 BMS，因为这些电池已经在没有 PCM 的情况下成功通过了所有安全测试。在这里，BMS 在特征数据采集以及确定电池状态上可能会得到简化。当然，零风险是不存在的，至于 $LiFePO_4$ 电池，它可能会出现在前言中提到的状况。尤其是像指出的那样，$LiFePO_4$ 的生产呈指数增加，因此相伴而来的是生产此类材料的厂家数目剧增，从而会使得 $LiFePO_4$ 的质量参差不齐。安全的电池需要没有杂质的产品以及严格的质量控制[188]，以避免所有由于生产本身出现的安全问题。

寻找更高能量密度的阳极并不是非常有用，因为锂离子电池的能量密度受限于阴极。但是，有大量研究旨在改善电池包括功率在内的性能，比如通过采用石墨烯层来改善碳中的锂扩散[189~193]。由于碳会和电解液反应，而且碳与氧的反应放热很大，所以也在研究少碳的阳极，比如，硅基材料[194]或者 Sn-C 复合物[195]。

我们也综述了通过在有机电解液中添加阻燃剂来改善安全性能，以及讨论了 ILs。一个更加极端的解决方法是采用无溶剂的导电膜来替代掉液态有机电解液，见综述[196,197]。这方面最有前景的选择可在综述[198]中找到，尤其是基于均聚物的膜，比如带有锂盐的聚环氧乙烯。但是，这些聚合物的导电性仍然太低，不适合用于当前在室温条件下使用的电池[199]。

参考文献

[1] J.B. Goodenough, Y. Kim, J. Power Sources 196 (2011) 6688.
[2] S.S. Zhang, J. Power Sources 162 (2006) 1379.
[3] S.S. Zhang, M.S. Ding, K. Xu, J. Allen, T.R. Jow, Electrochem. Solid State Lett. 4 (2001) A206.
[4] S.S. Zhang, K. Xu, T.R. Jow, Electrochim. Acta 51 (2006) 1636.
[5] S. Matsuta, T. Asada, K. Kitaura, J. Electrochem. Soc. 147 (2000) 1695.
[6] B. Simon, J.P. Boeuve, U.S. Patent 5,626,981 (1997).
[7] D. Aurbach, K. Gamolsky, B. Markovsky, Y. Gofer, M. Schmidt, U. Heider, Electrochim. Acta 47 (2002) 1423.
[8] M. Contestabile, M. Morselli, R. Paraventi, R.J. Neat, J. Power Sources 119–121 (2003) 943.
[9] D. Aurbach, J.S. Gnanaraj, W. Geissler, M. Schmidt, J. Electrochem. Soc. 151 (2004) A23.
[10] G. Chen, G.V. Zhuang, T.J. Richardson, G. Liu, P.N.J. Ross, Electrochem. Solid State Lett. 8 (2005) A344.
[11] T. Sasaki, T. Abe, Y. Iriyama, M. Inaba, Z. Ogumi, J. Electrochem. Soc. 152 (2005) A2046.
[12] Y.S. Hu, W.H. Kong, Z.X. Wang, H. Li, X. Huang, L.Q. Chen, Electrochem. Solid State Lett. 7 (2004) A442.
[13] J.T. Lee, Y.W. Lin, Y.S. Jan, J. Power Sources 132 (2004) 244.
[14] T. Kitakura, K. Abe, H. Yoshitake, 11th International Meeting on Lithium Batteries, Monterey, CA, June 23–28, 2002.
[15] K. Abe, H. Yoshitake, T. Kitakura, T. Hattori, H. Wang, M. Yoshio, Electrochim. Acta 49 (2004) 4613.
[16] H.J. Santner, K.C. Moller, J. Ivanco, M.G. Ramsey, F.P. Netzer, S. Yamaguchi, et al., J. Power Sources 119–121 (2003) 368.
[17] S. Komaba, T. Itabashi, T. Ohtsuka, H. Groult, N. Kumagai, B. Kaplan, et al., J. Electrochem Soc 152 (2005) A937.

[18] J. Ufheil, M.C. Baertsch, A. Würsig, P. Novak, Electrochim. Acta 50 (2005) 1733.

[19] A. Yoshino, Proceedings of the 3rd Hawaii Battery Conference, ARAD Enterprises, Hilo, HI, January 3, 2001, p. 449.

[20] A. Yoshino, Proceedings of the 4th Hawaii Battery Conference, ARAD Enterprises, Hilo, HI, January 8, 2002, p. 102.

[21] H. Gan, E.S. Takeuchi, US Patent 6,495,285 (2002).

[22] M. Yamada, K. Usami, N. Awano, N. Kubota, Y. Takeuchi, US Patent 6,872,493 (2005).

[23] G. Schroeder, B. Gierczyk, D. Waszak, M. Kopczyk, M. Walkowiak, Electrochem. Commun. 8 (2006) 523.

[24] C. Korepp, H.J. Santner, T. Fujii, M. Ue, J.O. Besenhard, K.C. Moller, et al., J. Power Sources 158 (2006) 578.

[25] Y. Ein-Eli, S.R. Thomas, V.R. Koch, J. Electrochem. Soc. 143 (1996) L195.

[26] Y. Ein-Eli, S.R. Thomas, V.R. Koch, J. Electrochem. Soc. 144 (1997) 1159.

[27] Y. Ein-Eli, J Electroanal Chem 531 (2002) 95.

[28] M.W. Wagner, C. Liebenow, J.O. Besenhard, J. Power Sources 68 (1997) 328.

[29] J.O. Besenhard, M.W. Wagner, M. Winter, A.D. Jannakoudakis, P.D. Jannakoudakis, E. Theodoridou, J. Power Sources 44 (1993) 413.

[30] G.H. Wrodnigg, J.O. Besenhard, M. Winter, J. Electrochem. Soc. 146 (1999) 470.

[31] R. Mogi, M. Inaba, S.K. Jeong, Y. Iriyama, T. Abe, Z. Ogumia, J. Electrochem. Soc. 149 (2002) A1578.

[32] G.H. Wrodnigg, J.O. Besenhard, M. Winter, J. Power Sources 97–98 (2001) 592.

[33] G.H. Wrodnigg, T.M. Wrodnigg, J.O. Besenhard, M. Winter, Electrochem. Commun. 1 (1999) 148.

[34] M.S. Wu, J.C. Lin, P.C.J. Chiang, Electrochem. Solid State Lett. 7 (2004) A206.

[35] H. Gan, E.S. Takeuchi, U.S. Patent 6,136,477 (2000).

[36] H. Gan, E.S. Takeuchi, U.S. Patent 6,027,827 (2000).

[37] Z.X. Shu, R.S. McMillan, J.J. Murray, I.J. Davidson, J. Electrochem. Soc. 142 (1995) L161.

[38] Z.X. Shu, R.S. McMillan, J.J. Murray, I.J. Davidson, J. Electrochem. Soc. 143 (1996) 2230.

[39] R. McMillan, H. Slegr, Z.X. Shu, W.D. Wang, J. Power Sources 81–82 (1999) 20.

[40] A. Naji, J. Ghanbaja, P. Willmann, D. Billaud, Electrochim. Acta 45 (2000) 1893.

[41] J.T. Lee, M.S. Wu, F.M. Wang, Y.W. Lin, M.Y. Bai, P.C. Chiang, J. Electrochem. Soc. 152 (2005) A1837.

[42] C. Wang, H. Nakamura, H. Komatsu, M. Yoshio, H. Yoshitake, J. Power. Sources. 74 (1998) 142.

[43] M.C. Smart, B.V. Ratnakumar, S. Surampudi, 196th ECS Meeting Abstracts, Honolulu, Hawaii, October 17–22, 1999 (Abstract No. 333).

[44] M.D. Levi, E. Markevich, C. Wang, M. Koltypin, D. Aurbach, J. Electrochem. Soc. 151 (2004) A848.

[45] B. Simon, J.P. Boeuve, M. Broussely, J. Power Sources 43–44 (1993) 65.

[46] J.O. Besenhard, P. Castella, M.W. Wanger, Mater. Sci. Forum. 91–93 (1992) 647.

[47] Y. Ein-Eli, B. Markovsky, D. Aurbach, Y. Carmeli, H. Yamin, S. Luski, Electrochim. Acta 39 (1994) 2559.

[48] J.S. Shin, C.H. Han, U.H. Jung, S.I. Lee, H.J. Kim, K. Kim, J. Power Sources 109 (2002) 47.

[49] Y.K. Choi, K.I. Chung, W.S. Kim, Y.E. Sung, S.M. Park, J. Power Sources 104 (2002) 132.

[50] A.M. Andersson, K. Edstrom, J. Electrochem. Soc. 148 (2001) A1100.

[51] X. Sun, H.S. Lee, X.Q. Yang, J. McBreen, Electrochem. Solid State Lett. 5 (2002) A248.

[52] X. Sun, H.S. Lee, X.Q. Yang, J. McBreen, Electrochem. Solid State Lett. 6 (2003) A43.

[53] M. Herstedt, M. Stjerndahl, T. Gustafsson, K. Edstrom, Electrochem. Commun. 5 (2003) 467.

[54] Z.H. Chen, K. Amine, J. Electrochem. Soc. 153 (2006) A1221.

[55] H.S. Lee, X.Q. Yang, C.L. Xiang, J. McBreen, L.S. Choi, J. Electrochem. Soc. 145 (1998) 2813.

[56] X. Sun, H.S. Lee, X.Q. Yang, J. McBreen, J. Electrochem. Soc. 146 (1999) 3655.

[57] S.S. Zhang, K. Xu, T.R. Jow, Electrochem. Solid State Lett. 5 (2002) A206.

[58] T.R. Jow, S.S. Zhang, K. Xu, M.S. Ding, U.S. Patent 6,905,762 (2005).

[59] S.S. Zhang, K. Xu, T.R. Jow, J. Power Sources 113 (2003) 166.
[60] T.R. Jow, S.S. Zhang, K. Xu, U.S. Patent Application 10/307,537.
[61] X. Wang, H. Naito, Y. Sone, G. Segami, S. Kuwajima, J. Electrochem. Soc. 152 (2005) A1996.
[62] K. Appel, S. Pasenok, U.S. Patent 6,159,640 (2000).
[63] W. Li, C. Campion, B.L. Lucht, B. Ravdel, J. DiCarlo, K.M. Abrahamb, J. Electrochem. Soc. 152 (2005) A1361.
[64] K. Xu, S.S. Zhang, T.R. Jow, W. Xu, C.A. Angell, Electrochem. Solid State Lett. 5 (2002) A26.
[65] K. Xu, S.S. Zhang, B.A. Poese, T.R. Jow, Electrochem. Solid State Lett. 5 (2002) A259.
[66] J. Jiang, J.R. Dahn, Electrochem. Solid State Lett. 6 (2003) A180.
[67] J. Jiang, J.R. Dahn, Electrochem. Commun. 6 (2004) 39.
[68] J. Jiang, H. Fortier, J.N. Reimers, J.R. Dahn, J. Electrochem. Soc. 151 (2004) A609.
[69] J. Jiang, K. Eberman, J.R. Dahn, 12th International Meeting on Lithium Batteries, Nara, Japan, June 27–July 2, 2004 (Abstracts Nos 299, 318 and 319).
[70] T.R. Jow, S.S. Zhang, K. Xu, U.S. Patent Application 10/625,686 (2003).
[71] K. Xu, S.S. Zhang, U. Lee, J.L. Allen, T.R. Jow, 205th ECS Meeting Abstracts, San Antonio, TX, May 9–13, 2004 (Abstract No. 83).
[72] K. Xu, S.S. Zhang, T.R. Jow, Electrochem. Solid State Lett. 8 (2005) A365.
[73] S. Tsujioka, H. Takase, M. Takahashi, H. Sugimoto, M. Koide, U.S. Patent Application 20020061450 (2002).
[74] R.A. Wiesboeck, U.S. Patent 3,654,330 (1972).
[75] J.C. Panitz, U. Wietelmann, M. Wachtler, S. Strobele, M. Wohlfahrt-Mehrens, 12th International Meeting on Lithium Batteries, Nara, Japan, 2004 (Abstract 196).
[76] K. Xu, S.S. Zhang, U. Lee, J.L. Allen, T.R. Jow, J. Power Sources 146 (2005) 79.
[77] Y. Sasaki, M. Handa, K. Kurashima, T. Tonuma, K. Usami, J. Electrochem. Soc. 148 (2001) A999.
[78] J. Jiang, K. Eberman, J.R. Dahn, 12th International Meeting on Lithium Batteries, Nara, Japan, 2004 (Abstract 299, 318, 319).
[79] J.R. Dahn, E.W. Fuller, M. Obrovac, U. von Sacken, Solid State Ionics 69 (1994) 265.
[80] Z. Zhang, D. Fouchard, J.R. Rea, J. Power Sources 70 (1998) 16.
[81] D.H. Jang, Y.J. Shin, S.M. Oh, J. Electrochem. Soc. 143 (1996) 2204.
[82] T. Ohsaki, N. Takami, M. Kanda, M. Yamamoto, Stud. Surf. Sci. Catal. 132 (2001) 925.
[83] K. Zaghib, K. Striebel, A. Guerfi, J. Shim, M. Armand, M. Gauthier, Electrochim. Acta. 50 (2004) 263.
[84] K. Zaghib, P. Charest, A. Guerfi, J. Shim, M. Perrier, K. Striebel, J. Power Sources 146 (2005) 380.
[85] A. Chagnes, B. Carré, P. Willmann, R. Dedryvère, D. Gonbeau, D. Lemordant, J. Electrochem. Soc. 150 (2003) A1255.
[86] N. Takami, J. Power Sources 97–98 (2001) 677.
[87] M. Schmidt, U. Heider, A. Kuehner, R. Oesten, M. Jungnitz, N. Ignatev, et al., J. Power Sources 97–98 (2001) 557.
[88] R. Oesten, U. Heider, M. Schmidt, Solid State Ionics 148 (2002) 391.
[89] J.S. Gnanaraj, M.D. Levi, Y. Gofer, D. Aurbach, J. Electrochem. Soc. 150 (2003) 445.
[90] J.S. Gnanaraj, E. Zinigrad, L. Asraf, H.E. Gottlieb, M. Sprecher, D. Aurbach, et al., J. Power Sources 119–121 (2003) 794.
[91] C. Buhrmester, J. Chen, L. Moshurchak, J. Jiang, R.L. Wang, J.R. Dahn, J. Electrochem. Soc. 152 (2005) A2390.
[92] M. Adachi, K. Tanaka, K. Sekai, J. Electrochem. Soc. 146 (1999) 1256.
[93] J. Chen, C. Buhrmester, J.R. Dahn, Electrochem. Solid State Lett. 8 (2005) A59.
[94] L.M. Moshurchak, C. Buhrmester, J.R. Dahn, J. Electrochem. Soc. 152 (2005) A1279.
[95] J.R. Dahn, J. Jiang, M.D. Fleischauer, C. Buhrmester, L.J. Krause, J. Electrochem. Soc. 152 (2005) A1283.

[96] G. Dantsin, K. Jambunathan, S.V. Ivanov, W.J. Casteel, K. Amine, J. Liu, A.N. Jansen, Z. Chen, 208th ECS Meeting Abstracts, Los Angeles, CA, October 16–21, 2005 (Abstract No. 223).

[97] X.M. Feng, X.P. Ai, H.X. Yang, J. Appl. Electrochem. 34 (2004) 1199.

[98] H. Lee, J.H. Lee, S. Ahn, H.J. Kim, J.J. Cho, Electrochem. Solid State Lett. 9 (2006) A307.

[99] L. Xiao, X. Ai, Y. Cao, H. Yang, Electrochim. Acta 49 (2004) 4189.

[100] S.H. Choy, H.G. Noh, H.Y. Lee, H.Y. Sun, H.S. Kim, U.S. Patent 6,921,612 (2005).

[101] H. Mao, D.S. Wainwright, U.S. Patent 6,074,776 (2000).

[102] H. Mao, U.V. Sacken, U.S. Patent 6,033,797 (2000).

[103] K. Abe, Y. Ushigoe, H. Yoshitake, M. Yoshio, J. Power Sources 153 (2006) 328.

[104] H. Mao, D.S. Wainwright, Canadian Patent 2,205,683 (1997).

[105] M. Yoshio, H. Yoshitake, K. Abe, 204th CES Meeting Abstracts, Orlando, FL, October 12–16, 2003 (Abstract No. 280).

[106] J.N. Reimers, B.M. Way, U.S. Patent 6,074,777 (2000).

[107] H. Mao, Canadian Patent 2,163,187 (1995).

[108] K. Xu, U. Lee, S.S. Zhang, T.R. Jow, 208th ECS Meeting Abstracts, Los Angeles, CA, October 16–21, 2005 (Abstract No. 219).

[109] K. Amine, J. Liu, I. Belharouak, S.H. Kang, I. Bloom, D. Vissers, et al., J. Power Sources 146 (2005) 111.

[110] S.S. Zhang, Electrochem. Commun. 8 (2006) 1423.

[111] A. Granzow, Chem. Res. 11 (1978) 177.

[112] X. Wang, E. Yasukawa, S. Kasuya, J. Electrochem. Soc. 148 (2001) A1058.

[113] K. Xu, M.S. Ding, S.S. Zhang, J.L. Allen, T.R. Jow, J. Electrochem. Soc. 149 (2002) A622.

[114] K. Xu, S.S. Zhang, J.L. Allen, T.R. Jow, J. Electrochem. Soc. 149 (2002) A1079.

[115] K. Xu, M.S. Ding, S.S. Zhang, J.L. Allen, T.R. Jow, J. Electrochem. Soc. 150 (2003) A161.

[116] K. Xu, S.S. Zhang, J.L. Allen, T.R. Jow, J. Electrochem. Soc. 150 (2003) A170.

[117] M.S. Ding, K. Xu, T.R. Jow, J. Electrochem. Soc. 149 (2002) A1489.

[118] T.R. Jow, K. Xu, S.S. Zhang, M.S. Ding, U.S. Patent 6,924,061 (2005).

[119] C.W. Lee, R. Venkatachalapathy, J. Prakash, Electrochem. Solid State Lett. 3 (2000) 63.

[120] J. Prakash, C.W. Lee, K. Amine, U.S. Patent 6,455,200 (2002).

[121] Y.E. Hyung, D.R. Vissers, K. Amine, J. Power Sources 119–121 (2003) 383.

[122] X.L. Yao, S. Xie, C.H. Chen, Q.S. Wang, J.H. Sun, Y.L. Li, et al., J. Power Sources 144 (2005) 170.

[123] T.R. Jow, S.S. Zhang, K. Xu, M.S. Ding, U.S. Patent 6,939,647 (2005).

[124] K. Yokoyama, T. Sasano, A. Hiwara, U.S. Patent 6,010,806 (2000).

[125] A. Guerfi, S. Duchesne, Y. Kobayashi, A. Vijh, K. Zaghib, J. Power Sources 175 (2008) 866.

[126] Y. Wang, K. Zaghib, A. Guerfi, F.C. Bazito, R.M. Torresi, J.R. Dahn, Electrochim. Acta 52 (2007) 6346.

[127] A. Guerfi, M. Dontigny, P. Charest, M. Petitclerc, M. Lagacé, A. Vijh, et al., J. Power Sources 195 (2010) 845.

[128] S.S. Zhang, J. Power Sources 164 (2007) 351.

[129] J.T. Lundquist, B. Lundsager, N.I. Palmer, H.J. Troffkin, J. Howard, U.S. Patent 4,650,730 (1987).

[130] W.C. Yu, M.W. Geiger, U.S. Patent 5,565,281 (1996).

[131] J.T. Lundquist, C.B. Lundsager, N.I. Palmer, H.J. Troffkin, U.S. Patent 4,731,304 (1988).

[132] W.C. Yu, C.F. Dwiggins, U.S. Patent 5,667,911 (1997).

[133] W.C. Yu, U.S. Patent 5,691,077 (1997).

[134] T.H. Yu, U.S. Patent 6,080,507 (2000).

[135] W.C. Yu, U.S. Patent 6,878,226 (2005).

[136] R.W. Callahan, R.W. Call, K.J. Harleson, T.H. Yu, U.S. Patent 6,602,593 (2003).

[137] M. Kinouchi, T. Akazawa, T. Oe, R. Kogure, K. Kawabata, Y. Nakakita, U.S. Patent 6,627,346 (2003).

[138] P.P. Prosini, P. Villano, M. Carewska, Electrochim. Acta. 48 (2002) 227.

[139] K.M. Kim, N.G. Park, K.S. Ryu, S.H. Chang, Electrochim. Acta 51 (2006) 5636.

[140] D. Takemura, S. Aihara, K. Hamano, M. Kise, T. Nishimura, H. Urushibata, et al., J. Power Sources 146 (2005) 779.

[141] S.S. Zhang, K. Xu, T.R. Jow, J. Solid State Electrochem. 7 (2003) 492.

[142] S.S. Zhang, K. Xu, T.R. Jow, J. Power Sources 140 (2005) 361.

[143] S.A. Carlson, Q. Ying, Z. Deng, T.A. Skotheim, U.S. Patent 6,306,545 (2001).

[144] S. Augustin, V.D. Hennige, G. Horpel, C. Hying, Desalination 146 (2002) 23.

[145] S. Augustin, V.D. Hennige, G. Horpel, C. Hying, J. Tarabocchia, J. Swoyer, et al., Meet Abstr. Electrochem. Soc. 502 (2006) 80.

[146] S. Augustin, V.D. Hennige, G. Horpel, C. Hying, P. Haug, A. Perner, et al., Meet Abstr. Electrochem. Soc. 502 (2006) 84.

[147] S. Augustin, Advanced Automotive Battery and Ultracapacitor Conference (AABC-06), Baltimore, MD, May 15–19, 2006.

[148] V. Hennige, C. Hying, G. Horpel, P. Novak, J. Vetter, U.S. Patent Application 20,060,078,791 (2006).

[149] M. Kim, J.H. Park, J. Power Sources 212 (2012) 22.

[150] J.R. Kim, S.W. Choi, S.M. Jo, W.S. Lee, B.C. Kim, J. Electrochem. Soc. 152 (2005) A295.

[151] R.W. Pekala, M. Khavari, U.S. Patent 6,586,138 (2003).

[152] Y.M. Lee, J.W. Kim, N.S. Choi, J.A. Lee, W.H. Seol, J.K. Park, J. Power Sources 139 (2005) 235.

[153] Y.M. Lee, N.S. Choi, J.A. Lee, W.H. Seol, K.Y. Cho, H.Y. Jung, et al., J. Power Sources 146 (2005) 431.

[154] H.J. Bang, H. Yang, K. Amine, J. Prakash, J. Electrochem. Soc. 152 (2005) A7.

[155] H. Joachin, T.D. Kaun, K. Zaghib, J. Prakash, J. Electrochem. Soc. 156 (2009) A401.

[156] D.D. Mac Neil, Z. Lu, Z. Chen, J.R. Dahn, J. Power Sources 108 (2002) 8.

[157] A.K. Padhi, K.S. Nanjundaswamy, J.B. Goodenough, J. Electrochem. Soc. 144 (1997) 1188.

[158] G. Chen, T.J. Richardson, J. Power Sources 195 (2010) 1221.

[159] G. Chen, T.J. Richardson, J. Electrochem. Soc. 156 (2009) A756.

[160] S.K. Martha, B. Markovsky, J. Grinblat, Y. Gofer, O. Haik, E. Zinigrad, et al., J. Electrochem. Soc. 156 (2009) A541.

[161] S.K. Martha, J. Grinblat, O. Haik, E. Zinigrad, T. Drezen, J.H. Miners, et al., Angew Chem. Int Ed 48 (2009) 8559.

[162] A. Yamada, S.C. Chung, K. Hinokuma, J. Electrochem. Soc. 148 (2001) A224.

[163] M. Armand, J.-M. Tarascon, Nature 451 (2008) 652.

[164] K. Zaghib, J. Dubé, A. Dallaire, K. Galoustov, A. Guerfi, M. Ramanathan, A. Benmayza, J. Prakash, A. Mauger, C.M. Julien, J. Power Sources 219 (2012) 36.

[165] K. Dokko, S. Koizumi, K. Sharaishi, K. Kanamura, J. Power Sources 165 (2007) 656.

[166] E. Wang, D. Ofer, W. Bowden, N. Iltchev, R. Moses, K. Brandt, J. Electrochem. Soc. 147 (2000) 4023.

[167] M.Y. Saidi, F. Gao, J. Barker, C. Scordilis-Kelley, U.S. Patent 5,846,673 (1998).

[168] K. Takechi, A. Koiwai, T. Shiga, U.S. Patent 6,077,628 (2000).

[169] Z. Chen, W.Q. Liu, K. Amine, Electrochim. Acta 51 (2006) 3322.

[170] K. Zaghib, M. Dontigny, A. Guerfi, P. Charest, I. Rodrigues, A. Mauger, et al., J. Power Sources 196 (2011) 3949.

[171] K. Zaghib, M. Dontigny, A. Guerfi, J. Trottier, J. Hamel-Paquet, K. Galoutov, et al., J. Power Sources 216 (2012) 192.

[172] U. von Sacken, E. Nodwell, A. Sundher, J.R. Dahn, Solid State Ionics 69 (1994) 284.

[173] S.C. Levy, P. Bro, Battery Hazards and Accident Prevention, Plenum, New York, 1994.

[174] S. Tobishima, J.I. Yamaki, J. Power Sources 81–82 (1999) 882.

[175] P.G. Balakrishnan, R. Ramesh, T. Prem Kumar, J. Power Sources 155 (2006) 401.
[176] E. Falcon, B. Castaing, C. Laroche, M. Creyssels, Eur. Phys. J. B 38 (2004) 475.
[177] E. Falcon, B. Castaing, Am. J. Phys. 73 (2005) 302.
[178] D. Vandembroucq, A.C. Boccara, S. Roux, J. Phys. III France 7 (1997) 303.
[179] T. Ohzuku, A. Ueda, Solid State Ionics 69 (1994) 201.
[180] R. Stringfellow, D. Ofer, S. Sriramulu, B. Barnett, 15th International Conf. On Li-ion Batteries (IMLB), Montréal, 2010.
[181] Ph. Biensan, B. Simon, J.P. Peres, A. de Guibert, M. Broussely, J.M. Bodet, et al., J. Power Sources 81–82 (1999) 906.
[182] C.M. Julien, A. Mauger, K. Zaghib, J. Mater. Chem. 21 (2011) 9955.
[183] D. Ilic, P. Birke, K. Holl, T. Wöhrle, P. Haug, F. Birke-Salam, J. Power Sources 129 (2004) 34.
[184] G. Venugopal, J. Power Sources 101 (2001) 231.
[185] X.M. Feng, X.P. Ai, H.X. Yang, Electrochem. Commun. 6 (2004) 1021.
[186] A. Jossen, V. Spath, H. Doring, J. Garche, J. Power Sources 84 (1999) 283.
[187] K. Kitoh, H. Nemoto, J. Power Sources 81–82 (1999) 887–890.
[188] K. Zaghib, A. Mauger, C.M. Julien, J. Solid State Electrochem. 16 (2012) 835.
[189] M.H. Liang, L.J. Zhi, J. Mater. Chem. 19 (2009) 5871.
[190] P. Guo, H.H. Song, X.H. Chen, Electrochem. Commun. 11 (2009) 1320.
[191] P. Lian, X. Zhu, S. Liang, Z. Li, W. Yang, H. Wang, Electrochim. Acta 55 (2010) 3909.
[192] D.Y. Pan, S. Wang, B. Zhao, M.H. Wu, H.J. Zhang, Y. Wang, et al., Chem. Mater. 21 (2009) 3136.
[193] G.X. Wang, X.P. Shen, J. Yao, J. Park, Carbon 47 (2009) 2049.
[194] A.R. Kamali, D.J. Fray, Phys. Chem. Papers Mendeley 160 (2010) 147.
[195] G. Derrien, J. Hassoun, S. Panero, B. Scrosati, Adv. Mater. 20 (2008) 3169.
[196] F.M. Gray, Solid Polymer Electrolytes, VCH, Wenheim, 1991.
[197] F. Gray, M. Armand, in: T. Osaka, M. Datta (Eds.), Energy Storage Systems for Electronics, Gordon and Breach Science Publ., 2000, p. 351.
[198] B. Scrosati, J. Garche, J. Power Sources 195 (2010) 2419.
[199] T.D. Hatchard, D.D. MacNeil, D.A. Stevens, L. Christensen, J.R. Dahn, Electrochem. Solid State Lett. 3 (2000) 305.

第20章 锂离子电池材料的热稳定性

Jun-ichi Yamaki
(京都大学，日本)
TAMAKI@SACI.KYOTO-U.AC.JP

20.1 概述

目前锂离子电池已经被广泛地应用于许多便携式电子设备中。由于其较高的能量密度，锂离子电池也是电动车、人造卫星及负载均衡系统的潜在动力来源。然而，在锂离子电池用于大型用之前，其电池的循环性能、倍率性能和安全性能都仍需要进一步的改进。其中安全问题尤其需要减缓，以使锂离子电池成为可靠的电力来源。

电池越大，其安全风险也就越大，例如，由于短路或外部温度升高而引起的电池爆炸风险。因此，在大电池的实际应用中，安全性能的改进是必不可少的。通常认为当锂离子电池中热量释放超过热扩散时，就会发生锂离子电池的“热失控”。因此，设计能够通过安全测试标准的大型电池是一个难题。

20.2 电池安全的基本考虑

在滥用条件下，锂离子电池可能会冒烟，如果滥用很极端，电池就会发生燃烧。热稳定性是与电池安全性相关的基本问题。随着电池温度的升高，其内部会发生几个放热反应。一般认为当“热产生”超过“热扩散”时，就会发生“热失控”。可能的放热反应为：①化学电解液在负极发生还原反应；②电解液热分解；③电解液在正极发生氧化反应[1~5]。在第三种情况下，高压金属氧化物电极会在特定的温度下释放氧。值得注意的是，当由于隔膜温度超过其熔点（聚乙烯约125℃，聚丙烯约155℃）而融化时，这种频繁的放热会引发内部短路。从而导致大规模放热。

首先要考虑引发电池燃烧的机理。通常燃烧被定义为导致材料产生光和热的反应。这个反应一般是氧化反应，也有一些是卤化反应。当把材料加热到很高的温度时，就可以看到火焰，之后可见热辐射波。因此，当放热反应使材料温度升高到足够高时，便引发火焰。如图20.1所示，燃烧反应要想继续进行下去，热量的产生速率和耗散速率必须达到平衡。“热失控”常被用来描述电池着火情形，但这种表述并不恰当。如果 T 高于 T_1，物质就会起火。T_1 和 T_2 分别称为燃点和起火点。因而，燃点和起火点不是材料的物理值，而是取决于材料周围的环境。一种防止这种不安全情况发生的好办法是通过以下两种途径之一来提高 T_1：①降低产热率；或者②增加热量耗散率。热量是由电池中材料的热分解以及/或者反应产生的。而热消散速率强烈依赖于电池的大小和形状。

在接下来的部分，将综述近年来关于锂离子电池放热反应的一些研究。

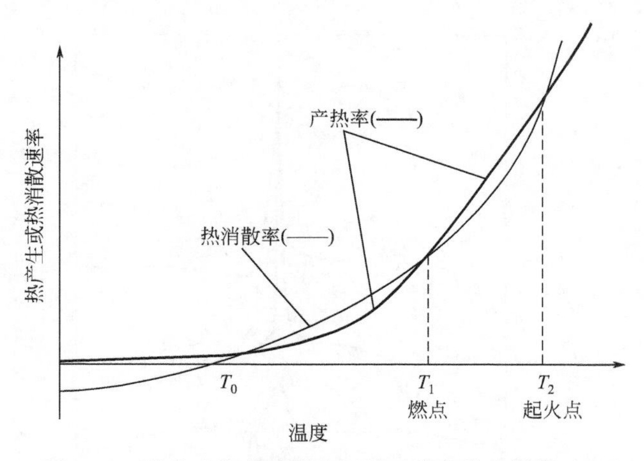

图 20.1　热产生与热消散之间的平衡，描述燃烧过程

20.3 电解液被负极化学还原

20.3.1 石墨电极[6]

这里所用的石墨电极是由 95%（质量分数）天然石墨以及 5%（质量分数）聚偏氟乙烯（PVdF）黏结剂组成。也制备了不包含有 PVdF 黏结剂的石墨电极。电解液由 1mol/L $LiPF_6$/碳酸乙烯酯（EC）-碳酸丙烯酯（DMC）（体积比 1∶1），对电极是锂金属薄片。

电池在 0.01～1.5V 的电压之间，以恒定电流 0.2mA/cm^2 进行循环测试，在每次充电结束后静置 60min。以这样的条件循环两圈后，电池以 372mA・h/g 的限制充电到 0V，得到完全充满电的负极。

图 20.2 展示了完全锂化或者脱锂状态的石墨（a）～（d）以及电解液（e）的 DSC（差示扫描量热曲线）。样品（a）中从 130℃开始有轻微的产热，在 140℃出现小峰。这个微小的产热过程一直持续，直到在 280℃出现一个尖锐的放热峰。实验过程中，在 140℃出现的小峰是由于 SEI 膜的形成而导致的。在循环制备样品（锂化石墨）的过程中，表面已经有 SEI 膜。最初的 SEI 膜保护电解液和石墨中 Li 在低温下的反应，这个过程没有产热。但是，在大约 140℃，最初 SEI 膜的保护作用效果已经不大，所以开始形成一层新的、更厚的 SEI 膜。当这层 SEI 膜变得足够厚，它的形成速率会下降，在 140℃时会出现一个微小的放热峰。这种微小的产热过程会一直持续，直到在 280℃时出现一个强烈的放热峰，SEI 膜的形成会随着温度的升高而持续，即使存在 SEI 膜的保护效果。但是如果循环时产生的初始 SEI 膜足够厚，那么在 140℃就不会出现小峰，因为初始 SEI 膜的保护效果即使在该温度下也已经是足够的。样品（b）在制作过程中因为没有采用 PVdF 黏结剂，所以需要用很小的电流充电。因此，样品（b）的 SEI 膜很厚，而且在 140℃时没有出现小峰。样品（c）和样品（d）同样在 140℃没有出现小峰。因此，要想在 140℃出现小峰，锂化的石墨以及电解液是必不可少的，这个事实也证明了在 140℃出现的小峰是由于 SEI 膜的形成。这个峰有时候会稍大，而且峰的温度也会偏离 140℃，这是因为最初 SEI 膜的厚度是不同的（充电电流密度不同）。

有证据表明[7]图 20.2 中位于 280℃的放热峰是由于 SEI 膜的分解以及石墨中的 Li 反应引起的。图 20.3 中列出了经过第二次充电后的充电电极粉末（没有电解液）的 DSC 曲线。发现在 100～130℃左右没有出现放热峰。对 DSC 曲线积分得到的热值与充电电极粉末的量成正比。这些结果显示在充电时在石墨表面形成的 SEI 膜可在 280℃左右与已充电石墨发生反应，伴随热量的释放。

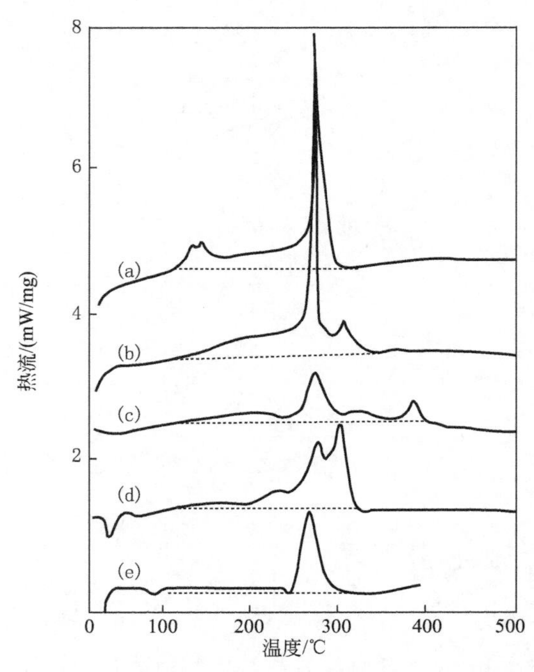

图 20.2　完全锂化或者脱锂状态的石墨以及电解液的 DSC[6]

(a) 有电解质和 PVDF 存在的完全锂化石墨（一般的石墨阳极）；(b) 有电解质存在的完全锂化石墨；(c) 有电解质和 PVDF 存在的完全脱锂石墨（一般的石墨电极）；(d) 有 PVDF 存在的完全锂化石墨（一般的石墨电极）；(e) 电解液（1mol/L $LiPF_6$/EC+DMC）曲线

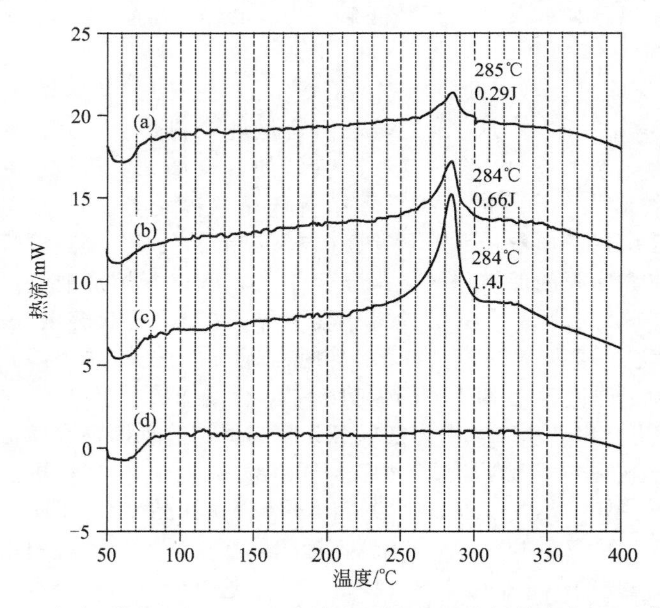

图 20.3　充电石墨 (a) ～ (c) 和放电石墨 (d) 电极粉末的 DSC 曲线[7]

测试盘中石墨粉末的质量分别为：(a) 1mg；(b) 2mg；(c)，(d) 4mg

如图 20.3 中所见，对于只有充电石墨的样品，在 100～160℃并没有出现放热峰，所以，电解液应该是直接参与到此温度下的放热反应中。为了单独确定电解液中溶剂和 $LiPF_6$ 的作用，首先研究了溶解中充电石墨的热行为[8]。图 20.4 (a) 显示了 4mg 的 $Li_{0.92}C_6$ 与一定量的 EC＋DMC 溶剂（0.25～4μL）混合的 DSC 曲线。当溶剂的量为 0.25μL 时，在

160℃左右观察到一个放热峰。随着溶剂的量从 0.25μL 增加到 2μL，峰的热值显著增加。但是当两种溶剂的量增加到 3～4μL 时，热值几乎保持恒定。因此，在 160℃出现的放热峰是由于溶剂和嵌入 Li 的反应导致的。也考虑了在样品循环制备时的初始 SEI 膜的保护效果。随着溶剂的增加，峰的热值增加，直到溶剂的量增加到 3μL。所有的溶剂都用于发生反应，而且残留一些嵌入 Li，这是因为该反应受到溶剂量的限制。在溶剂为 4μL 时，热值相比溶剂为 3μL 时并无太大变化，这是因为此时反应是受到嵌入锂的量的影响。所有的嵌入 Li 都被消耗掉，反应结束后残留有多余的溶剂。

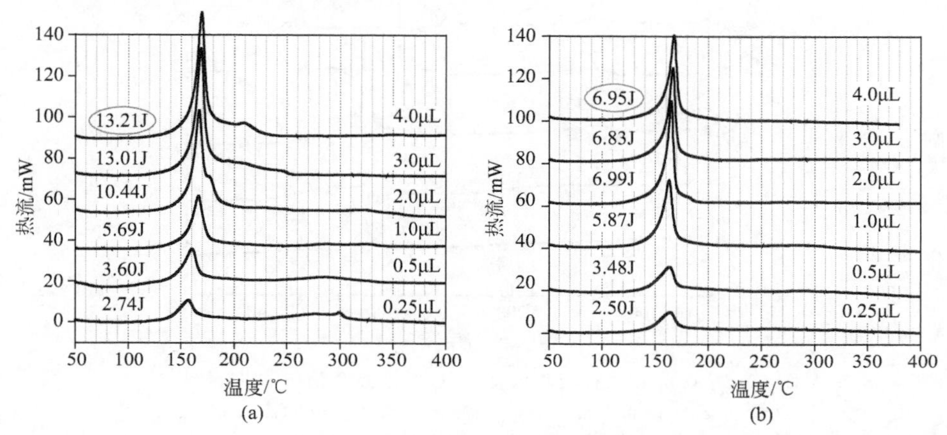

图 20.4 (a) 4mg $Li_{0.92}C_6$ 和 (b) 4mg $Li_{0.48}C_6$ 与给定量的 EC+DMC 溶剂的 DSC 曲线[8]

为了证实上述关于 160℃左右放热峰的推测，通过 DSC，对有溶剂共存的半充电石墨 ($Li_{0.48}C_6$) 进行了定量研究。图 20.4 (b) 中显示的是 4mg $Li_{0.48}C_6$ 和一定量的 EC-DMC 溶剂 (0.25～4μL) 混合体系的 DSC 曲线。对比于有溶剂共存的 $Li_{0.92}C_6$ 混合物的 DSC 曲线 [见图 20.4 (a)]，不难发现两者主要的峰，包括峰的位置和形状都基本相同。同时，可见热值的趋势也相似。两种情况下，热值都随着溶剂量的增加先增加，而当所有嵌入锂都被溶剂消耗完时，热值就基本上维持在一个固定的值。当溶剂的体积为 3μL，$Li_{0.92}C_6$ 的量为 4mg 时，或者溶剂的体积为 1～2μL，$Li_{0.48}C_6$ 的量为 4mg 时，热值几乎为常数。此外，$Li_{0.48}C_6$ 的最大热值几乎是 $Li_{0.92}C_6$ 最大热值的一半。基于这些结果，显而易见，当溶剂的量很少时，溶剂的量是反应的限制因素，而当溶剂的量很大时，嵌入的锂的量又限制了反应的进行。而电解液中的 $LiPF_6$ 对充电石墨表面 SEI 膜（具有保护作用）的形成是必不可少的。

20.3.2 硅/锂合金

采用硅/无序碳粉末 (Si/C) 作为锂离子电池的负极材料。通过 DSC 法，对 Si/C 电极（有或没有电解液）的热性能进行研究[9]。嵌锂（容量为 1120mA·h/g）和脱锂的 Si/C 电极粉末，都会因为电极中 Li 和 SEI 膜之间的反应，而在 DSC 曲线中呈现出放热峰。相对于脱锂电极，嵌锂电极引起的放热要更大，尤其当两者都与电解液混合时。

Si/C 电极的热风险主要与电极中的 Li 有关，因此针对嵌锂的 Si/C 电极和电解液 (1mol/L $LiPF_6$/EC-DMC) 混合物的热性能进行了详细的探究。当电解液的量恒定在 0.5μL 时，不同量的嵌锂电极 DSC 曲线变化如图 20.5 所示。尽管这些曲线所显示的明显差异与电极的量相关，但仍然可以在每条曲线的 140℃ 处观察到一个放热峰。而且，也发现峰的强度与电极的量有直接的联系。所以，很合理地将这个峰归因为 SEI 膜的形成，如上在石墨电极上所讨论的。该峰出现是由于形成了更厚的 SEI 膜，之后进一步的 SEI 膜形成则受到阻碍，这点与石墨电极中的机理相同。在反应中，没有观察到电解液量的限制。基于这些数据，研究了 Si/C 电极中 Li 对 SEI 膜形成的作用。140℃出现的放热受到嵌入电极量的限制。

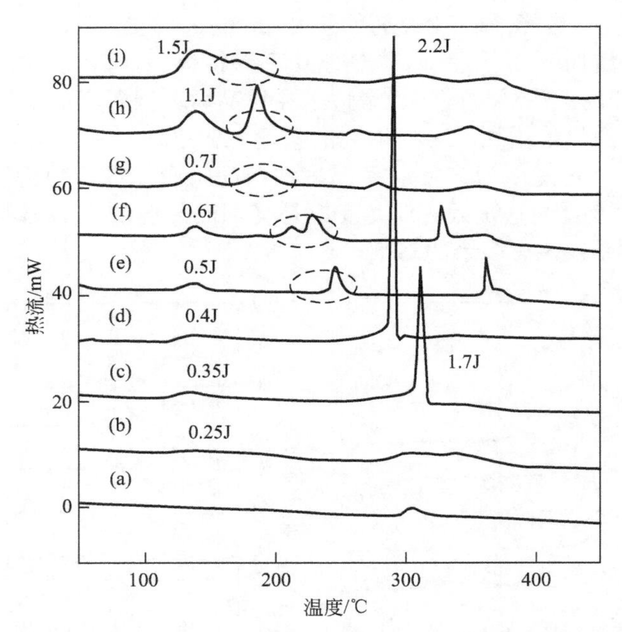

图 20.5 0.5μL 电解液和嵌锂 Si/C 电极混合物的 DSC 曲线[9]

(a) 0mg；(b) 0.25mg；(c) 0.37mg；(d) 0.5mg；(e) 0.65mg；(f) 0.85mg；(g) 1mg；(h) 1.5mg；(i) 2mg。

与 140℃ 处稳定的峰群相比，图 20.5 中被圈出的高温区域的峰更引人关注。随着电极量的增加，峰温度更低，峰强度更大。图 20.5（d）中显示的最剧烈的峰是放热峰，这个峰是由嵌锂电极和电解液因 SEI 膜的分解而直接反应所引起的。从图 20.5（b）～（d）中可以看到，该峰的发展趋势是很明显的。基于这些数据，可以对嵌锂电极与电解液之间的反应进行一些假设。随着电极的量由 0.5mg 增加到 0.65mg，图 20.5（d）中在 290℃左右的峰在图 20.5（e）中消失了。当电极和电解液之间的比例变大，会导致产生更温和的热。和已经解释过的嵌锂碳电极一样，电极的过度嵌锂会诱导更强烈的放热。Si/C 电极中出现的特殊现象的机理至今还未明晰，可能是由于其具有较大的比容量，因此在 SEI 膜形成的过程中，消耗大部分电解液。正如 20.3.1 节介绍的，电解液中的 $LiPF_6$ 对具有保护作用的 SEI 膜的形成是必不可少的。在电解液中，$LiPF_6$ 的物质的量是远远少于溶剂的物质的量。因此，在 SEI 膜形成的过程中，所有的 $LiPF_6$ 都被消耗掉了，只有溶剂会有剩余。在这个温度下，因为没有了在 20.3.1 节中所提到的保护作用的存在，所以可以观察到溶剂与嵌锂电极反应的放热。图中被虚线圈中的峰是由溶剂和嵌锂电极之间的反应所引起的。当电极/电解液的比例增加［见图 20.5（e）～（i）］时，峰温度会降低，这是因为有大量的 SEI 膜在比表面积更大的电极上形成（当电极/电解液的比例较大时，所有的 $LiPF_6$ 会在低温下被消耗）。

在图 20.5（e）中，只在 250℃处观察到了一个更小的峰（用虚线圈标记）。据推测这时 $LiPF_6$ 都被消耗殆尽，而 SEI 膜的形成停止。当温度变得更高，SEI 膜的厚度不足以保护电极中的锂时，会导致 Si/C 电极中的锂很可能与剩余溶剂发生反应，从而在 250℃处显示出放热峰。图 20.5（e）～（i）中被虚线圈出峰的变化趋势可以解释为 SEI 膜的形成逐渐停止。

20.4 电解液的热分解

20.4.1 $LiPF_6$/碳酸烷基酯混合溶剂电解液

对于一些应用于锂离子电池的混合溶剂电解液的热稳定性，也可以通过 DSC 进行测量[10]。使用的电解液是分别溶解了 1mol/L $LiPF_6$ 的 EC-碳酸二乙酯（DEC）、EC-DMC、碳酸丙烯酯（PC）-DEC 以及 PC-DMC。如图 20.6 所示，含有 DEC 的 $LiPF_6$ 电解液的放热峰在 255℃，而含有 DEC 的电解液的峰温度比含有 DMC 的 $LiPF_6$ 电解液要低 15～20℃。因此，DEC 比 DMC 更加不稳定。金属锂和各种 $LiPF_6$ 电解液的热性能也通过 DSC 进行测量（见图 20.7）。1mol/L $LiPF_6$/EC-DEC、1mol/L $LiPF_6$/EC-DMC、1mol/L $LiPF_6$/PC-DEC 和金属锂的放热反应在金属锂的熔点附近发生。这个温度接近 180℃，然而 1mol/L $LiPF_6$/PC-DEC 在金属锂熔点之前便发生了自加热。这个自放热反应发生的温度在 140℃。因此，可以认为这种电解液中的金属锂具有热不稳定性。

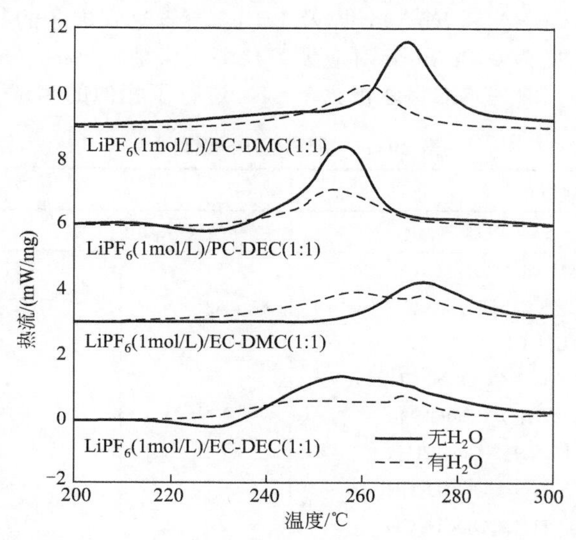

图 20.6 有水或无水的 1mol/L $LiPF_6$/EC-DEC（1∶1）、1mol/L $LiPF_6$/EC-DMC（1∶1）、1mol/L $LiPF_6$/PC-DEC（1∶1）、$LiPF_6$/PC+DMC（1∶1）电解液的 DSC 图

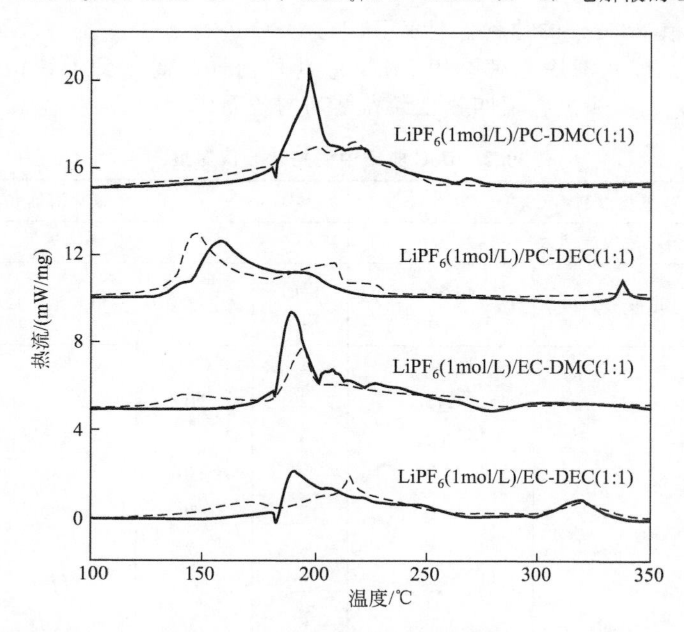

图 20.7 含有金属锂或者含有金属锂和水的 1mol/L $LiPF_6$/EC-DEC（1∶1）、1mol/L $LiPF_6$/EC-DMC（1∶1）、1mol/L $LiPF_6$/PC-DEC（1∶1）以及 1mol/L $LiPF_6$/PC-DMC（1∶1）的 DSC 曲线

实线是含有金属锂的电解液，虚线是含有金属锂和水的电解液

20.4.2 $LiPF_6$/二氟乙酸甲酯电解液

含氟的有机化合物是不易燃烧的，而且具有独特的性能。因此，人们研究了多种氟化有机溶剂作为潜在的电解液溶剂，以改善石墨阳极和锂离子电池的可燃性和低温性能[11~13]。

Yamaki等[14~16]研究了含氟酯类的热稳定性，这种酯类在研究之前曾被Nakajima等[12,13]提出可以作为添加剂，以改善电池的循环性能。在我们的研究中，采用部分氟化的羧酸酯类（见表20.1）为电解液的溶剂，$LiPF_6$为锂盐。$LiPF_6$溶解于二氟乙酸甲酯（MFA）和二氟乙酸乙酯（EFA）中，浓度可以达到1mol/L。但在其他的氟化酯类中，能溶解的$LiPF_6$的浓度在0.2mol/L以下。因此，实验用到的是溶解$LiPF_6$浓度为0.2mol/L的氟化酯类（1′和2′）（MFA和EFA），以及$LiPF_6$溶解达到饱和的其他氟化酯类。为了对比，还制备了$LiPF_6$浓度为0.2mol/L对应无氟化酯类溶液。同时，还对锂离子电池传统电解液溶液1mol/L $LiPF_6$/EC-DMC（体积比1∶1）进行了相似的测试。

表20.1 用作溶剂的酯类[14]

非氟化溶剂		氟化溶剂	
样品代号	溶剂	样品代号	溶剂
1	CH_3COOCH_3（MA）	1′	CHF_2COOCH_3（MFA）
2	$CH_3COOCH_2CH_3$（EA）	2′	$CHF_2COOCH_2CH_3$（EFA）
3	$CH_3CH_2COOCH_3$	3′	$CF_3CF_2COOCH_3$
4	$CH_3CH_2COOCH_2CH_3$	4′	$CF_3CF_2COOCH_2CH_3$
5	$H(CH_3)_2CCOOCH_3$	5′	$F(CF_3)_2CCOOCH_3$
6	$H(CH_2)_3COOCH_3$	6′	$F(CF_2)_3COOCH_3$
7	$H(CH_2)_3COOCH_2CH_3$	7′	$F(CF_2)_3COOCH_2CH_3$
8	$H(CH_2)_4COOCH_2CH_3$	8′	$H(CF_2)_4COOCH_2CH_3$
9	$H(CH_2)_7COOCH_2CH_3$	9′	$F(CF_2)_7COOCH_2CH_3$

氟化酯类（见表20.2）的热稳定性采用TG-DSC进行测试。在一些测试中，将一片金属锂（重约几毫克）或者一块充满电的$LiCoO_2$薄片与样品封装到不锈钢壳中。$LiCoO_2$薄片是混合了$LiCoO_2$、乙炔黑、聚四氟乙烯黏结剂制备而成的。

表20.2 DSC曲线中的初始峰值温度[14]

非氟化溶剂				氟化溶剂			
初始峰值温度/℃				初始峰值温度/℃			
样品代号	电解液	电解液+Li	电解液+$Li_{0.5}CoO_2$	样品代号	电解液	电解液+Li	电解液+$Li_{0.5}CoO_2$
1	280	220	230	1′	290	290	310
2	210	110	240	2′	210	180	210
3	260	90	200	3′	280	330	210
4	210	90	200	4′	250	180	240
5	250	70	250	5′	270	290	180
6	260	90	170	6′	260	300	230
7	210	90	180	7′	260	170	220
8	240	120	170	8′	250	300	230
9	250	120	170	9′	230	160	220

混合物、金属锂阳极以及 1mol/L $LiPF_6$/EC-DMC 电解液被封装在一个硬币大小的电池中，然后充电到 $Li_{0.5}CoO_2$ 状态。表 20.2 显示了 MFA 是最稳定的电解液。结果显示除了 3、4、5 以及 7 号酯类（见表 20.2）外，其他 $LiPF_6$/氟化酯类的热稳定性和对应的 $LiPF_6$/无氟化酯类的热稳定性是相似的。需要注意的是，除了 1、2 号外，氟化酯类溶剂中含有的 $LiPF_6$ 浓度都比相应酯类溶剂中的要少。在 $LiPF_6$ 电解液中，$LiPF_6$ 离子解离作用不强烈，$LiPF_6$ 与 LiF、PF_5 达到平衡。PF_5 是一种强的路易斯酸，可以与电解液中微量的水反应，发生如下反应：$PF_5 + H_2O \longrightarrow POF_3 + 2HF$[17]。基于这个反应，可以类推出有机溶剂会在高温下和 PF_5 反应。电解质 $LiPF_6$ 的热分解可能是由电解液中 PF_5 的引起。有报道指出，PF_5 与 EC-EMC 的直接反应和 $LiPF_6$ 在 EC-EMC 中的热分解是相似的[18]。PF_5 会攻击无氟溶剂中的羰基氧。PF_5 溶剂复合物的反应机理和稳定性并没有因为酯类的氟化作用而发生明显变化，这是因为 $LiPF_6$/氟化酯类与 $LiPF_6$/对应无氟酯类的热稳定性具有相似性。

1mol/L $LiPF_6$ 和 1mol/L 酰亚胺锂盐（Li-imide）电解液的 DSC 曲线如图 20.8 所示。含有 Li-imide 的电解液稳定性不及 $LiPF_6$/MFA。然而，Li-imide/MFA 电解液比 $LiPF_6$/EC-DMC（1∶1）表现出更好的稳定性。尽管固体 $LiPF_6$ 在 300℃左右会分解成 LiF 和 PF_5，但 $LiPF_6$/ MFA 在 300℃时却无放热峰出现。

对锂金属电极循环性能的评估是通过纽扣式电池的循环测试进行的。1mol/L $LiPF_6$/MA（乙酸甲酯）、MFA、EA（乙酸乙酯）、EFA 的锂金属电极循环效率分别是 30%、84%、0%以及 50%。

含有锂金属的电解液的 DSC 曲线如图 20.9 所示[19]。可以看到，Li-imide 盐电解液很稳定，但是通过傅里叶红外测试（FT-IR）发现它们的 SEI 膜与 $LiPF_6$/MFA 的有细微不同。$LiPF_6$/MFA 和金属锂之间形成的 SEI 膜的主要成分是 CHF_2COOLi[16]，它是金属锂和 MFA 的反应产物。

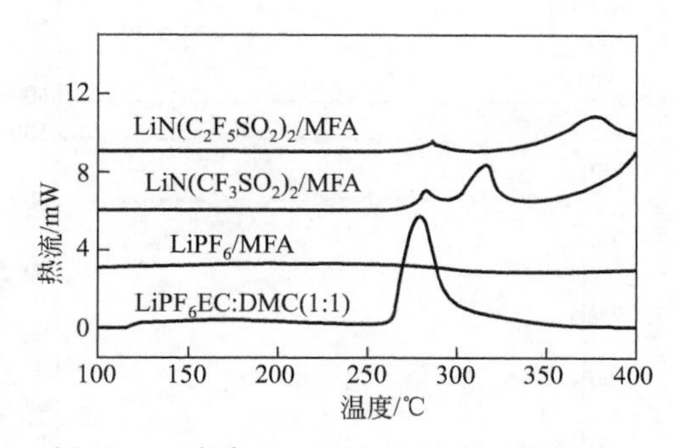

图 20.8 含有 1mol/L $LiPF_6$ 以及 1mol/L Li-imide 盐的电解液（3μL）的 DSC 曲线

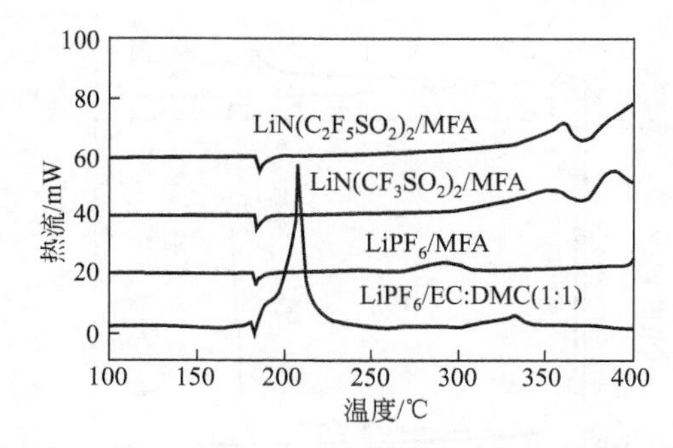

图 20.9 含有 0.56mg 锂金属的 1mol/L $LiPF_6$ 以及 1mol/L Li-imide 盐电解液（3μL）的 DSC 曲线[19]

采用 MFA 基 $LiPF_6$ 溶液作为电解液来改善锂离子电池的热稳定性。但是如果采用石墨阳极，那么在 1mol/L $LiPF_6$/MFA 电解液中会产生较大的不可逆容量和较差的循环效率，这是由于 SEI 膜只在 MFA 溶剂中形成时，较差的钝化效应引起的。当在电解液中加入 3%的碳酸亚乙烯酯（VC）作为 SEI 膜改性添加剂时，电解液的电化学性能得到了显著的改善[20]（见图 20.10 和图 20.11）。而以天然石墨作为负极材料，在第 1 次和第 10 次循环中可以得到 356mA · h/g、346mA · h/g 的可逆容量。采用 DSC 来测试电解液的热稳定性，当DSC的升温速率是5℃/min，无论有没有添加剂，电解液的热分解温度都在200℃以上，比1mol/L $LiPF_6$/EC-DMC电解液的热分解温度高。此外，还对1mol/L $LiPF_6$/MFA和3%VC混合电解液与完全嵌锂石墨电极的热化学性能进行了详细的研究（见图20.12）。研究结果表明，电解液和电极之间的比例对混合物的产热起着主导作用。当电极的量过多时，在约330℃可以观察到一个尖锐的放热峰，但该热值比同等状况下在1mol/L $LiPF_6$/EC-DMC电解液中的要小很多（见图20.13）。而当电解液过量时，电解液温和的放热分解成为混合物中的主导反应。同样，借助光电子能谱（XPS）研究了VC添加剂对SEI膜的修饰作用。即使在MFA电解液中添加了VC，SEI膜中的主要成分仍然是CHF_2COOLi。而添加了VC的MFA电解液是在开发更安全的锂离子电池过程中的优良候选。

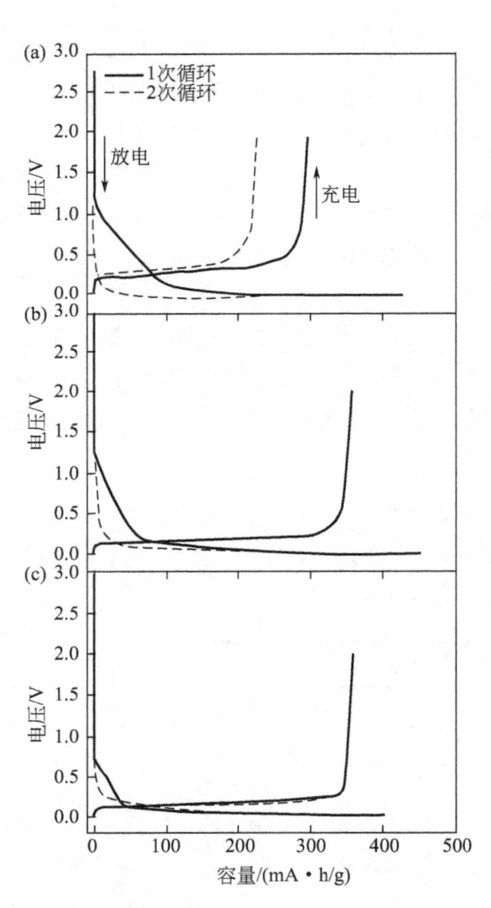

图20.10 石墨电极在（a）1mol/L $LiPF_6$/MFA电解液中；（b）1mol/L $LiPF_6$/MFA+3%碳酸亚乙烯酯（VC）电解液；以及（c）1mol/L $LiPF_6$/EC-DMC电解液[20]中的最初两次放/充电曲线

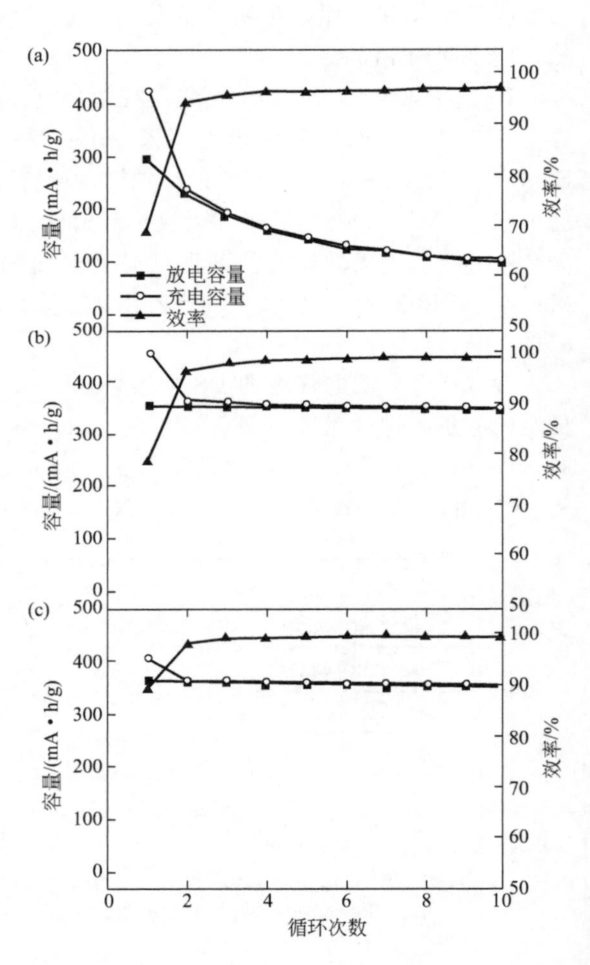

图20.11 石墨电极在（a）1mol/L $LiPF_6$/MFA电解液中；（b）1mol/L $LiPF_6$/MFA+3% VC电解液；以及（c）1mol/L $LiPF_6$/EC-DMC电解液中的循环性能[20]

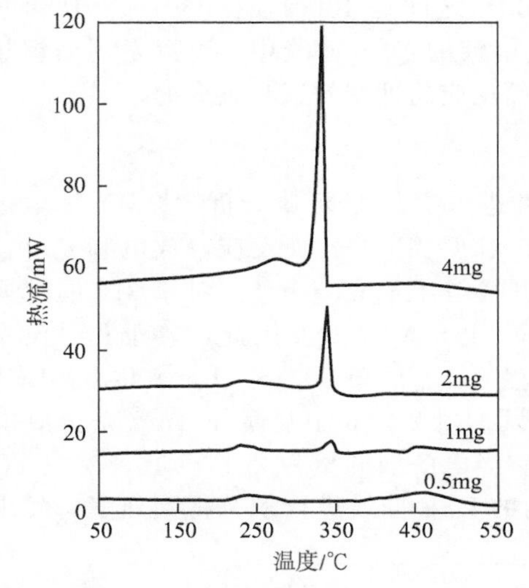

图 20.12 1μL 1mol/L $LiPF_6$/MFA +3%VC 电解液与 0.5mg、1mg、2mg 以及 4mg 锂化石墨电极粉末混合的 DSC 曲线[20]

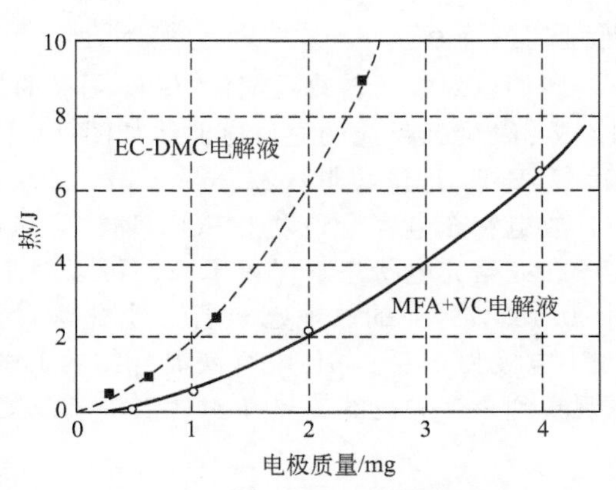

图 20.13 锂化石墨与不同电解液混合物的产热对比[20]

20.5 电解液在正极的氧化反应

20.5.1 $LiCoO_2$

我们对采用 Li_xCoO_2 阴极或锂化碳阳极的电解液的热稳定性进行了综述，这其中也包括我们的研究结果[21,22]。从实验中发现，用 H_2SO_4 通过化学方法进行脱锂后的 Li_xCoO_2，可以显现出两个放热峰，一个出现在 190℃，另一个出现在 290℃左右。通过高温 XRD，发现第一个在 190℃出现的峰，该峰出现的原因是由于单斜结构（R-3m）向尖晶石结构（Fd3m）的相转变过程。尖晶石构型的 Li_xCoO_2 循环容量非常小，或许热处理引发了阳离子混排。$Li_{0.49}CoO_2$ 和 1mol/L $LiPF_6$/EC-DMC 的混合物的 DSC 测量表现出两个放热峰（见图 20.14）。190℃开始出现的峰可能是由于活性电极表面而引起的溶剂分解，而在 230℃开始的峰则是由于 $Li_{0.49}CoO_2$ 析氧导致的电解液氧化。根据电极质量可以计算出 190～

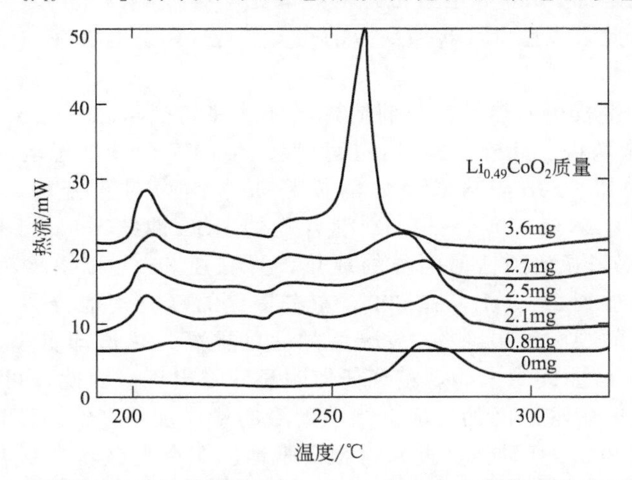

图 20.14 质量不同的化学锂化 $Li_{0.49}CoO_2$ 在 3μL 电解液中的 DSC 曲线[22]

230℃之间放出的热量是420J/g±120J/g，230～300℃之间是1000J/g±250J/g。从化学脱锂的$Li_{0.49}CoO_2$与含有1mol/L不同锂盐的PC电解液的DSC曲线中，可以发现当锂盐是$LiBF_4$、$LiPF_6$以及$LiClO_4$时，开始于190℃的界面反应的抑制效应是很大的。

20.5.2 FeF_3

我们也对经历转化反应的FeF_3阴极的热稳定性进行了DSC定量分析[23]。FeF_3电极中2Li或3Li转换反应的充放电曲线如图20.15所示。对于2Li的转换反应，放电和充电容量都设为FeF_3理论容量（237mA·h/g）的2倍，也就是474mA·h/g。对于3Li的转换反应，放电和充电容量则设为FeF_3理论容量的3倍，711mA·h/g。因此，鉴于几乎没有锂离子在完全充电状态下保留下来，可以对FeF_3发生2Li［见图20.15（b）］以及3Li［见图20.15（a）］的放电态进行一个化学计量的假设。图20.16中显示了1mg完全放电的FeF_3电极和0.5～4μL电解液混合物的DSC曲线。当电解液的量为2μL以上，在290℃左右观察到一个尖锐的放热峰，对250～350℃区间内的DSC曲线进行积分得到热值，发现其

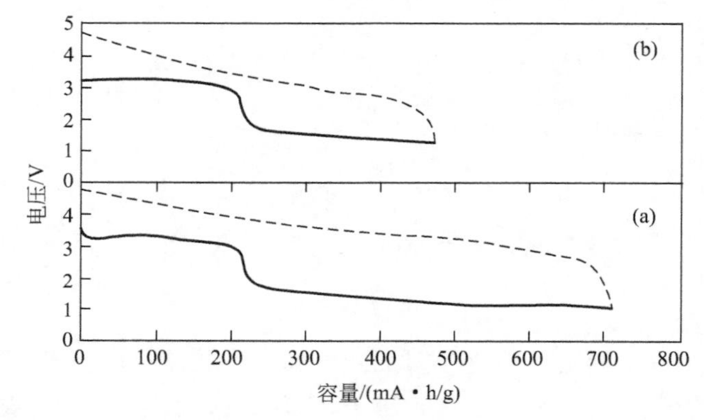

图20.15 FeF_3电极在1mol/L $LiPF_6$/EC-DMC电解液中的充放电曲线[23]

随着电解液量的增加而增加。这些放热行为与单纯电解液的放热行为相似，包括峰的位置和形状都极为相似[24,25]。因此，在290℃处的放热峰应该与电解液的分解有关。当电解液的量少于2μL时，在DSC曲线上可以在320℃左右观察到一个微弱的放热峰。这个放热峰可能与完全放电电极和电解液之间的反应有关，而非缘于电解液的热分解。

混合物（完全放电的FeF_3和电解液）的热值比电解液本身小得多，然而热值与电解液的加入量成正比。因此，发生2Li转换反应的完全放电FeF_3电极在电解液中展现出很好的热稳定性。

为何混合物会产生较小的热量？我们估算，1mg在转换状态下完全放电的FeF_3电极中含有大约0.3mg的金属铁。此外，经过转换反应产生的完全放电态电极中的金属铁颗粒尺寸相当小。所以，采用0.3mg纳米尺寸的铁粉末来作为对比分析。图20.17中展示了0.3mg粉末铁和适量电解液（0.5～5μL）混合物的DSC曲线[26]。当电解液的量是0.5～1μL时，500℃以下都未观察到任何明显的放热；只有在300℃以下检测到一些很小的热波动。当电解液的量增加到2～3μL，在300℃左右重叠的峰清楚地分裂开来，并略向低温移动。对比在电解液上的观测结果[4,5]，发现峰的温度更高，热值却更小。另外，在图20.17（a）原始铁粉末的DSC曲线中未能观察到任何明显的峰出现。因此，可以认为，300℃左右的放热峰缘于铁粉与电解液之间的反应。当电解液的量增加至3～5μL时，两个重叠的峰变得更靠近，并向低温290℃移动。因此，这很清晰地说明在电极转换状态中产生的金属铁会抑制完全放电态FeF_3电极中的热量产生。

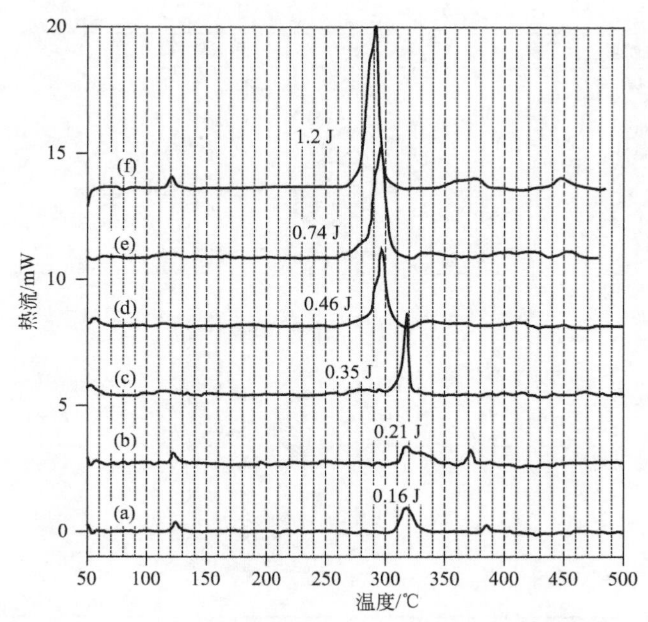

图 20.16　1mg 完全放电的 FeF_3 电极和 0.5～4μL 电解液混合物的 DSC 曲线[23]
其中电解液的添加量分别为：(a) 0.5μL；(b) 1μL；(c) 2μL；(d) 2.5μL；(e) 3μL；(f) 4μL

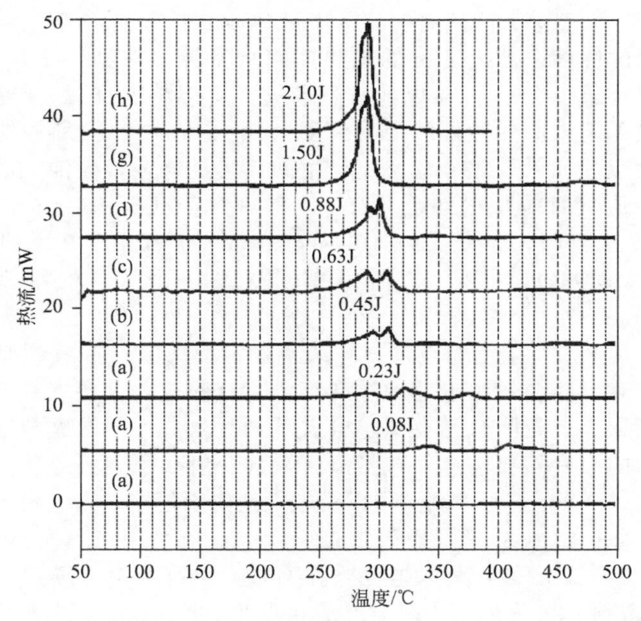

图 20.17　(a) 0.3mg 铁粉以及 0.3mg 铁粉混合 1mol/L $LiPF_6$/EC-DMC 电解液的 DSC 曲线[26]
其中，电解液的添加量分别为 (b) 0.5μL；(c) 1μL；(d) 2μL；(e) 2.5μL；(f) 3μL；(g) 4μL；(h) 5μL

20.6　滥用测试的安全评估

锂离子电池在投入市场之前，都会在按照已确定的方针由电池使用者对其安全性进行评估。测试的项目（见表 20.3[27]）都已经进行编程，包含有最终用户复杂的滥用情况。这些测试都在实际成品电池上执行。

表 20.3 主要的滥用测试[27]

项目	测试项目
电滥用测试	1. 过充 2. 强制放电 3. 外部短路 4. 异常电压充电 5. 异常电流充电 6. 针刺（内部短路）
机械滥用测试	1. 挤压 2. 掉落 3. 振动 4. 压力 5. 真空
热滥用测试	1. 加热 2. 高低温循环 3. 暴露火中 4. 电热板 5. 油浴

由于下面列出了一些耐受级别相对较低的测试，这些在对锂离子电池的安全评估中是必不可少的。

（1）加热测试[27～32] 这个测试对于评估电池热稳定性非常有用。将测试的电池放入一个保温箱中，保温箱的温度以 5℃/min 的加热速率从室温加热到一个指定的温度（T）；然后电池在这个温度保持最少 2h。如果电池没有着火，可以将温度 T 设置为略高的温度。重复此过程，测定电池不起火所能达到的最高温度（T_c）。在之前提到的加热过程中，电池内部会发生放热分解反应。如果放热分解反应产生的热量足够大，电池就会燃烧。在《二次锂离子电池安全评估手册（日本电气协会，1997）》“Guideline for the Safety Evaluation of Secondary Lithium Cells（Japan Battery Association，1997）”中说明，加热条件是在 130℃保持 1h（$T_c = 130$℃），但是 NTT DOCOMO，一个日本的手机公司的 T_c 设置值为 150℃。

（2）过充试验[27,28,32～34] 当充电器损坏或不正常使用时，抑或当充电系统对电池电压进行错误控制时，极有可能会发生电池的过度充电。这些充电失误主要导致电解液氧化以及锂沉积在正、负电极上。过充测试是在稳定电流下，观察电池的温度和电压行为。它可以提供电池热失控过程中的一些重要信息，包括电解液的分解和隔膜的融化。

（3）针刺试验[27,28,32,34,35] 该测试可以模拟电池内部短路，因为没有安全装置来阻止内部短路的发生，因此所有的电池都需要通过这个测试。在该测试中，将一个适当直径（如 2.5mm）的钉子以规定的速度强行刺入电池，在通过点会有强电流通过，从而产生大量焦耳热。测试过程中会观察到烟和火焰，同时对电压和温度实时监控。当电池内部电阻是短路点的接触电阻时会出现最坏的情况。

在图 20.18 中显示了这些破坏性测试中电压和温度的相关行为[28,35]。

（4）挤压 这个试验用来评估外界机械压力对电池造成的损害。挤压试验一般分为两类：一种用盘一种用棒。建议用棒来进行挤压测试，因为用棒进行测试比用盘更容易招致电池燃烧。

20.6.1 安全设备

为了增强锂离子电池的安全性，商业锂离子电池通常会配备安全设备来捕捉异常行为，并相应地切断或限制电流。电流切断装置（CID）和正温度系数热敏电阻（PTC）是这些安全设备的代表装置。CID 的功能主要是在过充时切断电路，当电池内部压力突然增加时，用一个凹形可移动铝盘来阻断正极引线与电路的联系[36,37]。PTC 是和保险丝类似的装置，采用随温度增加内阻剧烈增大的材料制得。当发生外部短路，有大电流通过回路，温度因焦耳热的产生而骤升时，一些指令会使 PTC 元件阻值迅速增大，将电流限制在相对低而且安全的水平[37,38]。此外，电池中还有一些简单的安全孔来允许气体排出，以及断路器如磁性开关、双金属温度调节器、电子保护回路单元。可自闭孔的隔膜也是一个安全设备，因为它可以在电池滥用和温度过高时自动切断离子电流[39~41]。

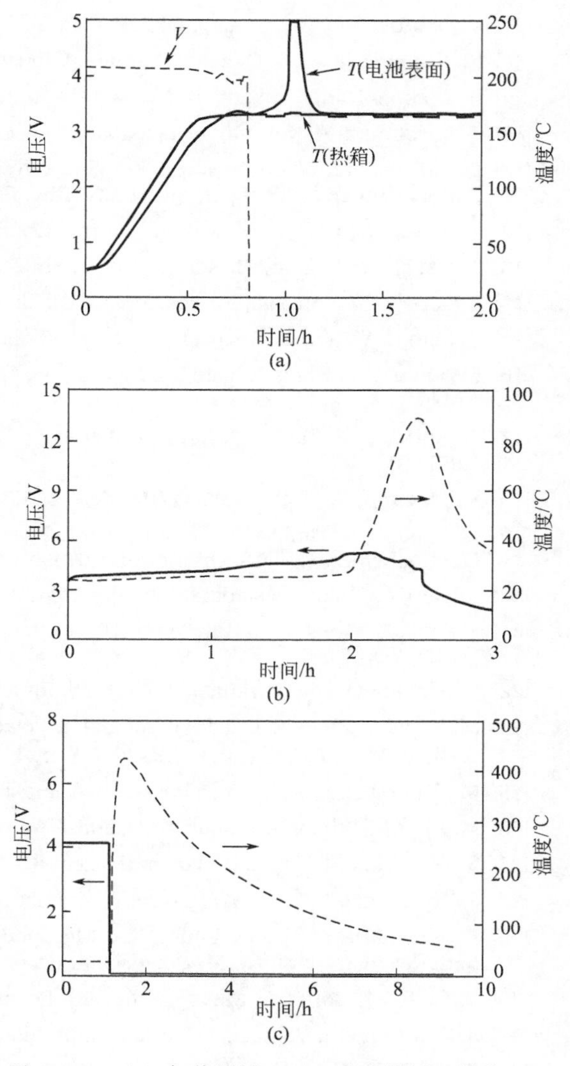

图 20.18　(a) 加热测试；(b) 过充测试；以及 (c) 针刺测试的电压和热行为[27,34]

20.7　总结

当电池被加热（如内部短路）时，电池内部的热分解以及/或材料之间的反应会产生热量。因此对所有材料热稳定性的评估是至关重要的，这些都可以通过采用 DSC 测试来完成。

石墨、硅/锂合金负极、$LiPF_6$/碳酸烷基酯混合溶剂电解液、$LiPF_6$/二氟乙酸甲酯电解液、$LiCoO_2$ 以及 FeF_3 与 1mol/L $LiPF_6$/EC-DMC 的混合物都采用 DSC 来进行了研究。基于阳极中的锂量，完全充电石墨和硅/锂合金表现出几乎相同的热量释放。$LiPF_6$/二氟乙酸甲酯电解液和 FeF_3 都表现出很小的热量释放。

参考文献

[1] D.P. Wilkinson, J. Dahn, Extended Abstracts of Electrochemical Society Fall Meeting, WA, USA, 1990, p. 85.

[2] U. von Sacken, J.R. Dahn, Extended Abstracts of Electrochemical Society Fall Meeting, WA, USA, 1990, p. 87.

[3] M.A. Gee, F.C. Laman, J. Electrochem. Soc. 140 (1993) L53.

[4] F.C. Laman, Y. Sakurai, T. Hirai, J. Yamaki, S. Tobishima, Extended Abstracts of 6th International Meeting on Lithium Batteries, Munster, Germany, 1992, p. 298.

[5] D. Fouchard, L. Xie, W. Ebner, S. Megahead, Proc. Symp. Rechargeable Lithium and Lithium-Ion Batteries, The Electrochem. Soc., NJ, USA, 1994, p. 348.

[6] J. Yamaki, H. Takatsuji, T. Kawamura, M. Egashira, Solid State Ionics 148 (2002) 241.

[7] T. Doi, L. Zhao, M. Zhou, S. Okada, J. Yamaki, J. Power Sources 185 (2008) 1380.
[8] M. Zhou, L. Zhao, S. Okada, J. Yamaki, J. Electrochem. Soc. 159 (2012) A44.
[9] L. Zhao, S. Han, S. Okada, B. Na, K. Takeno, J. Yamaki, J. Power Sources 203 (2012) 78.
[10] T. Kawamura, A. Kimura, M. Egashira, S. Okada, J. Yamaki, J. Power Sources 104 (2002) 260.
[11] J.O. Besenhard, W.K. Appel, L.H. Lie, G.H. Wrodnigg, K.-C. Moeller, M. Winter, Abstracts 2nd Hawaii Battery Conference, Organized by A.N. Dey, Big Island of Hawaii, January 4–7, 1999, p. 181.
[12] T. Nakajima, K. Dan, M. Koh, J. Fluorine Chem. 87 (1998) 221.
[13] T. Nakajima, K. Dan, M. Koh, T. Ino, T. Shimizu, J. Fluorine Chem. 111 (2001) 167.
[14] J. Yamaki, I. Yamazaki, M. Egashira, S. Okada, J. Power Sources 102 (2001) 288.
[15] K. Sato, I. Yamazaki, S. Okada, J. Yamaki, Solid State Ionics 148 (2002) 463.
[16] M. Ihara, B.T. Hang, K. Sato, M. Egashira, S. Okada, J. Yamaki, J. Electrochem. Soc. 150 (11) (2003) A1476.
[17] D. Aurbach, A. Zaban, Y. Ein-li, I. Weissman, O. Chusid, B. Markovsky, et al., J. Power Sources 68 (1997) 91.
[18] S.E. Sloop, J.K. Pugh, S. Wang, J.B. Kerr, K. Kinoshita, Electrochem. Solid State Lett. 4 (2001) A42.
[19] J. Yamaki, T. Tanaka, I. Watanabe, M. Egashira, S. Okada, Abstracts of 204th Meeting of the Electrochem. Soc., ECS, Orland, FL, 2003, Abstract No. 290.
[20] K. Sato, L. Zhao, S. Okada, J. Yamaki, J. Power Sources 196 (2011) 5617.
[21] J. Yamaki, Y. Baba, N. Katayama, H. Takatsuji, M. Egashira, S. Okada, J. Power Sources 119–121 (2003) 789.
[22] Y. Baba, S. Okada, J. Yamaki, Solid State Ionics 148 (2002) 311.
[23] M. Zhou, L. Zhao, S. Okada, J. Yamaki, J. Power Sources 196 (2011) 8110.
[24] L. Zhao, M. Zhou, T. Doi, S. Okada, J. Yamaki, Electrochim. Acta 55 (2009) 125.
[25] M. Zhou, L. Zhao, T. Doi, S. Okada, J. Yamaki, J. Power Sources 195 (2010) 4952.
[26] M. Zhou, L. Zhao, A. Kitajou, S. Okada, J. Yamaki, J. Power Sources 203 (2012) 103.
[27] S. Tobishima, J. Yamaki, J Power Sources 81–82 (1999) 882.
[28] S. Tobishima, K. Takai, Y. Sakurai, J. Yamaki, J. Power Sources 90 (2000) 188.
[29] D. Fouchard, L. Xie, W. Ebner, S.A. Megahed, Proc. symp. rechargeable lithium and lithium ion batteries, battery div, S. Megahed, B.M. Barnett, L. Xie (Eds.), Electrochem. Soc. 94–28 (1994) 348.
[30] C. Crafts, T. Borek, C. Mowry, Proc 39th Power Sources Conf., vol. 52, 2000.
[31] S. Tobishima, J. Yamaki, T. Hirai, J. Appl. Electrochem. 30 (2000) 405.
[32] K. Kitoh, H. Nemoto, J. Power Sources 81–82 (1999) 887.
[33] R.A. Leising, M.J. Palazzo, E.S. Takeuchi, K.J. Takeuchi, J. Electrochem. Soc. 148 (2001) A838.
[34] C. Doha, D. Kim, H. Kim, H. Shin, Y. Jeong, S. Moon, et al., J. Power Sources 175 (2008) 881.
[35] Ph. Biensan, B. Simon, J.P. Peres, A. de Guibert, M. Broussely, J.M. Bodet, et al., J. Power Sources 81–82 (1999) 906.
[36] P.G. Balakrishnan, R. Ramesh, T.P. Kumar, J. Power Sources 155 (2006) 401.
[37] H. Kato, Y. Yamamoto, Y. Nishi, 184th ECS Fall Meeting, vol. 93-2, 1993.
[38] X.M. Feng, X.P. Ai, H.X. Yang, Electrochem. Commun. 6 (2004) 1021.
[39] S.S. Zhang, J. Power Sources 164 (2007) 351.
[40] G. Venugopal, J. Power Sources 101 (2001) 231.
[41] E.P. Roth, D.H. Doughty, D.L. Pile, J. Power Sources 174 (2007) 579.

第21章 锂离子电池的环境影响

Linda L.Gaines[1,*], Jennifer B.Dunn[2]
([1]阿贡国家实验室交通研究中心，美国；[2]阿贡国家实验室系统评估部门，美国)
* LGAINES@ANL.GOV

21.1 概述

很多国家包括美国、中国以及欧洲国家都在推动电池驱动汽车的发展，其作为培育能源独立的一种手段，并有望降低交通领域排放的温室气体（GHG）。

电池驱动汽车的大规模增长，为深入研究电池供应链、测试相关环境问题以及研究其他材料相关的障碍，都提供了独特的机会。一个关键问题是电池中的材料生产可能会招致不良的环境影响，以及消耗大量能量。此外，如果电池对这些材料的需求（尤其是锂和钴）超过了供应，那么材料缺乏会成为一个问题，而且会影响电池驱动汽车的价格和大规模应用的可能性。

锂离子电池回收是一种能够缓解供应紧张以及缓和原材料生产环境影响的方法。除了正极材料之外，其他材料也有可能得到回收，比如阳极、电解液以及结构材料如铝、不锈钢和塑料。回收（Recycling）是标准“3R”中的一个——减少（Reduce）、重新利用（Reuse）、回收——但它并不一直是最佳选择[1]。所以需要对给定产品进行回收效益评价，以确定回收是“最绿色”的方法。对于锂离子电池，回收可以提供几个潜在利益。这些在这里只是简单提出，随后会给出根据几个参数确定的实际利益，比较显著的参数是使用的电池成分和回收工艺。

本章将讨论怎样从电池中回收锂能够影响锂需求。此外，将测试锂离子电池生产“摇篮到大门（CTG）”的环境影响。最后，将测试不同锂离子电池回收方法对锂离子电池生产的 CTG 环境影响，以评估回收可以得到的实际效益。同时也考虑了一些因素，这些因素会促进或者阻碍锂离子最佳回收方案成为世界范围内的规范。

21.2 锂离子电池回收的益处

如前所述，锂离子电池在交通业的配置，会造成锂和其他金属的供应紧张。地球上材料的供应是有限的，重新使用某种已经提取出来的物质，能够降低对原材料的需求，也延迟了易获取材料来源耗尽的时间。图 21.1[2] 显示了在这样一种情景下：电力驱动汽车获得了空前的成功，占据了 90％新车的份额（红线），以及到 2050 年美国动力电池对锂的潜在需求走势。这个情景代表了美国需求潜力的上限。图 21.1 中也显示了 10 年后，如果所有的电池材料都能够得到回收，而届时也不再期望电池适合用于电动领域，那么能够有多少可用的回收材料（金线）；或者 5 年之后（蓝线），经过二次利用如电力储存后可用的回收材料。当回收材料可以替代原材料时，可以从原材料的需求中减去回收材料，以得到对原材料的净需求

(虚线)。对原材料的需求量不仅会达到一个最低值，而且当需求的增长速度降低时还会继续减小。注意如果材料可以重新利用，那么相比材料立即回收，原材料的最低峰值出现时间会晚一些，而且会高一些。这种情况适用于锂，也同样适用于任何可回收的材料。锂可能不属于稀缺材料，但是钴的供应却在持续下滑，还有铜，甚至可能是铝，在不回收的情况下会非常稀缺[2,3]。所以回收有助于减缓对材料持续增长的需求。

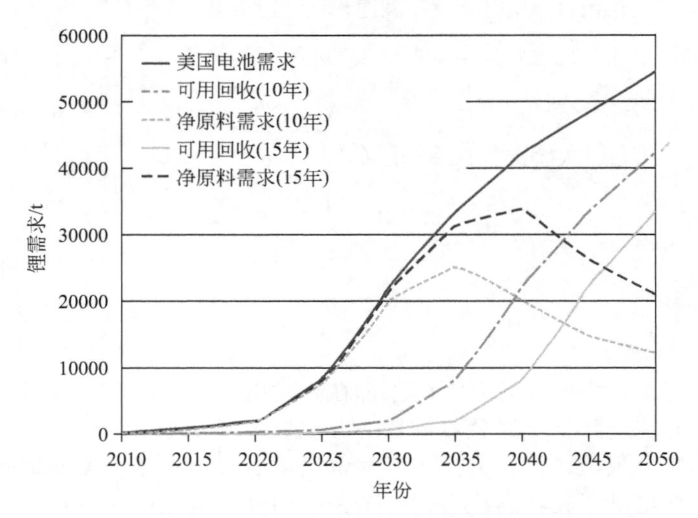

图 21.1　美国锂需求以及通过回收提供供应的最大潜力

回收同样有益于国家安全。对于很多包含锂的材料，美国大部分依赖于进口，其他很多国家也是如此。所以在本国进行的回收可以减少回收对进口的依赖。

很多情况下，采用回收材料进行生产比使用原材料成本要低，而且应用回收材料也是减少高成本材料的一个方法。这对于制造商的内部废弃料以及使用后的材料来说都是可行的。但是这里也有相关说明：回收的材料必须要达到接受的性能指标。而电池制造商，对他们来说质量是最重要的，所以可能会不太情愿使用回收材料，虽然这些材料可能更便宜。因此，产品质量对于新兴回收公司来说是一个关键考虑点，他们的新业务创造能力代表了通过回收实现的另外一种潜在的生态利益。而降低废物处理成本则是另外一个考虑点（生产废品以及寿命终止产品）。

回收，尤其是在欧洲，一般是受到环境效益的激励，由法律强制推动的[4]。本章所提到的大部分信息在于评估通过动力锂离子电池回收，可能实现的实际与能源使用以及排放相关的利益。为了做到这点，首先调查电池供应链中的一次生产过程（包括采矿、运输、原材料加工以及制造），之后对比了回收电池级材料的几个过程，来探究如何最大化回收效益。

21.3　锂离子电池环境影响

在这部分中，跟随生命周期分析的框架[5~7]，开发了评估采用新材料生产动力锂离子电池的能量以及环境影响的“流程级分析”模式。在电池供应链每一步计算的物质流以及能量流，都在其他地方进行了详细说明[8]。图 21.2 中列出了供应链很多流程需要表征的各种流量。这些流量在美国阿贡国家实验室 GREET 模型中进行了合并。通过评估采矿、生产设施以及原材料和产品运输中的现场能量消耗，GREET 计算出全部燃料循环能量，其中包括比如

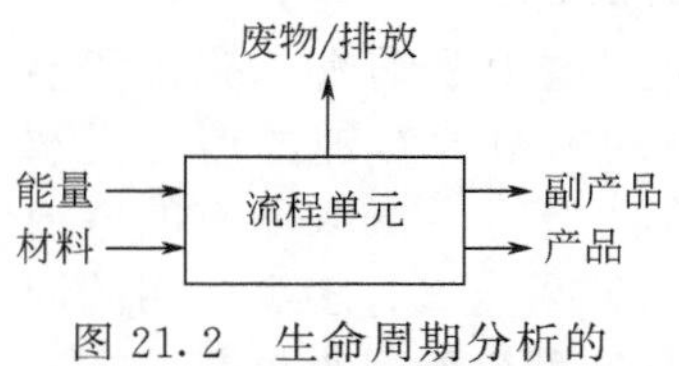

图 21.2　生命周期分析的阶段、输入和输出图解

煤的生产所用的能量。类似地，对于能量消耗，GREET 也分析了生产的上游能量以及环境效应。这项评估的重心在于能量消耗以及废气排放，包括 GHGs。

21.3.1　电池组成

锂离子电池的成分取决于它所需要的性能特征。对于高能应用，比如没有内燃机的纯电动汽车（BEV）用电池来说，比能量是要最大化的关键性能。而对于插电式混合电动汽车（PHEV），电池的比功率更为重要。电池性能特征将决定电池中活性材料的量以及必要的结构材料。我们采用阿贡国家实验室的电池性能和成本（BatPaC）模型[9,10]，来为混合电动汽车（HEV）、PHEV 以及 BEV 电池开发一份材料清单。

BatPaC 是一种实践现今技术和组装的模型，可以在模型上进行一些有效的改进，以取得更加高能的电池，更加符合市场规模的生产。在 BatPaC 模型上，采用铝箔作为阴极的集流体，而阳极集流体为铜（某些情况下为铝）。BatPaC 允许使用者选择几种阴极材料：锂锰氧化物、磷酸铁锂、锂镍锰钴氧化物或者锂镍钴铝氧化物。阳极采用双面石墨涂布。采用聚偏氟乙烯（PVDF）将活性材料颗粒黏结起来。电池组装过程是采用 *N*-甲基吡咯烷酮（NMP）作为溶剂，来促进 PVDF 与活性材料之间的接触。两极之间采用多孔聚合物薄膜隔膜。电解液为 $LiPF_6$ 以及 EC-DMC 的混合物，它们填充在隔膜以及活性材料的孔中。采用聚对苯二甲酸乙二醇酯、铝以及聚乙烯制成的袋子将电芯封装起来。多个电芯（本研究的模型中是 16 个）组成模块，封闭在铝壳中。所有电池模块被装入铝/绝缘体外壳中。采用不锈钢制备的压板和打包带。我们采用这种 BatPaC 设计来为包含上述部分以及电池管理系统的电池构筑一份材料清单。BatPaC 输入和得到的电池成分分别列在表 21.1 和表 21.2 中。

表 21.1　本研究中电池建模参数[27]

项目	混合动力汽车	插电式混合动力汽车	纯电动汽车
功率/kW	30	150	160
能量/kW·h	2	9	28
质量/kg	19	89	210
比功率/(W/kg)	1500	1715	762
比能量/(kW·h/kg)	0.10	0.11	0.13
行程/km	N/A	48	160

表 21.2　混合动力汽车、插电式混合动力汽车、纯电动汽车的电池材料目录

组成成分	质量百分比		
	混合动力汽车	插电式混合动力汽车	纯电动汽车
锂锰氧化物（$LiMn_2O_4$）	27%	27%	33%
石墨/碳	12%	12%	15%
黏结剂	2.1%	2.0%	2.5%
铜	13%	15%	11%
锻铝	24%	22%	19%
六氟磷酸锂（$LiPF_6$）	1.5%	1.6%	1.8%
碳酸乙烯酯（EC）	4.4%	4.7%	5.3%
碳酸二甲酯（DMC）	4.4%	4.7%	5.3%
聚丙烯	2.0%	2.2%	1.7%
聚乙烯	0.26%	0.40%	0.29%
聚对苯二甲酸乙二醇酯	2.2%	1.6%	1.2%
钢铁	2.8%	1.8%	1.4%

续表

组成成分	质量百分比		
	混合动力汽车	插电式混合动力汽车	纯电动汽车
热绝缘材料	0.43%	0.33%	0.34%
乙二醇	2.3%	1.2%	1.0%
电子零件	1.5%	0.9%	1.1%
电池总质量/lb	41	196	463

注：1lb≈0.4536kg。

21.3.2 电池材料供应链

为了对制造锂离子电池的环境影响有一个全面的认识，有必要从锂的来源开始，考虑供应链中的每一步。图 21.3 中展示了包含在电池生产 CTG 环境影响评估中的工艺流程和系统边界。电池供应链遍布世界范围，在亚洲有很多电池生产商。但是，我们是在美国环境中实施的分析，电池组装在西密歇根完成，它是几个电池生产商之乡（比如 LG 化学公司和 JCI 公司）。我们的基本方案是假设阴极活性材料是在美国国内通过 Li_2CO_3 与 Mn_3O_4 烧结而成的。其他金属氧化物将直接进行讨论，美国的 Li_2CO_3 有 50%依靠进口[11]；其中 47%是从智利进口而来的。因此，考虑了两种 Li_2CO_3 的来源：第一种是来自于智利的 Salar de Atacama 盐湖；另一种是产自美国内华达州的 Li_2CO_3。图 21.3 中概括了世界上最大的锂生产商：SQM 采用智利锂卤水制备阴极材料的生产过程。在智利，卤水的提取过程一般采用柴油驱动泵来将大量的盐溶液吸入到蒸发池中[8]。伴随锂盐产出的还有氯化钾、硫酸钾和硼酸。在批量生产中，将 SQM 的柴油消耗负担分配到这些副产物中。锂卤水被运输到智利的安托法加斯塔，在那里通过一系列提取、沉淀以及过滤步骤转化为 Li_2CO_3。图 21.3 展示了在生产 Li_2CO_3 过程中消耗的化学品，其中制备 1kg Li_2CO_3 需要消耗 2.48kg 苏打粉，它是由美国西部船运到智利的，在怀俄明州主要生产该种化合物。

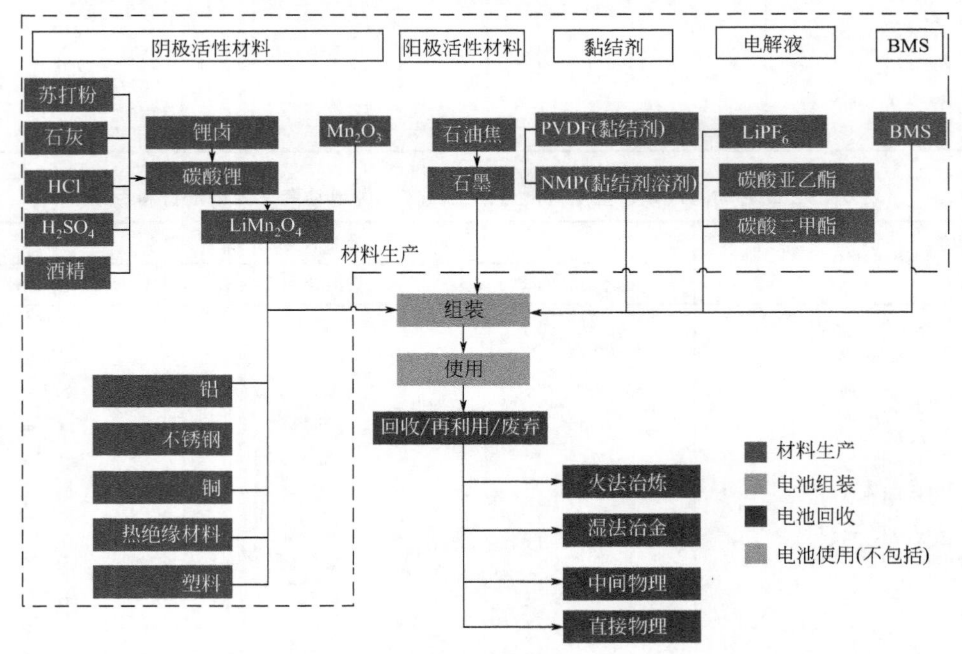

图 21.3 锂离子电池“从摇篮到大门”环境影响分析的系统边界（包括材料生产和电池组装阶段）

在内华达州通过卤水生产 Li_2CO_3 的方法与在智利类似。不过，根据在内华达生产的数据显示，其消耗的渣油以及苏打粉的量要比在智利生产的多一些。锂盐也可以来自于锂辉石，它是一种包含锂铝硅或者 $LiAl(SiO_3)_2$ 的矿物。不过自从引入了通过盐坪沉积物生产这种成本较低的生产方法，采用矿石来进行生产的方法已经被遗弃了。但是，通过矿石来获得产品也是一种可行的方法，会增加产品供应和多元化，同时增加美国的国内生产。通过锂辉石制备锂越来越贵的一个原因在于该生产过程相对更加耗能，除了采矿并将其磨碎之外，锂辉矿必须要加热到 1000℃才可以实现结构从 α-到 β-形式的转变，之后才可能采用硫酸浸出，而锂才能以锂盐的形式回收出来。因此我们的分析中不包括通过锂辉石得到的锂。

图 21.4 对比了采用来自于智利以及美国内华达州的 Li_2CO_3 制备 $LiMn_2O_4$ 生产过程中的总体能量消耗，其中考虑了所有原材料和最终产品的运输。在 $LiMn_2O_4$ 供应链中，采用智利生产的以及美国本土生产的 Li_2CO_3，耗费在运输上的能量分别占总能量的 14%和 6%。在智利材料供应链中最大的运输负担是从美国往智利运输苏打粉。两种方法生产 Mn_2O_3（通过在炉中加热锰矿）以及 $LiMn_2O_4$ 的方法基本上是一样的。采用美国生产的 Li_2CO_3 制备 $LiMn_2O_4$ 基本上耗费 16%的能量，这个额外的能量负担并不是很大，而且假定采用国内材料可以加强能源安全，那么采用美国本土的 Li_2CO_3 进行生产是可行的。

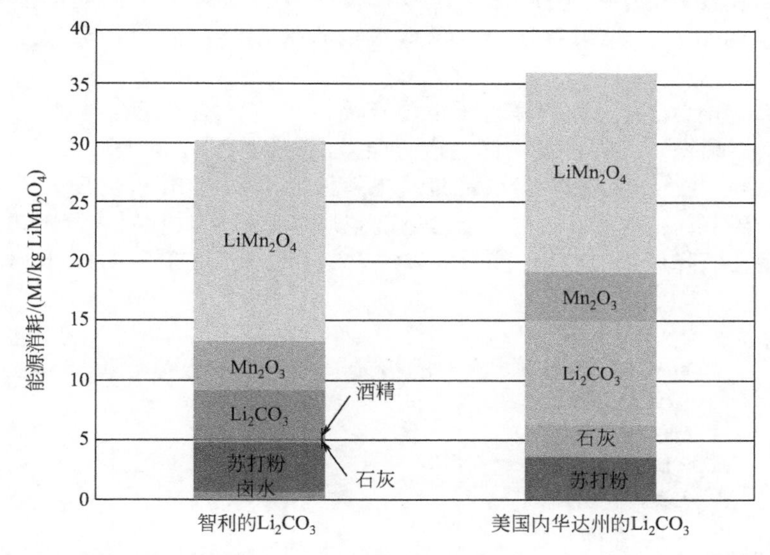

图 21.4 采用来自智利以及美国内华达州的 Li_2CO_3 进行 $LiMn_2O_4$ 生产的能量分配

我们考虑的阳极材料石墨，是采用石油焦以及硬沥青作为原料，经由高温步骤制备而成的。不过锂离子电池中所用的碳基阳极可以有多种形式。基于化石燃料的天然石墨、硬碳、软碳以及中间相碳微球，都是商业电池中广泛应用的锂嵌层阳极。所有合成的石墨材料都需要经由 2700℃的高温来实现完全石墨化，所以这种基于化石燃料的方法非常耗费能量。最近，在无定形碳表面包覆一薄层成为一种可行的保护碳基阳极表面的方法，来避免其在电池工作条件下的恶化。这个过程使用气相原料，比如丙烯以及甲烷，在 700℃下，它们在有石墨存在的情况下分裂，形成薄层覆盖在石墨表面。钛酸锂（$Li_4Ti_5O_{12}$）材料最近作为一种锂离子电池高能阳极材料也吸引了很多目光，对于该材料来说，能量并不是太大问题。它通过将碳酸锂（Li_2CO_3）以及二氧化钛（TiO_2，锐钛矿形态）置于 850℃下空气氛围中反应即可得到。该过程比生产石墨耗能要少得多。

我们基于铝工业的数据来计算石墨生产中的能量和排放强度，铝工业中所采用的石墨电极与在锂离子电池阳极中的相差无几。

另外一个电池核心组件是电解液，目前正在开发多种电解液，我们选择了溶解六氟磷酸锂（$LiPF_6$）的 EC-DMC 电解液。关于 $LiFP_6$ 产品的可用信息很少，尽管我们采用了基于 Espinosa 等[12]提供的数据，但这并不十分准确。考虑到这种化合物潜在的有害本质，需要考虑在电池回收过程中怎样对其进行处理，这点将在第四部分进行讨论。

21.3.3 电池装配

电池装配过程是电池生命循环中 CTG 部分的第二步，Nelson 等[10]曾经进行过详述。电池装配的第一步是混合电极材料，之后将活性物质采用黏结剂 PVDF 以及黏结剂溶剂 NMP 涂覆在电极上。接下来，将涂覆好的电极经电炉进行处理，NMP 会挥发，其中有 99.5%会回收和重新利用[10]。将涂覆好的电极碾压、切片。真空干燥后，将其置入干燥室内，在这里经电芯堆叠，集流体焊接，而后装入外壳中，接着注入电解液并将电芯封装。这些电芯会经历化成循环以评估它们的性能，性能差的电芯（大约有 5%）会被抛弃。在组装成模块之前，封装的电芯需要经历充电保持能力测试。最后一步是完成电池模块组装以及测试。在该测试过程中，我们认为干燥室可能是装配环节中最大的耗能步骤。因此根据一台 SCS System 的干燥室，来对其能量消耗进行估算[8]。同时也计算了电池化成循环所需要的能量，并假设在干燥室以及化成步骤设备上消耗的能量大约是装配步骤所耗费能量的 60%。结果并不会受该假设的很大影响，因为在灵敏度分析下对其进行了评估[13]。

基于对以 $LiMn_2O_4$ 为阴极的锂离子电池产品以单位电池质量为基础的 CTG 分析，确定了结构材料（铝和铜）大约占据电池生产链能量消耗的一半，如图 21.5（a）所示。阴极材料生产大约消耗 10%～14%的 CTG 能量。电解液的贡献（$LiPF_6$、EC、DMC）为 9%～13%。电池装配环节约占 6%，通过这点可以确定通过采用回收材料来降低电池组件的耗能强度，是一个潜在的降低电池 CTG 能量的方法。这个结果与 CTG GHG 排放结果一致［见图 21.5（b）］。

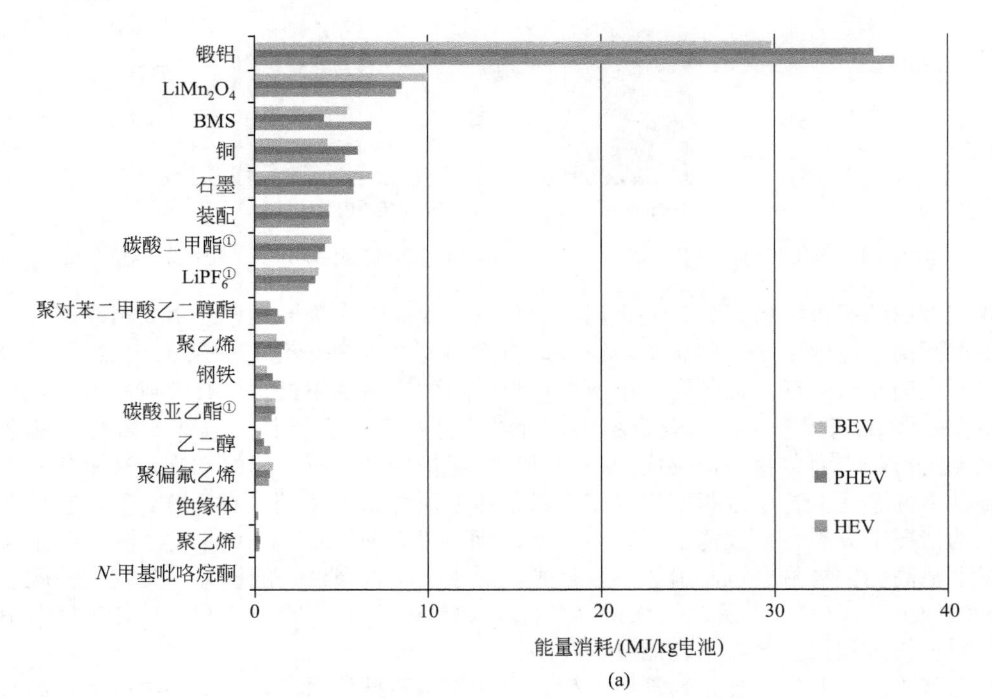

(a)

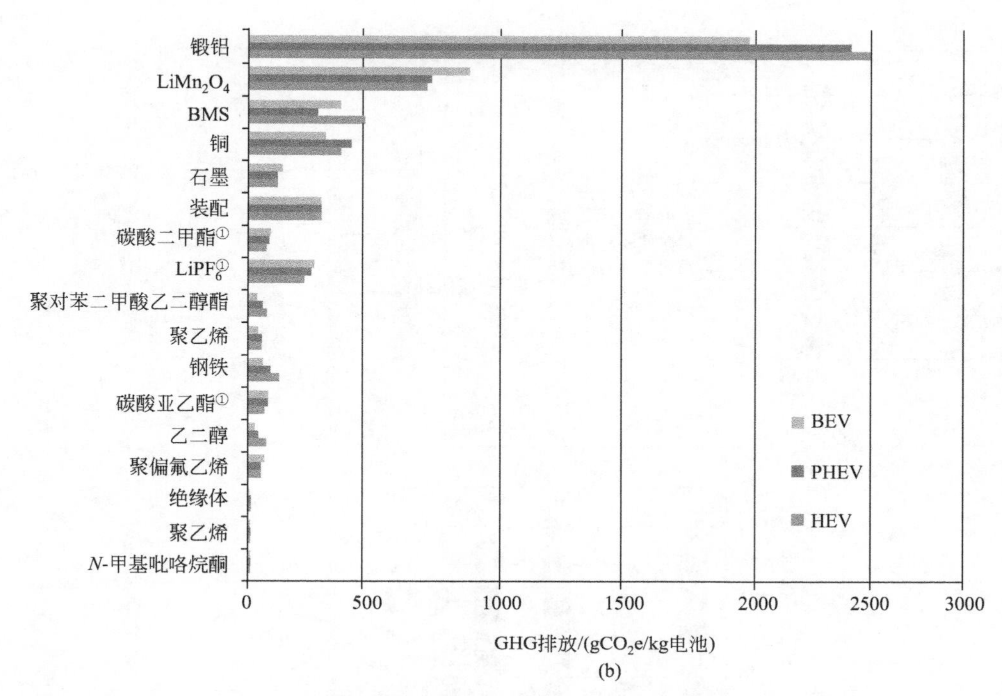

图 21.5 (a) 电池组件的生命周期能量消耗 (MJ/kg 电池) 和 (b) 电池组件生命周期的 GHG 排放 (gCO_2e/kg 电池)

①的组件是电解液的组成部分。聚偏氟乙烯以及 *N*-甲基吡咯烷酮分别是黏结剂和黏结剂溶剂

目前需要讨论的一个问题是锂离子电池阴极的生产耗能强度如何根据选择的活性材料而改变。有必要将目前阴极材料的引导者以及未来的潜在介入者包括 $LiCoO_2$、$LiFePO_4$ 以及锂镍锰钴氧化物等纳入分析。通过将碳酸锂以及过渡金属前驱体的混合物在高温 (600～800℃) 下烧结可得多种阴极材料。也可以采用氢氧化锂，不过在混合过程中要适当采用特殊的安全措施。阴极材料的选择不仅影响电池生产中 CTG 步骤的能量和排放，而且也影响电池回收的效益，如第四部分所述。表 21.3 显示了三种阴极材料的能量密度以及生产它们预计耗费的能量。尽管由于钴氧化物生产耗能强度较大，所以制备 $LiCoO_2$ 更加耗能一些[14]，但是由于它自身能量密度较高，所以在锂离子电池中需求量要少一些。$LiFePO_4$ 比 $LiMn_2O_4$ 的能量密度更高，因此生产耗能可能会更少，采用这种阴极材料的电池比采用 $LiMn_2O_4$ 阴极电池的 CTG 耗能强度要低。但是，也可以看到阴极材料的生产在整个汽车生命周期的能量使用以及 (大部分) 排放中只是很小的一部分，所以这并不会对最终结果产生太大影响。

表 21.3 阴极材料能量密度以及生产耗能强度

正极材料	能量密度/(mA・h/g)[9]	预计产品耗能强度/(MJ/kg)
$LiMn_2O_4$	100	30[8]
$LiFePO_4$	150	20[15]
$LiCoO_2$	150	150[13]

21.3.4 电池对电动车辆生命周期环境影响的贡献

图 21.6 中列出了锂离子电池在 BEV 和 PHEV 中燃料周期和车辆周期中的 CTG 能量消耗。在这样背景下评估电池的贡献是非常重要的，以为在电池驱动汽车市场份额持续增加的

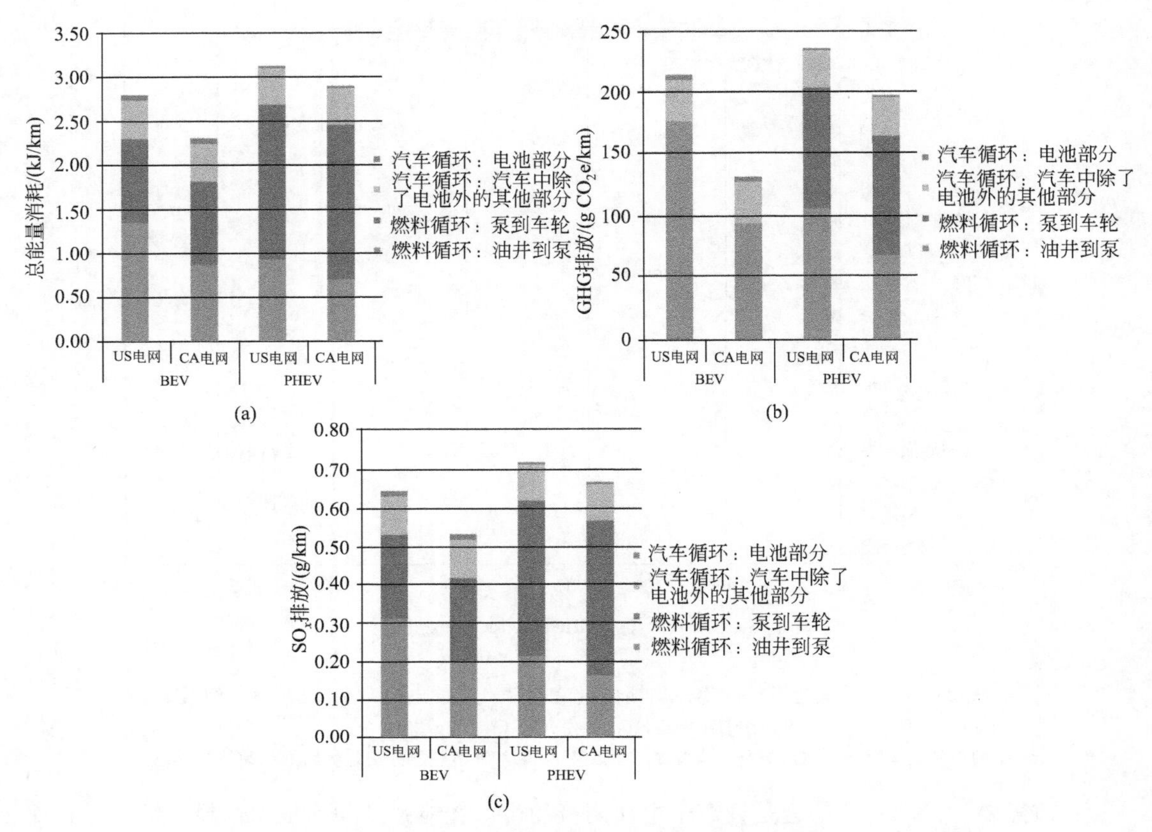

图 21.6 美国整体电网和加利福尼亚电网中 PHEV 和 BEVs 的汽车循环以及燃料循环（a）总能量消耗；（b）GHG 排放以及（c）SO_x 排放

情况下，这样的评估可以避免不利的环境影响。在我们的计算中，在不更换电池的情况下，车辆的寿命是 260000km（更换电池会带来双重影响）。我们的分析采用美国整体电网和加利福尼亚电网组成的默认 GREET 值来进行，如表 21.4 所示。加利福尼亚电网更加耗电。至于能量使用和 GHG 排放，采用加利福尼亚电网的 BEV 生命周期中电池的贡献（大约 3%）是最大的。而 PHEV 车辆周期中电池贡献的能量耗费以及 GHG 排放只占总量的 1% 以下。加利福尼亚电网供电的 BEV 中，电池生命周期中 8% 的贡献是 SO_x 的排放。而在电池生命周期中，对 CTG SO_x 排放的最大贡献者是铜和铝（见图 21.7）。

表 21.4 美国和加利福尼亚的默认 GREET 电网结构分布[14]

项目	美国电网	加利福尼亚电网
残油	1.0%	0.0%
天然气	22.9%	41.0%
煤炭	46.4%	8.1%
核能	20.3%	23.1%
生物质能	0.2%	0.9%
其他	9.2%	26.8%

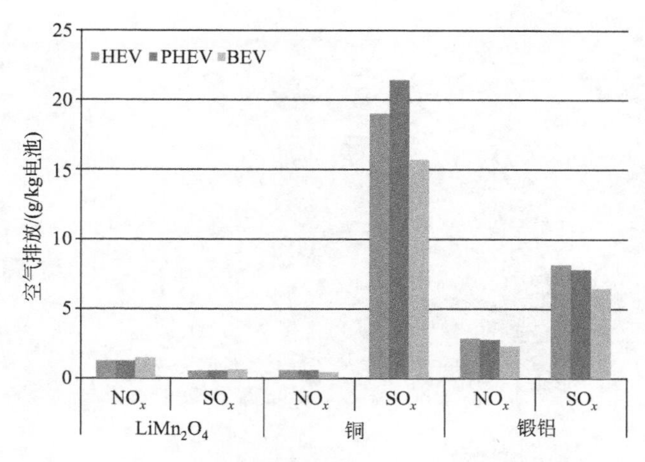

图 21.7　锂离子电池组件 CTG 空气排放

有两种途径可以减少锂离子电池的 CTG 能量消耗：一是提供低能耗的原材料。这点可通过提高现有供应链的能源效率，或者由低能耗密度的材料来取代。第二种可能的方法是电池回收。直到目前，文献中有关通过电池回收过程中产生的电池组分能量密度的评估资料尚且还是很少的。下一章节中会提到三个回收过程，以正极材料是 $LiMn_2O_4$ 的锂离子电池为例，对正极材料和结构材料回收的能量损耗进行了评估。

21.4　锂离子电池回收技术概述及分析

回收技术可以回收处于不同生产阶段的材料，从基础材料到电池级的材料。不同回收过程之间的不同在于采用已用过的电池制备新电池时，可以避免掉的原来材料的生产步骤不同，正如图 21.8 所示。一般来说，回收过程都并非资源密集型，所以避免掉越多的原生产步骤，回收产品相关的影响就会越低。这些回收过程也都处于不同的发展阶段。其中可以回收基本元素或者盐的高温冶金过程已经商业化，而能够回收电池级材料的直接物理方法则尚处于实验室研究阶段。

定量分析包括三种回收过程：一个是在北京理工大学（BIT）正在进行开发的过程[16]、中间物理过程以及直接过程。利用“中间”这个术语来表明得到的产物通过简单物理过程升级便可得到阴极活性材料；而“直接”这个术语则用来表示经过回收过程输出的产物无需或者很少额外加工便可用于电池中。经过这些过程回收得到的材料可以投入到宏观经济（开放回路）中去，或者在锂离子电池（闭合回路）中得到再应用。目前，考虑的是后一种。

需要注意的是，所分析的回收过程中，没有任何一种是专门为处理 $LiMn_2O_4$ 电池而设计的。在我们目前的工作中，假设这些过程是能够回收以 $LiMn_2O_4$ 为阴极的电池，并且能够检测它们在减少与电池材料生产和装配相关的能量耗费以及排放上的作用。随着将分析扩展到其他阴极材料中，我们会重新检测这些回收过程。接着将对考虑的电池回收过程的类型进行进一步的讨论。

21.4.1　高温冶金回收过程

熔炼过程目前可以大规模地运作，可以输入任何形式，包括不同的电池化学（锂离子、镍金属氢化物等）或者混合进料。图 21.9 展示了该商业化过程的简图[17]。优美科，一家欧洲公司，他们收集用完的电池，将其除去外包装后不进行任何预处理，便投入在比利时霍博肯的高温熔炼炉中。电池中的有机组分（塑料、电解液溶剂以及碳负极）被烧掉；产生的热

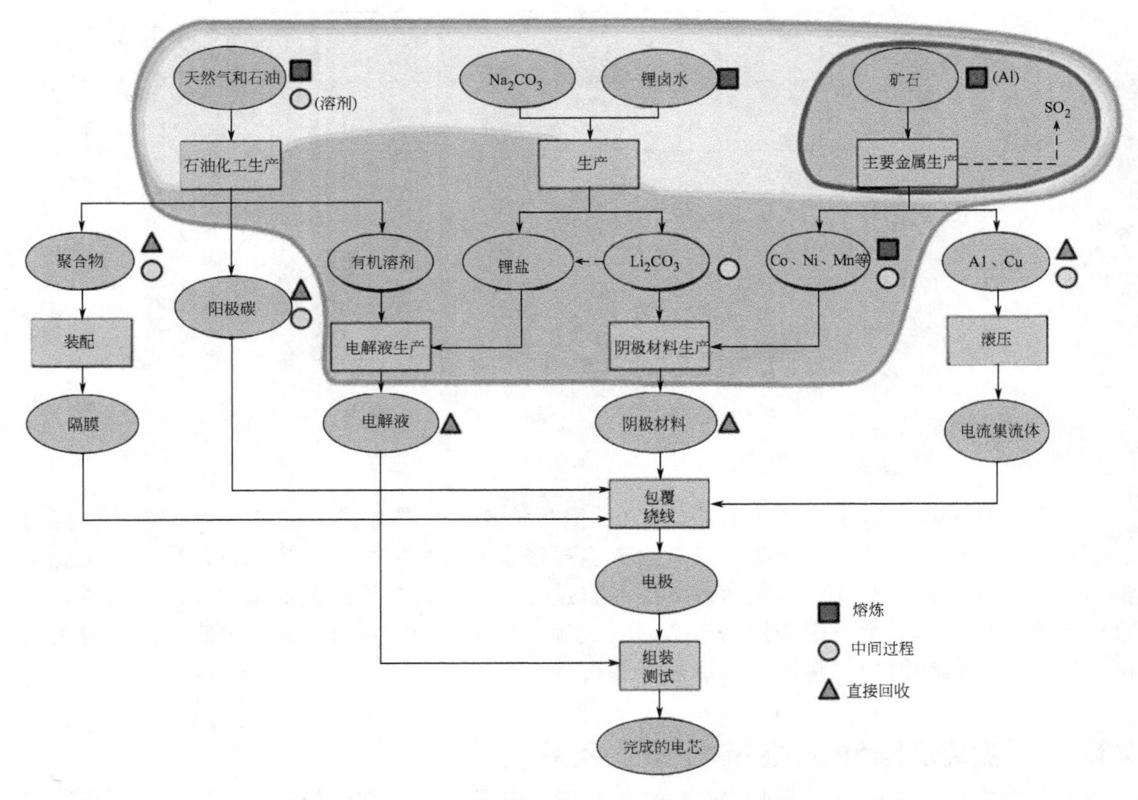

图 21.8　锂离子电芯材料的生产流程

其中紫色椭圆以及浅蓝色矩形分别代表组件材料和过程步骤。组件旁的红色、黄色以及绿色标注分别代表这些新材料可以用熔炼、中间回收过程、直接回收过程回收的材料替代，阴影部分环绕的部分是指这些步骤可以在备选流中避免的步骤

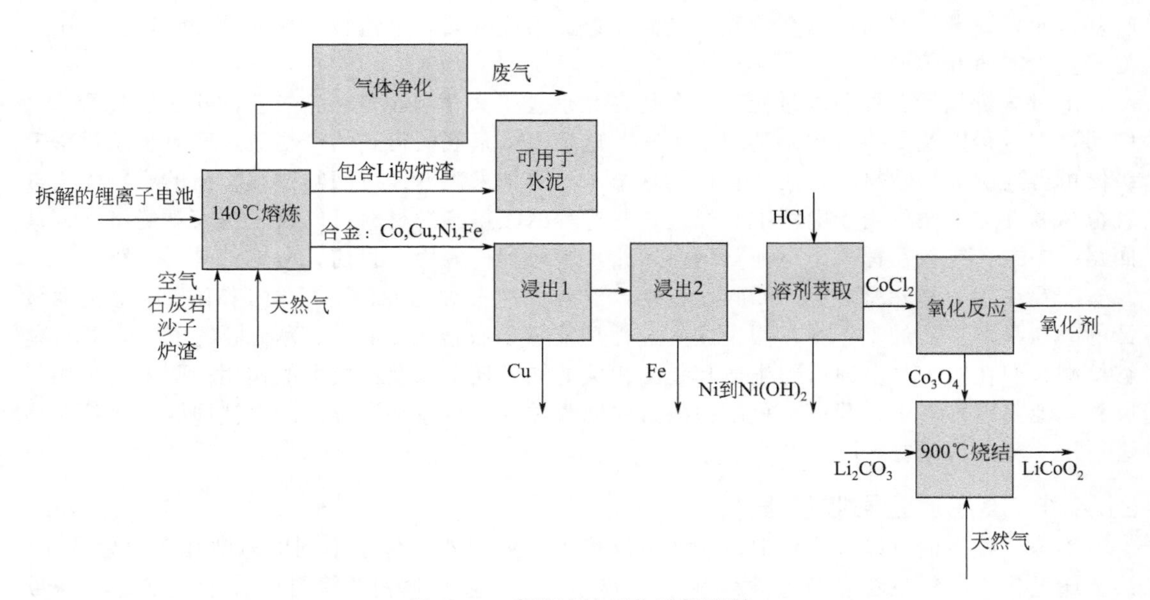

图 21.9　高温冶炼回收过程流程

量可以供给熔炼炉，而碳则可以作为一些金属的还原剂。主要的产品（当前的正极材料）是钴和镍，它们将运往比利时的奥伦进行精炼，在那里制备成 $CoCl_2$；随后又被运往韩国生产电池中的 $LiCoO_2$（用新购买的锂）。回收的金属也适用于其他用途。金属的回收，不仅可以节约通过硫矿石中进行生产所需能量的 70%，也避免了在这些制备过程中大量 SO_2 的排放。其他的金属如铜和铁也可以回收。熔炼炉中锂和铝原本随炉渣排出，现在可以作为混凝土中的添加剂来使用，而且该公司也正在研究通过湿法冶炼法来回收锂，用于高价值领域，如电池行业。但是，从炉渣中回收锂相比从卤水中得到，花费以及能耗更高。废气经过高温处理，可以避免有毒有机物如呋喃、二噁英的排放。电解液和黏结剂中的氟被熔入到惰性化合物中去。该公司声称对锂离子电池可以达到 93% 的回收率（金属 69%，碳 10%，塑料 15%），但是实际上可利用的高价值材料却占据了小得多的百分比。本章并没有对这个过程进行定量的调查，因为该方法用于回收以 $LiMn_2O_4$ 为正极材料的电池是不合算的。

21.4.2　BIT 回收过程

在目前处在开发阶段的 BIT 过程中[16]，通过联合机械、高温以及化学步骤来将电池组分分离开来，如图 21.10 所示。首先，废弃的电池要完全放电，之后在实验室规模下，手动

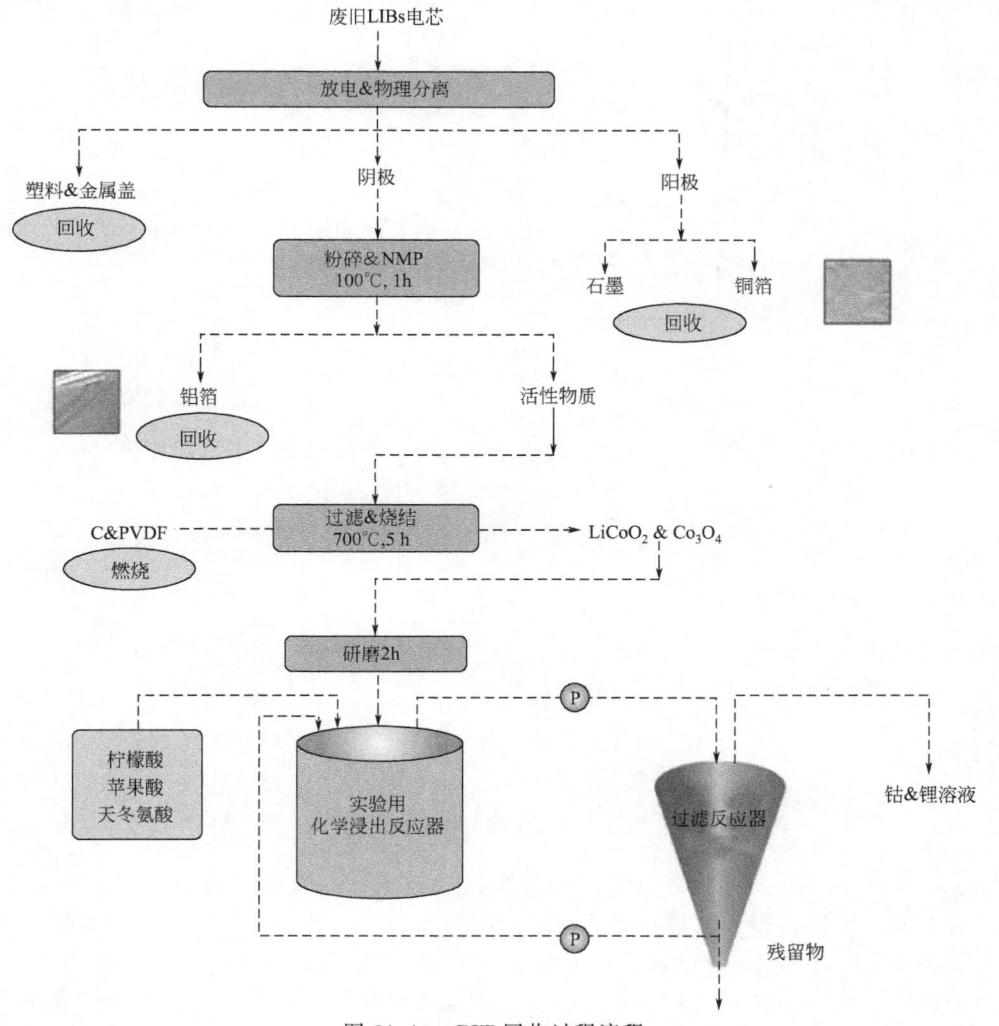

图 21.10　BIT 回收过程流程

分离阳极和阴极组件。对正极采用热 NMP 浴浸可以分离出铝，接着对正极进行焙烧、研磨，之后与过氧化氢（增加金属溶解度）以及有机酸一起，通过湿法冶金过滤出来。酸以及氧化剂的浓度无需优化，因为它们将用于工业化过程中。我们假设有 90% 的酸可以得到回收，并重新利用。再假设采用这种方法能够将锂和钴进行分离，以 Li_2CO_3 沉淀下来，之后与 Mn_2O_3 一起烧结制备 $LiMn_2O_4$。这个过程中氟化物的去留并不能确定。我们重申这个回收过程目前还处在实验室阶段，所以它应该考虑对结果进行初步分析。另外，该过程也并没有指明锰的回收，所以假定锰并没有回收。

21.4.3 中间物理回收过程

这种电池回收方法本质上是一个低能耗的过程。需要用到的热量很少，在运行破碎机、泵以及生产液氮的过程中会用到少量能量。该回收方法的一个案例，是如图 21.11 中所示的 Toxco 回收系统[18]。该回收过程在不列颠哥伦比亚省特雷尔城市已经进行商业化操作，另外也在美国俄亥俄州兰开斯特正在建设中。Toxco 方法包括采用化学过程分离电池、在灌水的锤石粉碎机中进行破碎（减小它们的尺寸），在一个振荡器和两个过滤器的组合设备中分离产品流。对于进料的不同，液氮主要发挥以下两种作用：①抑制废旧电池中残余电解液与高残余能量物质（如锂金属）之间的燃烧；②当有些电池用到封装材料时，可实现更好的材料分离。

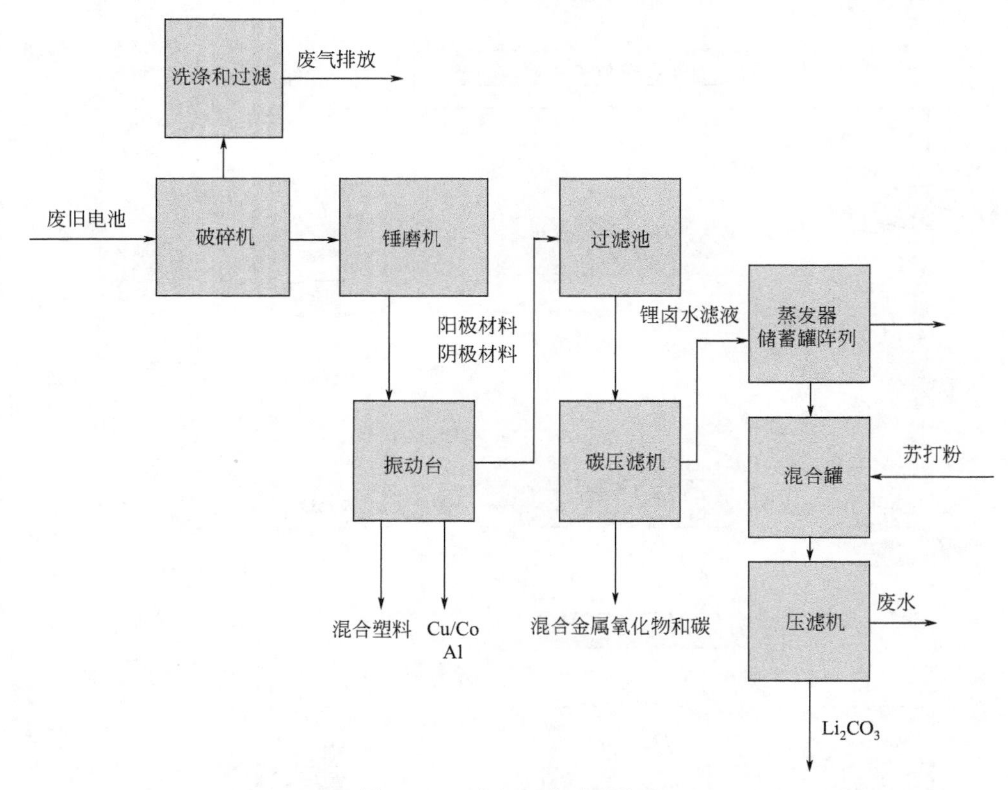

图 21.11 中间回收过程流程

Toxco 系统主要生产三种产品流：①包含钢铁、纸、塑料的混合材料；②由集流体箔片、混合金属材料以及少量电极材料构成的中间体材料；③正极和负极材料构成的浆体，其中一些是碳材料。产品流②和③是最有价值的。在产品流②中包含了大量的铜、钴、镍、铝。产品流③生产两类材料：一类主要包含了正极材料和负极碳混合物，其中钴含量非常丰富（质量分数为 35%），另一类是滤液，可以从中回收碳酸锂（Li_2CO_3）。这个材料目前用于其他产品中，但是，经净化处理后可用于电池中。在这个回收过程中，溶剂和含氟化合物的命运也是不确定的。

21.4.4　直接物理回收过程

这种电池回收过程是一种低温、低能耗过程。该过程通过各种各样的物理、化学方法来分离不同的组分，可以回收所有的活性物质和金属。这其中只有隔膜是不能再利用的，因为无法保留其形态。

如图 21.12 所示，该过程的第一步是将电池放电，并将它们拆卸到电芯的层面。然后，向装有分解过而且放完电的电芯容器中通入 CO_2。升高温度和压力，直至超过 CO_2 的临界点（31℃，72.8atm）。超临界的 CO_2 会将电芯中的电解液（EC、DMC、$LiFP_6$）萃取出来，排放到其他容器中。当温度和压力降低时，电解液化合物会与气态 CO_2 分离。经证实，再经过进一步处理，它们都可被回收，并重新用于电池中。

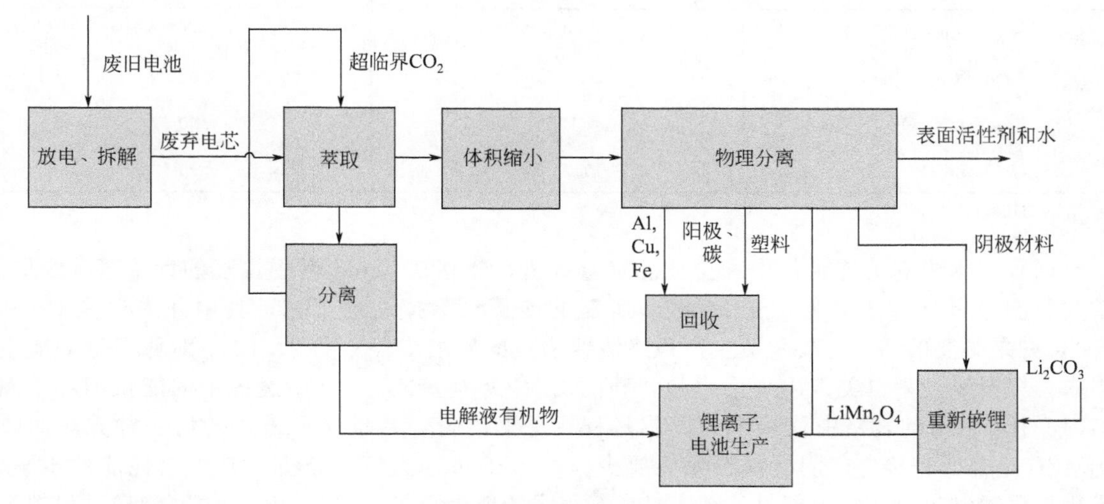

图 21.12　直接回收过程流程

之后，电池需要经受一系列机械过程，可能在无水无氧条件下进行，这些步骤会将正极化合物分离出来。之后，利用电池组分在电子电导率、密度以及其他性质上的不同，采用一些相关技术将电池组分分离出来。但是，PVDF 如何与活性材料分离的，却一直不甚清楚，这也可能是该过程一个很大的障碍。正极材料通过重新嵌锂处理后，可以在电池中重新使用。对于该过程物料进行精细的化学分离，可以确保产品的纯度和价值。

21.4.5　回收过程分析

回收过程中有一些关键的不同点，会影响回收的效率、面向多变电池技术的灵活性以及整体成功的可能性。表 21.5 总结了这些不同。高温冶炼过程可以生产适合所有市场的产品，这是唯一一种容易适应混合电池化学成分的方法，但是它的效益依赖于钴的回收，而且将锂残留在炉渣中。而从炉渣中回收锂的成本很昂贵，而且耗能大。此外，该回收过程需要大规模的操作。物理回收过程的一个优点是可以回收多种高价值电池组分。这点很重要，尤其是在当电池生产商不再使用含钴正极的情况下。目前冶炼厂回收电池的价值是通过所含元素的价值实现的。但是，如在表 21.6 中所看到的，对比组成元素的总体价格与一些阴极材料的价格，发现如果阴极材料中钴的含量下降，那么回收金属元素而不是阴极材料便不再有吸引力。考虑到市场上不断变化的电池化学组分以及技术的不稳定性，汽车电池回收技术可能会有进一步发展。

表 21.5 电池回收技术定性比较

工艺	BIT	中间物理回收	直接物理回收	高温冶炼回收
工艺条件	联合物理、高温、化学步骤	低温物理步骤	低温物理步骤	高温以及化学步骤
材料回收	Co、Li、Al、Cu	阴极、阳极、电解液、金属	阴极、阳极、电解液、金属	Co、Ni、Cu
需要单一化学?	可能	需要	需要	不需要
输入	酸和氧化物	苏打粉	补充 CO_2、Li_2CO_3	石灰岩、炉渣、HCl、氧化物

表 21.6 阴极材料的价格

阴极	成分价格/($/lb)	阴极价格/($/lb)
$LiCoO_2$	9.9	12.00[19,20]
$LiNi_{0.3}Co_{0.3}Mn_{0.3}O_2$	6.10	8.80[20]
$LiMnO_2$	1.35	4.50[21]
$LiFePO_4$	0.75[22]	9.10[21]

注：1lb≈0.45kg。

回收技术中有关能量使用和排放的定量分析，建立在 Dunn 等[8]论述的计算基础之上。首先检测通过这些工艺回收 $LiMn_2O_4$ 所需的能量（除掉熔炼工艺，其中并未涉及 Co 和 Ni），如果必要的话，还要检测生产最终活性物质的后续步骤。图 21.13 中对比了这种能量需求，以及采用来自美国内华达州和智利的 Li_2CO_3 生产 $LiMn_2O_4$ 过程中的能量消耗。图 21.13 中，框出的表格中代表了与回收过程相关的能量。结果显示采用任何一种方法回收 $LiMn_2O_4$ 都比直接生产阴极材料耗能要少。以 BIT 过程为例，分析了其中最耗能的步骤，发现柠檬酸和过氧化氢的能量消耗，是一个很大的能量负担。BIT 过程和中间物理过程都需

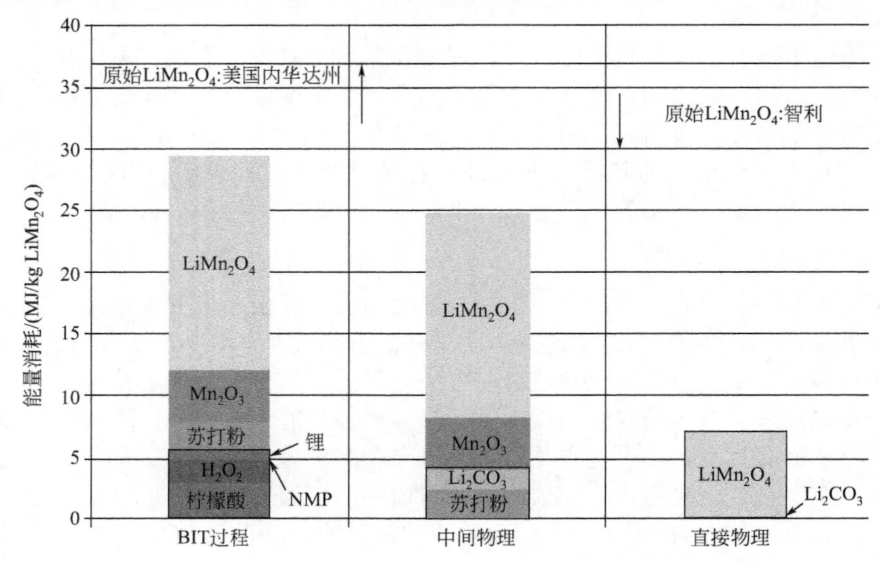

图 21.13 通过动力电池回收生产 $LiMn_2O_4$ 的预计能量消耗

框线内的是在回收过程中产生成分（Li_2CO_3 以及 $LiMn_2O_4$）和消耗的成分（H_2O_2、柠檬酸以及苏打粉），其他成分是在回收锂化合物到制备阴极材料中所消耗的

要对 Li_2CO_3 进行后期加工，使其和 Mn_2O_3 反应来制备 $LiMn_2O_4$，这个阶段耗费能量在总能量的 73%～84%之间。直接物理回收过程产出的正极材料，其重新嵌锂过程只需要少量的耗能。

在闭路回收情景下，三种回收过程都可以回收 $LiMn_2O_4$ 和铝、铜，并用于新的锂离子电池，以实现总体能量消耗的降低，如图 21.14（a）所示。图 21.14（b）中列出了通过回收减少的 GHG 排放（回收铝的能量消耗值包括铝粉碎熔化、铸造、薄板冲压和生产过程中消耗的能量，所有计算根据 GREET2 _ 2012[14]）。同样地，为了弥补将回收的铜制造成能够用回电池中的形态，在每一步回收铜所需的能量中，增加了原来铜生产能量的 50%[14]。直接物理回收过程只有低温步骤，可以直接回收活性物质，在三种回收过程中效益最优。在

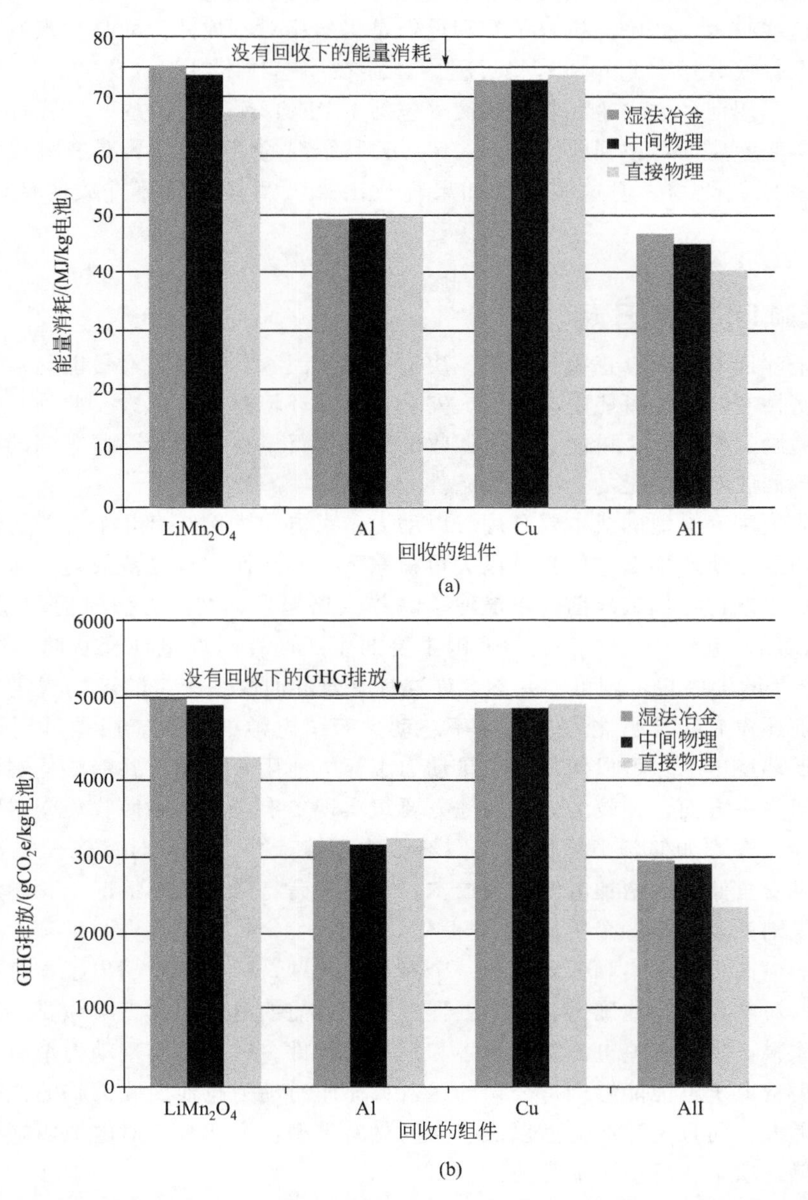

图 21.14 （a）预测的总能量消耗（MJ/kg 电池）和（b）原材料制备（实黑线）的 BEV 电池的 GHG 排放采用回收阴极材料、回收铝、回收铜和回收阴极、铝、铜的 BEV 电池的 GHG 排放

采用该过程的闭路回收情景中，当回收阴极材料、铝以及铜时，可以保留采用原始材料制备电池总 CTG 能量消耗的大约一半。显然，从电池中回收可回收的金属是非常重要的。这些金属是电池 CTG SO_x 排放的主要贡献者，在闭环回收情景中，这些排放可以得到极大地削减。通过回收过程回收锂的金属保留利益，也是非常重要的一个关键点，虽然其与金属回收相比，活性材料保留的能量更少。此外，如果阴极是 $LiCoO_2$ 而并非 $LiMn_2O_4$，那么会希望这种阴极材料回收的效益增加，因为生产 $LiCoO_2$ 材料相比 $LiMn_2O_4$ 材料耗能要多得多(见表 21.3)。尽管其他电池组件（如碳、电解液）都是可以通过三种回收过程进行回收的，但是也无法对可能接着发生的能量、环境以及经济效益进行量化。

这里展示的结果只是作为电动锂离子电池回收可能效益的第一近似值，而且也可能会有一些错误。这些技术虽然已经授权了专利，但是仍然相对不成熟，而且也没有可用的精确的能量消耗以及排放数据。此外，这些过程中还存在一些技术挑战。比如，在 BIT 以及中间物理过程中，采用何种方法来回收电解液（包括 $LiPF_6$）还不甚清楚，尽管直接物理过程证明了它们在实验室层面可以回收。此外，PVDF 黏结剂的回收也非常具有挑战性，这些化学品都能够降解成氯化物，但这些物质如果释放出来，尤其是局部排放的话，会导致环境问题。

21.5 影响回收的因素

锂离子电池回收能否真正得到实施，决定于很多因素。这些因素可能与性能以及回收过程本身的经济性有关，也可能是与健康、安全性以及环境有关的因素。此外，法律、相关规定以及政府激励这些因素，可能会促进回收的继续进行，也可能会阻碍它们的确立。本章概述了成功实现回收需要满足的几个先决条件。

首先，收集废弃电池的成本要合理。以动力牵引电池为例，有几个可能的情景。如果电池是在代理商处更换，那么它们就可以大量积累下来，从而实现经济效益。对于达到报废要求的汽车，可以在将它们破碎前，将电池移除并收集起来。这些方法目前均用于铅酸启动/照明/点火（SLI）电池中。事实上，美国主要的生产商在对新电池交货时，同时回收废旧 SLI 电池，但是欧洲的规定则可能并不允许这种有效的回收系统。欧洲的规定也要求收集电池，但是目前还没有实现行之有效的效率。动力牵引电池的二次应用是可用于公共电源储能，有望降低环境影响，可以使得有大量动力废弃电池用于储能，并能够从储能的位置实现最终回收。但另一方面，在较为偏远的地方要想实现二次应用则会使收集变得困难。无论电池收集和储存的方式如何，必须保证它们不影响环境，并且不会对存储设施造成安全事故(比如起火)。安全储存会增加电池回收成本，在不阻碍有效回收的情况下，制定保护公众和环境的管理规则尚且还是一个挑战。

对损坏的电池进行收集和处理也是一个潜在的问题，但是已经超出了本章的研究范围。

必须要针对收集的电池确定合适的处理方法。目前的电池回收者必须要应对不同电池类别中的不同原料，甚至有些电池包含有害和危险的组件。在能够实现动力牵引电池大量回收之前，回收消费电子电池能够维持公司的运营；而届时动力电池回收面临的挑战会减少，因为电池可能更大，而且电池的类型以及包含的材料类型也会变少。对电池实施标准化以及回收设计会使得这项工作变得更加容易。

回收者的需求取决于回收过程。当然，在经济的范围内运行这些过程必须要有足够的材料。对于高温冶炼过程，它需要一天有几千吨的量；而对于直接回收，一天 10 多吨就足够了，此外，作为过程原料的材料必须要足够纯净。湿法冶金过程相比高温冶炼或者直接回收过程更容易处理混合物质流。如果需要纯净的物流，那么对材料成分进行标记鉴别，正如目前美国汽车工程师学会所倡议的，能够促使对材料分类，得到适合于每个过程的物流。无论是手工回收还是机械回收，电池在运输前后都需要储存。对电池包或者电池组的形状进行标准化设计，能够使得对电池分选成为可能，它将能用于电池更加经济的分类，甚至是电池拆解。这点对于直接回收以及湿法冶金过程都特别有用。

所有的回收过程都需要将电池包进行拆解，所以对电池拆解进行设计能够增加回收经济性。对拆解以及回收进行设计可能意味着减少使用某些部分，比如使用可逆的紧固零件（比如用螺母和螺栓，而不是焊接），避免在固定零件的地方使用灌注材料，以及尽量减少对层压以及复合等难以回收材料的使用。这可能意味着10年之后，为了促进回收而增加更多的制造成本。不过需要注意的是，产品性能必须要保持在首位，不能因考虑回收而危害到产品质量。

最后需要考虑的一个核心点是能否生产出有价值的产品。无论产品是什么，它的质量必须要过硬，能够与采用原始材料进行生产的产品抗衡。对于高温冶炼过程，得到的产品要与直接从矿石中得到的金属进行比较，并且要精炼到同等纯度。湿法冶炼的产品也要纯化，使之在与原材料相比时，具有直接的竞争力。上述这两个例子中，可观经济性的来源依赖于电池中钴的含量；而目前的回收过程也正是受到钴的回收所带来的收益而驱动。而随着钴的使用量的下降，就需要一些其他的举措，来使得锂离子电池回收这个行业能够受益。直接回收的经济性并不依赖于钴含量，但是却依赖于回收阴极材料的纯度和其他特征。此外，回收的阴极材料，在电池中经过10年甚至更久的使用时间，是否还能够使用目前尚完全不可知。它们也可能会被遗弃，因为电池成本一直在变更。此外，其他行业的生产商，比如轮胎制造商，一般是不情愿使用回收的材料，因为他们怕承担责任。但是，目前的直接回收过程可以很有信心地小规模回收制造商生产过程中产生的废料。

如果不能生产出有价值的产品，那么回收必须需要依据法规机制进行资助，比如征收产品购买附加税或者其他费用。

21.6　总结

对以 $LiMn_2O_4$ 为阴极的锂离子电池生产进行的初步分析，表明其并没有任何重大的环境影响，也不需要耗能的工艺过程。需要对其他阴极类型也进行详细分析，但是估计也不会出现重大的排放以及耗能问题。电池生产的影响比使用阶段的影响要小。也需要对地区影响进行检测来确定是否有社区承受了严重的环境负担（比如金属矿床开采带来的）。

电池回收能够降低电动汽车中锂离子电池的能量成本以及环境影响，同时回收也能够环节供应压力、降低对进口的需求。目前有几种可用的或者正在开发的回收工艺。这些工艺对环境影响的降低程度取决于这些回收材料的工艺链坐落在多远的位置。

由于目前还没有确定电池成分（还没有出现唯一赢家），所以在回收产业的发展中存在哪些障碍还不确定。此外，供应大规模工艺（高温冶炼）运行的足够数量还需要数年的时间建立和完善，因为首先要将汽车渗透到市场上，之后让它们消耗完自身寿命，才能进行回收。而小规模的回收目前则可依赖于生产废料开始运行。

政府颁布的经济以及管理措施可以激励回收的进行，但是需要注意，不要让这些措施阻碍了它的发展。

术 语

BatPaC 电池性能及成本
BEV 纯电动汽车
BIT 北京理工大学
CTG 摇篮到大门
DMC 碳酸二甲酯
EC 碳酸乙烯酯
GHG 温室气体
GREET 交通领域温室气体、规范排放以及能源使用
HEV 混合电动汽车
NMP N-甲基吡咯烷酮
PHEV 插电式混合电动汽车
PVDF 聚偏氟乙烯
SLI 发动、点火及照明
USGS 美国地质调查局

参 考 文 献

[1] L. Gaines, MRS Bull 37 (2012) 333.

[2] L. Gaines, P. Nelson, TMS 2010 Annual Meeting and Exhibition, Seattle, USA, 2010.

[3] J. Mervis, Science 337 (2012) 668.

[4] European Battery Directive, 26.9.2006 EN Official Journal of the European Union L 266/1(2006). Available from: http://eur-lex.europa.eu/LexUriServ/site/en/oj/2006/l_266/l_26620060926en00010014.pdf, (accessed 31.05.13).

[5] ISO International Standard, ISO/FDIS 14040, Environmental Management—Life Cycle Assessment—Principles and Framework, 1997.

[6] ISO International Standard, ISO 14041, Environmental Management—Life Cycle Assessment—Goal and Scope Definition and Inventory Analysis, 1998.

[7] ISO International Standard, ISO 14042, Environmental Management—Life Cycle Assessment—Life Cycle Impact Assessment, 2000.

[8] J.B. Dunn, L. Gaines, M. Barnes, J. Sullivan, M.Q. Wang, Material and Energy Flows in Materials Production, Assembly, and End-of-Life Stages of the Life Cycle of Lithium-Ion Batteries, Argonne National Laboratory, 2012. Report no. ANL/ESD/12-3.

[9] Argonne National Laboratory, BatPaC Model, 2011. Available from: http://www.cse.anl.gov/BatPaC/about.html, (accessed 31.05.13).

[10] P.A. Nelson, K.G. Gallagher, I. Bloom, D.W. Dees, Modeling the Performance and Cost of Lithium-Ion Batteries for Electric-Drive Vehicles, Argonne National Laboratory, 2011. Report no. ANL-11/32.

[11] USGS, Mineral Commodity Summaries 2012: Lithium. Available from: http://minerals.usgs.gov/minerals/pubs/mcs/2012/mcs2012.pdf, (accessed 13.11.12).

[12] N. Espinosa, R. García-Valverde, F.C. Krebs, Energy Environ. Sci. 4 (2011) 1547.

[13] J.B. Dunn, L. Gaines, J. Sullivan, M.Q. Wang, Environ. Sci. Tech. 46 (2012) 12704.

[14] Argonne National Laboratory, GREET2_2012 (Greenhouse Gases, Regulated Emissions, and Energy Use in Transportation Model), 2012. Available from: http://greet.es.anl.gov/, (accessed 31.05.13).

[15] G. Majeau-Bettez, T.R. Hawkins, A.H. Strømman, Environ. Sci. Tech. 45 (2011) 4548.

[16] L. Li, J. Ge, F. Wu, R. Chen, S. Chen, B. Wu, J. Hazard Mater. 176 (2010) 288.

[17] M. Caffarey, Umicore, unpublished data (2010).

[18] T. Coy, Kinsbursky Bros., Inc., unpublished data (2009).

[19] http://www.asianmetal.com/news/viewNews.am?newsld=782720.

[20] Metal-Pages, 2011, Chinese Prices of Cathode Material for Lithium-Ion Batteries Rise (17.08.11).

[21] D. Santini, K. Gallagher, P. Nelson, 25th World Battery, Hybrid and Fuel Cell Electric Vehicle Symposium & Exhibition, Shenzhen, China, 2010.

[22] J. Montenegro, T. Ellis, J. Hohn, SAE World Congress 2012: End of Life Management: Reuse/Recycle/Remanufacture (SDP119), Detroit, USA, 2012.

第22章 回收动力电池作为未来可用锂资源的机会与挑战

Marcel Weil[1,2,*], Saskia Ziemann[1]
([1]卡尔斯鲁厄理工学院(KIT)，德国；[2]乌尔姆亥姆霍兹电化学能量研究所，德国)
*MARCEL.WEIL@KIT.EDU

22.1 资源危机

金属原材料是许多高新技术的重要原料。它们中有些通常是高新技术产品功能不可或缺的，也就是说很难找到替代品。随着工业国家以及新兴工业国家对这些产品的批量生产，材料的消耗也随之增加，人们也越发开始关注这些资源在未来可用性上的潜在限制。这类材料的安全供应对于很多产业都是至关重要的，尤其是那些依赖商品进口的国家。

近几年来，工业、政策制定以及科学领域等不同机构对材料危急性都进行了一些研究[1~11]，都证实了资源可用量问题的重要性。这些研究不仅背景、客体以及地域背景不同，而且对于危险程度本质的个体理解也相异。基于这些原因，在描述这些特殊材料群体的时候，采用了不同的术语和不同的指标，从而导致对原材料的排名也不尽相同（见表22.1）。

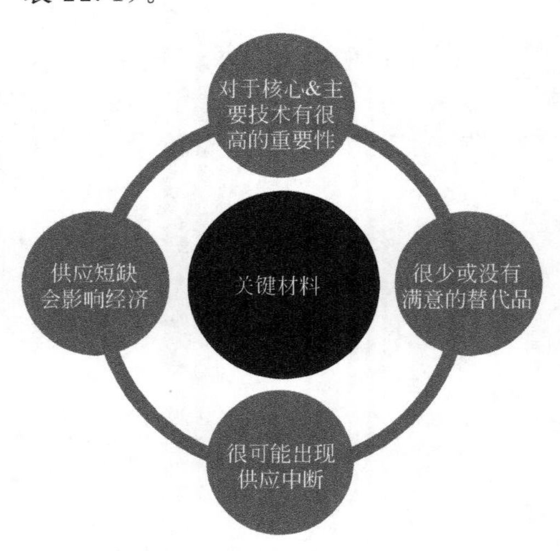

图22.1 关键原材料的主要条件

所有这些研究都可以认为是与评估某种原料的危险程度相关的。虽然术语、指标和排名不同，但是可以看到对于某些关键的原材料，在一些特殊标准上，都达成了某种程度的共识。如果一种原料在产品核心和重要技术上具有很重要的作用，且在它的主要应用领域有很少或者几乎没有令人满意的替代品；或者如果这种原料具有很高的供应中断的概率，而且一旦出现供应中断，会对一个国家的经济带来巨大的影响，那么就可以认定这种原料是关键原料（见图22.1）。

将表22.1中涉及的所有研究都考虑在内，尤其是这些研究中鉴定和分类的原料，可以看到有一些原料被很多研究都鉴定为关键材料。对于锂资源可用量的仔细分析显示锂满足成为一个关键原材料的四个主要条件（见图22.1）[12,13]，尽管只有一半的研究（5个）将锂归为关键原料之列（见表22.1）。

表 22.1　针对危急性材料的课题研究综述（术语、指标和排名）

术语	排名		分组							列表	
	潜在的关键原材料[6]	潜在风险性进口原材料[1]	SET 的关键金属[3]	关键原材料[1]	关键材料[2]	关键原材料[5]	关键矿物[9]	关键原材料[8]	稀有金属[10]	环境相关稀有金属[4]	稀少的原材料[7]
原材料	钇	锡	镝	锗	镝	REE	PGM	铬	铟	镓	锑
	钕	硅线石	钕	铼	铕	PGM	REE	PGM	锑	金	铬
	钴	铬	碲	锑	铽	铌	铌	铌	钴	铟	镓
	钪	萤石	镓	钨	钕	钨	铟	钼	金	锰	锗
	钨	工业金刚石	铟	REE	钇	石墨	锰	锆石	PGM	镍	铟
	磷酸	镁	铌	镓			镓	钽	铼	钯	钴
	铌	钒	钒	钯	铟	锗			钽	银	铜
	硒	菱镁矿	锡	银	锂	镁	钽	锂	锌	钛	钕
	锗	钯	硒	锡	碲	锑	钛	萤石	锡	锌	铌
	PGM	铌	银	铟	铈	镓	钒	重晶石		锡	PGM
	锂	硅	钼	铌	钴	铟	锂	钛			钪
	铬	铝	铪	铬	镓	铍	铜	钨			硒
	铟	铅	镍	铋	镧			铅			银
	钼	锌	镉		镨	萤石		锡			钽
		锗		石墨	钐	钽					钛
		铜		钼		钴					钇
				锌							锡
				钒							
				钴							
				锂							
				铂							
				镝（…）							

续表

术语	排名		分组							列表	
	潜在的关键原材料[6]	潜在风险性进口原材料[1]	SET 的关键金属[3]	关键原材料[1]	关键材料[2]	关键原材料[5]	关键矿物[9]	关键原材料[8]	稀有金属[10]	环境相关稀有金属[4]	稀少的原材料[7]
地区	巴伐利亚	德国	EU 27	德国	美国	EU 27	美国	德国	德国	德国	德国
机构	巴伐利亚工业协会（vbw）	莱茵河地区-Westfä-lisches经济研究所（RWI），弗劳恩霍费尔系统创新研究所（ISI），地球科学和自然资源联邦研究所（BGR）	JRC 能量和运输研究中心，Oakdene Hollins 有限公司，战略研究海牙中心	未来研究和技术评估研究所（IZT）	美国能源部（DOE）	欧洲委员会（EC）	国家科学院国家研究委员会（NRC）	经济研究科隆研究所	联邦环境署（UBA）	Wuppertal 气候环境与能源研究所（WI），未来研究和技术评估研究所（IZT），能源环境研究所（ifeu）	弗劳恩霍费尔系统创新研究所（ISI），未来研究和技术评估研究所（IZT）

注：1. 缩写词 PGM 和 REE 分别是铂族金属和稀土金属。

2. 不同颜色背景显示了相关出版物中的分类——对单个原材料进行排名，对原材料进行分组以及不关键材料的列表。

22.2　锂储备和锂资源的地理分布

22.2.1　锂资源概述

锂的平均地壳丰度只有 20×10^{-6}，这意味对于电化学储能系统来讲，它比其他金属如锰、钴以及镍要稀少得多。尽管锂可以在很多岩石以及一些卤水中找到，但是它的浓度非常低，仅在少量矿床上才可能进行商业开发[14]。

潜在的可提取出锂的资源大致可以分为卤水（盐场、地热卤水以及油田卤水）、矿物、黏土以及海洋。很多机构或不同出版物对锂的储量❶以及资源❷进行了评估（见表 22.2）。

表 22.2　锂资源的不同估算量

锂资源/t	包含沉积物种类	参考文献
19200000	15	[17]
29844100	24	[18]
27843000	15①	[19]
64000000	40	[20]
28329700	35	[21]
50200000	42	[22]
39400000②	61	[23]
32760000	10①	[24]
43600000	54	[25]

① 资源数据从国家层面搜集，而非沉积物。
② 此数据被标注为“广泛锂储备”。

这些资源评估之间存在差异的一个原因在于考虑的沉积物数量不同。另一个原因是一些出版物的数据是从国家层面进行搜集的（例如文献［19，24］），而其他的作者则从单独矿床的基础上来对资源进行鉴定（例如文献［18，20，21］）。这往往引起对储量以及资源这两个术语的不同理解和应用，所以储量有时候会包括在资源的数据中，有时候又没有。而在一些案例中，储量和资源之间则无丝毫差异（例如文献［18，21，23］）。

为了给目前已知的锂资源分布有一个全面的感官认识，我们制作了一张地图，如图 22.2 所示。所使用的锂资源❸的数据来自文献［21］中，因为它们提供了单独锂矿床最新的详细估算，并且区分了卤水和矿物质。

盐滩（干盐湖）锂资源产生在蒸发速度超过沉降速度的流域。这些流域主要位于高山范围内海拔较高的地方，因此它们出现在智利、阿根廷、玻利维亚、美国等国家及我国西藏地区。含有锂的地热卤水分布在新西兰、冰岛以及美国，后者也包含有油田卤水。最大的锂卤水资源分布在玻利维亚、智利和中国（见图 22.2）。

---

❶　储量一般可以定义为地下或地表沉积物中的矿产品的含量，并可以在现有技术和价格下获悉以及成功勘探[15]。

❷　矿物资源是指在地壳表面或内部的具有经济价值，在形式、质量或数量上具有经济开采价值的前景合理的某种物质的富集物[16]。

❸　文献［21］中所用的锂资源的数据包括储量。

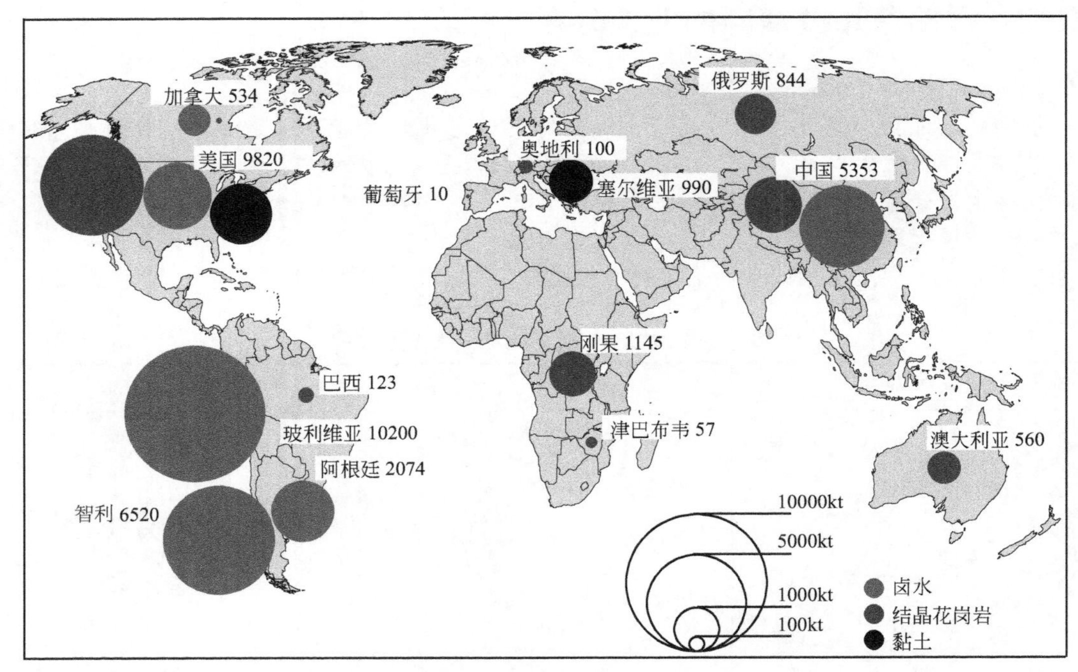

图 22.2 不同国家的锂资源（kt）和沉积物类型[21]

富含锂的矿石如锂辉石、透锂长石、锂云母、锂磷铝石以及锂霞石通常包括在结晶花岗岩❶中。这些矿点在六大洲都有分布。在澳洲、南美洲（巴西）、北美洲（加拿大和美国）、非洲（津巴布韦、刚果、马里、纳米比亚）、欧洲（奥地利、芬兰、德国、爱尔兰、葡萄牙以及西班牙）和亚洲（阿富汗、中国、俄罗斯）这些地方都能找到矿石沉积。锂矿石沉积物包含的锂储量远远低于卤水沉积物。因此，卤水占据了世界锂资源的 66%，而结晶花岗岩则仅仅占据了 26%（见图 22.2[21]）。2010 年，在阿富汗发现了巨大了锂矿点，但是其中包含锂含量的详细数据则尚不可知[27]。

黏土是一种有潜力的未来锂资源，占锂资源的 8%左右[21]。在美国的一些州，它以锂蒙脱石的形式存在，而在塞尔维亚，则以贾达尔石的形式存在（见图 22.2）。

锂在海洋中的含量为 0.18mg/kg，这使得它看起来像是一个巨大的，大约有 44800 百万吨的资源，但这其实仅限于理论上，因为从海洋中提取锂在可预测的未来内并不经济[20]。

虽然社会团体中对于锂未来供应的讨论颇有争议，但却很少质疑锂在中长期内的资源地位[18,20,25]。至于它的地质分布，锂应该有足够的数量可用。但是锂储备的分布表现出一个相对高的区域集中度，这对它短期到中期的可用性有一定影响。因此，需要对经济上可行的采储量以及各个国家进行更加详细的调查，以明确关于锂资源可用量是否会出现不确定的情况以及何时会发生。

22.2.2 锂储量分布的特征

锂储量最大的地区位于所谓的南美洲“锂三角”上，即互相接壤的智利、阿根廷以及玻利维亚三国。另外一个锂卤水的储量大点在中国。此外，在澳大利亚、加拿大、美国以及中国都发现了相当可观的锂矿储备。其他的锂生产国如葡萄牙和津巴布韦则自身锂储备较少。

---

❶ 结晶花岗岩是一种极其粗晶的侵入性火成岩体，主要包含长石、石英以及云母，但也是很多外来元素如锂、铍以及钽的矿物[26]。

尽管锂储备分布在超过20多个国家中（见表22.3），但是主要的密集储备则仅仅分布在它们中的少数。智利、美国、玻利维亚、中国以及阿根廷拥有锂储备的66%，其中南美洲的“锂三角”拥有45%，而智利自身就独占26%之多[20]。

表22.3 根据提取难易和国家稳定性而分类的锂储备（单位：吨）

国家	WGI	沉积类型	[20]①	[24]②	[19]
美国	1.19	卤水	1168920	38000	
智利	1.18	卤水	7099000	7500000	6800000
以色列	0.52	卤水	900000		
芬兰	1.85	结晶花岗岩	6400		13000
加拿大	1.62	结晶花岗岩	187200		151000
澳大利亚	1.59	结晶花岗岩	169650	970000	190000
奥地利	1.56	结晶花岗岩	50000		113000
美国	1.19	结晶花岗岩	1567500		
葡萄牙	0.96	结晶花岗岩	5000	10000	10000
西班牙	0.89	结晶花岗岩			72000
纳米比亚	0.30	结晶花岗岩	5750		
巴西	0.14	结晶花岗岩	42500	64000	50000
阿根廷	−0.27	卤水	1354500	850000	6000000
中国	−0.58	卤水	1777770	3500000	5400000
玻利维亚	−0.55	卤水	2475000		5500000
马里	−0.43	结晶花岗岩	13000		
中国	−0.58	结晶花岗岩	615000		
俄罗斯	−0.75	结晶花岗岩	580000		81000
津巴布韦	−1.58	结晶花岗岩	28350	23000	
刚果	−1.66	结晶花岗岩	1150000		
易提取储备（卤水）	>0	卤水	9167920	7538000	6800000
难提取储备（矿物）	>0	结晶花岗岩	2034000	1044000	599000
危险国家的储备	≤0	卤水和结晶花岗岩	7999370	4373000	16981000
世界		卤水和结晶花岗岩	19195540	12955000	24380000

① 储备量是根据给定的资源数据计算而来，并假设回收率为45%（卤水）和50%（结晶花岗岩）。

② 美国地质勘探局只给出了目前生产国的储备数据。

注：根据WGI得到政府绩效：WGI>0（稳定国家）；WGI≤0（危险国家）。使用不同颜色来区分稳定国家中易提取的储备（白色），稳定国家难提取的储备（浅灰色），以及危险国家的储备（深灰色）。

这种锂储备区域的集中分布给未来锂资源可用量带来了地缘政治维度。锂储备主要有三个主要区域，分别是南美洲（智利、玻利维亚以及阿根廷）、北美洲（美国和加拿大）以及中国。另外的一些区域如非洲、澳大利亚以及欧洲则储备较少。相反，欧洲则会消耗大量的碳酸锂以制备动力电池，因为很多汽车生产商准备拓展电力助动业务，很多国家也为销售电动汽车（EV）制定了一些野心勃勃的国家目标。这种现象会导致在短期至中期内，锂的供需之间存在不平衡。至于地缘政治环境，这种情况注定导致欧洲经济强烈依赖于从政治动荡国家或地区实施货物进口，从而需要更仔细地考察。

国家的稳定性，或者更准确地说是世界上很多国家的管理，可以用由世界银行提供的全球治理指标（WGI）来进行衡量和描述。WGI 的概念涵盖六大核心治理维度：话语权和责任、政治稳定性和不存在暴力/恐怖主义、政府效率、规管质量、法制以及腐败控制。指标基于的数据来源于一系列数据源，包括企业、公民和非政府组织的调查，以及全球性的公共部门组织[28]。

统计六个指标的平均值可以得到一个政府治理绩效的单个总体集合指标，其值位于+2.5（强）和-2.5（弱）之间。这个指标可以作为衡量一个国家在原材料供应可靠度上的标尺[29]。

用 2010 年的数据计算这个指标[30]，可以明确哪些储备是分布在比较稳定的国家（如这些具有较强的政府绩效的国家，WGI>0）以及哪些是分布在较为危险的国家（如这些具有较弱的政府绩效的国家，WGI≤0）。因此，便可以计算出分布在稳定国家容易开采的储备份额（卤水）（e-RstblC）、稳定国家较难开采的储备份额（矿产）（d-RstblC）以及危险国家的储备份额（RcritC）（见表 22.3）。

文献［19］对最多的锂储备量进行了计算，表 22.3 显示了稳定国家容易开采的储备（e-RstblC）在 6800000t 之内，而在稳定国家中较难以开采的储备有 599000t（d-RstblC）。这意味着稳定国家锂最大的储备量为 7399000t，而 RcritC 的量为 16981000t。由于在稳定国家的最大储备量明显低于世界锂储备量，所以很有必要确定到什么程度以及何时，未来电动汽车的应用会将锂推到这个最大限制上。显然这个也取决于其他技术的发展，尤其是那些大量需要锂的技术。

22.3 未来电力汽车对锂需求的影响

锂未来的潜在短缺不仅是由于它有限的存量以及可用量，而且也由于未来需求的巨大增长。采用动力电池的电动汽车以及混合电动汽车的生产是引起这种需求强烈增长的一个重要因素[31]。

目前涉及的动力电池开发大体集中在：在后石油时代，在一个新的、更加可持续的模式中保留当前的个体迁移方式（如采用传统汽车）。为卡车或者公共运输开发动力电池直到今天都没有引起太大关注。毫无疑问，预测未来个体流动的发展是一项困难的工作，有很多因素会影响未来社会能否像今天一样承受这种高强度的个体流动性。只要这种高度的个体流动性持续存在，那么就不确定一个现在的工业国家会不会转变成发展中国家的一部分。分析不断增长的动力电池对锂需求影响的唯一方法是：为未来开发几种现实的场景。

下面将展示一种我们开发和研究的一种主导的锂电池场景，来理解更加广泛应用锂牵引电池的影响。这个情景中一些基本的假设以及锂需求模型阐述如下。

① 在未来 100 年内（到 2110 年），轮式汽车的总量会增加，但是人均汽车量将会比今天低一些（12 亿辆轮式汽车）。

根据文献［32，33］，汽车的保有量从 2009 年的 9.8 亿单位增加到 2010 年的 10.15 亿。一些研究预测在 2020 年全世界汽车保有量将会超过 20 亿[34]。这些数字包括私家车，轻、中、重型卡车（也包括个人使用）以及公共汽车。据推测轮式汽车（采用替代动力引擎）的数量将会在 12 亿❶左右，而重型卡车和公共汽车的量在 3 亿左右，而后者不是本研究的重点。使用替代动力引擎（电、氢、生物燃料）的汽车将会逐步取代掉使用化石燃料动力引擎的汽车。

❶ 这并不排除汽车总量，包括传统动力引擎和非传统动力引擎的汽车会临时超过这个数字[34]。

② 9亿辆汽车将会采用锂基动力电池。

单纯由生物燃料驱动的车辆数量将会达到一个极限，这个数字大约为1亿单位，这主要是因为生物燃料和食物生产之间存在激烈竞争，而可以用于生产燃料的生物质（如废弃物）也非常有限。纯氢驱动（没有动力电池）电动车的市场份额会达到5千万单位。这个数字主要是受到高成本、有限的铂族金属等问题的限制，也受到氢气的存储和使用的影响，尤其是在移动使用过程中存在问题。

这就意味着到2110年，会有10.5亿辆车安装有动力电池，不过它们的化学成分以及型号会与今天的有所不同，部分原因是由于混合程度以及车辆大小不一样。更进一步假设有1.5亿辆车将不使用锂基技术。并假设长期的趋势是车辆朝小型、轻型化发展，目的是为了应用在城市中。

③ 2.5亿辆全电动汽车（FEV），其中包括：

a. 5千万辆大中型轿车，比如尼桑Leaf（指数增长，平均电池大小25kW·h）；

b. 2亿辆小型轻型汽车，如奔驰-smart电动汽车，Sam（直线增长，平均电池大小10kW·h）。

④ 6.5亿混合电动汽车（HEV；氢气，生物燃料，不久将来也有化石燃料），其中包括：

a. 5亿辆大中型车辆，如雪佛兰Volt、欧宝Ampera（指数增长，平均电池大小：16kW·h）；

b. 1.5亿小型车辆，如大众Up（混合概念车）（指数增长，平均电池大小7kW·h）。

⑤ 平均锂用量是0.3kg/kW·h：电池中具体的锂用量强烈依赖于电池类型和化学成分，其净值从0.114kg/kW·h[21]到1.38kg/kW·h[35]。如果未来锂离子电池系统如锂硫或者锂空电池能够实现广泛应用，那么锂的用量也会大幅变化，这在未来研究中也是需要考虑的一个敏感因素。

⑥ 锂动力电池的平均使用寿命是10年。

电池的有效寿命一般表示为：电池失去提供初始额定容量的能力，能够提供的容量降低到某一特定值，一般为80%。电池退化和老化机理受到几个因素的影响[36,37]，目前锂离子电池的质保使用寿命主要取决于汽车生产商，从2年（如Sam）到8年（如Ampera、Volt）不等。动力电池的平均使用寿命达到10年依然是一个尚未达到的发展目标，而且也没有在实际生产上证明过。不过，电池在标称容量低于80%时还是可以使用的。而且也没有在考虑电池的第二阶段的应用，如固定应用。

⑦ 从更保守的角度来看，在其他领域使用的锂每年将只会增加3%。

此外，目前锂在其他领域的应用如生产玻璃、陶瓷、润滑剂以及电子产品中的电池都未考虑在内[38]。在2010年，在这些领域中所耗费的锂的量为28000t[24]（在2010年，并没有大规模的生产锂动力电池）。从1990年到2010年，我们发现在这些领域中，对锂的生产和需求每年几乎增长10%[24]。因此，从相当保守的角度考虑，未来这些领域每年对锂的需求也会增长3%。

而至于需求模型的建立，需要更进一步地确定有竞争力的技术，即用前瞻性的方法预测未来那些也会依赖锂的技术。一项技术调查显示核聚变反应在未来对锂的需求会有一定的影响[39]。研究这项技术的科学家相信到2050年[40]甚至更早[41]，便有可能将核聚变反应用于能源生产中。在核聚变反应中，在氘-氚燃料循环中产生氚，这个过程中锂是必不可少的[42]。目前正在讨论的产氚技术中，一般需要富含锂同位素锂6的材料[43]。根据文献[44]，对于一个水冷的反应堆锂铅包层，1.5GW核聚变反应包层需要787t锂（来制造反应堆）以及每年6.3～6.8t的锂消耗。目前，全世界安装有大约1627GW的煤电站以及

370GW 的核电站[45,46]。按照这样的情况，假设到 2110 年，核聚变技术的安装量会达到 1000GW，相当于大约有 667 座 1.5GW 的安装电站。事实证明，尽管核聚变对发电有相当重要的贡献，而且其对锂的需求也是值得关注的，但是并不十分显著[39]。

不过据称即使在聚变技术对于电能产生有巨大贡献的情况下，对于锂需求的影响也是值得关注的，但是并不十分显著[39]。由于核聚变技术对富含锂 6 材料有一定的需求，所以对其未来可用性的预测评价需要单独进行调查。

图 22.3 显示了模拟的结果。在 2110 年，用于个体流动以外的其他领域的锂需求大概为 1.5 千万吨。对比之下，电动车辆的锂需求量大概为 2.5 千万吨。因此，锂需求总量大约为 4 千万吨，这个数量大约分别是根据文献 [19, 20] 统计出的世界上锂储量的两倍，或者是稳定国家易提取锂量的六倍 [e-RstblC，见表 22.3]。这个结果并没有考虑由于回收动力电池、或者在电池生产过程中或其他部门使用回收锂这些情况而引起的对一次锂消耗的减少。

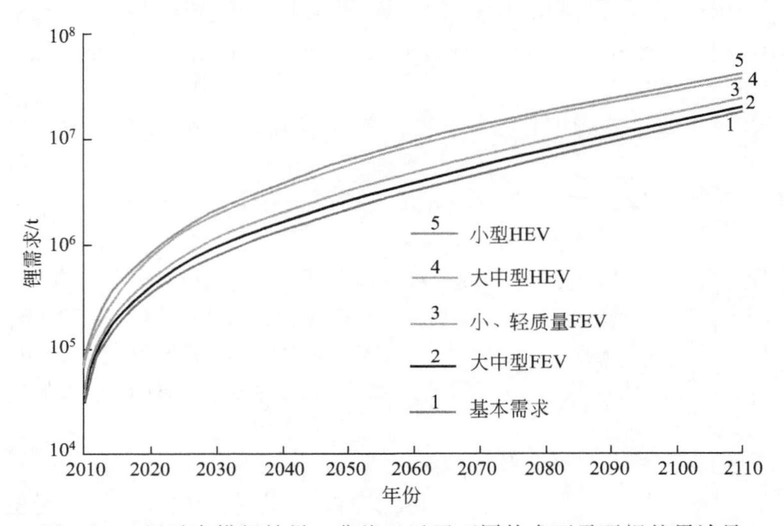

图 22.3 锂需求模拟结果：曲线显示了不同技术下需要锂的累计量

22.4 目前不同研究中采用的回收额度综述

关于锂未来可用性的有争议的探讨也引发了不同的研究，这些研究主要分析在未来技术（如电力移动中所用的动力电池）对原材料强烈需求的环境下，锂的未来供应情况[20~22,47~49]。许多研究都对未来锂需求以及它们对供应现状会发挥何种影响都进行了预先模拟。在这样的背景下，人们预计锂回收对于锂未来的可用性，以及在极大地减小对一次原料的需求方面都非常重要（见表 22.4）。

如表 22.4 中所示，不同研究中采用了不同的术语来描述回收状况，分别代表物料流的不同部分。有关金属回收率的综述和几种术语之间的精确差别可见文献 [51]。

收集率（collection rate，CR）（也称为旧废料回收率：old scrap collection rate）是指包含在寿命终止（EOL）产品中可以收集和转化为回收形式的金属量。

回收效率（recycling efficiency，recovery rate）是指单体回收过程中，回收材料的效率。

回收率（recycling rate，RR，EOL recycling rate）是指与 EOL 产品中金属含量相关的回收材料中的金属量。它仅仅包括功能性回收，即从寿命终止产品中回收的纯物质（即金属）以及化合物（即合金）。

表22.4　不同研究中使用的回收数据综述

文献	便携电子电池回收率	电动汽车电池的回收率	锂回收率	回收效率	备注
[20]			80%		
[49]		90%	85%		锂回收潜力（Val'Eas过程）
[50]		50%			
[48]		100%			完成10年（美国）或15年（世界）使用寿命后锂化合物的回收率
[43]			80%		
[21]	约5%	90%	90%		与铅酸电池类似
		96%	90%		
		100%	90%		
[47]				80%	100%收集率
				100%	
[22]		40%			2050年实现

回收量（recycled content，RC，recycling input rate）是指在金属流中回收材料以生产新产品的百分数。

表22.4给出了不同学者在锂可用评估中使用的回收率数据，由于使用的术语不一样，且没有一个确定的标准（如上），所以这就使得对他们使用的假设进行比较非常困难。其中的两个研究对电动汽车电池采用了很低的回收假设：40%的回收效率以及50%的回收率(RR)。其他的大部分研究都假设锂的回收率会超过80%。这些数据如何应用到模型中经常不清晰。这些学者们一般是基于目前在传统车辆中使用的铅酸启动电池的回收状况来建立他们的假设，这难免过于乐观。锂基动力电池在很多方面都无法与铅酸电池进行比较（比如能量密度、安全性能以及化学成分的复杂性），而有些学者并没有考虑到这些。

尽管如此，上述的研究假设会有一个程序演变为适合电动汽车［包括全电动汽车(FEVs)和混合电动汽车（HEVs）］中含有大量锂的大型动力电池，与现在铅酸电池的回收过程类似❶。在这点上，一些出版物提出它们的观点，即锂离子动力电池由于它目前的高价格具有更高的经济价值（如文献［53］）。尽管如此，事实上一些回收公司如Umicore（优美科）在回收动力电池时依然会收取一些费用[54]。这意味着政府需要建立相关的规章以及激励系统，以使得动力汽车用锂离子电池能够实现更高的回收率（CR）。即使可以实现很高的回收率（CR，比得上铅酸电池），也不能自动确保其中材料（锂）的回收。

这样做的一个原因是因为使用过的乘用车一般都进行出口处理，也就意味着对这些车辆进行EOL处理比较模糊。以德国为例，它的情况是这样的：在2008年，三百万辆撤销登记的车辆中，只有420221辆进行了回收，而剩余的两百五十万辆汽车都出口了（其中只有一百五十万在欧洲范围内）[55]。因此每年大约有100000～130000辆使用过的乘用车通过汉堡港漂洋过海，出口到非洲西部[56]。

而这种情况又因为目前的锂离子电池回收过程难以获益而进一步加剧。即使给动力电池

❶　例如在德国，这类电池的CR超过95%，这主要是由于现有的留置权导致的[52]。其原因在于铅的毒性，使得含有它的产品成为欧盟（EU）以及其他发达地区的广泛监管对象，而且由于它的低能量以及成本使得需要对这类产品开发简单的回收技术。

提供回收方案的回收公司 Umicore，目前也不提供锂回收（尽管在技术上是可行的）。因此，从动力电池中回收有价值材料，包括锂，这样的先进工序目前尚在研究开发过程中，所以还不太可能去评估它们的经济效益。此外，之前通过联合高温和湿法冶金回收过程的研究结果显示，因为从飞灰中回收锂的量只能达到 8%，而且锂氧化物的溶解度低于 10%，再加上它本身难以从炉渣中分离出来[57]，因此锂回收的问题颇多。总之，回收锂的质量是否可以高到能够循环用于动力电池的再生产过程（闭环再循环）还尚不清楚[58]。

目前，仅有少量的回收公司从使用过的电池中回收少量碳酸锂[24]。这些工艺过程花费据估计在＄5/kg 左右❶。在电池中锂的含量非常低，但是由于电池单体中包含有其他有价值的金属（如钴），这部分金属可以抵消一部分回收锂的费用，所以目前锂回收的费用仅仅能够实现收支平衡[59]。而目前正在进行的一些努力，既减少电动汽车锂离子电池电极中有价值金属的使用量，又会使得锂回收变得没有吸引力，增加锂回收的风险[60]。其他一些现有的回收过程（尤其是高温冶金过程如 Val'Eas[61]），仅仅是浓缩一些有用的阴极材料。事实上，在这些过程中，锂根本没有得到回收，而是存在于炉渣中，使用到其他领域中，如混凝土工业[62]。从这些炉渣中回收锂所需要的努力，基本类似于从花岗岩中生产电池级的碳酸锂[63]。这意味着只要在卤水中残留有易提取的锂，那么锂的回收都难以获益。此外，电池的化学成分对未来任何一种回收效率都有很大的影响。根据电池成分的不同，回收可能会容易一些（比如对于锂硫或锂空电池这样一些锂作为纯相存在的电池），也可能更加困难（由于原材料中有价值的金属含量太低或者电池中有机化合物的含量太高）。

因此需要对原材料的价格进行估算，评估当原材料价格为多少时从电池中回收锂会在经济上具有吸引力。这也许意味着需要对锂离子电池回收过程进行补贴，以实现更高的回收率（RR）。

基于以上分析，表 22.4 中出现的高回收率数据可能存在估算过高的情况。只有一种情况可能出现，即在未来可支付的经济和环境成本范围内，从使用过的动力电池中回收一部分锂[64]。

22.5 不同回收额度对锂可用性的影响

回收原材料的量由整条回收链效率确定，包括收集、分解、预处理以及通过物理和化学的过程进行回收最终得到回收金属[65]。为了计算这些，回收率（RR）受到一些因素如收集率（CR）、分解率、预处理效率以及核心回收过程中的回收效率的影响[66]。

在图 22.4 中，对比了两个可能的回收率（RRs）。在第一个例子中，回收率达到 80%，这要求单个步骤（收集、分解、预处理和回收）的效率都非常高，否则就无法达到这么高的回收率。电池中锂的回收率达到 95%是非常乐观的假设，这个数据并没有基于目前可行的

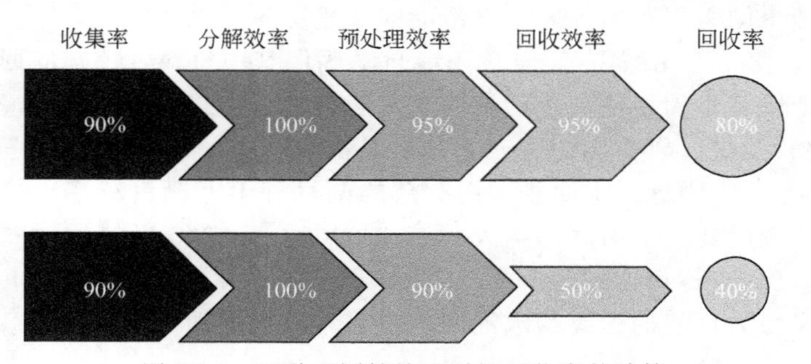

图 22.4 两种不同情境下对锂回收率的计算

❶ Toxco 过程的耗费最初在＄10/kg，目前估计降到了一半[47]。

锂回收过程。而在第二个例子中，回收率降低到 40%，主要是由于其中一个单项回收过程没有达到很高的效率值。由于锂回收时存在的各种问题（在第 4 部分有详述），所以这样的一个回收率看起来更加实际。

由于回收锂产品的能力决定了可用的二次原料的量，所以有必要分析回收率（40%或者 80%）是如何影响锂的未来可用性以及会影响到何种程度。

图 22.5 显示了当锂的回收率为 0%、40%以及 80%时，锂储量随时间的变化值。分别区分了三种情况（见表 22.3）：

① 稳定国家易获取的储备（e-RstblC）；

② 稳定国家 e-RstblC 加上比较难提取的锂储备（d-RstblC）；

③ e-RstblC 加上 d-RstblC 和不稳定国家的锂储备（RcritC）。

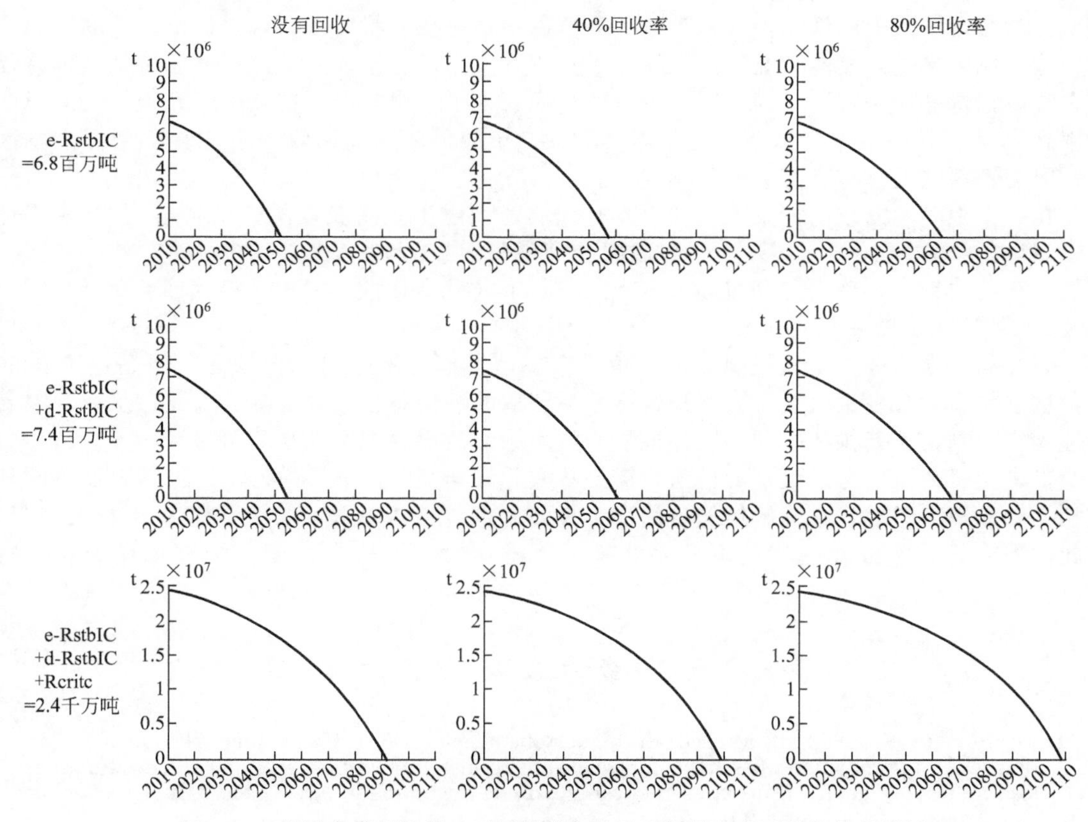

图 22.5　锂需求模拟结果：不同锂储备以及不同回收率下锂储量的消耗

结果中展示了一种最坏的情况，即在没有回收的情况下，e-RstblC 会在 2053 年消耗殆尽。如果考虑回收率分别为 40%、80%，e-RstblC 的使用时间会分别延长到 2058 年或 2064 年。低回收率对锂的使用时间影响很大，但是这一点也可能是因为安装动力电池的车辆增长对锂的需求日益强烈所致。只要车辆的增速降低，那么回收的影响会更大。在最好的情况下，如果回收率为 80%，那么可用的总储备锂量（2.4 千万吨）会在 2110 年消耗完。而如果回收率为 40%或 0%，那么这些储备将会耗尽更早一些，分别在 2099 年和 2092 年。

如果为了生产锂原材料，将锂资源开发出来（见表 22.2），那么在世界上锂储备消耗完之前，锂使用的时间还可以大大得到延长。但是这种使用锂资源的方式也会导致高经济和生态影响。

22.6 结论

电池是未来混合电动或者全电动汽车中的一项重要技术。锂基二次电池是这类应用中一个重要的备选。这也就解释了人们对锂作为原料以及其在未来可用性上所产生的兴趣。当然，电池中锂的可用性与一些贵金属元素无法比较（如磁铁中的镝），尤其是锂在世界上还具有相对较高的储备和资源。所以这点也是令人感到困惑的，因为不同综述的研究结果是不一致的：一方面一些研究认为锂应该称之为所谓的稀有原料，为了保证未来有把握的供应，需要格外注意；而另一方面，一些研究认为锂在未来几十年甚至上百年都会有很好的储备。而我们的这项研究是从未来使用动力电池的替代引擎也可能会引发对未来锂资源的潜在需求方面，给正在进行的争论提供一个宽泛的概况以及增加一些详细的中性观点。我们开发出的模型针对特定场景下的锂储备，因为这部分资源在现有技术状况下，如果付出一定的努力和对环境造成可接受影响的情况下，在经济上具有开发的可行性。此外，根据可得到的难易程度，我们把这些储备资源分为了三类。此外，还讨论了一个问题：在几个研究中假设的锂回收率高达 80%这一数据，是否具有实际可靠性。铅酸电池的高回收率不能转移到锂基电池上，因为锂基电池具有更复杂的化学成分。

在一个中等锂需求的情景下，如果没有回收，稳定国家易获取的锂储备会在 2053 年耗尽。假设回收率为 40%～80%，那么这部分储备将可以分别持续到 2058 年和 2064 年。在相当乐观的情景下，现有储备能够维持到 2092 年（没有回收）、2099 年（回收率为 40%）以及 2109 年（回收率为 80%）。

研究结果显示即使是从资源政治的角度来看，最近也不会出现锂缺乏。但是过了 2050 年，这个状况就会发生改变，届时稳定国家易获取的锂储备会大幅下降。因此，工业国家要同锂生产商制定长期供应合同，以保证核心技术中所需要的锂在未来的可得性。

未来的研究需要考虑更多的情景，需要从实际和非实际的假设条件下，也需要从不同利益相关者的角度考虑，来理解锂储备的潜在危机。锂空或锂硫技术距离实际应用越来越近，因此锂需求的影响以及这样的电池系统是否能够回收，在未来也要作为敏感性参数进行分析。

参考文献

[1] L. Erdmann, S. Behrendt, M. Feil, Kritische Rohstoffe für Deutschland: Identifikation aus Sicht deutscher Unternehmen wirtschaftlich bedeutsamer mineralischer Rohstoffe, deren Versorgungslage sich mittel- bis langfristig als kritisch erweisen könnte, Institute for Future Studies and Technology Assessment (IZT), Berlin, 2011.

[2] DOE, Critical Materials Strategy, U.S. Department of Energy, December 2011.

[3] R.L. Moss, E. Tzimas, H. Kara, P. Willis, J. Kooroshy, Critical Metals in Strategic Energy Technologies: Assessing Rare Metals as Supply-Chain Bottlenecks in Low-Carbon Energy Technologies, European Commission Joint Research Centre – Institute for Energy and Transport (JRC-IET), 2011.

[4] D. Wittmer, M. Scharp, S. Bringezu, M. Ritthoff, M. Erren, C. Lauwigi, J. Giegrich, Umweltrelevante metallische Rohstoffe. Abschlussbericht des Arbeitspakets 2 des Projekts Materialeffizienz und Ressourcenschonung (MaRess), Wuppertal Institute for Climate, Evironment and Energy (WI), 2011.

[5] EC, Critical Raw Materials for the EU: Report of the Ad-hoc Working Group on Defining Critical Raw Materials, Comission of the European Communities, Brussels, 2010.

[6] IW Consult GmbHA. Reller, Rohstoffsituation in Bayern: Keine Zukunft ohne Rohstoffe, Bavarian Industry Association (vbw), 2009.

[7] G. Angerer, F. Marscheider-Weidemann, A. Lüllmann, V. Handke, M. Marwede, M. Scharp, L. Erdmann, Rohstoffe für Zukunftstechnologien: Einfluss des branchenspezifischen Rohstoffbedarfs in rohstoffintensiven Zukunftstechnologien auf die zukünftige Rohstoffnachfrage, Fraunhofer IRB-Verlag, Stuttgart, 2009.

[8] H. Bardt, Sichere Energie- und Rohstoffversorgung: Herausforderung für Politik und Wirtschaft? Deutscher Instituts-Verlag, Köln, 2008.

[9] NRC, Minerals, Critical Minerals and the U.S. Economy. National Research Council of the National Academies, The National Academies Press, Washington DC, 2008.

[10] S. Berendt, M. Scharp, W. Kahlenborn, M. Feil, C. Dereje, R. Bleischwitz, R. Delzeit, Seltene Metalle: Maßnahmen und Konzepte zur Lösung des Problems konfliktverschärfender Rohstoffausbeutung am Beispiel Coltan. UBA Texte 98/07.

[11] M. Frondel, P. Grösche, D. Huchtemann, A. Oberheitmann, J. Peters, C. Vance, G. Angerer, C. Sartorius, P. Buchholz, S. Röhling, M. Wagner, Trends der Angebots- und Nachfragesituation bei mineralischen Rohstoffen, Rheinisch-Westfälisches Institut für Wirtschaftsforschung (RWI), Essen, 2007.

[12] S. Ziemann, M. Weil, L. Schebek, Energietechnologien der Zukunft: Die Problematik der Rohstoffverfügbarkeit am Beispiel von Lithium, Technikfolgenabschätzung - Theorie und Praxis 19 (2010) 46.

[13] S. Ziemann, M. Weil, L. Schebek, Rev. Metall. 109 (2012) 341.

[14] D. Garrett, A Handbook of Lithium and Natural Calcium Chloride, Elsevier Ltd., Oxford, 2004.

[15] J.E. Tilton, On Borrowed Time: Assessing the Threat of Mineral Depletion, Resources for the Future, Washington DC, 2003.

[16] CRIRSCO, International Reporting Template for the Public Reporting of Exploration Results, Mineral Resources and Mineral Reserves, Committee for Mineral Reserves International Reporting Standards, 2006.

[17] W. Tahil, The Trouble with Lithium 2: Under the Microscope, Meridian International Research, Martainville, 2008. http://www.meridian-int-res.com/Projects/Lithium_Microscope.pdf (accessed 18.05.09).

[18] R.K.Evans, An Abundance of Lithium. http://www.worldlithium.com/An_Abundance_of_Lithium_1_files/An%20Abundance%20of%20Lithium.pdf, 2008 (accessed 18.05.2009).

[19] Roskill, The Economics of Lithium, Roskill Information Services Ltd., London, 2009.

[20] A. Yaksic, E. Tilton, Using the cumulative availability curve to assess the threat of mineral depletion: the case of lithium, Resour. Policy 34 (2009) 185.

[21] P.W. Gruber, P.A. Medina, J. Ind. Ecol. 15 (2011) 760.

[22] S.H. Mohr, M. Gavin, D. Giurco, Lithium resources and production: critical assessment and global projections, Minerals 2 (2012) 65–84. http://dx.doi.org/10.3390/min2010065.

[23] G.M. Clarke, P.W. Harben, Lithium Availability Wall Map. http://www.lithiumalliance.org/about-lithium/lithium-sources/85-broad-based-lithium-reserves, 2009 (accessed 30.07.2010).

[24] USGS, Lithium. Mineral Commodity Summaries 2012, US Department of the Interior/U.S. Geological Survey, Reston, 2012.

[25] C. Grosjean, P. Mirandaa, M. Perrina, P. Poggi, Renew. Sust. Energ. Rev. 16 (2012) 1735.

[26] I. Kunasz, Lithium resources, in: J.E. Kogel (Ed.), Industrial Minerals & Rocks: Commodities, Markets, and Uses, Society for Mining Metallurgy and Exploration, Littleton, 2006, pp. 599–613.

[27] J. Risen, U.S. identifies vast mineral riches in Afghanistan, The New York Times (2010). http://www.nytimes.com/2010/06/14/world/asia/14minerals.html?pagewanted=all (accessed 20.10.2011).

[28] D. Kaufmann, A. Kraay, M. Mastruzzi, The Worldwide Governance Indicators: Methodology and Analytical Issues (September). World Bank Policy Research Working Paper No. 5430, 2010.

[29] DERA-Rohstoffliste, Angebotskonzentration bei Metallen und Industriemineralen: Potenzielle Preis- und Lieferrisiken, Deutsche Rohstoffagentur, DERA, 2012.

[30] World Bank, Worldwide Governance Indicators, The World Bank Group, 2012. http://data.worldbank.org/data-catalog/worldwide-governance-indicators (accessed 20.10.2012).

[31] IEA, Energy Technology Transitions for Industry: Strategies for the Next Industrial Revolution, International Energy Agency, IEA/OECD, 2009.

[32] C. Stacy, S.W. Davis, S.W. Diegel, R.G. Boundy, Transportation Energy Data Book: Office of Energy Efficiency and Renewable Energy, U.S. Department of Energy, July 2012.

[33] J. Sousanis, World Vehicle Population Tops 1 Billion Units, Wards Research, 2011. http://wardsauto.com/ar/world_vehicle_population_110815 (accessed 26.11.2012).

[34] D. Sperling, D. Deborah, Two Billion Cars: Driving Toward Sustainability, Oxford University Press, New York, 2009.

[35] E. Norris, FMC: The Global Lithium Company. Santiago, Chile: Lithium Supply and Markets (LSM), 01/2009.

[36] S.B. Peterson, J. Apt, J.F. Whitacre, J. Power Sources 195 (2010) 2385.

[37] J. Vetter, P. Novak, M.R. Wagner, C. Veit, K.C. Möller, J.O. Besenhard, M. Winter, M. Wohlfahrt-Mehrens, C. Vogler, A. Hammouche, J. Power Sources 147 (2005) 269.

[38] S. Ziemann, M. Weil, L. Schebek, Resour. Conserv. Recycl. 63 (2012) 26.

[39] M. Weil, S. Ziemann, L. Schebek, Lithium, a Strategic Metal for Emerging Technologies – Scarce or Abundant? Davos, Switzerland: R'09 Twin World Congress: Resource Management and Technology for Material and Energy Efficiency, 09/2009.

[40] F. Wagner, Fusion Energy: Ready for Use by 2050? Stockholm, Sweden: Energy 2050, 10/2009.

[41] R. Hiwatari, K. Okano, Y. Asaoka, K. Shinya, Y. Ogawa, Nucl. Fusion 45 (2005) 96.

[42] T. Hamacher, A.M. Bradshaw, Fusion as a Future Power Source: Recent Achievements and Prospects. Buenos Aires, Argentina: 18th World Energy Congress, 10/2001.

[43] A.M. Bradshaw, T. Hamacher, U. Fischer, Fusion Eng. Des. 86 (2011) 2770.

[44] D. Fasel, M.Q. Tran, Fusion Eng. Des. 75–79 (2005) 1163.

[45] IEA, CCS RETROFIT – Analysis of the Globally Installed Coal-Fired Power Plant Fleet, International Energy Agency (IEA), 2012. p. 41.

[46] European Nuclear society (ENS). http://www.euronuclear.org/info/encyclopedia/n/nuclear-power-plant-world-wide.htm, 2011 (accessed 24.11.2012).

[47] D. Kushnir, B.A. Sandén, Resour. Policy 37 (2012) 93.

[48] L. Gaines, P. Nelson, Lithium-Ion Batteries: Examining Material Demand and Recycling Issues, TMS, 2010.

[49] G. Angerer, F. Marscheider-Weidemann, M. Wendl, M. Wietschel, Lithium für Zukunftstechnologien: Nachfrage und Angebot unter besonderer Berücksichtigung der Elektromobilität, Karlsruhe, Germany, 2009.

[50] Chemetall Statement, Lithium Applications and Availability, Chemetall GmbH. http://www.chemetalllithium.com/index.php?id=7, 2009 (accessed 02.07.2009).

[51] T.E. Graedel, J. Allwood, J.-P. Birat, B.K. Reck, S.F. Sibley, G. Sonnermann, M. Buchert, C. Hagelüken, Recycling Rates of Metals: A Status Report. A Report of the Working Group on the Global Metal Flows to the International Resource Panel. http://www.unep.org/resourcepanel/Portals/24102/PDFs/Metals_Recycling_Rates_110412-1.pdf, 2011 (accessed 21.11.2011).

[52] A. Schmidt, Situationsanalyse zum Batterierecycling, Umweltamt Erlangen, Team Abfallberatung, 2005. http://www.erlangen.de/Portaldata/1/Resources/080_stadtverwaltung/dokumente/broschueren/batt1a.pdf (accessed 20.10.2012).

[53] S. Konietzko, M. Gernuks, Ressourcenverfügbarkeit von sekundären Rohstoffen: Potenzialanalyse für Lithium und Cobalt. Abschlussbericht der Umbrella-Arbeitsgruppe Ressourcenverfügbarkeit im Rahmen der BMU-geförderten Projekte LithoRec und LiBRi. http://www.pt-elektromobilitaet.de/projekte/foerderprojekte-aus-dem-konjunkturpaket-ii-2009-2011/batterierecycling/abschlussberichte-recycling/bericht-ressourcenverfuegbarkeit-projektuebergreifend.pdf, 2011 (accessed 20.10.2012).

[54] W. Ghyoot, personal communication, Frankfurt/M. (30.06.2009).

[55] UBA, Daten zur Umwelt: Altfahrzeugaufkommen und –verwertung, Umweltbundesamt, 2010. http://www.umweltbundesamt-daten-zur-umwelt.de/umweltdaten/public/theme.do?nodeIdent=2304 (accessed 22.11.2012).

[56] UBA, Ressourcenschonung: Ergebnisse des Vorhabens Verbesserung der Edelmetallkreisläufe: Analyse der Exportströme von Gebraucht-Pkw und –Elektro(nik)geräten am Hamburger Hafen, Umweltbundesamt, 2012. http://www.umweltbundesamt.de/ressourcen/metalle-ergebnisse.htm (accessed 22.11.2012).

[57] M. Vest, R. Weyhe, B. Friedrich, Lithium-Rückgewinnung aus (H)EV Li-Ion Batterie. Freiberg, Germany: Freiberger Forschungsforum: 61. Berg- und Hüttenmännischer Tag, 06/2010.

[58] A. Kwade, G. Bärwaldt, Recycling von Lithium-Ionen-Batterien (LithoRec), Abschlussbericht des Verbundprojekts. http://www.erlangen.de/Portaldata/1/Resources/080_stadtverwaltung/dokumente/broschueren/batt1a.pdf, 2012 (accessed 22.11.2012).

[59] D. Kinsbursky, EOL Battery Recycling: Staying Environmentally Friendly from Cradle to Grave. San Jose, USA: Plug-In 2008 Conference & Exposition, 07/2008.

[60] M. Weil, S. Ziemann, L. Schebek, Rev. Metall. 106 (2009) 554.

[61] J. Tytgat, I. Lopez; G. van Damme, End of Life Management and Recycling of Re-chargeable Lithium Ion, Lithium-Polymer and Nickel Metal Hydride Batteries. An Industrial Award-Wining Comprehensive Solution, Umicore. http://www.batteryrecycling.umicore.com (accessed 11.12. 2009).

[62] J. Dewulf, G. van der Vorst, K. Denturck, H. van Langenhove, W. Ghyoot, J. Tytgat, K. Vandeputte, Res. Conserv. Recy. 54 (2010) 229.

[63] A. Stamp, personal communication, Karlsruhe (15.12.2009).

[64] M. Buchert, W. Jenseit, C. Merz, D. Schüler, Entwicklung eines realisierbaren Recyclingkonzepts für die Hochleistungsbatterien zukünftiger Elektrofahrzeuge (LiBRi): LCA der Recyclingverfahren, Endbericht. http://www.pt-elektromobilitaet.de/projekte/foerderprojekte-aus-dem-konjunkturpaket-ii-2009-2011/batterierecycling/abschlussberichte-recycling/lca-analyse-libri.pdf, 2011 (accessed 22.11.2012).

[65] H. Martens, Recyclingtechnik: Fachbuch für Lehre und Praxis, Spektrum Akademischer Verlag, Heidelberg, 2011.

[66] C. Hagelüken, Closing the Loop for Rare Metals Used in Consumer Products – Opportunities and Challenges. Darmstadt, Germany: International Conference: Competition and Conflicts on Resource Use, 05/2009.

第23章 生产商、材料以及回收技术

Andrea Vezzini
(能源和社会流动性研究所，伯尼尔应用科学大学，瑞士)
ANDREA.VEZZINI@BFH.CH

23.1 锂离子电池生产商

从1990年的零市场份额，到目前市场销售的明确领导者，锂离子电池是目前最流行的可充电电池[1]。尤其在过去十年，锂电池生产增速飞快[2]。2011年城市研究机构的数据显示日本和韩国是最大的生产者（两者都有39%），而中国以14%位居第三。其他的一些位于北美洲和欧洲的公司占有全球市场的8%[3]。2011年最高的市场占有率来自于松下/三洋公司和三星SDI公司，它们均占有整个市场的24%；LG化学公司和索尼公司位于其后，分别为16%和8%。其他公司的市场份额都低于5%[3]。图23.1显示了部分组件、电池单体和电池系统的生产商，如图中所见，大部分的公司在亚洲设有总部。

23.1.1 公司概述

以下这些公司是在锂离子电池技术领域内的市场竞争者：美国悦世（ActCell)、先进电池（Advanced Battery)、台湾立凯（Aleees)、Axeen、Axion Power、Batscap、比亚迪(BYD)、比克电池（China BAK)、道格拉斯电池（Douglas Battery)、Eagle Picher、美国东宾（East Penn)、理邦科技（Edan technology Inc.)、Effpower、EIG、Electrovaya、Ener1、Enerdel、能源创新集团（Energy Inovation Group)、艾诺斯（Enersys)、安能系统(Envia Systems)、ETC、EVii、埃克塞德（Exide Technologies)、Fife batteries、Firefly energy、GAIA、寰宝能源（Greensaver)、GS汤浅公司（GS Yuasa Corporation)、日立车辆能源（Hitachi Vehicle Energy)、International battery、江森自控（Johnson Controls)、K2能源公司（K2 energy solutions)、Kokam、LG化学（LG chemicals)、LiFeBatt、Li-Tec、Lithium Technology Corporation、日本锂能源（Lithium Energy Japan)、Mobius Power、Nanoexa、NEC、Nilar、索尼/三洋（Panasonic/Sanyo)、Quallion、PowerGenix、Saft、三星（Samsung)、三洋（sanyo)、Sion Power、Superior Graphite、特斯拉汽车(Tesla Motors)、雷天能源（thundersky)、天津力神（Tianjin Lishen Battery)、东芝(Toshiba)、Ultralife、Valence Technology、中航锂电（CALB)、Sky energy、EVB Technology、Winston、Akasol、中聚电池（Sinopoly)。

接下来对几个主要的公司进行简单介绍。

（1）Axeon　Axeon是欧洲锂离子电池系统最大的独立供应商。这个公司主要进行电池包组装，没有独立的电池生产能力。它为电动汽车、混合电动汽车、电动工具以及移动电源提供定制的能源解决方案，它的一个大客户是日本的Modec。Axeon公司的电池主要采用$LiFePO_4$和镍锰钴成分，电池有不错的管理系统。

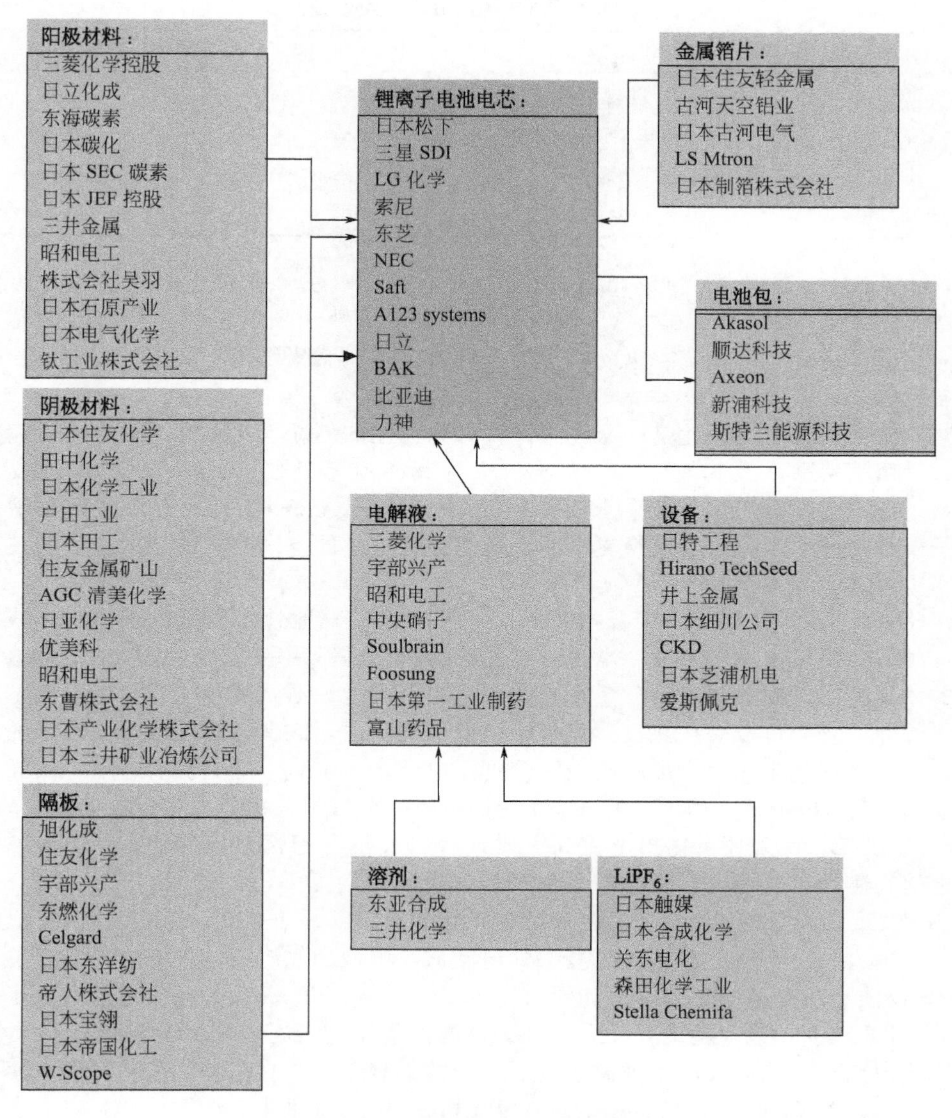

图 23.1 锂离子电池组件生产商

(2) Batscap 这个法国公司是 Bolloré 集团的女儿，它开发出了采用钒氧化物作为阴极材料、锂金属作为阳极的锂金属聚合物电池。非常有趣的是，这种电池组的能量密度并不比同类的解决方案高，只有 110W·h/kg。这种完全固态的单体电池以锂金属为阳极，以保证在放电过程中锂离子的供应，而钒氧化物，则充当锂离子的宿主。两个电极之间以固体聚合物电解液（聚乙二醇）隔开并进行锂离子的传导，为了达到最佳电导率，电池的温度必须要保持在 80～90℃之间。

(3) 比亚迪（BYD） BYD 是一个建立于 1995 年的中国制造商。这个公司生产世界上 65%的镍镉电池以及世界上 30%的移动电话用锂离子电池。除了为移动电话和笔记本生产电池外，它还为电动汽车开发电池。2008 年末，它开发出了世界上第一辆插入式混合电动车，BYD 电池的一些参数列于表 23.1 中。

表 23.1　BYD 的部分电池组参数

名称	VM2420A-S	VM3620A-S	VM4820A-S
电压	24V	36V	48V
容量	10A·h	20A·h	20A·h
质量	5.5kg	8.2kg	10.8kg
最大放电电流	40A	40A	40A

(4) CALB（中航锂电）　CALB 是一家中国企业，专注于锂离子电池以及电源管理系统的生产。这家公司在生产 100^{+} A·h 的电池上基本上处于领导地位。它们的产品主要用于以下应用中：混合电动汽车、电动汽车、电动摩托车、照明设备、城市轨道交通、飞机以及潜水艇。

(5) Electrovaya　该企业是一家先进锂聚合物电池的创新者与生产商。电池可应用于清洁运输、日用消费品以及其他。Electrovaya 宣称其在锂离子 SuperPolymer® 电池技术以及关联的系统技术上拥有超过 150 个全球性专利。SuperPolymer® 大体上是一种新型纳米结构的锂离子聚合物技术平台。它使得更多的能量储存在更小的空间内，适用的应用会更小、更轻且功率更大。

(6) GAIA　GAIA 锂离子聚合物系统代表了锂离子电池技术发展的新方向。在 GAIA 系统中，固体替换掉液体电解液。电池系统的独特特征是所用的生产过程所致。电池由连续挤压出的薄片组成，因此扁平，质量很轻，而且完全干燥，形状灵活。GAIA 电池不需要刚性的金属外壳。它们可以焊接在极薄且价格很低的铝箔内，或者组装成扁平或圆形的包，用于固体封装。这样的工序生产出的电池，薄度可以低于 4mm，甚至可以小于 0.5mm。根据个体需求，电池可以灵活变动。这类电池系统的另外一个好处包括能量密度高达 140W·h/kg 或者 270W·h/L，此外还有输出电流高、质量轻以及没有记忆效应的优点。GAIA 锂离子聚合物电池在生产过程中无污染排放且对环境无害。它们提供正极为 $Li(Ni_{1-x-y}Co_xAl_y)O_2$ 和 $LiFePO_4$ 的容量在 7.5～500A·h 之间的电池。

(7) GS 汤浅公司　GS 汤浅是三菱 iMi 电动汽车电池的供应商，该电池是基于尖晶石锰技术。GS 汤浅和三菱组建了日本锂能源（Lithium Energy Japan）公司，它们开发了一种锂离子电池“LEV50”，该电池的开发是基于 GS 汤浅集团的现有技术，并结合了集团在生产大规模工业锂离子电池以及小型锂离子电池方面的丰富经验。它们为工业和军事应用生产电池，如卫星（LSE 系列）、火箭（LFC）以及飞机（LVP）（见表 23.2）。

表 23.2　GS 汤浅公司的部分电池组参数

类型		LEV50	LEV50-4
额定电压/V		3.7	14.8
容量/A·h		50	50
尺寸/mm	长	171	175
	宽	43.8	194
	高	113.5	116
质量/kg		1.7	7.5

(8) Kokam　Kokam 是一家建立于 1989 年的韩国专业生产商。Kokam 拥有它自己的独有技术（超级锂聚合物电池，SLPB），这项技术经过现有竞争，已经证明了很有市场。它们为运输、军事以及工业等应用提供电池，所有的电池系统都是基于镍-锰-钴（NMC）锂离子电

池。该公司是路虎、梅赛德斯、莲花以及 MotoCzysz（电动摩托车）等车辆的电池供应商。

(9) LG 化学　LG 化学于 1999 年开始生产锂离子电池系列产品。根据 2009 年的数据[3]，LG 化学是韩国第二大以及世界第三大锂离子电池销售商。它销售用于笔记本电脑、移动电话以及其他电子设备的小型电池。它的产品种类还有用于电动自行车、电动汽车以及混合电动汽车的中、大型电池。表 23.3 显示了用于电动汽车电池系统的高功率、高能量的电池参数。

表 23.3　LG 化学公司电池组参数

名称	E1	E2
电压	3.85V	3.8V
电容	10Ah	6Ah
质量	245g	160g
最大充电电流	10A	6A
最大放电电流	30A	18A

LG 化学是 Compact Power 公司的所有者，后者主要供应电动汽车用电池组。例如，它为雪佛兰福特以及福特福克斯电动车提供电池组。

(10) 天津力神　力神生产了超过 2 亿电池，其中有 1 亿电池属于特殊定制。力神定位于世界市场，为很多大公司如苹果、戴尔、诺基亚、摩托罗拉以及三星等供应电池。力神也在北美洲、欧洲、韩国以及我国香港等地设立分公司。

(11) 松下　松下在 2011 年接管三洋公司后就成为世界上最大的锂离子电池生产商。它提供的电池种类广泛，从单个圆柱或棱柱电池，到手机以及笔记本用小型电池，再到电动汽车或大型能源储存系统用电池系统。它为特斯拉、福特、戴姆勒、大众、丰田以及本田等品牌汽车供应电池。

(12) Quallion　Quallion 在它的电池，从单个电池设计到多模块电池组中都整合了一系列技术。它们在开发每一种新型电池包的设计中，都会考虑电池成分、热管理、用于电池管理和控制的智能电子、模块的电力应用以及独特的环境条件。

(13) 三星 SDI　三星提供各种类别的锂离子电池。依靠电池销售，三星占据了世界第二大电池生产商的位置。xEV 系列电池适合于电动自行车以及电动汽车。从 2008 年 6 月到 2012 年 9 月，三星和博世联合成立合资企业 SB limotive，生产电动汽车用电池组。这些电池供应宝马 i3 以及菲亚特 500 等电动汽车使用。

(14) 天空能源（Sky Energy）　天空能源是一家中国锂离子动力电池生产商，主要生产容量为 40～800A·h 的电池。这家公司的核心业务是制造在生产和质量控制上符合安全标准的电池，可应用于纯电动汽车、混合电动汽车、电动船、电动摩托车、太阳能、能源供应以及军事等领域。

(15) 东芝（Toshiba）　东芝的快速充电锂离子电池（SCiB）采用钛酸锂阳极，钛酸锂的高电压使得电池的能量密度降低，但是该电池充电速度却非常快，而且容量随时间衰减不大。电池设计为 10min 可充进电池容量的 90%，而且东芝宣称进行技术改进后，充电时间为每个电池 90s。东芝的 SCiB 电池也应用在三菱的 iMi 电动汽车、本田的电动自行车以及菲特的电动汽车上。

(16) Valence　Valence 技术股份有限公司是一家磷酸锰铁锂电池包的生产商（U-Charge® XP 系列，12V、18V 以及 36V），其电池应用于电动自行车、电动摩托车、汽车以及船舶领域。据生产商称，这些电池能够提供高安全性，且与同样大小的铅酸电池相比较，运行时间增大一倍，质量减轻到不到原来一半。在 2012 年 6 月 12 日，Valence 申请破产保护;该公司期望能够通过自身重组,继续进行电池系统的生产。

(17) 雷天温斯顿 温斯顿是一家位于深圳的中国企业,生产锂钇以及锂硫电池。它们的电池容量为 40～3000A·h。此外,它们还生产电动汽车、能量储存系统以及电动汽车充电桩。

(18) 中聚雷天 中聚是一家与温斯顿相关的中国企业。它们只生产容量为 40～1000A·h 的磷酸铁锂电池。

(19) Akasol Akasol 是一家德国公司,并不生产电池单体,不过生产新能源电动汽车以及储存系统用的电池包。据称 Akasol 生产的电池包非常安全,而且能量密度很高。他们与戴姆勒、MAN 等汽车生产商以及一些电动概念车的生产商,如瑞士的 Protoscar 以及德国 Artega 等公司有合作关系。表 23.4 显示了 Akasol 供应的一些电池组的参数。

表 23.4 部分 Akasol 电池组参数

类型		AKAMODULE53 NMC	AKAMODULE46 Nano NMC
化学成分		锂离子 镍锰钴三元	锂离子 纳米镍锰钴三元
标称电压/V		14.8/22.2/44.4	14.8/22.2/44.4
容量/A·h		159/106/53	138/92/46
能量/kW·h		2.35	2.04
能量密度		134W·h/kg,240W·h/L	117W·h/kg,201W·h/L
放电功率(正常/最大)/kW		11.8/18.8	11.8/25
充电功率(正常/最大)/kW		4.7/11.8	10.2/16.3
使用寿命(80%DoD)		>3100 次循环	>5600 次循环
尺寸/mm	长	168	168
	宽	260	260
	高	232	232
质量/kg		17.5	17.5

23.2 电池生产的材料以及成本

关于电池生产以及回收的成本方面的讨论,需要从介绍电池的成分开始。表 23.5 列出了用于电池相关组件生产的材料。

表 23.5 电池不同组分用材料

组分	材料
阴极	锂化合物(如 $LiCoC_2$、$LiFePO_4$、$LiMn_2O_4$、$LiNi_{0.8}Co_{0.15}Al_{0.05}O_2$)
阳极	石墨或碳复合物(也有很少的其他材料,如 $Li_4Ti_5O_{12}$)
隔膜	聚合物(聚乙烯,聚丙烯)
电解液	碳酸丙烯酯、碳酸亚乙酯、二甲亚砜、碳酸二甲酯或者碳酸二乙酯与锂盐如 $LiPF_6$,$LiBF_4$,$LiCF_3SO_3$,$Li(SO_2CF_3)_2$ 的混合物
黏结剂	聚偏氟乙烯(PVDF)
电气连接	铜或铝
外壳	铝,不锈钢或塑料

图 23.2～图 23.5 显示了不同化学成分电池中材料的含量以及阴极活性材料的元素组成[4]。可以看到电池质量的大约 1/4 都是正极电极活性材料。此外,正极活性材料也是比较昂贵的电池组分之一,尤其是当它含有钴元素(见表 23.6)[5]。石墨和电解液价格几乎相同,大约为 20＄/kg。其他材料(铜、铝或者隔膜用聚合物)都相对便宜得多。

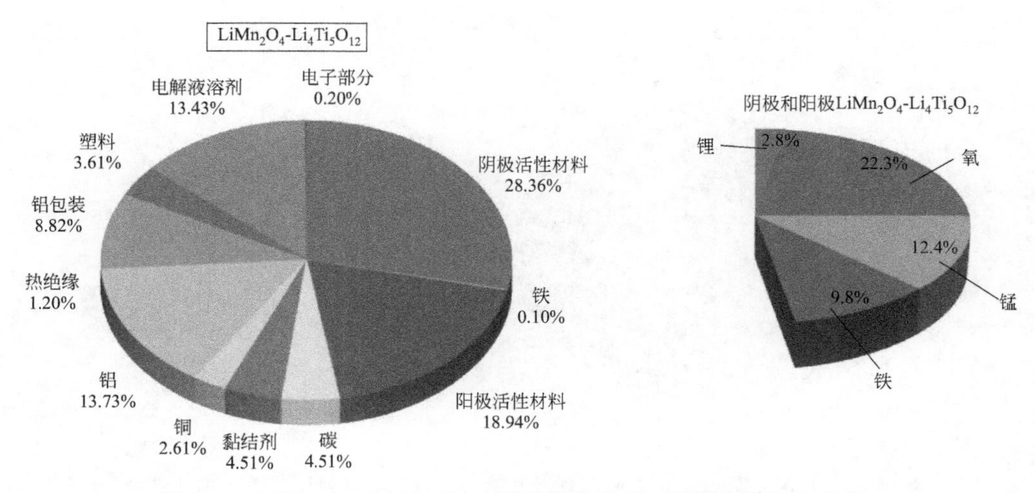

图 23.2　$LiMn_2O_4/Li_4Ti_5O_{12}$电池的材料组成（数据参考文献［4］）

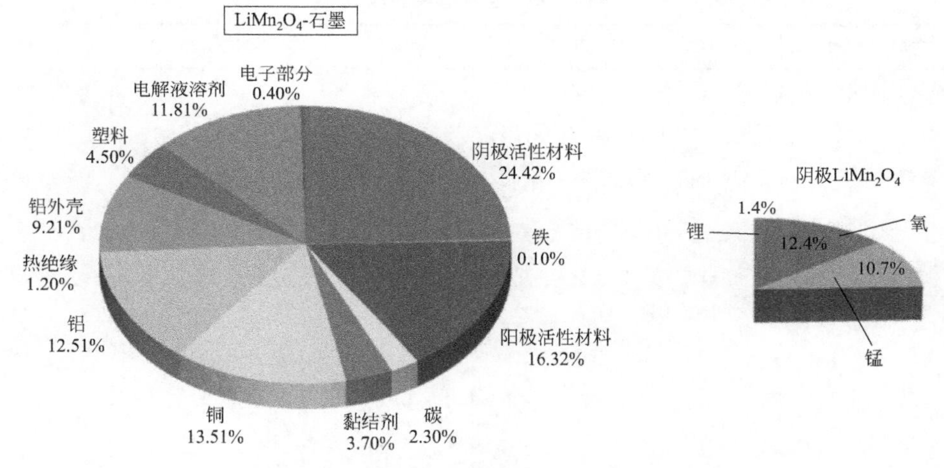

图 23.3　$LiMn_2O_4$/石墨电池的材料组成（数据参考文献［4］）

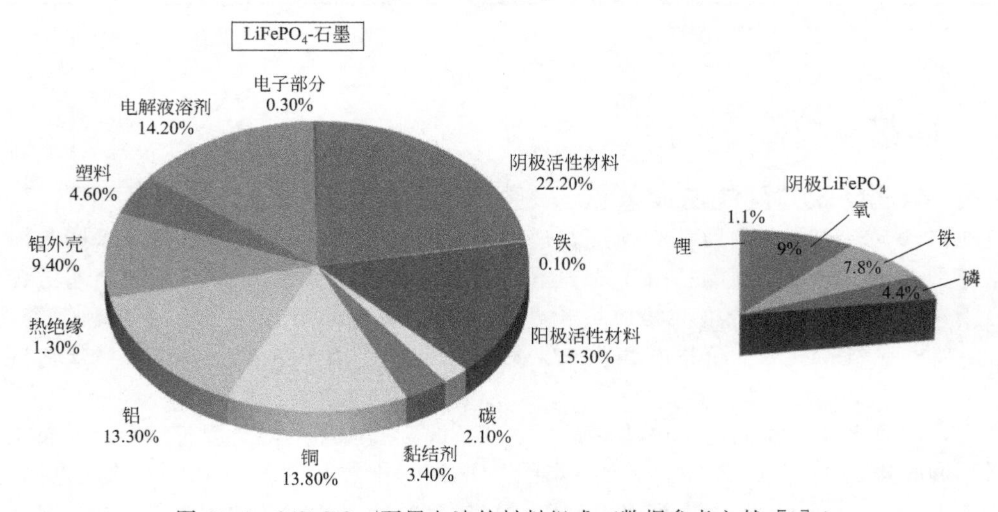

图 23.4　$LiFePO_4$/石墨电池的材料组成（数据参考文献［4］）

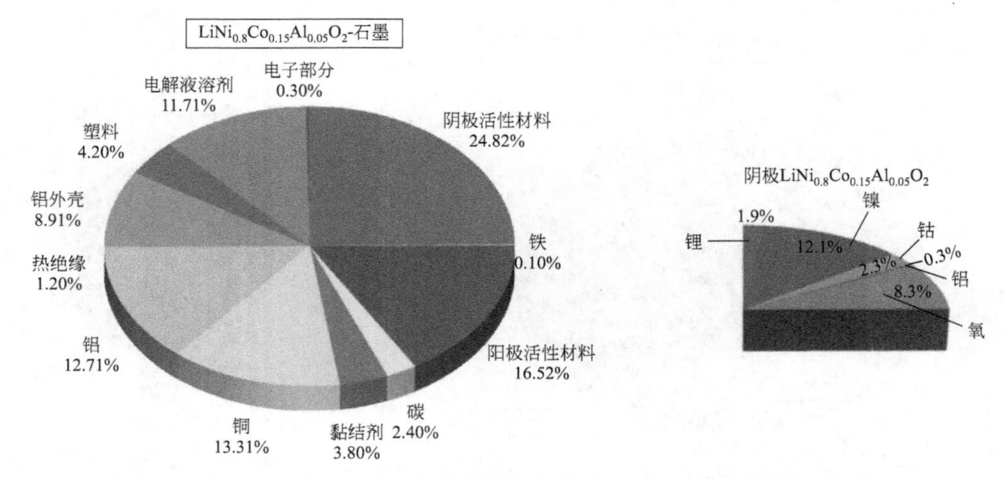

图 23.5 $LiNi_{0.8}Co_{0.15}Al_{0.05}O_2$/石墨电池的材料组成（数据参考文献 [4]）

表 23.6 电池组件的成分

材料	成分	单位	ANL（2010）	TIAX（2010）
锰尖晶石阴极	$Li_{1.06}Mn_{1.94-x}M_xO_4$	\$/kg	10	12～20
磷酸橄榄石阴极	$LiFePO_4$	\$/kg	20	15～25
层状氧化物阴极	$LiNi_{0.8}Co_{0.15}Al_{0.05}O_2$	\$/kg	33～37	34～54
层状氧化物阴极	$LiCoO_2$	\$/kg	35～60	—
石墨阳极	C_6	\$/kg	19	17～23
钛酸尖晶石阳极	$Li_4Ti_5O_{12}$	\$/kg	12	9～12
电解液	$LiPF_6$ EC：EMC	\$/kg	18	18.5～24.5
隔膜	PP/PE/PP	\$/m²	2	1～2.9
集流体箔片	铜	\$/m²	1.8	—
集流体箔片	铝	\$/m²	0.8	—

注：数据来源于参考文献 [5]。

23.3 回收

23.3.1 电池回收方面的法律条款、经济和环境友好原则

电池包含有有毒有害物质，必须进行适当的处理。此外，电池回收也可以回收一些如锂、钴等贵金属。据专家预测，由于对锂电池的需求增长，对锂的需求很快会超过锂的产量。由于这些原因，锂的价格会相应增长，而电池回收也能够提供可观的二次锂资源[6]。如表 23.7 所示，Li_2CO_3 的价格有望在未来显著增加，而用于正极的金属价格趋势则有所不同。

而且，回收金属所需的能量比从矿石中生产新的金属所需的能量要低。Umicore 的专家宣称采用回收电池生产 $LiCoO_2$，能源消耗以及 CO_2 排放相对于从矿石中提取材料要低 70%[7]。从图 23.6 和图 23.7 中可以看到原材料和材料加工过程的费用几乎占据了锂离子电池总耗费的 40%。这些费用可以通过回收过程得以降低。

表 23.7　原材料价格

材料	2010 年价格/($/kg)	2015 年价格/($/kg)	长期价格/($/kg)
Li_2CO_3	7.0	8.8	9.3
锰	8	7.4	6.3
镍	22	18.9	17.7
钴	48.0	33.6	26.4

注：数据来自参考文献 [6]。

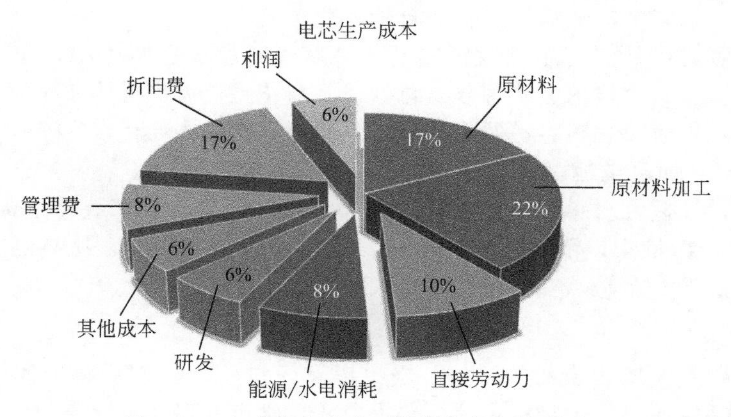

图 23.6　电芯生产成本（数据参考文献 [6]）

除了经济和环境方面，一些国家的当局政府也制定了电池回收的特殊规则。欧盟将电池回收作为义务施加给电池制造商。2006/66/EC 指令的附件Ⅲ关于电池、蓄电池和废旧电池（2006 年 9 月）部分，要求到 2014 年 1 月 1 日，锂离子电池和蓄电池的循环再利用率最少要达到平均质量的 50%[8]。欧洲关于电池回收的更多详细信息可以在 2012 年 6 月 11 日的欧盟委会条例（EU）No493/2012 上找到，这个条例是继欧洲议会和委员会颁布的 2006/66/EC 指令之后制定的，内容涉及废旧电池和蓄电池回收过程效率的详细计算法则[9]。

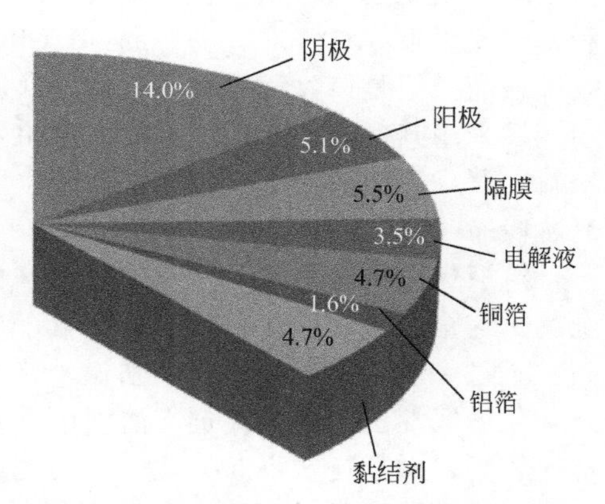

图 23.7　电芯材料成本（数据参考文献 [6]）

23.3.2　可充电电池回收过程

以下将描述电池回收使用的具体工序。每一个单一工艺可以回收电池部分成分，而且往往在回收过程中只有一步。这些过程可以分为两类：物理方法（只用物质的物理特征）以及化学方法（采用化学特征和工艺）。关于这些工艺的细节以及电池回收过程的描述可以在参考文献 [10] 中找到（见图 23.8）。

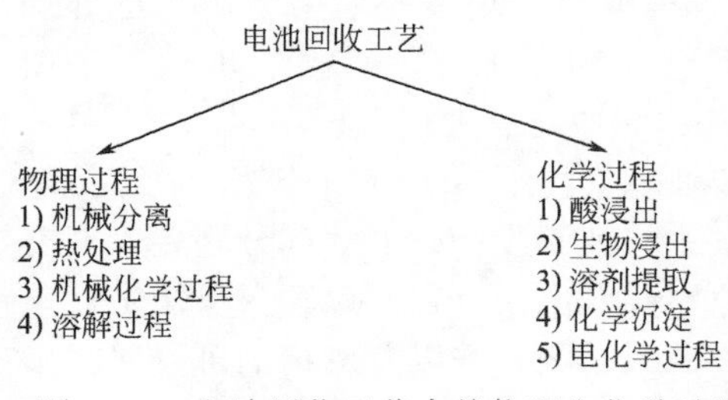

图 23.8　电池回收工艺中的物理和化学过程

23.3.2.1　物理过程

物理过程包括机械分离、热处理、机械化学过程和溶解过程。

在机械分离步骤（一般是回收的第一步），电池被球磨粉碎，材料根据它们自身性质如密度、导电性以及在磁场中的不同行为而彼此分离。这个过程包括移除外壳、去皮、压碎、撕裂、剪切和筛分。出于安全原因，在机械处理前需要将废旧电池浸泡在液氮中。不过在今天，机械处理一般是在保护气氛下进行的，而不再需要液氮的参与。机械处理的缺点在于所有材料都分离得不完全，所以这个过程一般只是回收过程的第一步。

热处理过程是将粉碎的材料（有时会附加一些物质）在一定温度下置于管式炉中热处理一定时间。这个过程一般用于去除碳、有机物化合物以及分解 PVDF 黏结剂，它的缺陷在于需要消烟除尘。该工艺有时需要不止一台管式炉。

机械化学过程可以从正极中回收锂和钴。将钴酸锂放置在磨体中，与含氯化合物（如 PCV）一起研磨。通过这样的方式回收氯化锂以及氯化钴，两者都溶于水，从而可以将其过滤出来。之后采用电解过程很容易回收锂和钴。这个方法的主要优点在于锂和钴的回收率几乎可以达到 100%；而且电池以及 PVC 等可以同时回收出来。

溶解工艺可以使活性材料在不被破碎的情况下与电极分离开来。将电极浸入到 *N*-甲基吡咯烷酮（NMP）溶液中以溶解黏结剂材料，这样活性物质就很容易与电流集流板脱离开来。但是这种方法的一个缺点在于溶剂价格太高。

23.3.2.2　化学过程

这些过程都包括金属化合物的溶解、浸出以及经过化学处理后将金属从溶液中回收出来。化学过程包括酸浸出、生物浸出、溶剂提取、化学沉淀以及电化学过程。

酸浸出主要依靠电池在酸中机械处理后，材料从电池中溶解出来。从 $LiCoO_2$ 中浸出锂和钴需要以下 3 种酸之一的协助：HCl、H_2SO_4 或者 HNO_3，其中与 HCl 反应在钴回收中效率最高。但是该过程容易形成氯，从而需要特殊的仪器设备而增加回收成本；所以也在逐渐开发采用其他酸的方法。生物浸出主要采用矿质化学营养细菌、噬酸细菌以及嗜酸氧化亚铁硫杆菌，它们都会由于新陈代谢产生硫酸。这种方法在成本上会有所降低，不过尚处于研究阶段。

溶液提取经常是作为酸浸出的下一步。该过程通过在溶液中加入提取剂，来分离特定的金属。这个工艺有很多优点，比如运行条件简单、能量消耗低以及回收金属的量多、纯度高。不过，对于应用到工业上来说，这种工艺过于昂贵。

化学沉淀法利用沉淀剂与溶液中的金属反应，生成不溶解的盐。回收的金属质量和纯度都比较高，而且耗费不高，但是主要的难度在于合适沉淀剂、温度以及 pH 值的选择。

电化学过程通过电解冶金法从溶液中得到纯金属。这种工艺得到的回收金属具有很高的纯度；但是，该工艺耗费大量电能。

23.3.3　一些电池回收的工业方法

23.3.3.1　Accurec GmbH（德国）

Accurec 是一家德国公司，建立于 1995 年，回收各类电池。它首先采用物理方法处理废旧电池，之后用火法冶炼和湿法冶炼方法回收钴锰合金和氯化锂。回收的步骤列于图 23.9 中，关于该过程的描述主要来自于参考文献［11～14］中的有关信息。

一开始，对废旧电池进行鉴定并分类以便于进一步处理。接下来机械预处理，以除掉电池壳：挑选出电池壳或电子器件部分，使用其他回收方法将其回收；而电池部分则置入真空管式炉中，电池受热，电解液溶剂或碳氢化合物从电池中蒸发出来。在一个真空系统中对尾气进行分离和再浓缩过程。之后，将电池粉碎成颗粒，而铝、铜、铁以及黏结剂可以通过筛分、磁力分选以及空气分离而分离开来。将剩余物放置在还原冶炼炉中，可以回收钴、锰、

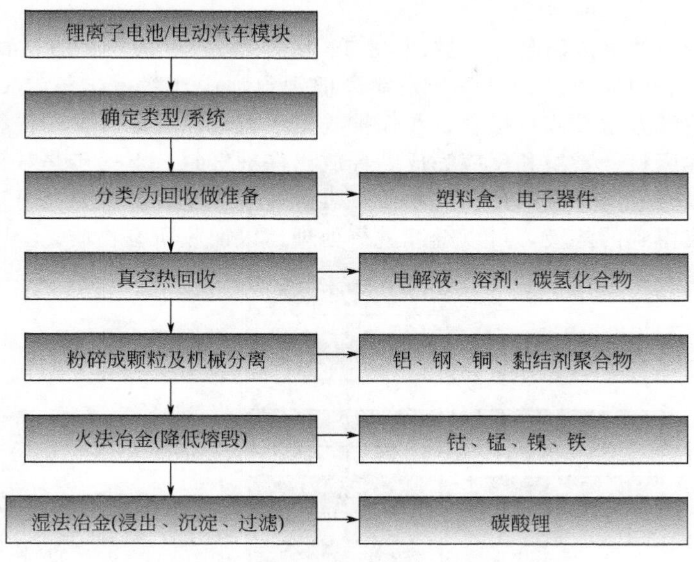

图 23.9　Accurec 公司的电池回收工艺

镍以及铁金属。从熔炉中得到的炉渣包含锂，想要回收它，就需要继续使用酸浸出、沉淀以及过滤技术。

23.3.3.2　AkkuSer OY（芬兰）

AkkuSer 采用自有技术进行电池回收，名称为 Dry-Technology® （干技术）[11,15~17]，该技术中没有使用到热以及化学过程。根据 AkkuSer 的数据，回收率非常高（高于 90%），而且能量消耗很低（0.3kW·h/kg）。废旧电池首先进行分类，之后破碎；首次破碎温度为 40～50℃，这可以降低着火的风险，破碎时产生的气体采用两段式过滤器进行过滤。之后，将破碎体转移到另外一台压碎机中，进行高速二次破碎。将产生的气体采用跟第一步相同的方法进行过滤。之后的一步是磁力分选：经过这一步可以从残渣中分离出铁。经过这些步骤，剩下 90%的粉末为钴和铜，可进行更进一步的纯化。AkkuSer 公司的回收过程如图 23.10 所示。

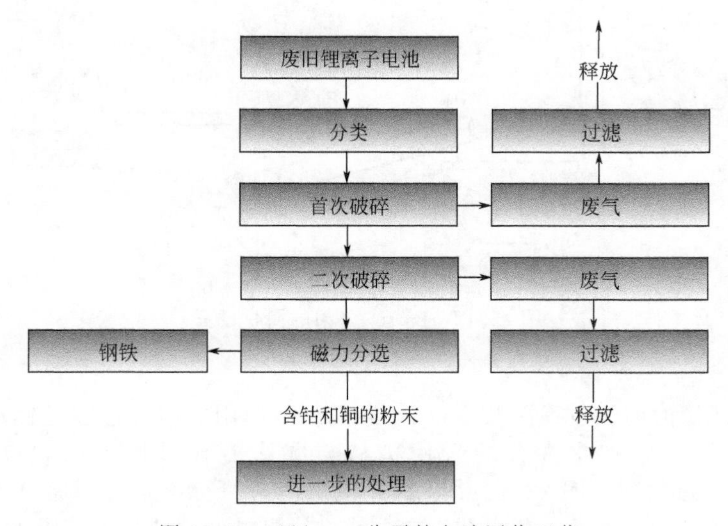

图 23.10　Akkuser 公司的电池回收工艺

23.3.3.3 Batrec Industrie AG（瑞士）

Batrec公司所用的电池回收方法见图23.11和图23.12。关于此方法的描述来源于参考文献［11，18～20］中的信息。第一步是在废旧锂电池中产生保护气氛CO_2，这可以避免锂发生反应以及后续温度升高。接着，在保护气氛下将电池在破碎机中进行拆卸，之后引入湿空气来中和电池废料。当中和反应完成，释放出保护气氛。下一步是采用酸性的水溶液来浸出：这一步可以回收所有金属形态的物质，再经过进一步热解或机械分离以获得更高的纯度。浸出过程结束得到的溶液，可以继续进行处理，以回收所有物质。

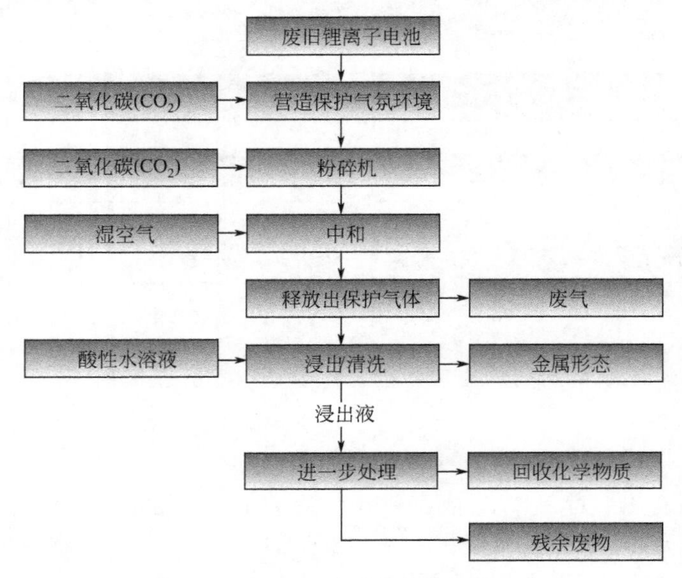

图23.11 Batrec公司的电池回收工艺

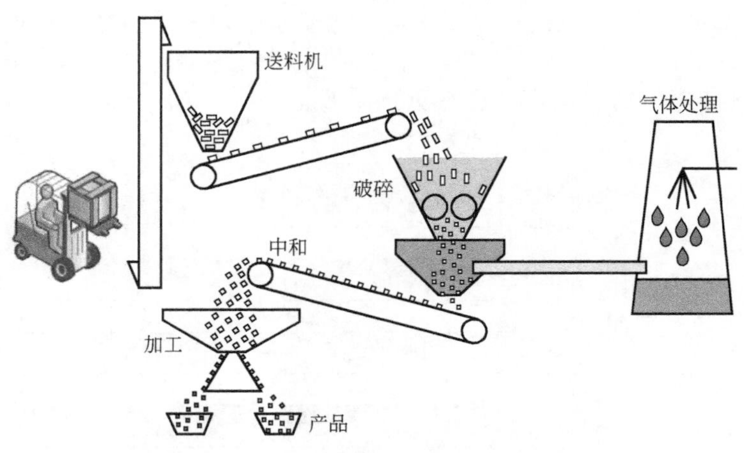

图23.12 Batrec公司的回收过程

23.3.3.4 Toxco Inc.（加拿大）

Toxco公司所用的回收过程以及Sony/Sumitomo使用的回收过程是锂离子电池回收最古老的工业方法。这家加拿大公司采用机械与湿法冶金过程来回收废旧电池中的金属[4,11,18,21,22]。其过程列于图23.13中，首先对电池进行分类，之后将其放置于一台锤式粉碎机中进行机械处理。Toxco公司惯于在电池进行机械处理前先将其置于液氮中，以降低锂的活性。不过今天的废旧电池在破碎时是在卤水溶液中进行的。经过这步处理，可以得到塑料以及钢铁的碎屑，经过后续处理可以回收其中的钢铁。将经过破碎过程得到的残渣放置到一个振动台上，可以得到铜、钴以及铝金属的混合物：经过进一步处理这些混合物可以回收得到金属。残余物放置到混合罐和储物罐中，加热，与其他物质互相反应，从储罐中得到的残渣放置于压滤机中，得到钴滤饼和卤化锂。钴滤饼（钴＋碳）可以用来回收钴，而卤化锂可以进一步回收得到锂。

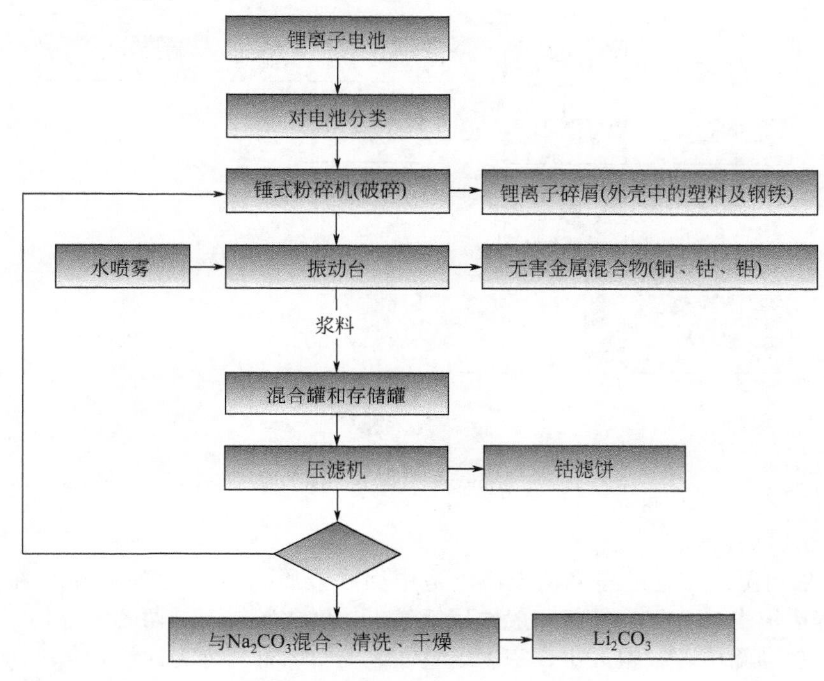

图 23.13　Toxco 公司的电池回收工艺

23.3.3.5　Umicore（比利时和瑞典）

Umicore 公司采用高温冶炼技术，采用一个单独的管式炉来回收电池（见图 23.14）[4,7,11,18,23,24]。第一步是为管式炉准备一批物料：废旧电池与少量的焦炭、造渣剂以及氧化硅或石灰岩（如果需要的话）混合物。管式炉分为三个区域；第一个区域中是对这些要处理的一批料进行预处理，以蒸发掉电解液，该区域温度缓慢升高，但是必须低于 300℃（这主要是考虑到安全需要，温度升高太快容易引起爆炸）。第二区是为了热解塑料，这部分的温度为 700℃，以融化塑料；这步释放出的热气可以用于预热步骤。最后一区发生融化以及还原反应，经过这个过程后，会得到炉渣（包含铝、硅、钙以及铁）以及合金（包含铜、钴、镍、锂和少量的铁），这个区的温度在 1200～1450℃范围内。

炉渣可以用来生产建设材料；合金经过进一步化学处理可以精炼金属如钴和锂。离开管式炉的气体必须要保持在非常高的程度，以防止冷凝：在传动轴和后燃烧室之间采用等离子体喷枪来使得气体的温度升高到 1150℃，有毒的卤素或者挥发性的有机物化合物会被钙、钠或者氧化锌捕获。在后燃烧室内，用水将热气体冷却到 300℃，然后在常规滤池中进行过滤。

这个方法的优点是在最开始不需要机械处理，以及不需要如湿法冶金中需要的昂贵化学物质，而且材料回收的效率也很高。

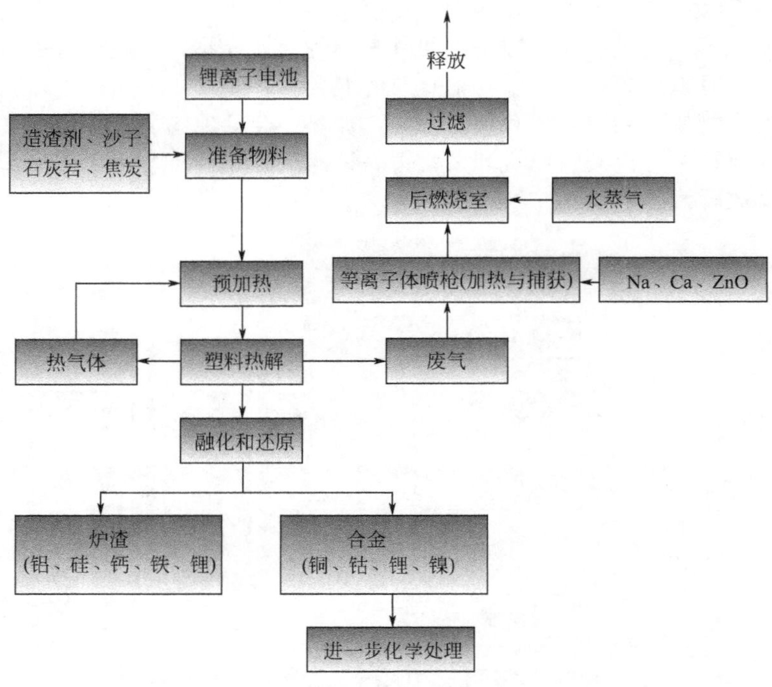

图 23.14 Umicore 公司的电池回收工艺

23.3.3.6 Recupyl（法国）

Recupyl 采用湿法冶金过程来从废旧电池中回收金属[18,25,26]。第一步是在惰性混合气氛中机械破碎废旧电池：保护气氛一般选用氩气、二氧化碳或者是两者混合物。之后将破碎的材料放置于振动筛中，根据大小、密度以及在磁场中的行为分为四组。第一组是尺寸很细的材料——主要是金属氧化物和碳；第二组是磁性材料——主要是外壳中的钢铁；第三组是无磁性、高密度的材料——主要是不含铁的金属；最后一组是无磁性、低密度的材料——主要是纸和塑料。只有第一组材料需要进一步的处理：金属氧化物和碳采用网眼更小的筛子进行筛选，以便更精确地筛选出铜。

制备出的粉末与水进行搅拌，并加入氢氧化锂使溶液碱化。这个反应会产生氢气，所以必须在限定氧气量的气氛中进行。过滤后，分别得到锂盐溶液、氧化物、锂嵌入化合物以及碳的混合物。锂盐溶液可与 CO_2（可用破碎时的保护气氛）发生沉淀反应得到 Li_2CO_3 形式的锂盐，或者与 H_3PO_4 发生中和反应得到 Li_3PO_4 形式的锂盐。对经过浸水和过滤后的固态混合物进行酸浸洗，之后过滤以纯化。钴溶液和锂盐则分为两部分，一部分电解得到钴和硫酸，其中硫酸可用于酸浸出过程，而另一部分则采用加入次氯酸钠进行氧化。经过这步，可以得到三价的氢氧化钴。从硫酸锂的残渣中，可以沉淀出锂的碳酸盐或硫酸盐（见图 23.15）。

23.3.4 电池回收总述

锂离子电池回收是一个相对比较新但也正在快速发展的工艺。很多公司都主要集中在钴的回收上，因为它是最贵的金属，不过一些公司（如 Accurec、Toxco）也回收锂。专家预测未来几年锂的价格将会上涨，所以该金属的提纯在未来能够获得更多利润。回收工艺的发展主要集中在改善效率和降低回收金属的成本上。科学家们为此开发了很多工艺流程[10,27~33]，包括采用细菌来分解材料[10,34]。锂离子电池回收是相对比较新的工艺，但是在未来有望发展得更加高效，以帮助节约自然资源以及降低对矿石供应的依赖。

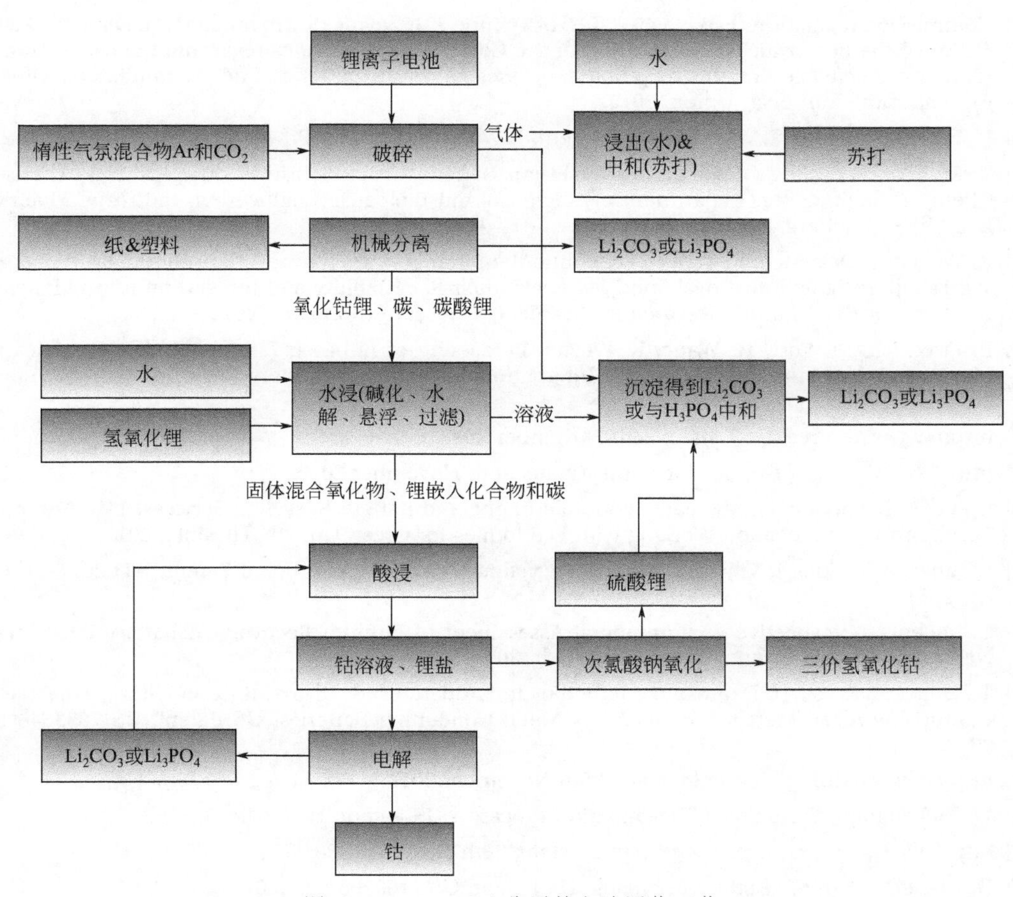

图 23.15 Recupyl 公司的电池回收工艺

参 考 文 献

[1] T. Goonan, Lithium Use in Batteries, U.S. Geological Survey, Reston, USA, 2012.

[2] M. Lowe, S. Tokuoka, T. Trigg, G. Gereffi, Lithium-Ion Batteries for Electric Vehicles: The U.S. Value Chain, Center on Globalization Governance & Competitiveness, USA, 2010.

[3] T. Sasaki, K. Ezawa, S. Harada, Y. Fukasawa, T. Kanai, A. Ikeda, J. Rhee, O. Yee, Lithium-Ion Batteries, City Research, Japan, 2012.

[4] L. Gaines, J. Sullivan, A. Burnham, I. Belharouak, Life-cycle Analysis for lithium-ion battery production and recycling, 90th Annual Meeting of the transportation research Board, Washington D.C, 2011.

[5] P. Nelson, K. Gallagher, I. Bloom, D. Dees, Modeling the Performance and Cost of Lithium-ion Batteries for Electric-drive Vehicles, Electrochemical Energy Storage Theme, Chemical Sciences and Engineering Division, Argonne National Laboratory, 2011.

[6] Roland Berger Strategy Consultants, Powertrain 2020-The Li-ion Battery Value Chain – Trends and Implications, 2011.

[7] B. Yazicioglu, J. Tytgat, Life Cycle Assessments Involving Umicore's Battery Recycling Process, DG Environment – Stakeholder Meeting, 2011.

[8] Directive 2006/66/EC of The European Parliament and of the Council of 6 September 2006 on Batteries and Accumulators and Waste Batteries and Accumulators and repealing Directive 91/157/EEC; Official Journal of the European Union, 2006.

[9] Commission regulation (EU) No 493/2012 of 11 June 2012 laying down, pursuant to Directive 2006/66/EC of the European Parliament and of the Council, detailed rules regarding the calculation of recycling efficiencies of the recycling processes of waste batteries and accumulators; Official Journal of the European Union, 2012.

[10] J. Hu, H.R. Thomas, R.W. Francis, K.R. Lum, J. Wang, B. Liang, J. Power Sources 177 (2008) 512.

[11] V. Emerko, Recycling Opportunities for Li-ion Batteries from Hybrid Electric Vehicles, Thesis in Chemical Engineering: Department of Chemical and Biological Engineering, Industrial Materials Recycling, Göteborg, Sweden, 2009.

[12] R. Weyhe, I. Desmuee, F. Tedjar, Economic Requirements on Future Li-ion Recycling Processes; Workshop: Insights into Novel Solid Materials, their Recyclability and Integration into Li Polymer Batteries for EVs—Future Research in this Field, Timisoara (Romania) 2012.

[13] B. Friedrich, M. Vest, H. Wang, R. Weyhe, Processing of Li-based Electric Vehicle Batteries for Maximized Recycling Efficiency, 16th International Congress of Battery Recycling (ICBR), Venice, 2011.

[14] http://www.accurec.de/ – state: 28th November 2012.

[15] http://www.akkuser.fi/en/service.htm – state: 28th November 2012.

[16] J. Pudas, T. Karjalainen, AkkuSerOy Mobile Phone and Battery Recycling Services, 11th European Forum on Eco-Innovation Working with Economies for Green Growth, Helsinki, 2011.

[17] J. Pudas, A. Erkkila, J. Viljamaa, Battery Recycling Method, International Patent, WO 2011/113860 A1, 2011.

[18] C. Vadenbo, Prospective Environmental Assessment of Lithium Recovery in Battery Recycling – Natural and Social Science Interface, Zurich, 2009.

[19] T. Zenger, A. Krebs, H. Deutekom, Method of and Apparatus for Dismantling and Storage of Objects Comprising Alkali Metals such as Alkali Metal Containing Batteries, US Patent, US 7833646 B2, 2010.

[20] http://www.batrec.ch/en-us/ – state: 28th November 2012.

[21] W. McLaughlin, T. Adams, Li Reclamation Process – US Patent, US 5888463, 1999.

[22] http://www.toxco.com/processes.html – state: 28th November 2012.

[23] D. Cheret, S. Santen, Battery Recycling, US Patent, US 7169206 B2, 2007.

[24] http://www.umicore.com/en/cleanTechnologies/recyclage/ – state: 28th November 2012.

[25] F. Tedjar, J. Foudraz, Method for the Mixed Recycling of Lithium–Based Anode Batteries and Cells, US Patent, US 7820317 B2, 2010.

[26] http://www.recupyl.com/157-process.html – state: 28th November 2012.

[27] J. Li, P. Shi, Z. Wang, Y. Chen, C. Chang, Chemosphere 77 (2009) 1132.

[28] T. Georgi–Maschler, B. Friedrich, R. Weyhe, H. Heegn, M. Rutz, J. Power Sources 207 (2012) 173.

[29] G. Granata, E. Moscardini, F. Pagnanelli, F. Trabucco, L. Toro, J. Power Sources 206 (2012) 173.

[30] L. Chen, X. Tang, Y. Zhang, L. Li, Z. Zeng, Y. Zhang, Hydrometallurgy 108 (2011) 80.

[31] S. Zhu, W. He, G. Li, X. Zhou, X. Zhang, J. Huang, T. Nonferr, Metal Soc. 22 (2012) 2274.

[32] W. Tongamp, Q. Zhang, F. Saito, J. Hazard, Mater 137 (2006) 1226.

[33] S. Saeki, J. Lee, Q. Zhang, F. Saito, Int. J. Miner. Process. 74 (2004) S373.

[34] D. Mishra, Y. Rhee, Current research trends of Microbiological leaching for metal recovery from industrial wastes, in: A. Mendez–Vilas (Ed.), Current Research Technology and Education Topics in Applied Microbiology and Microbial Biotechnology, Vol. 2, 2010, p. 1289.

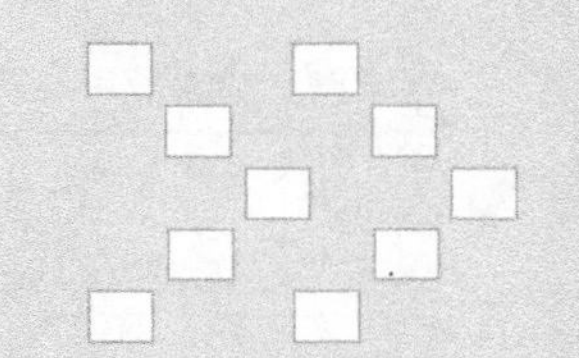

第24章 锂离子电池产业链——现状、趋势以及影响

Wolfgang Bernhart
(罗兰贝格国际管理咨询有限公司，德国)
WOLFGANG.BERNHAR@ROLANDBERGER.COM

24.1 概述

锂离子电池（LIBs）是混合电动汽车、插电式电动汽车以及电动汽车成本来源的核心部件。在过去几年内，在电池性能、安全性以及循环寿命上取得的重要进步使得目前可以在一个合理的价格范围内生产这些技术相关产品。汽车市场已经成为锂离子电池产业的一个主要潜在消费者。同时，锂电市场的大门也朝着更多新应用开放。

本章首先概述锂离子电池市场，这个市场在未来几十年内将会面临生产能力过剩的境况。之后，将讨论在电池和材料生产过程背后的经济学。尽管成本将会持续大幅降低，但是价格压力也会持高不下，而且利润空间也会变低。最后，将探讨产业链结构以及在产业链上期待的一些变化：比如电池生产商的长远考虑，上游前驱体生产商被阴极材料制造商不断整合等。

24.2 锂离子电池市场

虽然并不十分准确，但据预测，高端锂离子电池的市场基本上平均每五年翻一番。这些增长的驱动力主要来源于一些高新技术消费者群体（手机、智能手机、笔记本以及平板电脑），以及一些移动应用，主要是插电式混合电动汽车（PHEVs）（见图 24.1）。

主要有 8 个亚洲的生产商主导这个市场，他们一起基本上占据着整个市场 90％的份额（见图 14.2）。

汽车产业逐渐成为锂离子电池一个重要的消费者。一大批公司开始介入这个产业，包括：

① A123（美国），MIT 技术支持的公司；

② AESC（日本），NEC（日本电气）和尼桑的合资企业（其中 NEC 提供包覆电极）；

③ 日本锂能源，日本汤浅、三菱集团以及三菱汽车公司的合资企业；

④ Primeearth 电动汽车能源公司（PEVE，日本），前身是索尼/丰田合资企业。

2010 年宣布的投资可能会导致严重的产量过剩，其中 2016 年需求的 200％已经覆盖在 2015 年内。这种产能过剩主要影响美国和日本[4]。原始设备生产商（OEMs）的价格成本，从电池水平上估测大约为 500USD/kW・h[5,6]。

从 2010 年开始，一大批其他主要的工厂也开始进入这个市场，包括 SK innovation 公司（韩国）以及江森自控公司（美国）。2010 年宣称的市场容量最终并没有完全实现，但是预

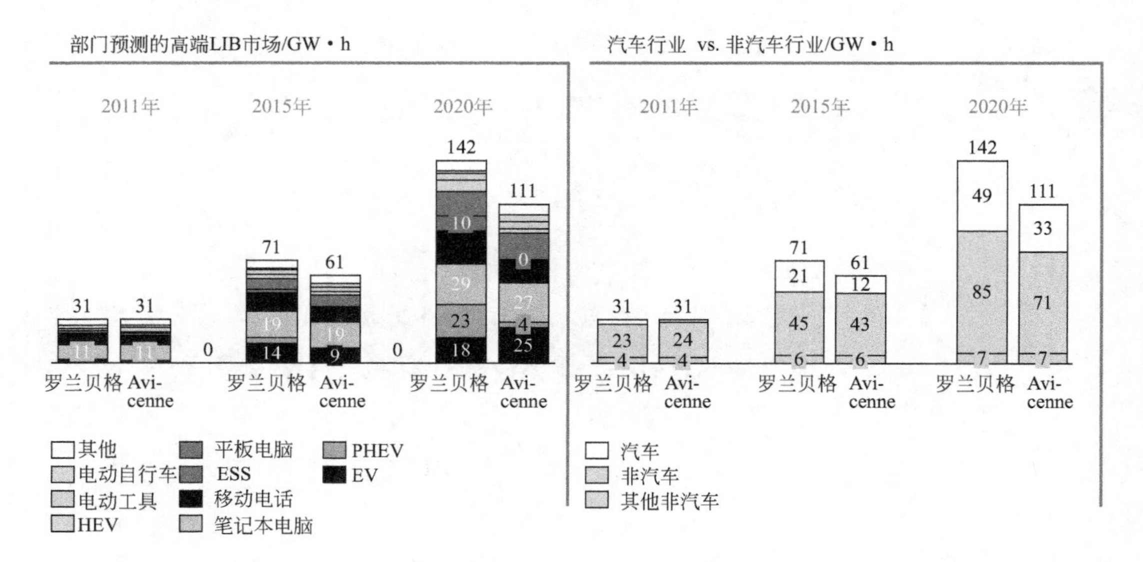

图 24.1 相关部门对高端锂离子电池市场的预测（2011～2020 年）[1,2]

资料来源：罗兰贝格，LIB 价值链（2012 年）；Avicenne，锂离子电池部门市场研究（2012 年）

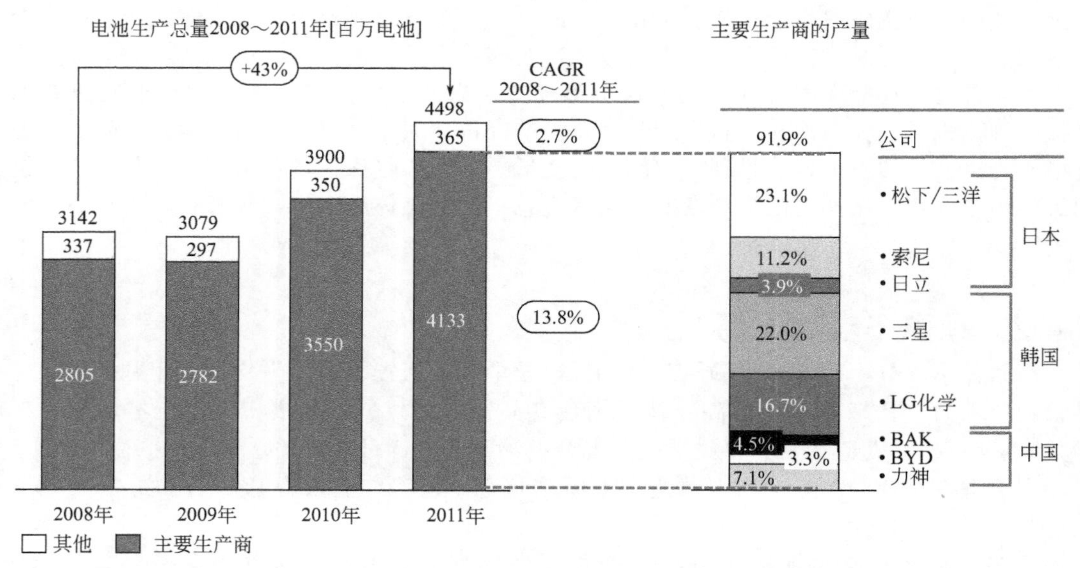

图 24.2 全球总电池生产量（2008～2011 年）以及最大供应商的份额（2011 年）[3]

资料来源：IIT LIB 相关研究项目 11-12，2012 年 2 月

期的产量也大幅下降。美国的补贴导致在市场容量上有一定的增长，使得容量过剩率为 50%～100%[7]。同时，由于电池生产商之间的竞争和新技术带来的成本降低而致使价格下降。OEMs 给出的 PHEV 电池的价格在 2014～2015 年间，据预测仅仅为 250USD/kW·h 左右[8]。

24.3 电池和材料生产过程

下面近距离地看一下电池和材料制作过程背后的经济学。这将会有利于评估产业的盈利能力以及确定未来成本降低的领域。

为了计算电池目前和未来的成本，以一个符合 VDA（德国汽车制造协会）规格（涉及应用在 EV 和 PHEV 中的电池规格的标准提议）的硬壳 PHEV2 电池为例来进行说明（见图 24.3）[1]。

电池设计

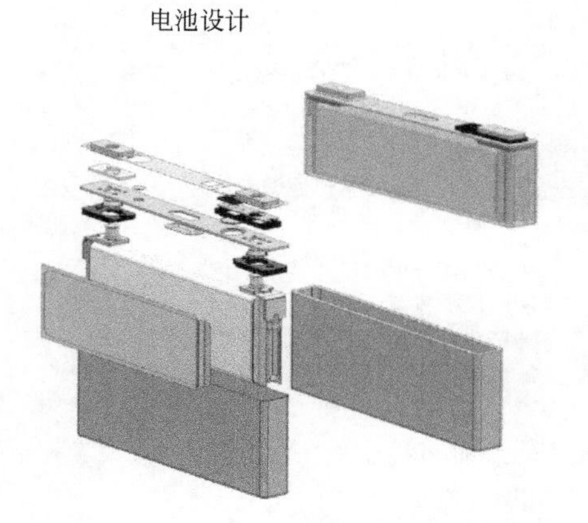

主要规格

- 26A・h/3.7V
- 能量:>96W・h
- 比能量:135W・h/kg
- 电池尺寸:85mm×173mm×21mm
- 活性材料
  —阴极：NCM三元
  —阳极：石墨
  —电解液：EC/DMC/EMC 1mol/L $LiPF_6$
  —隔膜：Entek(20μm)
- 棱柱铝壳(0.8mm)，包括盖子和引线(Al,Cu)
- 主要应用领域:PHEVs

图 24.3　典型的 96W・h PHEV 电池[1]
电池规格用于成本预测［资料：罗兰贝格，LIB 价值链（2012）］

一个典型的 PHEV2 电池，容量为 26A・h、电压为 3.7V、质量为 716g[1,3]。为了计算所需要的阴极、阳极、电解液以及隔膜材料的量，以一个三元混合物镍钴锰（NCM）电池来近似计算。电池里面可以分离开的材料根据阴极/阳极材料类型以及电池成分而有所不同。在我们的计算中，采用以下比例：

① 阴极 31%；
② 阳极 30%；
③ 电解液 16%；
④ 隔膜 4%；
⑤ 外壳和连接线 19%。

阴极和阳极的质量包含 Cu/Al 箔、黏结剂以及炭黑。在成本预算中，假设了一个恒定的容量，96W・h。未来的生产过程会使用更高密度的阴极材料，这样会导致到 2016 年，同等容量的电池总质量下降到 680g（采用更高密度的 NCM）以及到 2018 年，质量会下降到 667g（采用高容量材料）。

24.3.1　当前成本结构

为了计算阴极、阳极、隔膜以及电解液的成本，从工序、投资、设施、电力以及直接人工费用等方面分析了这些材料的生产过程。图 24.4 展示了 NCM 以及镍钴铝（NCA）阴极材料的连续生产过程[1]。在生产金属阴极材料过程中涉及的主要步骤是：沉淀、混合、热处理以及球磨。

一般地，生产设备都是材料制造商内部设计的，部分内部生产，部分标准生产（如混合机、干燥机）。

在阴极材料的连续生产中，每 1000t 的量每年大约需要投资 2.5～3 千万美元（见图 24.5）[1]，这个数字中包括有 20%的工程费用，而占投资最大比例的是前驱体材料的连续反应器。

如果是分批生产，那么每 1000t 大概只需要投资 1.5～2 千万美元。但是，这种生产过程不适合生产高质量产品。

为了计算成本，在总费用的基础上增加 30%作为维护费用。将设备的使用寿命认定为 7 年以上，土地和建筑的使用期限为超过 30 年。

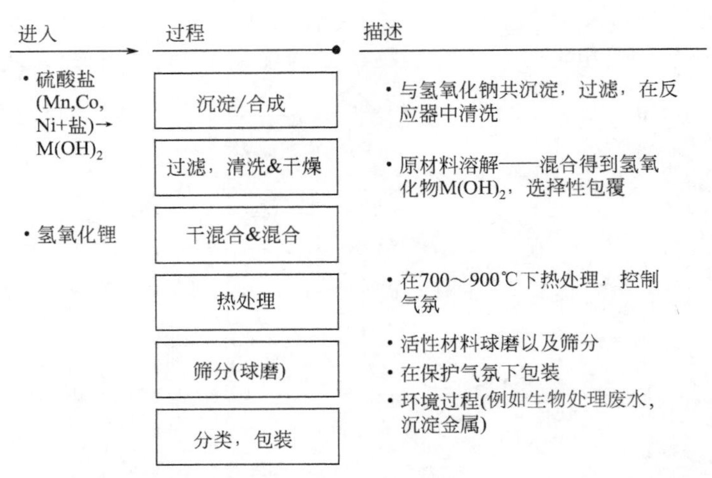

图 24.4 阴极材料的生产过程——连续过程（NCM/NCA）[1]
资料来源：罗兰贝格，LIB价值链（2012）

项目	1000t 每年的投资/千万美元	项目	1000t 每年的投资/千万美元
土地和建筑	3～4	回转窑（燃烧炉）	2～3
公共设备投资	2	气流粉碎机以及分类器	2～3
废水管理	1	管道系统	3
尾气处理	0.5	电子控制	1.5
前驱体材料反应器	4～5	油库	0.5～1
带式过滤器	1.5	装货/打包	1
干燥器	1	质量相关设备	1
混合器	1～1.5	总计	25～30

图 24.5 连续阴极生产过程的预计投资[1]
资料来源：罗兰贝格，LIB价值链（2012）

阴极材料上劳动力的费用一般为1～1.5USD/kg，假定一个全职雇员的平均费用为每年27700美元。一个1000吨/年的连续生产流程需要大约11个雇员，而批量生产需要23个雇员。其他阴极材料的劳动力需求基本类似，因为自动化程度一般比较高。

对于每千克阴极材料，一般需要30～50kW·h的能量来提供热电、球磨、用泵、干燥以及烧结过程所需要的热。理想的能量输入方式包括1/3的电、1/3的天然气（热处理用）以及1/3的蒸汽（中高压）。在阴极材料生产过程中还需要的其他材料包括氨水、水（冷凝）、氢氧化钠、盐酸以及硫酸。这些材料在阴极材料上的附加费用大约为1USD/kg。

本计算中也将环境费用考虑在了计算内，比如废水处理、废气处理以及处置不合规格的材料（经金属许可允许）。这些花费会在最终产品成本上附加0.5～1USD/kg。此外，在生产符合汽车标准的产品上还需要0.5～1USD/kg的附加费用。在计算时，没有把研发费用包含在内。

同NCM和NCA相比，锂锰氧化物（LMO）（锰尖晶石）的生产过程不需要用于制备前驱体材料的反应、过滤以及干燥的设备，此外，在废水管理以及设备利用上投资也较小。

此外，也估算了投入材料的成本（见图24.6）[1]。需要注意的是电池级的材料需要额外的生产步骤（比如在锰的生产中），因此在原材料的基础上增加了额外的成本。

金属	原材料价格/(USD/kg)	电池级材料/(USD/kg)
镍（>99.8%）	23.6	29.6
钴（>99.3%）	42.5	52.0
锰	8.8	14.3
碳酸锂（19%Li）	6.0	6.0
铝	2.4	2.4
磷酸铁	5.4	5.4

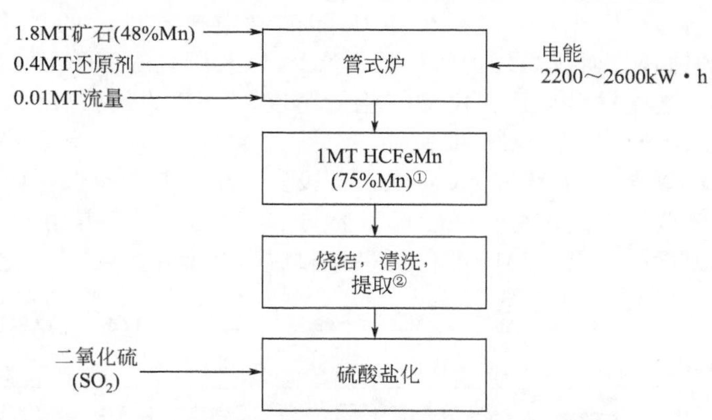

图 24.6 在价值计算中前驱体材料的费用增加 4～9 美元/kg，使金属到达电池级水平[1]

资料来源：罗兰贝格，LIB 价值链（2012）

① 也包括 C（8%）、Si（2%）以及 S（0.03%）；② 鼓氧

我们也对阳极、隔膜、电解液以及电解质盐进行了类似的计算。

图 24.7 展示了采用 2011 年成本数据进行的计算结果。这个计算是基于充分利用生产能力以及 95%～98%的产量；基于在美国生产，劳动力、能源以及环境费用都包含在内；设备、土地以及厂房的折旧也考虑在内；不包含研发、销售、日常管理费以及利润率。

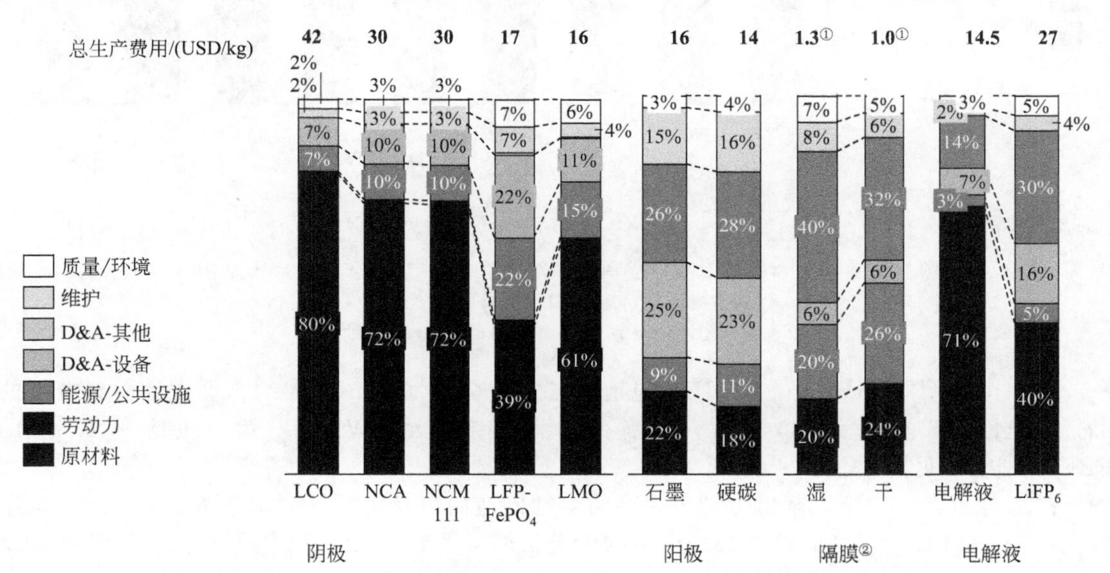

图 24.7 不同材料的成本结构（总生产成本）（USD/kg），2011[1]

资料来源：罗兰贝格，LIB 价值链（2012）

① USD/m²；②包括外包的隔膜原材料价格

24.3.2 中期成本结构以及利润率

到 2015 年，很多领域会发生变化。根据最新的分析报告，镍、钴以及锰的价格会在 2015 年下降。钴价格的下降会让富钴材料受益。同时，随着能源成本的上升，磷酸铁锂(LFP）的生产费用会上升。从 2011 年到 2015 年，高密度阴极材料的成本下降率在 7%～22%之间。磷酸铁锂的价格会随着更高的能源以及公共设施的成本而上升，能源和设施成本大约占总成本的 30%。

还有重要的一点，授权给巴斯夫或者其他公司的高容量材料在最近十年的后五年内将可以自由使用。这些材料由于自身的高能量密度以及低材料成本而具有很大的成本优势。

图 24.8 显示了针对不同阴极材料在 2015 年的制造成本进行的计算结果[1]。钴酸锂(LCO）由于较高的钴含量而成为最贵的材料。NCA 以及所有的 NCM 材料的价格都受到钴价格的影响。但是，这些材料也具有较高的能量密度。LFP 的价格较低，但是它的能源成本费用也较高（比 NCM 或者 NCA 要高出 50%～100%)，且它有更高的投资要求（+15%）以及产品质量要求。NCM 和 NCA 在设备投资要求上基本类似，而 LMO 的材料成本较低，投资要求也较低，不过该材料一般都需要与 NCM 或 NCA 混用。由于政策补贴，劳动力成本以及其他因素的变更，2015 年的阴极材料成本会变化大约 15%之多。

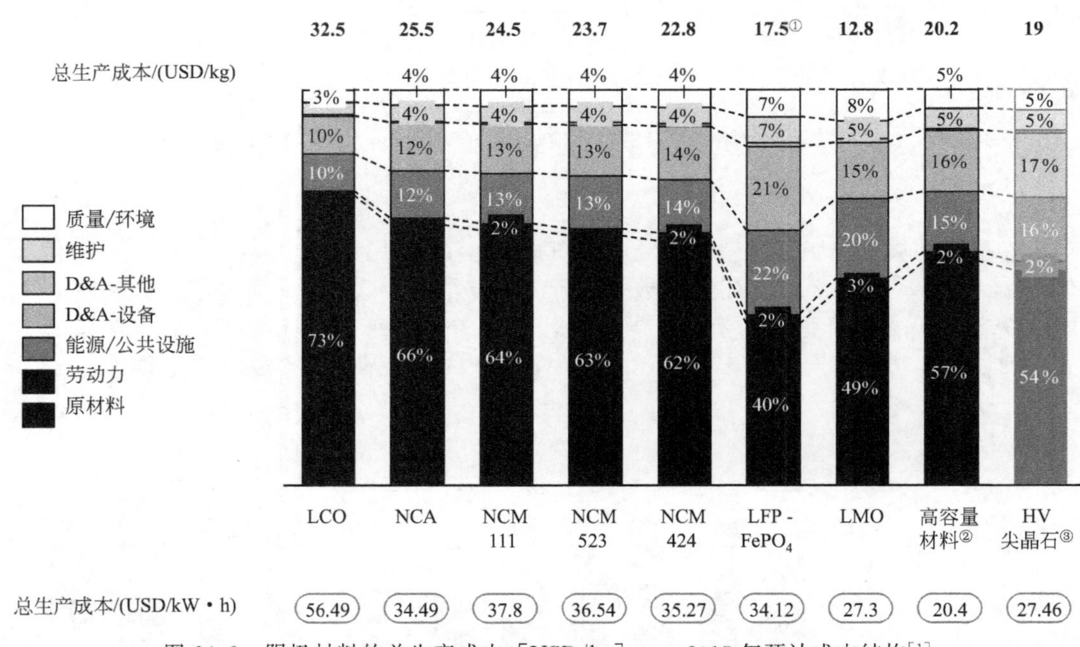

图 24.8 阴极材料的总生产成本 [USD/kg] ——2015 年预计成本结构[1]

资料来源：罗兰贝格，LIB 价值链（2012）

① 高质量差异；② 到 2015 年可用；③ 到 2020 年可用

在一个典型的 96W·h 的 PHEV 电池中，阴极材料（NCM）大约占据电池材料费用的 39%。电池总成本是 23.30 美元，或者大约为 250 美元/kW·h，其中包括一个 5%的 EBIT❶ 利润（见图 24.9)[1]。

根据计算，在中期，降低电池价格会给电池制造商以及阴极材料制造商在利润上带来压力（见图 24.10)[1]。随着这些类型电池的市场价格降低到大约为 22 美元，电池制造商以及

❶ EBIT 利润：Earnings Before Interest and Tax 在利息和税金之前的所有收入。译者注。

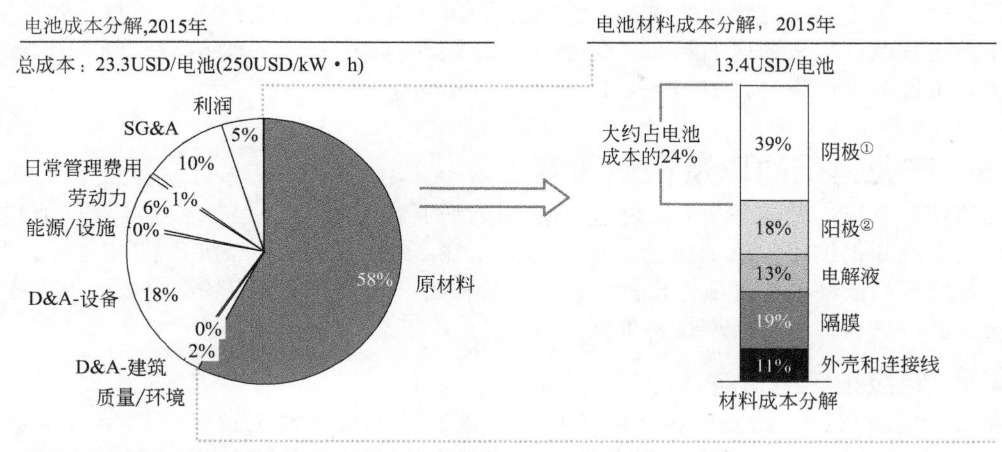

图 24.9　电池 2015 年预期成本结构——典型的 96W・h PHEV 电池[1]
资料来源：罗兰贝格，LIB 价值链（2012）

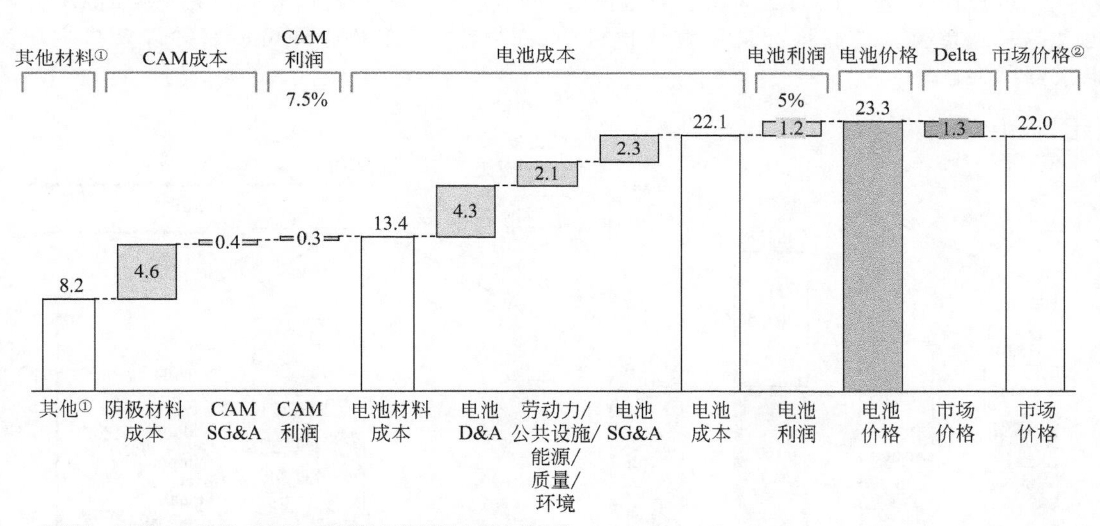

图 24.10　价值链上成本、价格以及利润分解［USD/电池］，基于 2015 年数据[1]
资料来源：罗兰贝格，LIB 价值链（2012）

阴极材料制造商的利润都会降低，而同时投资力度也需要增大：

① 电池制造商需要投资更快以及更高效的生产技术及过程，尤其在涂布以及电池组装上。

② 材料制造商需要研发新材料以及新的材料组合。

24.3.3　长期成本结构（2015～2020 年）

到 2016 年，高能量的 NCM 阴极材料有望在市场上出现。这将会使电池的比能量提高到 141W・h/kg，而同时将 NCM 的使用量降低到 113g。在 2018 年，高密度高容量的材料有望出现，从而使得阴极材料的价格进一步降低，使用量降低到 100g。

在 NCM 阴极材料的应用上，到 2020 年，其价格将会比 2015 年的水平降低 6%，达到 25USD/(kW・h)。其中，有 4%归因于更高的能量密度，而 2%由于生产过程的改进。

而阳极、隔膜以及电解液的成本，预测会有 10～20 美元/(kW·h) 的价格下降的空间。电池生产过程改进带来的成本降低至少为 20～25 美元/(kW·h)。因此，在利润稍微改进的基础上，电池的价格将会在 2018～2020 年达到 180～200 美元/(kW·h)。

24.4　产业链结构以及预期改变

能源储存系统，尤其是动力系统以及电网应用的持续增长以及特殊需求，给电池制造商以及材料制造商提供了大量的机会。如上所述，在 2008～2009 年经济危机（尤其是美国）之后，政府开始鼓励电池方面的投资，给予大量补贴。这意味着该市场会出现重大改变，而韩国会在其中充当一个不断增长的角色。

24.4.1　阴极和其他材料

今天，阴极材料（以及阳极、隔膜和电解液）的市场基本上被亚洲国家（主要是日本）所占据（见图 24.11）[1,3]。随着动力应用正在占据越来越多的锂离子电池市场（见图 24.1），AESC❶（NEC❷-尼桑）、松下-三洋、LG 化学以及三星 SDI 的市场地位将会变得更加重要。韩国的生产商（尤其是 L&F 以及 Ecopro）也会占据更多的市场份额。此外，日本户田工业（Toda Kogyo）的地位会得到改善，而化学巨头如巴斯夫（BASF）等也会越来越重要。它们将会自行替代掉目前的供应商，在营业许可、兼并以及自主研发上投资巨大。

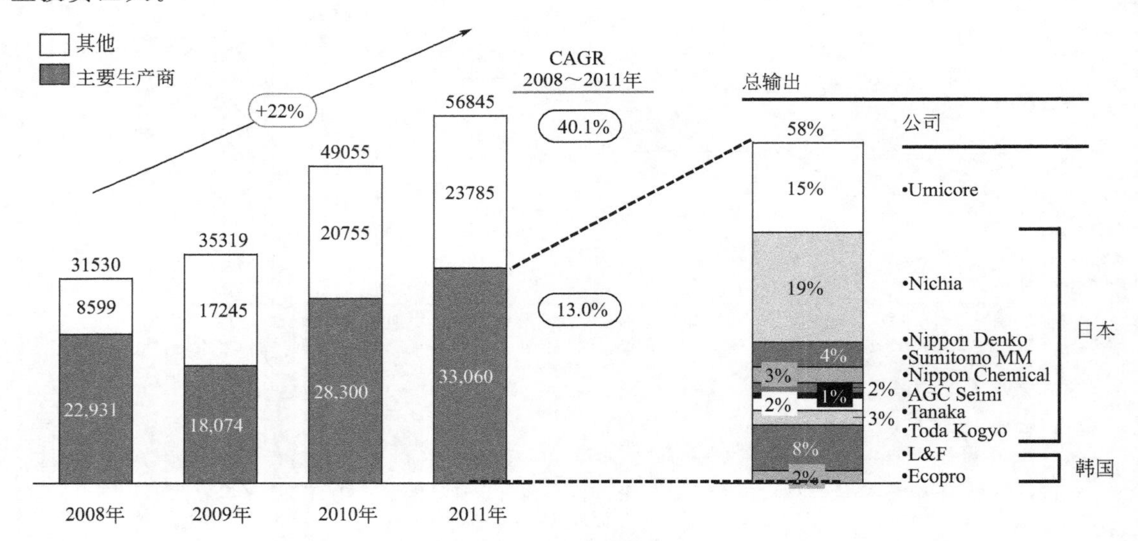

图 24.11　2008～2011 年所有阴极材料总生产量/t[1,3]
资料来源：IIT LIB 相关研究项目 11-12，2012 年 2 月

为了增加附加值以及利润，阴极生产商正在尝试整合前驱体制造商。同样的原因，韩国有很强材料生产能力的电池制造商，正在尝试采用他们自己的资源。这种现象在 LG 化学上已经开始呈现，而三星 SDI 也有望采用同样战术[1,3]。

❶ Automotive Energy Supply Corporation。Nissan 与 NEC 的合资公司。
❷ 日本电气股份有限公司。

同样，博世[1]正与 SGL[2]、瓦克[3]以及 BASF 联系紧密，他们正在设计新的材料以开发容量超过 250W・h/kg 的电池[9]。

在这些合作冒险正在日益重要的同时，仍然希望电池制造者如 A123 进行的阴极材料生产会保留利基业务[4]。由于研发需要投入大量资金，再加上持续增长的价格压力，阴极材料制造商市场在这十年内一定会得到加强。

24.4.1.1　NCM

汽车以及高端消费市场应用带动的市场增长正在吸引越来越多的新竞争者，故而只能在高压下求利润。在 2015 年之前，原材料价格将不会下降到足以弥补增长的成本压力，从而更加恶化利润压力。到 2020 年，没有足够生产规模的小生产商将会被市场淘汰。

24.4.1.2　NCA

NCA 化学主要是一个高端利基市场（如用于军事应用），少有新竞争者。一些小型专业公司如 SAFT[5] 占据这个电池市场，成本压力比 NCM 市场要小。因此利润尚可，但是整体市场容量较小。一个很重要的原因是 NCA 由于析气问题不能用于软包电池。NCA 未来的发展与否取决于小电池能否应用于汽车市场。

未来 2～3 年内，该材料价格有望大幅下降，同时利润也会下降。但是，成本也会有所下降，因此在未来十年的后五年内，剩下的生产商之间会出现进一步的整合。

24.4.1.3　LFP

LFP 的市场呈现高度质量分化的现象，仅在中国就有 100 多家公司。高端产品部分以价格高以及还算不错的利润为特征，从目前到 2015 年之间，会有一个整体的向高质量需求上发展的趋势。

这将会使得在不断增长的成本中降低产品价格，从而造成利润压力。到未来十年末，LFP 同其他材料之间的竞争导致的严重创新压力将会使得小公司被市场淘汰。尤其是中国，将会面临巨大的整合。

而对于 NCM 和 NCA 材料，我们希望小公司会被较大的化学公司接管。在剩余公司中的寡头将会毫无疑问地得到更好的利润，虽然公司之间利润存在较大不同，但是整体上所得到的利润都会比过去要低。

24.4.1.4　LMO

LMO 的市场已经是一个寡头市场，新入者门槛很高。在短期内（2015 年之前），LMO 整体市场缩水会增强竞争，并进一步带来利润压力。如其他材料一样，中长期内有望进行进一步的整合。剩余的公司会面临一个比较稳定的，也很有限的市场。

24.4.2　电池生产

电池生产行业的特征是：竞争激烈，且对未来市场发展不确定。锂离子电池市场的整合无可避免，这主要是由于几点决定的。

（1）大型锂离子电池市场会面临容量过载以及价格战，主要因为：

① 实际需求小于预期；

② 需要巨大的容量，但是新设备会更加高效；

---

[1] 博世是德国最大的工业企业之一，从事汽车技术、工业技术和消费品及建筑技术的产业。

[2] 德国西格里碳素集团。

[3] 德国瓦克国际集团有限公司。

[4] 小范围的，专门化的业务。

[5] 法国阿尔卡特集团下属电池公司。

③ 到 2015 年，价格会降低到 250 美元/(kW·h)，未来十年后期会降低到 180～200 美元/(kW·h)。

(2) 材料上的新发展（主要是阴极，也有一些阳极、电解液和隔膜）以及生产技术的新发展都会使电池价格降到更低。但是这些新发展在引入和商业化过程中需要更多的投资。在目前的利润率下，尤其是最早的开拓者并没有足够的资金来完成整个游戏；而只有存在母公司的大玩家能够承受整个利润薄弱期，在经济动荡中存活下来。

参 考 文 献

[1] W. Bernhart, Roland Berger Strategy Consultants GmbH, The Lithium-Ion Battery Value Chain, Study paper, Munich/Tokyo/Seoul/Shanghai, 2012.

[2] C. Pillot, Avicenne Energy, Battery Market Compilations, twenty first ed., March 2012.

[3] H. Takeshita, Institute of Information Technology Ltd., LIB-Related Study Program 11–12 February, 2012.

[4] W. Bernhart, Roland Berger Strategy Consultants GmbH, Powertrain 2020: Li-Ion Batteries – The Next Bubble Ahead? Study paper, Munich/Shanghai/Detroit, February 2010.

[5] W. Bernhart, Roland Berger Strategy Consultants GmbH, Powertrain 2020: The Li-Ion Battery Value Chain – Trends and Implications, Presentation at EV Battery Forum Asia, Shanghai, 7–9 November, 2011.

[6] W. Bernhart, Electromobility–The Only Way Forward? 22nd International AVL Conference "Engine & Environment", 9–10 September, 2010, Graz, Austria.

[7] Leidensweg in die elektrische Zukunft, Automobilwoche 02/2013.

[8] W. Bernhart, Roland Berger Strategy Consultants GmbH, Lithium-Ion Batteries – The Bubble Bursts; Study paper, Stuttgart, October 2012.

[9] Robert Bosch GmbH, Verbundprojekt Alpha-Laion zur Entwicklung von Hochenergie-Traktionsbatterien gestartet. http://www.bosch-presse.de/presseforum/details.htm?txtID=5963, 16 January, 2013.

第25章 锂离子电池热力学

Rachid Yazami[1,2*], Kenza Maher[2]
([1] 南洋理工学院，新加坡；[2] 慕尼黑Create研究小组，新加坡)
*RACHID@NTU.EDU.SG

25.1 概述

我们在一系列的杂志文章[1~12]，书籍[13]以及美国专利[14~20]中展示了热力学技术和方法对于理解阳极[1,2,8~10,13]、阴极[3,5~7,13]以及全电池在充放电、过充和循环老化过程中的行为是如何的有用。锂离子电池包含阳极和阴极，它们都可以可逆地将锂离子嵌入它们的本体结构<H>中，遵从一个基本的机理方程：

$$\langle \mathrm{H}\rangle + x\mathrm{Li}^{+} + x\mathrm{e}^{-} \rightleftharpoons \langle \mathrm{Li}_{x}\mathrm{H}\rangle \tag{25.1}$$

式中，x 是电极以及/或者电池反应进度（$0\leqslant x\leqslant 1$）。

电池自由能 $\Delta G(x)$ 与电池的开路电位（OCP）$E_0(x)$ 之间的关系为：

$$\Delta G(x) = -nFE_0(x) \tag{25.2}$$

式中，n 是传递离子的个数（这里 n 是指 Li^{+} 迁移的个数，其值为 1）；F 是法拉第常数。

电池在平衡态 $E_0(x)$ 的电压为：

$$E_0(x) = E_0^{+}(x) - E_0^{-}(x) \tag{25.3}$$

式中，$E_0^{+}(x)$ 与 $E_0^{-}(x)$ 分别代表阴极和阳极的电势。

其中，$\Delta G(x)$ 也与给定电极成分的熵变 $\Delta H(x)$ 以及焓变 $\Delta S(x)$ 有关，根据：

$$\Delta G(x) = \Delta H(x) - T\Delta S(x) \tag{25.4}$$

将式（25.2）在给定反应进度 x 以及压力 p 的情况下，对 T 进行求导，可以得到：

$$\Delta S(x) = F\left[\frac{\partial E_0(x,T)}{\partial T}\right]_{x,p} \tag{25.5}$$

$$\Delta H(x) = -F\left[E_0(x,T) + T\left(\frac{\partial E_0(x,T)}{\partial T}\right)_{x,p}\right] \tag{25.6}$$

式中，T 是温度；p 是压力。

根据式（25.4）和式（25.5），要想测试不同 x 值下与温度相关的 $E_0(x)$ 值，那么需要知道 $\Delta S(x)$、$\Delta H(x)$ 以及它们分别与 x 值以及 OCP[$E_0(x)$] 的曲线关系。我们发现熵曲线以及焓曲线在 x 以及 OCP 具有明确值，如在最大值和最小值的条件下，是很有力的揭示特性的工具，而这些特性在 OCP 曲线上是发现不了的。这种高检测能力主要归因于 $\Delta S(x)$ 以及 $\Delta H(x)$ 会考虑一个很重要的热力学参数：温度（T）。稍微改变电池的温度，电极材料在晶体学以及电子结构上会发生微妙的变化，这点可以从它们的能态密度上体现出来。由于熵对无序高度敏感，所以在电池循环以及老化过程中，它能够提供一份更加详细的材料结构变化信息。

构型熵是化学过程中除了振动熵和电子熵之外，另外一个引起总熵变的主导因素，它可以表达为：

$$S(x)=-k[x\ln(x)+(1-x)\ln(1-x)] \tag{25.7}$$

式中，κ 是玻耳兹曼常数。

根据方程（25.7）可以推导出熵变为

$$\Delta S(x)=\left[\frac{\partial S(x)}{\partial x}\right]_{T,p}=-k\ln\frac{x}{1-x} \tag{25.8}$$

在相变组成接近 $x=0$ 以及 $x=1$ 时，$\Delta S(x)$ 的绝对值应该增加最大。这些相变可以描述电极材料的相图，是电极材料的独特特征。所以很自然地，热力学方法以及技术在描述电池成分[12,13]、健康状态（SOH）[15]、荷电状态（SOC）[16]以及循环历史[20]等方面的特征时，是很有力的且无损的工具。

很多电池是属于热力学亚稳态，因为其中的一个或两个电极会导致电池总体电势超出电解液的电势稳定窗口。这就意味着阳极和/或者阴极会被电解液分子分别氧化和/或者还原。但电池会因为动力学方面的原因而稳定，如电极-电解液反应会因为钝化而阻碍，从而降低反应的动力学。例如，在锂离子电池中，石墨阳极表面生长的钝化的固体电解质界面在电池稳定化的过程中起着非常重要的作用。

本章主要介绍锂离子电池在老化过程中的热力学特征。为了加速电池老化，采用了三种方法：

① 过充电到 4.9V，常规充电截至电压（COV）一般为 4.2V；

② 将电池在初始充电状态（4.2V）下在 60℃和 70℃条件下热老化；

③ 常温 C/2 倍率下循环至 1000 次。

接下来将讨论熵以及焓随电池老化变化的曲线。也将展示热力学是如何主动决定电池经历的老化模式类型，以及介绍锂离子电池老化记忆这一新概念。

25.2 热力学测量：程序和仪器

本研究采用 2032 型、44mA·h 的纽扣式锂离子电池。不管老化模式的本质是什么，热力学测量都采用如图 25.1（BA-1000）所示的电池分析器进行，它主要包括三个部分：

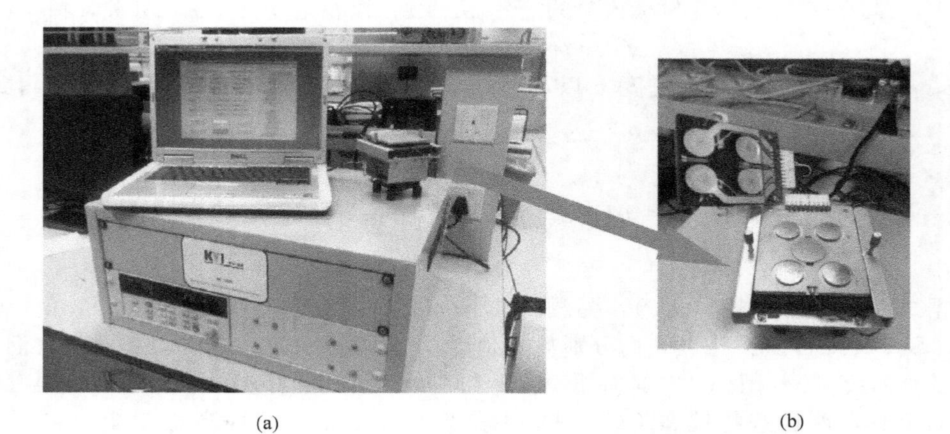

(a) (b)

图 25.1 运行热力学测试的 BA-1000 仪器

(a) 带有恒电位/电流系统的中央系统；(b) 纽扣式电池载台

① 一个温度控制的电池载台，可以装 4 个电池；

② 具有高精度的电压和电流测试能力的恒电位-电流系统；

③ 一台电脑，装载有可以运行热力学测量步骤以及完成数据收集和运行的软件；

电池放电到 2.75V，之后充电到 4.2V，恒电流 9mA 下再次放电到 2.75V。在进行这些步骤的过程中，BA-1000 可以评估电池的容量 q（mA·h）。之后开始逐步进行热力学测量程序。在每一步，电池的 SOC 都通过施加一个恒定的电流（C/6）30min 而增加 5%，之后电位静止 20min，使电池的 OCP 达到接近稳定状态。电池的温度以 20min 衰减 5℃的速率从室温降低到约 10℃，同时监控电池的 OCP。当这个步骤完成时，让电池的温度上升到室温，对电池的 SOC 施加一个额外 5%的增量。根据这样一个程序，每个电池可以一共收集到 21 个 OCP、熵以及焓的数据。充电到 4.2V 后，在放电过程中，热力学测量程序也会不定时地像在充电时那样运行，除了电流标志外其他条件一致。通过分析施加到 4 个电池中的所有热力学测量过程，发现了在充放电过程中基本一致的 $E_0(x)$、$\Delta S(x)$ 以及 $\Delta H(x)$ 曲线。因此，本章中只呈现在充电过程中收集的数据。

25.3　老化前的热力学数据：评估电池成分

图 25.2 展示了 4 个全新电池在充电过程中的 OCP-SOC 图。四个电池 OCP 的数据点在 5%～100%SOC 范围内彼此重合，显示了很好的再现性。唯一不同点是在当 SOC=0%时。这大概是由于石墨阳极 $Li_\varepsilon C_6$（$\varepsilon \approx 0$）中含锂的成分略有不同，阳极的电势主要随 ε 而变化。OCP 曲线在 SOC 大约为 55%时，曲率有一点变化。图 25.2 显示 OCP 曲线上呈现不同特征的 3 个 OCP 区域：①5%～25%；②25%～55%以及③55%～100%。不过 OCP 的曲线太过平滑，以至于无法明确阳极和阴极中相变的开始点，确定这些点需要 OCP 曲线上存在陡坡或者平台。

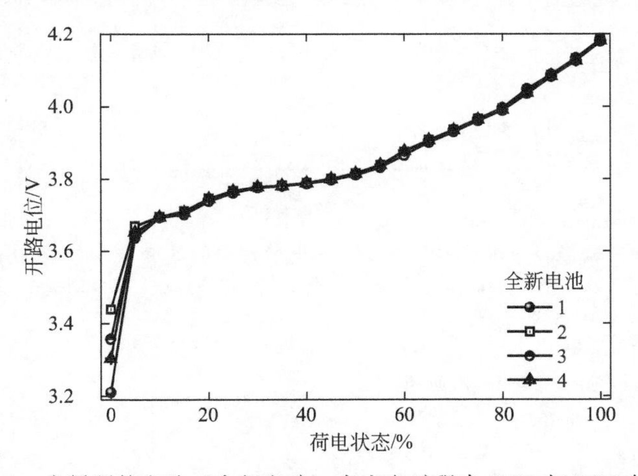

图 25.2　未循环的电池（全新电池）在充电过程中 OCP 与 SOC 的关系

在图 25.3 和图 25.4 中分别展示了熵以及焓的曲线，与 OCP 曲线不同，在这两个曲线上表现出了明确的峰以及坡度变化。在 ΔS 以及 ΔH 曲线上都能够明确几个特殊的 SOC 值，分别标注为 A_1、A_2 以及 C_1～C_5，这些点与石墨阳极（A_1、A_2）以及钴酸锂（LCO）阴极（C_1～C_5）中相变开始相对应。在最早对 Li/石墨以及 Li/LCO 半电池的研究中[13]，将这些特殊数据点归因于以下的相变过程，用符号↔来图示：

A_1，石墨↔稀释阶段-1，$Li_\varepsilon C_6$（$\varepsilon \approx 0.03$）；

A_2，阶段-2↔阶段-1，$Li_x C_6$（$x \approx 0.5$）；

C_1，LCO 中单相（O3Ⅰ）↔两相（O3Ⅰ+O3Ⅱ）；

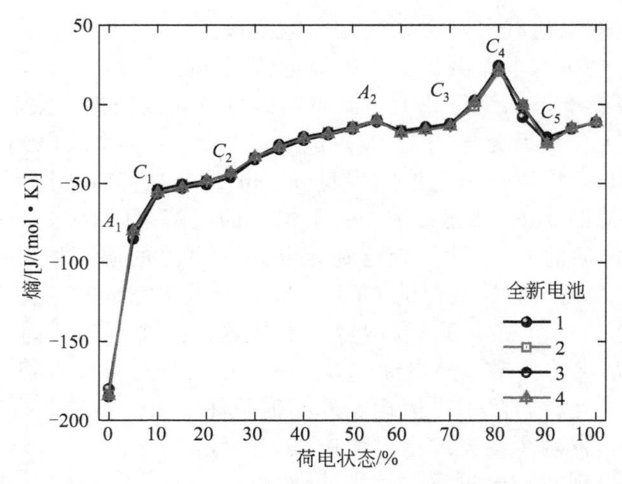

图 25.3 未循环电池（全新电池）充电过程中的熵变与 SOC 变化的关系

点 A_1 和点 A_2 对应于石墨阳极中相变的起点；C_1～C_5 对应于 LCO 阴极相变的起点

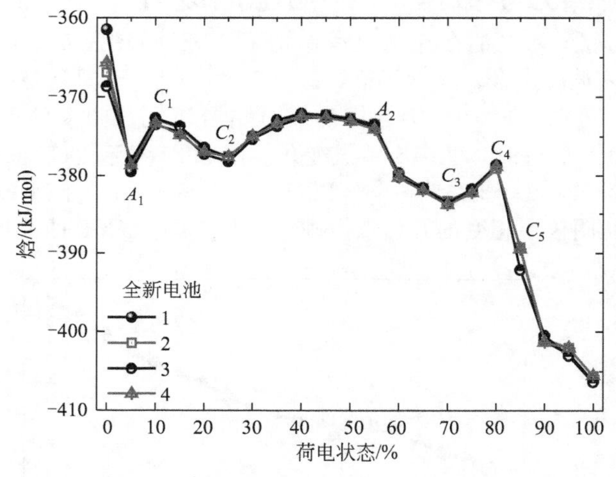

图 25.4 未循环电池（全新电池）充电过程中的焓变与 SOC 变化的关系

点 A_1 和点 A_2 对应于石墨阳极相变的起点；C_1～C_5 对应于 LCO 阴极相变的起点

C_2，两相六方晶系（O3 Ⅰ＋O3 Ⅱ）↔单相（O3 Ⅱ）；

C_3，立方晶系（O3 Ⅱ）↔单斜晶系；

C_4，单斜晶系↔O3（Ⅱ′）；

C_5，六方晶系（O3 Ⅱ′）↔六方晶系（O_3）。

因此，热力学分析方法能够辨明本项研究中所用电池的成分，它是由石墨阳极和 LCO 阴极组成的。

这个方法可以很简单地应用到其他锂离子电池成分的确定中，当阳极和阴极相变以及转化过程发生的时候，会提供每个电极材料的指纹特征。

25.4 过充电池的热力学

25.4.1 概述

为了使电池在较好的状态下运行，一般对于电池电压、温度以及充放电电流都有一个建议的范围。超出这些范围，电池就会经历一些不可逆的过程，这些过程会加速电池老化。不可逆过程主要体现在较低的放电容量以及放电电压、较高的内部电阻。自然而然地，电池的循环寿命也会比较低。

方程（25.3）给出了电池在平衡状态下的电压 $E_0(x)$，即在开路电位下，没有电流流经电池时的电压。在充放电电流 i 的条件下，电池电压 E_i 由于阳极过电位 η_a、阴极过电位 η_c 以及欧姆降 $R|i|$ 的存在而偏离 E_0。

$$E_i = E_0 \pm (|\eta_a| + |\eta_c| + R|i|) \tag{25.9}$$

式中，$\pm$ 是指充电时 +，放电时 −。

在电池过充电过程中，一部分不可逆能量 $-|\eta_a|F$ 以及 $-|\eta_c|F$ 用来克服阳极和阴极衰减过程中的活化能，以及克服电解液阳极氧化和阴极还原反应，它们是电池自放电和老化的原因[11,21~24]。

25.4.2　过充老化方法

电池以 10mA 恒流充电到 4.2～4.9V 之间一个恒定的 COV。在每组测试中，都采用 4 个新电池，COV 依次增加 0.1V。这样就有不用的电池分别充电到 4.2V、4.3V，如此类推，一直到 4.9V。之后将电池放电到 2.75V，再次充电到 4.2V，之后以 9mA 恒流放电到 2.75V。将这些电池转移到 BA-1000 测试系统上进行热力学测试。

25.4.3　放电特征

图 25.5 展示了充电到不同 COV 的电池放电特征，放电的结果列在表 25.1 中。包括放电容量 q_d、容量损失 q_{CL}、平均放电电压 $\langle e_d \rangle$ 以及放电能量输出 $E_d = q_d x \langle e_d \rangle$。

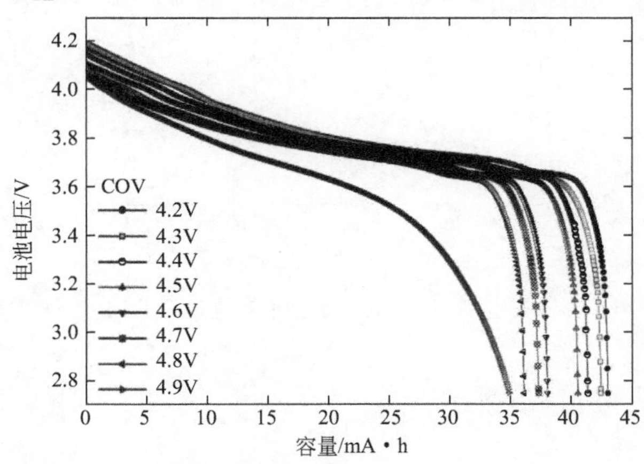

图 25.5　锂离子电池在不同充电截止电压（COV）条件下的放电曲线

表 25.1　锂离子电池相对充电截止电压（COV）的放电数据

COV/V	q_d/mA·h	q_{CL}/%	$\langle e_d \rangle$/V	E_d/mW·h
4.2	43.07	0	3.84	164
4.3	42.51	1.30	3.81	162
4.4	41.44	3.78	3.80	157
4.5	40.62	5.69	3.78	153
4.6	38.09	11.56	3.77	143
4.7	37.35	13.28	3.76	140
4.8	36.16	16.04	3.77	136
4.9	34.90	18.97	3.62	126

注：表中 q_d、q_{CL}、$\langle e_d \rangle$ 以及 E_d 分别是指放电容量、放电容量损失、平均放电电压以及放电能量。

电池在4.5～4.6V之间有较大的容量损失，这意味着在这个COV区间内电极和/或者电解液发生劣化。

在容量损失和COV之间发现了一个经验关系式，是非线性的，而且能够取得较好的拟合结果。

$$q_{CL(\%)}=35.47-40.12(COV)+7.56(COV)^2 \tag{25.10}$$

25.4.4　OCP曲线

图25.6显示了电池过充到不同COV条件下的OCP相对于SOC的曲线图。相比老化前的展示在图25.2中的数据来看，这些OCP的数据更加分散。数据分散是过充效应作用于电池热力学行为的标志。在SOC=0时，OCP的数值随着COV的变化而变化很大。这主要是由于石墨阳极中的残留锂以及/或者是LCO阴极中的锂空缺导致的[11]。在5%SOC之上，在OCP曲线中存在微小区别。但是，随着COV的增长，OCP在SOC数值上或者范围内并没有存在较大改变。因此，由于没有足够的分辨率，OCP曲线可能不适合用于表征在不同COV下老化的电池特征。

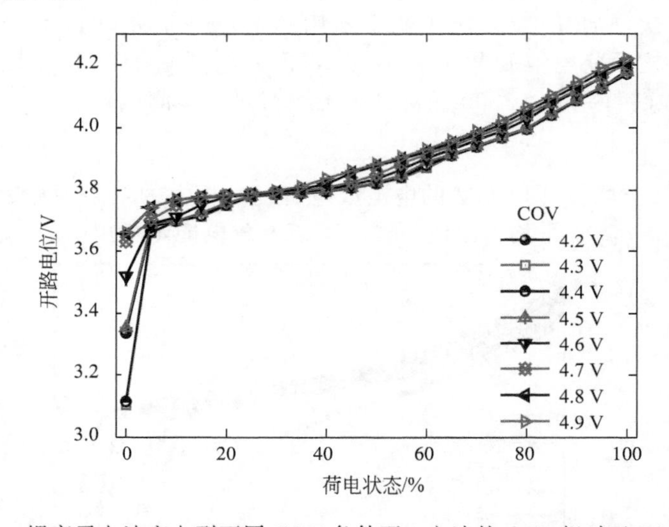

图25.6　锂离子电池充电到不同COV条件下，电池的OCP相对于SOC的曲线

25.4.5　熵和焓曲线

图25.7和图25.8分别展示了过充到不同COVs条件下电池的熵以及焓对SOC的变化曲线。图25.9和图25.10分别展示了同样的数据对OCP的关系图。图25.7和图25.8中的熵以及焓曲线显示了很大的变化，尤其是在以下SOC范围内：0～5%、40%～65%以及65%～90%。80%SOC下的数值具有较强的COV依赖性，此时无论是熵还是焓都达到一个峰值。熵及焓的数值变化较大，同图25.6中的OCP数值相比更能很好地用来表征电池过充行为。

在图25.9和图25.10中也发现了ΔS以及ΔH相对OCP曲线在OCP=3.87V以及OCP=3.94V时发生的较大变化。因此，采用这些特殊的OCP点来对老化电池进行精确的表征。为了完成这项工作，首先将电池恒流充电至3.87～3.94V；之后对电池施加一个恒电压直到电流降至C/100（约400μA）。然后在这些电池上进行热力学测试，以获得其在3.87V以及3.94V OCP条件下的熵和焓的数值。

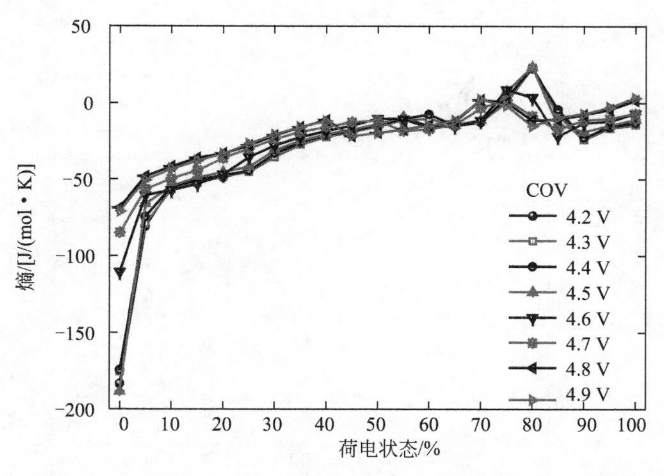

图 25.7　过充到不同 COV 条件下的锂离子电池的熵与 SOC 之间的关系

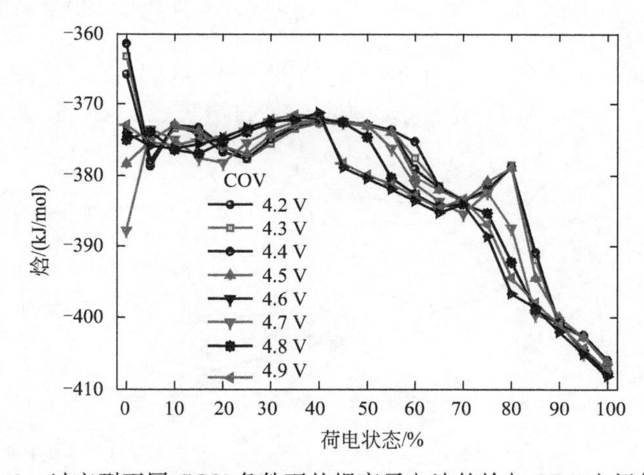

图 25.8　过充到不同 COV 条件下的锂离子电池的焓与 SOC 之间的关系

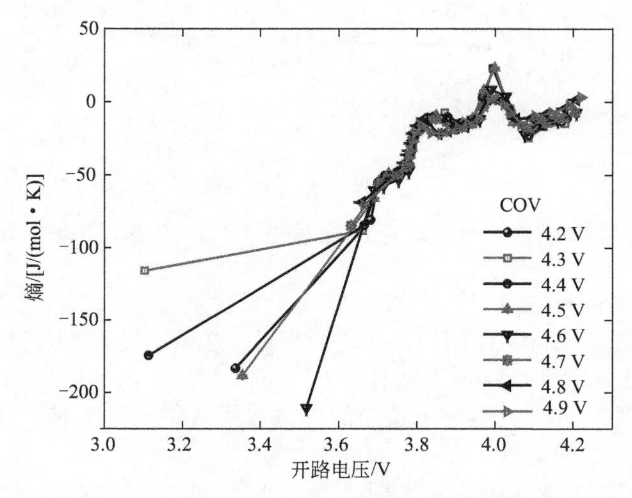

图 25.9　过充到不同 COV 条件下的锂离子电池的熵与 OCP 之间的关系

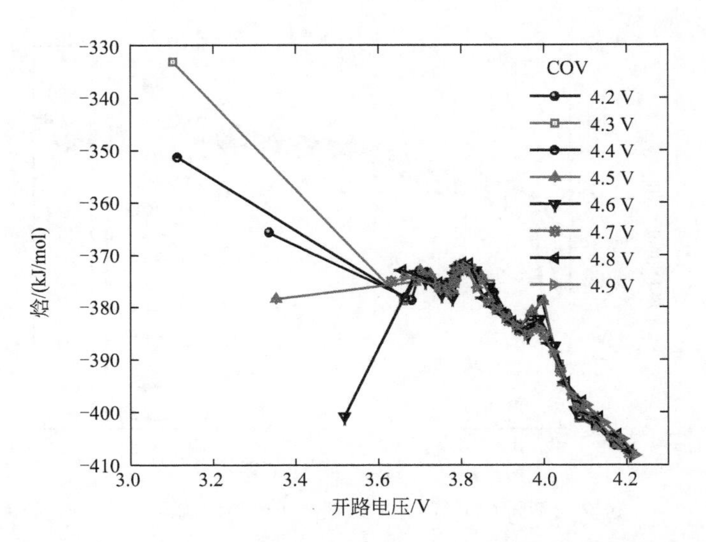

图 25.10 过充到不同 COV 条件下的锂离子电池的焓与 OCP 之间的关系

图 25.11 是在 OCP＝3.87V 条件下，电池过充到不同 COVs 条件下获得的三维图（ΔS、ΔH、q_{CL}）。事实上，容量损失 q_{CL} 随 COV 的增加已经在表 25.1 以及方程（25.9）中有所展示。

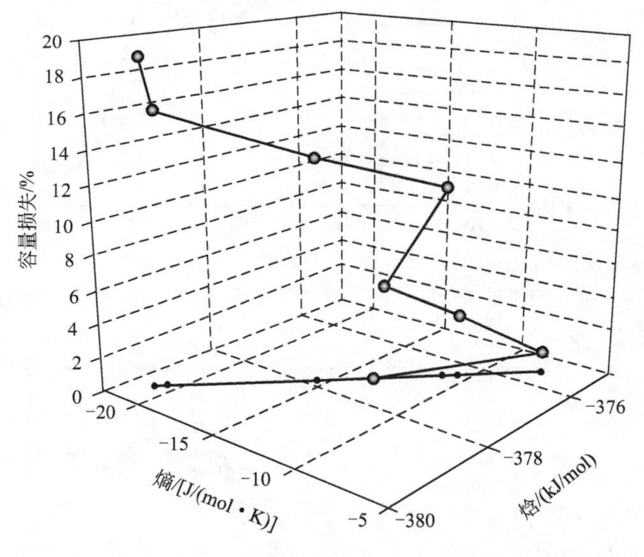

图 25.11 过充到不同 COV 条件下锂离子电池在 3.87V OCP 下的三维图（ΔS、ΔH、q_{CL}）

图 25.12 是 q_{CL} 的踪迹在（ΔS，ΔH）平面上投射的二维图。正如所料，所有 COV 相关的 q_{CL} 点均落在 ΔS 和 ΔH 平面上的一条直线上，这是因为在恒定 OCP 条件下，$\partial\Delta H/\partial\Delta S$ 等于 T，正是图 25.12 中斜线的斜率。

随着 COV 的增加，在自由能面上绘制的等电势线有不同的数值，这使得能够清晰地区分出在不同 COV 下老化的电池。

同样的结果也可以在 OCP＝3.94V 时获得，如图 25.13 和图 25.14 所示的三维图和映射图。

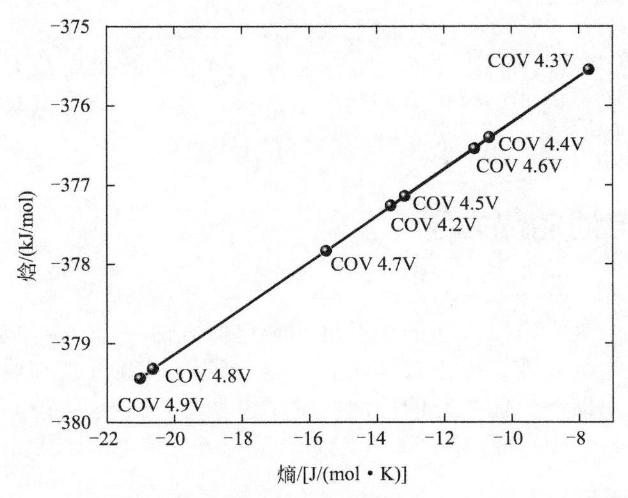

图 25.12　过充到不同 COV 条件下的锂离子电池在 3.87V OCP 在（ΔS、ΔH）平面上的二维投射曲线

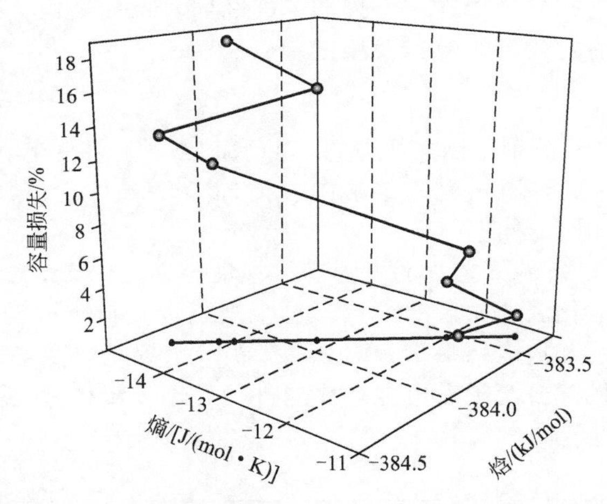

图 25.13　过充到不同 COV 条件下的锂离子电池在 3.94V OCP 下的三维图（ΔS、ΔH、q_{CL}）

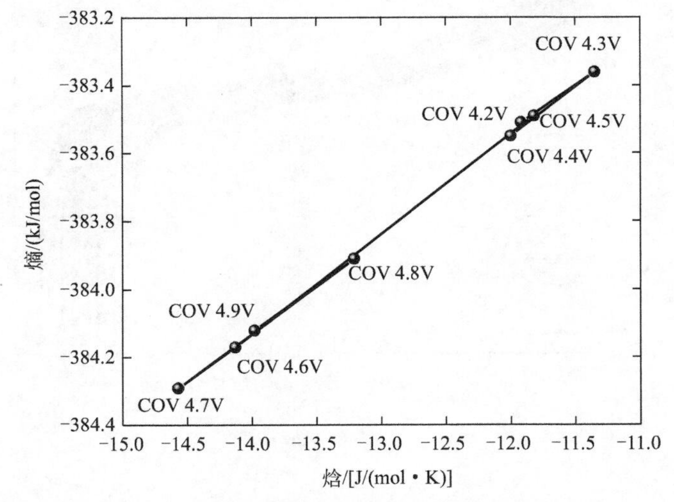

图 25.14　过充到不同 COV 条件下的锂离子电池在 3.94V OCP 下在（ΔS、ΔH）平面上的二维投射曲线

为什么 OCP 值为 3.87V 和 3.94V 时电池行为会如此独特，这主要是因为它们其实分别是石墨阳极和 LCO 阴极发生特定相变的实际电位。焓变以及熵变很大的特殊的 OCP 数值点，对于老化非常敏感，因此可以用来评估电池成分以及它们的健康状况（SOH），包括在过充过程中，从而能够清晰地获得 COV 对于老化的作用。

25.5　热老化电池的热力学

25.5.1　概述

热老化是另外一个为大家所熟知的加速电池老化的方法[25~34]。热激活电极以及电解液衰减过程，包括不可逆的相变、电极表面钝化、电极溶解以及沉淀和电解液氧化/还原，是大部分电池自放电以及储存性能衰减的原因。除了温度外，其他控制电池老化的重要因素包括初始 SOC 以及 SOH。SOC 越高，SOH 越低，则电池老化的速度越快。

25.5.2　热老化方法

将全新的电池在 2.75～4.2V 之间以 10mA（约 C/4 倍率）的电流循环 4 周，之后充电到 4.2V，在 60℃和 70℃烘箱中储存一个周期，即 8 周。每周结束，4 个电池都会采用恒流充放电以及热力学测试方法进行恢复以及测试。

25.5.3　放电特征

图 25.15（a）和（b）分别展示了电池在 60℃和 70℃条件下老化后，在 10mA 倍率下的放电曲线。表 25.2 和表 25.3 分别总结了在 60℃和 70℃条件下放电特征（q_{d}、q_{CL}、$\langle e_{\mathrm{d}} \rangle$ 以及 E_{d}）随老化周数变化的数值。

8 周后在 60℃和 70℃条件下老化的电池容量损失分别是约 14.4%和 24.2%。平均放电电压 $\langle e_{\mathrm{d}} \rangle$ 并没有受到老化温度太大的影响。这个观点也支持下面的活性/欠活性电极材料模型，这个模型指出在温和放电倍率下，阴极和阳极放电容量以及电压受到电极组分中存在的活性部分的控制。活性部分会随着电池老化的进行而逐步转化为欠活性部分。

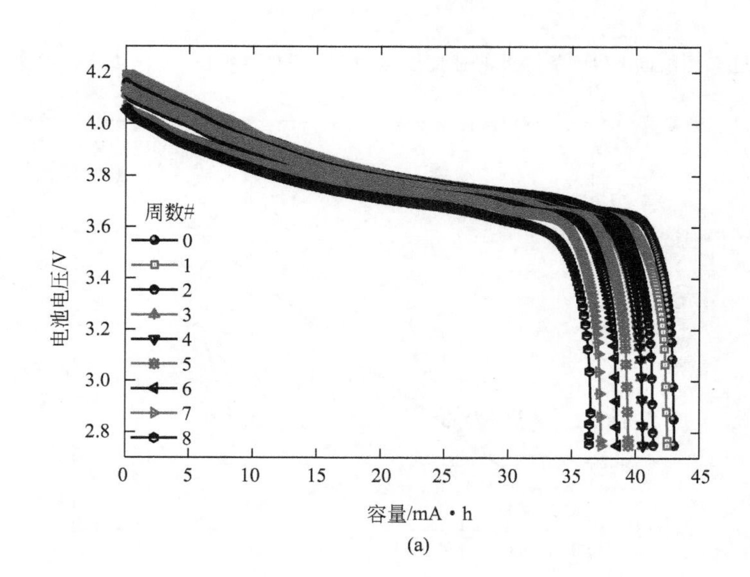

(a)

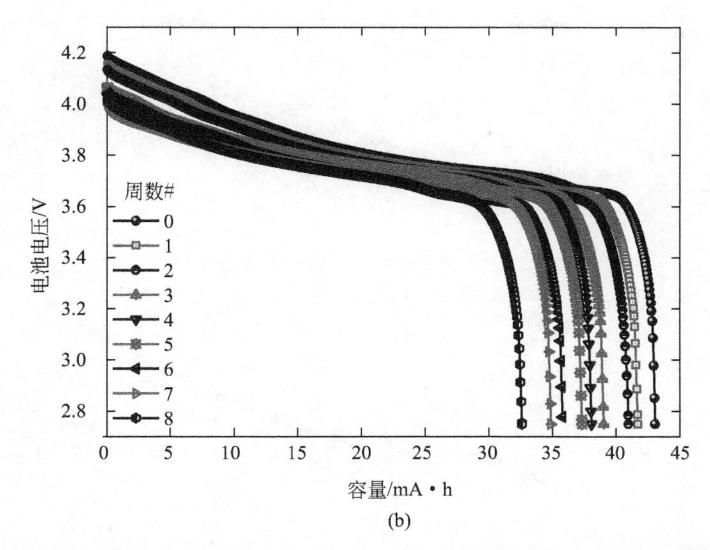

图 25.15　锂离子电池在（a）60℃；（b）70℃下热老化 0～8 周的放电曲线

表 25.2　锂离子电池在 60℃ 条件下老化的放电数据与周数关系

60℃条件下的周数	q_d/mA・h	q_{CL}/%	$\langle e_d \rangle$/V	E_d/mW・h
0	43.07	—	3.82	164
1	42.95	0.28	3.79	163
2	41.31	4.09	3.78	156
3	40.16	6.67	3.77	151
4	39.98	7.17	3.77	151
5	39.68	7.87	3.78	150
6	38.65	10.26	3.76	145
7	37.66	12.56	3.75	141
8	36.88	14.37	3.72	137

注：表中 q_d、q_{CL}、$\langle e_d \rangle$ 以及 E_d 分别指放电容量、放电容量损失、平均放电电压以及放电能量。

表 25.3　锂离子电池在 70℃ 条件下老化的放电数据与周数关系

70℃条件下的周数	q_d/mA・h	q_{CL}/%	$\langle e_d \rangle$/V	E_d/mW・h
0	43.07	—	3.82	164
1	42.06	2.35	3.79	159
2	40.84	5.18	3.77	154
3	38.94	9.59	3.76	146
4	38.00	11.77	3.76	142
5	36.97	14.16	3.76	139
6	35.77	16.95	3.75	134
7	34.93	18.90	3.74	131
8	32.65	24.19	3.73	122

注：表中 q_d、q_{CL}、$\langle e_d \rangle$ 以及 E_d 分别指放电容量、放电容量损失、平均放电电压以及放电能量。

25.5.4　OCP曲线

图25.16（a）和（b）分别展示了电池在60℃和70℃条件下老化8周以上的OCP与SOC关系。在60℃，OCP的曲线受老化时间的影响较小，而在70℃，当SOC大于55%时，随着老化时间的延长，OCP逐渐增大。这主要归因于阳极和阴极晶体结构衰减所致，随着老化的进行，阳极石墨烯层混乱度提高，阴极形成尖晶石的LCO相，而这两个过程都属于热激活过程[22]。

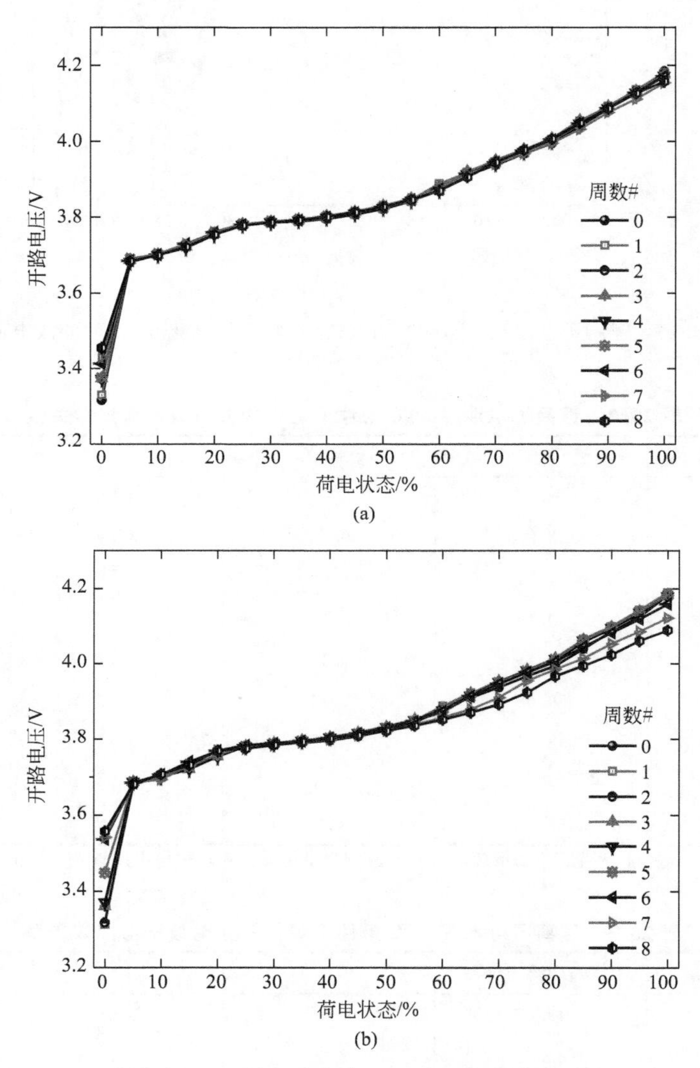

图25.16　锂离子电池OCP与SOC关系图

（a）电池在60℃条件下热老化0～8周；（b）电池在70℃条件下热老化0～8周

25.5.5　熵及焓曲线

在60℃和70℃老化的电池，分别将其熵和焓对SOC作图，结果展示在图25.17（a）、（b）和图25.18（a）、（b）中。熵和焓对OCP作图的结果分别见图25.19（a）、（b）和图25.20（a）、（b）中。如在过充老化部分所探讨的那样，熵和焓对SOC的变化曲线随老化时间的延长比其对OCP的变化曲线表现出更大的差异。熵及焓变化较为明显的SOC区域分别是5%、80%以及85%。

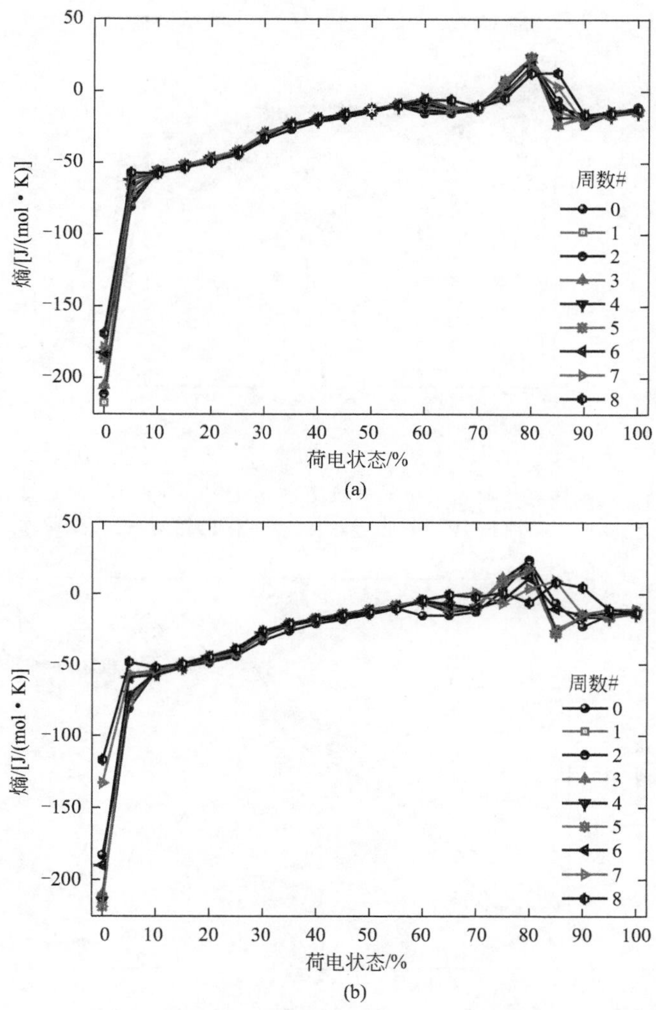

图 25.17　(a) 锂离子电池在 60℃条件下老化 0～8 周的熵对 SOC 变化曲线；
(b) 锂离子电池在 70℃条件下老化 0～8 周的熵对 SOC 变化曲线

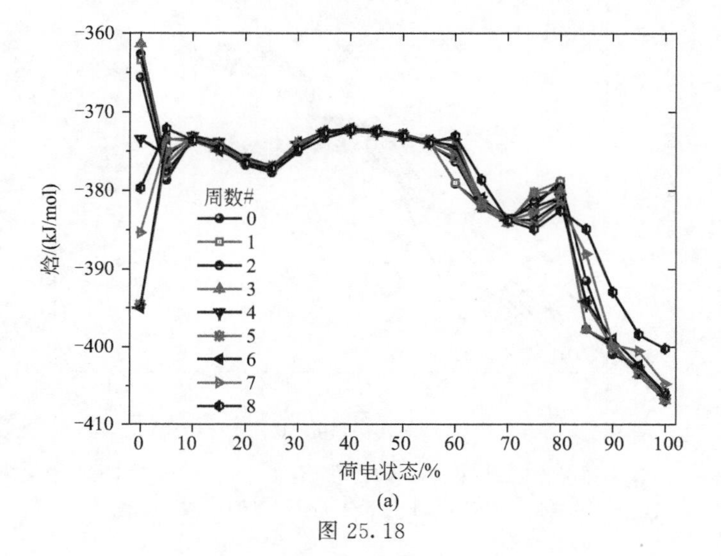

图 25.18

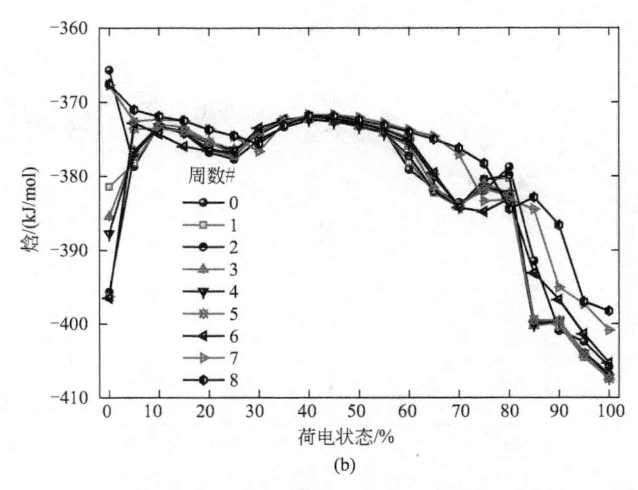

图 25.18 (a) 锂离子电池在 60℃条件下老化 0~8 周的焓对 SOC 变化曲线；(b) 锂离子电池在 70℃条件下老化 0~8 周的焓对 SOC 变化曲线

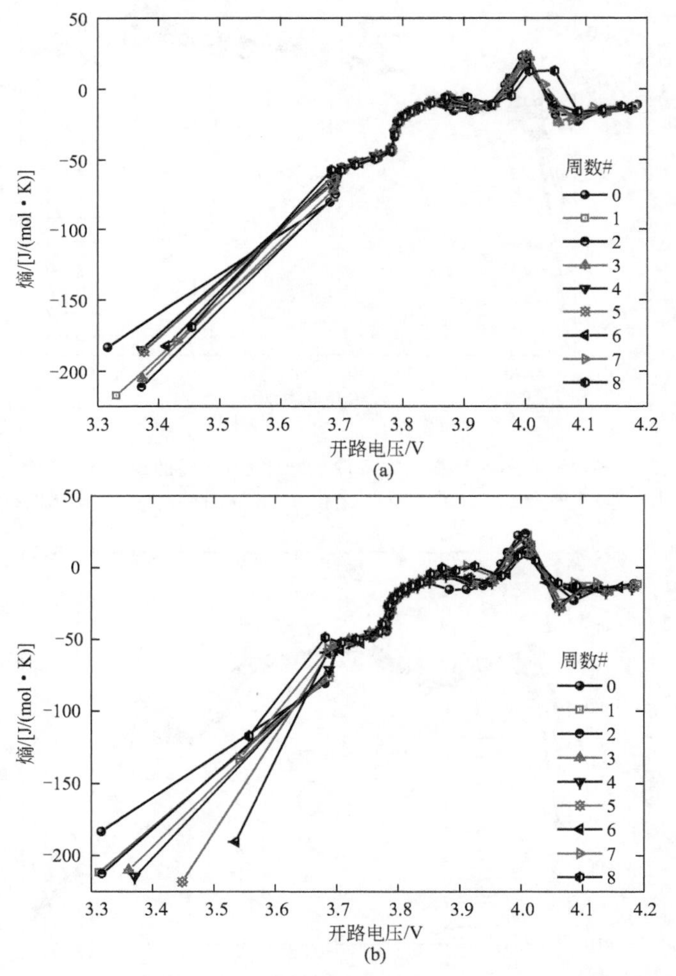

图 25.19 (a) 锂离子电池在 60℃条件下老化 0~8 周的熵对 OCP 变化曲线；(b) 锂离子电池在 70℃条件下老化 0~8 周的熵对 OCP 变化曲线

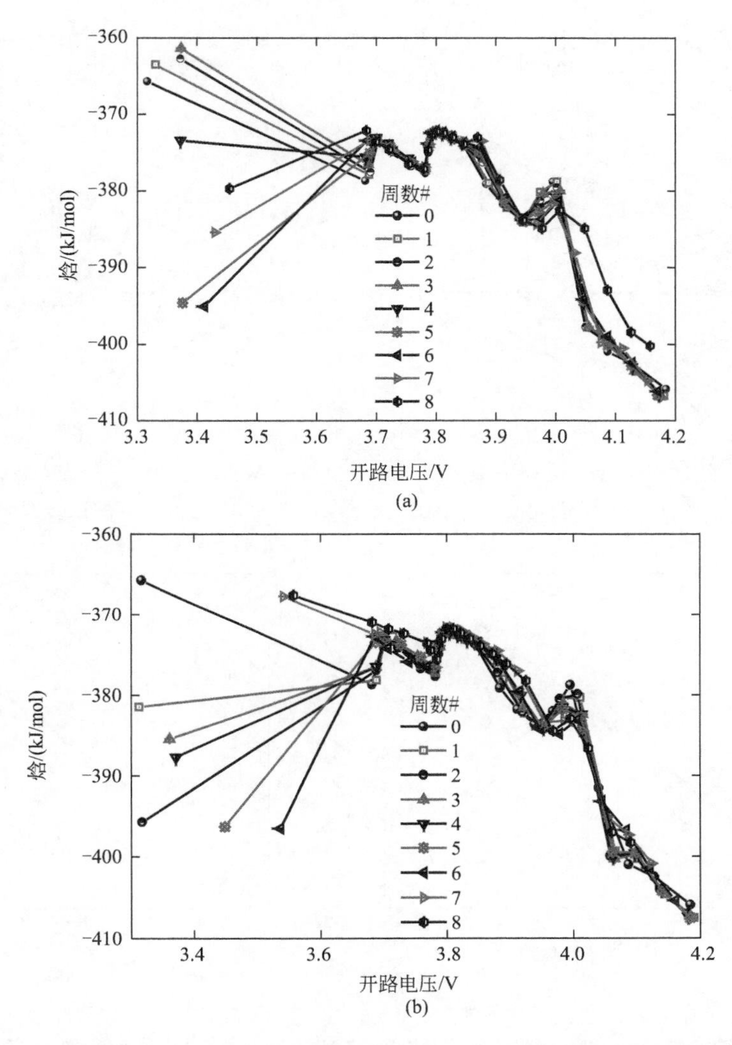

图 25.20　(a) 锂离子电池在 60℃条件下老化 0～8 周的焓对 OCP 变化曲线；(b) 锂离子电池在 70℃条件下老化 0～8 周的焓对 OCP 变化曲线

同样，发现熵和焓在 OCP 为 3.87V 和 3.94 V 时，随老化时间表现出较大的差异。在 60℃和 70℃下的三维图（ΔS、ΔH、q_{CL}）可以在图 25.21（a）、（b）（3.87V）和图 25.23（a）、（b）（3.94V）中看到，电池不同 OCP 对应在（ΔS、ΔH）平面上的映射图分别列在图 25.22（a）、（b）（3.87V）和图 25.24（a）、（b）（3.94V）上。这 4 个映射图表明了电池 OCP 与老化时间之间存在较明显的依赖关系，可以很清晰地区分出在 60℃和 70℃下老化特定时间的不同电池。同样，也发现在 3.87V（阳极）和 3.94V（阴极）的曲线上，见图 25.24（a）、（b），数据呈现出较好的线性关系。如前所述，3.94V 关系到 LCO 阴极上的相变。通过对比图 25.24（a）、（b）中熵的数值范围，可以很明显地看到这些数值对老化时间有强烈的依赖性。总之，热老化研究进一步支持了这个观点：即热力学方法的确能够区分出在不同温度条件下老化不同时间的电池。

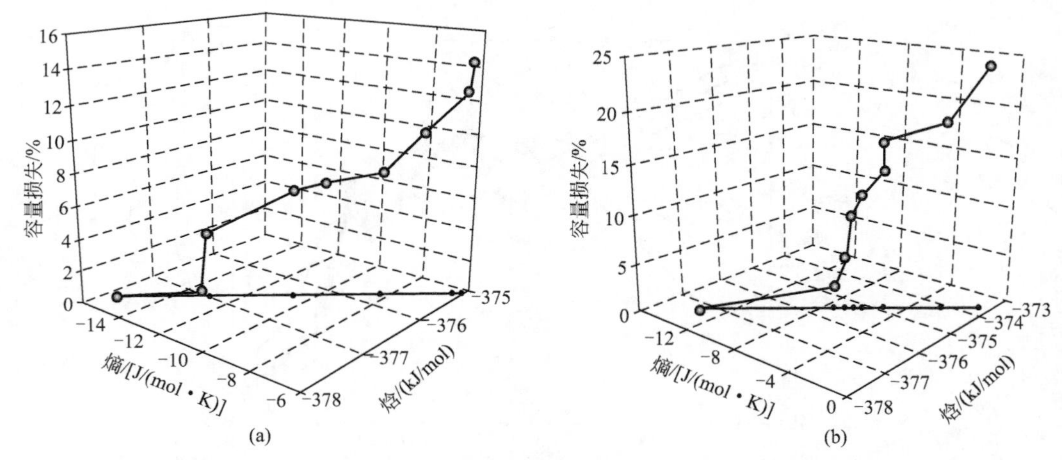

图 25.21 (a) 在 60℃下老化 0～8 周的锂离子电池在 3.87V OCP 下的三维图(ΔS、ΔH、q_{CL});(b) 在 70℃下老化 0～8 周的锂离子电池在 3.87V OCP 下的三维图

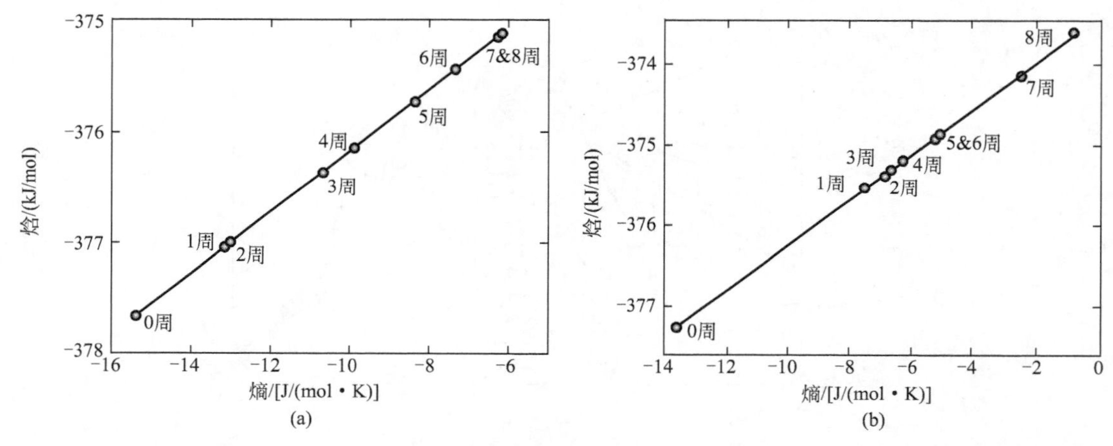

图 25.22 (a) 在 60℃条件下老化 0～8 周的锂离子电池在 3.87V OCP 下在(ΔS、ΔH)平面上的二维映射图;(b) 在 70℃条件下老化 0～8 周的锂离子电池在 3.87 V OCP 下在(ΔS、ΔH)平面上的二维映射图

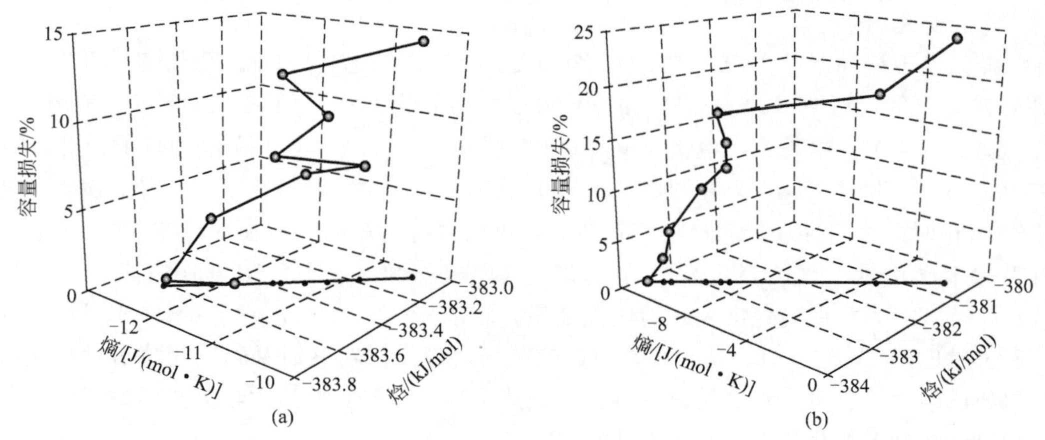

图 25.23 (a) 在 60℃下老化 0～8 周的锂离子电池在 3.94V OCP 下的三维图(ΔS、ΔH、q_{CL});(b) 在 70℃下老化 0～8 周的锂离子电池在 3.94 V OCP 下的三维图

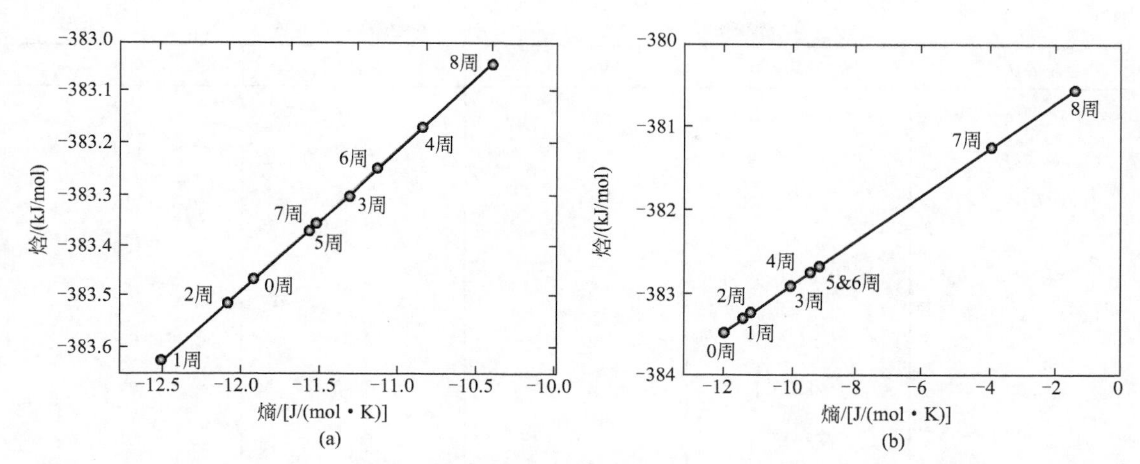

图 25.24　(a) 在 60℃条件下老化 0～8 周的锂离子电池在 3.94V OCP 下在（ΔS、ΔH）平面上的二维映射图；(b) 在 70℃条件下老化 0～8 周的锂离子电池在 3.94V OCP 下在（ΔS、ΔH）平面上的二维映射图

25.6　长时循环电池的热力学

25.6.1　概述

长时循环是可充电电池一个最自然的老化模式[35～38]。不仅会随着循环次数 N 的增加[39～41]而导致放电电压和放电容量逐渐降低，而且随着过放电[21]、如上所述的过充电[11,21～24]以及随着充放电倍率的变化[42～44]也发生同样的现象。

电池性能随着循环的进行逐渐衰减主要是由以下原因导致的：①阳极晶体结构退化[45～47]；②阴极晶体结构退化[22,48～50]；③电极/电解液界面性能退化[51～53]；④金属溶解[54～56]；⑤电解液分解[57～60]以及⑥表面膜的形成[60,61]。

在本节中，将锂离子电池恒流循环 1000 次，每完成 100 次进行一次分析。将报道在循环老化过程中电池的放电性能及其热力学性能的演变。

25.6.2　老化方法

在室温下，将 4 个电池以 20mA（约 C/2 倍率）的电流在 2.75V 以及 4.2V 之间恒流循环。完成 100 个循环之后，对电池采用恒流循环和热力学方法进行分析。之后将电池再次循环 100 次直到完成 1000 个循环。

25.6.3　放电特性

图 25.25 显示了电池每完成 100 个循环后的放电曲线，表 25.4 中列出了相关的放电特征数据。500 次和 1000 次循环后的容量损失分别为 20.4%和 35.6%，每次循环对应的平均容量损失率为 0.094%。此外，发现电池的能量输出随着循环次数 N 遵照以下线性关系衰减：

$$E_d(N)(\mathrm{mW \cdot h}) = 133.6 - 0.0527N \tag{25.11}$$

表 25.4　锂离子电池循环至 1000 次对循环次数的放电数据

循环次数	q_d/mA・h	q_{CL}/%	$\langle e_d \rangle$/V	E_d/mW・h
1	36.58	—	3.72	136
100	34.28	6.3	3.73	128

续表

循环次数	q_d/mA·h	q_{CL}/%	$\langle e_d \rangle$/V	E_d/mW·h
200	32.92	10	3.72	122
300	31.78	13.1	3.68	117
400	30.75	15.9	3.67	113
500	29.11	20.4	3.65	106
600	28.10	23.2	3.65	103
700	25.99	28.9	3.65	95
800	25.19	31.1	3.58	90
900	24.40	33.3	3.56	87
1000	23.55	35.62	2.54	83

注：q_d、q_{CL}、$\langle e_d \rangle$ 以及 E_d 分别指放电容量、放电容量损失、平均放电电压以及放电能量。

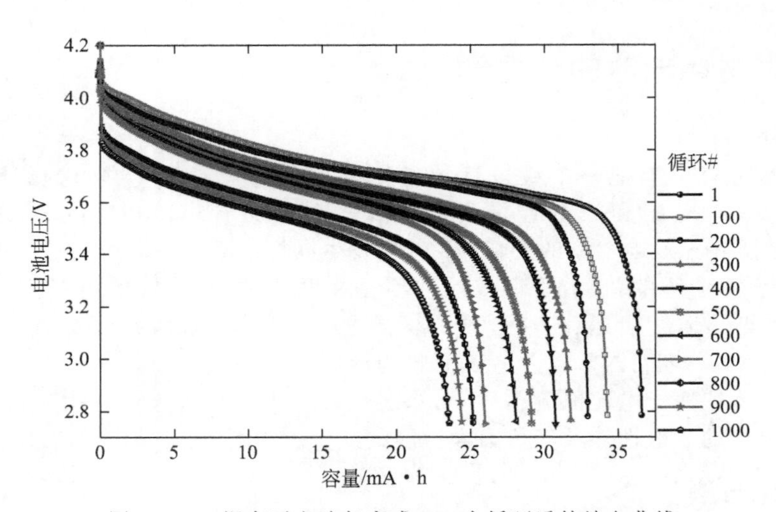

图 25.25 锂离子电池每完成 100 个循环后的放电曲线

25.6.4 OCP 曲线

图 25.26 展示了电池老化 $N=100n$ 次（$n=1\sim10$）以及一个全新电池（$N=1$）的 OCP 与 SOC 之间的曲线关系。OCP 相对 SOC 的数据点彼此覆盖，说明循环对这些数据点没有重大的影响。由于放电容量和放电电压随循环次数而降低，所以 OCP 数据表明恒流循环逐步将阳极和阴极活性材料转化为欠活性的材料。这种随着老化出现的活性材料向欠活性（或无活性）材料的转变对电极电势随 SOC 的变化影响很小，这是由于 SOC 决定活性材料的含量标准为 100%。

25.6.5 熵及焓曲线

图 25.27 和图 25.28 显示了不同 N 值下（循环次数）熵及焓分别随 SOC 变化的曲线。图 25.29 和图 25.30 分别显示了对应的熵及焓曲线与 OCP 的关系曲线。

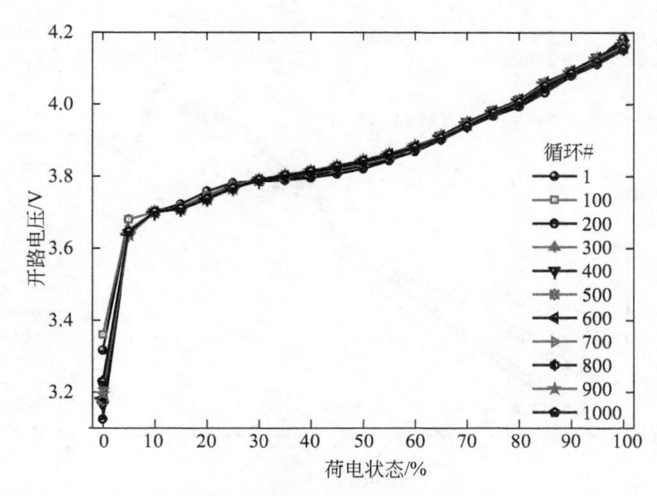

图 25.26 循环 1～1000 次的锂离子电池的 OCP 对 SOC 的曲线

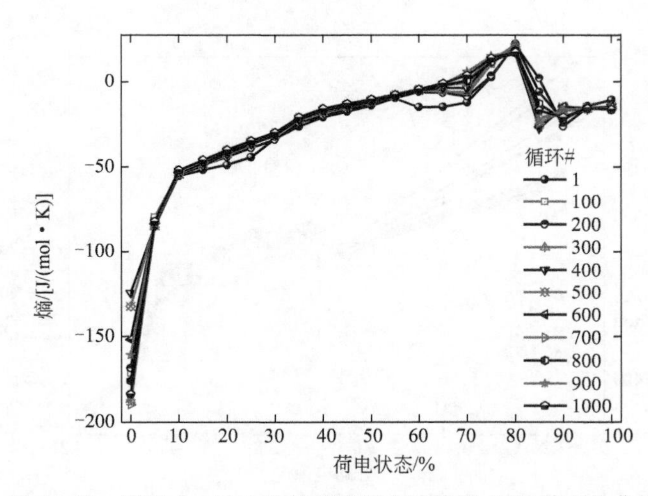

图 25.27 循环 1～1000 次的锂离子电池熵随 SOC 的变化曲线

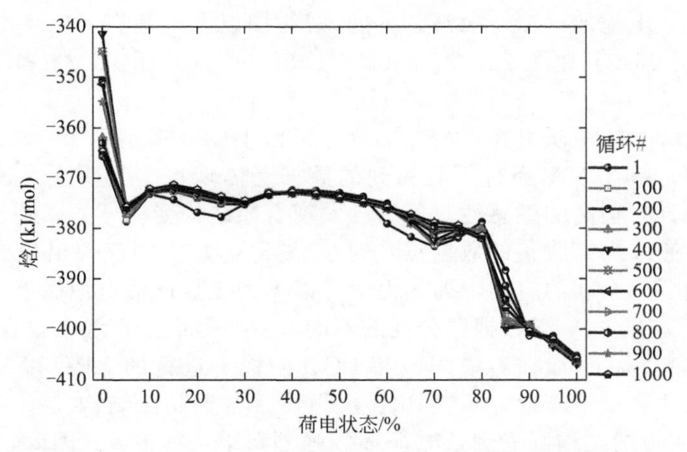

图 25.28 循环 1～1000 次的锂离子电池焓随 SOC 的变化曲线

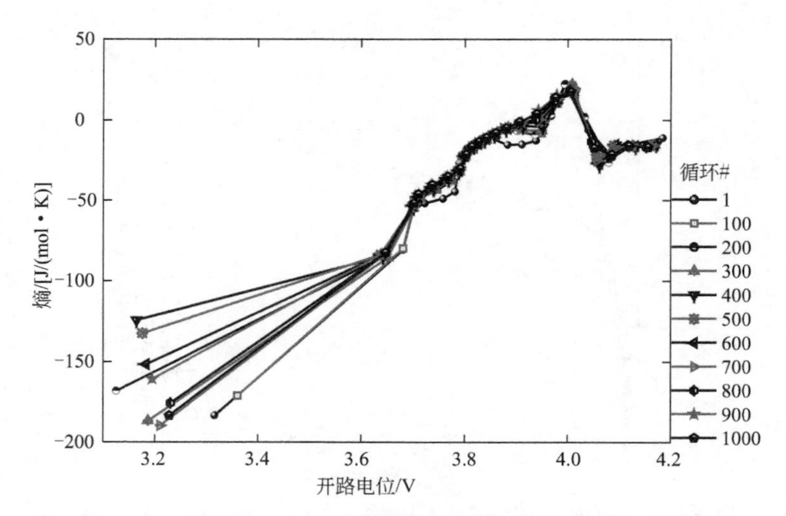

图 25.29 循环 1～1000 次锂离子电池熵随 OCP 的变化关系

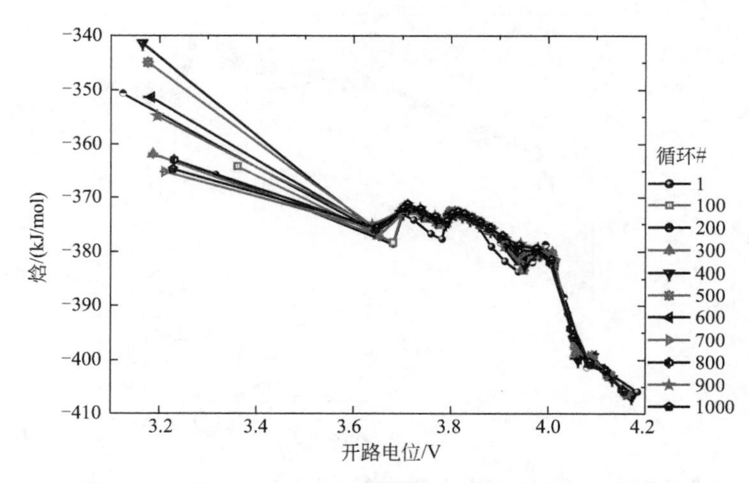

图 25.30 循环 1～1000 次锂离子电池的焓随 OCP 的变化

同前几章一致，电池的（ΔS、ΔH、q_{CL}）三维图以及电池在 OCP＝3.87 V 和 3.94 V 的映射图分别见图 25.31 和图 25.32（OCP＝3.87V）以及图 25.33 和图 25.34（OCP＝3.94V）。

图 25.32 和图 25.34 中映射在（ΔS、ΔH）平面上的数据呈现了一个很好的线性关系。这点在图 25.32 中，在 3.87V 条件下收集到的数据上体现得尤其明显，这意味着石墨阳极对于热力学的变化具有很高的敏感性，虽然已发现石墨结构受循环的影响很小。

而图 25.34（在 3.94V 收集的数据点）对于循环次数 N 则表现出很好的区分度。这个发现为热力学开创了一个新的应用，即热力学可以作为工具评估电池循环次数。

对于在 3.87V 和 3.94V 下数据区分度的不同，主要是由于常温下，在恒流循环中 LCO 阴极控制电池容量衰减。后续在石墨阳极和 LCO 阴极上进行的 XRD 以及拉曼散射分析也支持这个观点，这些测试清晰地显示，1000 次循环后石墨晶体结构几乎不发生或者很少发生变化，而 LCO 阴极的结构则受到长时循环的强烈影响[21,47～49]。因此，在 3.94V 收集的热力学数据与 LCO 阴极中的相变相关，所以相对于在 3.87V 条件下与石墨阳极的变化相比，LCO 随着循环的进行变化更大。

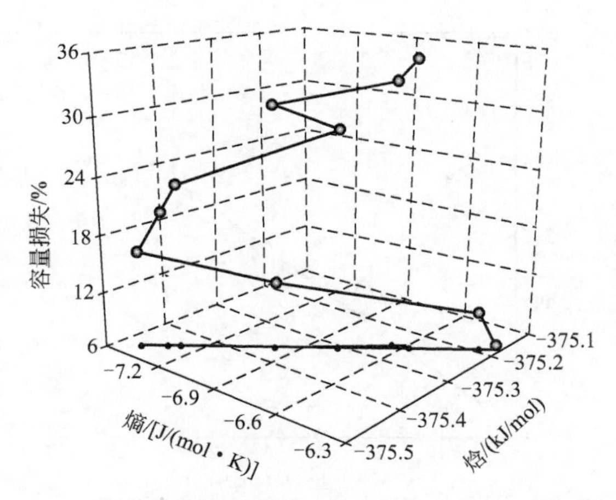

图 25.31　循环 1～1000 次的锂离子电池在 3.87V OCP 下的三维（ΔS、ΔH、q_{CL}）图

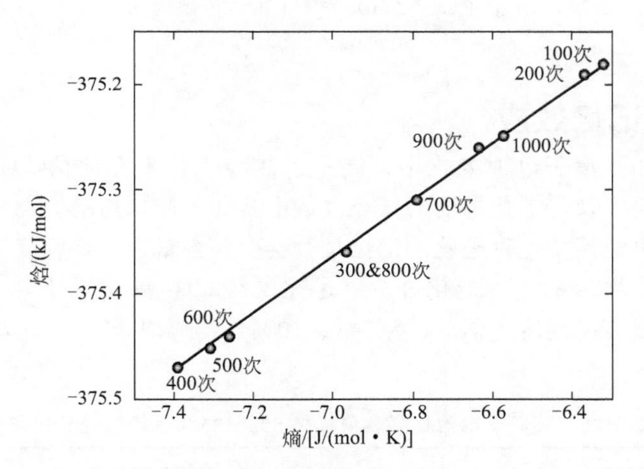

图 25.32　循环 1～1000 次的锂离子电池在 3.87V OCP 下在（ΔS、ΔH）平面上的二维映射图

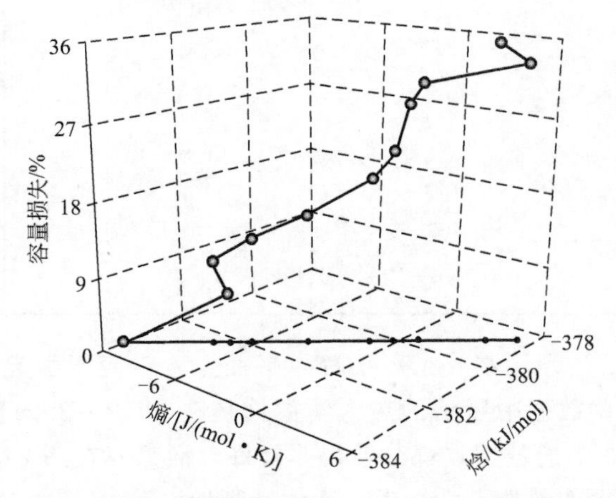

图 25.33　循环 1～1000 次的锂离子电池在 3.94 V OCP 下的三维（ΔS、ΔH、q_{CL}）图

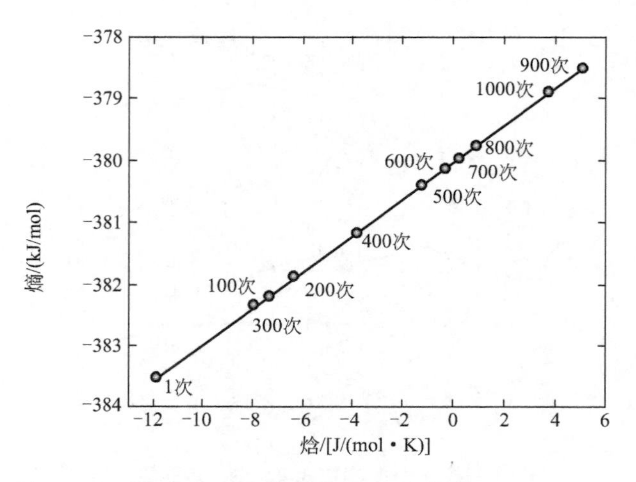

图 25.34　循环 1～1000 次的锂离子电池在 3.94V OCP 下在（ΔS、ΔH）平面上的二维映射图

25.7　热力学记忆效应

在前面几节关于锂离子电池老化中，展示了热力学技术在评估：①过充电池的 COV；②热老化持续时间；以及③老化电池的循环次数中是如何起作用的。在本节中，将试图解决这个问题：锂离子电池保持这种老化的记忆是否会引起容量在一定程度上的衰减。为了完成这个工作，从本节中展示的 4 种老化方法（过充、在 60℃ 和 70℃ 下热老化以及长时循环）得到同样的电池容量衰减程度，即 q_{CL} 为 5%、10%、20% 以及 25%。对应的老化条件展示在表 25.5 中。

表 25.5　锂离子电池达到容量损失 5%～25%所经历的老化条件

容量损失/%	过充	热老化	循环
5	4.5V	60℃，3 周 70℃，2 周	100
10	4.6V	60℃，6 周 70℃，4 周	300
15	4.8V	60℃，8 周 70℃，6 周	400
20	4.9V	70℃，7 周	500
25	—	70℃，8 周	600

图 25.35～图 25.39 展示了在（ΔS、ΔH）平面上，对应于引起 5%～25% 容量损失的老化条件的位置。在这些数据中展示的热力学数据是在 OCP＝3.94V 下收集到的。可以发现在图 25.35～图 25.39 中的数据点都分散得非常好，而只有在图 25.35 中，在 60℃ 下老化 3 周与在 70℃ 下老化 2 周的数据点太接近，无法清晰地区分开。

所以，新的热力学方法的确能够允许我们辨识锂离子电池所经历的老化模式以及老化条件。据我们所知，这是首次将电池的老化历史或者老化记忆公布于众[20]。

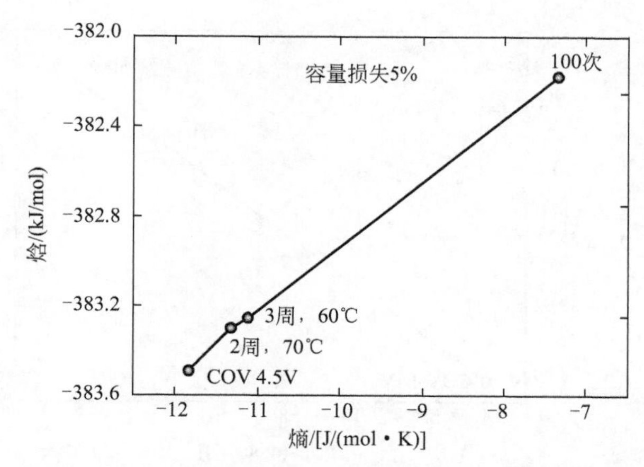

图 25.35　锂离子电池在 3.94V OCP 下实现 5%容量损失的方式在（ΔS、ΔH）平面上的二维映射曲线

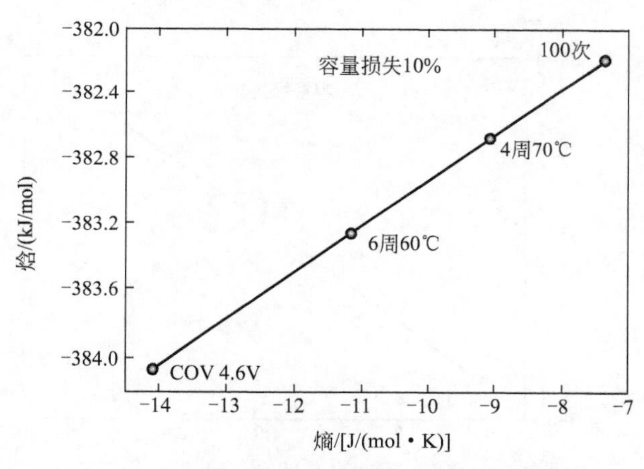

图 25.36　锂离子电池在 3.94 V OCP 下实现 10%容量损失的方式在（ΔS、ΔH）平面上的二维映射曲线

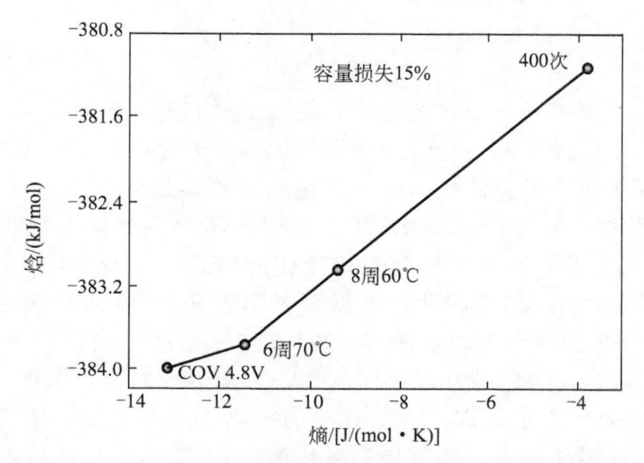

图 25.37　锂离子电池在 3.94 V OCP 下实现 15%容量损失的方式在（ΔS、ΔH）平面上的二维映射曲线

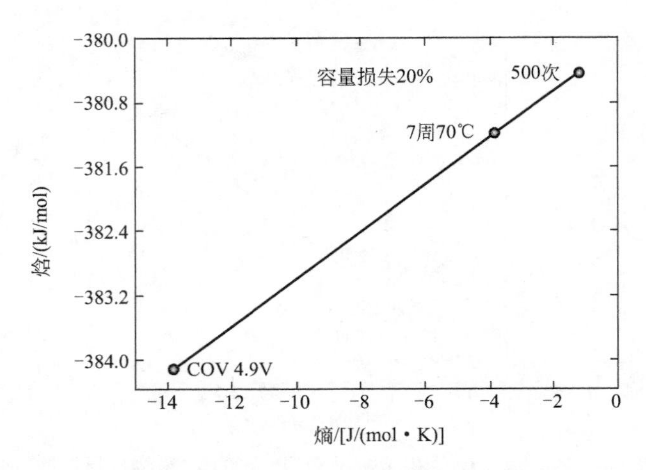

图 25.38　锂离子电池在 3.94 V OCP 下实现 20%容量损失的方式在（ΔS、ΔH）平面上的二维映射曲线

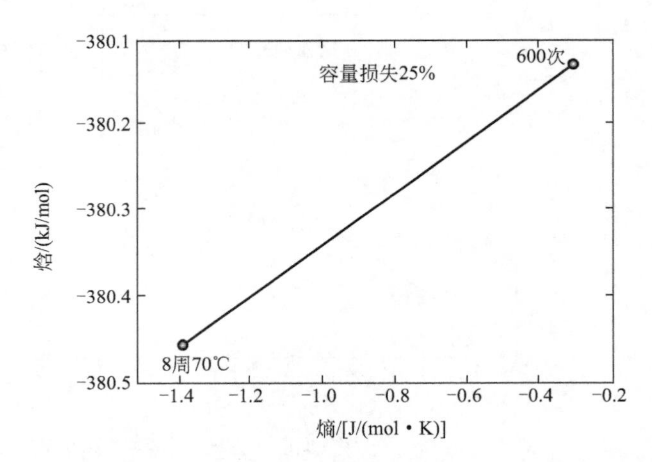

图 25.39　锂离子电池在 3.94V OCP 下实现 25%容量损失的方式在（ΔS、ΔH）平面上的二维映射曲线

25.8　结论

本章展示和讨论了锂离子电池在老化前后热力学研究的一些新方法。这项工作最重要的贡献在于认清电池体系所经历的热力学路径强烈依赖于老化条件。电池对于这些老化条件存在记忆，这是首次采用热力学方法揭露出来的现象。尤其是对于由石墨阳极和 LCO 阴极组成的锂离子电池，发现了两个特殊的 OCP 点，在这两个位置具有更大的熵变及焓变。在 OCP 为 3.87V 时，可以获得石墨阳极随老化变化的信息，而在 OCP 为 3.94V 时，可以得到与 LCO 阴极变化相关的信息。因此，根据石墨阳极和 LCO 阴极将锂离子电池的电压分为 3.87V 和 3.94V，改变电池温度，模拟 OCP 随 T 变化的曲线，可以确定这些特殊的 OCP 值下的熵和焓的数值，将这些数值绘制在 ΔS、ΔH 平面上，根据标准曲线可以判断出电池的 SOC、容量损失和老化模式。对于其他的锂离子电池成分，需要详细研究来发现特殊的电池电压，在这些电压值下，能够根据老化参数如 T、时间、COV 以及 N 来判断老化效应。

热力学测试方法的优点可以总结如下：

① 无损（原位测试）；

② 广泛性，它可以用于所有一次以及二次电池中，包括碱性和高温电池；

③ 在评估半电池以及全电池相变电压和 SOC 上具有很高的分辨率；

④ 在电池成分、SOC、SOH、安全状态以及老化记忆诊断中具有广泛的应用性；

⑤ 高再现性；

⑥ 同其他原位或非原位衍射技术以及物理光谱技术相比具有低费效比。

作者相信，通过热力学方式来揭示电池老化历史和记忆对于电池科学和技术来讲是一个很大的突破。

术　　语

缩写

2D　二维

3D　三维

COV　电池截止电压

LCO　钴酸锂

LIB　锂离子电池

OCP　开路电压

SOC　荷电状态

SOD　放电状态

SOH　健康状态

SOS　安全状态

USA　美国

XRD　X 射线衍射

罗马字母

A，mA　安培，毫安

A_1，A_2　石墨阳极相变开始点

BA-1000　热力学测试的电池分析设备

C　碳

℃　摄氏度

$C_1 \sim C_5$　LCO 阴极相变开始点

C/n　充放电倍率（mA）

E_0，$E_0(x)$　开路电压（V）

E_0^+　阴极电压（V）

E_0^-　阳极电压（V）

E_i　电流 i 下的电池电压（V）

$<e_d>$　平均放电电压（V）

E_d　放电能量（mW・h）

F　法拉第常数（C）

H　电极主体结构

i 电流密度（mA）

κ 玻耳兹曼常数［J/(K·mol)］

Li 锂

n 电荷数；索引号

N 循环次数

O3 LCO中的六方晶系

P 压力（atm）

q_d 放电容量（mA·h）

q_{CL} 容量损失（%）

R 电阻（Ω）

S 熵［J/(K·mol)］

t 老化时间（周）

T 热力学温度（K）

T 老化温度（℃）

V 伏特

x 电池反应进行速率；锂占据位点的百分数

希腊字母

ΔG 吉布斯自由能变化（J/mol）

ΔH 焓变（J/mol）

ΔS 熵变［J/(K·mol)］

ε $Li_{\varepsilon}C_6$ 中的锂含量

η_a 阳极过电位（V）

η_c 阴极过电位（V）

参考文献

[1] Y.F. Reynier, R. Yazami, B. Fultz, J. Power Sources 119 (2003) 311.

[2] Y.F. Reynier, R. Yazami, B. Fultz, J. Electrochem. Soc. 151 (2004) A422.

[3] Y. Reynier, J. Graetz, T. Swan-Wood, P. Rez, R. Yazami, in: D. Chandra, R.G. Bautista, L. Schlaphach (Eds.), Advanced Materials for Energy Conversion II (2004), p. 311.

[4] Y. Reynier, R. Yazami, B. Fultz, in: R.S.L. Das, H. Frank (Eds.), Proc. 17th Annual Battery Conference on Applications and Advances, IEEE, 2002, p. 145.

[5] B. Fultz, Y. Reynier, J. Graetz, T. Swan-Wood, P. Rez, R. Yazami, Phys. Rev. B 70 (2004) 174304.

[6] R. Stevens, J.L. Dodd, M.G. Kresch, R. Yazami, B. Fultz, J. Phys. Chem. B 110 (2006) 22732.

[7] R. Yazami, Y. Reynier, B. Fultz, Electrochem. Soc. Trans. 1 (2006) 87.

[8] Y. Reynier, R. Yazami, J. Power Sources 153 (2006) 312.

[9] Y. Reynier, R. Yazami, B. Fultz, I. Barsukov, J. Power Sources 165 (2007) 552.

[10] R. Yazami, A. Martinent, Y. Reynier, New carbon advanced workshop and conference on new carbon materials, NATO Sci. Ser. Math. Phys. Chem. 279 (2006) 245.

[11] Y. Yazami, R. Maher, Electrochim. Acta 101 (2013) 71.

[12] K. Maher, R. Yazami, J. Power Sources (2013), http://www.sciencedirect.com/science/article/pii/S0378775313014018.

[13] R. Yazami, in: K. Ozawa (Ed.), Lithium Ion Batteries, Wiley-VCH, 2009, pp. 67–102.

[14] Y. Reynier, R. Yazami, B. Fultz, US Patent No. 7,595,611 B2.

[15] R. Yazami, J. McMenamin, Y. Reynier, B. Fultz, US Patent Serial # 20100090650.

[16] R. Yazami, US Patent Serial # 61/260,751.

[17] R Yazami, US Patent Application # 20120043929.

[18] R. Yazami, C. M. Tan, J. McMenamin, US Patent Serial # 61/639,712.

[19] R. Yazami, K. Maher, US Patent Serial # 61/536,239.

[20] R. Yazami, K. Maher, US Patent Serial # 61/761,563.

[21] J. Vetter, P. Novak, M.R. Wagner, C. Veit, K.C. Moller, J.O. Besenhard, M. Winter, M. Wohlfahrt-Mehrens, C. Vogler, A. Hammouche, J. Power Sources 147 (2005) 269.

[22] S.S. Choi, H.S. Lim, J. Power Sources 111 (2002) 130.

[23] R.A. Leising, M.J. Palazzo, E.S. Takeuchi, K.J. Takeuchi, J. Power Sources 97 (2001) 681.

[24] W. Lu, C.M. Lopez, N. Liu, J.T. Vaughey, A. Jansen, D.W. Dees, J. Electrochem. Soc. 159 (2012) A566.

[25] J.R. Belt, C.D. Ho, T.J. Miller, M.A. Habib, T.Q. Duong, J. Power Sources 142 (2005) 354.

[26] K. Amine, J. Liu, I. Belharouak, Electrochem. Commun. 7 (2005) 669.

[27] E.V. Thomas, H.L. Case, D.H. Doughty, R.G. Jungst, G. Nagasubramanian, E.P. Roth, J. Power Sources 124 (2003) 254.

[28] G.M. Ehrlich, in: D. Linden, T.B. Reddy (Eds.), Handbook of Batteries, McGraw-Hill, New York, 2002, p. 35.1.

[29] K. Asakura, M. Shimomura, T. Shodai, J. Power Sources 119 (2003) 902.

[30] R.P. Ramasamy, R.E. White, B.N. Popov, J. Power Sources 141 (2005) 298–306.

[31] T. Horiba, T. Maeshima, F. Matsumura, M. Koseki, J. Arai, Y. Muranaka, J. Power Sources 146 (2005) 107.

[32] I. Bloom, B.W. Cole, J.J. Sohn, S.A. Jones, E.G. Polzin, V.S. Battaglia, G.L. Henriksen, C. Motloch, R. Richardson, T. Unkelhaeuser, D. Ingersoll, H.L. Case, J. Power Sources 101 (2001) 238.

[33] A.M. Lackner, E. Sherman, P.O. Braatz, J.D. Margerum, J. Power Sources 104 (2002) 1.

[34] M. Dubarry, B.Y. Liaw, M.S. Chen, S.S. Chyan, K.C. Han, W.T. Sie, S.H. Wu, J. Power Sources 196 (2011) 3420.

[35] D. Linden, T.B. Reddy (Eds.), Handbook of Batteries, third ed., McGraw-Hill, 2002, pp. 22.3–22.24.

[36] P. Ramadass, B. Haran, R. White, B.N. Popov, J. Power Sources 112 (2002) 606.

[37] K. Takei, K. Kumai, Y. Kobayashi, H. Miyashiro, N. Terada, T. Iwahori, T. Tanaka, J. Power Sources 97–98 (2001) 697.

[38] K. Sawai, R. Yamato, T. Ohzuku, Electrochim. Acta 51 (2006) 1651.

[39] M. Broussely, in: W.A.V. Schalkwijk, B. Scrosati (Eds.), Advances in Lithium-Ion Batteries, Kluwer Academic/Plenum Publishers, New York, 2002, p. 393.

[40] S. Santhanagopalan, Q. Zhang, K. Kumaresan, R.E. White, J. Electrochem. Soc. 155 (2008) A345.

[41] P. Ramadass, B. Haran, R. White, B.N. Popov, J. Power Sources 111 (2002) 210.

[42] J. Li, E. Murphy, J. Winnick, P.A. Kohl, J. Power Sources 102 (2001) 294.

[43] Y.H. Ye, Y.X. Shi, N.S. Cai, J. Lee, X.M. He, J. Power Sources 199 (2012) 227.

[44] K.C. Lim, A.M. Lackner, P.O. Braatz, W.H. Smith, J.D. Margerum, H.S. Lim, in: Proc. of the Symposium: Batteries for Portable Applications and Electric Vehicles, vol. 97–181, The Electrochemical Society, Paris, France, 31 August–5 September, 1997, p. 470.

[45] R. Kostecki, F. McLarnon, J. Power Sources 119 (2003) 550.

[46] E. Markevich, G. Salitra, M.D. Levi, D. Aurbach, J. Power Sources 146 (2005) 146.

[47] J. Li, J. Zhang, X. Zhang, C. Yang, N. Xu, B. Xia, Electrochim. Acta 55 (2010) 927.

[48] D.P. Abraham, J. Liu, C.H. Chen, Y.E. Hyung, M. Stoll, N. Elsen, S. MacLaren, R. Twesten, R. Haasch, E. Sammann, I. Petrov, K. Amine, G. Henriksen, J. Power Sources 119–121 (2003) 511.

[49] Y.J. Park, J.W. Lee, Y.G. Lee, K.M. Kim, M.G. Kang, Y. Lee, Bull. Korean Chem. Soc. 28 (2007) 2226.

[50] R. Yazami, Y. Ozawa, H. Gabrisch, B. Fultz, Electrochim. Acta 50 (2004) 385.

[51] Y. Matsumura, S. Wang, J. Mondori, J. Electrochem. Soc. 142 (1995) 2914.

[52] P. Arora, R.E. White, M. Doyle, J. Electrochem. Soc. 145 (1998) 3647.

[53] G. Ning, B.N. Popov, J. Electrochem. Soc. 151 (2004) A1584.

[54] R.J. Gummow, A. de Kock, M.M. Thackeray, Solid State Ionics 69 (1994) 59.

[55] J.M. Tarascon, W.R. McKinnon, F. Coowar, T.N. Bowmer, G. Amatucci, D. Guyomard, J. Electrochem. Soc. 141 (1994) 1421.

[56] W. Choi, A. Manthiram, J. Electrochem. Soc. 153 (2002) A1760.

[57] G. Pistoia, A. Antonini, R. Rosati, D. Zane, Electrochim. Acta 41 (1996) 2683.

[58] D. Aurbach, K. Gamolsky, B. Markowsky, G. Salitra, Y. Gofer, U. Heider, R. Oesten, M. Schmidt, J. Electrochem. Soc. 147 (2000) 1322.

[59] D. Aurbach, E. Zinigrad, Y. Cohen, H. Teller, Solid State Ionics 148 (2002) 405.

[60] D. Aurbach, B. Markovsky, A. Rodkin, M. Cojocaru, E. Levi, H.J. Kim, Electrochim. Acta 47 (2002) 1899.

[61] M. Murakami, H. Yamashige, H. Arai, Y. Uchimoto, Z. Ogumi, Electrochim. Acta 78 (2012) 49.

索　引

（按汉语拼音排序）

G

H

J

K

L